프렌즈 시리즈 22

# 프렌즈
# 미국 서부

이주은·소연 지음

# Western
# USA

중앙books

# Prologue
## 저자의 말

북아메리카의 절반을 차지하는 미국이라는 나라가 엄청난 땅덩이를 가지고 있다는 것은 누구나 아는 사실입니다. 면적이 남한 면적의 100배 가까이 된다는 놀라운 수치도 알 만한 사람들은 알고 있을 것입니다. 미국 서부의 캘리포니아주 하나가 남한보다 크다는 것만 봐도 수긍이 되는 사실입니다. 미국을 자동차로 여행하다 보면 가도가도 끝이 없는 도로와, 며칠을 달려도 내비게이션 지도에서 꿈쩍 않는 내 위치, 그리고 하루 종일 이어지는 엄청난 운전량을 확인하며 비로소 깨닫게 됩니다. 미국이라는 나라는 정말 우리의 상상을 초월한 규모라는 것을.

미국 서부는 그렇게 광활한 미국을 물리적으로 실감할 수 있는 곳임과 동시에 미국의 경이로움을 몸소 체험할 수 있는 곳입니다. 이를 위해 〈프렌즈 미국 서부〉에서는 미국 서부의 대표 도시들은 물론, 미국 중서부의 빼어난 국립공원들까지도 모두 소개합니다. 미국의 중서부 지역은 미국이기에 가능한 압도적인 스케일과 신비로운 대자연의 모습을 마주할 수 있는 놀라운 장소이며, 너무나 미국적인 여행지입니다. 이 책에 소개된 명소들을 독자분들이 살펴보고, 또 직접 여행하며 그동안 제가 그러했듯이 감동적이며 소중한 시간을 갖게 되기를 진심으로 바랍니다. 이 책이 나오기까지 도움을 주신 중앙북스 프렌즈팀과 가족들에게 감사의 말씀을 전합니다.

이주은, 소연

이 책에 실린 정보는 2025년 3월까지 수집한 정보를 바탕으로 하고 있습니다. 현지의 교통이나 명소, 식당, 상점의 운영시간과 요금 정보는 수시로 바뀔 수 있습니다. 빠르게 변해가는 디지털 시대에 코로나 팬데믹이 낳은 비대면 문화가 확산되며 현지 정보는 수시로 변하고 있습니다.
이를 감안해 현지 정보는 반드시 미리 확인하시기를 당부드립니다. 새로운 정보나 변경된 정보가 있다면 아래로 연락주시기 바랍니다. 더 나은 책을 위해 노력하겠습니다.
저자 이메일 junecavy@gmail.com

# How to Use
## 일러두기

## 도시별 최신 여행 정보 수록
여행 전문가인 저자가 매년 수집한 정보를 바탕으로 개정판을 만듭니다.

## 책의 구성
❶ 미국 서부를 4개의 권역으로 나눠 거점이 되는 대표 대도시와 함께 둘러보면 좋을 중소도시를 소개합니다.

❷ 미국 서부 여행의 백미인 국립공원과 아메리칸 원주민의 흔적이 남아 있는 유적지 등을 풍성하게 소개합니다.

❸ 책 앞부분의 'Best of the Best' 코너에서는 저자가 선별한 미국 서부의 베스트 여행 테마 14가지를 소개합니다.

❹ 지역에 대한 깊이 있는 정보는 Special Page, Zoom In, Tip, Travel Plus 등을 통해 제공합니다. 여행의 즐거움을 배가시키는 특별한 정보는 'Special Page', 한 걸음 더 들어간 깊이 있는 정보는 'Zoom In', 알짜배기 꿀 정보는 'Tip', 근교 볼거리는 'Travel Plus'에 담았습니다.

## 다양한 상황별 '저자 추천' 일정 짜기
❶ 각 지역별로 여행 계획에서 가장 고민이 되는 일정 짜는 방법을 '추천 일정'에 설명했습니다.

❷ 샌프란시스코, 로스앤젤레스, 라스베이거스, 시애틀 등 권역별 대도시에는 'ooo과 하루 만에 친구 되기' 코너가 있습니다. 둘러볼 시간이 딱 하루밖에 없는 여행자를 위해 최적의 동선으로 하루를 보낼 수 있는 추천 일정을 소개합니다.

❸ 국립공원에서는 볼거리를 찾아 바삐 움직이기보다는 느긋하게 자연과 친해지기를 추천합니다. 일정과 취향, 체력에 맞게 하이킹 등을 즐기는 것도 좋습니다.

### 지도에 사용한 기호

| 명소 | 식당 | 쇼핑 | 숙소 | 방문자 센터 |
|---|---|---|---|---|
| 공항 | 버스정류장 | 전철역 | 고속도로 | 국도 |

### 약자
- **Blvd** : Boulevard, **Ave** : Avenue, **Dr** : Drive, **St** : Street, **Pl** : Place, **Ln** : Lane, **Sq** : Square
- 주소나 지역 등에 붙는 N, S, E, W는 방위를 뜻합니다.

# Contents
## 미국 서부

## 미국 서부 여행 테마
### Discover the Western USA

## 미국 서부 알아가기
### Know Before You Go

## 여행 준비
### Plan Your Trip

# 캘리포니아 북부
## Northern California

# 캘리포니아 남부
## Southern California

# 남서부
## The Southwest

# 북서부와 로키
## The Northwest & The Rockies

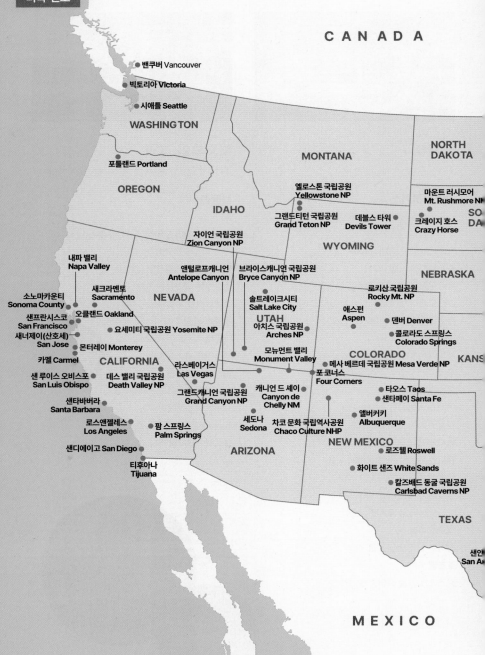

C A N A D A

밴쿠버 Vancouver

빅토리아 Victoria

시애틀 Seattle

WASHINGTON

포틀랜드 Portland

OREGON

IDAHO

MONTANA

NORTH DAKOTA

마운트 러시모어 Mt. Rushmore NM

엘로스톤 국립공원 Yellowstone NP

그랜드티턴 국립공원 Grand Teton NP

데블스 타워 Devils Tower

크레이지 호스 Crazy Horse

SO DA

자이언 국립공원 Zion Canyon NP

WYOMING

NEBRASKA

내파 밸리 Napa Valley

앤털로프캐니언 Antelope Canyon

브라이스캐니언 국립공원 Bryce Canyon NP

로키산 국립공원 Rocky Mt. NP

새크라멘토 Sacramento

NEVADA

솔트레이크시티 Salt Lake City

애스펀 Aspen

덴버 Denver

소노마카운티 Sonoma County

오클랜드 Oakland

샌프란시스코 San Francisco

UTAH

아치스 국립공원 Arches NP

콜로라도 스프링스 Colorado Springs

요세미티 국립공원 Yosemite NP

새너제이(산호세) San Jose

몬터레이 Monterey

모뉴먼트 밸리 Monument Valley

COLORADO

메사 베르데 국립공원 Mesa Verde NP

KANS

카멜 Carmel

CALIFORNIA

라스베이거스 Las Vegas

포 코너스 Four Corners

샌 루이스 오비스포 San Luis Obispo

데스 밸리 국립공원 Death Valley NP

그랜드캐니언 국립공원 Grand Canyon NP

캐니언 드 셰이 Canyon de Chelly NM

타오스 Taos

샌타페이 Santa Fe

샌타바버라 Santa Barbara

세도나 Sedona

차코 문화 국립역사공원 Chaco Culture NHP

앨버커키 Albuquerque

로스앤젤레스 Los Angeles

팜 스프링스 Palm Springs

샌디에이고 San Diego

ARIZONA

NEW MEXICO

로즈웰 Roswell

티후아나 Tijuana

화이트 샌즈 White Sands

칼즈배드 동굴 국립공원 Carlsbad Caverns NP

TEXAS

샌앤 San A

M E X I C O

MAINE

VERMONT

NEW HAMPSHIRE

MINNESOTA

WISCONSIN

MASSACHUSETTS

●보스턴 Boston

나이아가라 폭포
Niagara Falls

NEW YORK

RHODE ISLAND

MICHIGAN

CONNECTICUT

PENNSYLVANIA

●뉴욕 New York

NEW JERSEY

IOWA

시카고
●Chicago

OHIO

INDIANA

볼티모어
Baltimore

필라델피아 Philadelphia

MARYLAND ●

DELAWARE

ILLINOIS

워싱턴 D.C. Wahington D.C.

WEST
VIRGINIA

세인트루이스
●St. Louis

VIRGINIA

KENTUCKY

MISSOURI

NORTH
CAROLINA

TENNESSEE

AHOMA

SOUTH
CAROLINA

ARKANSAS

애틀랜타 Atlanta
●

ALABAMA

GEORGIA

댈러스 Dallas

LOUISIANA

MISSISSIPPI

올랜도 Orlando
●

in

휴스턴
●Houston

뉴올리언스
●New Orleans

FLORIDA

마이애미 Miami
●

키 웨스트 Key West
●

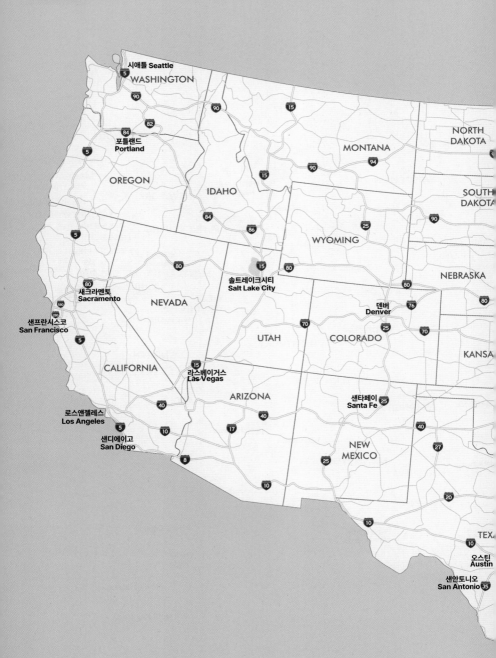

시애틀 Seattle
WASHINGTON
OREGON
포틀랜드
Portland
MONTANA
NORTH
DAKOTA
SOUTH
DAKOTA
IDAHO
WYOMING
NEBRASKA
솔트레이크시티
Salt Lake City
새크라멘토
Sacramento
NEVADA
덴버
Denver
샌프란시스코
San Francisco
UTAH
COLORADO
KANSAS
CALIFORNIA
라스베이거스
Las Vegas
ARIZONA
샌타페이
Santa Fe
로스앤젤레스
Los Angeles
샌디에이고
San Diego
NEW
MEXICO
TEXAS
오스틴
Austin
샌안토니오
San Antonio

MINNESOTA

WISCONSIN

MICHIGAN

IOWA

시카고
Chicago

ILLINOIS

INDIANA

OHIO

MISSOURI

WEST
VIRGINIA

KENTUCKY

VIRGINIA

리치먼드 Richmond

위싱턴 D.C. Wahington D.C.

MARYLAND

DELAWARE

PENNSYLVANIA

NEW
JERSEY

뉴욕
New York

NEW
YORK

MAINE

VERMONT

NEW
HAMPSHIRE

MASSACHUSETTS

CONNECTICUT

R.I.

보스턴
Boston

NORTH
CAROLINA

TENNESSEE

ARKANSAS

HOMA

SOUTH
CAROLINA

애틀랜타
Atlanta

MISSISSIPPI

ALABAMA

GEORGIA

LOUISIANA

뉴올리언스
New Orleans

올랜도
Orlando

FLORIDA

마이애미
Miami

## 도시별 거리(마일)

※ 미국에서 사용되는 길이 단위인 마일 기준. 1 마일 mi(mile) = 1.6㎞

| 미국 서부 | | | | | | | |
|---|---|---|---|---|---|---|---|
| 도시명 | 그랜드캐니언<br>Grand Canyon | 라스베이거스<br>Las Vegas | 로스앤젤레스<br>Los Angeles | 포틀랜드<br>Portland | 샌디에이고<br>San Diego | 샌프란시스코<br>San Francisco | 시애틀<br>Seattle |
| 그랜드캐니언<br>Grand Canyon | | 280 | 491 | | | 790 | |
| 라스베이거스<br>Las Vegas | 280 | | 368 | 1,215 | 427 | 670 | 1,401 |
| 로스앤젤레스<br>Los Angeles | 491 | 368 | | 1,329 | 180 | 559 | 1,544 |
| 포틀랜드<br>Portland | | 1,215 | 1,329 | | 1,500 | 861 | 233 |
| 샌디에이고<br>San Diego | | 427 | 180 | 1,500 | | 737 | 1,711 |
| 샌프란시스코<br>San Francisco | 790 | 670 | 559 | 861 | 737 | | 1,092 |
| 시애틀<br>Seattle | | 1401 | 1,544 | 233 | 1,711 | 1,092 | |

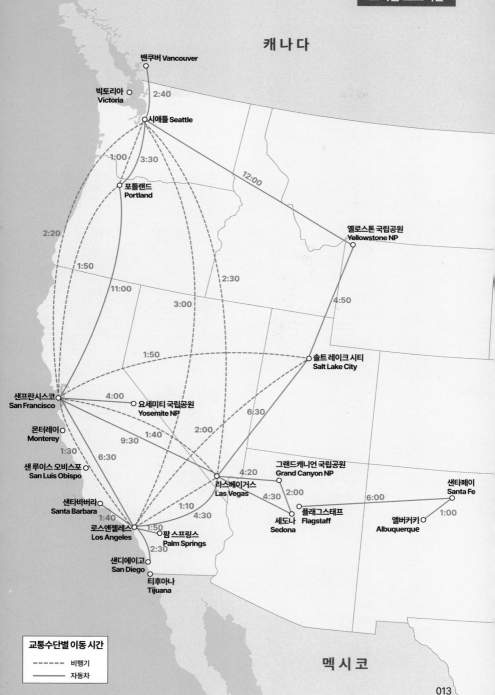

도시별 소요시간

캐 나 다

밴쿠버 Vancouver

빅토리아
Victoria

2:40

시애틀 Seattle

1:00    3:30

12:00

포틀랜드
Portland

옐로스톤 국립공원
Yellowstone NP

2:20

1:50

2:30

4:50

11:00

3:00

솔트레이크 시티
Salt Lake City

1:50

샌프란시스코
San Francisco

4:00    요세미티 국립공원
Yosemite NP

6:30

몬터레이
Monterey

9:30    1:40    2:00

그랜드캐니언 국립공원
Grand Canyon NP

샌타페이
Santa Fe

1:30

샌 루이스 오비스포
San Luis Obispo

4:20

6:00

1:00

라스베이거스
Las Vegas

2:00

앨버커키
Albuquerque

샌타바버라
Santa Barbara

4:30

1:40

1:10

세도나
Sedona

플래그스태프
Flagstaff

로스앤젤레스
Los Angeles

1:50

4:30

팜 스프링스
Palm Springs

샌디에이고
San Diego

2:30

티후아나
Tijuana

교통수단별 이동 시간

－－－－ 비행기

──── 자동차

멕 시 코

# 미국 서부 여행 테마
## Discover the Western USA

# 미국 서부 대표 도시

BEST CITIES IN WESTERN U.S.A.

## 샌프란시스코 San Francisco P.116

자유롭고 진보적인 이미지를 느낄 수 있는 도시. 태평양을 품은 멋진 풍경과 세련된 도시의 이미지를 갖고 있으며, 다양한 볼거리와 먹거리의 천국이기도 하다.

San Francisco

CALIFORNIA

Los Angeles

## 로스앤젤레스 Los Angeles P.230

할리우드로 대표되는 영화산업의 메카. 산과 바다가 어우러진 번화한 도시로 세계 최대의 코리아타운이 자리한다.

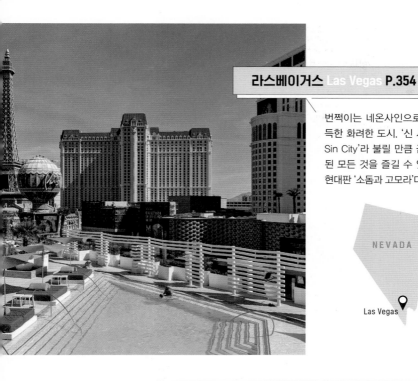

## 라스베이거스 Las Vegas P.354

번쩍이는 네온사인으로 가득한 화려한 도시. '신 시티 Sin City'라 불릴 만큼 금지된 모든 것을 즐길 수 있는 현대판 '소돔과 고모라'다

NEVADA

Las Vegas

## 시애틀 Seattle P.478

촉촉한 이슬비가 내리는 차분한 도시 분위기와 이에 걸맞은 진한 커피 한 잔이 잘 어울리는 도시. 미국 내에서 가장 쾌적하고 아름다운 여름을 가진 도시이기도 하다.

Seattle

WASHINGTON

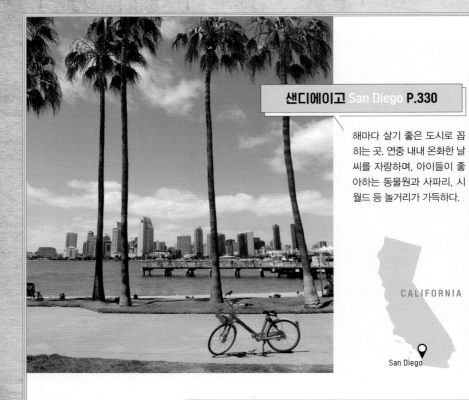

## 샌디에이고 San Diego P.330

해마다 살기 좋은 도시로 꼽히는 곳. 연중 내내 온화한 날씨를 자랑하며, 아이들이 좋아하는 동물원과 사파리, 시월드 등 놀거리가 가득하다.

CALIFORNIA

San Diego

## 세도나 Sedona P.420

레드록(붉은 바위)으로 둘러싸인 신비로운 도시. 전 세계 명상인들이 모여드는 명상의 도시다.

Sedona

ARIZONA

## 솔트레이크시티 Saltlake City P.552

보는 이를 압도하는 세계 최대의 노천 구리광산인 빙엄캐니언이 있는 곳이다. 동계올림픽이 열렸던 곳이자 모르몬교의 총본산이기도 하다.

📍
Saltlake City

UTAH

## 샌타바버라 Santa Barbara P.316

야자수 가득한 이국적인 해변가가 인상적인 도시. 아름다운 수도원과 붉은 지붕으로 수놓은 집들이 어우러진 아름다운 풍경을 뽐낸다.

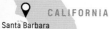

📍 CALIFORNIA
Santa Barbara

## 샌타페이 Santa Fe P.458

미국에서 가장 개성 있는 도시. 이국적인 분위기와 화려한 색감으로 수많은 예술가들이 영감을 얻기 위해 이곳을 찾는다.

📍
Santa Fe

NEW
MEXICO

# BEST OF THE BEST 01

## 대자연과 마주하기

미국 서부 여행의 가장 큰 묘미는 광대한 자연을 만나는 것이다. 대자연을 제대로 즐기려면 전망대에서 눈으로만 보기보다 하이킹으로 직접 체험해 볼 것을 권한다. 상상을 초월하는 거대한 스케일에 압도되어 인간이 얼마나 작은 존재인지를 새삼 느끼게 된다.

지도 라벨: Washington, Oregon, Idaho, Montana, Nevada, Utah, Wyoming, California, Arizona, Colorado, New Mexico

A 옐로스톤
H 아치스
D 요세미티
E 브라이스캐니언
G 자이언캐니언
C 모뉴먼트 밸리
F 앤털로프캐니언
B 그랜드 캐니언
I 화이트 샌즈
J 칼즈배드 동굴

## A 옐로스톤 Yellowstone   유네스코 세계유산 🏛   국립공원

사계절 모두 다채로운 풍경과 함께 다양한 동물을 만날 수 있는 매력적인 곳이다. 세계 최초의 국립공원으로 시시각각 용암이 분출하는 지구의 신비를 느낄 수 있다. 여유 있게 머물면서 자연과 하나가 되어 즐기는 것이 포인트. P.528

## B 그랜드캐니언 Grand Canyon  유네스코 세계유산 🏛  국립공원

자연의 경이로움을 한껏 느낄 수 있는 거대한 협곡이다. 해마다 최고의 여행지로 꼽히는 곳으로 끝없이 펼쳐지는 웅장한 계곡을 제대로 즐기려면 계곡 아래로 내려가는 하이킹을 해야 한다. P.396

> POINT ──〈 미국 국립공원 이용 팁 ─────────
>
> 미국의 국립공원은 규모가 워낙 크고 외지고 척박한 곳이 많아 예기치 못한 일이 생길 수 있다. 출발 전 국립공원 앱을 다운받아 두면 유용하다. 만일에 대비해 간단한 간식과 물, 가솔린을 확인하고, 공원 입구나 방문자센터에서 종이 지도도 받아 두자.
>
>
>
> ● 국립공원 애플리케이션 NPS(National Park Service)
> ① 날씨나 공사 등으로 도로가 폐쇄되는 경우가 있으니 애플리케이션을 통해 실시간으로 확인하자.
> ② 인터넷 연결이 잘 안 되는 곳이 많으니 애플리케이션에서 오프라인 지도를 다운받아 두자(내비게이션용 구글맵 오프라인 지도도 다운받아 두면 좋다).
>
> ● 연간 이용권 America the Beautiful
>
>
>
> 1년간 2,000여 곳의 국립 휴양지(National Parks and Federal Recreational Lands)에서 사용할 수 있는 패스다. 자동차 1대당(성인 4명까지) $80이므로 국립공원 3곳 이상 방문 시 더 저렴하다(단, 모뉴먼트 밸리, 앤털로프캐니언은 국립 휴양지가 아니다).
> 홈페이지 https://store.usgs.gov

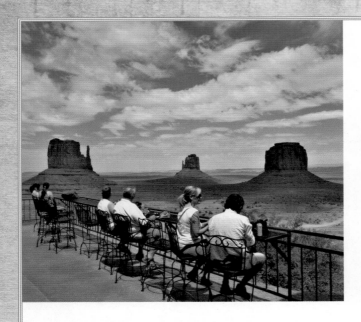

### C 모뉴먼트 밸리 Monument Valley

공상과학 영화에 등장할 만큼 신비로운 행성의 느낌을 간직한 곳이다. 아메리카 원주민의 신성한 땅으로 불리며 가볍게 볼 수 있는 전망대도 있지만 제대로 즐기려면 공원 깊숙이 들어가는 투어를 해야 한다. P.428

### D 요세미티 Yosemite  유네스코 세계유산 🏛  국립공원

미국 서부에서 가장 즐겨 찾는 국립공원으로 설악산처럼 아름답고 친근한 분위기에 웅장함까지 갖춘 곳이다. 바위산과 폭포, 계곡의 독특한 지형이 멋진 풍경을 만들어 낸다. P.210

### E 브라이스캐니언 Bryce Canyon 국립공원

독특한 모습의 붉은 봉우리들로 가득한 계곡이다. 아름다우면서도 신비로운 모습에 유난히 한국인들에게
인기가 많다. 계곡 아래로 펼쳐지는 환상의 하이킹 코스도 꼭 걸어보자. P.414

### F 앤털로프캐니언 Antelope Canyon

사진작가들에게 꿈의 계곡으로 알려진 곳이다. 시시각각 빛이 들어오는 순간에 따라 모습을 달
리하는 신비의 협곡으로 어퍼 캐니언과 로어 캐니언 두 곳의 분위기가 다르다. P.438

### G 자이언캐니언 Zion Canyon  국립공원

친근함과 웅장함이 한 번에 느껴지는 계곡으로 하이커들이 좋아하는 다양한 코스가 있다. 짧은 일정으로도 멋진 풍경을 즐길 수 있다. P.408

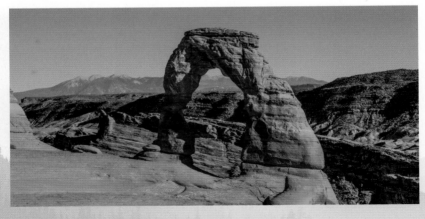

### H 아치스 Arches  국립공원

2,000여 개의 붉은 바위가 만들어내는 기묘한 형상으로 공원 전체가 거대한 야외 갤러리 같다. 초급부터 고난도 코스까지 갖춘 척박한 땅이지만 자동차로 가볍게 돌아볼 수도 있다. P.434

## I 화이트 샌즈
## White Sands

국립공원

온 세상이 눈으로 덮인 듯한 착각에 빠져드는 새하얀 모래사막이다. 미대륙 한복판에 이런 곳이 존재한다는 것 자체가 놀랍고, 차가운 석고 모래라 더욱 신기하다. P.468

## J 칼즈배드 동굴 Carlsbad Caverns    유네스코 세계유산    국립공원

세계적으로 유명한 지하 동굴로 엘리베이터와 계단으로 연결된 어마어마한 규모와 함께 다양한 종유석을 볼 수 있다. 수많은 박쥐들이 서식하고 있는 박쥐 동굴이기도 하다. P.472

# BEST OF THE BEST 02

## 베스트 포토 포인트

멋진 풍경을 담을 수 있는 인증샷 장소는 너무나도 많다. 그중에서도 비싼 입장료를 들이지 않고 갈 수 있는 기특한 장소들만 꼽았다. 단, 대중교통으로는 가기 불편한 곳들이므로 렌터카를 이용해야 한다(일부 지역은 우버 이용 가능).

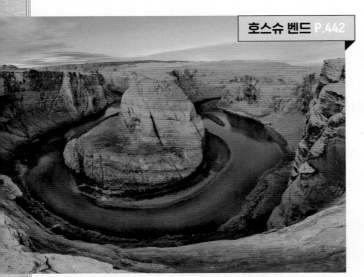

**호스슈 벤드 P.442**

아찔한 절벽이지만 인생샷을 건질 수 있는 곳.

 **Photo Tip**

89번 도로 옆 주차장에서 절벽까지 1km 흙먼지 길을 걸어가면 나타나는 최고의 포토존이다.

**라스베이거스 사인 P.392**

밤에는 스트립, 낮에는 웰컴 투 라스베이거스 표지판이 라스베이거스의 상징.

 **Photo Tip**

라스베이거스 공항에 도착하면 바로 들러야 하는 인증샷의 명소다.

그냥 앉아만 있어도 신비로운 전경이 펼쳐진다.

 *Photo Tip*

투어를 안 하고 보는 가장 쉬운 방법이 바로 더 뷰 호텔 The View Hotel 발코니다.

**모뉴먼트 밸리 P.428**

**할리우드 사인 P.270**

로스앤젤레스의 상징이 된 랜드마크 중 하나.

*Photo Tip*

시내 곳곳에서 보이지만 레이크 할리우드 공원에서 사진 찍기 좋으며 더 가까이 보려면 멀홀랜드 하이웨이로 올라가야 한다.

## 시애틀 전경 P.514

시애틀의 상징 스페이스 니들은 필수. 맑은 날이면 레이니어산의 만년설까지 한 폭의 그림을 만든다.

 *Photo Tip*

포토존으로 유명한 다운타운 북쪽의 케리 파크 Kerry Park에서 시애틀의 전경을 담을 수 있다.

## 골든 게이트 브리지 P.166

골든 게이트 브리지를 가장 멋지게 바라볼 수 있는 곳.

 *Photo Tip*

가는 길도 아름다운 골드 게이트 브리지 북쪽의 배터리 스펜서 Battery Spencer가 명당 자리다.

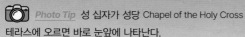

## 세도나 전경 P.424

에너지가 샘솟는 레드록의 전경이 펼쳐지는 곳.

 *Photo Tip* 성 십자가 성당 Chapel of the Holy Cross
테라스에 오르면 바로 눈앞에 나타난다.

## 마운트 러시모어 P.543

미국의 대통령 4명의 얼굴
이 새겨진 가장 미국적인
기념물.

 *Photo Tip*
바위산 꼭대기에 조각되었
으나 주차장에서 조금만
걸어가면 전망 테라스가
있어 쉽게 볼 수 있다.

# BEST OF THE BEST 03
## 태평양을 품은 아름다운 **해변**

미국 서부여행에서 빼놓을 수 없는 또 하나의 키워드가 바로 캘리포니아 해변이다. 맑은 날씨를 자랑하는 파란 하늘과 태평양을 품은 반짝이는 해변, 그리고 파도를 가르는 서퍼들의 역동적인 모습과 해 질 녘의 아름다운 노을… 더 이상 무슨 말이 필요할까.

### A 주마 비치
### Zuma Beach

조용하고 한적하지만 셀럽 커 플을 노리는 파파라치들이 종 종 잠복해 있는 곳이다.

### B 샌타모니카 비치
### Santa Monica Beach

로스앤젤레스 바로 옆에 있어 찾아가기도 가장 쉽고 주변에 식당, 상점도 많아서 시간을 보내기 좋은 곳이다.

### C 베니스 비치
### Venice Beach

샌타모니카 바로 남쪽에 있으 면서도 분위기가 전혀 다르 다. 자유분방한 보헤미안 분 위기를 느낄 수 있다.

### D 맨해튼 비치
### Manhattan Beach

경사진 도로를 따라 내려가면 일직선으로 뻗어 있는 선착장 이 인상적이다. 주변에 예쁜 카페와 부티크들이 많다.

### E 헤모사 비치
### Hermosa Beach

겨울이면 크리스마스트리가 들어서는 재미난 곳. 영화 '라 라랜드'에서 남자 주인공이 춤을 추며 걷는 장면을 촬영 한 곳이기도 하다.

### F 레돈도 비치
### Redondo Beach

부두를 따라 해산물 식당들이 늘어서 있다. 그중엔 한국 식 당도 있어 반갑다. 킹크랩은 물론 얼큰한 해물탕도 먹을 수 있다.

030

로스앤젤레스
Los Angeles

애너하임
Anaheim

**G** **헌팅턴 비치**
**Huntington Beach**

도시 자체가 '서프 시티 Surf
City U.S.A.'로 불리는 서퍼들
의 천국이다.

**H** **뉴포트 비치**
**Newport Beach**

부유한 동네답게 럭셔리 요트
들이 가득하다. 크리스마스에
는 요트 퍼레이드가 열리기도
한다.

**I** **라구나 비치**
**Laguna Beach**

예술가 마을이자 고급 리조트
들이 자리한 아름다운 해변으
로, 휴양지 분위기가 가득한
곳이다.

**J** **라 호야 비치**
**La jolla Shores Beach**

길게 펼쳐진 백사장 끝에는
물개들 가득한 라 호야 코브
La jolla Cove가 있다.

# BEST OF THE BEST 04

## 로드 트립

진정한 미국 여행을 즐기기 위해 꼭 해봐야 할 것이 로드 트립이다. 가도 가도 끝없이 펼쳐지는 장대한 고속도로를 달려보지 않고서 미국을 보았다고 할 수 있을까. 미국 서부에서 가장 인기 있는 코스는 크게 두 가지다. 바다를 보는 캘리포니아 해안도로와 웅장한 계곡이 이어진 그랜드 서클. 여행기간이나 접근성 면에서는 캘리포니아가 훨씬 수월하다. 렌터카 예약부터 운전하기에 대한 내용은 P.060 참고.

### A 캘리포니아 1번 국도
### (샌프란시스코~오렌지카운티)

태평양을 만나는 가장 아름다운 방법. 캘리포니아 해안을 따라 이어진 1번 국도는 환상의 코스로 유명하다.

COURSE 몬터레이 ↔ 17마일 드라이브 ↔ 카멜 ↔ 빅서 ↔ 샌 시미언 ↔ 모로 베이 ↔ 샌 루이스 오비스포 ↔ 샌타바버라 ↔ 말리부 ↔ 샌타모니카 ↔ 라구나 비치 ↔ 데이나 포인트

### B 루트66 Route 66

시카고에서 샌타모니카까지 이어진 전설의 4,000km 대륙횡단 루트 US66은 1950년대까지 로드 트립의 대명사로 불렸다. 이후 고속도로의 발달로 쇠퇴의 길에 접어들었으나 2003년 '히스토릭 루트 66(Historic Route 66)'으로 복원되면서 다시 향수를 불러일으키는 로망의 상징이 되었다. 남서부의 거친 사막을 지나 대장정의 마지막 종착지인 샌타모니카 해변에서 태평양을 맞닥뜨리는 그 순간은 너무나도 드라마틱하다.

### C 하이 로드 High Road (샌타페이~타오스)

샌타페이에서 타오스로 이어지는 84km의 길은 상그레데 크리스토산을 지나는 '하이 로드 High Road'라 불리는 길이다. 샌타페이 북쪽 마을 에스파뇰라에서부터 시작되는 76번 도로가 볼 만하다. 타오스에서 돌아올 때는 리오그란데강을 따라 이어지는 계곡을 지나는 '로 로드 Low Road'로 오는 것이 좋다.

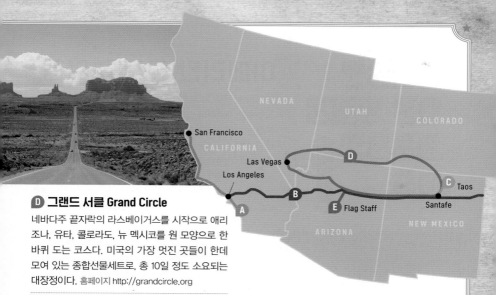

NEVADA
UTAH
COLORADO
San Francisco
CALIFORNIA
Las Vegas
Los Angeles
A
B
D
E Flag Staff
C Taos
Santafe
NEW MEXICO
ARIZONA

*road trip*

## D 그랜드 서클 Grand Circle

네바다주 끝자락의 라스베이거스를 시작으로 애리조나, 유타, 콜로라도, 뉴 멕시코를 원 모양으로 한 바퀴 도는 코스다. 미국의 가장 멋진 곳들이 한데 모여 있는 종합선물세트로, 총 10일 정도 소요되는 대장정이다. 홈페이지 http://grandcircle.org

**COURSE** 라스베이거스 ↔ 자이언캐니언 ↔ 브라이스캐니언 ↔ 그랜드캐니언 노스림 ↔ 호스슈벤드 ↔ 앤털로프캐니언 ↔ 모뉴먼트 밸리 ↔ 포코너스 ↔ 메사 베르데 ↔ 샌타페이 ↔ 세도나 ↔ 그랜드캐니언 사우스림 ↔ 라스베이거스

## E 레드록 시닉 바이웨이
**Red Rock Scenic Byway**
(플래그스태프~세도나~비버 크리크)

플래그스태프에서 세도나로 이어지는 하이웨이 89A에서 레드록 컨트리의 분위기를 한껏 느낄 수 있으며, 특히 세도나에서부터 179번 도로로 빠져나가 17번 도로를 만나는 24km 구간(17번 도로에서는 298번 출구)은 레드록 시닉 바이웨이라 불리는 미국에서 손꼽히는 드라이브 코스다.

POINT ─ 론리 로드 Lonely Roads ─

미국은 거대한 나라이기에 아름다운 드라이브 코스도 많지만 그 중간을 이어주는 수천km의 여정은 'Lonely Roads'라 불릴 만큼 혼자서는 결코 쉽지 않은 길이다. 미국에서만 가능할 듯한 이 가슴 서늘한 여행에도 나름의 묘미가 있다. '세상의 모든 것으로부터 떠나는(Getting away from it all), 세상에 혼자 남겨진 듯한(Middle of nowhere)'의 키워드가 만들어진 끝이 보이지 않는 여정을 제대로 실감할 수 있다.

# BEST OF THE BEST 05

# 아메리칸 유적지 여행

미국의 남서부 지역에는 기원전 800년경부터 원주민들이 옥수수를 재배하며 모여 살았던 것으로 추정된다. 6~7세기부터는 고대 푸에블로 Ancestral Pueblo인이 메사 베르데나 차코캐니언에 정착하면서 문화를 형성했다. 이들은 건축, 공예, 천문학 기술도 발달했으나 13~14세기경 오랜 가뭄에 따른 식량 부족으로 이주하거나 사라졌다고 한다. 현재 남서부 지역에 남아있는 원주민 중 3만 명 정도는 푸에블로족이고, 대부분은 북쪽에서 내려온 나바호족이다.

## 메사 베르데 Mesa Verde

유네스코 세계유산 | 국립공원

미국 최초의 유네스코 세계문화유산으로 아메리카 원주민들의 오랜 역사가 묻어나는 놀라운 절벽 아래 숨겨진 유적지다. 국립공원에서 관리하고 있으며 보존이 잘 되어 있어 볼거리가 많다. P.443

## 차코 문화 국립역사공원
## Chaco Culture National Historical Park

유네스코 세계유산 | 국립공원

한때 푸에블로인들의 문화적 중심지였던 곳이다. 불과 19세기까지 미국을 통틀어 가장 큰 건물이 있었는데, 방이 600개가 넘는 거대한 규모다. 1,000년 전에 이미 건축과 천문학이 발달했던 원주민들의 흔적을 느낄 수 있다. P.453

## 타오스 푸에블로 Taos Pueblo

유네스코 세계유산 🏛

가장 오래된 원주민 거주지 중 하나로 아직도 푸에블로족들이 살고 있다. 원주민의 생활 모습을 직접 볼 수 있으며 붉은색 어도비의 흙벽돌 건물들이 인상적이다. P.467

## 캐니언 드 셰이 Canyon de Chelly

국립유적지

웅장한 계곡 아래 숨겨진 아메리카 원주민의 유적지. 오랜 기간 거주지로 사용됐으며 푸에블로족들이 살다가 후에 나바호족들이 들어왔다. 원주민들의 비극적인 역사와 함께 한이 서린 곳이기도 하다. P.448

## 크레이지 호스 Crazy Horse

중부 대평원에 살았던 라코타족의 전설적인 영웅 크레이지 호스를 기념하는 거대한 조각상이다. 기원전부터 원주민들이 살았던 성스러운 땅이자 그들의 한이 서린 블랙 힐스의 바위에 조각되고 있으며 아직도 미완성 상태다. P.544

# BEST OF THE BEST 06

# 캘리포니아
## 미션 순례

1542년 캘리포니아를 발견한 스페인은 18세기부터 선교의 손길을 뻗친다. 1769년 후니페로 세라 신부를 앞세워 샌디에이고에 최초의 미션을 세우고, 여기서부터 샌프란시스코에 이르는 600마일의 대장정에 30마일 정도 간격으로 21개의 미션을 짓는다. 이 길을 엘 카미노 레알 El Camino Real(스페인어로 '왕의 길')이라 부른다. 원주민들의 개종과 군대를 통한 정복의 역사가 시작된 것이다. 1821년 멕시코가 독립해 스페인이 물러날 때까지 이 미션을 중심으로 마을이 형성되었다. 현재는 이 길을 따라 미션 벨 Mission Bell을 세워 기념하고 있다.

홈페이지 www.missionscalifornia.com
※미션 이름은 원문인 스페인 발음에 따라 본문과 일부 다르게 표기했다.

♥ ♀ ▽    🔖

#샌프란시스코 솔라노
(소노마 미션)
San Francisco Solano (1823년)

샌프란시스코   P.174

산후안 바티

P.

♥ ♀ ▽

#돌로레스
San Francisco de Asís
(Doloes)(1776년)

샌디에이고
San Diego de Alcala (1769년)

스페인 가톨릭의 사제이자 프란체스코 수도회의 선교사로 캘리포니아에 최초의 미션을 설립했다. 미션 곳곳에서 그의 동상을 찾을 수 있다.

후니페로 세라
Junípero Serra

♥ ♀ ▽    🔖

#산루이스 오비스포
San Luis Obispo de
Tolosa (1772년)

솔리다드
Nuestra Senora de la Soledad (1791년)

036

> 600마일에 이르는
> 엘 카미노 레알을
> 따라 550개의 미션
> 벨이 설치되어 길을
> 안내하고 있다.

미션 벨

**#산카를로스(카멜 미션)**
San Carlos Boromeo de
Carmelo Mission (1770년)

**산후안 바티스타**
San Juan Bautista (1797년)

**산페르난도**
San Fernando Rey de España
(1797년)

**산루이스 레이**
San Luis Rey de Francia (1798년)

● 산미구엘

P.226

**#산타바바라**
Santa Barbara (1786년)

● P.321

● P.319

● 산페르난도

로스앤젤레스

● P.227 · 산루이스 레이

**산타이네스**
Santa Ines (1804년)

샌디에이고

**#산후안 카피스트라노**
San Juan Capistrano (1776년)

# BEST OF 신나는 테마파크

미국은 테마파크의 천국이다. 테마파크가 처음 만들어진 곳이자, 가장 많은 테마파크가 있는 곳도 미국이다. 테마파크는 동심을 불러일으키는 깜찍한 캐릭터에서부터 첨단 과학기술을 동원한 것까지 볼거리가 무궁무진하다. 또한 1년 내내 맑은 날씨를 자랑해 비수기 없이 항상 수많은 사람들로 붐빈다. 캘리포니아의 테마파크는 하루에 하나씩만 둘러본다 해도 일주일이 넘는다. 테마파크마다 각기 다른 특징이 있으니 경비나 시간을 고려해 몇 곳만 골라 제대로 즐기는 것이 요령이다.

## 유니버설 스튜디오
## Universal Studio

영화 세트장, 특수효과 체험 등 할리우드 영화를 주제로 한 볼거리와 즐길 거리가 가득한 곳이다. 영화를 좋아하는 사람이라면 남녀노소 구분없이 모두 좋아한다. 로스앤젤레스에서 가장 가깝다는 것도 장점이다. P.301

## 디즈니랜드 Disneyland

디즈니 애니메이션을 주제로 한 다양한 탈거리, 볼거리와 즐길 거리가 있으며 밤늦게 펼쳐지는 쇼도 볼 만하다. 원래는 5~12세 아이들이 주로 좋아했는데 2019년 스타워즈 구역이 오픈하면서 SF 덕후들의 성지가 되었다. P.305

## 캘리포니아 어드벤처 California Adventure

픽사 애니메이션과 좀 더 강도 높은 볼거리와 탈거리가 있다. 캘리포니아와 할리우드를 주제로 한 내용이 많으며 청소년들이 좋아하는 분위기라 10~20세가 가장 좋아한다. P.310

## 식스 플래그스 매직 마운틴 Six Flags Magic Mountain

짜릿한 스릴을 안겨주는 탈거리가 많은 것으로 유명하다. 무시무시한 롤러코스터가 많아 15~22세가 특히 좋아한다. P.314

## 시월드 Sea World

해양 생물들이 가득해 구경할 것이 많고 동물쇼도 탈거리도 있다. 가족 단위로 많이 찾으며 5~12세가 좋아한다. P.343

©Aero4

## 사파리 파크 Safari Park

로스앤젤레스와 샌디에이고에는 일반 동물원도 있지만 이곳은 스케일이 다른 사파리가 있다. 7~15세가 좋아한다. P.344

# BEST OF THE BEST 08

## 쇼핑의 천국, 아웃렛 몰

쇼핑의 천국 미국은 아웃렛이 탄생한 곳이기도 하다. 전국 곳곳에 자리한 아웃렛 몰은 워낙 넓은 부지에 수많은 할인매장들이 들어서다 보니 주로 땅값이 저렴한 외곽에 자리한다. 따라서 자신의 여행지에서 가까운 곳에 위치한 아웃렛을 찾아가거나 다른 도시로 이동 중에 들르는 것이 좋다. 대부분 고속도로에서 가까운 곳에 있다.

**POINT** 프리미엄 아웃렛 Premium Outlets 이용 팁

가장 크고 유명한 아웃렛 체인으로 한국에도 입점해 있다. 홈페이지에서 VIP쇼퍼 클럽 VIP Shopper Club에 가입하면 누구나 VIP 쿠폰으로 추가 할인을 받을 수 있다.

● **쿠폰 사용 방법 :** 회원 가입 후 홈페이지에서 'My VIP Center' 메뉴로 들어가면 쿠폰을 인쇄할 수 있고, 매장에서 휴대폰으로 쿠폰을 직접 보여줄 수도 있어 편리하다.
홈페이지 www.premiumoutlets.com

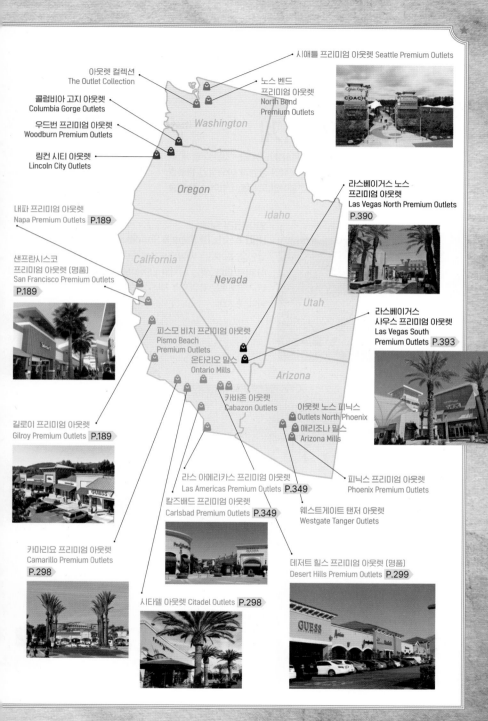

시애틀 프리미엄 아웃렛 Seattle Premium Outlets

아웃렛 컬렉션
The Outlet Collection

노스 벤드
프리미엄 아웃렛
North Bend
Premium Outlets

콜럼비아 고지 아웃렛
Columbia Gorge Outlets

우드번 프리미엄 아웃렛
Woodburn Premium Outlets

링컨 시티 아웃렛
Lincoln City Outlets

Washington

Oregon

Idaho

내파 프리미엄 아웃렛
Napa Premium Outlets P.189

라스베이거스 노스
프리미엄 아웃렛
Las Vegas North Premium Outlets
P.390

샌프란시스코
프리미엄 아웃렛 (명품)
San Francisco Premium Outlets
P.189

California

Nevada

Utah

라스베이거스
사우스 프리미엄 아웃렛
Las Vegas South
Premium Outlets P.393

피스모 비치 프리미엄 아웃렛
Pismo Beach
Premium Outlets

온타리오 밀스
Ontario Mills

Arizona

카바존 아웃렛
Cabazon Outlets

아웃렛 노스 피닉스
Outlets North Phoenix
애리조나 밀스
Arizona Mills

길로이 프리미엄 아웃렛
Gilroy Premium Outlets P.189

라스 아메리카스 프리미엄 아웃렛
Las Americas Premium Outlets P.349

피닉스 프리미엄 아웃렛
Phoenix Premium Outlets

칼즈배드 프리미엄 아웃렛
Carlsbad Premium Outlets P.349

웨스트게이트 탠저 아웃렛
Westgate Tanger Outlets

카마리요 프리미엄 아웃렛
Camarillo Premium Outlets
P.298

데저트 힐스 프리미엄 아웃렛 (명품)
Desert Hills Premium Outlets P.299

시타델 아웃렛 Citadel Outlets P.298

# BEST OF THE BEST 09
## 이색 체험의 세계

없는 것이 없다는 미국에서 독특한 문화를 느껴보는 것은 어떨까. 다양한 문화가 공존하는 미국에서 이국적인 풍경과 이국적인 문화를 접하는 것은 어렵지 않다. 미국의 전형적인 도시에서 벗어나 한 번쯤 색다른 여행을 만들어보자.

빅토리아
Victoria ○ 시애틀

Washington

### 와이너리 탐방
### 내파 & 소노마 Napa & Sonoma

와인을 좋아하는 사람들에게는 천국이 따로 없다. 와인 산지를 넘어 아름답고 평화로운 휴양지로 자리 잡은 곳이다. P.202

Oregon

● 내파 & 소노마
Napa & Sonoma

○ 샌프란시스코

Nevada

### 덴마크 마을
### 솔뱅 Solvang

덴마크 이민자들이 모여 살며 이루어진 작은 마을 솔뱅, 커피와 함께 데니시 페이스트리를 먹으며 유럽풍의 건물들과 풍차를 볼 수 있다. P.321

California

솔뱅
Solvang

○ 로스앤젤레스

### 멕시코 국경 도시
### 티후아나 Tijuana

국경만 넘으면 완전히 다른 세계가 펼쳐지는 곳이다. 샌디에이고에서 당일치기로 멕시코를 볼 수 있으니 하루에 2개국 여행이 가능하다. P.350

티후아나
Tijuana

**캐나다 국경 도시 빅토리아 Victoria**
시애틀에서 당일치기로 다녀올 수 있는 빅토리아는 평화롭고 고풍스러운 캐나다를 느낄 수 있는 곳으로 영국의 정취가 묻어 있다. P.526

**명상 체험 세도나 Sedona**
붉은 암석들로 가득한 세도나는 지구의 파장이 강력히 분출되는 보텍스가 많아 강한 에너지가 흐르는 곳이다. 뉴에이지 명상센터들이 많아 명상 여행으로 유명하다. P.420

**아메리카 원주민 마을 타오스 Taos**
현재에도 아메리카 원주민이 모여 사는 마을로, 그들의 생활 모습을 그대로 볼 수 있는 곳이다. P.466

**멕시코풍 도시 샌타페이 Santa Fe**
미국이라기엔 너무 낯선 풍경을 지닌 샌타페이는 스페인과 멕시코 문화가 합쳐진 독특한 곳이다. P.458

# BEST OF THE BEST 10 세계적인 박물관

세계적인 수준의 박물관들은 대개 미국 동부에 모여 있지만 서부는 드넓은 규모로 또다른 면모를 보여준다. 여행 중 시간을 내어 가볼 만한 박물관이 많으니 한 번쯤 여유 있는 관람을 즐겨 보자.

## 캘리포니아 과학 아카데미
## California Academy of Sciences

2008년 재건되면서 세계적인 자연사 박물관으로 거듭난 이곳은 방대한 규모에 최첨단 친환경 박물관으로 인기가 많다. P.171

홈페이지 www.calacademy.org

## 로스앤젤레스 카운티 미술관 LACMA
## (Los Angeles County Museum of Art)

9개의 건물이 소장품으로 가득한 미 서부 최대의 미술관으로 사무실 가득한 도심에서 오아시스와 같은 곳이다. P.278

홈페이지 www.lacma.org

## 드 영 박물관 de Young Museum

2005년 재개장하면서 더욱 분위기 있는 미술관이 되었다. 골든 게이트 브리지가 바라다보이는 전망대도 놓치지 말자. P.170

홈페이지 deyoung.famsf.org

## 게티 센터 The Getty Center

아름다운 건물과 전망으로 더욱 인기 있는 미술관으로 공원도 있어서 휴식 같은 시간을 보낼 수 있다. P.283

홈페이지 www.getty.edu

## 샌프란시스코 현대미술관 SFMOMA
### (San Francisco Museum of Modern Art)

소장 작품은 물론 건물 자체로도 인정받는 미국 서부 최고의 현대 미술관이다. P.152

홈페이지 www.sfmoma.org

## 더 브로드 The Broad

미국의 현대 미술을 이끄는 거장들의 소장품이 가득한 이곳은 건물 자체도 독특하며 모든 것이 무료라는 점도 놀랍다. P.255

홈페이지 www.thebroad.org

## 타르 피츠 박물관
### La Brea Tar Pits & Museum

로스앤젤레스 시내 한복판에 타르가 흘러나오는 곳이 있다. 이 타르 구덩이에 갇혀 화석으로 남겨진 생물들을 볼 수 있는 독특한 박물관이다. P.279

홈페이지 www.tarpits.org

## 피터슨 자동차 박물관
### Petersen Automotive Museum

미국 서부의 이미지와 잘 어울리는 자동차 박물관. 미국 생활에서 필수적인 자동차의 역사를 배우고 멋진 슈퍼카들을 감상할 수 있는 곳이다. P.279

홈페이지 www.petersen.org

## 항공 박물관 The Museum of Flight

보잉사가 탄생한 시애틀에 자리한 박물관으로 인류의 항공 역사를 한눈에 볼 수 있는 곳이다. 활주로가 있는 거대한 건물에 수많은 항공기와 우주선이 전시되어 있다. P.520

홈페이지 museumofflight.org

# BEST OF THE BEST ~~~~~

# 힐링 리조트

허니문이나 커플, 가족여행으로 미국을 찾는 사람들이 늘면서 숙소에도 고급 리조트 바람이 불고 있다. 최고의 인프라를 자랑하는 미국의 리조트 호텔은 가격이 상당하지만, 여행의 막바지에 한 번쯤 달콤한 휴식을 즐겨보는 건 어떨까.

## 몬타지 라구나 비치 Montage Laguna Beach

라구나 비치의 멋진 전경을 그대로 담은 곳이다. 주변의 아름다운 산책로는 라구나 해변과 이어져 최고의 휴식을 즐기기에 그만이다.

홈페이지 www.montagehotels.com/lagunabeach

©Rouse

## 랜초 발렌시아
## Rancho Valencia Resort & Spa

샌디에이고 북쪽에 자리한 이곳은 주변에 골프장이 있는 조용한 주택가지만 이국적인 정원과 인테리어로 신비함을 주는 곳이다. 레고랜드, 시월드, 샌디에이고 동물원과 가까워 가족여행에 좋다.

홈페이지 www.ranchovalencia.com

©Kodiak Greenwood

## 포스트 랜치 인
## Post Ranch Inn

해마다 최고의 호텔 랭킹에 들어가는 유명한 곳으로, 태평양과 바로 면해 있는 절벽에 지어져 특별함을 더한다. 빅서 Big Sur 주변의 적막함을 느낄 수 있다.

홈페이지 www.postranchinn.com

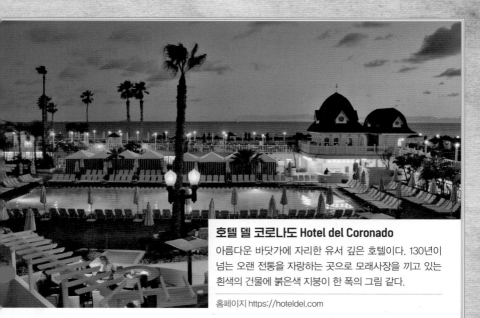

### 호텔 델 코로나도 Hotel del Coronado

아름다운 바닷가에 자리한 유서 깊은 호텔이다. 130년이
넘는 오랜 전통을 자랑하는 곳으로 모래사장을 끼고 있는
흰색의 건물에 붉은색 지붕이 한 폭의 그림 같다.

홈페이지 https://hoteldel.com

### 알릴라 내파 밸리 Alila Napa Valley

하얏트 호텔 그룹의 고급 리조트로 조용한 세인트
헬레나에 자리한다. 객실에서 포도밭 풍경을 즐길
수 있고 바로 옆에 베린저 와이너리도 있다.

홈페이지 www.alilahotels.com/napa-valley

©RSH

### 로즈우드 샌드 힐 Rosewood Sand Hill

실리콘 밸리 한편에 자리한 리조트 호텔로 주변에 골
프장과 함께 스탠퍼드 대학이 있는 팰로 앨토, 마운틴
뷰, 새너제이(산호세)가 있다.

홈페이지 www.rosewoodhotels.com

 ◁ **리조트 호텔 200% 즐기는 법** ─

미국의 고급 리조트는 숙박비에 세금, 봉사료, 리조트 수수료까지 붙는다. 하지만 기왕 리조트 호텔을 이용
한다면 체크인과 체크아웃 시간을 고려해 최소 2박은 해야 부대시설들을 제대로 즐길 수 있다. 태평양이
보이는 멋진 풍광의 리조트가 단연 인기지만, 내파 밸리나 애리조나, 콜로라도에도 조용한 고급 힐링 리조
트가 많다. 가격이 부담스럽다면 가성비 최고를 자랑하는 라스베이거스에서 리조트 호텔을 이용해보자.

# BEST OF THE BEST 12

## 크래프트 비어의 천국

20세기에 금주법이 있었다는 것이 믿어지지 않는 미국은 1970년대 말에 자가양조 금지법까지 풀리면서 소규모 수제맥주들이 생겨나기 시작했다. 그리고 21세기에 전 세계 최대, 그리고 최고의 크래프트 비어 생산국이 되었다. 물이 좋은 워싱턴주와 오리건 등 서해안 지역을 중심으로 무수한 브루어리가 생겨났는데, 특히 캘리포니아는 다양성과 창의성이라는 특성에 맞게 일찍부터 발전해 현재 800개가 넘는 브루어리가 있다.

San Diego North Conventic Visitors Bureau

© Stone Brewing Co

### 스톤 브루잉 월드 비스트로 앤 가든스
### Stone Brewing World Bistro & Gardens

미국에서 가장 맥주 마시기 좋은 곳으로도 뽑힐 만큼 분위기 좋고 맛있는 맥주를 만든다. 이국적인 건물의 넓은 공간에 나무가 가득하다.

홈페이지 www.stonebrewing.com

### 올드 스토브 브루잉 Old Stove Brewing

맛있는 음식과 멋진 풍광까지 갖춘 곳으로 해질녘이면 대관람차와 아름다운 석양을 볼 수 있는 노천 테이블이 인기다. P.497

홈페이지 www.oldstove.com

### 앤젤 시티 브루어리 Angel City Brewery

로스앤젤레스의 아츠 디스트릭트에서 인기 있는 브루어리 펍으로 동네의 분위기와 잘 어울린다. 철마다 다양한 이벤트로 활기찬 곳이다. P.251

홈페이지 https://ballastpoint.com

## 밸러스트 포인트 브루잉
**Ballast Point Brewing**

100개가 넘는 브루어리를 지닌 크래프트 비어의 도시 샌디에이고에서 스톤 브루잉과 함께 가장 오래되고 대표적인 브랜드다.

홈페이지 https://angelcitybrewery.com

## 더 파이크 브루잉 컴퍼니 The Pike Brewing Company

시애틀의 명물 시장 파이크 플레이스 마켓 안에 자리한 곳. 맥주 박물관처럼 역사적인 볼거리가 많아 재미있다. P.494

홈페이지 https://www.pikebrewing.com

## 아츠 디스트릭트 브루잉 컴퍼니
**Arts District Brewing Company**

로스앤젤레스의 핫한 지역인 아츠 디스트릭트에 자리한 대형 브루어리 펍. 공장을 개조한 모습이 재미있다. P.251

홈페이지 www.artsdistrictbrewing.com

## 앵커 브루잉 컴퍼니
**Anchor Brewing Company**

1896년에 설립된 미국 최초의 브루어리로 샌프란시스코 대표 맥주이기도 하다. 마트에서도 쉽게 만날 수 있다.

홈페이지 https://www.anchorbrewing.com

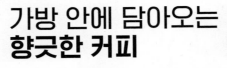

# Best of the Best 13

## 가방 안에 담아오는 향긋한 커피

전 세계에서 원두를 가장 많이 수입하는 나라는 미국이다. 미국인들이 커피를 많이 마시기도 하지만, 생두를 로스팅해서 다시 전 세계에 팔고 있기 때문이다. 대량 생산된 인스턴트커피로 대중화를 이끈 제1의 커피 물결이 막을 내리고, 스타벅스를 필두로 한 제2의 커피 물결은 로스팅한 원두로 커피의 맛을 끌어올렸다. 하지만 이 역시 저렴한 생두를 대량 수입해 일괄적으로 로스팅하는 수준이었다면 1990년대부터 시작된 제3의 커피 물결은 소위 '스페셜티 커피'다. 생산지를 탐방하고 품질 좋은 생두를 공정무역으로 들여와 품종에 맞는 방법으로 로스팅하고 추출해 커피 본연의 맛과 향을 최대한 살려내는 것. 이러한 스페셜티 커피 브랜드가 가장 많은 곳이 바로 미국이다.

### 블루 보틀 Blue Bottle

샌프란시스코 옆 오클랜드에서 작은 로스터 가게로 시작해 제3의 커피 물결을 이끈 주역으로 성장했다. 서울에도 입점했으며 매력적인 산미가 있다.

### 피츠 커피
### Peet's Coffee

1966년 버클리에서 탄생한 커피로 스타벅스의 비즈니스 모델이 되었던 것으로 유명하다. 진하면서도 부드럽고 고소한 맛이 일품이다.

### 버브 커피 로스터스
### Verve Coffee Roasters

2007년 샌프란시스코 인근의 해안마을 샌타크루즈에 첫 카페를 열고 로스팅을 시작했다. 포장지 색으로 원산지를 표시한다.

### 버드 록 커피 로스터스
### Bird Rock Coffee Roasters

2002년에 샌디에이고에 문을 열어 꾸준한 사랑을 받아왔다. 지역 밴드를 지원해 라이브 음악 이벤트를 여는 등 활발한 커뮤니티 활동으로도 알려져 있다.

### 카페 비타 Caffe Vita

1995년 시애틀의 캐피틀힐에 오픈해 지금까지도 인기를 누리고 있는 곳으로 공정무역을 통해 들여온 다양한 원두를 로스팅한다.

### 스텀프타운 Stumptown

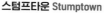

커피의 도시로 빠질 수 없는 포틀랜드에서 탄생한 커피다. 1999년 오픈해 스페셜티 커피가 유행하는 데 큰 역할을 했다.

### 이퀘이터 Equator

1995년 샌프란시스코 북쪽의 마린 카운티에 처음 문을 열었다.

### 스토리빌 커피
### Storyville Coffee

매장은 시애틀에 단 두 곳뿐이지만 진하고 신선한 원두를 좋아하는 마니아들이 생기면서 아마존 등 여러 온라인 매장에서 원두를 살 수 있다.

### 리추얼 커피 로스터스
### Ritual Coffee Roasters

2005년 샌프란시스코에서 시작해 큰 인기를 누리고 있는 커피다.

### 사이트글라스 커피
### Sightglass Coffee

2009년에 시작해 늦었지만 리추얼과 함께 샌프란시스코에서 가장 인기 있는 커피다.

---

**POINT** ◁ **유기농 식료품 마켓에서 구입할 수 있는 원두**

카페에 방문하면 다양한 종류의 커피를 여러 추출 방식으로 맛볼 수 있다. 하지만 일일이 방문하기는 어려우니 원두 구입을 위해서는 대형 유기농 마켓인 홀푸드 마켓 Whole Foods Market을 추천한다. 여러 브랜드가 모여 있고, 자회사에서 직접 로스팅하는 브랜드 '알레그로 Allegro'도 품질이 좋다.

# BEST OF THE BEST 14

## 캘리포니아 와인의 향기는 소중한 선물

캘리포니아 와인은 미국이 자부하는 세계적인 와인으로 포도 재배에 환상적인 자연환경에 자본과 기술이 만나 태어난 신의 물방울이다. 캘리포니아 와인 컨트리에서 나오는 수많은 와인들은 저렴하면서도 질 좋은 것으로 정평이 나 있다. 와인 종주국인 프랑스를 놀라게 한 고급 와인부터 가성비 좋은 와인까지 종류도 다양하다(P.204 참조).

### Q. 와인은 어디서 구입하나요?

**A.** 동네마다 주류 전문점인 리커 스토어 Liquor Store가 있으나 일부러 찾아갈 필요는 없고 일반 마트에서 쉽게 살 수 있다. 마트별 특징은 다음과 같다.

**• 트레이더 조스 Trader Joe's, 타깃 Target**
저렴한 와인이 많으나 종류가 많지 않은 게 단점이다.

**• 홀푸즈 마켓 Whole Foods Market**
와인의 종류를 다양하게 구비하고 있으며 와인 쇼핑의 정보가 부족하다면 직원의 도움을 청하면 친절하게 와인을 추천해 준다.

**• 코스트코 Costco**
가격 대비 질 좋은 와인을 살 수 있다.

**• 세이프웨이 Safeway**
대중적인 와인을 많이 갖추고 있고, 품목에 따라 와인을 세일하기도 한다.

### Q. 주의할 사항은 뭐가 있나요?

**A.** 캘리포니아 음주 가능 연령은 만 21세 이상이므로 술을 살 때 직원이 사진이 들어간 신분증(ID) 제시를 요구한다. 반드시 신분증을 준비해야 한다.

한국 귀국 시 면세 규정은 2병(2L)까지이므로 그 외에는 세관 신고를 해야 한다.

나를 위한 선물부터 소중한 사람에게 전하는 선물까지
가격대별로 인기 있는 와인 추천 리스트!

 **$20 가격대의 와인들**

- 다오우 파소 로블스 카베르네 소비뇽
  Daou Paso Robles Cabernet Sauvignon
- 메이오미 카베르네 소비뇽
  Meiomi Cabernet Sauvignon
- 에듀케이티드 게스 카베르네 소비뇽
  Educated Guess Cabernet Sauvignon
- 조시 셀러스 카베르네 소비뇽
  Josh Cellars Cabernet Sauvignon
- 제이 로어 이스테이트 세븐 오크 카베르네 소비뇽
  J. Lohr Estates Seven Oaks Cabernet Sauvignon

 **$30 가격대의 와인들**

- 로버트 몬다비 와이너리 내파 카베르네 소비뇽
  Robert Mondavi Winery Napa Cabernet Sauvignon
- 헤스 알로미 카베르네 소비뇽
  Hess Allomi Cabernet Sauvignon
- 스태그스 리프 내파 밸리 멀롯
  Stags' Leap Napa Valley Merlot

 **$50 가격대의 와인들**

- 더 프리즈너 레드 블렌드 The Prisoner Red Blend
- 셰이퍼 TD-9 레드 블렌드 Shafer TD-9 Red Blend
- 덕혼 내파 밸리 멀롯 Duckhorn Napa Valley Merlot

# 미국 서부 알아가기
## Know Before You Go

국가 기본 정보
렌터카 여행
그 밖의 교통수단
미국의 음식
미국의 쇼핑

**공식 명칭**
아메리카 합중국

# USA
**United States of America**

**종교**
기독교(개신교·천주교·모르몬교 등) 67%,
유대교 2%, 기타 종교 6% (2023년 기준)

---

**수도**
워싱턴 D.C.

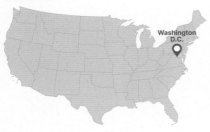

Washington D.C.

**대통령**
도널드 트럼프 **Donald Trump**

**1인당**
**GDP $86,000**
(2024년 추정)

---

**통화**
미국 달러

**United States Dollar(USD)**

**인구**
약 **3억 4천 명**
(2024년 기준)

---

**환율**
**$1 = 약 1,460원**
(2025년 3월 기준)

**언어** (2022년 기준)

| | |
|---|---|
| 영어 | 78.1% |
| 스페인어 | 13.5% |
| 유럽어 | 3.7% |
| 아시아어 | 3.6% |
| 기타 | 1.2% |

**국제전화**
코드 **+1**

**전압**
**110v**

TYPE A

**응급 번호**
911

Emergency call
**911**

## 역사

### 15세기 이전 아메리카 원주민

미국 땅에 처음 인간이 살기 시작한 것은 수만 년 전 빙하기에 수위가 낮았던 지금의 베링해를 건너온 아시아인으로 추정되고 있다. 이들은 여러 지역에 퍼져서 발달한 농경문화와 종교의식을 지니고 있었으며 건축기술과 도기 제조기술 등도 발달해 있었다. 이들을 아메리카 원주민이라 부른다.

### 아메리카 대륙의 발견

1492년 인도로 항해한 크리스토퍼 콜럼버스는 바하마에 도착해 인도라고 착각했고 원주민을 인디언이라 생각했다.

### 16~17세기 식민지 건설과 청교도 이주

유럽인들은 앞다투어 아메리카 대륙에 식민지를 건설했다. 17세기 초 버지니아에 건설된 영국의 식민지가 자리를 잡아갔고, 영국의 청교도들은 뉴잉글랜드 지방에 정착했으며, 네덜란드인들은 뉴욕에 식민지를 건설했다. 한편 스페인은 1542년에 캘리포니아를 발견해 18세기부터 수도원을 짓기 시작했다.

### 영국 식민지로부터 독립

1776년 7월 4일 13개 식민지 대표가 미국 독립선언에 서명하고, 1783년 요크타운 전투의 승리로 영국은 미국의 독립을 인정한다. 이후 연방법을 제정하고 1789년 조지 워싱턴 장군을 초대 대통령으로 선출해 아메리카합중국을 수립했다.

### 영토 확장의 시대

1800년 워싱턴 D.C.가 미국의 수도로 지정되었고, 1803년 프랑스로부터 지금의 미국 중부 내륙 대부분을 차지하는 영토를 헐값에 사들였다. 그리고 점차 중서부로 영토를 확장해가며 서부 개척의 미명하에 수많은 아메리카 원주민을 학살했다.

### 미국·멕시코 전쟁

1822년 멕시코가 스페인으로부터 독립하면서 현재 미국의 남서부 지역은 멕시코의 영토가 되었다. 그러나 1846년 텍사스가 독립해 공화국을 세우면서 갈등이 폭발해 결국 미국과 멕시코의 전쟁으로 번졌다. 1848년 미국이 승리하면서 텍사스, 캘리포니아, 뉴 멕시코 등이 미국 영토로 편입되었다.

### 캘리포니아 골드러시

1848년 캘리포니아에서 금이 발견되면서 골드러시가 시작되었다. 인구가 크게 유입되면서 도시가 발달하고 1869년에는 대륙횡단철도가 개통된다.

### 남북전쟁

미국의 북부 지역은 빠르게 공업화가 진행되면서 노동력이 필요했고 남부는 노예 기반의 농업 사회였기에 충돌할 수밖에 없었다. 북부가 지지하는 공화당의 링컨이 대통령이 되자 남부 주들이 연방을 탈퇴하면서 1861년 내전으로 번졌다. 1865년 북부가 승리했고 노예제는 폐지되었으나 아직도 인종문제는 풀리지 않는 숙제로 남아 있다.

### 뉴딜 정책

1929년 검은 목요일로 불리는 월스트리트의 대폭락 사태 이후 미국은 대공황의 침체에 빠졌다. 이를 해결하기 위해 1933~1936년, 정부는 고용과 복지를 늘리는 등 경제 구조를 전반적으로 개혁했다. 이러한 뉴딜 정책의 일환으로 후버댐을 건설하면서 라스베이거스는 미국 중서부의 주요 도시로 성장했다.

### 제2차 세계대전과 전후 질서

1941년 일제의 진주만 공격으로 미국이 제2차 세계대전에 참전하면서 전쟁의 양상이 바뀌고 결국 연합국이 승리했다. 이후 국제질서는 미국 중심으로 개편되기 시작했다. 달러가 기축통화가 되면서 현재까지 패권국으로서의 지위를 누리고 있다.

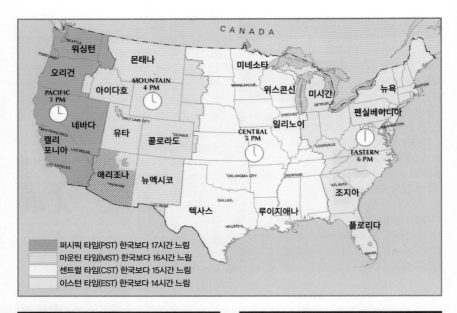

## 시차 Time zone

땅이 넓은 미국은 본토에만 4개의 시간대가 있다. 서부 해안 쪽은 가장 늦은 퍼시픽 타임을 사용하고 중서부 지방은 마운틴 타임을 쓰니 주 경계선을 넘어갈 때 주의하자.

서부 여행에서 또 한 가지 주의할 점은 위 지도에 표시된 애리조나주 일부 지역(빗금 표시)이다. 애리조나주는 서머타임제를 실시하지 않는다. 그러나 분홍색으로 표시된 아메리카 원주민 자치구(인디언 보호구역)는 서머타임제를 따르기 때문에 혼동하기 쉽다.

**Tip**

### 일광 절약 시간제(서머타임제)
Daylight Saving Time(DST)

미국은 2005년 개정된 에너지정책 조항에 따라서 전국에 걸쳐 에너지 절약 시간제를 실시하고 있다. 이에 따라 3월 둘째 일요일부터 11월 첫째 일요일까지는 시간을 한 시간 앞당겨 사용하고 있다. 위성시계를 사용하는 휴대폰이나 컴퓨터 등에서는 자동으로 시간이 맞춰지지만 각자의 시계는 각자가 맞춰야 한다. 3월이나 11월에 여행하게 된다면 비행기 시각이나 대중교통 시각 등에 차질이 빚어지지 않도록 주의하자.

## 기후

반건조의 스텝 기후로 건조한 편이다.

로키 산맥과 캐스케이드 산맥, 시에라네바다 산맥이 지나는 곳으로 고산 기후를 보인다.

사막 기후로 일교차가 심하고 여름에는 매우 덥고 건조하다.

서안해양성 기후로 여름에는 건조한 편이며 겨울에는 온난다습해 비가 많다.

지중해성 기후로 여름에 덥지만 건조하고 일교차가 크며 겨울에는 온난다습한 편이다.

일기 예보 홈페이지 www.weather.com

## 공휴일

미국의 공휴일은 특정한 날짜가 아니라 대부분 요일로 정한다. 그리고 추수감사절을 제외하면 모두 월요일이다. 따라서 추수감사절은 목요일부터 연휴가 시작되며, 나머지는 대부분 금요일부터 월요일까지 연휴가 되므로 공항이나 여행지가 복잡하다. 특히 추수감사절과 크리스마스는 우리나라의 설날과 추석처럼 며칠 전부터 공항이 매우 붐비고 외곽으로 나가는 도로들도 복잡한 편이다. 추수감사절과 크리스마스 당일에는 문을 닫는 곳이 많지만 다음 날부터는 정상 영업을 하는 편이다. 다른 공휴일들엔 은행이나 우체국 등이 문을 닫지만 여행지는 항상 붐빈다.

| 1월 1일 | 설날<br>New Year's Day |
|---|---|
| 1월 셋째 월요일 | 마틴 루서 킹의 날<br>Martin Luther King Jr. Day |
| 2월 셋째 월요일 | 대통령의 날<br>Presidents' day |
| 5월 마지막 월요일 | 메모리얼 데이(현충일)<br>Memorial Day |
| 7월 4일 | 독립기념일<br>Independence Day |
| 9월 첫째 월요일 | 근로자의 날<br>Labor Day |
| 10월 둘째 월요일 | 콜럼버스의 날<br>Columbus Day |
| 11월 11일 | 재향군인의 날<br>Veterans' Day |
| 11월 넷째 목요일 | 추수감사절<br>Thanksgiving Day |
| 12월 25일 | 크리스마스<br>Christmas |

## 여행 성수기

미국 여행의 성수기는 보통 메모리얼 데이 Memorial Day부터 시작해 근로자의 날 Labor Day까지다. 인기 여행지들은 이때부터 바빠지며 영업시간도 조금씩 연장된다. 그리고 최고 성수기는 7~8월과 12월 중순~1월 초순까지다. 이 기간에는 어디든 사람이 많고 공항도 복잡하다.

## 영업시간

미국은 우리와 비슷한 듯하지만 의외로 일요일에 문을 일찍 닫거나 휴무인 곳이 많으니 영업장별 운영시간도 알아둘 필요가 있다.

### ★ 레스토랑

레스토랑은 영업장마다 차이가 많지만, 보통 11:00~22:00 정도에 문을 열며 금요일과 토요일에는 늦게까지 영업하는 편이고 일요일에는 좀 더 일찍 닫는 편이다. 레스토랑에 따라 저녁에만 오픈하는 곳도 있고 아침식사를 하는 곳은 아침 일찍 오픈한다. 또한 점심과 저녁 사이 브레이크 타임에 문을 닫는 레스토랑도 많다.

### ★ 상점

일반 소비자들을 상대로 하는 상점들은 보통 월~금요일 10:00~18:00 정도 영업하고, 토요일에는 더 늦게까지(20:00 또는 21:00) 영업하는 곳이 많으며 일요일에는 11:00~17:00 정도로 평일보다 늦게 열고 일찍 닫는 편이다.

### ★ 마켓·약국

작은 슈퍼마켓이나 약국은 일반 상점과 비슷하게 운영되지만, 대형 슈퍼마켓과 드러그스토어는 23:00~다음 날 01:00까지 영업하거나 24시간 영업하는 곳도 있다.

### ★ 은행·우체국

은행은 보통 월~금요일 09:00~17:00 또는 18:00까지 영업하지만 대도시의 큰 영업점은 토요일에 오픈하기도 한다. 우체국은 보통 월~토요일 09:00~17:00 정도이나 작은 출장소는 더 일찍 닫기도 하고 규모가 큰 곳은 더 늦게까지 하기도 한다.

> **Tip**
> **폐관 시간에 주의하세요!**
> 박물관이나 미술관, 일부 명소들은 마지막 입장 시간이 폐관 시간 30분 전이거나 1시간 전인 경우도 있으니 운영 시간만 보지 말고 마지막 입장 시간에 유의해야 한다. 매표소가 닫혀 버리거나 정문을 닫아 버리는 경우도 있으니 항상 조금씩 여유 있게 도착해 입장하도록 하자.

1875년에 체결된 국제미터협약에 의해 많은 나라들이 표준 도량형을 사용하지만, 미국은 이를 따르지 않아 여행 중 불편할 때가 있다. 다음의 단위들을 알아두고 사이즈에 대해서는 '쇼핑편'을 참고하자.

## ★ 길이 Liner

| 1 인치 in (inch) | 2.54cm | |
|---|---|---|
| 1 피트 ft (feet) | 12 in | 30.48cm |
| 1 야드 yd (yard) | 3 ft | 91.44cm |
| 1 마일 mi (mile) | 1760 yd | 1.6km |

## ★ 무게 Weight

| 1 온스 oz (ounce) | 28.35g | |
|---|---|---|
| 1 파운드 lb (pound) | 16 oz | 453.6g |
| 1 톤 ton | 2000 lb | 907.185kg |

## ★ 넓이 Square

| 1 스퀘어 피트 sq ft (square feet) | | 929㎠ | |
|---|---|---|---|
| 1 스퀘어 야드 sq yd (square yard) | 9sq ft | 0.8361㎡ | 약 1/4 평 |
| 1 에이크 acre | 0.4047 헥타르 ha (hectare) | 4,047㎡ | 약 1,227 평 |

## ★ 부피 (액량) Liquid

| 1 파인트 pint | | 0.4723리터 L(Liter) |
|---|---|---|
| 1 쿼트 quart | 2pints | 0.9464 리터 L(Liter) |
| 1 갤런 gal(gallon) | 4quart | 3.7853리터 L (Liter) |

## ★ 온도 Temperature

섭씨 Celsius = (화씨-32) x 5/9 (간단히 -30÷2)
화씨 Fahrenheit = 섭씨 x 9/5 +32 (간단히 x2+30)

| 32℉ | 0℃ | 80℉ | 26.7℃ |
|---|---|---|---|
| 70℉ | 21℃ | 100℉ | 37.8℃ |

## ★ 인사

미국 사람들은 인사를 잘하는 편이다. 길에서 모르는 사람과 눈이 마  주치면 서로에게 웃어주며, 상점이나 레스토랑, 택시, 호텔, 공항 직원들도 인사말을 건넬 때가 많다. 보통 'How's it going?'이라고 질문하는데 이때 가만히 있지 말고 간단히 'Good!'이라고 대답해 주자. 이러한 인사 습관은 미국 내에서도 지역마다 차이가 있어서 복잡한 대도시보다는 관광지나 중소도시에서, 따뜻하고 여유 있는 캘리포니아 지역에서 더 자주 하는 편이다.

> **Tip**
>
> ### 메리 크리스마스 대신 해피 홀리데이
>
> 크리스마스 연휴는 모두에게 즐거운 휴가철이지만 '메리 크리스마스 Merry Christmas!'라고 인사하면 유대인 등 각자의 종교적 신념이 강한 사람들은 다소 냉담한 표정을 짓기도 한다. 다양한 인종과 종교가 섞여 있는 미국에서는 종교적인 색채가 없는 '해피 홀리데이 Happy Holidays!'라고 하는 것이 무난하다.

## ★ 프라이버시

미국 사람들은 프라이버시를 매우 중시한다. 따라서 길에서 어깨를 부딪히거나 발을 밟았을 때에는 'I'm sorry'라고 미안함을 표시하도록 하자. 길거리나 상점 등에서 다른 사람 옆을 지나갈 때에도 가능한 한 상대방을 가로막지 않도록 하고, 다른 사람 앞을 지나갈 때에는 미리 'Excuse me'라고 말한다. 줄을 서 있을 때에는 앞사람에게 너무 가까이 다가서지 않는 것이 예의이며, 공항, 매표소, 슈퍼마켓 등의 카운터에서도 앞사람의 업무가 완전히 끝나기 전까지는 카운터로 너무 가까이 다가가지 않도록 한다.

## ★ 팁

미국에는 팁 문화가 일반화되어 있어 거의 의무적으로 내야 한다. 금액도 어느 정도 정해져 있으므로 미리 계산해서 주도록 하자.

① 레스토랑

세금을 제외한 금액의 15~22%(소도시 15~20%, 대도시 18~22%)

② 호텔

- **벨보이** : 방까지 짐을 가져다준 경우 짐당 $1~2 정도
- **메이드 서비스** : 타월을 갈아주고 청소해주는 메이드에게 숙박객 인당 $1~2 정도
- **룸 서비스** : 방으로 음식을 갖다주는 경우 음식값의 15~20% 정도
- **도어맨** : 택시를 불러주거나 주차한 차를 갖다주는 도어맨이나 주차맨에게 $1~3 정도

③ 택시

요금의 15~18% 정도 주며 짐이 많은 경우에는 20%도 준다.

④ 발레파킹

요금이 정해진 경우에는 따로 주지 않아도 되며 그렇지 않은 경우 $1~3 정도

## ★ 소비세(판매세) Sales Taxes

미국에서는 물건을 구입하거나 식당에서 음식값을 내는 등 모든 소비에 대한 세금을 따로 내야 한다(우리나라는 가격에 이미 포함되어 있다). 따라서 현금으로 결제할 때에는 항상 제시된 가격보다 10% 정도 여유 있게 준비해두자. 소비세는 주 state와 지방정부(county나 city)에서 거두기 때문에 주마다 다르고 또 같은 주라고 해도 카운티나 도시마다 차이가 커서 대도시일수록 비싸다. 참고로 오리건주는 물건을 살 때 소비세가 없어 쇼핑에 유리하다.

## ★ 흡연

우리나라도 금연 건물이 많아지고 있지만, 미국은 이러한 문화가 오래전부터 정착되었다. 일단 다른 사람 앞에서 담배를 피우는 것 자체가 타인의 건강을 해

치는 나쁜 행위라는 인식이 있어서 비흡연자들은 이를 불쾌히 여기는 경우가 많다. 대부분의 공공장소나 건물 안에서 담배를 피우는 것 자체가 금지되어 있으며 도시에 따라서는 남의 건물 주변에서 담배를 피우는 것도 금지되어 있다.

## ★ 음주

자유분방하고 개방적으로 보이는 미국이지만 음주에 있어서는 상당히 보수적인 편이다. 따라서 21세 이하에게는 대학생임에도 불구하고 절대로 술을 판매하지 않는다. 술집에서는 물론이고 슈퍼마켓에서도 술을 살 때에는 항상 신분증이 있어야 한다. 그리고 반드시 주류 판매 허가증이 있어야만 술을 판매할 수 있다.

또한 공공장소에서는 술병을 함부로 들고 다니는 것도 조심해야 한다. 이는 주와 도시마다 법이 다른데, '오픈 컨테이너 법 Open Container Laws'이라 하여 길거리, 공원, 경기장 등의 공공장소나 자동차(자신의 승용차라도) 등에서 술을 마시는 것은 물론, 뚜껑이 열린 술병을 들고 다니는 것이 금지되어 있다.

## ★ 대마초

마리화나 Marijuana 또는 카나비스 Cannabis라고 불리는 대마초는 미국에서 쉽게 접할 수 있는 마약류다. 주마다 허용범위가 다르지만 캘리포니아주를 비롯해 워싱턴주, 네바다주, 애리조나주 등 대부분의 서부 지역은 의료용뿐 아니라 오락용으로 소지하는 것도 합법화되어 있다. 하지만 대한민국 국민은 해외에서도 금지되어 있으니 주의하자. 특히 최근 문제시되고 있는 다양한 형태의 합성마약이나 향정신성의약품은 절대 시도하지 말자.

## ★ 복장

미국인들은 캐주얼한 옷을 즐겨 입는다. 추리닝을 입고 거리를 활보하는 사람들은 물론, 몸매와 상관없이 핫팬츠 차림의 사람들을 종종 볼 수 있다. 특히 해변가에 위치한 도시에서는 맨발로 걸어 다니는 사람들이나 웃옷을 벗고 다니는 남자들도 볼 수 있다. 하지만 같은 서양이라고 해도 유럽보다는 상당히 보수적이라서, 해변에서 토플리스 차림은 금지되어 있다.

이렇게 평소에는 남들을 의식하지 않고 입고 다니지만, 고급 레스토랑이나 클럽, 오페라 하우스 등에서는 드레스 코드(복장 규정)가 있어 이를 따르지 않으면 출입이 제한될 수 있다. 남성은 스마트 캐주얼 Smart Casual 또는 비즈니스 캐주얼 Business Casual로 컬러가 있는 셔츠와 긴바지, 캐주얼 신발 정도면 된다(슬리퍼, 운동화, 반바지 주의). 여성은 심한 노출만 아니면 대체로 무난하다.

## 축제 및 이벤트

<u>1월 1일</u> New Year's Day
신년 공휴일로 도시에 따라 퍼레이드가 열리는 곳도 있지만 대부분 특별한 행사는 없다. 전날인 새해 전야 New Year's Eve에 주로 파티를 즐기기 때문에 다음 날인 1월 1일은 대부분 쉬면서 보낸다. 상점이나 박물관 등 많은 곳이 문을 닫는다.

<u>1~2월의 음력설</u> **음력설 축제** Lunar New Year
우리와 같이 음력설을 지내는 아시아인들은 특히 설날이 매우 큰 명절이다. 도시마다 차이나타운을 중심으로 화려한 축제가 펼쳐진다.

<u>2월 14일</u> **밸런타인 데이** St. Valentine's Day
원래는 성 밸런타인이 순교한 날을 기념하는 날이었으나 현재는 종교적 의미가 흐려지고 누구나 자신이 사랑하는 사람들에게 카드와 초콜릿 등의 선물을 주면서 마음을 전하는 날이다. 우리나라와 달리 연인끼리뿐만 아니라 주변 사람들에게 많이 선물한다.

<u>3월 17일</u> **성 패트릭스 데이** St. Patrick's Day
아일랜드의 수호성인 성 패트릭을 기념하는 날로, 주로 아일랜드인들이 많이 사는 동부의 도시들에서 큰 행사가 열린다. 이날 벌어지는 퍼레이드에는 참가자들이 모두 녹색 옷을 입고 거리를 행진하는 것이 특징이다.

<u>4월</u> **부활절** Easter Day
그리스도의 부활을 기념하는 날로 춘분 후의 보름달 다음 일요일이다. 이날은 일요일이므로 교회에서는 부활절 예배를 올리며, 사람들은 달걀에 그림을 그려 서로에게 선물한다. 아이들을 위한 행사로는 정원에 숨겨놓은 달걀을 찾아다니는 '부활절 달걀 찾기 Easter Egg Hunt' 같은 행사가 있다.

<u>5월 5일</u> **싱코 데 마요** Cinco de Mayo
멕시코가 푸에블라 전투에서 프랑스에 승리한 것을 기념하는 날로, 멕시코인들이 많이 사는 남서부 도시에서 큰 행사가 열린다. 보통 이날은 멕시코 전통 의상을 입은 사람들이 거리에 모여 흥겹게 춤을 추고 노래를 부르며 음식축제도 벌어진다.

<u>6월 말</u> **프라이드 퍼레이드** Pride Parade
도시마다 날짜가 다른데, 보통 여름이 시작되는 6월 말 주말에 게이와 레즈비언들이 벌이는 화려한 퍼레이드다. 1969년 6월 28일 뉴욕에서 경찰에 대항하는 게이들의 스톤월 폭동 Stonewall Riots을 기념해 1970년에 로스앤젤레스, 시카고, 뉴욕 등에서 게이들이 행진했던 것을 시작으로 샌프란시스코 등 대도시에서도 연중 행사로 자리 잡았는데, 화려한 의상과 분장으로 관광객들의 눈길을 끈다.

## 7월 4일 **독립기념일** Independence Day

1776년 7월 4일 대륙회의에서 식민지 대표들이 독립선언서에 서명하고 미합중국을 수립했던 것을 기념하는 날이다. 이날은 전국에 걸쳐 기념행사와 퍼레이드가 펼쳐지는데 특히 여름밤을 밝히는 불꽃놀이가 장관이다.

## 10월 둘째 월요일 **콜럼버스의 날** Columbus Day

1492년 크리스토퍼 콜럼버스가 신대륙을 발견한 것을 기념하는 날로, 학교나 거리에서 크고 작은 행사들이 있으며 퍼레이드가 있는 곳도 있다.

## 10월 31일 **핼러윈** Halloween

켈트족의 풍습에서 이어진 것으로 무서운 마녀나 유령 등으로 분장을 하고 아이들은 집집마다 돌아다니며 사탕을 얻고 젊은이들은 재미난 복장으로 파티를 벌이며 밤늦도록 시간을 보낸다.

## 11월 넷째 목요일 **추수감사절** Thanksgiving Day

추수감사절은 우리나라의 추석처럼 한 해의 수확에 대한 감사를 드리는 날로, 온 가족이 모여 함께 식사를 하며 시간을 보내는 명절이다. 영국에서 건너온 청교도인들이 원주민들로부터 농사짓는 법을 배워 이듬해 추수를 하며 3일 동안 감사의 축제를 벌였다는 데서 시작되었다. 이날은 보통 가족들과 칠면조 요리로 만찬을 즐기고 TV로 풋볼 중계를 보며 시간을 보낸다. 추수감사절은 목요일이기 때문에 주말까지 긴 연휴를 즐길 수 있다. 도시에 따라 퍼레이드가 열리는 곳도 있으며, 다음 날인 금요일부터는 연중 가장 큰 세일 시즌인 블랙 프라이데이 Black Friday 가 시작된다.

## 12월 25일 **크리스마스** Christmas

예수의 탄생을 기념하는 날로, 기독교인들에게는 종교적으로 매우 중요한 날이며 일반인들에게는 주변 사람들에게 한 해 동안의 감사를 표시하는 날로 서로 카드와 선물을 주고받는다. 젊은이들은 친구들끼리 파티를 열기도 하지만 보통은 온 가족이 모여 만찬을 즐기는 가족 명절로서, 휴가철이기 때문에 멀리 떨어져 살았던 가족과 친지들이 고향에 모여서 크리스마스트리 밑에 선물들을 쌓아놓고 밤늦도록 이야기를 나눈다. 아이들에게는 산타클로스의 선물이 기다려지는 날이기도 하다. 화려한 크리스마스 장식으로 유명한 디즈니랜드는 가족 단위로 몰려든 수많은 인파로 가득하다.

## 12월 31일 **새해 전야** New Year's Eve

한 해를 마감하며 새해를 맞이하는 날로서, 친한 사람들과 모여 파티를 벌이며 24:00가 되면 'Happy New Year!'를 외치며 서로 안아주고 키스를 한다. 특히 뉴욕의 타임스 스퀘어에서 펼쳐지는 유명한 볼 드로핑 Ball Dropping 행사가 미국 전역에 생중계되어 TV를 통해 다 함께 카운트다운과 'Happy New Year!'를 외친다. 이날 밤 또 하나의 복잡한 지역은 디즈니랜드다. 따뜻한 캘리포니아에 위치한 디즈니랜드는 밤새도록 화려한 불꽃놀이가 이어져 수많은 가족과 연인들로 가득하다.

## 미국의 4대 스포츠

미국인들에게 스포츠는 일상생활이자 건강한 취미이며 스트레스를 해소하는 신나는 볼거리가 되기도 한다. 특히 미식축구, 야구, 농구, 아이스하키 네 종목은 주요 도시마다 연고팀이 있을 만큼 호응이 큰 인기 스포츠다.

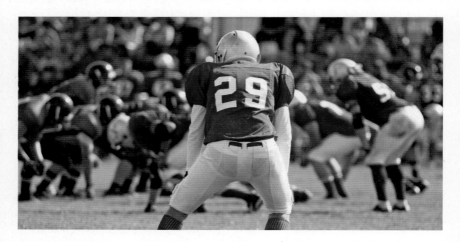

### ★ 미식축구 NFL

풋볼 Football 이라고 하면 축구를 떠올릴 수도 있는데 미국에서 축구는 사커 Soccer로 구분하고 있으며 풋볼은 무조건 미식축구 American Football를 뜻한다. 미국인들에게 가장 인기 있는 스포츠로 특히 내셔널 풋볼 리그 National Football League(NFL)는 해마다 수많은 팬들을 열광케 한다. 현재 총 32개 팀이 있으며, 해마다 9월 초부터 정규 리그가 시작되어 이듬해 2월 첫째 일요일은 '슈퍼 선데이'라 하여 챔피언을 가리는 슈퍼 볼 Super Bowl 경기가 열린다.

슈퍼볼 경기는 미국에서 가장 큰 스포츠 행사로 1억 명이 넘는 미국인이 시청할 정도다. 해마다 천문학적인 광고비로 막강한 스폰서들이 경쟁하며 하프타임 쇼에는 최정상급 가수가 축하 공연을 벌이기도 한다.
공식 홈페이지 www.nfl.com

### ★ 야구 MLB

미국 메이저 리그 Major League Baseball(MLB)는 한국인 선수들이 진출해 활약하는 꿈의 무대로, 우리에게도 낯설지 않다. 1876년 내셔널 리그를 시작으로 1903년 메이저 리그가 설립되었다. 내셔널 리그, 아메리칸 리그로 나뉘어 각 15개 팀 모두 30개

> **Tip**
>
> ## 대학 미식축구
>
> 프로 미식축구는 연간 회원제로 티켓을 팔고 있어 경기장에서 티켓을 구하기가 쉽지 않다. 경기장 매표소나 티켓 예매 사이트에서 구하더라도 저렴한 좌석이 $100 이상이고, 보통 $300~600가 넘는다. 슈퍼볼 경기의 경우 $2,500부터 $10,000 이상인 티켓도 있다. 풋볼 시즌이 되면 스포츠 채널에서는 매주 일요일에 NFL 중계를 해주는데, 바로 전날인 토요일에는 대학 미식축구를 중계한다. NFL보다 더
>
> 역사가 깊은 대학 풋볼은 지역별 연고가 강해 도시 전체가 들썩이는 재미난 경험을 할 수 있다. 또한 NFL보다 저렴한 가격에 티켓을 구할 수 있다. 티켓은 경기장 매표소나 티켓 예매 사이트에서 구할 수 있다.

팀이 참가하는데(6개 구역, 각 5개 팀) 미국 팀이 29개, 캐나다 팀이 1개다. 매년 4월부터 정규 리그를 통해 팀당 162경기를 치르고 10월부터 플레이오프가 시작되어 양대 리그 우승팀끼리 월드시리즈를 치러 최종 우승팀을 가린다.

공식 홈페이지 www.mlb.com

## ★ 농구 NBA

미국에서는 동네마다 작은 농구 코트에서 운동하는 사람들을 쉽게 볼 수 있다. 그만큼 농구는 친숙하고 대중적인 스포츠로 장비 부담 없이 언제 어디서든 즐길 수 있는 국민 스포츠이며, 프로농구는 전 세계 팬들에게 가장 인기 있는 프로 스포츠다. 전설적인 스포츠 스타들을 탄생시킨 미국의 프로농구 NBA(National Basketball Association)는 1946년 전미 농구협회로 시작해 1949년 NBA로 이름이 바뀌었고 현재 30개 팀으로 구성되어 있다(캐나다 팀 1개). 매년 11월 초에 정규 시즌을 시작해 총 82경기를 치르며 시즌이 끝나가는 4월 말쯤 동서부 각 콘퍼런스의 상위 8개 팀, 총 16개 팀이 플레이오프에 진출한다. 시카고 불스의 전설적인 영웅이었던 마이클 조던이 1998년 은퇴하면서부터는 서부 팀들이 막강해지고 있다.

공식 홈페이지 www.nba.com

## ★ 아이스하키 NHL

내셔널 하키 리그 NHL(National Hockey League)는 북미 지역의 인기 프로 아이스하키 리그로 1917년 캐나다 4개 팀으로 시작해 100년의 역사를 가지고 있으며 현재 미국 24팀, 캐나다 7팀이 경기를 벌인다. 매년 가을이 되면 북미를 달구기 시작하며 10월 초 정규 시즌이 시작된다. 이듬해 4월 중순 정규 시즌이 끝나면 동부와 서부 상위권 각 8팀이 벌이는 플레이오프가 시작되며 6월 최종 우승팀에게는 스탠리컵이 수여된다. 특히 경기 도중 보디체크라 불리는 몸싸움이 일정 정도 용인되기 때문에 경기 내내 팽팽한 긴장이 계속되며 경기가 거칠고 격렬하기로 유명하다. 관중들은 이에 더 열광하기도 한다.

공식 홈페이지 www.nhl.com

Tip

## 티켓 예매하는 법

인터넷을 통한 티켓 예매는 크게 두 가지 방법이 있다. 하나는 각 구단의 공식 홈페이지를 통해서다. 정상 가격이지만 시즌 중에 다양한 프로모션을 진행하므로 가끔 좋은 기회를 잡을 수도 있다. 그리고 다른 하나는 티켓 예매 전문 사이트다. 가장 유명한 곳은 티켓마스터다. 티켓 수량이 많고 종류도 다양하지만 정상 티켓이라 가격이 비싼 편이며 수수료도 있다. 그다음으로 유명한 곳은 스텁허브와 싯긱 같은 티켓 중계 사이트로 시즌 티켓 소지자 등 개인이 내놓은 티켓을 파는 곳인데 정가보다 저렴한 경우도 있고 프리미엄이 붙은 경우도 있으며 수수료가 있다. 이 외에도 수많은 예매 사이트가 있으니 가격을 비교해보는 것이 좋다.

티켓마스터 www.ticketmaster.com
스텁허브 www.stubhub.com
싯긱 www.seatgeek.com

# 제2장 ★ 렌터카 여행

미국 여행의 대표적인 교통수단이다. 도시 간 이동은 물론 도시 내에서의 이동이 모두 연계되어 기동력이 뛰어나고 시간도 절약되며 짐을 들고 다니는 데에도 편리하다. 하지만 장거리 여행에서는 시간이 매우 오래 걸리며 대도시의 다운타운에서는 주차가 어렵고 주차비도 비싸다는 단점이 있다. 따라서 한두 도시만 집중해서 여행한다면 우버와 비교해볼 필요가 있다.

Tip

## 주요 렌터카 회사

**허츠 Hertz**
전화 1600-2288 홈페이지 www.hertz.co.kr

**버짓 Budget**
전화 02-753-9114 홈페이지 www.budget.co.kr

**알라모 Alamo**
전화 02-739-3110 홈페이지 www.alamo.co.kr

**에이비스 Avis**
홈페이지 www.avis.com

**스리프티 Thrifty**
홈페이지 www.thrifty.co.kr

**달러 Dollar**
홈페이지 www.dollarcarrental.co.kr

**식스트 Sixt**
홈페이지 www.sixt.co.kr

**엔터프라이즈**
홈페이지 www.enterprise.com

## 렌터카 비교 사이트

렌털카스 www.rentalcars.com
스카이스캐너 www.skyscanner.co.kr
카약 www.kayak.co.kr/cars

## 렌터카 예약

예약은 한국에서 미리 하는 것이 유리하다. 한국에서 예약을 하면 일단 한국말로 할 수 있기 때문에 자세한 조건과 옵션을 정확히 알 수 있다. 그리고 예약은 일찍 할수록 선택의 폭이 크고 가격 면에서도 유리하기 때문에 여행 일정이 정해지면 가급적 서둘러 예약하는 것이 좋다. 렌터카 예약은 대부분 취소 수수료가 없으며 결제는 현지에 도착해서 차를 픽업할 때 한다. 렌터카 회사는 여러 곳이 있는데 회사마다 장단점이 있고 요금 차이가 있으니 비교해 보고 조건에 맞는 것을 고른다. 예약은 전화나 홈페이지로 할 수 있다.

### ① 날짜와 장소 선정
차량 픽업 장소를 공항으로 정하면 공항 이용세가 조금 붙지만 공항에서 영업소까지 무료 셔틀로 연결되며 차량도 다양하게 보유하고 있다. 픽업 도시와 반납 도시가 다를 경우에는 거리에 따라 편도 비용이 크게 발생하기도 한다.

### ② 차량 선택
차량 등급은 회사마다 조금 다르지만 보통 이코노미 Economy, 콤팩트 Compact, 인터미디어트 Intermediate, 스탠더드 Standard, 풀사이즈 Fullsize, 프리미엄 Premium, 럭셔리 Luxury, SUV, 미니밴 Minivan 등으로 구분된다. 이코노미 차량은 렌트비뿐 아니라 연비도 좋다. 하지만 탑승자와 짐이 많다면 인터미디어트 정도가 무난하다. 비수기에는 현지에서 차량 업그레이드를 받을 수도 있다.

### ③ 보험 선택
렌터카 비용의 상당 부분은 보험료라고 해도 과언이 아니다. 그만큼 차량보다도 중요한 부분이다. 렌터카 예약 시 보험이 포함되는 경우도 많은데, 보험 용어는 렌터카 회사마다 다르니 명칭보다 내용을 정확히 이해하고 더 필요한 부분이 없는지 확인해야 한다. 자동차 보험은 용어가 생소해 어렵게 느껴진다. 보상이 클수록 마음이 놓이지만 그만큼 비싸다. 미국은 인건비나 의료비가 상당히 비싸서 작은 사고라도 엄청난 비용이 들 수 있으니 약관을 꼼꼼히 읽어보고 결정하자.

*보험 처리를 하려면 반드시 사고 경위서 Police Report를 제출해야 하므로 사고 발생 시 경찰을 불러야 한다. 작은 손상은 경찰서로 가거나 인터넷으로 접수한다.

## 책임보험 LP(Liability Protection), LI(Liability Insurance)
대인·대물, 즉, 상대방과 상대 차나 기물 등에 대한 기본 보상이다. 의무사항이라서 렌터카 요금에 이미 포함되어 있다. 최소한의 보장이기 때문에 추가 책임보험을 드는 것이 좋다.

## 추가 책임보험 LIS(Liability Insurance Supplement), SLI(Supplement Liability Insurance), EP(Extended Protection)
책임보험에 기본적으로 들어 있는 대인·대물 보상의 수준이 낮기 때문에 보상의 범위와 한도를 높이는 보험이다. 특히 미국은 의료비가 매우 비싸기 때문에 인명사고 시 천문학적 비용이 나올 수도 있으므로 꼭 들어야 한다. 보상의 범위와 한도도 확인하자(미국에 살면서 자동차를 소유하고 있다면 이 보험을 이미 가지고 있다).

## 자차보험 LDW(Loss Damage Waiver), CDW(Collision Damage Waiver)
자신의 차량에 대한 손실 보상이다. 저렴한 보험의 경우 보상 수준이 낮거나 사고가 났을 때 일정 금액까지 운전자에게 자기부담금 Deductible을 부과하기도 한다. 자차보험이라도 유리창 파손이나 타이어 펑크 등 일부는 수리비를 청구하지만 큰 사고를 대비해 들어 두어야 한다.

## 풀커버 보험 Full Coverage, Super Cover
추가 책임보험과 자차, 자손보험이 포함되는 등 보

---

### Tip
### 렌터카 회사 외 보험
렌터카 회사에서 직접 판매하지 않고 예약 사이트나 가격 비교 사이트, 보험 사이트 등에서 자사의 풀커버리지 보험을 팔기도 하는데, 보험료는 저렴하지만 사고 시 운전자가 현지에서 우선 사고 처리를 하고 한국에 돌아와 서류를 제출해 보상받는 방식이라 시간이 걸리고 다툼의 소지가 있다는 것도 알아두자.

---

상 범위가 넓은 편이지만 한도액은 회사마다 다르다. 이름처럼 모든 것이 보장되는 것은 아니다. 조건과 예외 규정을 꼼꼼히 읽어보고 결정한다.

## 자손보험 PAI(Personal Accident Insurance)
운전자와 동승자의 상해에 대한 보상이다. 여행자보험으로도 어느 정도 커버가 되니 보상 범위와 한도를 확인하고 결정한다.

## 휴대품 보험 PEC(Personal Effects Coverage)
휴대품의 도난에 대한 보상이다. 보상 범위와 조건, 한도를 확인하고 결정한다.

## 긴급지원 서비스 RA(Roadside Assistance) 또는 RAP, ERA
비상시 현지에서 연락해 도움을 받는 서비스다. 과실로 인한 상황에서는 수수료가 부과될 수 있고, 가입하지 않더라도 긴급상황 시 유료 서비스가 가능한 경우도 있다.

### ④ 옵션 선택

| 옵션 종류 | 내용 |
|---|---|
| 추가 운전자 Additional Driver | 픽업 시 추가 운전자의 면허증이 필요하며 지역에 따라 등록비가 든다. |
| 무제한 주행거리 Unlimited Mileage | 이동 거리가 길다면 마일리지 제한이 있는지 확인하도록 한다. 주행거리 제한 시 초과 수수료가 비싼 편이다. |
| 연료 옵션 Fuel Option | 가득 채워서 받고 가득 채워 반납하는 'Full to Full' 옵션이 무난한데, 채우지 않고 반납하면 시중보다 조금 비싸게 연료비를 내야 한다. Fuel Purchase 옵션은 연료를 채우지 않아도 되지만 남은 연료에 대해 돈을 돌려주지는 않는다. |
| GPS(내비게이션) | 스마트폰으로 구글맵(한국어 가능)을 이용하면 따로 필요하지 않다. 내비게이션은 구글맵보다 업데이트가 느리다. |
| 카 시트 Car Seat | 미국은 카시트 규정이 엄격해 대부분의 주에서 체중 18kg 이하의 아동은 카시트가 필수이며, 주마다 다르지만 보통 8세 이하나 27kg 이하는 부스터 시트에 앉혀야 한다. |
| 기타 | 계절에 따라 스노 타이어, 스노 체인, 스키 캐리어 등 |

### ⑤ 정보 입력

이메일 주소 등 기본 정보를 입력하고 결제 단계에서 신용카드 정보를 입력한다. 대부분의 렌터카 회사는 특별한 경우가 아니면 픽업 날짜로부터 1~3일 전까지 환불이 가능하다. 결제가 끝나면 이메일로 확인증이 온다.

## 픽업하기

현지에 도착해 렌터카 사무실로 간다. 공항 지점이라면 공항에서 출발하는 무료 셔틀버스를 이용하면 되고 시내 지점일 경우에는 택시나 대중교통으로 찾아간다.

차를 인수받는 것을 체크아웃 Check out 또는 픽업 Pick up 이라고 하며, 차를 반납하는 것은 체크인 Check in 또는 리턴 Return 이라고 한다(공항이나 호텔에서 체크인이라고 하는 것과 반대).

렌터카 사무실에 도착하면 카운터에 예약 확인증과 여권, 운전면허증, 국제면허증, 신용카드를 제시한다. 카운터 직원은 추가 옵션을 권하거나 차량 승급을 유도하기도 하는데, 이때 적당한 합의를 통해 옵션을 조금 추가하고 무료로 차량 승급을 받는 것도 괜찮다. 최종적으로 결제를 마치면 자동차 키를 받아 나온다.

## 반납하기

차량을 반납하는 것을 체크인 Check in 또는 리턴 Return 이라고 한다. 차량을 반납할 때 연료를 가득 채워주는 옵션이 대부분인데, 렌터카 회사보다는 일반 주유소가 저렴한 편이며 작은 사무실의 경우 주유 서비스가 없는 곳도 있으니 미리 연료를 채워 가도록 한다. 연료가 부족한 경우에는 연료비에다가 서비스료까지 부과하는 경우가 있다. 그리고 정해진 반납 시간을 지나면 추가 요금을 부과하므로 시간은 꼭 지키는 것이 좋다. 반납 시 보험의 종류에 따라 차량 점검을 꼼꼼히 하기도 한다.

## 주행 전 유의사항

미국은 자동차 여행을 하기에 적합한 나라이기 때문에 많은 여행자들이 렌터카를 이용한다. 미국에서 운전을 하는 것 자체는 어렵지 않지만, 운전 방식이나 문화가 우리와 다른 점이 많고 주마다 교통 법규가 다르므로 항상 조심해야 한다.

① 운전자는 물론 조수석과 뒷좌석에 앉은 사람도 반드시 안전벨트를 착용해야 한다.

② 8세 이하나 체중이 22kg 이하(연령과 체중은 주

> **Tip**
>
> **교통 범칙금**
>
> 미국의 교통 범칙금은 우리나라보다 훨씬 비싸다. 여행 중에 벌금을 받는 것만으로도 기분이 상하는데 벌금의 액수를 보면 아주 우울해진다. 벌금은 주에 따라 다르고 같은 주라도 도시에 따라 차이가 크게 나기도 한다. 또한, 교통경찰이 티켓을 끊을 때는 기본 벌금으로 나오지만, 실제 부과될 때에는 각종 수수료가 더해져 훨씬 높게 책정된다. 여행자들이 주로 티켓을 받는 경우는 속도 위반($45~300), 주차 위반($50~150, 장애인 주차 구역은 $250~450)이다.
>
> 범칙금은 렌터카 회사로 부과되기 때문에 대행 수수료까지 추가되며 렌터카 회사에 등록했던 신용카드에서 자동으로 결제되기도 한다. 범칙금을 내지 않은 경우 추후 미국 입국이 거절될 수도 있으니 주의하자.

마다 다름) 어린이는 반드시 카시트에 앉혀서 뒷좌석에 태워야 한다.

③ 6세 이하 아동은 잠시라도 차 안에 두고 나가면 안 된다(12세 이상 동승자가 함께 있을 경우 가능).

④ 음주운전은 처벌 수위가 매우 높으며, 운전자가 음주 단속에 걸리면 조수석에 앉은 사람도 함께 처벌된다. 기침약 등 알코올이 포함된 약물을 많이 마신 경우에도 마찬가지다.

⑤ 주행 시 휴대폰 사용을 금하고 있으니 통화가 필요하다면 블루투스나 헤드셋 등을 준비한다. 문자메시지는 주에 따라 벌금이 더 무겁다.

⑥ 밀봉되지 않은 주류 즉, 뚜껑을 열었던 맥주 등이 차 안에서 발견되면 처벌된다. 트렁크에 넣어둔 경우는 괜찮다.

⑦ 이 밖에도 교통법규 위반으로 걸렸을 때 뭘 먹고 있었거나 화장, 면도 등을 하고 있었다면 운전 중 부주의라는 명목으로 벌금이 가중될 수 있다.

## 시내 주행 시 알아두어야 할 것들

시내에서 운전할 때에는 우리나라와 다른 점이 많기 때문에 특히 조심해야 한다. 한국에서 아무리 운전을 잘했더라도 미국의 교통법규를 모른다면 소용이 없다. 미국의 교통 범칙금은 상당히 비싸고 법원까지 출두해야 하는 일이 생길 수도 있으니 각별히 주의하자.

### ★ 멈춤 표시 Stop Sign

'Stop' 표시가 있는 곳에서는 무조건 정지해야 한다. 완전히 서지 않고 속도만 줄이고 지나가다 걸리면 벌금이다. 사거리에 Stop 사인이 있는 경우에는 직진이나 좌회전 상관없이 먼저 정지한 차부터 지나간다. 신호등이 고장일 경우에도 Stop 사인과 같은 규칙으로 움직인다.

### ★ 앰뷸런스 Ambulance Car

응급차, 소방차나 경찰차가 사이렌을 울리며 지나가면 무조건 속도를 줄이고 우측 차선으로 옮기며 가급적 도로 쪽에 정차한다. 이동할 수 없는 경우에는 그 자리에 정차한다. 이때 주의할 것은 반대편 차선에서 오는 경우라도 차를 우측에 세워야 한다는 점이다. 이러한 구급차량들은 중앙선을 넘어 역주행을 할 수 있기 때문이다.

### ★ 통학버스 School Bus

등·하굣길에서 통학버스가 정차해 빨간불을 켜거나 Stop 사인을 보낼 때에는 무조건 정지해야 한다. 특히 주의할 점은 스쿨버스가 반대쪽 차로에 있을 때도 아이들이 길을 건널 수 있으므로 역시 차를 세워야 한다.

### ★ 학교 주변 School Zone

아이들이 많은 학교 주변은 제한속도가 15~25마일로 매우 느리다. 아이들이 없는 경우라도 속도 위반으로 걸릴 수 있으니 주의해야 한다.

### ★ 좌회전 Left Turn

대부분의 주에서는 특별히 좌회전 금지 사인이 없는 경우 비보호로 좌회전할 수 있다. 따라서 사거리에서 직진할 경우에는 가급적 1차선에 있지 않는 것이 좋다. 교통이 복잡한 곳에서는 비보호 좌회전이 어려우므로 대기 신호 중 미리 앞으로 나가 있어도 된다. 특히 좌회전 표시가 없는 신호등 사거리에서는 보행 신호 시 앞으로 나가 있다가 반대편에서 차가 오지 않는 것을 확인하고 보행 신호 또는 신호가 바뀔 때 좌회전해야 한다.

### ★ 클리어 Clear Sign

도로 바닥에 'Clear'라고 씌어 있는 곳은 길이 막히는 중이라도 표시 지역 안에 머물러 있으면 안 된다. 다른 차량의 진입을 방해하는 행위이기 때문에 교통경찰에게 걸리면 벌금이다. 신호등에 걸려 꼬리가 물리지 않도록 주의한다.

### ★ 중앙 좌회전 차선

중앙선 대신 가운데에 도로가 있고, 도로 양쪽이 노란색 점선과 실선으로 이루어진 것을 중앙 좌회전 차선이라고 하는데, 이 차선이 그려진 도로에서는 좌회전을 하거나 또는 도로\*바깥쪽에서 좌회전을 해서 이 차선으로 들어올 수 있다. 보통 좌회전을 통해 건물로 들어가거나 나올 때 쓰인다. 하지만 이 도로는 주행도로가 아니므로 60m 이상 주행할 수 없다.

### ★ 단속 카메라

교통체증이 심하거나 교통사고가 자주 일어나는 도심 사거리에는 간혹 단속 카메라가 있으니 주의한다.

## 일반 규제 표지판

| 정지 | 양보 | 속도 제한 50마일 | 최저속도 45마일 이상 | 좌회전 또는 유턴 금지 |
|---|---|---|---|---|
| STOP | YIELD | SPEED LIMIT 50 | MINIMUM SPEED 45 | (좌회전·유턴 금지) |

| 진입 금지 | 일방통행 | 주차 금지 | 다음 시간에는 1시간만 주차 가능함 | 카풀 차선 |
|---|---|---|---|---|
| DO NOT ENTER | ONE WAY → | P (주차 금지) | ONE HOUR PARKING 8AM-8PM | HOV 2+ ONLY 2 OR MORE PERSONS PER VEHICLE |

## 주의 및 경고 표지판

| 굽은 길 | 교차로 | 신호등 | 길이 좁아짐 | 미끄럼 주의 | 우측 차선 끝남 | 전방에 철도 건널목 | 자전거 주의 |
|---|---|---|---|---|---|---|---|
| (굽은 길) | Y | (신호등) | ROAD NARROWS | (미끄럼) | RIGHT LANE ENDS | R X R | (자전거) |

| 학교앞 주의 | 야생동물 주의 | 권장 속도 35마일 | 도로가 끝남 | 교통 통제 | 도로 작업자 주의 | 창 밖으로 물건(빈 병, 휴지 등)을 던지지 말 것 |
|---|---|---|---|---|---|---|
| (학교앞) | (야생동물) | 35 MPH | DEAD END | (교통 통제) | (도로 작업자) | NO LOITERING |

## 도로 안내 표지판

| 고속도로 번호 | 두 도로의 교차로 | 국도 번호 | 1마일 후 Phoenix 방향의 17번 고속도로 나타남 | 5번 출구 | 3rd St 출구로 나가려면 오른쪽 차선 | Spot Rd 출구까지 1마일 남음 | 도시 간 잔여 마일 수 (Quijotoa 까지 4마일) |
|---|---|---|---|---|---|---|---|
| INTERSTATE CALIFORNIA 10 | JUNCTION 47 3 | 22 | 17 Phoenix 1 MILE | EXIT 5 | 3rd St RIGHT LANE | Spot Rd EXIT 1 MILE | Quijotoa 4 Roll 56 Salome 78 |

---

## 구글맵으로 길찾기

구글맵 서비스는 홈그라운드 미국에서 더욱 막강하다. 목적지만 입력하면 정확히 찾아 가고, 주변의 식당, 마트, 약국, 편의점, ATM, 주유소, 주차장 정보도 구체적이다. 도착 예상 시각이나 소요 시간은 물론, 교통체증, 공사 중, 교통사고 등 교통상황도 알 수 있으며 언어(한국어)와 도량형(미터)을 원하는 대로 설정할 수 있어 편리하다.

▶ 유의사항
- 미국은 워낙 땅이 넓어서 외진 시골 등에서는 인터넷이 잘 안 되는 경우가 있다. 이를 대비해 지도를 미리 다운받아 두자. 그럼 인터넷이 안 되더라도 GPS 기능으로 지도에서 자신의 위치를 확인할 수 있다.
- 길찾기 기능은 배터리를 많이 소모하기 때문에 차량용 충전기를 준비하는 것이 좋다. USB보다 시거잭에 직접 꽂으면 충전을 빨리 할 수 있다.

## 미국의 고속도로

미국은 고속도로로 모든 지역이 연결되어 있다. 이러한 고속도로 시스템을 미리 알아두면 운전 시 도움이 된다. 시내에서만 운전을 하는 경우라도, 대도시에서는 시내를 관통하는 고속도로들이 있기 때문에 고속도로 시스템을 알아두는 것이 좋다.

### ★ 하이웨이/프리웨이

고속도로 Highway는 크게 주의 경계를 넘어 미 대륙을 연결하는 인터스테이트 하이웨이 Interstate Highway와 스테이트 하이웨이 State Highway 또는 스테이트 루트 State Route로 나뉘며 보통 통행료가 없기 때문에 프리웨이 Freeway 라 부른다.

### ★ 도로 번호

고속도로의 표기는 숫자로 하는데, 짝수는 동서로 달리는 도로이며 홀수는 남북으로 달리는 도로다.

---

**Tip**

### 유료 도로를 주의하세요!

미국 서부는 대부분의 고속도로가 프리웨이지만 모두 그런 것은 아니다. 가끔 유료 도로가 나타나기도 하는데, 문제는 톨게이트가 없고 패스트랙 FasTrak 같은 차량 부착용 단말기만 인식하는 곳이 있다. 이럴 때를 대비해 렌터카 회사에서 패스를 신청하는 방법도 있고(사용료 추가), 패스 없이 유료 도로를 지나쳤다면 5일 이내에 인터넷을 통해 결제할 수 있다. 그렇지 않으면 벌금과 수수료가 추가되어 렌터카에 등록된 신용카드로 자동 결제된다. 이러한 유료 도로를 피하고 싶다면 구글 맵 길찾기 검색에서 설정할 수도 있다. 유료 도로는 주로 캘리포니아주에 있으며 관광객들이 종종 걸려드는 곳은 다음과 같다.

- 샌프란시스코 골든 게이트 브리지
  Golden Gate Bridge
- 샌프란시스코 오클랜드 베이 브리지
  Oakland Bay Bridge
- 오렌지 카운티 주도로
  State Routes 73, 133, 241, 261번

[통행료 후불 결제 사이트]
샌프란시스코 www.bayareafastrak.org
오렌지 카운티 https://thetollroads.com

---

따라서 여러 개의 고속도로가 교차하는 곳에서 도로 번호를 보면 방향을 가늠할 수 있다.

### ★ 방향 표시

같은 숫자의 도로에서 North는 북쪽, South는 남쪽, East는 동쪽, West는 서쪽으로 가는 방향이므로 고속도로에 진입할 때는 항상 이 방향이 맞는지 확인한다. 간단하게는 N, S, E, W로 표기하며, 진입로에는 항상 방향을 표시하는 이정표가 있다.

### ★ 출구 Exit

고속도로에서 빠져나가는 출구를 Exit라고 한다. 대부분 오른쪽에 있지만 간혹 왼쪽에 있는 경우도 있다. 출구가 가까워지면 이정표가 나와 미리 확인할 수 있다. 출구를 잘못 나갔더라도 다시 고속도로로 진입하거나 반대 방향으로 가는 이정표가 있는 곳이 많다.

### ★ 출구 번호

고속도로의 출구 Exit 번호는 도로가 시작된 곳으로부터의 거리(마일)를 뜻한다. 물론 반대 방향이라면 도로가 끝나는 곳으로부터의 거리다. 따라서 자신의 목적지 출구 번호를 알면 현재 달리고 있는 곳의 출구 번호를 보고 얼마나 남았는지 알 수 있다. 도시로 진입하면 거의 1마일 간격으로 출구가 있으며 1마일 안에 출구가 여러 개 있는 경우에는 숫자에 알파벳을 붙여 표기한다. 예를 들어 45A, 45B, 46 이렇게 출구 번호가 있다면 1마일 안에 3개의 출구가 있는 것이다.

## 고속도로 주행

미국의 고속도로 운전은 우리나라와 크게 다르지 않지만 몇 가지는 꼭 알아 두자.

### ★ 실선 차선

맨 우측에 흰색의 실선 차선이 있는 경우는 출구로 나가는 차량만 주행할 수 있는 차선으로, 차선을 함부로 변경하면 안 된다. 맨 좌측(1차선)에 실선 차선이 있는 경우에도 역시 차선을 변경해서는 안 되며, 이 차선은 대개 카풀 차량만 주행할 수 있다.

### ★ 카풀 차선

바닥에 흰색의 마름모 표시나 파란 표시가 있는 곳은 카풀 Car Pool 전용 차선이다. 한국에서는 카풀의 기준이 3명이지만 미국에서는 2명 이상이면 된다. 보통 좌측 1차선이 카풀 차선이며 시간제로 운행하는 도로도 있으니 안내판을 보자. 또한 자신의 차가 카풀 상태라도 차선이 실선으로 된 곳에서는 진입할 수 없으므로 점선으로 바뀔 때까지 기다렸다가 진입해야 한다. 최근에는 하이브리드나 전기차 등 친환경 자동차도 이 카풀 차선을 이용할 수 있는 곳이 많다.

### ★ 제한 속도

제한 속도는 항상 주의해서 지켜야 하지만, 주변의 차량들이 모두 빨리 달리는 상태에서는 제한 속도를 너무 고집할 필요가 없으며, 오히려 너무 늦게 달려서 교통의 흐름을 막는 경우에는 처벌될 수 있다.

### ★ 진입 신호등

시내에서 고속도로로 진입할 때에는 교통체증을 조절하기 위해 고속도로 진입로에 신호등이 있는 경우가 있다. 이 신호등은 일반 신호등과 달리 녹색 불 하나만 깜박이는 신호등으로, 녹색 불이 켜졌을 때 진입하고 꺼지면 정차해야 한다. 교통체증 시에는 한 대씩만 지나갈 수 있고 한산할 때에는 항상 초록색으로 켜져 있다. 그리고 진입도로라고 하더라도 카풀 차선인 경우에는 녹색 불과 상관없이 진입할 수 있는 경우가 많다(안내판에 쓰여 있다).

---

> **Tip**
>
> ## 교통경찰이 부를 때
>
> 주행 중 교통경찰이 따라오며 신호를 보낼 경우에는 무조건 차를 도로변에 정차시킨 후 창문을 열고 양손을 핸들 위에 올려놓고 경찰관이 올 때까지 기다린다. 괜히 휴대폰이나 면허증 등을 꺼내기 위해서 콘솔 박스나 가방, 안주머니 등을 뒤지거나 하면, 경찰은 총기를 꺼내는 것으로 오인해 먼저 발포할 수도 있으니 절대 금물이다. 경찰이 지시를 내릴 때까지는 무조건 손을 핸들 위에 올려놓고 가만히 기다려야 한다. 경찰은 운전자가 정차하면 바로 오는 게 아니라, 먼저 차량 번호판을 조회한다. 이때 시간이 걸려 한참 동안 경찰이 오지 않으면 궁금하고 불안한 마음에 차에서 나오려는 사람도 있는데 절대 차 문을 열고 나와서는 안 된다.
>
> 일반인들도 총기를 소지할 수 있는 미국에서는 경찰이 우리나라처럼 친절하지 않다. 매우 권위적이며 때로는 강압적이다. 따라서 억울한 경우라도 대들지 말고 차분하게 대처해야 한다. 벌금이 부과된 경우 부당하다고 생각하면 이의신청 dispute을 할 수 있으며, 기한 내 아무 조치를 취하지 않으면 렌터카 회사를 통해 신용카드로 벌금이 결제된다.

### 고속도로에서 고장이나 사고가 났을 때

미국의 고속도로는 곳에 따라 매우 한산해서 운전 중 차량이 고장나도 주변에 차가 없어 도움을 청하지 못하는 경우가 있다. 또한 차가 많더라도 낯선 사람들에게 도움을 청하기란 쉽지 않은 일이다. 이러한 경우에는 먼저 고속도로상에

## 장거리 주행 전 점검하세요!

끝없이 펼쳐지는 중서부의 도로를 달리다 보면 외진 국도 주변에는 휴게소나 주유소가 많지 않기 때문에 마을을 떠나기 전에 항상 가솔린이 충분한지 점검해야 한다. 특히 장시간 주행이라면 물이나 간단한 간식거리를 챙겨두고 화장실도 미리 가는 것이 좋다.

또한 시골에서는 인터넷이 매우 느려지는 경우가 있으니 구글맵 내비게이션을 이용할 경우 지도를 미리 다운받아두자.

위치한 콜박스 Call Box를 찾아야 한다. 다행히 미국의 고속도로에는 400m 간격으로 콜박스가 설치되어 있어 사고 지점에서 조금만 걸어가면 찾을 수 있다. 콜박스에 있는 전화의 수화기를 들면 곧 교환원이 응답을 하며 이것저것 물어본다. 먼저 콜박스의 번호를 알려주면 위치를 추적할 수 있으며, 고장이나 사고가 난 상황을 설명하면 그에 맞게 견인차를 보내주거나 순찰대원을 파견한다.

또한 교통정보 안내 서비스인 511에 전화하면 콜박스와 비슷한 서비스를 해주는 경우가 있는데, 이는 도시와 주에 따라 다르다. 휴대폰으로 511에 전화를 걸어 프리웨이 에이드 Freeway Aid라고 말하면 교환원을 연결해주는 경우도 있다.

### 주유하기

미국에서는 주유소를 가스 스테이션 Gas Station이라 하며, 가스 Gas는 가솔린 Gasolin을 뜻한다. 그만큼 대부분 경유보다는 가솔린을 사용하며 가격도 경유보다 저렴하다. 지점이 많은 주유소는 Exxon, Esso,

Chevron, Mobil, Shell, BP, Texaco 등이며, 미 서

부에서는 오리건주를 제외하면 거의 셀프 주유의 형태로 영업하고 있다. 따라서 스스로 주유하는 방법을 알아두는 것이 좋다.

★ 셀프 주유

① 주유소에 들어가 주유기 앞에 차를 주차한다. 자신의 렌터카 주유기 위치는 대부분 운전석 앞 대시보드의 주유기 아이콘에 화살표로 나와 있다.

② 대부분의 주유소가 선불제이므로 주유기 옆에서 신용카드로 결제할 수 있다(pay-at-the-pump 시스템). 도난 카드 사용 방지를 위해 카드 청구지의 우편번호 Zip Code를 입력하라고 나오는 경우 00000을 입력하면 되는 곳도 있다. 카드가 안 되는 경우 주유소 가게로 가서 자신의 주유기 번호를 말하고 지불한다.

③ 현금으로 결제할 경우 금액을 말하면 그만큼 주유된다.

④ 미국의 주유소는 대부분 가솔린을 취급하지만 간혹 가솔린 바로 옆에 경유가 나란히 있는 곳도 있다. 보통은 경유기가 따로 있고 색깔도 다르지만, 가끔 실수를 저지르기도 하므로 주의해야 한다.

### 주유소 검색 애플리케이션

자신의 위치에서 가까운 주유소를 찾아주고 주유소별 가격을 비교해 주는 무료 애플리케이션이 많은데 가장 유

가스버디 GasBuddy

웨이즈 Waze

명한 것은 가스버디 GasBuddy다. 로드 트립처럼 주유소를 자주 드나들 때 유용하다. 그 외에 웨이즈 Waze도 있다.

만약 경우 Diesel를 넣어 엔진이 망가지면 보험 처리가 되지 않아 렌터카 회사에 큰돈을 물어줘야 한다.

⑤ 주유기 펌프 Pump를 꺼내 주유구에 꽂고 가솔린의 종류를 선택하면 바로 주유할 수 있다. 주유소 브랜드마다 다르지만 보통 일반유는 레귤러 Regular라고 써 있다.

⑥ 주유기 화면에는 가격이 표시된다. 단위는 갤런이며 1갤런은 약 3.8L다.

## 주차하기

미국에서는 주차 위반 시 벌금도 세지만 차를 끌고 가 버리는 경우가 있으니 주의해야 한다. 주차 시 항상 안내판을 확인하도록 한다.

### ★ 길거리 주차 Street Parking

길거리에 주차를 할 때에는 먼저 주차가 가능한 구역인지 확인해야 한다. 대부분의 차도에는 주차와 관련한 안내판이 있어 주차 여부를 알 수 있다. 교통량이 많은 도로에는 아예 주차가 안 되거나, 10~20분만 가능하거나, 또는

지정된 시간에만 2시간 주차 가능

지정된 시간에 주차 금지

항상 주차 금지

항상 정차 금지

출퇴근 시간대를 피해 주차 가능 시간대가 적혀 있다. 이를 반드시 확인해야 한다.

### ★ 주택가

주택가의 경우에는 매주 특정 시간에 청소차가 지나가(Street Cleaning) 주차가 안 되거나 또는 그 지역 주민만 주차가 가능한 경우가 있다. 이러한 내용들 역시 안내판에서 확인할 수 있다. 또한 빨간색의 소화전 Fire Hydrant이 있는 곳은 소방차 전용 주차 공간이므로 안내판이 없더라도 무조건 주차를 해서는 안 된다.

### ★ 연석의 색깔

보도블록 옆이나 연석 Curb에 색깔이 있는 페인트칠을 해놓은 경우가 있는데, 이러한 규칙은 우리에게 익숙하지 않으므로 주의해야 한다. 연석에 색깔로 주차 제한을 표시하는 것은 주로 캘리포니아주에서 실행하고 있는데, 흰색은 정차만 가능한 곳, 녹색은 제한 시간에만 주차가 가능한 곳, 노란색은 짐을 싣거나 내릴 때만, 파란색은 장애인 전용 주차, 빨간색은 소방차나 경찰차 등 응급상황에만 주차 가능하다는 뜻이다. 하지만 오리건주의 경우는 노란색이 주차 금지를 뜻하는 등 주마다 약간 다르므로 주의하자. 대개는 안내판이 있으니 꼭 읽어보자.

### ★ 장애인 주차

미국은 어디를 가나 주차장에 장애인 주차구역이 정해져 있다. 위와 같이 연석에 파란색 칠을 해놓은 경우

도 있지만, 보통은 장애인 표지판이 세워져 있거나 바닥에 그려져 있다. 장애인으로 등록되지 않은 차량이 이 자리에 주차를 하면 벌금이 매우 세다.

### ★ 주차 안내 표지판

지역마다 조금씩 안내판이 다르지만 다음의 단어가 들어간 표지판은 항상 주의하자.

| Handicapped | 장애인 주차구역 |
|---|---|
| Fire Lane | 소방차선 |
| Loading Zone | 짐을 싣고 내리는 구역 |
| Compact | 소형차 전용 |
| Staff Only | 직원 전용 |
| Tow-away Zone | 견인 구역 |
| Resident Parking | 지역 주민 전용 |
| Assigned Parking | 지정 차량 전용 |
| Reserved Parking | 등록 차량 전용 |
| No Parking Anytime | 비상시를 위해 항상 비워두는 구역 |

## ★ 주차 미터기 Parking Meter

주차를 할 때에는 무료인지 유료인지도 확인해야 한다. 유료인 곳에는 주차 요금을 내는 미터기가 있는데, 주차 미터기의 종류뿐 아니라 사용 방법도 다양하다. 길거리에서 가장 흔히 볼 수 있는 것은 동전을 넣는 기계로 미터기 안쪽을 들여다보면 요금을 알 수 있다. 보통은 25센트짜리 동전을 사용하며 5센트짜리 동전 사용이 가능한 기계도 있다. 다운타운일수록 요금이 비싸 25센트짜리 동전이 많이 필요하므로 미리 준비해 두는 것이 좋다. 보통 중소도시나 한산한 거리는 주차 요금이 저렴한 편이다.

주차요원들이 돌아다니며 미터기를 체크하는데, 돈이 다 떨어지면 '0'으로 표시되므로 약간만 시간을 초과해도 위반 티켓을 받을 수 있으니 여유 있게 동전을 넣어두는 것이 좋다. 신용카드를 사용할 수 있는 미터기도 있다. 동전 미터기가 차량마다 하나씩 있는 것과 달리, 카드 미터기는 주차 지역에 한 곳만 설치되어 있어 자신이 주차한 곳의 번호를 눌러 요금을 결제하는 방식이다. 어떤 미터기는 결제만 하면 되는 것도 있지만 어떤 기계는 결제 후 영수증을 자신의 차량에 부착해야 한다. 보통 와이퍼에 끼워놓기도 하지만 보다 안전하게 하려면 차 안의 앞유리 쪽에 주차요원이 볼 수 있도록 놓는 것이 좋다. 간혹 중소도시나 시골 마을 같은 곳에는 나무 상자 같은 것이 있어서 그 안에 돈을 넣게 되어 있는 곳도 있다.

## ★ 주차장 Parking Lot

주차장은 자동 요금 시스템이 많지 않다. 입구에서 티켓을 발부 받아 나갈 때 시간에 따라 돈을 내는 곳도 있지만, 먼저 주차를 한 후에 기계를 이용해 선불

로 주차요금을 내는 경우도 많다. 자신이 주차한 곳의 번호와 주차할 시간을 입력한 뒤 요금을 내면 영수증이 나온다. 길거리 주차와 마찬가지로, 영수증을 차에다가 끼워 놓아야 하는 곳도 있으니 안내문을 잘 읽어보자.

신용카드를 받는 기계도 있지만 오래된 곳은 주차한 자리의 번호가 입력된 상자에 돈을 넣으면 되는 곳도 있다. 이러한 시스템은 주차장마다 다르며 주의할 점은 시간을 항상 여유 있게 잡으라는 것이다. 주차장 직원들이 수시로 돌아다니며 검사를 하는데 시간을 조금만 초과해도 벌금을 물리며 심지어 견인해 가버리는 경우도 있다.

특히 상점에 딸려 있는 작은 주차장은 시간 제한이 있어서(보통 1~2시간) 시간이 너무 오래 지났거나 혹은 주차를 해놓고 다른 곳으로 가버린 경우 주인이 견인차를 불러 견인해 버리기도 한다.

## ★ 발레파킹 Valet parking

시내에 위치한 호텔, 레스토랑, 쇼핑센터, 공항, 병원 등에는 보통 발레파킹 서비스가 있다. 발레파킹은 편하기는 하지만 호텔 같은 곳에서는 $30~40를 훌쩍 넘어버리는 경우도 있다. 그리고 고급 레스토랑 같은 경우 발레파킹만 있는 곳도 많다. 발레파킹 요금이 이미 정해진 경우에는 그 요금만 내면 되며, 그러지 않은 경우에는 차를 가지고 온 사람에게 키를 받을 때 $2 정도 팁을 주는 것이 예의다. 발레파킹을 할 경우 가급적 차 안에 현금이나 귀중품을 두지 않도록 하자.

# 제3장 ★ 그 밖의 교통수단

## 미국 국내선 항공

미국 내 장거리 이동에서 편리하고 효율적인 수단이다. 자동차를 이용한 장거리 이동에는 식사나 숙박 등의 추가 비용이 발생하기 때문에 상대적으로 저렴한 방법이 될 수도 있다. 하지만 공항으로의 이동과 탑승 수속 등을 생각하면 자동차보다 불편할 수도 있다.

### ★ 검색 및 예약

미국에서 국내선 항공을 예약할 때는 미국 사이트를 이용하는 것이 좋다. 검색의 정확도는 물론이고, 다양한 옵션에 가격도 저렴한 항공권을 찾을 수 있다. 항공권 예약은 항상 서두르는 것이 좋다. 출발일이 가까워질수록 항공권의 가격이 올라가고 좋은 스케줄은 자리가 빨리 없어지기 때문이다. 하지만 너무 서둘러 예약을 하는 것도 주의해야 한다. 대부분의 예약 사이트가 환불 규정이 까다로우며 특히 저렴하게 구입한 항공권은 환불이 거의 안 된다. 항공사 사이트에서 직접 예약하면 보통 24시간 내 취소가 가능하다.

### 동서 이동 시간 차 Tip

비행기를 타고 동서 방향으로 이동하다 보면, 동쪽으로 가는 것이 서쪽으로 가는 것보다 비행 시간이 짧다는 것을 알 수 있다. 즉, 로스앤젤레스에서 뉴욕으로 갈 때는 5시간 25분, 로스앤젤레스로 돌아올 때에는 6시간 15분 정도로 50분 정도의 시간 차가 있다. 이는 한국과 미국을 왕복할 때에도 마찬가지로, 거리가 멀수록 시간 차는 더 커진다. 이처럼 시간 차가 생기는 이유는 서쪽에서 동쪽으로 흐르는 제트기류 때문이다.

## 국내선 항공 검색 및 예약 사이트

구글 플라이트 www.google.com/flights
카약 www.kayak.com
모몬도 www.momondo.com
스카이스캐너 www.skyscanner.com

### ★ 국내선 이용 방법

① 출발 1시간 전까지 체크인을 해야 한다.
② 대부분 항공사들이 수하물을 부칠 때 요금을 부과하며(보통 첫 번째 수하물이 $25~35 정도, 두 번째부터는 같거나 더 비싼 곳도 있다) 휴대 수하물의 사이즈 규정이 까다로운 편이다.
③ 공항의 보안 검색이 까다로워 검색대를 지날 때 신발을 벗어야 하며 노트북이나 태블릿은 따로 꺼내 놔야 한다.
④ 기내에서 식사, 간식, 담요, 헤드폰 등에 대부분 요금을 부과한다.
⑤ 국내선은 입국 심사나 세관 심사 없이 바로 짐만 찾아서 나가면 된다.

## 시내 교통

미국은 도시별로 대중교통 이용의 차이가 크다. 샌프란시스코나 시애틀 같은 도시는 대중교통을 이용할 만하지만 로스앤젤레스 같은 도시는 대중교통이 불편하다. 또한 대부분의 대도시는 다운타운에서 주차가 어렵고 비싸기 때문에 렌터카만이 능사는 아니며 차량 공유 서비스인 우버나 리프트를 대중교통과 병행하면 렌터카가 없어도 여행이 가능하다.

### ★ 우버 Uber · 리프트 Lyft

우리가 '차량 공유 서비스'라 부르는 우버나 리프트는 공식적으   로 'TNC(Transportation Network Company ; 운송네트워크사)'라 칭한다. 일반인들이 많이 쓰는 표현은 아니지만 공항 등의 공식 안내판에 쓰이니 알아두자. 미국에서는 많은 사람이 이용하고 있으며, 특히 대중교통이 불편한 지역에서 편리하게 이용할 수 있다.

## ★ 이용 방법

① 스마트폰에 애플리케이션을 다운받아 회원 가입을 한다(인터넷에서 할인 코드를 검색해 입력하면 첫 이용 시 할인을 받을 수 있다).

② 계정을 만들 때 신용카드 정보를 입력해야 한다(페이팔도 가능). 이때 입력된 결제 방식으로 모든 결제가 이루어지기 때문에 현지에서는 휴대폰만 있으면 된다.

③ 현지에서 차량이 필요할 때 애플리케이션을 열어 구글맵을 사용하는 것처럼 목적지를 입력한다. 출발지는 자동으로 현재 위치가 입력되며 얼마든지 바꿀 수 있다.

④ 출발지와 목적지가 정해지면 지도에는 주변 차량들이 검색된다. 이때 다양한 차량 종류가 나올 수 있으며 요금과 서비스가 조금씩 다르다.

⑤ 예상 요금을 확인하고 선택하면 정확한 픽업 위치가 나오고 운전기사의 사진과 차량 정보가 나온다.

⑥ 정확한 픽업 장소로 가서 기다린다. 약간 늦어지거나 하면 운전기사가 전화나 문자를 보내기도 한다. 차량이 도착하면 정보에 나온 차 번호, 색상, 모델명 등으로 식별한다.

⑦ 목적지에 도착하면 하차 후 애플리케이션을 통해 팁을 주거나 평가할 수 있으며, 택시와 달리 팁은 필수가 아니다. 요금은 구글맵 기준으로 환산하기 때문에 바가지를 쓸 걱정은 없으며 이미 등록된 카드에서 자동 결제된다.

## ★ 유의사항

① 서로의 위치를 확인할 때 간혹 통화를 해야 하는 경우가 생길 수 있다. 이때 휴대폰이 로밍 상태라면 국제전화를 이용해야 하고(국제 요금이라 드라이버가 거부할 수 있다), 심카드를 사용한다면 현지 전화번호를 정확히 입력해 두어야 한다.

② 택시를 불렀다가 취소하게 되면 $5 정도 벌금을 내야 한다.

③ 만약을 대비해 가급적 후기가 좋은 드라이버를 선택한다.

## 도시별 추천 교통수단 및 특징

| 도시 | 추천 교통수단 | 특징 |
|---|---|---|
| 샌프란시스코 | 대중교통+우버 | 다운타운 주차가 불편하며 요금도 비싸다. |
| 로스앤젤레스 | 우버 또는 렌터카 | 대중교통이 일부 구간 외에는 불편하다. |
| 라스베이거스 | 대중교통+우버 | 중심부에만 머문다면 대중교통도 괜찮다. |
| 시애틀 | 대중교통+우버 | 다운타운은 대중교통도 무난하다. |
| 중소도시나 국립공원 | 렌터카 | 대중교통이 불편하다. |

## 교통수단별 장단점

| 교통수단 | 장점 | 단점 |
|---|---|---|
| 렌터카 | • 동선이 자유롭다.<br>• 기동력이 있다.<br>• 짐에 구애받지 않는다. | • 낯선 곳에서의 운전이 긴장될 수 있다.<br>• 주차가 어렵거나 비싼 곳이 많다.<br>• 교통 체증 시 일정이 꼬일 수 있다. |
| 지하철 | • 찾아가기 쉽다.<br>• 저렴하다.<br>• 빠르다. | • 노선이 제한적이다.<br>• 주말에 운행이 줄어든다. |
| 버스 | • 저렴하다.<br>• 지하철보다 노선이 다양하다. | • 노선이나 스케줄이 불규칙하거나 배차 간격이 크다. |
| 우버/리프트 | • 운전을 안 해도 되고 원하는 곳까지 편하게 이동할 수 있다.<br>• 택시보다 저렴하고, 주유비, 주차비를 고려하면 렌터카보다 저렴할 수 있다. | • 처음 이용할 때는 생소하다.<br>• 장거리나 교통 체증 시 요금이 렌터카보다 비쌀 수 있다. |

# 제4장 ★ 미국의 음식

미국 식문화의 특징은 다양성이다. 다문화가 공존하면서 미국식으로 변형된 음식이 많으며 특히 서유럽과 멕시코의 영향을 빼놓을 수 없다. 또한 기름지고 짜고 푸짐한 것이 특징이며 디저트는 아주 달다.

## ★ 햄버거 Hamburger

가장 흔한 음식으로 간단히 버거 Burger라고 한다. 패스트푸드점은 물론 레스토랑에서도 쉽게 찾을 수 있다. 최근에는 채식주의 메뉴도 있다. 햄버거 자체는 독일에서 유래했지만 치즈 등을 함께 넣은 치즈버거는 미국에서 만들어졌다.

## ★ 피자 Pizza

햄버거와 함께 미국 어디에서나 접할 수 있는 음식이다. 원래는 이탈리아 음식이지만 세계화로 이끈 것은 역시 미국의 대형 체인들로 다양한 종류를 자랑한다.

## ★ 핫도그 Hot Dog

극장이나 놀이공원, 야구장 등에서 즐겨 먹으며 가끔 길에서도 판다. 소시지가 한국보다 크고 짜며, 양파, 피클, 겨자, 케첩 등을 뿌려 먹는다. 우리가 흔히 핫도그라 부르는 막대에 끼워서 튀겨 먹는 것은 미국에서는 콘도그 Corn Dog라 부른다.

## ★ 샌드위치 Sandwich

언제 어디서나 간편히 즐기는 음식으로 보통 차게 먹지만 겨울에는 따뜻한 고기가 들어간 필리 샌드위치도 많이 먹는다. 넓은 의미로 햄버거도 샌드위치라 부른다.

## ★ 타코 Taco

원래 멕시코 음식이지만 미국에서, 특히 캘리포니아에서 즐겨 먹는다. 펍이나 바에서 핑거 푸드로도 먹으며 패스트푸드점에서도 많이 먹는다. 매콤한 할라피뇨가 들어가 우리 입에도 잘 맞는다.

## ★ 아보카도 토스트 Avocado Toast

나무에서 나는 버터라 불리는 아보카도는 멕시코에서 풍부하게 공급되어 많이 먹는다. 살짝 구운 토스트 위에 아보카도와 토마토 등을 올려 신선하게 먹는 맛이 일품이다.

## ★ 캘리포니아 롤 California Roll

아시아 퓨전 음식의 대표격인 캘리포니아 롤은 우리에게도 친근한 맛이다. 밥에 아보카도, 연어, 게맛살, 오이, 날치알 등을 넣어 만든 것으로 재료에 따라 종류도 다양하다.

★ 스테이크 Steak

미국 레스토랑에서 빼놓을 수 없는 메뉴다. 소고기, 돼지고기, 양고기 등을 부위별, 소스별로 다양하게 즐긴다. 식성에 따라서 굽기의 정도를 선택할 수 있는데, 덜 익힌 것을 레어 Rare, 중간 정도는 미디엄 Medium, 완전히 익힌 것을 웰던 Well done이라 한다. 각각의 중간 정도는 미디엄 레어 Medium Rare, 미디엄 웰던 Medium Well done이라고 한다. 고급 스테이크하우스일수록 질 좋은 고기맛을 느낄 수 있는 레어나 미디엄 레어를 권한다.

---

**Tip**

## 소고기 부위별 명칭

▶ **필레 미뇽** Filet Mignon
안심 중에서도 가장 끝쪽에 붙어있는 작은 부분으로 가장 부드럽지만 비싸고 양이 적다.

▶ **립아이 스테이크** Rib Eye Steak
등심 중에서 최상급인 꽃등심 스테이크로 마블링이 잘되어 있어 부드럽다.

▶ **서로인 스테이크** Sirloin Steak
갈빗살 뒤쪽, 안심 위쪽에 위치한 등심 스테이크다. 안심보다는 질기지만 저렴한 편이다.

▶ **텐더로인 스테이크** Tenderloin Steak
가장 무난한 안심 스테이크다.

▶ **티본 스테이크** T-bone Steak
T자 모양의 갈빗대에 갈빗살이 붙어있는 스테이크다.

▶ **뉴욕 스테이크** New York Steak
채끝살 부위라서 고기가 연한 편이고 등심보다는 지방이 많다.

▶ **프라임 립** Prime Ribs
지방이 많고 질긴 갈빗살 중에서도 가장 맛있는 부위다.

★ 브런치 Brunch

아침보다는 푸짐하고 점심보다는 간단한 메뉴로 대개 오믈렛, 프렌치 토스트, 팬케이크, 와플 등이다. 브런치 전문 카페나 레스토랑에서는 날마다 준비되어 있지만 주말이나 일요일에만 하는 곳도 있다.

★ 컵케이크 Cupcake

보기만 해도 예쁜 컵케이크는 아이싱이 더 많아 일반 케이크보다 부드럽고 달콤하다. 한입 크기의 작은 사이즈부터 머핀 사이즈까지 다양하며 케이크 전문점이나 슈퍼마켓에도 있을 만큼 대중적인 디저트다.

★ 도넛 Donut(Doughnut)

빵을 기름에 튀겼으니 칼로리는 말할 것도 없고 그만큼 맛있다. 하지만 컵케이크와 마찬가지로 미국의 디저트는 우리 입맛에 너무 달아 많이 먹을 수 없다. 최근에는 로컬 브랜드가 고급화되면서 덜 달고 좋은 재료를 쓴 것도 많다.

## ★ 패스트푸드점 Fast-food Restaurant

빠르고 저렴하게 식사를 해결할 수 있는 대중식당이다. 편리한 주문을 위해 콤보 세트메뉴가 많으며, 자동차에서 내리지 않고 앱이나 창문으로 주문, 결제하고 바로 픽업해 갈 수 있는 드라이브스루 Drive-thru 창구도 많다. 셀프서비스이므로 팁을 내지 않아도 된다.

## ★ 카페테리아 Cafeteria

쟁반을 들고 라인을 따라 이동하면서 놓인 음식들 중에서 골라 마지막에 카운터에서 계산하는 식당이다. 샐러드부터 메인, 디저트, 음료수까지 순서대로 진열되어 있다. 셀프서비스이므로 팁을 내지 않아도 되며, 음식을 직접 보고 고를 수 있어 편리하다.

## ★ 푸드코트 Food Court

여러 간이식당들이 한데 모여 있는 곳으로 대형 쇼핑몰에는 항상 있다. 햄버거, 핫도그, 샌드위치, 피자, 중국 음식, 멕

시칸 음식, 일본 음식이 단골 메뉴이며 최근에는 한국 음식도 있다. 저렴하면서 메뉴가 다양해 식성이 다른 사람과 함께 먹을 때 편리하다. 셀프서비스라 팁이 없다.

## ★ 델리 Deli

샐러드, 샌드위치, 간단히 조리된 음식, 수프, 커피, 음료, 스낵 등을 파는 곳으로 도심에는 좌석이 없는 가게도 있다. 아침이나 점심에 직장인들이 많이 찾으며 셀프서비스로 팁이 없다.

## ★ 뷔페 레스토랑 Buffet Restaurant

원하는 만큼 가져다 먹는 곳으로 수시로 음료를 채워주거나 접시를 치워주는 종업원에게 $1~2 정도 팁을 준다. 뷔페로 유명한 곳은 라스베이거스로 엄청난 종류의 메뉴가 눈앞에 펼쳐진다.

## ★ 레스토랑 Restaurant

주문을 받고 테이블 서비스를 해주는 식당으로 메뉴에 따라 이탈리안, 프렌치, 아메리칸, 차이니스 레스토랑으로 부른다. 피자를 전문으로 하는 곳은 피자리아 Pizzeria로 부르기도 하며, 평범한 가정식 음식을 파는 곳은 다이너 Diner라고 하는데 보통 아침부터 밤늦게까지 영업하며 가격도 저렴한 편이다. 정통 스테이크를 맛보고 싶다면 전문 스테이크하우스 Steak House로 가는 것이 좋다.

> **Tip**
>
> ## Only In the US! 드라이브인 식당
>
> 1921년 텍사스에 처음 생긴 드라이브인 Drive-in 식당은 차 안에서 식사를 하는 재미난 곳이다. 자동차 문화가 발달한 미국에서나 있을 법한 식당으로, 1950~1960년대에 큰 인기를 끌었지만 점차 사라져 최근에는 흔하지 않다. 큰길가에 있으니 운전 중에라도 눈에 띄면 한 번쯤 시도해 보자. 건물 안쪽에 주차를 해놓고 창문을 열고 기다리면 종업원이 인라인을 타고 주문을 받으러 온다. 음식을 가져오면, 자동차 창문 옆에 꽂을 수 있는 쟁반을 가져와 차 안에서 먹을 수 있다.
>
>

## 레스토랑 이용하기

미국은 우리의 레스토랑과 조금 다른 점이 있으니 미리 알아두면 좋은 정보들을 소개한다.

① 식당에 들어서면 종업원이 인사하며 몇 명인지 묻는다. 인원을 말하고 안내를 받아 앉는다. 특별히 원하는 자리가 있으면 미리 말하거나 예약해야 한다.

② 자리에 앉으면 웨이터가 메뉴판을 주며 먼저 음료를 물어본다. 음료는 바로 갖다 주고 메뉴를 볼 시간을 주므로 음식은 천천히 고르면 된다.

③ 시작 메뉴로 전채 요리 Appetizer, 샐러드 Salad, 수프 Soup 등이 있고, 메인 요리 Entrée를 고르면 된다.

④ 식사가 끝나면 웨이터가 테이블을 치우고 디저트 메뉴판을 준다. 디저트는 안 시켜도 되고 두 명이 한 개만 시켜서 나누어 먹어도 괜찮다.

⑤ 계산은 테이블에서 한다. 웨이터가 계산서(Bill 또는 Check)를 갖다 준다. 현찰이면 그냥 테이블에 놓고 나오면 되고, 카드인 경우에는 결제하고 갖다 줄 때까지 앉아서 기다렸다가 나온다.

### ★ 예약

인기 있는 레스토랑은 일찍 예약하는 것이 좋으며, 가끔 고급 레스토랑은 예약을 반드시 해야 하는 경우도 있다.

레시 Resy

오픈테이블 OpenTable

예약은 전화나 인터넷으로 할 수 있고 많이 쓰이는 어플은 레시 Resy 와 오픈테이블 Open Table이다.

### ★ 팁

팁은 현찰이나 카드로 낼 수 있다. 카드로 낼 때는 사인할 때 금액을 직접 적거나 선택 버튼을 누르는 기계도 있다. 팁은 보통 음식값의 15~25%다. 간혹 결제 금액에 팁을 포함시키는 식당이 있으니 영수증을 잘 확인하자.

### ★ 복장

고급 레스토랑의 경우 드레스 코드 Dress Code에 맞는 단정한 옷을 입어야 한다. 특히 여름에 슬리퍼나 운동화, 반바지, 찢어진 청바지 차림이라면 입장이 제한되는 경우도 있다. 최근에는 고급 레스토랑이라 할지라도 스마트 캐주얼 Smart Casual, 비즈니스 캐주얼 Business Casual, 소피스티케이티드 캐주얼 Sophisticated Casual 등으로 남성은 칼라 있는 셔츠나 티셔츠에 재킷 정도, 여성은 원피스 드레스 정도면 된다.

### 알아두면 좋은 식재료명

| Anchovy | 멸치 | Cuttlefish | 갑오징어 | Lobster | 바닷가재 | Scallion | 파 |
|---|---|---|---|---|---|---|---|
| Bass | 농어 | Duck | 오리고기 | Mackerel | 고등어 | Scallop | 가리비 |
| Beef | 소고기 | Eel | 뱀장어 | Mushroom | 버섯 | Shellfish | 조개 |
| Cabbage | 양배추 | Eggplant | 가지 | Mussel | 홍합 | Shrimp | 새우 |
| Carrot | 당근 | Garlic | 마늘 | Mutton | 양고기 | Spinach | 시금치 |
| Chicken | 닭고기 | Ginger | 생강 | Octopus | 문어 | Squid=Calamary | 오징어 |
| Chilli | 고추 | Green Onion | 대파 | Onion | 양파 | Trout | 송어 |
| Clam | 조개(대합) | Halibut | 넙치 | Oyster | 굴 | Tuna | 참치 |
| Cod | 대구 | Iceberg Lettuce | 양상추 | Pork | 돼지고기 | Turkey | 칠면조 |
| Corn | 옥수수 | Jellyfish | 해파리 | Prawn | 참새우(대하) | Veal | 송아지고기 |
| Crab | 게 | Lamb | (새끼)양고기 | Radish | 무 | Zucchini | 애호박 |
| Cucumber | 오이 | Lettuce | 상추 | Salmon | 연어 | | |

## 패스트푸드 체인점

여행 중 간단하고 저렴하게 식사를 해결할 수 있어 편리하며, 특히 고속도로에서 장거리 주행을 할 때 쉽게 찾을 수 있어 종종 이용하게 된다. 맥도날드나 버거킹, KFC 등 이미 알고 있는 체인이라면 한국에 없는 메뉴를 시도해 보고, 기왕이면 한국에 들어오지 않은 패스트푸드점을 이용해 보자.

### 인 엔 아웃 In-N-Out
캘리포니아의 유명한 햄버거 패스트푸드점으로, 웰빙 재료와 감자를 튀기

지 않고 굽는 식으로 다른 패스트푸드점과 차별화했다. 메뉴판에는 없는 비밀 메뉴가 있는데 그중 치즈를 얹은 감자인 애니멀 스타일 프라이스 Animal Style Fries가 인기다.

**홈페이지** www.in-n-out.com

### 치폴레 Chipotle
깔끔한 스타일의 멕시칸 패스트푸드점. 저렴한 가격에 신선한 멕시칸 음식을 먹을 수 있어 가성비가 좋다. 재료를 직접 보면

서 토핑할 수 있고 음료는 리필 가능하다. 먹기 편한 부드럽고 작은 타코도 있다.

**홈페이지** www.chipotle.com

### 파이브 가이스 Five Guys
재료를 원하는 대로 토핑해주는 맞춤형 햄버거라서 수제버거 같은 느낌으로 즐길 수 있다. 가장 인기 있는 메뉴는 베이컨 치즈버거와 프렌치프라이다.

**홈페이지** www.fiveguys.com

### 알비스 Arby's
무난한 햄버거 체인점으로 인기 메뉴는 로스트비프샌드위치와 비프앤체다. 꼬불꼬불한 감자튀김인 컬리프라이가 대표적이다.

**홈페이지** www.arbys.com

### 팻버거 Fatburger
햄버거 패스트푸드점으로, 저지방, 무지방 등 지방을 줄이려는 최근의 분위기 속에서 이름 때문에 망할 것

이라는 예상을 뒤엎고 인기를 끌고 있다. 대부분의 체인이 규모가 작고 평범하지만 햄버거가 맛있다.

**홈페이지** www.fatburger.com

### 칼스 주니어 Carl's Jr
꽉 찬 재료로 인기 있는 이곳

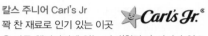

은 다른 햄버거점에 없는 터키(칠면조) 버거가 있으며 웨스턴 베이컨치즈버거가 특히 인기다.

**홈페이지** www.carlsjr.com

### 퀴즈노스 Quiznos
우리나라에도 있는 샌드위치

체인점으로 치즈스테이크와 같은 다양한 샌드위치는 물론 수프와 샐러드도 있다. 서브웨이의 경쟁 업체인데, 보다 다양한 메뉴를 갖추고 있으며 맛도 좋아 인기다.

**홈페이지** www.quiznos.com

### 칙필에이 Chick-fil-A
해마다 베스트 패스트푸드점 랭킹에 오르는 곳으로 음식

품질도 괜찮다. 치킨이 유명한 만큼 치킨샌드위치와 비스킷으로 구성된 아침 메뉴가 인기다.

**홈페이지** www.chick-fil-a.com

### 킹스 타코 King's Taco
캘리포니아에만 있는 타코 체인점으로 엄청 매운 소스가 유명해 소스만 따로 병에 담아 팔기도 한다. 분위기는 다소 허름한 편이지만 저렴한 가격에 맛있는 타코가 인기라서 줄을 서서 먹을 정도다.

**홈페이지** www.kingtaco.com

### 웬디스 Wendy's

빨간 머리 소녀가 웃고 있는 귀여운 로고의 햄버거점으로 미국 전역에 5,000개가 넘는 지점이 있는 유명한 곳이다. 이곳에서는 메뉴판에 없더라도 물어보면 만들어 주는 구운 감자가 있다. 대형 아이다호 감자를 통으로 구워 치즈와 베이컨을 얹어 먹는데 토핑을 추가할 수 있다.
**홈페이지** www.wendys.com

### 슈퍼두퍼 버거 Super Duper Burgers

서울에도 1호점이 생겼지만 원조인 샌프란시스코에서는 더욱 쉽게 찾을 수 있다. 유기농 우유로 만든 밀크셰이크와 아이스크림도 인기다.
**홈페이지** www.superduperburgers.com

### 쉐이크 쉑 Shake Shack

이제 서울에서도 쉽게 찾아갈 수 있지만 역시 원조의 맛은 다르다. 부드럽고 말랑말랑한 번과 육즙이 흘러나오는 패티는 콜라보다 맥주가 더 잘 어울린다.
**홈페이지** https://shakeshack.com

## 대중 레스토랑 체인

전국에 퍼져 있는 체인 레스토랑은 지역이나 매장에 따라서 차이가 나는데, 보통 고급 레스토랑이 많은 대도시에서는 저렴한 식당으로 인식되지만 레스토랑이 별로 없는 소도시에서는 고급 레스토랑처럼 인식되기도 한다. 수많은 체인 중에 찾기 쉽고 무난한 브랜드를 소개한다.

### 치즈케이크 팩토리
### The Cheesecake Factory

음식과 분위기가 전반적으로 깔끔하며 양이 푸짐하고 맛도 대체로 괜찮다.
**홈페이지** www.thecheesecakefactory.com

### 애플비스 Applebee's

전형적인 미국식 레스토랑으로 푸짐한 음식과 각종 샘플러, 다양한 무알코올 음료들이 있다.
**홈페이지** www.applebees.com

### 칠리스 Chili's

아메리칸 스타일의 멕시칸 메뉴가 많아서 매콤한 음식도 있으며 양도 푸짐하다.
**홈페이지** www.chilis.com

### 데니스 Denny's

24시간 영업하는 다이너 스타일의 레스토랑으로 고속도로변에 많다.
**홈페이지** www.dennys.com

### 아이홉 IHOP(The International House of Pancakes)

팬케이크 전문점으로 아침식사 메뉴도 다양하며 24시간 또는 늦게까지 영업한다.
**홈페이지** www.ihop.com

### 올리브 가든 Olive Garden

이탈리안 레스토랑으로 푸짐한 파스타와 함께 리필 가능한 샐러드가 특징이다.
**홈페이지** www.olivegarden.com

### 레드 랍스터
### Red Lobster

해산물 전문 레스토랑으로 랍스터나 킹크랩 등을 푸짐하게 즐길 수 있다.
**홈페이지** www.redlobster.com

### 비제이스 레스토랑 & 브루하우스
### BJ's Restaurant & Brewhouse

스포츠 채널을 즐기기 좋은 대형 스크린과 바가 있는 미국적인 분위기의 레스토랑으로 양도 푸짐하다.
**홈페이지** www.bjsbrewhouse.com

### 레드 로빈 Red Robin

20여 가지의 다양한 햄버거가 있는 햄버거 전문 레스토랑으로 독특한 음료수도 인기다.
**홈페이지** www.redrobin.com

# 제5장 ★ 미국의 쇼핑

미국은 전 세계 최고의 소비대국으로 슈퍼마켓과 아웃렛의 탄생지다. 그만큼 쇼핑은 미국 여행의 큰 즐거움이기도 하다. 다양한 사람들이 모여 사는 미국에는 수만 가지의 상품과 디자인, 사이즈가 존재한다. 또한 거대한 쇼핑몰과 아웃렛 타운이 있어 한 번에 돌아보기에도 좋다.

## 쇼핑몰 Shopping Mall

미국 쇼핑의 최고봉은 백화점까지 품고 있는 초대형 쇼핑몰이다. 보통 간단히 '몰'이라 부르는데, 일반 쇼핑센터보다 큰 개념으로 거대한 건물 또는 여러 건물에 백화점이 1~3개 정도 있고 대형 마트와 수백 개의 상점, 식당, 푸드코트 등이 들어서 있다.

## 미국 5대 백화점

메이시스 Macy's
가장 대중적인 브랜드로 전국에 걸쳐 수많은 지점이 있다.
홈페이지 www.macys.com

블루밍데일스 Bloomingdale's
Macy's와 같은 계열사로
좀 더 고급 버전이다.
홈페이지 www.bloomingdales.com

노드스트롬 Nordstrom　**NORDSTROM**
가장 무난하고 지점도 많은 브랜드로 지점마다 다르지만 블루밍데일스와 비슷한 수준이다.
홈페이지 www.nordstrom.com

삭스 피프스 애비뉴 Saks fifth Avenue
뉴욕에 본사를 둔 고급 브랜드로 흔히 '삭스 Saks'라 불린다. 명품이 많다.
홈페이지 www.saksfifthavenue.com

니먼 마커스 Neiman Marcus
댈러스에 본사를 둔 고급 백화점으로 지점 수가 적은 편이다.
홈페이지 www.neimanmarcus.com

### Tip

## 미국 백화점 특징
큰 매장 외에는 직원이 별로 없어서 사람이 많을 때는 직원을 찾아다녀야 할 정도. 하지만 여러 매장 옷을 가져다가 한 피팅룸에서 마음껏 입어볼 수 있어 편한 점도 있다. 계산대는 매장마다 있는 게 아니라 층마다 몇 군데만 있다.

## 대형 아웃렛 Outlet

땅이 넓은 미국은 시 외곽으로 나가면 엄청난 규모의 대형 아웃렛 타운이 있어 온종일 쇼핑을 해도 시간이 부족하다. 우리나라에도 진출한 세계적인 아웃렛 체인 프리미엄 아웃렛 Premium Outlets이 미국 전역에 지점을 두고 있다. 자세한 내용은 P.040 참조.

**홈페이지** www.premiumoutlets.com
[공략 브랜드] 토리 버치, 코치, 빈스, 티어리, 룰루레몬, 폴로, 휴고 보스, 제냐, 프라다, 생로랑, 아르마니, 몽클레어 등

### Tip
### 할인 쿠폰과 주요 브랜드

프리미엄 아웃렛 홈페이지에서 VIP 쇼퍼 클럽 Vip Shopper Club에 가입하면 추가 할인쿠폰을 받을 수 있으니 출발 전에 미리 가입해두자. 프리미엄 아웃렛의 기본 브랜드는 코치 Coach, 토리 버치 Tory Burch, 아르마니 익스체인지 Armani Exchange, 앤 테일러 Ann Taylor, 바나나 리퍼블릭 Banana Republic, 캘빈 클라인 Calvin Klein, 디케이엔와이 DKNY, 갭 Gap, 게스 Guess, 나이키 Nike, 폴로 랄프로렌 Polo Ralph Lauren 등이며, 일부 지점에는 구찌 Gucci, 프라다 Prada 등 명품 브랜드도 있다.

## 백화점 아웃렛

고급 백화점에서 팔던 재고나 이월 상품을 판매하는 아웃렛으로 진정한 득템의 기회를 노려볼 수 있다. 진열 상태는 디스카운트 스토어와 마찬가지로 옷걸이에 빽빽하게 걸려 있어 인내심이 필요하다. 사이즈에 제한이 있으니 의류보다는 가방, 선글라스 등 잡화류가 낫다. 독립 매장보다는 아웃렛 몰이나 쇼핑몰에 입점한 경우가 많다.

[공략 아이템] 명품 백, 명품 선글라스, 디자이너 슈즈, 프리미엄 진 등

### 노드스트롬 랙 Nordstrom Rack
노드스트롬 백화점의 아웃렛. 여러 도시의 쇼핑몰이나 독립된 매장으로 있다.

**홈페이지** www.nordstrom.com

### 삭스 오프 피프스 Saks Off Fifth
삭스 피프스 애비뉴 백화점의 아웃렛. 쇼핑몰이나 아웃렛 몰 안에 있다.

**홈페이지** www.off5th.com

### 니먼 마커스 라스트 콜
Neiman Marcus Last Call
니먼 마커스 백화점의 아웃렛. 독립 매장보다는 쇼핑몰 안에 있다.
**홈페이지** www.lastcall.com

### 아웃렛 스토어 블루밍데일스
The Outlet Store Bloomingdale's
블루밍데일스 백화점의 아웃렛. 쇼핑몰 안에 있다.
**홈페이지** www.bloomingdales.com

## 디스카운트 스토어

시내에서 방문할 수 있는 디스카운트 스토어는 지역에 따라 규모나 수준이 다르다. 대부분 진열 상태가 좋지 않아서 인내심이 필요하지만 운이 좋으면 감동의 쇼핑을 즐길 수 있다.

[공략 아이템] 슈트케이스, 주방용품, 아동복, 보디용품

### 티제이 맥스 TJ Maxx

의류, 신발, 주방용품 등 다양한 종류에 유명 브랜드도 많고 물건이 좋은 편이라 인기가 많다.

**홈페이지** www.tjmaxx.com

### 마셜스 Marshalls

티제이 맥스와 같은 계열사로 분위기가 비슷하며 수준은 티제이 맥스와 비슷하거나 조금 아래다.

**홈페이지** www.marshallsonline.com

### 디에스더블유 DSW(Designer Shoe Warehouse)

구두, 운동화, 샌들, 슬리퍼 등 각종 신발로 가득한 대형 신발 전문 할인점으로 종류별로 진열되어 자유롭게 신어볼 수 있다.

**홈페이지** www.dsw.com

[공략 브랜드] 스케처스, 크록스, 머렐, 애쉬, 어그, 락포트, 프랑코사르토, 빈센트카무토, 핏플랍, 헌터, 프라이, 스티브매든, 반스 등

## 체인 전문점

### 알이아이 REI

아웃도어 전문 매장. 다양한 물품들을 직접 만져보고 입어볼 수 있으며, 캠핑용품, 등산용품, 여행용품, 스키용품 등 각종 스포츠용품과 의류가 있다.

**홈페이지** www.rei.com

### 세포라 Sephora

국내에도 입점한 코스메틱 전문점. 항상 붐비는 이곳의 인기 비결은 세련된 인테리어와 대부분의 화장품 테스터를 마음껏 테스트해볼 수 있다는 점이다. 저렴한 PB상품도 있다.

**홈페이지** www.sephora.com

### 얼타 뷰티 ULTA Beauty

세포라와 비슷한 멀티 브랜드 화장품 전문점으로 중저가 브랜드나 드러그스토어 제품도 있어서 가격대가 다양하다.

**홈페이지** www.ulta.com

---

**Tip**

## 쇼핑족을 위한 세일 노하우

미국의 상점들은 연휴 기간이나 특정일에 작은 세일을 하며 큰 세일은 추수감사절 이후부터 시작되어 크리스마스 무렵 절정을 이룬다. 여름철에는 보통 6월 말부터 시작해 7월 중순~8월까지다. 이 두 시즌에는 백화점도 시원스레 할인해 주며, 아웃렛은 이에 질세라 할인가에서 또다시 할인을 해준다. 따라서 가격 면에서는 이때가 쇼핑의 천국이다.

하지만 단점도 있다. 사람이 너무 많아 옷을 입어보거나 계산을 할 때마다 줄을 한참 서야 한다. 사이즈가 없거나 깨끗하지 않은 물건들도 있다. 따라서 발 빠른 쇼핑족들은 세일이 시작될 때를 맞추어 평일 낮에 쇼핑을 한다. 이때는 상품도 많고 매장도 덜 복잡한 편이다.

마지막 세일은 클리어런스 Clearance라 하여 더욱 저렴하다.

## 미국 사이즈

### 의류

| | | | | | | |
|---|---|---|---|---|---|---|
| 여성복 | 한국 | 44 | 55 | 66 | 77 | 88 |
| | 미국 | XS | S | M | L | XL |
| | | 00-0-2 | 2-4-6 | 6-8-10 | 10-12-14 | 14-16-18 |
| 남성복 | 한국 | 90 | 95 | 100 | 105 | 110 |
| | 미국 | S | M | L | XL | XXL |
| | | XS | S | M | L | XL |

\* 사이즈 숫자 옆에 P라고 써 있는 것은 몸 사이즈와 별개로 소매나 바지 길이가 약간 짧은 (Petite) 사이즈라서 동양인에게 더 잘 맞는 편이다.

\* 남성복의 경우에는 바지 길이와 셔츠의 목둘레, 팔 길이가 정확히 구분되어 있어 편리하다.

### 신발

| | | | | | | | | | | | |
|---|---|---|---|---|---|---|---|---|---|---|---|
| 여성복 | 한국 | 220 | 225 | 230 | 235 | 240 | 245 | 250 | 255 | 260 | 265 | 270 |
| | 미국 | 5 | 5.5 | 6 | 6.5 | 7 | 7.5 | 8 | 8.5 | 9 | 9.5 | 10 |
| 남성복 | 한국 | 250 | 255 | 260 | 265 | 270 | 275 | 280 | 285 | 290 | 295 | 300 |
| | 미국 | 7 | 7.5 | 8 | 8.5 | 9 | 9.5 | 10 | 10.5 | 11 | 11.5 | 12 |

\* 사이즈 숫자 옆에 W라고 써 있는 것은 볼이 약간 넓은(Wide) 사이즈이며, N은 볼이 약간 좁은(Narrow) 사이즈다. 일반 볼 사이즈는 숫자만 있거나 M(Medium)으로 표기된다.

### 아동복

| 연령 | 신생아 | 3개월 | 6개월 | 9개월 | 12개월 | 18개월 | 24개월 | 만 3살 | 만 4살 | 만 5살 |
|---|---|---|---|---|---|---|---|---|---|---|
| 미국 | Newborn | 3M | 6M | 9M | 12M | 18M | 24M | 3T | 4T | 5T |

\* 유아복은 M(Month), 아동복은 T(Toddler)로 표기된다.

\* 미국 성인들은 우리보다 체격이 큰 편이지만 유아는 반대로 작게 태어나는 편이라 사이즈를 여유 있게 사는 것이 좋다.

## 슈퍼마켓

거대한 주차장을 동반한 초대형 슈퍼마켓은 풍요로운 미국의 상징이기도 하다. 매장마다 차이는 있지만 특히 식료품 쇼핑을 즐기기에 그만이다.

### 대형 슈퍼마켓 체인
우리나라는 동네 가게에도 '슈퍼'라는 말을 쓰면서 슈퍼의 의미가 무색해졌지만 미국은 정말 큰 슈퍼마켓이 동네마다 있다. 브랜드보다는 지역별, 매장별로 규모나 수준의 차이가 있다. 주별, 도시별로 브랜드가 다르지만 미국 중서부에는 다음의 브랜드가 많다.

세이프웨이

앨버트슨스

프레드 마이어

본스

큐에프시

크로거

### 유기농 마켓 체인
동네마다 유기농 마켓이나 파머스 마켓이 잘 되어 있는데 특히 전국 체인으로 유명한 곳은 두 곳이다. 유기농 마켓인 만큼 식료품이 훌륭하지만 휴대가 편리한 아이템 위주로 골라보자.
[공략 아이템]
쿠키, 초콜릿, 스킨케어 제품, 비타민, 꿀, 향신료 등

### ★ 홀푸즈 마켓 Whole Foods Market
유기농 마켓의 대표 브랜드로 다소 비싸지만 품질 좋은 식료품이 많아서 인기다. 매장이 크고 쾌적하며 간단한 카페테리아를 갖춘 곳도 있다. PB상품은 저렴하다.
홈페이지 www.wholefoodsmarket.com

### ★ 트레이더 조스 Trader Joe's
중간 규모의 유기농 마켓으로 자체적으로 개발한 PB상품들을 저렴하게 판매해 마니아층이 많다. 가성비 좋은 국가별 와인 셀렉션도 유명하다.
홈페이지 www.traderjoes.com

## 대형 마트

생활용품을 비롯해 식료품, 학용품, 전자제품, 운동용품, 의류 등 온갖 물품을 파는 대형 마트는 저렴한 가격에 원타임 쇼핑을 즐길 수 있어 편리하다. 지점에 따라 대형 약국까지 갖춘 곳도 있다.

### 타깃 Target
가장 깔끔한 스타일의 대형 마트로 진열 상태나 물품의 상태가 좋고 가격도 저렴한 편이다. 타깃 중에서도 초대형 규모의 슈퍼 타깃은 가구까지 영역을 넓혀 웬만한 물건을 다 갖췄다.

## 가격대별 추천 아이템

### ★ $20 이하 가성템

대형 마트나 드러그스토어 제품 중 가성비 좋은 아이템으로는 스킨케어 제품이 있다. $5~20 정도에 수많은 기초 제품이나 메이크업 제품을 구입할 수 있으며 품질도 좋은 편이다.

순한 클렌징으로 거품이 나는 것과 나지 않는 것 두 종류 모두 좋다.

[스킨케어 브랜드]
세라베 Cerave, 올레이 Olay, 아비노 Aveeno
[메이크업 브랜드]
E.L.F., 웻엔와일드 Wet n Wild, O.P.I., 닉스 Nix, 메이블린 Maybelline, 레블론 Revlon, 로레알 L'oreal

### ★ $10 이하 트래블 섹션

타깃이나 대형 드러그스토어에는 샘플 사이즈보다 좀 더 큰 여행용 사이즈를 모아놓은 섹션이 있다. 여행 중 부족한 것을 사기에 좋으며, 대용량을 사기에 부담스러운 것들을 사보는 것도 괜찮다.

기내 휴대 가능한 88ml 여행용 샴푸(좌)
여행 중 뽑아쓰기 편리한 클렌징 클로스(우)

## 드러그스토어

미국의 약국은 약만 파는 게 아니다. 대개 마트와 함께 운영되어 생활용품이나 스킨케어 제품, 간단한 가공식품 등을 판매한다. 편의점 수준의 작은 규모에서부터 대형 슈퍼마켓처럼 큰 곳도 있다. 대부분 늦게까지 영업하며 종종 세일 품목이 있다.

### 월그린스 Walgreens

미국 전역에 지점을 둔 거대 기업형 약국이다. 미국 50개 주에 들어가 있어 어디에서나 찾기 쉽다.

홈페이지 www.walgreens.com

### 시브이에스 CVS

월그린스와 경쟁하는 거대 기업형 약국으로 거의 모든 주에 지점이 있다.

홈페이지 www.cvs.com

## 대표 상비약

대형 약국에서는 약사가 있는 카운터에도 줄을 한참 서야 하는 경우가 있다. 매대에서 쉽게 찾을 수 있는 약들도 알아두자.

[진통제] 애드빌 Advil, 타이레놀 Tylenol
[소화제] 펩토비스몰 Pepto Bismol, 가스엑스 Gas-X
[감기약] 테라플루 Theraflu
[항생제 연고] 네오스포린 Neosporin
[가려움 연고] 코티존 Cortizone
[인공 눈물] 시스테인 Systane

배탈, 속쓰림, 설사 등에 잘 듣는 소화제

피부 상처에 바르는 항생제 연고

코로나 초기에 품절대란을 일으켰던 아세트아미노펜계 해열 진통제

저녁에 먹고 자는 이부프로펜계 진통제

직구 제품으로도 인기인 인공눈물

# 여행 준비
## Plan Your Trip

여행 준비
출국하기
입국하기
위급상황 대처 방법
예산 짜기
추천 일정

# 제1장 ★ 여행 준비

## 여권

해외에서 자신의 신분을 증명해 주는 여권은 국가별 출입국 심사와 호텔 체크인은 물론, 신용카드 사용, 자동차 렌트 등 다양한 상황에서 신분증 역할을 한다. 여권을 발급받으면 서명란에 바로 서명을 해두고 여행 중에는 이와 동일한 서명을 사용해야 한다. 여권이 있다고 방심하지 말고 여권의 유효기간을 확인해보자. 남아 있는 기간이 6개월이 안 된다면 재발급받아야 한다.

외교부 여권 안내 홈페이지 www.passport.go.kr

### ★ 여권 발급 절차 및 서류
다음의 구비 서류를 준비해 해당 구청이나 시청, 도청 등 담당 기관에 직접 찾아가서 신청하면 된다.

#### ① 여권 발급 신청서
해당 기관에 구비되어 있으며 인터넷에서 미리 다운받아 작성할 수도 있다.

#### ② 여권용 사진
가로 3.5cm×세로 4.5cm의 컬러 사진으로 얼굴 크기가 2.5cm×3.5cm가 되어야 한다. 바탕은 배경이 없는 밝은색으로, 얼굴선이 드러나게 찍어야 하며 모자나 머리카락, 선글라스 등으로 얼굴을 가려서는 안 된다. 또한 최근 6개월 이내에 촬영된 것이어야 한다.

#### ③ 신분증
주민등록증 또는 운전면허증

#### ④ 수수료 (전자여권)

| 구분 | | 수수료 | |
|---|---|---|---|
| 복수 여권 | 10년 | 58면 | 50,000원 |
| | | 26면 | 47,000원 |
| 단수 여권 | 1년 | 15,000원 | |

#### ⑤ 병역 관계 서류
25세 이상 병역 미필자나 복무 중인 경우 국외여행 허가서(병무청 발급)가 필요하다. 병무청 홈페이지 [병무민원] → [국외여행]에서 신청하면 받을 수 있다.

병무청 홈페이지 www.mma.go.kr

## 국제운전면허증

미국에서 운전하려면 출국 전에 국제운전면허증을 발급받아야 한다. 국제운전면허증은 전국의 운전면허시험장에서 10~30분이면 발급받을 수 있다(유효기간 1년). 참고로 운전면허시험장에서 발급해주는 영문 운전면허증은 현재 미국 일부 주에서만 사용을 허가하고 캘리포니아주, 워싱턴주 등은 허가하지 않는다(네바다주 가능). 또한 미국에서 운전할 땐 국제운전면허증 외에 반드시 여권과 우리나라 운전면허증을 소지해야 한다.

### ★ 구비 서류
① 여권 ② 운전면허증 ③ 6개월 이내 촬영된 가로 3.5cm×세로 4.5cm 여권용 사진 ④ 수수료 8,500원

안전운전 통합민원 1577-1120 www.safedriving.or.kr

## 미국 비자

한국과 미국은 비자면제협정을 체결했지만 아직 조건부로 시행되고 있다. 즉, 신원조회를 통해 비자면제 가능 여부를 미리 확인한 후에 통과된 사람은 무비자로 입국이 가능하며, 통과되지 못한 사람은 예전과 같은 비자 발급 절차를 받아야 한다.

### ❶ 비자면제 프로그램
VWP(Visa Waiver Program)
2008년부터 한국인은 비자면제 프로그램을 통과한 경우 최대 90일간의 무비자 미국 여행이 가능해졌다. 즉, 신원조회를 통해 여행 허가를 받은 사람은 전보다 편리하게 입국이 가능해졌지만 그렇지 않은 사람은 전과 마찬가지로 미국 대사관에 비자 신청을 하고 인터뷰를 받아야 한다.

### ★ 전자여행허가 ESTA (Electronic System for Travel Authorization)
비자면제 프로그램에 따라 미국에 비자 없이 방문하려면 반드시 사전에 '전자여행허가(ESTA)'를 받아야 한다. 즉, 출국하기 전에 인터넷을 통해 신원조회를 받고 무비자 입국이 가능한지를 먼저 확인해야

한다. 절차는 다음과 같이 간단하다.

① 가장 먼저 필요한 것은 전자여권이다.
② https://esta.cbp.dhs.gov/esta에 접속해(한국어 선택 가능) 자신의 신상정보를 입력한다.
③ 수수료 $21를 결제하고 신청이 완료되면 발급받은 신청 번호를 적어둔다.
④ 잠시 후 신청 번호를 입력해 허가 승인 여부를 확인한다. 결과는 보통 몇 시간 뒤, 늦어도 72시간 이내에 나온다.
⑤ 만약을 대비해 승인이 완료된 화면을 인쇄해 입국 시 가져가도록 한다. 승인되지 않은 경우에는 비자면제 프로그램을 이용할 수 없으니 입국비자를 신청해야 한다.

### ★ 유의사항

① 과거에 입국이 거부된 적이 있거나 불법체류, 벌금체납, 범죄경력 등이 있거나 2011년 이후 이란, 이라크, 수단, 시리아, 리비아, 예멘, 소말리아, 북한을 방문한 경우 승인되지 않는다.
② 전자여행허가를 받았다고 해서 입국이 보장되는 것은 아니며, 미국 입국 심사관에게 최종 결정 권한이 있다.

### ❷ 비자 발급 절차

전자여행허가를 받지 못한 경우 미국 대사관에서 비자를 받아야 한다. 비자를 받으려면 먼저 인터넷으로 신청하고 정해진 날짜에 대사관에 가서 인터뷰 심사를 받아야 한다. 전자여행허가보다 좀 더 복잡하지만 혼자 할 수 있으며 절차는 다음과 같다.

#### ① 미국대사관 홈페이지에서 신청

[비자업무] – [비이민비자] 메뉴로 들어가면 [비자신청 절차] 링크가 걸려있어 미국비자 신청사이트인 www.ustraveldocs.com/kr_kr/kr-niv-visaapply.asp로 연결된다.

#### ② 서류 작성과 수수료

온라인상에서 신청서(DS-160)를 작성하고 비자수수료 $185를 지불한다.

#### ③ 인터뷰 예약

온라인으로 인터뷰 날짜를 예약할 때에는 온라인 신청서 번호와 수수료 납부 영수증 번호, 여권 번호가 필요하다.

#### ④ 대사관 인터뷰

인터뷰 예약확인서, 비자신청서(DS-160) 확인페이지, 6개월 내에 찍은 사진 한 장, 현재 여권과 과거에 사용했던 모든 여권을 가지고 대사관에 간다. 늦게 도착하면 인터뷰를 할 수 없으니 시간을 엄수해야 한다.

#### ⑤ 비자 수령

인터뷰에서 비자가 거부되면 그 자리에서 모든 서류와 여권을 돌려주며, 비자가 승인되면 인터뷰 예약 시 지정한 주소로 배송된다.

[주한 미국대사관] 주소 서울시 종로구 세종대로 188 전화 02-397-4114 홈페이지 https://kr.usembassy.gov

## 여행자 보험

여행 중 사고나 도난이 발생한 경우 일정 부분 보상받을 수 있는 여행자 보험은 출발 전에 들어 두자. 특히 미국은 의료비가 엄청나게 비싸기 때문에 반드시 보험에 가입하고 떠날 것을 권한다. 보험료는 여행 기간, 보상 수준, 항목 등에 따라 다른데 보통 10일 정도에 1만~5만 원 정도다.

### ★ 유의사항

미국 여행 시에는 해외 치료비의 보상금이 높은 상품을 추천한다. 그리고 국내에 실손 보험이 있다면 국내 치료비 항목은 필요 없다. 보험사마다 조건, 보상 범위 등이 조금씩 다르니 약관을 읽어보자. 보험 가입은 공항에서도 가능하지만 인터넷을 통해 직접 하면 좀 더 저렴하다(보험 청구 내용은 뒷부분의 '위급상황 대처 방법'편을 참조).

KB 손해보험 다이렉트 www.kbdi.co.kr
DB 손해보험 다이렉트 www.directdb.co.kr
삼성화재 다이렉트 https://direct.samsungfire.com
현대해상 다이렉트 https://direct.hi.co.kr

## 항공권 예매

여행을 준비하면서 가장 먼저 해야 할 일이 항공권 예약이다. 제한된 항공 좌석을 빨리 확보하지 않으면 성수기에는 원하는 날짜에 좌석이 없거나 매우 비싸게 사야 하기 때문이다. 항공권의 가격은 여행 시기, 운항 스케줄, 항공사 등에 따라 달라지는데 같은 조건이라면 일찍 예약할수록 선택의 폭이 넓어 유리하다.

① 여행 일정을 가급적 빨리 확정 짓고 예약 날짜와 출발·도착 도시를 정한다.
② 항공권 예약 사이트에서 날짜와 목적지를 입력해 이용 가능한 항공권을 검색한다.
③ 항공사, 요금, 소요 시간, 스케줄 등을 비교해서 조건에 맞는 항공권을 선택한다.
④ 여권과 일치하는 정확한 영문명, 여권 번호, 이메일 주소 등을 입력한다.
⑤ 변경 조건, 환불 규정 등 약관을 확인하고 마지막 단계에서 결제한다.
⑥ 확인 메일이 오면 e-티켓을 다운받아 휴대폰에 저장하거나 인쇄해 둔다.

### ★ 유의사항

① 할인 항공권은 날짜를 변경할 경우 대부분 10만 원 이상의 추가 요금을 내야 하므로 날짜 선택을 신중히 하고, 환불의 경우는 수수료가 크거나 아예 안 되는 경우도 있으니 특히 주의한다.
② 휴가철, 추석, 설 등 연휴 기간에는 2~6개월 전부터 예약이 마감되는 경우가 있으므로 미리 예약을 하지 않으면 아주 비싸거나 아예 못 가게 될 수도 있다.
③ 예약 시 입력하는 영문 이름은 여권과 정확히 일치해야 한다. 철자 수정 시 수수료가 크거나 아예 안 되는 경우도 있다.

### ★ 항공 예약 사이트

항공사 홈페이지에서 직접 예약할 수도 있고 항공 예약 사이트를 이용할 수도 있다. 국적기인 대한항공과 아시아나항공은 홈페이지가 잘 갖춰져 있어 예약이 편리하며, 항공 예약 사이트의 경우 여행사 수수료가 붙지만 다양한 항공사를 비교할 수 있고 카드 할인 등의 다양한 이벤트가 있다.

네이버 항공 https://m-flight.naver.com
구글 플라이트 www.google.com/travel/flights
인터파크 투어 fly.interpark.com
스카이스캐너 www.skyscanner.co.kr
온라인투어 www.onlinetour.co.kr
카약 www.kayak.co.kr
트립닷컴 kr.trip.com/flights
대한항공 www.koreanair.com
아시아나항공 https://flyasiana.com
에어프레미아 www.airpremia.com

**Tip**

### 할인 항공권

우리가 여행사나 인터넷 예매 사이트를 통해 예매하는 항공권은 대부분 다양한 조건이 붙어 있는 할인 항공권이다. 따라서 어떠한 조건으로 할인된 것인지 확인할 필요가 있다. 제약 조건이 많이 붙을수록 가격이 저렴해진다.

#### ① 날짜 변경 불가
일정이 불확실할 때에는 주의하자. 하지만 7~8월의 성수기에는 날짜를 변경할 수 있다고 해도 좌석이 없어서 어차피 변경이 안 되니 이러한 할인 조건을 이용하는 것도 좋다.

#### ② 환불 불가
항공권을 사용하지 않은 경우라도 환불되지 않는 조건이다.

#### ③ 경유편 할인
직항보다 다른 도시를 경유하는 노선을 이용하면 경유지가 멀고 대기시간이 길수록 저렴한 편이다. 경유지가 미국 내 도시라면 경유지에서 짐을 찾아 입국수속을 해야 한다.

#### ④ 조기 예약
출발일로부터 4~12개월 전에 예약하면 할인되는 경우가 많으니 일정이 확정되면 일찍 예약하는 것이 유리하다.

#### ⑤ 비수기 할인
미주 노선의 경우 2월, 4월, 5월, 10월, 11월이 비수기이며, 같은 비수기라도 주말보다 평일이 더 저렴하다.

#### ⑥ 마일리지 적립 불가
좌석 등급이 낮아서 마일리지를 적립할 수 없는 항공권의 경우에도 할인이 된다.

## 숙소 예약

여행을 떠나기 전에 해야 할 중요한 숙제가 바로 숙소를 예약하는 것이다. 숙소의 가격은 시기별, 날짜별, 도시별, 위치별, 등급별로 천차만별이다. 따라서 호텔 검색 및 예약 사이트에 자주 들어가서 자신의 일정과 조건에 맞는 숙소를 골라 보고, 사진과 설명, 이용 후기를 꼼꼼히 읽어보고 정하자.

### ★ 유의사항

① 숙소의 위치를 확인해 보고, 다운타운에 위치한 경우라면 주차장 유무와 주차비도 따져봐야 한다. 심한 경우 하루 주차비가 $50를 넘기도 한다.

② 아침식사 유무와 와이파이, 에어컨 등 부대시설을 확인한다. 로비에서의 와이파이는 거의 무료지만 객실에서는 요금을 부과하는 경우가 있다.

③ 리조트 수수료 Resort Fee 등 추가 요금 여부와 세금, 봉사료가 포함된 총액도 확인한다. 도시에 따라 세금이 높은 경우도 있다.

④ 예약 취소나 변경이 가능한지 알아보고, 무료 취소 기한과 환불 규정을 확인한다.

⑤ 대중교통을 이용해야 하는 경우, 무료 공항 셔틀 서비스가 있는지 확인한다.

### ★ 특가의 저렴한 숙소

특가로 저렴하게 나온 숙소가 있다면 대부분 이유가 있겠지만, 자신의 조건에 맞는다면 핫딜이 될 수도 있으니 활용해 보자.

① 특가로 저렴하게 나온 숙소는 환불 불가의 조건이 많다. 확정된 일정이라면 시도해볼 만하지만 만약을 대비해 금액이 큰 경우에는 주의해야 한다.

② 아침식사가 포함되지 않은 조건이 많지만 아침 일찍 체크아웃을 해야 하는 경우라면 크게 문제되지 않는 조건이다.

③ 건물 일부가 공사 중인 경우가 있으니, 최근 후기들을 읽어보고 소음에 민감하지 않다면 시도해볼 만하다.

### 검색 및 예약

트리바고 www.trivago.co.kr
호텔스컴바인 www.hotelscombined.co.kr
호텔스닷컴 www.hotels.com
부킹닷컴 www.booking.com
호스텔월드 www.hostelworld.com
HI 호스텔 www.hiusa.org
USA 호스텔 www.usahostels.com

## 숙소의 종류

### ★ 호텔 Hotel

가격대가 매우 다양해서 $60~100 정도의 저렴한 호텔이 있는가 하면, 하룻밤에 $5,000가 넘는 초호화 호텔도 있다. 호텔 수준에 따라, 시즌에 따라, 도시와 위치에 따라 가격이 천차만별이지만 보통 미국

---

**Tip**

### 호텔별 체인

**[중저가 브랜드]**

▶ 윈덤 호텔 Wyndham Hotels
윈덤 Wyndham이나 라마다 Ramada 같은 중급 호텔과 데이스 인 Days Inn, 슈퍼 에이트 Super 8, 트래블로지 Travelodge와 같은 저렴한 호텔도 있다.
**홈페이지** www.wyndhamworldwide.com

▶ 초이스 호텔 Choice Hotels
대부분 중급 호텔들이라 무난한 가격에 이용할 수 있다. 컴포트 인 Comfort Inn, 퀄리티 인 Quality Inn, 슬립 인 Sleep Inn, 이코노 로지 Econo Lodge 등이다.
**홈페이지** www.choicehotels.com

**[중고급 브랜드]**

▶ 메리어트 Marriott International
세계 최대의 호텔 그룹으로 메리어트 Marriott는 물론, 리츠 칼튼 Ritz-Carlton, W Hotels, 웨스틴 Westin Hotels, 쉐라톤 Sheraton 등 브랜드가 많다.
**홈페이지** www.marriott.co.kr

▶ 힐튼 Hilton
콘래드 Conrad Hotels, 힐튼 Hilton, 더블트리 Double Tree 등이 있다.
**홈페이지** hiltonworldwide.com

▶ 인터컨티넨탈 InterContinental ; IHG
인터컨티넨탈 InterContinental, 크라운 플라자 Crowne Plaza, 홀리데이 인 Holiday Inn 등이 있다.
**홈페이지** www.ihg.com

▶ 하얏트 Hyatt
파크 하얏트 Park Hyatt, 그랜드 하얏트 Grand Hyatt, 하얏트 플레이스 Hyatt Place 등이 있다.
**홈페이지** www.hyatt.com

의 중저가 호텔은 $80~160 정도이며, 물가가 비싼 대도시에서는 $160~300 정도 잡아야 한다. 중고급 호텔의 경우 대도시 중심지라면 $400 이상(평수기 2인 1실 기준) 예상해야 한다.

대부분의 호텔 체인은 멤버십 프로그램이 있어서 방문 횟수가 쌓이면 무료 숙박의 혜택이나 룸 업그레이드, 무료 생수, 아침식사 제공 등 다양한 혜택을 받을 수 있다.

### ★ 호스텔 Hostel

호텔보다 저렴한 호스텔은 2인실이 있는 곳도 있지만 대부분 도미토리식으로 4~10명이 한 방을 사용하며 욕실도 공동으로 사용한다. 아주 간단한 아침식사가 제공되거나 부엌을 이용할 수 있는 곳도 있다. 주로 10~20대 젊은이나 나 홀로 여행족들이 이용한다. 유스호스텔은 친구를 사귀려는 젊은이들이 많아 밤늦도록 파티를 벌이기도 하므로 활기차지만 시끄럽기도 하다. 또한 여럿이 방을 함께 사용하므로 사생활이 보호되지 않으며 소지품을 잘 관리해야 한다는 점도 기억하자. 가격은 보통 $20~50로 혼자 여행할 때 가장 저렴한 방법이다.

유스호스텔의 경우 회원증이 없으면 수수료를 내고 스탬프를 받아야 하는 곳이 있는데, 이 스탬프를 6번 받으면 자동으로 유스호스텔 회원이 된다.

미국 공식 유스호스텔 홈페이지 www.hiusa.org

### ★ 모텔 Motel

모텔은 운전자들 Motorists을 위한 숙박 형태로 그 이름도 자동차가 발달한 미국에서 유래되었다. 땅이 넓은 미국에서는 도시 간 이동 시 중간에 잠을 자야 하는 경우가 많아 고속도로 부근에 저렴하게 형성된 것이 모텔의 시초다. 원래는 주차장에 바로 현관문이 면해 있어 차에서 내려 바로 들어가기 편리한 구조이지만 좋은 모텔들은 안전상의 이유로 정문을 통해 들어가는 구조가 많다.

고속도로 주변에 위치한 모텔들은 시내보다 가격이 저렴해 방 하나에 $60~100 정도 하며 주차가 무료다. 하지만 이름만 모텔이지 호텔 수준의 시설을 지닌 곳들도 있다. 이러한 곳들은 위치도 좋고 각종 부대시설과 서비스를 갖추고 있으며 가격도 비싼 편이다.

### ★ 민박 B&B

민박은 B&B(Bed & Breakfast)라 불리며 아침식사가 제공된다. 대도시보다는 소도시나 지방, 특히 국립공원 주변에 많으며 실제로 자신들의 집에서 직접 운영하는 곳도 있다. 가격은 $60~240 정도로 국립공원 주변에 위치한 곳은 시설에 따라 가격이 비싼 곳도 있다. 조용한 마을에서는 집주인이 직접 요리를 해주고 함께 식사하기도 하므로 미국의 가정문화를 느낄 기회가 되기도 한다.

### ★ 한인 민박
미국의 대도시는 숙박비가 비싸기 때문에 가성비 좋은 한인 민박을 이용하는 경우도 있다. 특히 나 홀로 여행족이나 한식을 원하는 가족 여행자들이 이용하는 편이다. 하지만 이러한 한인 민박업체들 중에는 간혹 무허가로 영업하는 경우가 있어 주의해야 한다. 시설이나 서비스, 위치 등은 후기를 꼼꼼히 읽어보면 가늠할 수 있지만, 문제는 정확한 주소를 받아야 한다는 점이다. 미국은 입국 시 머무는 숙소에 대한 정보를 반드시 기입해야 하고 입국심사관도 자세히 묻는 경우가 많다. 따라서 예약 시에는 반드시 정확한 주소를 받아 두자.

## 호텔 이용하기

### ★ 체크인 Check In
체크인은 보통 15:00 이후 시작되며 호텔에 따라 16:00 이후인 경우도 있다. 체크인 시간보다 일찍 도착했는데 준비된 방이 없다면 체크인 시간이 될 때까지 기다려야 하기 때문에 호텔에서는 짐을 보관해 준다.

### ★ 문 여닫기
호텔 키는 열쇠로 된 것도 있지만 대부분 카드 키를 사용한다. 카드 인식기에 카드를 대거나 넣었다가 빼면 표시등이 녹색으로 바뀌는데 이때 문고리를 돌려 여는 식이다. 방 안쪽 벽에 카드꽂이가 있다면 이곳에 카드키를 꽂아야 전기가 들어온다. 나갈 때는 문을 닫으면 자동으로 잠기니 키를 꼭 가지고 나간다.

### ★ 욕실 사용
서양의 욕실 바닥에는 배수구가 없으니 물이 흐르지 않도록 주의한다. 샤워 시 커튼은 욕조 안쪽으로 넣어 물이 밖으로 튀지 않도록 한다. 수건과 비누는 기본적으로 갖추어져 있으나 치약과 칫솔 등은 구입해야 하는 경우가 많다.

### ★ 미니 바 Mini Bar
소형 냉장고 안에 음료수, 주류, 스낵 등이 있는데 시중 가격보다 2~3배 비싸다. 보통 커피나 차는 무료로 제공하며 생수에 'Complimentary'라고 써 있는 것은 무료다.

### ★ 전화 이용
객실 내 전화는 교환원의 서비스를 거쳐야 하는 경우 세금에 봉사료가 추가되어 일반전화의 2~3배에 가까운 요금이 청구된다. 직통 시내전화는 무료다.

### ★ 안내 표시
호텔 직원들이 볼 수 있도록 문고리에 안내판을 걸어놓을 수 있는데, 낮에 방에서 쉬고 있을 때 청소하러 들어오는 것이 싫다면 'Don't Disturb' 사인을 걸어두면 된다.

### ★ 메이드 서비스
호텔에서는 날마다 메이드가 들어와 침대 정리, 타월 교체, 간단한 청소와 휴지통을 비워주는 일 등을 한다. 이러한 메이드들을 위해서 스탠드 옆이나 베개 위에 팁을 두고 나가도록 한다. 메이드 서비스가 필요 없다면 문고리에 'Don't Disturb' 사인을 걸어두면 된다.

### ★ 팁 Tip
고급 호텔에서는 팁을 줄 일이 많으니 $1짜리 지폐를 여유 있게 지니고 있는 것이 좋다. 짐을 들어주거나, 발레파킹을 해주거나, 택시를 잡아주는 등의 호텔 서비스를 받았을 경우 $1~2 정도의 팁을 주도록 한다(최고급 호텔은 $5). 메이드 서비스는 하루에 한 사람당 $1~2 정도, 룸서비스로 음식을 갖다 준 경우에는 음식값의 15~20% 정도 준다.

### ★ 체크아웃 Check Out
체크아웃 시간은 보통 10:00~12:00다. 미니바, 유료 채널, 전화 등 이용한 요금을 지불하고 방의 열쇠를 반납하는 것으로 간단히 끝난다.

## 환전과 카드 발급

미국에 도착하면 공항에서부터 당장 미국 돈인 달러가 필요하기 때문에 현금은 반드시 조금이라도 소지하고 있는 것이 좋다. $100짜리 고액권을 사용할 때에는 신분증 제시를 요구하는 등 사용이 불편하므로 $50 이하로 준비하는 것이 좋고 가급적 $20짜리가 좋다. $20짜리 지폐는 우리나라 만 원권처럼 가장 많이 쓰인다. 그리고 팁을 낼 때 $1, $5짜리가 필요하므로 소액권을 여유 있게 가져가는 것이 좋다. 1달러 이하의 단위는 센트 Cent라고 부르는데, 모두 동전이며 1달러는 100센트다.

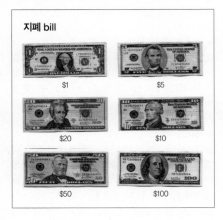

**지폐 bill**

$1

$5

$20

$10

$50

$100

### ★ 체크카드 Check Card

해외에서 자동인출기(ATM)로 자신의 계좌에 있는 현금을 인출하거나 상점 등에서 결제할 수 있는 카드다. 요새는 환전이나 인출 수수료가 없거나 컨택리스 교통카드 기능 등 편리하고 혜택도 많아져 그만큼 활용도가 높다. 체크카드는 신용카드와 달리 계좌에 잔고가 있는 경우에만 결제가 되기 때문에

발급 절차도 간단하다. 여러 회사에서 다양한 혜택으로 경쟁 중이니 조건을 잘 비교해 자신과 맞는 것으로 발급해 가자.

트래블월렛 www.travel-wallet.com
트래블로그 https://m.hanacard.co.kr
토스뱅크 www.tossbank.com
신한솔트래블 www.shinhancard.com

### ★ 신용카드 Credit Card

신용카드의 장점은 고액의 현금을 소지할 필요가 없고, ATM을 찾아다닐 필요가 없으며, 통장에 잔고가 부족하더라도 당장 사용할 수 있다는 점이다. 하지만 간혹 신용카드를 받지 않는 곳도 있으며, 수수료가 있다는 단점이 있다. 이러한 이유들로 신용카드 사용을 부담스러워하는 사람도 있지만, 미국 여행 시에는 비상용으로 하나쯤 꼭 가져가는 것이 좋다. 특히 미국에서 자동차를 빌리거나 호텔을 이용할 때 디포짓의 수단으로 신용카드를 요구하는 경우가 많다.

### • 신용카드 수수료

신용카드 수수료는 은행마다 조금씩 차이가 있지만 보통 사용금액의 1~3%인데, 그 내역을 보면 글로벌 결제회사인 비자나 마스터에 수수료를 지불하고 거기에다 국내 은행에서 환차손과 결제일까지의 이자 등을 계산한 환가료를 추가한 것이다.

> **Tip**
>
> ## 자국 통화 결제 (DDC) 주의하세요!
>
> 해외에서 카드를 사용할 때 가끔 결제창에 통화를 선택하라는 문구가 뜰 때가 있다. 즉, 미국 달러(USD)로 결제할지, 한국 원화(KRW)로 할지 선택하라는 것이다. 얼핏 보면 원화가 편리해 보이지만 수수료가 3~8% 추가된다. 이는 DDC (Dynamic Currency Conversion)라는 악명 높은 자국통화 결제시스템이니 주의하고 반드시 현지 통화인 달러(USD)를 선택하자. 헷갈릴 수 있으니 출국 전에 카드사에서 원화결제 서비스를 차단하고 가는 것이 좋다.

# 여행 준비물

미국 여행이라고 해서 특별한 준비를 해야 하거나 걱정할 것은 없다. 밤늦게까지 영업하는 상점도 있고 약국도 늦게까지 하는 곳이 많기 때문에 현지에서 대부분 구매가 가능하다. 다만 시간과 비용을 절약하고 효율적인 여행을 위해 기본적인 준비물은 챙겨 가도록 하자.

## ★ 여행 가방

여행 가방에서 가장 중요한 것은 바퀴와 지퍼다. 가방 사이즈가 클수록 4개의 이중바퀴로 된 것이 편리하다. 그리고 미항공규정에 의해 공항 직원들이 가방을 열어볼 수 있으니 TSA락 기능이 있는 지퍼가 좋다. 이 두 가지를 꼼꼼히 체크하고 그다음에는 가벼우면서도 튼튼한 소재를 선택하자.

## ★ 보조 가방

큰 여행가방 이외에도 날마다 들고 다닐 수 있는 작은 보조 가방이 필요하다. 평소에 들고 다니는 숄더백 중에 가벼운 것도 좋고, 여행지에 따라 물병을 꽂을 수 있는 가방도 좋다. 손가방인 경우에는 어깨에 크로스로 멜 수 있는 것이 안전하다.

## ★ 세면도구

호텔의 등급에 따라 구비된 세면도구들이 다르다. 고급 호텔의 경우 비누와 수건은 물론 샴푸, 린스, 샤워젤, 보디로션, 드라이어, 1회용 면도기, 면봉, 화장솜, 샤워캡 등 다양하게 준비되어 있지만 최근에는 환경 문제를 내세워 1회용품을 줄이고 있는 추세다. 일반 호텔은 비누, 샴푸, 수건, 드라이어 정도를 갖추고 있다. 공동 욕실의 유스호스텔에는 비누와 수건조차 없는 경우가 많으니 각자 준비해 가야 한다. 고급 호텔이라도 치약과 칫솔은 없거나 따로 사야 하므로 준비해 가자.

## ★ 플러그 어댑터

미국은 110v 전압을 사용하므로 우리나라에서 사용하는 220v 전용 전자제품은 가져가도 소용이 없으며 110/220v 겸용이라고 해도 우리나라식 돼지코 모양 플러그는 맞지 않으니 여행용 어댑터를 준비해 가야 한다.

## ★ 화장품

화장품은 기내 반입용 가방에 넣으려면 100ml가 안 되는 사이즈인지 확인하자. 클렌저, 토너, 크림 등의 기초 제품과 함께 각자가 사용하는 메이크업 제품을 준비해 가면 된다. 특히 하루 종일 밖에서 돌아다니는 일이 많으니 자외선 차단제를 챙겨 가도록 하자.

## ★ 비상약품

항생제 등의 특별한 약은 반드시 의사의 처방전이 있어야만 구입할 수 있으니 자주 복용하는 약이 있다면 미리 준비해 가는 것이 좋다. 1회용 밴드, 연고, 소독약 등의 구급약이나 진통제, 소화제, 감기약 등 일반적인 기초 상비약은 24시간 약국에서 구입할 수 있지만 급한 상황에 대비해 조금 챙겨 가는 것이 좋다.

## ★ 카메라

여행 중에는 평소보다 사진을 많이 찍게 되고, 또 자주 백업을 해두기가 어려우므로, 여유 있는 메모리와 여분의 충전기를 준비해 가는 것이 좋다. 클라우드를 사용하는 것이 편리하지만 여의치 않다면 노트북, 외장 하드나 USB 메모리 등도 유용하다.

## ★ 선글라스

날씨와 지역에 따라 다르지만 햇볕이 강한 곳에 갈 때에는 선글라스를 챙겨 가자.

## ★ 우산

갑작스레 비를 만났을 경우를 대비해 작은 우산을 챙겨 가는 것도 좋다.

## ★ 손톱깎이

일정이 길다면 손톱깎이도 가져가는 게 좋다.

## ★ 옷

비행기 안이 추우니까 여름이라도 긴바지와 긴소매 옷은 가지고 가는 것이 좋다. 그 외에는 계절에 따라 여행지 날씨를 미리 체크해서 긴바지, 반바지, 셔츠, 점퍼, 카디건, 속옷, 양말 등을 적당히 준비한다. 서부 지역은 여름에 일교차가 크니 긴팔 옷도 가져가는 것이 좋다.

## ★ 신발

편한 신발은 하나쯤 꼭 가져가는 것이 좋고, 드레스 코드가 있는 고급 레스토랑을 이용할 때 신을 만한 구두도 가져가면 좋다. 또한 호텔에서 신을 만한 슬리퍼가 있으면 유용하다.

## ★ 여행 관련 서류들

여행 중에는 예기치 못한 일이 일어날 수 있으니 만약을 대비해 중요한 정보들을 미리 휴대폰에 저장해 두고 휴대폰 분실에 대비해 메모지에도 따로 적어 가지고 다니는 것이 안전하다.

| 휴대폰에 저장할 것 | 메모지에 적어 둘 것 |
|---|---|
| 여권 사진 부착면을 찍어서 저장 | 여권번호, 여권 발급지, 발급일, 유효기간 |
| 항공권 e-티켓 | 항공 예약번호 |
| 신용카드 앞뒷면 사진 | 신용카드 번호, 분실신고 전화번호 |
| 호텔 예약기록 | 호텔 예약 번호, 전화번호 |
| 여행자 보험증 | 여행자 보험사 전화번호 |
| 지인 전화번호 | 현지 지인 전화번호 |
| 영사관 전화번호 | 영사관 전화번호 (위급상황편 참조) |

### Tip
## 여행 중 유용한 스마트폰

스마트폰은 여행 중에도 상당히 쓸모가 많다. 통화도 물론 가능하지만, 시계, 계산기, 알람, 노트패드, 사전, 카메라, 내비게이션, 플래시 등 수많은 기능을 이용할 수 있으며 무선 인터넷이 가능한 곳에서는 카카오톡, 인터넷 전화 등 다양한 앱과 인터넷을 통한 검색이 가능하다. 로밍서비스를 이용해도 문자 받기는 무료다.

## 수하물 제한

수하물은 위탁 수하물과 휴대 수하물로 나뉜다. 위탁 수하물은 짐칸에 실어 부치는 짐이고, 휴대 수하물은 비행기에 직접 들고 타는 짐이다. 영어로는 캐리온 carry-on 이라고 한다(핸드캐리는 콩글리시라서 미국에서는 못 알아듣는다).

## ★ 위탁 수하물

짐을 부칠 때는 무게와 크기, 개수에 제한이 있다. 항공사마다 규정이 다르지만 보통 미주 노선 이코노미 클래스는 23kg 2개, 비즈니스 이상 클래스는 32kg 2개까지 가능하다. 용량을 초과했을 경우 추가 요금을 내야 한다.

가방의 사이즈에도 제한이 있어서, 보통 3면의 합(가로+세로+높이)이 158cm가 넘으면 안 되며, 가방이 2개일 경우 총합이 273cm가 넘으면 안 된다.

위탁 수하물에는 노트북, 카메라, 현금, 고가품과 160Wh 이상의 리튬배터리(충전용 보조배터리 등)는 넣을 수 없으니 직접 휴대해야 한다. 또한 자신의 가방을 구별하기 위해 스티커 등의 특별한 표시나 꼬리표를 붙이는 것이 좋다.

## ★ 휴대 수하물

기내로 반입하는 휴대 수하물은 제한이 더 까다롭다. 위탁 수하물처럼 추가 요금을 내면 되는 것이 아니라 아예 가지고 들어갈 수 없어 더욱 주의를 기울여야 한다.

이코노미 클래스는 여행 가방 1개에다가 작은 가방이나 노트북, 쇼핑백 등 추가로 1개까지 기내로 반입할 수 있다. 무게는 항공사마다 달라서 보통 8~12kg 정도이며, 가방 3면의 합(가로+세로+높이)이 115cm 이하여야 한다. 비즈니스 클래스 이상은 여행 가방이 2개까지 가능하고 추가로 작은 가방도 가능하다.

## ★ 기내 반입 금지 품목

모든 공항과 항공사에서는 테러나 하이재킹 등의 사고에 대비해 기내로 반입하는 휴대 수하물에 대해 검색을 강화하고 있는 추세다.

우선, 무기가 될 수 있는 날카롭거나 뾰족한 물건은 모두 안 된다. 예를 들어 부엌칼이나 맥가이버칼은 물론, 문구용 커터칼도 금지되어 있으며, 송곳, 면도칼, 뾰족한 우산 등은 모두 위탁 수하물로 부쳐야 한다. 또한 폭발 가능한 물건, 즉 부탄가스, 라이터, 건전지, 스프레이, 본드 등도 안 된다. 모든 액체나 젤, 크림 종류는 1개당 100ml를 넘어서는 안 되고, 전체가 1,000ml를 넘어서는 안 되며, 가로×세로 20cm×20cm의 투명한 비닐백에 담아야 한다.

## 준비물 체크 리스트

| | |
|---|---|
| □ 여권 | □ 샤워용품 |
| □ 달러화 (소액권) | □ 점퍼 또는 재킷 |
| □ 한국돈 | □ 추리닝 |
| □ 신용카드 | □ 칫솔·치약 |
| □ 국제운전면허증 | □ 면도기/드라이어 |
| □ 비상약 | □ 슬리퍼 |
| □ 휴대폰<br>(충전기, USB 케이블) | □ 운동화 |
| □ 상하의 | □ 모자 |
| □ 속옷 | □ 선글라스 |
| □ 양말 | □ 카메라(메모리카드,<br>배터리, 충전기,<br>USB 케이블) |
| □ 우산 | |
| □ 화장품 | |
| □ 자외선 차단제 | □ 손톱깎이 |
| □ 세면용품 | □ 볼펜 |

## 휴대폰 사용

해외에서 휴대폰을 사용하려면 로밍서비스를 이용하거나 유심 또는 이심을 이용해야 한다. 가장 편리한 것이 이심이지만 기기에 따라 아직 지원되지 않는 것이 있다.

### ★ 로밍 Roaming

로밍은 자신이 이용하는 통신사에서 서비스를 받는 것이라 휴대폰 번호를 그대로 사용할 수 있으며 신청도 간단하다. 전화나 애플리케이션, 또는 공항 로밍센터에서 신청하면 된다. 요금은 보통 하루 1만 원 정도에 무제한 요금제이거나 일주일, 한 달 등 장기 요금도 있다.

신청 후 사용법은 간단하다. 미국에 도착해서 휴대폰을 켜면 자동으로 로밍된다. 무제한 요금제를 선택하지 않았더라도 전화나 데이터를 사용하지 않고 와이파이만 사용하다가 급할 때 문자만 이용한다면 요금이 얼마 나오지 않는다. 따라서 여행 중의 와이파이 환경이나 데이터 사용 습관 등을 고려해서 로밍을 할지 심카드를 사용할지 정한다.

SK https://troaming.tworld.co.kr
KT https://globalroaming.kt.com
LG U+ lguroaming.uplus.co.kr

### ★ 유심 USIM

심카드라고도 하며 휴대폰 내부 심을 바꿔 끼워 사용하는 것이다. 심카드를 사용하는 동안에는 새 전화번호를 부여받기 때문에 기존 휴대폰의 전화번호를 사용할 수 없다는 단점이 있으나, 요금이 저렴한 편이고 미국 현지의 통신사를 선택할 수 있다.

출국 전에 저렴한 별정 통신업체의 심카드를 구입해 가져가는 방법도 있고 미국 현지에서 살 수도 있다. 미국 공항에 자동판매기가 있는 곳도 있고 시내 통신사에서 살 수도 있다. 여러 통신사 중 티모바일 T-Mobile 이 저렴하면서도 잘 터지는 편이다. 심카드를 교체하는 것은 간단하지만 처음이라 불안하다면 통신사 직원에게 부탁하면 대신해준다.

### ★ 이심 ESIM

유심과 개념은 비슷하지만 칩을 교체하는 대신 QR코드 등을 통해 휴대폰에 다운받는 것이다. 이심을 국내에서 미리 설치한 경우 비활성화된 상태라서 현지에서 "모바일 데이터"(갤럭시) 또는 "셀룰러 데이터"(아이폰) 설정을 eSIM으로 변경해야 한다. 현지에서 설치하는 경우 QR인식이 자동으로 되지 않는 기기라면 다른 사람의 휴대폰으로 QR을 찍어서 인식해야 한다.

이심의 가장 큰 장점은 자신의 전화번호와 이심에서 부여받은 현지 전화번호를 모두 사용할 수 있다는 점이다(설정에서 선택과 변경 가능). 단, 아직 지원되지 않는 기기가 있으니 구입 전 자신의 기종을 확인하자(아이폰은 거의 가능, 갤럭시는 2022년 9월 이후 출시된 기기. 설정에 SIM 추가, 관리 등의 메뉴가 있는지 확인).

편리하고 저렴한 여행용 이심 어플리케이션은 에어랄로와 마이텔로 등이다.

에어랄로

마이텔로

# 제2장 ★ 출국하기

인천공항 국제선 체크인은 출발 2시간 전에 하면 되지만, 휴가철에는 사람이 많아 오래 걸리니 더 일찍 공항에 가는 것이 좋다. 특히 미국행 비행기는 검색이 더 까다로우니 출발 3시간 전에는 공항에 도착하는 것이 좋다.

인천공항 홈페이지 www.airport.kr
인천공항 고객센터 1577-2600

| 제1터미널 | 아시아나항공, 유나이티드항공, 에어프레미아, 아메리칸항공, 기타 외국 항공사 |
|---|---|
| 제2터미널 | 대한항공, 델타항공 등 스카이팀 항공사 |

## ★ 체크인

출국장에 도착하면 먼저 항공사 카운터로 가서 체크인(탑승 수속)을 한다. 인천공항은 매우 넓으니 안내판을 통해 항공사 카운터의 위치를 확인한 후 찾아가자. 25세 이상 군 미필자의 경우 항공사 카운터로 가기 전에 먼저 병무신고센터로 가서 병무신고를 해야 한다.

체크인 카운터로 가면 여권을 제출하고 수하물로 부칠 짐을 올린다. 이때 짐의 무게가 항공사 규정을 초과하면 짐을 빼거나 추가요금을 내야 한다(P.100의 '수하물 제한'편 참조).

항공 좌석이 정해지면 그다음에는 수하물을 부친다. 경유편을 이용하는 경우 수하물이 최종 목적지로 가는지 확인하자. 짐을 부치고 나면 탑승권 Boarding Pass과 수하물 영수증 Baggage Tag을 준다. 수하물 영수증은 짐을 찾을 때 필요할 수 있으니 잘 보관해 두고, 여권과 탑승권을 들고 출국 게이트로 향한다.

## ★ 보안 검색

출국 게이트 안으로 들어가면 바로 보안 검색대가 나온다(스마트패스를 신청하면 대기줄이 짧아 좀 더 편리하다). 가방 안에 노트북이나 태블릿이 있는 경우 꺼내 놓아야 한다.

보안 검색대를 통과하면 출국 심사대가 나온다. 심사대에서 여권과 탑승권을 제시하면 출국 도장을 찍어준다. 19세 이상의 전자여권을 소지한 국민은 심사관을 거치지 않고 기계에 여권을 직접 스캔하고 지문만 찍으면 되는 자동출입국심사 시스템을 이용할 수 있다(7~18세는 사전등록 후 이용 가능).

## 면세품 쇼핑

면세점은 세금이 붙지 않아 일반 백화점보다 저렴하다. 면세점을 이용하려면 출국 날짜와 시간, 비행기 편명을 알아야 하며, 반드시 여권을 지참해야 한다. 구입 후 이러한 정보를 입력하고 공항의 출국장에 있는 면세품 인도장에서 물건을 받으면 된다.

## ★ 주의 사항

2022년부터 면세점 구매한도가 폐지되었으나 귀국할 때 세관에서는 $800가 면세한도액이므로 주의해야 한다. 최근에는 전산망을 통해 여권번호와 구입 금액이 모두 기록되기 때문에 귀국 시 조사 대상에 오르기도 한다. $800가 넘는 물품에 대해 세관에서 신고를 하지 않았는데 적발되었을 경우 세금은 물론 벌금까지 내야 한다.

## ★ 추천 아이템

면세점 쇼핑에서 가장 무난한 것은 화장품이다. 국내 백화점보다 저렴할 뿐만 아니라 미국 면세점보다도 저렴하다. 용량이 큰 화장품의 경우에는 기내 반입이 불가능하지만 면세점에서 받은 포장을 뜯지 않은 것은 허용된다. 하지만 중간에 환승을 해야 하는 경우라면 경유지에서 다시 짐 검사를 하기 때문에 반드시 100ml 이하 용량으로 구입해야 한다.

반대로 전자제품은 권하지 않는다. 백화점보다는 조금 저렴하지만 특별히 세일을 하지 않는 한 일반 매장이나 인터넷 쇼핑몰보다 비싼 편이고 종류도 다양하지 않다. 출국일까지 물건을 만져보지 못하는 것도 별로 좋은 점은 아니다. 교환이나 환불도 어렵다. 면세점에서는 멤버십 할인이나 시즌 할인, 쿠폰 할인 등 다양한 할인제도가 있으니, 가기 전에 미리 확인해보고 이를 충분히 활용하도록 하자.

### ★ 시내 면세점
시내에 위치해 있어 편리하게 쇼핑을 즐길 수 있으며 시간적으로도 훨씬 여유 있게 쇼핑할 수 있다. 또한 물건의 종류도 다양해 선택의 폭이 넓다.

### ★ 공항 면세점
공항에서 출국 수속을 마친 후에 출국장으로 들어가면 다양한 면세점이 있어 탑승 전까지 쇼핑을 즐길 수 있다. 물건을 구입하고 바로 받거나, 액체류의 경우는 탑승 직전에 탑승구에서 매장 직원을 통해 전달받을 수 있다. 귀국 후 짐을 찾는 곳에도 작은 면세점이 있다.

### ★ 인터넷 면세점
물건을 직접 보고 고를 수 없다는 불편함이 있지만 시내 면세점이나 공항 면세점보다 저렴하다. 신규 가입이나 생일 쿠폰, 리뷰 쿠폰 등 다양한 할인 쿠폰이 있어 이들을 활용하면 뿌듯한 쇼핑을 즐길 수 있다. 가끔 매장에 없는 물건도 보유하고 있지만, 매장에는 있는데 인터넷에 없는 경우도 많다.

신라 www.shilladfs.com
롯데 kor.lottedfs.com
현대 www.hddfs.com
신세계 www.ssgdfm.com

# 환승

경유편 항공기를 처음 이용하는 사람이라면 환승이 조금 낯설 수 있다. 특히 미국에 갈 때 경유지가 미국 내 도시라면 무조건 입국 심사를 먼저 받고 짐을 찾아 세관 절차를 밟아야 하므로 시간도 더 걸리고 어렵게 느껴질 수 있다.

### ★ 미국 외 도시 환승
① 경유지에 내리면 'Transit', 'Transfer' 또는 'Flight Connection'이라는 표지판을 따라간다.
② 출발지에서 경유편의 탑승권 Boarding Pass을 받은 경우에는 상관없지만, 새로 탑승권을 받아야 하는 경우에는 항공사 카운터에서 다시 탑승 수속을 해야 한다.
③ 출발지에서 탑승권을 받은 경우라도, 정확한 탑

승 게이트 번호가 적혀 있지 않다면, 환승 라운지 곳곳에 설치된 모니터에서 환승할 비행기 편명과 시각, 탑승구 Gate 번호를 확인하고 해당 게이트로 가서 탑승한다. 가끔 탑승구가 바뀌기도 하므로 모니터나 탑승구 입구에서 최종 확인하는 것이 좋다.

### ★ 미국 내 도시에서 환승하기
① 미국에 처음 도착하면 환승을 하기에 앞서 입국 심사를 해야 한다. 만약 첫 도시에서 입국이 거절되면 환승할 필요도 없이 본국으로 귀국해야 한다.
② 비행기에서 내리면 바로 'Immigration' 표지판을 따라간다. 맨 처음 도착하는 곳이 입국 심사대다.
③ 입국 심사를 마치고 나가면(다음의 '입국 심사'편 참조) 짐 찾는 곳 Baggage Claim이 나온다. 여기서 짐을 찾아서 세관을 통과하면 미국에 완전히 입국한 것이고, 그다음에 국내선으로 환승한다.
④ 짐을 기내에 반입할 수 없다면 다시 위탁 수하물로 부쳐야 한다. 휴대 수하물 역시 다시 보안 검색을 하고 나서 탑승 게이트를 찾아간다.

### ★ 짐 찾기 Baggage Claim

입국 심사를 마치고 나오면 그다음에는 'Baggage Claim'에서 짐을 찾는다. 모니터를 통해 자신의 항공기 편명을 찾아 컨베이어 번호를 확인한다. 가방이 똑같은 경우가 있으므로 짐을 찾으면 수하물 영수증의 번호를 확인하거나 가방을 열어서 확인해 보자.

> **Tip**
>
> ### 짐을 분실한 경우
> ### Baggage Claim Office로
>
> 짐을 못 찾았다면 근처에 있는 'Baggage Claim Office' 또는 'Lost Baggage' 센터로 간다. 신고서 양식에 영문으로 가방의 색과 크기, 수하물 영수증 번호, 숙소 주소와 전화번호 등을 기입하고 접수증을 받으면 잘 보관한다. 대부분 1~2일 이내에 숙소로 배달해 준다. 짐이 분실된 경우에는 항공사에서 정한 기준으로 보상 받을 수 있다.

미국에 도착하면 가장 먼저 입국 심사를 받아야 한다. 환승하는 경우라도 경유지에서 입국 심사를 받고 짐을 찾아 세관 검사를 거쳐야 환승이 가능하다. 미국은 불법 체류나 테러의 가능성을 배제하기 위해 모든 외국인을 철저히 조사하고 있으며 입국 허가와 체류 기간에 관한 최종 결정은 입국 심사관이 한다.

### ★ 입국 심사 Immigration
비행기에서 내리면 'Immigration' 또는 'Passport Control'이라 써 있는 입국 심사대로 나오게 된다. 외국인 쪽에 줄을 서서 입국 심사관에게 심사를 받아야 한다. 심사관은 방문 목적, 체류 기간, 숙소, 직업 등에 관한 질문을 하는데, 귀국편 항공권이나 호텔 예약 등에 대해 자세히 묻기도 한다. 이때 미국에서의 취업이나 장기 체류 등이 의심된다면 심사관이 입국을 불허할 수 있다. 방문자가 있는 경우 직접 전화해 확인하기도 하니 사소한 것이라도 거짓말을 하면 의심받을 수 있다. 대부분의 경우에는 별문제가 없다면 90일 체류 도장을 찍어준다.

> **Tip**
>
> ### 한미 자동출입국심사 (글로벌 엔트리 Global Entry)
> 발급이 오래 걸리고 수수료가 비싸지만($120) 매우 편리하게 입국할 수 있는 서비스다. 신청 과정에서 인터뷰 한 번만 하면, 이후 5년간 입국 심사와 보안검색이 아주 간단하다. 하이코리아 홈페이지 '자동출입국심사' 메뉴에서 신청한다.
> 홈페이지 www.hikorea.go.kr

### ★ 세관 통과 Customs
짐을 찾았다면 출구 쪽으로 나가면서 세관을 통과해야 한다. 신고할 물품이 없으면 녹색 마크가 있는 곳인 'Nothing to Declare' 쪽으로 가서 세관 신고서(APC에 입력하거나 종이 신고서에 기입)를 제시한다. 짐이 많거나 X-ray 등에서 음식물이 발견된 경우에는 세관원이 가방을 열고 검사하기도 한다.
신고해야 할 물품이 있다면 빨간 마크가 있는 곳으로 가서 신고해야 하며, 간혹 자신의 수하물 안에 문제가 될 만한 물품이 있는 경우에는 짐을 찾을 때 가방에 빨간 꼬리표나 경보장치 등이 부착되어 있다. 이 경우에는 무조건 신고대로 가서 검사 받아야 한다. 세관 신고서는 가족 단위로 작성하는 것이므로 가족당 한 장만 제출하면 된다.

### ★ 세관 신고서 Customs Declaration Form
신고서는 금지 품목을 소지하고 있느냐는 질문에 '예/아니요'로 답을 하는 형식이기 때문에, 신고할 물품이 있는 경우에는 '예'라고 기입하고 세관에 미리 신고를 해야 하며, '아니요'라고 기입한 경우에는 바로 통과할 수 있다. 하지만 허위로 작성했다가 적발되면 공문서 위조 혐의까지 가중 처벌되므로 주의해야 한다. 세관 신고서는 한글로 된 것도 있다.

> **Tip**
>
> ### 세관 신고 및 금지 품목
> ① 과일, 채소, 육류제품, 농산물 등은 반드시 신고 후 검사를 받아야 한다.
> ② 규제 약물, 아동 포르노물, 지적재산권 침해물, 도난 물품, 무기 등은 반입 금지 품목이다.
> ③ 담배 1보루 이상, 술 1L 이상인 경우 세금을 내야 하며, 21세 미만은 술 반입이 금지다.
> ④ 한 가족당 $10,000 이상의 화폐 반입 시 신고해야 한다.
> 더 자세한 사항은 미국 세관 홈페이지(www.cbp.gov)를 참조한다.

### ★ 미국 내에서 환승하면서 입국 심사를 마친 경우
미국에 들어올 때 환승 도시에서 이미 입국 심사를 마친 경우라면, 이러한 입국과 세관 절차를 이미 다 끝낸 상태이므로, 최종 목적지에서는 다른 국내선 이용자들과 마찬가지로 바로 짐을 찾아 밖으로 나갈 수 있다.

# 제4장 ★ 위급상황 대처 방법

## 여권 분실

미국에서 여권을 분실하면 자신의 신분을 증명할 길이 없어 자칫하면 불법 체류자로 간주될 수도 있으므로 주의해야 한다. 따라서 가능한 한 빨리 영사관에 가서 단수여권이나 여행증명서를 발급받아야 한다. 영사관 업무시간이 정해져 있으므로 휴일이 끼면 시간이 오래 걸린다.

### ★ 여권 재발급
대도시에 위치한 대한민국 영사관에 가서 여권분실신고서와 긴급여권 신청사유서를 작성한다. 이때 여권 사진과 신분증, 수수료가 필요하다. 상황에 따라 단수여권이나 여행증명서를 발급받는데 신원이 확인되면 1~2일 내에 발급받을 수 있다.

> **Tip**
>
> ## 미국 서부 총영사관
>
> ▶ 샌프란시스코
> 주소 3500 Clay St. San Francisco, CA 94118
> 전화 415-921-2251
> 긴급전화 415-265-4859, 415-265-4746
> 홈페이지 usa-sanfrancisco.mofa.go.kr
>
> ▶ 로스앤젤레스
> 주소 3243 Wilshire Blvd. Los Angeles, CA 90010
> 전화 213-385-9300
> 긴급전화 213-700-1147
> 홈페이지 usa-losangeles.mofa.go.kr
>
> ▶ 시애틀
> 주소 2033 6th Ave. #1125 Seattle, WA 98121
> 전화 206-441-1011~4
> 긴급전화 206-947-8293
> 홈페이지 usa-seattle.mofa.go.kr

## 현금 분실·도난

신용카드가 있다면 카드를 사용하거나 현금 서비스를 받을 수 있지만 카드를 잃어버린 경우에는 한국에 전화해서 송금 받아야 한다. 한국에 지점이 있는 은행을 찾아가 계좌를 개설하는 방법도 있으나 가장 빠른 방법은 웨스턴 유니언 Western Union이나 머니그램 Moneygram 같은 송금회사의 서비스를 이용하거나 영사 콜센터에서 신속해외송금 지원서비스를 이용하는 것이다. 어느 방법이든 수수료가 있으며 영업 시간이나 접근성 면에서 웨스턴 유니언이 좀 더 편리하다.

### ★ 웨스턴 유니언 송금서비스

웨스턴 유니언 Western Union은 글로벌 송금 전문회사로 여행 중 현금이 급하게 필요할 때 편리하게 이용할 수 있다. 먼저 지인에게 연락해 가까운 웨스턴 유니언 가맹 은행(KB국민은행, IBK기업은행, KEB하나은행 등)에 가서 송금을 부탁한다. 카카오뱅크 어플리케이션을 통해서도 가능하다. 안내에 따라 송금을 마치면 10자리 숫자로 된 송금 확인번호(MTCN)를 받는데, 이 번호가 있으면 미국 현지의 가까운 웨스턴 유니언 송금센터에서 돈을 받을 수 있다. 웨스턴 유니언의 위치 정보와 수수료 등 자세한 내용은 홈페이지를 참조하자.
홈페이지 www.westernunion.com

### ★ 영사 콜센터 신속해외송금서비스
24시간 운영되는 영사 콜센터에 전화해 해외송금 지원서비스를 신청하고, 국내의 가족, 친구 등에게 부탁해 영사 콜센터의 외교부 협력은행(우리은행, 농협, 수협) 계좌로 입금하게 한다. 입금이 완료되면 영사관에서 현금을 지급한다.

> **Tip**
>
> ## 무료 영사 콜센터
>
> 외교통상부에서는 국민의 안전한 해외여행을 위해 유의사항 및 관련 정보들을 제공하고 있으며 위기 상황 시 대처요령과 함께 현지에서 연락 가능한 영사 콜센터를 운영하고 있다. 여행 중 긴급한 일이 발생했을 경우 24시간 운영되는 무료전화 영사 콜센터에 도움을 요청하도록 하자.
> 전화 011-800-2100-0404
> 홈페이지 www.0404.go.kr

## ★ 소지품 분실

공공장소에서 소지품을 분실한 경우 먼저 근처에 분실물 센터가 있는지 확인해 본다. 그리고 분실의 경우는 할 수 없지만, 도난의 경우라면 여행자보험의 보상을 받기 위해 도난증명서를 발급받아야 한다. 가까운 경찰서로 가서 경찰증명서 Police Report를 작성한다. 범인의 인상착의, 발생 장소, 시간, 도난 경위, 도난 물품명세 등을 자세히 기입하고 경찰서의 확인 도장을 받는다. 옷이나 신발 등의 물품은 거의 보상받지 못하며, 카메라 등의 고가품만 일부 보상받을 수 있다. 이때 분실 Lost이 아닌 도난 Theft임이 분명해야 한다.

## 응급상황 발생

응급상황이 발생하면 911로 전화를 걸어 구조를 요청한다. 공중전화를 통해서도 무료로 신속히 이용할 수 있다. 병원에 갔을 때에는 병원비가 많지 않은 경우 본인의 카드로 계산한 뒤 진단서와 진료비 계산서를 따로 챙겨 두었다가 귀국 후 여행자보험 회사에서 보상받을 수 있고, 만약 자신이 지불하기 어려운 고액이거나 입원 치료를 요하는 중한 상황일 때는 가입한 보험사에 연락해 지사나 협력사를 통해 현지에서 직접 보상받도록 하자.

### Tip

## 구급약이 필요할 때

갑자기 몸이 아프거나 상처가 나는 등의 상황이 발생하면 호텔 안내데스크에 전화해보는 것도 방법이다. 웬만한 호텔에는 응급처치를 위한 구급상자나 비상약을 구비하고 있다. 하지만 여의치 않을 때는 가까운 약국에 찾아간다. 구글맵의 탐색 기능에도 약국찾기 기능이 있어서 가까운 약국을 찾아준다. 밤늦게까지 영업하는 약국이 많으니 오픈시간을 확인하고 찾아가자(약에 대한 설명은 P.89의 '드러그스토어'편을 참조).

[대표 약국 체인]

▶ **월그린스** Walgreens
**홈페이지** www.walgreens.com

▶ **시브이에스** CVS
**홈페이지** www.cvs.com

## ★ 기본 의학용어와 구급약

| | |
|---|---|
| 가려움증 | itching |
| 감기 | have a cold |
| 감염 | infection |
| 경련 | spasm |
| 골절 | have a fracture |
| 구토 | vomited / threw up |
| 근육통 | have muscle pain |
| 기침 | have a cough |
| 독감 | have a flu |
| 두통 | have a headache |
| 멀미 | have motion sickness / car sickness |
| 발작 | have seizures |
| 변비 | have constipation |
| 복통 | have abdominal pain |
| 부작용 | side effects |
| 붕대 | bandage |
| 삠(염좌) | have a sprain |
| 생리통 | have menstrual cramps |
| 설사 | have diarrhea |
| 소화불량 | have indigestion |
| 식중독 | food poisoning |
| 실신 | fainted |
| 알레르기 | have an allergy |
| 어지러움 | feel dizzy |
| 연고 | ointment |
| 열 | have a fever |
| 오한 | have chills |
| 요통 | have a back pain |
| 응급치료 | first-aid |
| 인후통 | have a sore throat |
| 자상(칼에 벤) | got cut |
| 제산제(위산 억제) | antacid |
| 진통제 | pain killer |
| 찰과상 | have a scrape / a scratch |
| 처방전 | prescription |
| 치통 | have a toothache |
| 타박상 | have a bruise |
| 항생제 | antibiotics |

미국은 일부 식료품이나 가솔린을 제외하면 대부분 우리나라보다 물가가 비싸기 때문에 경비를 넉넉히 준비하는 것이 좋다. 각자의 예산에 맞춰 일정을 줄이거나 저렴한 방법을 찾아봐야 할 것이다.

## ★ 항공권
이코노미 클래스의 경우 평수기 경유편 100만 원부터 성수기 직항편 250만 원까지 가격 차가 매우 크다. 대략 120만~200만 원 정도로 잡자.

## ★ 숙박
일정이 길수록, 대도시일수록, 성수기일수록 경비에서 큰 차이가 난다. 미국은 지역별 차이가 매우 커서 대도시 중심부에서는 $200 이하의 좋은 호텔을 찾을 수 없지만 지방의 중소도시 외곽에서는 $100에도 괜찮은 호텔을 찾을 수 있다.

저렴한 호스텔은 1인당 $30~50도 있지만 방이나 욕실을 공동 사용하거나 위치가 불편하고 그나마 괜찮은 곳은 아주 일찍 예약해야 한다. 그 다음으로 저렴한 곳은 모텔인데, 객실당 $60~100 정도로 예산을 잡을 수 있으나 가격 대비 시설이 괜찮은 곳은 대개 시 외곽에 있다.

일반 중급 호텔은 객실당 적어도 $100~200 정도 잡아야 하며 시내 중심이나 성수기라면 $200~300은 예상해야 한다. 물론 고급 호텔은 $300 이상이다. 차가 있는 경우 시내에서 조금 떨어진 곳을 이용하면 호텔비나 주차비가 저렴해진다.

## ★ 식사
식사 역시 가격 차이가 크게 나는 부분이다. 슈퍼마켓의 물가는 그다지 비싸지 않지만, 레스토랑에서 식사를 하면 음식값은 물론 세금과 팁까지 내야 하기 때문에 꽤 큰돈이 들어간다. 따라서 식비를 아끼려면 셀프서비스를 하는 패스트푸드나 푸드코트를 이용하는 방법이 있다.

보통 간단한 패스트푸드는 $10~20, 레스토랑은 $40~60의 예산을 잡아야 하니 하루 식비로는 $80~120 정도 잡는 것이 좋고 한 번쯤 고급 레스토랑을 이용한다면 1회에 $100~200 정도를 예상해야 한다.

## ★ 관광
입장료나 투어, 크루즈 등 구경을 하면서 쓰게 되는 비용도 만만치 않다. 박물관이나 미술관 입장료는 보통 $10~30 정도, 시티투어는 $30~50 정도, 도시마다 한 번쯤 올라가줘야 하는 전망대는 $20~50 정도 들며, 디즈니랜드나 유니버설 스튜디오 같은 테마파크에 간다면 입장료만 $100~200 정도 예상해야 한다.

## ★ 교통비
미국은 땅이 넓다 보니 이동 경비가 많이 든다. 국내선 항공 왕복 이코노미 클래스로 $100~400 정도이며, 기차나 버스라고 해서 그리 저렴하지도 않다. 렌터카를 이용하면 가솔린이 저렴하고 기동력이 있지만 장거리는 중간에 숙박비까지 예상해야 하므로 비용과 시간 면에서 항공 이동이 유리할 수도 있다. 한편 도시 안에서 대중교통을 이용할 경우 하루에 $3~8, 렌터카를 이용하면 기름값이 하루에 $5~20 정도지만 렌트 비용과 보험, 주차비 등을 고려하면 하루에 $70~120 정도 예상해야 한다.

**일정별 예시**

| 내역 | 경비 | 조건 |
|---|---|---|
| 항공권 | $1,000~1,600 (1인) | 최성수기 제외 일반석 기준 |
| 숙박 | 하루 $150~300 (2인실) | 중급 호텔 2인실 (객실에 따라 4인까지 가능) |
| 식비 | 하루 $80~120 (1인) | 고급 레스토랑 제외 |
| 관광 | 하루 $30~80 (1인) | 테마파크, 투어, 쇼핑 제외 |
| 교통 | 대중교통 하루 $10~20 | 도시 안에서 대중교통 |
| | 렌터카나 택시 하루 $70~120 | 렌터카는 가솔린, 보험 포함, 도심 주차비 제외 택시는 도시 밖 이동 제외 |
| 합계 | 8박 10일 | $2,800~4,800 (2인 여행 시 1인 경비) |

* 2인 이상 여행하는 경우에는 택시나 렌터카에서 절감이 되며, 미국의 호텔들은 2인용 침대가 2개씩 있는 객실이 많아서 4인 가족의 경우 숙박비가 절감된다.

# 제6장 ★ 추천 일정

일정을 짤 때에는 먼저 여행 기간과 가고 싶은 곳을 정한다. 기간이 짧다면 얼마나 효율적으로 돌아다닐지 구체적으로 계획해보는 것이 중요하다. 미국은 워낙 땅이 넓어서 동선을 잘 짜지 않으면 길에서 버리는 시간이 많아지므로 주의해야 한다.

**5박 7일 일정**

한 도시를 집중적으로 돌아보면서 근교에 다녀오거나, 또는 가까운 2~3개 도시를 돌아볼 수 있다.

### ❶ 샌프란시스코 왕복

|       | 샌프란시스코 집중 | 근교 추가 | 국립공원 추가 |
|-------|-----------------|-----------|--------------|
| 1일차 | 인천 → 샌프란시스코 | 인천 → 샌프란시스코 | 인천 → 샌프란시스코 |
| 2일차 | 샌프란시스코 | 샌프란시스코 | 샌프란시스코 |
| 3일차 | 샌프란시스코 | 내파 밸리 | 요세미티 국립공원 |
| 4일차 | 버클리 | 몬터레이, 카멜 | 요세미티 국립공원 |
| 5일차 | 소살리토 | 샌프란시스코 | 샌프란시스코 |
| 6일차 | 샌프란시스코 → 인천 | 샌프란시스코 → 인천 | 샌프란시스코 → 인천 |
| 7일차 | 인천 | 인천 | 인천 |

### ❷ 로스앤젤레스 왕복

|       | 로스앤젤레스 집중 | 테마파크 추가 | 근교 추가 |
|-------|-----------------|--------------|-----------|
| 1일차 | 인천 → 로스앤젤레스 | 인천 → 로스앤젤레스 | 인천 → 로스앤젤레스 |
| 2일차 | 로스앤젤레스 | 로스앤젤레스 | 로스앤젤레스 |
| 3일차 | 로스앤젤레스 | 디즈니랜드 | 샌타바버라, 솔뱅 |
| 4일차 | 유니버설 스튜디오 | 캘리포니아 어드벤처 | (샌디에이고) |
| 5일차 | 로스앤젤레스 | 로스앤젤레스 | 로스앤젤레스 |
| 6일차 | 로스앤젤레스 → 인천 | 로스앤젤레스 → 인천 | 로스앤젤레스 → 인천 |
| 7일차 | 인천 | 인천 | 인천 |

### ❸ 라스베이거스 왕복

라스베이거스 근교 지역들은 모두 이동에 시간이 오래 걸리므로 일정을 여유 있게 잡는 것이 좋다.

|       | 라스베이거스 집중 | 국립공원 중심 | 국립공원과 도시 |
|-------|-----------------|--------------|----------------|
| 1일차 | 인천 → 라스베이거스 | 인천 → 라스베이거스 | 인천 → 라스베이거스 |
| 2일차 | 라스베이거스 | 라스베이거스 | 라스베이거스 |
| 3일차 | 라스베이거스 | 자이언 국립공원 | 그랜드캐니언 |
| 4일차 | 그랜드캐니언 | 브라이스캐니언 | 그랜드캐니언 |
| 5일차 | 라스베이거스 | 그랜드캐니언 | 세도나 |
| 6일차 | 라스베이거스 → 인천 | 라스베이거스 → 인천 | 라스베이거스 → 인천 |
| 7일차 | 인천 | 인천 | 인천 |

## ❹ 출발지와 도착지를 다르게 정하기

중복되는 동선을 피해 시간을 절약하려면 출발·도착 도시를 다르게 하는 방법이 있다. 아래 일정은 거꾸로 해도 무방하다.

| | A 샌프란시스코 입국<br>→ 로스앤젤레스 출국 | B 샌프란시스코 입국<br>→ 로스앤젤레스 출국 | C 로스앤젤레스 입국<br>→ 라스베이거스 출국 | D 라스베이거스 입국<br>→ 로스앤젤레스 출국 |
|---|---|---|---|---|
| 1일차 | 인천 → 샌프란시스코 | 인천 → 샌프란시스코 | 인천 → 로스앤젤레스 | 인천 → 라스베이거스 |
| 2일차 | 샌프란시스코 | 샌프란시스코 | 로스앤젤레스 | 라스베이거스 |
| 3일차 | 샌프란시스코 | 요세미티 국립공원 | 로스앤젤레스 | 그랜드캐니언 |
| 4일차 | 1번 국도 | 로스앤젤레스 | 라스베이거스 | 라스베이거스 |
| 5일차 | 로스앤젤레스 | 로스앤젤레스 | 라스베이거스 | 로스앤젤레스 |
| 6일차 | 로스앤젤레스 → 인천 | 로스앤젤레스 → 인천 | 라스베이거스 → 인천 | 로스앤젤레스 → 인천 |
| 7일차 | 인천 | 인천 | 인천 | 인천 |

**8박 10일**
일정

일주일이 넘는 일정이라면 장거리 여행도 가능하다. 또는 한 도시를 중심으로 해서 주변 지역을 차근차근 돌아보는 것도 좋다.

### ❶ 캘리포니아

미 서부의 핵심 지역인 캘리포니아를 중심으로 해서 테마별로 일정을 짜본다.

| | A 캘리포니아 해안 | B 국립공원 추가 | C 해안과 테마파크 | D 테마파크 중심 |
|---|---|---|---|---|
| 1일차 | 인천 → 샌프란시스코 | 인천 → 샌프란시스코 | 인천 → 샌프란시스코 | 인천 → 로스앤젤레스 |
| 2일차 | 샌프란시스코 | 샌프란시스코 | 샌프란시스코 | 로스앤젤레스 |
| 3일차 | 샌프란시스코 | 샌프란시스코 | 샌프란시스코 | 유니버설 스튜디오 |
| 4일차 | 샌프란시스코 | 샌프란시스코 | 1번 국도 | 디즈니랜드 |
| 5일차 | 1번 국도 | 요세미티 국립공원 | 로스앤젤레스 | 캘리포니아 어드벤처 |
| 6일차 | 1번 국도 | 요세미티 국립공원 | 유니버설 스튜디오 | 샌디에이고 |
| 7일차 | 로스앤젤레스 | 로스앤젤레스 | 디즈니랜드 | 시월드 |
| 8일차 | 로스앤젤레스 | 로스앤젤레스 | 로스앤젤레스 | 사파리파크 |
| 9일차 | 로스앤젤레스 → 인천 | 로스앤젤레스 → 인천 | 로스앤젤레스 → 인천 | 로스앤젤레스 → 인천 |
| 10일차 | 인천 | 인천 | 인천 | 인천 |

**Tip**

### 8박 9일이 아니라 8박 10일?

미국 서부는 우리보다 17시간이나 느리기 때문에 한국에서 출발하면 같은 날 미국에 도착하지만(직항 노선 평균 11시간 소요) 돌아올 때는 반대로 비행기에서 하루가 없어진다(직항 평균 13시간 소요 + 시차 17시간 느림). 더구나 미국에서 밤에 출발하면 직항이라도 2일 후 새벽에 도착하므로 시간 계산을 잘해야 한다. 따라서 짧은 일정이라면 직항편을 이용하는 것이 좋다. 우리나라에서 직항으로 연결되는 미국 서부 도시는 샌프란시스코, 로스앤젤레스, 라스베이거스, 시애틀이다.

## ❷ 캘리포니아와 남서부

캘리포니아는 기본이고 좀 더 나아가 미국 남서부 핵심 지역을 둘러본다.

| | Ⓐ 3대 도시 | Ⓑ 도시 반 자연 반 | Ⓒ 국립공원과 도시 | Ⓓ 가족여행 |
|---|---|---|---|---|
| 1일차 | 인천 → 샌프란시스코 | 인천 → 로스앤젤레스 | 인천 → 라스베이거스 | 인천 → 로스앤젤레스 |
| 2일차 | 샌프란시스코 | 로스앤젤레스 | 라스베이거스 | 로스앤젤레스 |
| 3일차 | 샌프란시스코 | 로스앤젤레스 | 자이언 국립공원 | 로스앤젤레스 |
| 4일차 | 로스앤젤레스 | 라스베이거스 | 브라이스캐니언 | 디즈니랜드 |
| 5일차 | 로스앤젤레스 | 그랜드캐니언 | 그랜드캐니언 | 캘리포니아 어드벤처 |
| 6일차 | 로스앤젤레스 | 그랜드캐니언 | 그랜드캐니언 | 라스베이거스 |
| 7일차 | 라스베이거스 | 세도나 | 로스앤젤레스 | 그랜드캐니언 |
| 8일차 | 라스베이거스 | 라스베이거스 | 로스앤젤레스 | 라스베이거스 |
| 9일차 | 라스베이거스 → 인천 | 라스베이거스 → 인천 | 로스앤젤레스 → 인천 | 라스베이거스 → 인천 |
| 10일차 | 인천 | 인천 | 인천 | 인천 |

## ❸ 중서부

캘리포니아를 이미 다녀왔다면, 또는 자연을 좋아한다면 미국의 웅장하면서도 신비로운 여행지를 추천한다.

| | **A** 그랜드 서클1 | **B** 그랜드 서클2 |
|---|---|---|
| 1일차 | 인천 → 라스베이거스 | 인천 → 라스베이거스 |
| 2일차 | 자이언 국립공원 | 자이언 국립공원 |
| 3일차 | 브라이스캐니언 | 브라이스캐니언 |
| 4일차 | 앤털로프캐니언 | 아치스 국립공원 |
| 5일차 | 모뉴먼트 밸리 | 메사 베르데 국립공원 |
| 6일차 | 캐니언 드 셰이 | 모뉴먼트 밸리 |
| 7일차 | 그랜드캐니언 | 그랜드캐니언 |
| 8일차 | 라스베이거스 | 라스베이거스 |
| 9일차 | 라스베이거스 → 인천 | 라스베이거스 → 인천 |
| 10일차 | 인천 | 인천 |

Tip

### 그랜드 서클 Grand Circle

미국 남서부의 4개 주에 걸쳐 거대한(그랜드) 원(서클) 모양으로 명소들이 모여 있는 지역을 말한다. 물과 바람과 흙이 수억 년간 만들어 낸 독특하면서도 웅장한(그랜드) 명소들이 가득하다. 이 일대에서 가장 큰 공항이 라스베이거스이므로 여행의 시작과 끝은 라스베이거스이며, 핵심이 되는 명소는 그랜드캐니언이다. 지역이 워낙 광활하고 도로와 숙박이 발달하지 않은 편이라 일정을 최소 일주일은 잡는 것이 좋다.

**12박 14일 일정**

2주 정도의 일정이라면, 10일 일정과 똑같은 루트라도 좀 더 여유 있게 즐길 수 있다. 캘리포니아 완전 일주가 가능하며 시애틀에서 샌디에이고까지 이어지는 서해안 종단도 인기 있는 코스다. 또한 남서부 여행의 진수로 꼽히는 그랜드 서클을 제대로 즐길 수 있다.

## ❶ 서해안 종단 루트

| | |
|---|---|
| 1일차 | 인천 → 시애틀 |
| 2일차 | 시애틀 |
| 3일차 | 시애틀 |
| 4일차 | 시애틀 → 포틀랜드 |
| 5일차 | 포틀랜드 → 샌프란시스코 |
| 6일차 | 샌프란시스코 |
| 7일차 | 샌프란시스코 |
| 8일차 | 1번 국도(몬터레이~샌타바버라) |
| 9일차 | 샌타바버라 → 로스앤젤레스 |
| 10일차 | 로스앤젤레스 |
| 11일차 | 로스앤젤레스 |
| 12일차 | 샌디에이고 |
| 13일차 | 로스앤젤레스 → 인천 |
| 14일차 | 인천 |

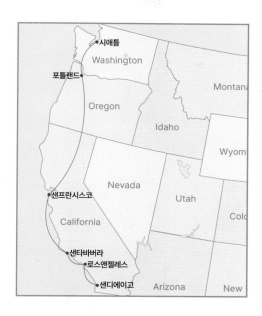

## ❷ 그랜드 서클 루트

| | |
|---|---|
| 1일차 | 인천 → 라스베이거스 |
| 2일차 | 라스베이거스 |
| 3일차 | 자이언 국립공원 |
| 4일차 | 브라이스캐니언 |
| 5일차 | 앤털로프캐니언 |
| 6일차 | 아치스 국립공원 |
| 7일차 | 메사 베르데 국립공원 |
| 8일차 | 캐니언 드 셰이 |
| 9일차 | 모뉴먼트 밸리 |
| 10일차 | 그랜드캐니언 |
| 11일차 | 세도나 |
| 12일차 | 라스베이거스 |
| 13일차 | 라스베이거스 → 인천 |
| 14일차 | 인천 |

# 캘리포니아 북부
## Northern California

샌프란시스코 | 소살리토 | 버클리 | 스탠퍼드 대학
뮤어 우즈 국립유적지 | 내파 밸리
요세미티 국립공원 | 캘리포니아 1번 국도

# San Francisco

## 샌프란시스코

북부 캘리포니아를 대표하는 인구 90만 명의 도시. 태평양으로 이어지는 거대한 만과 이를 가로지르는 금문교, 언덕 위에 늘어선 빅토리안 하우스, 언덕을 오르내리는 케이블카로 상징된다.

샌프란시스코는 1848년 금광 개발과 함께 본격적으로 성장하여 1990년대 이후 첨단 산업을 선도하는 도시로 발전했다. 하지만 문화적으로는 1960년대 비트 세대와 1970년대 히피 문화의 발상지로 캘리포니아의 진보성과 포용성을 대표한다.

### 날씨

샌프란시스코는 연교차가 적은 해양성 기후다. 여름(7~8월)의 평균 기온은 20℃ 미만으로 시원한 편이다. 하지만 하루하루 날씨 변화가 심하니 반팔부터 긴팔 재킷까지 다양한 겉옷을 준비해야 한다. 참고로 찬 태평양 바다와 대륙의 따뜻한 공기가 만나면 안개가 생기는데, 그 때문에 금문교는 안개에 잠기는 날이 많다. 겨울(12~2월)의 평균 기온은 10℃ 정도다. 영하로 떨어지는 경우는 매우 드물지만, 바람 부는 날이 많아 체감온도는 낮은 편이다. 흐리고 비도 자주 오기 때문에 작은 우산을 가방에 챙겨 두는 게 좋다.

### 유용한 홈페이지

샌프란시스코 관광청 www.sftravel.com

# 가는 방법

인천에서 샌프란시스코까지는 대한항공, 아시아나항공, 에어프레미아, 유나이티드 항공 등의 직항편으로 10시간 40분~11시간 정도 소요된다. 미국 내에서는 뉴욕에서 5시간 30분, 시카고에서 4시간 30분, 로스앤젤레스에서는 1시간 30분 정도 걸린다. 앰트랙 Amtrack 기차나 그레이하운드 Greyhound 버스도 미국 서부의 각 도시와 샌프란시스코를 연결한다. 앰트랙을 타면 로스앤젤레스까지 10시간 정도 걸린다.

## 비행기 ✈

샌프란시스코에는 샌프란시스코 국제공항 San Francisco International Airport(SFO)을 포함해 총 3개의 국제공항이 있다. 오클랜드 국제공항 Oakland International Airport(OAK)은 베이 건너편에 있고, 새너제이 국제공항 San Jose International Airport(SJK)은 샌프란시스코 남쪽 방향으로 64km 떨어진 곳에 있다. 한국에서 출발하는 여행자들이 주로 이용하는 공항은 샌프란시스코 국제공항이다. 미국 내에서 이동할 땐 상대적으로 저렴한 표가 많은 오클랜드 국제공항을 많이 이용한다. 단, 베이 브리지의 교통 정체는 고려해야 할 요소다. 실리콘밸리와 인접한 새너제이 국제공항은 비즈니스맨들이 주로 이용한다.

[샌프란시스코 국제공항] 주소 San Francisco, CA 94128 홈페이지 www.flysfo.com
[오클랜드 국제공항] 주소 1 Airport Dr, Oakland 홈페이지 www.flyoakland.com
[새너제이 국제공항] 주소 1701 Airport Blvd, San Jose 홈페이지 www.flysanjose.com

## 공항 → 시내

샌프란시스코 다운타운은 샌프란시스코 공항에서 15km 정도 떨어져 있고 다양한 교통 수단으로 접근 가능하다. 가장 편하고 경제적인 방법은 우버나 리프트를 이용하는 것이다.

### ① 바트 BART(Bay Area Rapid Transit)
공항과 샌프란시스코 도심을 연결하는 고속철도로 비교적 편리한 교통수단이다. 가격은 저렴한 편이나 배차 간격이 긴 편이다. 무인매표기에서 도착지를 지정하고 현금이나 신용카드로 결제하면 된다. 샌프란시스코 도심의 정차역은 시빅 센터 Civic Center, 파월 스트리트 Powell Street, 몽고메리 스트리트 Montgomery Street, 엠바카데로 Embarcadero 등이다.

운영 월~금요일 05:15~24:00, 토요일 06:25~24:00, 일요일 07:02~24:00 요금 구간마다 다르나 공항에서 샌프란시스코 도심까지는 $8.5 정도(소요 시간 30분) 홈페이지 bart.gov

### ② 우버 & 리프트 Uber & Lyft
실질적으로 가장 많이 이용하는 방식이다. 샌프란시스코 국제공항에서 주의할 점은 반드시 지정된 곳에서 타야 한다는 것이다. 국제선 터미널 출발층(3층)의 라이드셰어 픽업 존 Rideshare Pickup Zone 표지를 따라간다. Baggage Claim에서 8분 정도 이동.

요금 평균 $45~$60(팁 15~20% 별도)

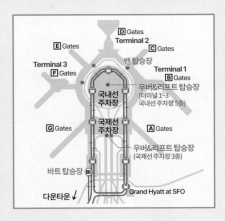

D Gates
Terminal 2
E Gates
C Gates
밴 탑승장
Terminal 3
F Gates
Terminal 1
B Gates
우버&리프트 탑승장
(터미널 1~3
국내선 주차장 5층)
국내선 주차장
국제선 주차장
G Gates
A Gates
우버&리프트 탑승장
(국제선주차장 3층)
바트 탑승장
다운타운 ↙
Grand Hyatt at SFO

### ③ 밴 서비스 Shared-Ride Van Service

6~8명이 밴 한 대를 공유하는 서비스로 가격은 거리에 관계없이 일정하나, 동승자의 목적지가 다른 관계로 시간이 많이 걸릴 수 있고 픽업 시간까지 기다려야 하는 불편함이 있다.

요금 $19~23(팁 15~20% 별도) 예약 슈퍼 셔틀(Super Shuttle) www.supersuttle.com 퀘이크 시티(Quake City) www.quakecityshuttle.com 로리스(Lorrie's) www.gosfovan.com 픽업 장소 샌프란시스코 국제공항 도착층(2층)의 센터 아일랜드 트랜스포테이션 존(The Center Island Transportation Zone)에서 기다린다.

### ④ 택시 Taxi

밴 서비스와 타는 장소가 같고(도착층 2층), 최대 5명까지 탑승 가능하다.

요금 평균 $45~65(팁 15~20% 별도)

## 기차 Amtrak 🚆

오클랜드와 새너제이에 앰트랙역이 있다. 오클랜드 앰트랙역에서 샌프란시스코 도심까지는 앰트랙 버스나 페리 등을 이용해야 한다. 새너제이의 경우 디리돈 Diridon역에서 샌프란시스코 방향의 칼트레인 Caltrain을 이용한다.

홈페이지 Amtrak.com/California-train-bus-stations

## 버스 Bus 🚌

메가버스 Megabus, 플릭스버스, 그레이하운드 Greyhound를 이용할 수 있다. 온라인 사이트(www.wanderu.com)를 이용하면 버스 요금을 비교할 수 있다. 세일즈포스 플라자 Salesforce Plaza와 칼트레인 스테이션 Caltrain Station에 정차한다.

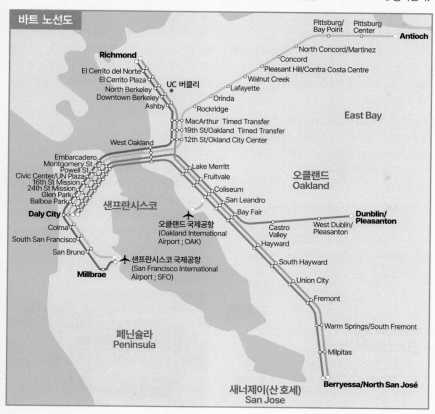

바트 노선도

# 시내 교통

샌프란시스코는 가파른 언덕과 일방통행 도로가 많아 운전하기 불편하고 주차비도 비싸다. 다행히 도심에서는 케이블카와 뮤니 스트리트카를 이용해 도보여행이 가능하다. 그 밖의 지역은 뮤니 버스, 뮤니 메트로로 연결되며, 뮤니(버스, 메트로, 스트리트카)끼리 환승 시 120분 이내 추가 요금이 없다.

## ① 케이블카 Cable Car

케이블카는 샌프란시스코를 대표하는 교통 수단으로 현재 3개 노선을 운행한다. 뮤니 카드나 클리퍼가 없다면 반드시 현금으로 지불해야 한다.

요금 1회 $8(현금), 65세 이상, 07:00 이전이나 21:00 이후는 $4
홈페이지 sfmta.com

### ▶ 파월 하이드 노선 Powell/Hyde
가장 인기 있는 노선으로 유니언 스퀘어에서 출발해 러시안 힐을 통과하기 때문에 샌프란시스코의 가파른 언덕과 바다를 한눈에 볼 수 있다.

소요 시간 편도 30분

### ▶ 파월 메이슨 노선 Powell/Mason
파월 하이드 노선과 같이 유니언 스퀘어에서 출발하며 피어 39로 갈 때 편리하다. 차이나타운과 노스 비치의 이탈리아 지역을 통과한다.

소요 시간 편도 25분

### ▶ 캘리포니아 노선 California/Van Ness
파이낸셜 디스트릭트에서 출발하여 경사가 급한 노브 힐 지역을 통과하는 노선이다. 노브 힐의 유서 깊은 호텔이나 그레이스 성당을 지나며 베이 브리지도 감상할 수 있다.

## ② 뮤니 버스 Muni Bus

버스 도착 예상 시간은 정류장에 있는 전광판에서 확인할 수 있다. 버스 번호 뒤에 붙는 X는 급행 Express의 의미로 출퇴근 시간에만 운행한다. 버스 승하차는 앞, 뒤 모두 가능하며, 내리기 전에 줄을 당기면 'STOP' 사인이 들어오며 정차한다. 운전사는 잔돈을 거슬러 주지 않으니, 현금을 낼 땐 금액에 맞게 준비해야 한다.

요금 현금 $3, 클리퍼 카드 $2.75, 뮤니 모바일 $2.75 홈페이지 sfmta.com

## ③ 뮤니 메트로 Muni Metro
지상과 지하를 오가는 전철로 J·K·L·M·N·T 노선이 운행한다. 뮤니 메트로는 바트 Bart역, 칼 트레인 CalTrain역과도 연결되어 있기 때문에 전동차 모양을 보고 구분해야 한다. 버스와 마찬가지로 운전사는 잔돈을 거슬러 주지 않으니, 현금을 낼 땐 금액에 맞게 준비해야 한다.

요금 현금 $3, 클리퍼 카드 $2.75, 뮤니 모바일 $2.75 홈페이지 sfmta.com

Tip

## 샌프란시스코 관광 인포메이션 센터
케이블카 종점에 관광객을 위한 인포메이션 센터가 있다. 유용한 지도와 정보를 얻을 수 있고, 뮤니 패스포트나 시티 패스도 구입할 수 있다.

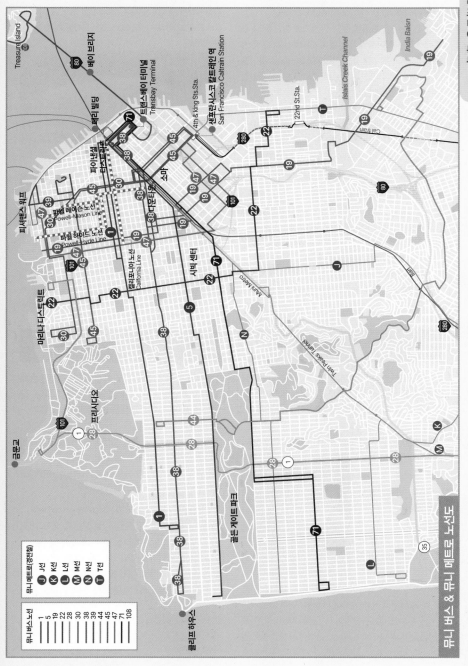

뮤니 버스 & 뮤니 메트로 노선도

Treasure Island

베이 브리지

페리 빌딩

트랜스베이 터미널
Transbay Terminal

4th & King Sts.Sta.

샌프란시스코 칼트레인 역
San Francisco Caltrain Station

22nd St.Sta.

India Basin

Islais Creek Channel

Caltrain

파이낸셜 디스트릭트

소마

피셔맨스 워프

파월 메이슨 노선
Powell-Mason Line

파월 하이드 노선
Powell-Hyde Line

캘리포니아 노선
California Line

시빅 센터

Muni Metro

마리나 디스트릭트

프레시디오

금문교

Twin Peaks Terminal

골든 게이트 파크

클리프 하우스

**뮤니 메트로(경전철)**
- Ⓙ J선
- Ⓚ K선
- Ⓛ L선
- Ⓜ M선
- Ⓝ N선
- Ⓣ T선

**뮤니 버스노선**
- 1
- 5
- 19
- 22
- 28
- 30
- 38
- 39
- 44
- 45
- 47
- 71
- 108

### ④ 뮤니 스트리트카 Muni Street Car

빨간색, 노란색, 초록색 등의 원색으로 칠한 뮤니 스트리트카는 케이블카와 더불어 샌프란시스코의 명물로 꼽힌다. 케이블카는 지하에 있는 스틸 케이블을 돌리는 방식이고 뮤니 스트리트카는 지상에 있는 전선을 이용해 달리는 친환경 전기차다. 일제 강점기 때 서울 시내를 활보하던 전차가 바로 스트리트카다. 뮤니 스트리트카는 F라인만 운행하며 마켓 스트리트, 시빅 센터, 피어 39 등 주요 관광 명소를 통과한다. 운전사는 잔돈을 거슬러 주지 않으니, 현

금을 낼 땐 금액에 맞게 준비해야 한다.

요금 현금 $3, 클리퍼 카드 $2.75, 뮤니 모바일 $2.75 홈페이지 sfmta.com

**Tip**

## 샌프란시스코의 교통카드

대중교통을 1~2번만 이용한다면 현금을 내는 것이 편할 수 있지만, 자주 이용하거나 3일 이상 이용한다면 교통카드를 구입하는 것이 저렴하고 편리하다. 교통카드에는 2종류가 있는데, 뮤니 모바일은 바트와 페리에서는 사용할 수 없고 클리퍼 카드는 바트와 페리 이용 시 할인 혜택이 있다.

▶ **뮤니 모바일(앱을 다운받아야 한다)**
요금 $5.5(1일, 케이블카 제외), $14(1일, 케이블카 포함), $33(3일, 케이블카 포함) 홈페이지 sfmta.transitsherpa.com

▶ **클리퍼 카드** 요금 뮤니 모바일과 동일 홈페이지 www.clippercard.com

# 할인 패스

할인 패스는 최대 50%까지 할인을 해주지만 가려고 마음먹은 곳이 포함되어 있지 않다면 오히려 손해를 볼 수도 있다. 먼저 목적지가 할인 패스에 포함되어 있는지 확인한 뒤에 구매를 결정하는 게 좋다. 장점은 줄을 서지 않고 입장할 수 있어 시간을 절약할 수 있다는 점이다. 대중교통은 포함되어 있지 않다.

### ① 샌프란시스코 시티 패스 San Francisco City PASS

샌프란시스코의 관광 명소 4곳을 선택할 수 있고, 연속 9일간 사용 가능하다. 어린이를 동반한 가족 여행에 적합하다. 캘리포니아 과학 아카데미 California Academy of Science와 블루앤골드 샌프란시스코 베이 크루즈 Blue & Gold Fleet San Francisco Bay Cruise는 필수 선택이고 관심사에 따라 아쿠아리움 Aquarium of the Bay, 샌프란시스코 동물원 San Francisco Zoo, 월트 디즈니 가족 박물관 Walt

Disney Family Museum, 그리고 엑스플로라토리엄 Exploratorium 중에서 두 개 고르면 된다.

요금 (3개 선택) 어른 $79 어린이 $62, (4개 선택) 어른 $87 어린이 $69 홈페이지 www.citypass.com

### ② 고 샌프란시스코 카드 Go San Francisco Card

25개 관광 명소와 다양한 투어(홉 온 홉 오프 버스 투어 Hop-on Hop Off Bus Tour, 고카 투어 GoCar Tour) 등을 포함하고 있다. 장점은 긴 줄 서기를 피할 수 있다는 점이다. 하지만 가격이 만만치 않으니 관심사에 따라 패스의 종류를 선택할 것을 권한다.

요금 All-Inclusive Pass 1~5일 $89~179, Explorer Pass $69(관광 명소 2개 선택)~124(관광 명소 5개 선택) 홈페이지 gocity.com

ZOOM IN

# 샌프란시스코의 명물 케이블카 파헤치기

## 케이블카는 말의 고통을 줄이려는 시도에서 탄생했다.

샌프란시스코의 경사 급한 언덕에서 말들이 고통스럽게 마차를 끄는 모습을 보고 1873년, 케이블 시스템 발명가였던 앤드루 할리디 Andrew Hallidie는 땅속에 케이블을 묻어서 돌리는 교통 시스템을 제안한다. 이것이 케이블카의 탄생 배경이다.

## 케이블카는 샌프란시스코 시민의 노력으로 살아남았다.

20세기 들어 케이블카는 효율적 교통 수단의 자리를 버스나 자동차 등에 내주게 된다. 1947년, 샌프란시스코 시청은 케이블카 철거를 결정하나 역사적 유산을 지켜내려는 시민들의 노력으로 현재 3개 노선이 살아남아 샌프란시스코를 대표하는 아이콘이 되었다.

## 케이블카를 즐기는 법

- 운전자인 그립맨 Gripman의 손의 움직임을 보면 케이블카의 작동 원리를 이해할 수 있다.
- 파월 메이슨 노선 종착지 Powell/Mason Cable Car Turnaround에서 그립맨이 케이블카를 수동으로 회전하는 모습을 보자.
- 파월 하이드 노선의 경우, 언덕길 정상에서는 샌프란시스코의 도심 전경, 피셔맨스 워프 방향으로 내려갈 때는 바다 풍경을 바라보자.
- 울퉁불퉁한 길을 달리며 흔들리기 때문에 손잡이를 잘 잡아야 한다.
- 케이블카는 창문 없이 오픈된 형태이므로 겉옷을 준비하는 게 좋다. 아이를 동반했다면 안전에 주의가 필요하다.

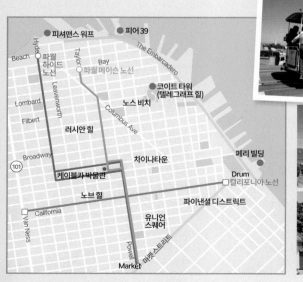

# 투어 프로그램

대표적인 관광도시인 만큼 다양한 투어 프로그램이 있다. 여행의 목적과 상황에 맞는 투어 프로그램을 선택하여 이용해보자. 투어는 대부분 온라인으로만 예약을 받는다.

## 페리 Red and White Fleet

금문교와 베이 브리지 사이를 오가는 투어로 피셔맨스 워프에서 출발한다. 16개 언어의 오디오 가이드를 제공하고 트레저 아일랜드, 앨커트래즈, 그리고 샌프란시스코 스카이라인을 볼 수 있다. 투어는 홈페이지에서 예약 가능하다. 샌프란시스코 베이를 즐기는 다양한 크루즈 상품이 있으니 여행의 목적에 맞게 고르길 추천한다.

운영 목~일요일 11:30, 18:30, 19:00 소요 시간 90~120분
요금 성인 $58~120 홈페이지 redandwhite.com

## 고 카 투어 Go Car Tour

'작은 노란색 차'를 직접 운전하며 샌프란시스코의 경치를 즐기는 투어로 인기가 많다. GPS가 장착되어 있어 다양한 관광지로 안내한다. 출발지는 소살리토, 금문교, 유니언 스퀘어 등이다. 투어는 홈페이지에서 신청 가능하다.

홈페이지 gocartours.com

## 버스 투어
### Big Bus San Francisco Hop-On Hop-Off Tour

하루 동안 샌프란시스코 명소를 효율적으로 관람할 수 있는 투어다. 샌프란시스코의 주요 관광지 20곳에 정차하고, 정차하는 곳마다 30분 정도 머물 수 있다. 버스에서는 무료 와이파이가 제공된다. 티켓은 온라인에서만 구매 가능하다.

요금 성인 $63~ 홈페이지 viator.com

## 워킹 투어
### San Francisco City Guides-Free Walking Tours

80개 투어가 자원봉사자에 의해 진행되는 고퀄리티 무료 투어다. 투어 시간은 주제에 따라 약간의 차이가 있으나, 대략 1시간 30분에서 2시간 정도 걸린다. 온라인 예약이 필수이며 영어로 진행된다. 소정의 팁($10~15)을 온라인으로 미리 결제하거나 투어 후 현금으로 주는 것을 추천한다.

홈페이지 sfcityguides.org

## 자전거 투어 Bike Tour

피셔맨스 워프에서 소살리토까지 자전거로 이동하는 투어로 샌프란시스코의 아름다운 경관을 몸소 체험할 수 있다. 약 10km를 이동하는 데 2~3시간 정도 소요된다. 피어 39에서 금문교를 건너 소살리토에 도착한 뒤 페리를 이용해 돌아오는 일정이다. 페리 운임은 별도로 지불해야 한다. 별도 요금을 지불하면 전기자전거 이용도 가능하다. 투어는 온라인으로 신청 가능하다.

운영 3~10월 10:00, 13:00, 나머지 달 10:00 요금 성인 $75~ 홈페이지 viator.com

## 전기 스쿠터 투어 Electric Scooter Tours

요즘 젊은이들 사이에서 전기 스쿠터가 유행이다. 샌프란시스코는 18세 이상은 헬멧 없이 전기 스쿠터를 타는 것이 합법이나 안전을 위해 헬멧 쓰는 것을 추천한다. 전기 스쿠터만 빌릴 수도 있고, 전기 스쿠터 투어를 신청할 수도 있다. 단, 금문교는 스쿠터로 건널 수 없다.

렌털 홈페이지 www.li.me
투어 홈페이지
sfsccooteradventures.com

## 월별로 보는 샌프란시스코 행사

### 1월
**바다사자 환영 행사**
Sea Lions' Arrival Celebration
피셔맨스 워프의 아이콘인 바다사자가 돌아오기 시작하는 계절이다.
지역 피어 39

### 2월
**중국 음력설 퍼레이드**
Chinese New Year Parade

미국 내에서 가장 큰 차이나타운이 있는 샌프란시스코의 중국인 공동체를 위한 유서 깊은 행사다.
지역 차이나타운

### 3월
**성 패트릭 기념일 퍼레이드**
St Patrick's Day Parade

3월 17일 성인 패트릭 탄생을 기념하는 행사. 샌프란시스코가 초록색으로 변하는 아일랜드 축제다.
지역 시빅 센터, 다운타운

### 4월
**벚꽃 축제**
Cherry Blossom Festival
벚꽃이 만개한 4월에 열리는 행사로 다양한 문화 공연도 볼

만하다.
지역 재팬 타운

**아트 마켓** Art Market

현대 작가들의 작품을 전시하고 경매를 진행하는 인기 있는 미술 행사다.
지역 포트 메이슨

### 5월
**싱코 데 마요** Cinco de Mayo
싱코 데 마요는 1862년 멕시코가 프랑스를 상대로 이긴 전쟁을 기념하는 행사다.
지역 돌로레스 공원

**베이 투 브레이커스**
Bay to Breakers

13명 이상의 단체 참가자들이 특이한 의상을 입고 뛰는 샌프란시스코 명물 마라톤 행사다.
지역 엠바카데로-오션 비치
홈페이지 capstoneraces.com/bay-to-breakers

### 6월
**프라이드 축제** Pride Parade

성소수자를 위한 축제로 독특한 옷차림으로 도심 곳곳에서 퍼레이드를 한다. 단 노출 수위가 높은 경우가 있으니 어린이를 동반하는 경우 보호자의 지도가 필요하다.
지역 마켓 스트리트
홈페이지 www.sfpride.org

### 7월
**독립기념일 불꽃 놀이 (7월 4일)**
July Fourth Fireworks

지역 피어 39를 비롯해 여러 곳

### 10월
**함대 주** Fleet Week

©U.S.Nary

미국 해군에서 주도하는 에어쇼로 하늘을 수놓은 비행쇼가 장관이다. 미 해군 블루 앤젤의 에어쇼가 하이라이트다. 지역 주민 행사로 매우 인기가 있다.
지역 마리나 지역

### 11월
**크리스마스 트리 점등식, 아이스 링크 개장**
지역 유니언 스퀘어

### 12월
**샌프란시스코 심포니, 오페라, 발레 등 연말 특별 공연 즐기기**

# 샌프란시스코 교외로

샌프란시스코와 근교 관광지를 연결하는 교통 수단에는 바트, 칼트레인, 페리 그리고 자동차 등이 있다. 각 교통 수단의 특징을 알아보자.

## ① 바트 Bart

바트는 샌프란시스코 국제공항에서 도심으로 접근하거나 근교 도시인 버클리, 오클랜드로 이동하는 데 편리하다. 바트역 자판기에서 장소를 선택하고 승차권을 구입한다. 공항에서 이동할 땐 P.118, 버클리로 갈 땐 P.195를 참고하자. 클리퍼 카드로도 이용이 가능하다.
홈페이지 bart.gov

## ② 칼트레인 Caltrain

샌프란시스코 남쪽 방향에 있는 스탠퍼드 대학, 새너제이, 실리콘밸리, 길로이 아웃렛을 방문할 때 유용한 교통수단이다. 자판기에서 해당 존 Zone을 입력하고 현금이나 신용카드로 결제한다. 클리퍼 카드를 사용하면

할인 혜택이 있는데, 클리퍼를 사용할 땐 승차 전에 클리퍼 리더에 태그 Tag하고 하차할 때도 클리퍼 리더에 태그한다. 승무원이 무작위로 표 검사를 하니 표나 클리퍼를 잘 소지해야 한다.
운영 05:00~24:00 요금 구간마다 다르다. $3.75~14.45(편도 기준) 홈페이지 Caltrain.com

## ③ 페리 Ferry

샌프란시스코 페리 빌딩과 피어 41 해안 터미널에서 출발하며, 소살리토, 티뷰론, 앤젤 아일랜드, 발레로 등의 도시를 가는 데 유리한 교통수단이다. 페리는 소살리토행이 가장 인기 노선이다. 소요시간은 30분 정도이고 배를 타며 볼 수 있는 금문교, 샌프란시스코 도심 그리고 베이 지역의 뷰가 아름답다.
[피어 41~소살리토 노선]
운영 월~금요일 07:10~20:20, 토~일요일 11:10~19:00
요금 구간에 따라 다르다. 어른 $14, 어린이(5~11세) $7(편도 기준)
[페리 빌딩~소살리토, 오클랜드 노선]
운영 월~금요일 05:30~19:30, 토~일요일 10:00~18:00
요금 어른 $14, 어린이(5~11세) $7(편도 기준)

©Melinda Stuart

## ④ 렌터카 Rental Car

샌프란시스코 근교의 내파 밸리, 요세미티, 몬터레이, 새너제이 등을 여행할 때 유용한 수단이다. 그러나 샌프란시스코 도심은 가파른 언덕길이 많고 일방 통행이 많아 운전보다는 대중교통 이용을 추천한다. 최근 관광객을 노리는 차량 파손 사고가 증가 추세이니 주차할 때 특히 주의해야 한다. 도심은 주차 비용이 비싸고 현지인도 주차 위반 티켓을 받는 경우가 많다. 경사면에 주차할 땐 오르막길은 도로 방향으로, 내리막길은 인도 방향으로 바퀴를 정렬해야 한다. 위반 시 티켓을 받을 수 있다.

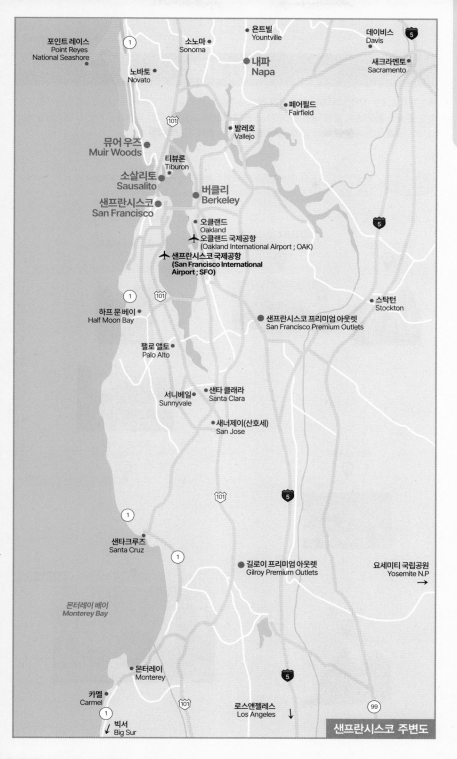

포인트 레이스
Point Reyes
National Seashore

소노마
Sonoma

욘트빌
Yountville

데이비스
Davis

5

내파
Napa

새크라멘토
Sacramento

노바토
Novato

페어필드
Fairfield

101

발레호
Vallejo

뮤어 우즈
Muir Woods

티부론
Tiburon

소살리토
Sausalito

버클리
Berkeley

샌프란시스코
San Francisco

오클랜드
Oakland

5

오클랜드 국제공항
(Oakland International Airport ; OAK)

샌프란시스코 국제공항
(San Francisco International
Airport ; SFO)

스탁턴
Stockton

1

101

하프 문 베이
Half Moon Bay

샌프란시스코 프리미엄 아웃렛
San Francisco Premium Outlets

팰로 앨토
Palo Alto

서니베일
Sunnyvale

샌타 클래라
Santa Clara

새너제이(산호세)
San Jose

101

5

1

샌타크루즈
Santa Cruz

1

길로이 프리미엄 아웃렛
Gilroy Premium Outlets

요세미티 국립공원
Yosemite N.P
→

몬터레이 베이
Monterey Bay

몬터레이
Monterey

5

카멜
Carmel

1

빅서
↓ Big Sur

101

로스앤젤레스
Los Angeles
↓

99

샌프란시스코 주변도

# 추천 일정

샌프란시스코는 작은 도시지만 볼거리가 많아서 3일 이상 잡는 것이 좋다. 첫날은 도시가 탄생한 다운타운 중심을 돌아보고, 둘째 날은 샌프란시스코의 개성을 느낄 수 있는 다운타운 주변의 명소들을 찾아나서자. 셋째 날은 취향에 따라 좀 더 깊이 들여다보는 선택 일정이다.

첫날은 도심 관광이 주를 이룬다. 유니언 스퀘어에서 시작하여 과거 부자 동네인 노브 힐과 이민자 지역인 노스 비치와 차이나타운을 둘러 보는 일정이다.

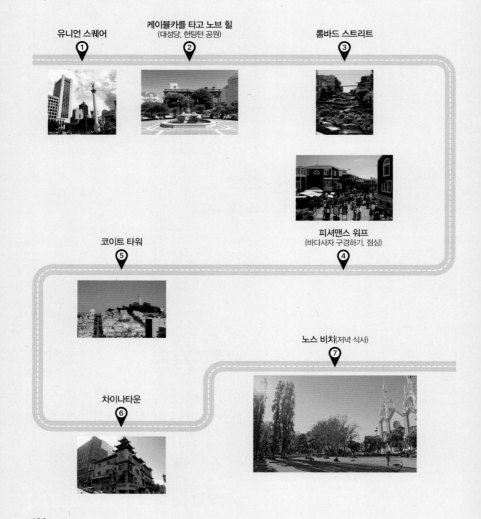

유니언 스퀘어
①

케이블카를 타고 노브 힐
(대성당, 헌팅턴 공원)
②

롬바드 스트리트
③

피셔맨스 워프
(바다사자 구경하기, 점심)
④

코이트 타워
⑤

노스 비치(저녁 식사)
⑦

차이나타운
⑥

**Day 2** 골든 게이트 파크를 시작으로
샌프란시스코 히피 문화의 발상지인
헤이트 지역과 히스패닉 문화의 중심지인
미션 지역을 둘러본다.

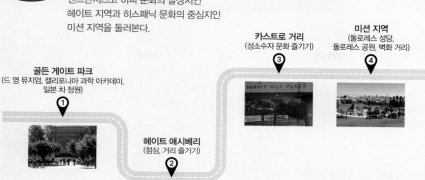

**골든 게이트 파크**
(드 영 뮤지엄, 캘리포니아 과학 아카데미,
일본 차 정원)
①

**헤이트 애시베리**
(점심, 거리 즐기기)
②

**카스트로 거리**
(성소수자 문화 즐기기)
③

**미션 지역**
(돌로레스 성당,
돌로레스 공원, 벽화 거리)
④

**Day 3** 두 가지 옵션이 있다. 하나는 문화적 경험에 바탕을 둔 여정이고
또 하나는 자전거로 즐기는 샌프란시스코다.

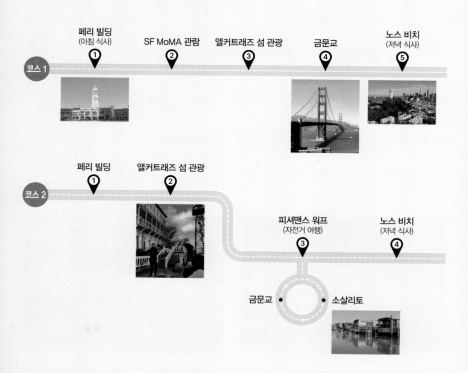

**코스 1**

**페리 빌딩**
(아침 식사)
①

**SF MoMA 관람**
②

**앨커트래즈 섬 관광**
③

**금문교**
④

**노스 비치**
(저녁 식사)
⑤

**코스 2**

**페리 빌딩**
①

**앨커트래즈 섬 관광**
②

**피셔맨스 워프**
(자전거 여행)
③

**노스 비치**
(저녁 식사)
④

금문교 ● ● 소살리토

# 샌프란시스코와
# 하루 만에 친구 되기

## ❶ 유니언 스퀘어

유니언 스퀘어는 샌프란시스코 도심의 중심 광장으로 하이엔드 쇼핑센터와 고급 호텔이 몰려 있다. 광장에 있는 샌프란시스코의 상징인 '하트'에서의 기념 촬영은 필수다.
소요시간 2시간

유니언 스퀘어 **1** ········ 도보 10분 ········ 시빅 센터 **2** ········ 도보 15분 ········ 차이나타운 **3** ········ 도보 20분 ········ 코이트 타워 **4**

## ❷ 시빅 센터

샌프란시스코의 행정·문화 중심지로 시청, 아시아 박물관, 시립 도서관, 심포니 홀, 오페라 하우스 등을 볼 수 있다.
소요시간 30분

## ❸ 차이나타운

미국에서 가장 큰 차이나타운으로 중국 전통 음식점, 기념품 가게가 몰려 있다. 180년의 역사를 가진 중국 커뮤니티가 샌프란시스코에 뿌리내리면서 지켜낸 중국 문화를 즐기자. 소요시간 1시간

### ❹ 코이트 타워

노스 비치를 통과하여 텔레그래프 힐에 있는 코이트 타워 전망대에서 금문교, 앨커트래즈, 샌프란시스코 도심까지 파노라마로 감상하자.
소요시간 1시간

### ❺ 롬바드 스트리트

언덕을 극복하기 위해 세상에서 가장 구불구불한 아름다운 꽃길을 만들었다. 샌프란시스코의 대표적인 포토존 중 하나다.
소요시간 30분

롬바드 스트리트 **⑤**
도보 10분
케이블카 이동(5분) 내지는 도보 10분
피셔맨스 워프, 피어 39 **⑥**
버스로 이동 (20분)
금문교 **⑦**

### ❻ 피셔맨스 워프, 피어 39

피셔맨스 워프 선착장의 복합 쇼핑몰과 레스토랑은 늘 관광객들로 인산인해를 이룬다. 과거의 항구 지역에서 클램차우더를 먹으면서 바다사자를 구경하고, 공장이었던 기라델리에 들러 디저트로 초콜릿 아이스크림을 먹어보자. 소요시간 2시간

### ❼ 금문교

샌프란시스코를 상징하는 아이콘이다. 최근 완공된 프리시디오 터널탑 공원에 들러 금문교와 앨커트래즈 그리고 샌프란시스코 도심 정경을 즐겨보자.
소요시간 1시간

# 한눈에 보는 샌프란시스코의 간단 역사와 유적지

미국 서부는 미국 동부와 다르게 역사가 진행되었다. 미국 동부 13개 주가 영국으로부터 독립을 선언할 때(1776년) 미국 서부는 스페인의 식민지였고 그 이후 멕시코가 스페인으로부터 독립한 후 미국의 영토로 편입된 것은 1848년의 일이다. 샌프란시스코의 역사와 관련된 유적지를 시대별로 간단하게 소개한다.

## 원주민 시대
**(~1775)**

온화한 기후로 먹을 것이 풍부했던 울룽족은 미국 서부에 거주했던 원주민으로 그들의 평화는 스페인을 만나면서 바뀌게 된다.

## 스페인 지배
**(1775~1822)**

스페인의 신대륙 발견은 남미에서 시작되어 캘리포니아까지 이어진다. 가톨릭 국가의 수호국을 자처한 스페인은 캘리포니아를 종교적 전파지로만 생각했다. '왕의 하이웨이'라는 이름을 가진 엘 카미노 레알 El Camino Real을 따라 21개의 미션이 세워진 것도 이것과 관련이 있다. 미국 서부의 수많은 스페인 명칭들도 이 시기 유산이라 할 수 있다.

▶프리시디오(1776) 스페인 군사 시설
▶돌로레스 미션(1857)
　스페인 종교 시설

## 멕시코 시대
**(1822~1848)**

스페인의 식민 지배를 받았던 멕시코는 지난한 저항 운동으로 독립을 성취하게 된다. 그 결과로 스페인 땅이었던 캘리포니아도 멕시코령이 된다. 독립전쟁에 많은 힘을 소모한 멕시코는 형식적으로 캘리포니아를 손에 넣었지만 캘리포니아를 불모지로 방치하거나 서부영화에 주로 등장하는 목장Ranch으로 운영했다. 이 시기의 자취는 멕시코가 남긴 음식의 유산으로 남아있다.

▶히스패닉 문화가 주를 이루는 미션지역에 들러 다양한 멕시코 음식을 먹어보자.

## 미국 영토로 편입
**(1848~)**

1848년에 미국과 멕시코는 지금의 텍사스에서 전쟁을 벌이게 되고 독립전쟁에 많은 힘을 소진한 멕시코는 미국에 완패한다. 패전의 결과 캘리포니아를 미국에 넘기게 되면서 역사의 운은 미국으로 흐른다. 전쟁이 끝나고 몇 달 후 캘리포니아에서 금이 발견되면서 전 세계적으로 주목 받는 땅이 되기 때문이다.

## 캘리포니아 골드러시
### (1848)

'금이다!'라는 한마디에 49명의 광부들이 몰려오고, 중국인을 비롯해 전 세계 사람들이 기회의 땅으로 몰려들게 된다. 부를 가지게 된 것은 금을 발견한 사람만이 아니다. 사람이 모이는 것 자체가 생산력이 되어 도시 성장의 동력이 된다. 독일인 이민자 레비 스트라우스 Levi Strauss 는 광부들의 작업복을 만들고, 이탈리아 이민자 도미니코 기라델리 Domenico Ghirardelli는 디저트류 Confection를 만들어 팔아 돈을 벌게 된다.

▶페리 빌딩과 마켓 스트리트(1898) : 페리 빌딩은 샌프란시스코에서 배를 타고 내리는 주요 선착장이고, 페리 빌딩을 중심으로 마켓 스트리트라는 역사적 중심도로가 만들어진다.

▶리바이스 본사 : 광부들의 작업복이 필요해지면서 청바지 등장

▶기라델리 : 디저트는 이탈리아

▶페인티드 레이디스 : 금으로 돈을 번 중산층의 등장. 화려한 장식을 한 집으로 부를 과시

▶아돌프 수트로 하우스와 수트로 베스 : 광산 엔지니어로 부자가 됨

## 1906년 대지진
### (1906)

1906년 대지진으로 인해 도시의 2/3가 지진과 화재로 피해를 보게 되는 대참사가 일어난다. 복구의 시작은 행정의 중심지에서 일어난다. 도시의 권위를 찾으려는 노력은 시빅 센터의 재개발로 나타나고 현재의 모습이 그 결과다.

▶샌프란시스코 시청
▶아시안 아트 뮤지엄
▶전쟁 기념 오페라 하우스

## 대지진 극복 프로젝트 2
### [1915년] 파나마-퍼시픽 박람회

침체에 빠진 도시를 살리기 위해 파나마 운하 개통 기념 '1915년 파나마-퍼시픽 박람회'를 개최하면서 도시의 상처가 빠른 속도로 치유되기 시작한다. 대부분의 건물은 박람회 후 철거됐지만 팰리스 오브 파인 아트를 통해 그 당시 위용을 확인할 수 있다.

▶팰리스 오브 파인 아트
▶시빅 센터
▶금문교

## 제2차 세계대전
### (1939~1945)

전쟁은 비극적인 사건이지만 누구에게는 기회가 된다. 샌프란시스코에겐 제2차 세계대전이 금광 발견 이후 두 번째 기회였다. 미국 서부에 위치한 도시로 전쟁에 참여한 군인들이 배를 타고 떠난 곳도, 그들을 먹이기 위한 식량이 수송된 곳도 샌프란시스코의 포트 메이슨 지역이다. 참고로 6·25 전쟁에 참전한 군인들도 여기서 출발하였다.

▶포트 메이슨

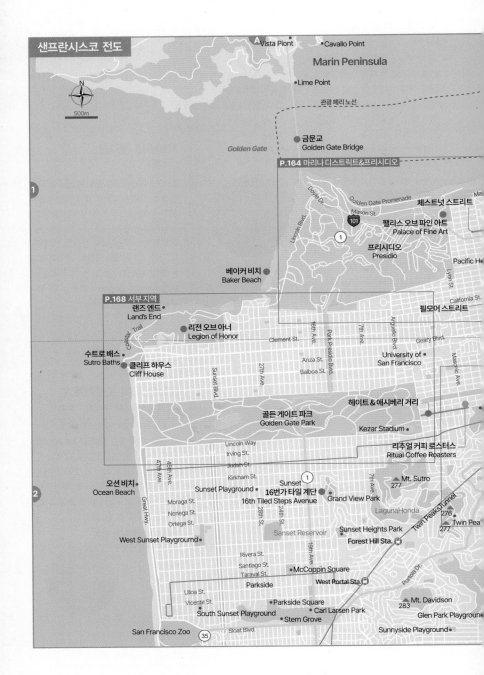

# 샌프란시스코 전도

A
Vista Piont
Cavallo Point

Marin Peninsula

Lime Point

관광 페리 노선

N
500m

Golden Gate

금문교
Golden Gate Bridge

P.164 마리나 디스트릭트&프리시디오

Doyle Dr.

Golden Gate Promenade

Mason St.

101

체스트넛 스트리트

팰리스 오브 파인 아트
Palace of Fine Art

Lincoln Blvd.

1

프리시디오
Presidio

Lyon St.

Pacific H

베이커 비치
Baker Beach

P.168 서부 지역

랜즈 엔드
Land's End

California St.

필모어 스트리트

리전 오브 아너
Legion of Honor

Coastal Trail

16th Ave.

Park Presidio Blvd.

7th Ave.

Arguello Blvd.

Clement St.

Geary Blvd.

수트로 배스
Sutro Baths

University of
San Francisco

Masonic Ave.

클리프 하우스
Cliff House

27th Ave.

Sunset Blvd.

Anza St.

Balboa St.

헤이트&애시베리 거리

골든 게이트 파크
Golden Gate Park

Kezar Stadium

리추얼 커피 로스터스
Ritual Coffee Roasters

Lincoln Way

Irving St.

Judah St.

47th Ave.

45th Ave.

Kirkham St.

오션 비치
Ocean Beach

Sunset
16번가 타일 계단
16th Tiled Steps Avenue

1

7th Ave.

Mt. Sutro
277

Sunset Playground

Grand View Park

LagunaHonda

276

Twin Peaks Tunnel

Twin Pea
277

Great Hwy.

Moraga St.

Noriega St.

Ortega St.

28th Ave.

24th St.

Sunset Heights Park

Forest Hill Sta.

West Sunset Playgrournd

Sanset Reservoir

Rivera St.

Santiago St.

Taraval St.

19th Ave.

McCoppin Square

West Portal Sta.

Portola Dr.

Parkside

Ulloa St.

Vicente St.

Mt. Davidson
283

Parkside Square

Carl Larsen Park

Stern Grove

South Sunset Playground

Glen Park Playgroun

San Francisco Zoo

35

Sloat Blvd.

Sunnyside Playground

1

2

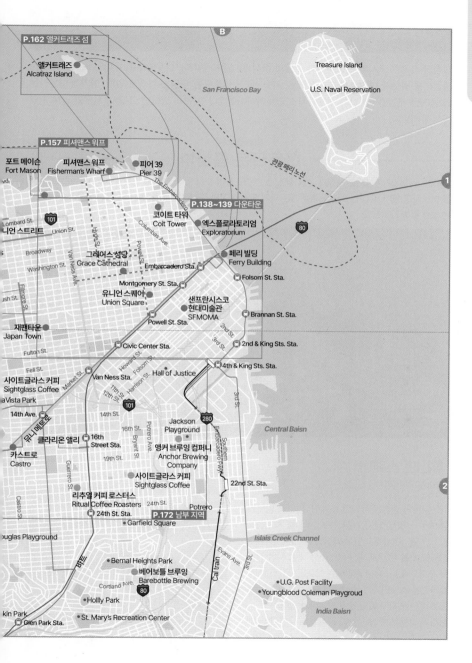

여행의 시작은 도시의 발상지이자 교통의 중심인 다운타운이다. 다운타운은 유니언 스퀘어가 있는 중심부를 비롯해 파이낸셜 디스트릭트, 시빅 센터, 소마 등을 두루 포함하고 있다. 여기에 다운타운을 둘러싼 해안지역까지가 샌프란시스코의 하이라이트다. 시간이 있다면 그 외의 서부와 남부 지역까지 둘러보자.

## Downtown
# 다운타운 중심부

유니언 스퀘어를 중심으로 교통과 관광 명소, 쇼핑 명소들이 모여 있다. 대부분 도보로 이동하거나 케이블카를 이용하면 된다. 유니언 스퀘어 북쪽에는 과거 도시 성장의 중심이었던 차이나타운과 부자들의 거주지였던 노브 힐이 자리한다.

## 유니언 스퀘어
### Union Square

다운타운의 중심은 유니언 스퀘어다. 미국 남북전쟁(1861~1865) 당시, 북부 The Union를 지지하는 집회가 열리면서 유니언 스퀘어라 불리기 시작했고 지금도 사회 현안에 대한 목소리를 내는 시위 장소로 쓰이고 있다. 광장 중앙에는 1898년 필리핀에서 벌어졌던 스페인과의 전쟁에서 승리하는 데 큰 역할을 했던 조지 듀이 제독의 기념비가 있다.
현재 유니언 스퀘어는 쇼핑 중심지로 유명하다. 메이든 레인 Maiden Lane을 중심으로 스탁턴 거리 Stockton St와 키어리 거리 Keary St 사이에 메이시스 Macy's, 니먼 마커스 Neiman Marcus 등의 백화점을 비롯해 명품 상점이 밀집해 있다.

지도 P.138-A2 ▶ 주소 333 Post St 가는 방법 바트 Powell St역에서 도보 5분 홈페이지 visitunionsquaresf.com

Tip

## 유니언 스퀘어의 포토존

▶ **샌프란시스코의 상징인 '하트'**

샌프란시스코에는 2004년에 시행된 도시 프로젝트의 일환으로 지역 아티스트가 그린 '하트' 131개가 있다. 유니언 스퀘어 광장 안에도 금문교가 그려진 하트가 있으니 찾아서 인증샷을 찍자. 샌프란시스코 곳곳에 흩어져 있는 하트를 찾는 것도 쏠쏠한 재미다.

▶ **재나두 갤러리** Xanadu Gallery

유니언 스퀘어에서 도보로 5분 거리에는 미국을 대표하는 건축가가 설계한 작은 건물이 있다. 건물 입구의 반복된 원형 디자인은 나선형 계단으로 유명한 뉴욕의 구겐하임 미술관을 떠올리게 한다. 지금은 유명 디자이너 숍으로 운영되는데, 샌프란시스코에 있는 유일한 프랭크 로이드 라이트 건축물로 그의 팬이라면 꼭 들러 인증샷을 찍길 권한다.

지도 P.139-B2 ▶ 주소 140 Maiden Lane

# 차이나타운
## China Town

북미에서 가장 오래되고 규모가 큰 차이나타운이다. 1848년 골드러시 Gold Rush 소문을 듣고 밀려 들어온 중국 이민자들이 정착하면서 형성된 중국인 거주 지역이다. 관광 포인트는 드래건 게이트 Dragon Gate(Bush St & Grant Ave)에서 시작한다. 1891년에 세워진 옛 중국 전화 교환국 Old Chinese Telephone Exchange(743 Washington St)과 1852년에 세워져 이민자의 고단한 삶을 달래 주었던 티엔 하우 사원 Tin How Temple(125 Waverly Pl), 차이나타운의 중

심 공원이면서 서울의 파고다 공원과 유사한 느낌의 포츠머스 광장 Portsmouth Square(733 Kearny St) 등이 있다. 골든 게이트 포춘 쿠키 공장 Golden Gate Fortune Factory(743 Washington St)에서는 중국 레스토랑에서 서비스로 제공되는 포춘 쿠키를 만드는 과정을 구경할 수 있고 저렴한 가격에 구입도 가능하다.

지도 P.139-B1 ▶ 가는 방법 유니언 스퀘어에서 도보 5분 홈페이지 www.sanfranciscochinatown.com

Tip

## 중국 이민자가 만든 샌프란시스코

1848년 금광의 발견으로 캘리포니아에 전 세계 이민자들이 몰려들기 시작했다. 1840년대에는 중국(당시 청나라)에서 가난을 피해 많은 중국 이민자들이 샌프란시스코로 이주했고 이들은 주로 금광 개발, 철도 그리고 교량 사업에 동원되었다. 샌프란시스코의 금문교를 포함해 미국 전역의 철도 건설은 중국인 노동력에 빚진 부분이 많다.

다운타운 상세 지도

- 다운타운 중심부
- 노스 비치
- 파이낸셜 디스트릭트
- 소마
- 시빅 센터

A

롬바드 스트리트
Lombard Street

러시안 힐
Russian Hill

리구리아 베이커리
Liguria Bakery

마마스
Mama's

워싱턴 스퀘어 파크
Washington Square

소토 마레 Sotto Mare

스팅킹 로즈
Stinking Ros

차이나 라이브 China Liv

딤섬 비스트
Dim Sum Bist

다운타운 중심부

케이블카 박물관
Cable Car Museum

페어몬트 호텔
Fairmont Ho

헌팅턴 공원
Huntington Park

그레이스 성당
Grace Cathedral

탑 오브 더 마크
Top of the Mark

윌리엄스 소노마
Williams-Sonoma

노브 힐
Nob Hill

시어스 파인 푸드
Sears Fine Food

롬 아티잔 버거스
Roam Artisan Burgers

재팬 타운
Japan Town

이케아
Ike

아시안 아트 뮤지엄
Asian Art Museum

샌프란시스코 시청
City Hall

시빅 센터

Civic Center

전쟁 기념 오페라 하우스
War Memorial Opera House

데이비스 심포니 홀
Davies Symphony Hall

리추얼 커피 로스터스
Ritual Coffee Roasters

샌프란시스코 재즈 센터 SF Jazz Center

사이트글라스 커피
Sightglass Coffee

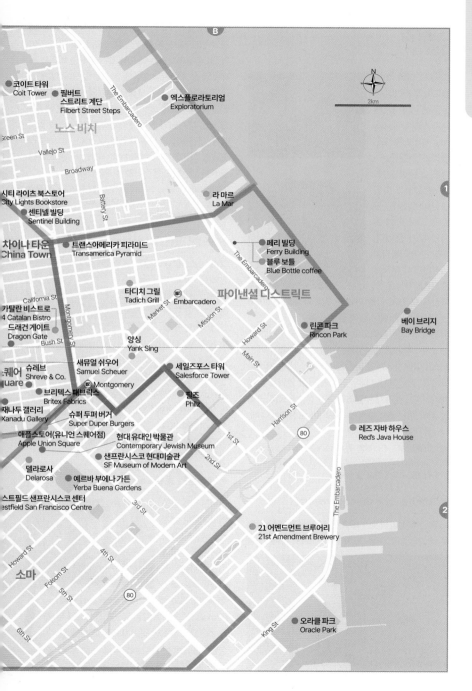

● 코이트 타워
Coit Tower

● 필버트
스트리트 계단
Filbert Street Steps

● 엑스플로라토리엄
Exploratorium

노스 비치

Green St

Vallejo St

Broadway

시티 라이츠 북스토어
City Lights Bookstore

● 센티넬 빌딩
Sentinel Building

● 라 마르
La Mar

차이나 타운
China Town

● 트랜스아메리카 피라미드
Transamerica Pyramid

● 페리 빌딩
Ferry Building

■ 블루 보틀
Blue Bottle coffee

The Embarcadero

파이낸셜 디스트릭트

타디치 그릴
Tadich Grill

Ⓜ Embarcadero

California St

카탈란 비스트로
4 Catalan Bistro

드래건 게이트
Dragon Gate

Bush St

● 린콘 파크
Rincon Park

● 베이 브리지
Bay Bridge

● 양싱
Yank Sing

슈레브
Shreve & Co.

● 새뮤얼 쉬우어
Samuel Scheuer

세일즈포스 타워
Salesforce Tower

Ⓜ Montgomery

브리텍스 패브릭스
Britex Fabrics

필즈
Philz

재나두 갤러리
Xanadu Gallery

슈퍼 두퍼 버거
Super Duper Burgers

● 레즈 자바 하우스
Red's Java House

애플스토어(유니언 스퀘어점)
Apple Union Square

현대 유대인 박물관
Contemporary Jewish Museum

● 샌프란시스코 현대미술관
SF Museum of Modern Art

델라로사
Delarosa

● 예르바 부에나 가든
Yerba Buena Gardens

스트필드 샌프란시스코 센터
estfield San Francisco Centre

● 21 어멘드먼트 브루어리
21st Amendment Brewery

소마

Howard St

Folsom St

80

● 오라클 파크
Oracle Park

# 노브 힐
## Nob Hill

19세기 대륙 횡단 철도에 투자하여 큰 돈을 번 서부 1세대 부자 4명(빅 포 Big Four : 마크 홉킨스, 콜리스 헌팅턴, 리랜드 스탠퍼드, 찰스 크로커)의 고급 맨션이 있었던 곳으로 도시 형성 초기의 부자 동네다. 1887년 케이블카가 등장하면서 부자들은 지대가 높은 언

덕인 노브 힐에 집을 지을 수 있었다. 하지만 1906년 대지진으로 짙은 갈색 돌로 만들어진 건물(현재 퍼시픽 유니언 클럽으로 쓰이고 있음)을 제외하고는 모두 파괴되었고 현재는 고급 호텔과 업 스케일 레스토랑에서 4명의 이름을 만날 수 있다. 차이나타운 옆 동네지만 매우 경사가 급한 언덕을 통과해야 한다. 걷기가 부담스럽다면 상대적으로 줄을 덜 서야 하는 케이블카 캘리포니아 노선 California Line을 이용하길 추천한다.

지도 P.138-A1·2 가는 방법 뮤니 버스 1번을 타고 Sacramento St & Sproule Ln 정류장에서 내리면 헌팅턴 공원이다. 이곳을 중심으로 모두 걸어서 볼 수 있다.

## ★ 그레이스 성당 Grace Cathedral

1849년에 건립됐지만 1906년 대지진에 의한 화재로 소실되었다. 이후 30여 년의 대공사 끝에 1964

© Supercarwaar

년에 완공된 고딕 양식의 성당이다. 성당 부지는 네 명의 철도 부자 중 하나인 찰스 크로커가 기증하였다. 성당의 파사드는 대표적 고딕 양식인 파리의 노트르담 성당을 본떠 만들었고 성당 입구에 있는 '천국의 문'은 피렌체 두오모 세례당의 기베르티 디자인을 복제하였다. 성당 안 왼쪽에 있는 벽화에는 1906년 대지진의 참사와 극복 과정이 그려져 있어 성당 재건축의 역사를 확인할 수 있다. 2017년 리모델링 과정에 키스 해링 Keith Haring 작품으로 만들어진 제단화도 볼거리로 추가되었다.

지도 P.138-A1 주소 1100 California St 운영 월~토요일 10:00~17:00, 일요일 13:00~17:00 요금 무료 홈페이지 www.gracecathedral.org

## ★ 헌팅턴 공원 Huntionton Park

그레이스 성당 앞에는 규모가 작지만 눈에 들어오는 공원이 있다. 네 명의 철도 부자 중 하나인 콜리스 헌팅턴의 맨션이 대지진으로 소실된 후 그 부지에 만들어진 것으로 골든 게이트 파크를 설계했던 존 맥라렌에 의해 완성됐다. 공원 가운데 있는 이탈리아 로마에 있는 거북이 분수를 복제한 분수가 하이라이트다.

지도 P.138-A1 주소 Taylor & California St 홈페이지 https://sfrecpark.org

## ★ 페어몬트 호텔 Fairmont Hotel

대지진 직후 완공되어 제2차 세계대전 이후 50개국 사절단이 모여 유엔 헌장을 만들었던 역사적인 호텔이다. 토니 베넷이 'I left my heart in San Francisco' 라는 샌프란시스코의 상징이 된 곡을 처음으로 발표한 곳이기도 하다. 호텔 앞 정원에는 2016년 토니 베넷의 90세 생일을 기념하여 만들어진 동상이 세워져 있다.

지도 P.138-A1 주소 950 Mason St 홈페이지 https://www.fairmont-san-francisco.com/

## ★ 케이블카 박물관 Cable Car Museum

노브 힐 북쪽의 낡아 보이는 벽돌색 건물로 케이블카를 운영하는 중앙 케이블 시스템 본부이자 케이블카 차고로 사용됐던 장소다. 1873년에 첫 케이블카가 샌프란시스코에 선을 보인 후 점차 전차와 자동차에 밀려 3개 노선으로 축소가 되었고, 이때부터 박물관으로 운영됐다. 위층에서는 케이블카의 작동 원리를 눈으로 확인할 수 있고, 역사 등 케이블카의 모든 것을 알려준다. 특히 어린이들에게 추천하는 박물관이다.

지도 P.138-A1 주소 1201 Mason St 운영 화~목요일 10:00~16:00, 금~토요일 10:00~17:00, 일요일 10:00~16:00 휴무 월요일 요금 무료 가는 방법 뮤니 버스 1번을 타고 Clay St & Mason St 하차 홈페이지 www.cablecarmuseum.org

## 1906년 대지진과 샌프란시스코

1906년 4월 18일은 샌프란시스코에게는 잊을 수 없는 대재앙의 날이다. 이때의 대지진과 연속적으로 이어진 화재로 샌프란시스코의 2/3가 잿더미가 되었다. 당시 사망자만 3,000명이 넘었고 3만 개의 건물이 파괴되어 샌프란시스코 도시 역사의 대표적 분기점이 되었다. 놀라운 사실은 지진 자체보다 지진의 여파로 인한 화재 피해가 대부분이었다는 점이다. 지금의 다운타운과 노브 힐 지역 대부분이 화재의 피해를 입었던 곳이다. 긍정적인 면은 시카고 대화재와 런던 대화재가 도시의 기본 틀을 바꾼 것처럼 도시가 일관성과 계획성을 가지고 재설계될 수 있는 기회가 되었다는 것이다.

# 러시안 힐
## Russian Hill

빅토리안 스타일의 주택이 줄지어 서 있는 부촌이다. 과거 샌프란시스코 베이에 있는 무인도 Farallon Island에서 활동했던 물개 사냥꾼들의 식량인 채소를 러시아 농부가 이곳에서 재배해 러시안 힐이라는 이름으로 불리게 됐다.

## ★ 롬바드 스트리트 Lombard Street

샌프란시스코에 있는 42개의 언덕 가운데 가장 유명한 롬바드 스트리트 Lombard St가 러시안 힐에 있다. 가장 높은 지점부터 낮은 지점까지 8개의 급커브로 연결해 경사 31.5도에 이르는 길을 안전하게 통과할 수 있게 만들었다. 길 양쪽에는 사계절 내내 꽃이 피어 있는데, 특히 봄~여름에 예쁜 꽃이 많이 피어 볼거리를 더한다. 이곳이 유명한 이유는 정상에서 보이는 노스 비치 지역과 코이트 타워의 전망 때문이다. 많은 사람이 언덕에 몰리다 보니 자칫 소란스러워질 수 있다. 실제로 주민들이 거주하고 있는 지역인 만큼 소음 피해가 발생하지 않게 주의하는 게 좋다. 아침에 가면 방문객이 적어 사진 찍기 좋다.

지도 P.138-A1 가는 방법 뮤니 버스 45번 버스를 타고 Union St & Hyde St 하차, 케이블카 Powell/Hyde 노선 Lombard St & Hyde St 하차

# 샌프란시스코
# 언덕 즐기기

샌프란시스코는 42개의 언덕에 만들어진 도시로 힐 Hill이나 하이츠 Heights가 들어간 지명이 많다. 이런 지형적 특성 때문에 경사를 극복한 길이나 계단이 유달리 많다. 이곳만은 절대 놓치지 말자.

## 롬바드 스트리트 Lombard Street

롬바드 스트리트는 러시안 힐의 한 구간에 있는 짧은 일방통행길로 급경사가 8번 반복되며 세계에서 가장 경사가 급한 길로 꼽힌다. 사계절 피는 꽃 덕분에 눈이 즐거운 길로 알려져 매년 수백만 명의 관광객을 끌어당기는 스폿이다. 하이드 스트리트 Hyde St 쪽이 위쪽, 레븐워스 스트리트 Leavenworth St 쪽이 아래쪽이다.

지도 P.138-A1 가는방법 케이블카 Powell/Hyde 노선을 타고 Hyde St 하차

## 필버트 스트리트 계단 Filbert Street Steps

텔레그래프 힐 Telegraph Hill에서 코이트 타워 Coit Tower 방향으로 오를 때 만날 수 있는 계단이다. 하이라이트는 나피어 길 Napier Lane에서 보는 1900년대에 만들어진 목조 계단이다. 뒤쪽으로 보이는 베이 브리지 Bay Bridge와 트레저 아일랜드 Treasure Island의 정경은 보너스다. 운이 좋으면 이 지역에서 서식하는 앵무새도 볼 수 있다.

지도 P.139-B1 주소 202 Filbert St 가는방법 뮤니 버스 45번을 타고 Union St & Hyde St 하차 후 도보 4분

### 링컨 파크 계단
**Lincoln Park Steps**

샌프란시스코 서쪽의 링컨 파크에서 만날 수 있는 계단이다. 리전 오브 아너 Legion of Honor 미술관을 갈 때 보기를 추천한다. 1900년대 초반에 만들어진 낙후된 계단이 2007년도 공원 재생 사업으로 다시 탄생하였다. 아일랜드 출신 세라믹 아티스트 아일린 바 Aileen Barr가 원색의 세라믹을 이용하여 매력적인 계단을 창조하였다.

지도 P.168 ▶ 주소 32nd Ave 가는방법 뮤니 버스 38번을 타고 Geary St & Stockton St 하차

### 16번가 타일 계단
### (일명 모라가 계단)
**16th Avenue Tiled Steps**

2005년도 지역 재생 프로그램을 통해 탄생한 계단으로, 타일 모자이크를 활용하여 163개의 계단이 하나의 작품이 되었다. 계단을 오를 때는 바다와 하늘을 소재로 한 예술 작품을 감상할 수 있고, 정상에 올라서면 선셋 지역과 안개에 싸인 샌프란시스코 서쪽 바다를 볼 수 있다.

지도 P.134-A2 ▶ 주소 16th Ave 가는방법 뮤니 메트로 N을 타고 16th Ave 하차

### 리용 스트리트 계단 Lyon Street Steps

프리시디오 Presidio와 퍼시픽 하이츠 Pacific Heights 사이에 있는 계단이다. 계단 양쪽으로 영화 '프린세스 다이어리' 촬영지였던 집과 실리콘밸리 첨단 기업 창업자들의 호화로운 저택들을 볼 수 있다. 계단 중앙에는 지역 아티스트가 그린 '샌프란시스코 하트'가 있으며, 정상에서 보는 뷰는 500여 개의 계단을 올라온 충분한 보람을 느낄 만큼 아름답다.

지도 P.164 ▶ 주소 2990~2996 Lyon St & Broadway 가는방법 뮤니 버스 1, 130, 150, 28, 43, 45번

## North Beach
# 노스 비치

차이나타운과 피셔맨스 워프의 인접 지역에는 또 다른 이민자 타운인 노스 비치가 있다. '리틀 이탈리아'라고도 불리는 매우 활기찬 곳으로 이탈리안 스타일의 베이커리, 카페와 레스토랑이 즐비하다. 지금은 매립된 땅이지만 과거에는 해안 지역이었음을 지명을 통해 짐작할 수 있다. 1950년대 미국 첫 반항 세대인 비트 Beat 문화의 중심지이기도 하다.

©Christopher Michel

## 워싱턴 스퀘어 파크
### Washington Square Park

리틀 이탈리아의 중심 공원으로 1847년에 만들어졌다. 세인트 피터 앤 폴 성당 Saint Peter and Paul Church 앞 잔디밭에서는 피크닉을 하거나 일광욕을 즐기는 젊은이들을 볼 수 있다. 지역 주민의 휴식처 역할을 하는 공원으로 매년 6월이면 이탈리아 문화를 체험할 수 있는 노스 비치 축제가 열린다.

지도 P.138-A1 ▶ 주소 Filbert St & Stockton St 가는 방법 뮤니 버스 30번을 타고 Columbus Ave & Union St 하차 홈페이지 www.sfrecpark.org

## 시티 라이츠 북스토어
### City Lights Bookstore

워싱턴 스퀘어에서 1970년대 대표 건축물인 트랜스아메리카 피라미드 방향으로 걸어 내려오면 비트 문화를 이끌었던 서점을 만난다. 비트 문화의 대표 주자였던 잭 케루악은 이 서점에서 낭독회를 열기도 했다. 코로나19 시기에는 재정난으로 인해 폐업 직전까지 갔으나 역사적 서점을 살려야 한다는 시민들의 펀딩 참여로 가까스로 살아남았다.

지도 P.139-B1 ▶ 주소 261 Columbus Ave 운영 매일 10:00~20:00 가는 방법 뮤니 버스 12번을 타고 Broadway & Columbus Ave 하차 홈페이지 citylights.com

---

**Tip**

### 첫 반항 세대인 비트 세대와 그들이 만든 비트 문학

제2차 세계대전 이후 미국은 부자 나라가 되었고, 자식 세대는 풍요로움 속에 성장하게 됐다. 하지만 아이러니하게도 그들은 빠른 산업화가 만든 물질주의와 기성세대가 믿는 도덕과 질서를 혐오하게 된다. 그들이 바로 비트 세대 Beat Generation로, 반항적이고 허무주의적인 색채가 강한 비트 문학을 탄생시켰고, 여기에 낭만이 더해지면서 1960년 히피 문화로 이어지게 됐다.

### 아르데코 Art Deco란?

1920~1940년대 유행하던 디자인 양식으로 산업 사회를 찬양하는 미래지향적 요소를 디자인에 반영했다. 바로 수직 방향으로 시원스럽게 뻗은 형태인데, 뉴욕의 크라이슬러 빌딩을 떠올리면 쉽게 이해할 수 있다. 샌프란시스코 다운타운에도 아르데코 스타일의 빌딩이 많다. 1930년에 오픈한 증권거래소 건물(155 Sansome St)과 샌프란시스코를 대표하는 랜드마크인 금문교도 아르데코 건축물이다.

# 코이트 타워
## Coit Tower

노스 비치와 인접한 텔레그래프 힐 Telegraph Hill로 올라가면 약 65m 높이의 소방 호스 모양 타워가 보인다. 릴리 히치콕 코이트(1843~1929)란 부유한 미망인은 어릴 적 지역 소방관의 도움을 받았던 개인적 경험 때문에 많은 유산을 시에 기증하게 된다. 샌프란시스코는 그녀의 기부에 대한 감사 표시로 소방 호스 모양의 타워를 건설하게 되었다. 타워가 만들어진 시기인 1933년은 아르데코 양식이 유행했던 시기여서 그 스타일에 따라 만들어졌다. 1층에서는 경제 대공황을 극복하기 위한 뉴딜 정책의 일환으로, 지역 아티스트를 동원해 그린 벽화를 볼 수 있다. 타워 전망대는 베이 Bay에 자리 잡은 샌프란시스코 전경을 파노라마로 감상하기에 알맞은 장소다.

지도 P.139-B1 주소 Telegraph Hill Blvd 운영 4~10월 매일 10:00~18:00, 11~3월 매일 10:00~17:00 요금 입장료 무료, 전망대 $10 가는 방법 39번 버스를 타고 파이오니어 공원에서 하차 주차 주차장은 무료이나 협소함

---

Tip

## 노스 비치의 포토존

▶ **사라진 콜럼버스 동상**

코이트 타워 앞에는 태평양 바다를 바라보고 있는 콜럼버스 동상이 있었다. 신대륙 발견의 아이콘으로 찬사를 받던 콜럼버스는 '침략자의 아이콘'이라는 입장과 늘 충돌했다. 지루한 논쟁 끝에 진보적 성향의 도시 샌프란시스코시는 후자의 손을 들어주게 되었고 그 결과 콜럼버스는 끌어내려지고 동상의 제단만 덩그러니 남게 되었다.

주소 Telegraph Blvd & Greenwich St

▶ **센티넬 빌딩 Sentinel Building**

1906년 대지진에서 살아남은 역사적 빌딩으로 1층 레스토랑은 금주법 시대에 시저 샐러드를 처음 선보인 곳이다. 영화 '대부'로 잘 알려진 이탈리아계 프란시스 코폴라 감독에게 소유권이 넘어간 후 코폴라 빌딩으로 불리고 있다. 구리로 만들어진 노스 비치의 유서 깊은 건물이다. 지도 P.139-B1 주소 916-920 Kearny St & Columbus St 가는 방법 뮤니 버스 12번을 타고 Pacific Ave & Kearny St 하차

콜럼버스동상 과거

사라진 콜럼버스

센티넬 빌딩

'미국 서부의 월 스트리트'로 불리는 금융 중심지다. 1848년 금광 개발 투자로 시작해 1990년대 이후에는 실리콘밸리 첨단 기업 투자가 주를 이루고 있다. 자본이 집중된 지역답게 멋진 스카이라인을 볼 수 있다. 2018년 이전에는 피라미드 형태의 트랜스아메리카 빌딩이 랜드마크였다면, 2018년부터는 테크 기업 세일즈포스의 본사가 있는 세일즈포스 타워가 샌프란시스코에서 가장 높은 빌딩 자리를 차지하게 되었다.

## 트랜스아메리카 피라미드
### Transamerica Pyramid

1972년 완공된 과감한 피라미드 형태의 빌딩으로 샌프란시스코를 상징하는 대표적 빌딩이다. 2018년 세일즈포스 타워가 건설되기 전까지, 뉴욕에 엠파이어스테이트 빌딩이 있다면 샌프란시스코에는 트랜스아메리카가 있다고 할 정도로 가장 높은 빌딩이라는 명성을 유지했다. 윌리엄 페레이라 William Pereira가 48층, 260m 규모로 설계했는데, 건설 당시에는 트랜스아메리카 본사가 위치하고 있었다. 디자인의 독특함 때문에 완공 당시에는 많은 논란을 낳기도 했지만 이후 샌프란시스코의 대표적 랜드마크 중 하나로 자리 잡았다. 대중에게 공개가 되었던 27층 전망대는 9·11테러 이후 보안을 이유로 폐쇄되었다.

빌딩 동쪽에는 작은 레드우드 공원이 있다. 인근 직장인들이 점심을 가지고 모이는 도심 속 오아시스다. 거대한 빌딩 밑에 있는 작은 자연을 즐겨보자.

지도 P.139-B1 　주소 600 Montgomery St 가는 방법 뮤니 버스 1, 12번을 타고 Clay St & Montgomery St에서 하차하거나 뮤니 메트로 M, L 노선을 타고 Clay St에서 내려 Samson St 방향으로 걸어서 이동한다.

## 세일즈포스 타워
### Salesforce Tower

2018년에 완공된 326m 높이의 유리 재질 건물로 로켓 모양을 띠고 있다. 현재 미국 미시시피강 서쪽에서 가장 높은 빌딩으로 샌프란시스코의 취약점인 지진에 대비하기 위한 내진 설계가 잘 되어 있다. 61층에 전망대가 있지만 매우 제한적으로 입장을 허용하고 있다.

빌딩 5층은 새로운 교통의 허브인 세일즈포스 환승 센터 Salesforce Transit Center와 연결되어 있다. 환승 센터 가까이에 조성된 세일즈포스 공원 Salesforce Park은 600여 개의 나무와 1만 6,000종의 식물로 이루어진 도심 속 녹색 공원으로 인기 있는 관광지다.

지도 P.139-B2 　주소 425 Mission St 운영 월~금요일 08:00~17:00 요금 무료 가는 방법 세일즈포스 건물 남쪽 1st St쪽에서 엘리베이터를 이용하거나 그랜드 홀에서 에스컬레이터를 이용한다.

공원

# 페리 빌딩
Ferry Building

1848년에 발견된 금광은 이민자들을 캘리포니아로 끌어당기는 역할을 하였고, 샌프란시스코는 그 관문 기능을 하였다. 전 세계 사람들은 지금의 페리 빌딩 자리에 있는 선착장에 부푼 꿈을 안고 도착하였다. 1896년에 완공된 시계탑은 스페인 세비야 대성당의 종탑을 본떠 만들었다. 1930년대 들어 금문교와 베이 브리지가 놓인 이후 교통 허브로서의 기능이 급격히 쇠퇴하였고 지금은 인근 소살리토, 티뷰론과 같은 베이 지역의 수송을 담당할 뿐이다. 관광객이 페리 빌딩을 찾는 이유는 교통 기능이 아닌

2003년 이후 페리 빌딩에 입주해 있는 다양한 레스토랑과 테마 상점이 있는 마켓 플레이스 때문이다.

지도 P.139-B1  주소 1 Ferry Building 가는 방법 뮤니 스트리트카 F 노선 엠바카데로역에서 하차, 케이블카 캘리포니아 노선 California St & Davis St역에서 하차 홈페이지 ferry buildingmarketplace.com

## 페리 빌딩 주변 즐기기    Tip

① 페리 빌딩 내부에는 마켓 플레이스가 들어섰지만 여전히 주변 선착장에서는 주변 지역을 이어주는 페리가 오간다. 가깝게는 피셔맨스 워프, 그리고 반나절 일정으로 버클리나 소살리토로 가는 배를 탈 수 있다.

② 페리 빌딩 뒤쪽은 워터프런트와 연결되어 있다. 샌프란시스코 베이, 베이 브리지, 건너편의 소살리토와 티뷰론까지 엽서 사진에 가까운 스냅 샷을 찍을 수 있는 스폿이다.

### ★ 페리 빌딩 마켓 플레이스
**Ferry Building Market Place**

1906년 대지진에도 살아남은 페리 빌딩의 철근 골조 위에 2003년 대규모 리노베이션을 덧입혀 만들어진 곳이 마켓 플레이스다. 한 끼를 가볍게 해결할 수 있는 음식점부터 유명 레스토랑까지 먹는 즐거움과 보는 즐거움을 동시에 충족시키는 장소다. 샌프란시스코의 유명 맛집부터 커피, 디저트 전문점까지 다양하게 입점해 있다.

주소 1 Ferry Building 가는 방법 뮤니 스트리트카 F 노선 엠바카데로역에서 하차, 케이블카 캘리포니아 노선 California St & Davis St역에서 하차 홈페이지 ferrybuildingmarketplace.com

### ★ 페리 빌딩 파머스 마켓
**Ferry Building Farmers Market**

페리 빌딩 앞마당에서는 캘리포니아 농부들이 제공하는 신선한 야채와 과일을 살 수 있는 파머스 마켓이 일주일에 3번 열린다. 판매되는 식재료가 유기농이고 운이 좋으면 유명 셰프도 만날 수 있으며, 길거리 음식도 판매한다. 현지인의 삶을 가깝게 느낄 수 있는 장소여서 방문하길 추천한다.

운영 화·목요일 10:00~14:00, 토요일 08:00~14:00 홈페이지 foodwise.org

## 엑스플로라토리엄
**Exploratorium**

1969년 맨해튼 프로젝트 책임자 로버트 오펜하이머의 동생인 물리학자 프랭크 오펜하이머가 어린이들의 과학 교육을 위해 건립한 과학 박물관이다. 다양한 전시와 직접 체험해 볼 수 있는 실험 부스가 많아 과학을 좋아하는 어린이라면 꼭 방문하길 권한다. 둘러보는 데는 3~4시간 정도가 적당하다. 인기가 많은 곳이라 미리 온라인 예매를 하고 방문하길 추천한다.

지도 P.139-B1 주소 Pier 15, Embarcadero & Green St 운영 화·수·금·토요일 10:00~17:00, 목요일 10:00~22:00, 일요일 12:00~17:00 요금 성인 $39.95, 어린이(4~12세) $29.95 가는 방법 뮤니 버스 2, 6, 14, 21, 31번이나 스트리트카 F, 뮤니 메트로 N 노선을 타고 Embarcadero & Green St 하차 홈페이지 www.exploratorium.edu

---

**Tip**

## 도시 성장의 중심, 페리 빌딩과 마켓 스트리트

©San Francisco Public Library

페리 빌딩은 19세기 후반, 금과 부를 찾아 샌프란시스코에 왔던 사람들이 첫발을 내디딘 선착장이다. 금광을 찾아 몰려든 49명의 광부도, 가난을 피해 온 중국인도 모두 이곳에 내렸다. 1906년 대지진 이전의 마켓 스트리트를 담은 영상(https://www.loc.gov/item/00694408)을 보면, 화면 중앙에 페리 빌딩이 보일 정도로 상징적인 장소다. 샌프란시스코가 서부를 대표하는 도시가 된 이후 세계적인 작가 오스카 와일드나 마크 트웨인도 배에서 내려 시원하고 넓게 뻗은 마켓 스트리트를 만났을 것이다. 마켓 스트리트는 서울의 광화문대로, 파리 샹젤리제의 역할을 담당했던 역사적 중심 도로다.

# ZOOM IN

# 페리 빌딩 마켓 플레이스 추천 매장

## 고츠 로드사이드
### Gott's Roadside
1999년에 캘리포니아 내파 밸리에서 시작한 정통 아메리카 햄버거 가게. 지역 유기농 재료를 사용하며 메뉴에 '김치 버거'도 있다.

## 험프리 슬로콤
### Humphry Slocombe
유명한 로컬 아이스크림 전문점. 시그니처 메뉴는 '시크릿 브렉퍼스트'로 버번과 콘플레이크를 넣어 독특한 맛이다.

## 블루 보틀
### Blue Bottle Coffee
하이엔드 커피 전문점으로 샌프란시스코 1호점.

## 애크미 브레드 Acme Bread
담백한 유기농 빵집으로 바게트와 사워도우가 유명하다.

## 호그 아일랜드 오이스터
### Hog Island Oyster Company
굴 양식 업체인 호그 아일랜드가 직영하는 시푸드 레스토랑. 굴 플래터가 인기 메뉴다.

## 엘 에포르테노 엠파나다스
### El Eportene Empanadas
야채나 고기로 속을 채운 아르헨티나식 만두 튀김. 고기, 올리브, 건포도가 들어간 카르네 Carne가 추천 메뉴.

> 이 외에도 다양한 음식점에서 테이크아웃을 한 후 베이 브리지를 보면서 음식을 즐기는 것을 추천.

# 시빅 센터

샌프란시스코 행정 중심지이자 문화 중심지로 보자르 양식의 건물들을 만날 수 있다. 샌프란시스코 시청을 중심으로 데이비스 심포니 홀, 오페라 하우스, 시립도서관 등이 있다. 외관상으로는 클래식한 분위기지만 실제로는 1906년 샌프란시스코 대지진 이후 대부분 소실된 후 도시 재건을 위해 다시 지어졌다.

## 샌프란시스코 시청
### City Hall

아서 브라운 주니어가 설계한 건물로 1906년 대지진에 의해 파괴됐던 구 시청을 보자르 양식으로 재건축했다. 대지진 극복 프로젝트였던 파나마-퍼시픽 박람회에 맞춰 1915년에 완공했다. 로마의 베드로 성당을 연상시키는 대규모 돔은 미국에서 가장 높은 돔으로 워싱턴 D.C.에 있는 국회의사당 돔보다 13m 높다. 금광 도시 샌프란시스코답게 돔을 두르고 있는 금박 장식에는 순금 4.82g이 사용되었다. 시청 내부의 로툰다와 계단이 아름다워 결혼식장으로 사용되는데, 마릴린 먼로와 조 디마지오의 세기의 결혼식도 여기서 이뤄졌다. 시청 앞 광장은 다양한 목소리를 내는 집회 장소로 사용되기도 한다. 행사가 있는 밤의 야간 점등이 매우 아름답다.

지도 P.138-A2 ▶ 주소 1. Dr Carlton B Goodlett 운영 월~금요일 08:00~17:00 휴무 토·일요일 투어 매주 금요일 13:00(45분 소요) 가는 방법 뮤니 버스 5, 5R, 49, 90번을 타고 Van Ness Ave & McAllister St 하차 홈페이지 sfgov.org

### 보자르 Beaux-Arts 양식이란?
20세기 초에 유행했던 건축 사조로 규모의 장엄함과 장식성 때문에 공공건물에 주로 이용된다. 그리스·로마 건축의 새로운 버전이기도 해 신고전주의 Neoclassism라고도 부른다.

## 아시안 아트 뮤지엄
### Asian Art Museum

대지진 극복 프로젝트의 일환으로 1917년 보자르 양식으로 지은 박물관. 2001년에 실리콘밸리 한인 기업가 이종문 씨의 거액 기부로 증축하였다. 아시아 각국의 역사적 유물과 예술 작품이 전시되어 있는데 특히 한국 전시 물품 중 조선의 '달 항아리'가 제일 유명한 소장품 중 하나다.

지도 P.138-A2 ▶ 주소 200 Larkin St 운영 목요일 13:00~20:00, 금~월요일 10:00~17:00 휴무 화·수요일 요금 어른 $20, 학생(13~17세) $17, 목요일 17:00 이후와 매월 첫째 일요일 무료 가는 방법 시청에서 도보로 2분 홈페이지 https://asianart.org/

# 데이비스 심포니 홀
## Davis Symphony Hall

샌프란시스코 심포니 전용 공연장으로 1980년 완공 당시에는 주변 경관과 어울리지 않는 우주선 모양이라는 비난을 받았으나 지금은 시빅 센터를 대표하는 문화 공간 중 하나로 자리 잡았다.
드레스 코드는 비교적 자유로운 편이며 2022년까지 상임 지휘자는 거장 마이클 틸슨 토머스였다.

지도 P.138-A2 ▶ 주소 201 Van Ness Ave 가는 방법 시청에서 도보로 3분 홈페이지 sfsymphony.org

# 샌프란시스코 재즈 센터
## SF Jazz Center

2013년에 오픈한 미국 서부 유일의 전문 재즈 공연장이다. 윈턴 마살리스와 같은 전설적인 재즈 거장들의 공연이 이루어지는 곳이다. 6~8월에 열리는 여름 콘서트는 대중에게 재즈를 친숙하게 접근하는

기회를 제공하는 대표적인 페스티벌이다.

지도 P.138-A2 ▶ 주소 201 Franklin St 가는 방법 시청에서 도보로 7분 홈페이지 www.sfjazz.org

# 전쟁 기념 오페라 하우스
## War Memorial Opera House

1932년 완공된 건물로 시청을 설계한 아서 브라운 주니어가 제1차 세계대전 참전용사를 기리기 위해 설계하였다. 역사적으로 뜻깊은 건물로 1945년 4월에는 연합국들이 중심이 되어 제2차 세계대전 이후의 평화 유지를 위한 유엔 창설을 합의했고 1951년에는 일본과 미국 간의 평화 협정이 체결되기도 했다. 오페라와 발레 공연장으로 쓰이는데, 2019년부터 현재까지 샌프란시스코 오페라 상임 지휘자는 한국인 김은선 씨가 맡아 오케스트라를 이끌고 있다.

지도 P.138-A2 ▶ 주소 301 Van Ness Ave 가는 방법 시청에서 도보로 2분 홈페이지 www.sfwarmemorial.org

# 소마

1990년대 이후 도시 재개발과 테크 붐을 타고 모여든 실리콘밸리 기업들이 있는 지역으로 세계 혁신의 물줄기를 주도하고 있다. 또한 현대미술관을 비롯해 샌프란시스코를 대표하는 박물관들이 모여 있는 곳이기도 하다. 뮤니 버스 14, 14R을 타고 Mission St & 3rd St 정류장에서 내리면 샌프란시스코 현대미술관, 예르바 부에나 가든 그리고 현대 유대인 박물관이 도보 5분 이내 거리에 있다.

## 샌프란시스코 현대미술관
### SF Museum of Modern Art(SF MoMa)

미국 서부를 대표하는 현대미술관으로 1935년에 개관했다. 강남의 교보빌딩 건축으로 잘 알려져 있는 마리오 보타가 1995년에 박물관의 증축과 재건축을 담당하였다. 박물관의 소장 작품 수는 약 3만 3,000점으로 뉴욕 모마 MoMA를 능가하며 상설 전시를

통해 인상주의 작품부터 현대 아티스트의 작품까지 예술 작품들을 시간의 흐름 순으로 전시한다.

지도 P.139-B2 ▶ 주소 151 3rd St 운영 월~화요일 10:00~17:00, 목요일 12:00~20:00, 금~일요일 10:00~17:00 휴무 수요일 요금 일반 $30, 학생 $23(증명 가능한 신분증 필요), 18세 이하 무료, 매월 첫째 목요일 17:30 이후 무료 홈페이지 sfmoma.org

> **Tip**
>
> ### SF 모마 SF MoMA 관람 요령
>
> ① 사람이 많이 몰리는 2층 상설전시장의 인상주의 작품부터 관람을 권한다.
> ② 4~6층의 앤디 워홀로 대표되는 팝 아트 작품과 의류회사 갭 Gap 설립자인 피셔 부부의 컬렉션(Fisher Collection) 가운데 독일 화가 게르하르트 리히터 작품은 꼭 둘러보자.
> ③ 7층은 기획 전시가 열린다. 관심 있는 작가의 기획 전시라면 먼저 관람하길 권한다.

*travel plus*

## MoMA 주요 작품

앙리 마티스, '모자를 쓴 여인', 2층

루이스 부르조아지, '거미', 1994

앤디 워홀, '3개의 엘비스', 1963

게르하르트 리히터, '리더', 1994

디에고 리베라, '꽃을 나르는 사람', 1935

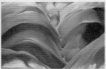

조지아 오키프, '검은 곳 1', 1944

제프 쿤스 '마이클 잭슨', 1988

## 예르바 부에나 가든
### Yerba Buena Gardens

겉보기엔 주변 직장인들이 가벼운 점심을 들고 몰려드는 쉼터 같은 공원이지만 소마 SoMA, South Of Market District의 핵심 지역으로 1960년대의 노후화된 산업단지가 도시 재개발을 통해 문화복합단지로 새롭게 탄생했다. 1980년대에는 대규모 회의가 개최되는 모스콘 컨벤션 센터 Moscone Convention Center가 추가되었고 1981년에 예르바 부에바 아트 센터 Yerba Buena Center For Arts가 들어서면서 도심 속 대표 문화 공간이 되었다.

미국 민권운동의 대명사인 마틴 루서 킹의 이름을 딴 기념비와 킹 목사의 어록이 12개 유리 패널에 13개 자매 도시의 언어로 새겨진 인공 폭포가 있다. 흑인 차별의 역사를 바꾼 킹 목사의 명언 '나에게는

꿈이 있습니다'도 힘차게 흘러내리는 폭포 안쪽에서 찾을 수 있다. 무료 예술 행사가 상시적으로 열리고 특히 5~10월에는 예르바 부에나 가든 페스티벌이 열려 볼거리를 더한다.

지도 P.139-B2 ▶ 주소 750 Howard St 운영 06:00~22:00 홈페이지 예르바 부에나 가든 yerbabuenagarden.com, 예르바 부에나 페스티벌 www.ybgf.org

## 현대 유대인 박물관
### Contemporary Jewish Museum

1907년 당시 발전소였던 곳에 1998년 현재를 덧입힌 건물로 유대인의 고난의 역사와 관련된 예술 작품을 전시하는 박물관이다. 고전적인 붉은색 건물 옆에 파란색 큐브형 전시장을 새로 지어 현대적인 분위기를 더했다. 큐브 외관에는 히브리어로 '삶'을 뜻하는 단어가 적혀 있다. 건축가는 유대인 출신인 대니엘 리버스킨드 Daniel Liebeskind로 베를린 유대인 박물관과 뉴욕의 911 메모리얼도 그의 작품이다.

지도 P.139-B2 ▶ 주소 736 Mission St 운영 2024년 12월 15일부터 리모델링 공사 중으로 문을 닫은 상태다. 요금 어른 $16, 18세 이하 무료 홈페이지 thecjm.org

# 베이 브리지
## Bay Bridge

1930년대에 완공된 샌프란시코의 대표 다리로 정식 명칭은 샌프란시스코-오클랜드 베이 브리지다. 20세기 초 자동차가 급증하면서 샌프란시스코로의 접근을 용이하게 하기 위해 지어졌고 베이 브리지를 통해 좀 더 편리하게 오클랜드와 샌프란시스코를 연결하게 되었다. 복층 구조인데, 금문교의 명성에 가려진 면이 있으나 공학적으로나 미학적으로 아름다운 다리 중 하나로 꼽힌다. 상습 정체가 많고 통행료는 샌프란시스코 진입 시에만 부과된다.

참고로 금문교는 낮에 관람하는 것이 예쁘고, 베이 브리지는 밤에 보는 것이 아름답다. 베이 브리지에는 2,500개의 인공 조명이 설치되어 있어 20:00~02:00까지 불빛을 밝히기 때문이다. 베이 브리지를 잘 감상할 수 있는 곳은 엠바카데로 Emcarcadero 도로다. 페리 빌딩에서는 피어 13 구간을 추천한다.

지도 P.139-B1 요금 통행료 $6 가는 방법 뮤니 메트로 M, N을 타고 Embarcadero & Folsom St 하차 홈페이지 baybridgeinfo.org

> Tip
> ### 베이 브리지의 포토존
> 베이 브리지 인증샷은 팝 아티스트인 클래스 올덴버그의 작품 '큐피드의 화살'이 있는 린콘 파크 Rincon Park에서 찍는 게 베스트다. '큐피드의 화살' 앞에서 사진을 찍으면 베이 브리지까지 배경에 담을 수 있어 일석이조다. 지도 P.139-B1
> 주소 The Embarcadero & Folsom St

# 오라클 파크
## Oracle Park

샌프란시스코 자이언츠의 홈구장으로 원래 이름은 AT&T Park였으나 2019년에 오라클 파크로 바뀌었다. 메이저리그 야구에 관심이 있는 팬이라면 꼭 들러야 할 장소로 규모가 4만 2,000석에 이른다. 바로 옆에 매코비만 McCovey Cove을 끼고 있어서 홈런을 치면 볼이 바다로 넘어가기도 하는데, 이를 스플래시 히트 Splash Hit라고 부른다.

지도 P.139-B2 주소 24 Wille Mays Plaza 가는 방법 뮤니 메트로 N이나 T 노선을 타고 King St & 2nd St역에서 하차 홈페이지 sanfrancisco.giants.mlb.com

©Josta Photo

# ZOOM IN

# 샌프란시스코에서
# 스포츠 즐기기

샌프란시스코는 메이저리그 야구팀 MLB인 샌프란시스코 자이
언츠 San Francisco Giants와 미국 프로농구팀 NBA인 골든스테
이트 워리어스 Golden States Warriors를 홈 팀으로 가지고 있
다. 2023년, 한국 프로야구계의 전설인 이종범 선수의 아들 이정
후가 거액을 받고 입단해 한국 야구팬은 물론 현지의 주목을 받고
있다. 야구와 농구 팬이라면 세계적 수준의 경기를 즐길 수 있는
좋은 기회. 인기 있는 스포츠인 만큼 온라인 예매를 추천한다.
홈페이지 [야구] www.mlb.com, [농구] www.nba.com 공식 예매 사이트 티켓매스터 www.ticketmaster.com

## 오라클 파크
### (전 에이티 앤 티 파크)
Oracle Park

샌프란시스코 자이언츠의 홈구장으
로 페리 빌딩에서 도보로 갈 수 있다
(20분 이내). 오후 경기나 야간 경기
는 겉옷을 반드시 준비해야 한다.
메이저리그 일정 4~10월

## 체이스 센터
Chase Center

골든 스테이트를 대표했던 워리어스
가 2019~2020 시즌부터 샌프란시
스코의 워터프런트 지역인 미션 베이
에 있는 체이스 센터로 홈 경기장을
옮겼다.
프로 농구 경기 일정 11~4월 가는 방
법 뮤니 메트로 T를 타고 Ucsf/Chase
Center(16th St) 하차

# ZOOM IN

# 샌프란시스코에서
# 무료로 문화 생활 즐기는 법

캘리포니아 북부 지역을 대표하는 문화 도시 답게 시민들이 무료로 야외에서 즐기는
음악 프로그램과 박물관 이벤트가 많다. 주로 여름과 가을에 프로그램이 집중되어 있
으니 이 시기에 방문이 예정되어 있다면 현지인과 함께 문화 체험을 해보자.

### 스턴 그로브 페스티벌 Stern Grove Festival

스턴 그로브 숲에서 샌프란시스코 심포니, 재즈, 록 음악 공
연을 무료로 감상한다. 무료인 데다 인기가 높아 온라인 예
약이 필수다.
운영 6~8월(홈페이지 확인) 가는 방법 뮤니 메트로 K, M을 타고
St. Francis Circle 하차 홈페이지 sterngrove.org

### 야구장에서 열리는 오페라의 밤
### Opera at the Ballpark

오라클 야구장에서 샌프란시스코 오페라 공연 실황을 중계
한다. 야구장 안에서 오페라를 즐기는 이색 체험으로 현지
인에게도 인기가 많다. 밤에 야외에서 보는 행사이기 때문
에 두꺼운 담요와 겉옷은 필수다.
주소 Oracle Park 운영 11월 중 19:00~22:00 요금 무료(온라인 예
매 필수) 가는 방법 뮤니 메트로 N을 타고 King St & 2nd St 하차
홈페이지 www.sfopera.com

### 식물원에서 열리는 음악 축제
### Flower Piano

골든 게이트 파크의 식물원 San Francisco Botanical
Garden에 12대의 피아노를 설치하고 작은 음악회를 여는
행사다. 자연 속에서 음악을 감상하고 소풍도 즐길 수 있다.
주소 1199 9th Ave 운영 9월 중 10:00~18:00 요금 공연에 따라
다름(홈페이지 확인 요망) 가는 방법 뮤니 버스 44번을 타고 Tea
Garden Dr/Deyoung Museum에서 하차 홈페이지 https://
gggp.org/flowerpiano/

---

**Tip**

### 무료 입장으로 박물관 즐기기

· 아시아 아트 뮤지엄 : 매월 첫 번째 일요일
· 드 영 뮤지엄 : 매월 첫 번째 화요일
· 리전 오브 아너 : 매월 첫 번째 화요일
· 예르바 부에나 센터 : 매월 첫 번째 화요일

Fisherman's Wharf

# 피셔맨스 워프

'어부들의 선창가'는 과거의 영광을 간직하고 있는 지역이다. 금이 발견되었다는 소문은 다양한 이민자들을 샌프란시스코로 끌어당겼는데 1800년대 후반에 집중적으로 몰려든 이탈리아 이민자들도 그들 중 하나였다. 하지만 역설적이게도 샌프란시스코에서는 금이 단 한 덩어리도 발견되지 않았다. 기회의 땅에 몰려든 이탈리아 이민자들은 다양한 업종에 종사하게 되었는데, 특히 피셔맨스 워프는 이탈리아 어부들의 고기잡이 장소로 자리 잡게 됐다. 현재 샌프란시스코는 어업 기능을 상실했지만 피어 39를 중심으로 겨울에 주로 잡히는 던저니스 크랩 Dungeness Crab과 같은 대표 시푸드를 먹으며 부두의 활기찬 분위기를 체험하고 즐길 수 있다. 뮤니 버스나 스트리트카, 케이블카가 모두 정차해 찾아가기 쉽고, 해안가를 따라 이어진 볼거리는 도보로 충분히 둘러볼 수 있다.

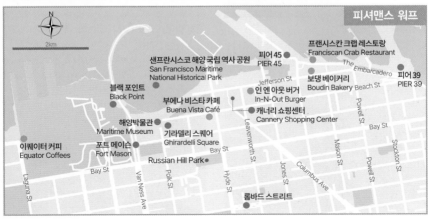

# 피어 39
## Pier 39

피어(선착장)의 중심은 페리 빌딩이 있는 피어 1이고 서쪽 방향으로 홀수로 숫자가 증가하며 피어 45까지 이어진다. 이 중에서 가장 유명한 곳은 피어 39다. 과거 샌프란시스코는 항구 기능과 어업 기능 모두 활발한 도시였으나 지금은 두 기능 모두 오클랜드로 옮겨갔다. 활기를 잃은 피어 39는 1978년 다양한 테마 상점과 레스토랑이 밀집한 관광단지로 조성되어 관광객을 끌어당기는 새로운 명소가 되었다. 과거 선착장 건물에서 시푸드 음식을 먹고 심드렁하게 누워있는 바다사자를 구경하며 다양한 테마 상점에서 쇼핑을 하고 축제 분위기를 즐기는 것이 피어 39의 묘미다. 관광객을 노리는 소매치기나 차

량 파손이 많이 이루어지는 지역이다. 소지품 관리에 주의를 기울이고 차를 렌트했다면 절대 차량에 물건을 놓고 내리지 말자.

지도 P.157 ▶ 주소 The Embarcadero 운영 10:00~21:00 가는 방법 뮤니 버스 39, 47번이나 스트리트카 F라인을 타고 피어 39 하차. 케이블카 Powell/Hyde 노선 종점 하차 홈페이지 pier39.com

# 캐너리 쇼핑센터
## Cannery Shopping Center

1907년에 설립된 델몬트 공장으로 당시에는 세계에서 가장 큰 과일 통조림 공장이었다. 샌프란시스코가 도시적인 면모를 갖추며 점차 성장하게 된 1960년대부터 다양한 상점과 레스토랑이 들어서며 상업지역으로 변모하였다.

지도 P.157 ▶ 주소 2801 Leavenworth St 운영 12:00~19:00 가는 방법 케이블카 Powell/Hyde 노선을 타고 Hyde St & Beach St 하차

# 기라델리 스퀘어
## Ghirardelli Square

이탈리아 이민자 도밍고 기라델리가 1852년에 세운 초콜릿 공장 건물이다. 붉은 벽돌과 건축 장식에서 이탈리아를 느낄 수 있다. 지금은 다양한 초콜릿 상점과 레스토랑 및 술집 Bar이 입점해있다. 광장 가운데에는 샌프란시스코 아티스트 루스 아사와 Ruth Asawa가 만든 인어 공주와 바다 생물을 테마로 한 분수대가 있다. 기라델리에서 운영하는 아이스크림 가게에 들러 원조 기라델리 아이스크림을 꼭 맛보길 권한다. 참고로 기라델리 스퀘어에는 두 개의 아이스크림 가게가 있는데, 바닷가 쪽 가게가 좀 한산한 편이다.

지도 P.157 ▶ 주소 900 N Point St 운영 매일 09:00~22:00 가는 방법 뮤니 버스 19번을 타고 Larkin St & Beach St 하차 홈페이지 https://www.ghirardellisq.com

# 피어 45
## Pier 45

피어 39를 벗어나 피어 45로 이동하면 역사적 전쟁의 흔적을 확인할 수 있다. 제2차 세계대전 노르망디 상륙작전에서 활약했던 잠수함 제레미아 오브라이언 SS Jeremiah O'Brien과 팜파니토호가 남아 있다. 지도 P.157

## ★ USS 팜파니토호 USS Pampanito

피어 45에는 제2차 세계대전 당시 일본 배를 6척이나 침몰시킨 잠수함 USS 팜파니토호 USS Pampanito가 정박되어 있는데 현재 박물관으로 운영된다. 어뢰가 보관되어 있는 방이 하이라이트이며, 내부는 오디오 투어로 관람 가능하다. 소요 시간은 35분 정도다.

지도 P.157 운영 매일 10:00~18:00 요금 투어 어른 $30, 청소년(5~13세) $20 가는 방법 뮤니 스트리트카 F를 타고 Jefferson St & Taylor St 하차 홈페이지 maritime.org

# 샌프란시스코 해양 국립 역사 공원
## San Francisco Maritime National Historical Park

피어 45 근처에 있는 해양 공원으로 갈고리 모양의 안으로 쑥 들어간 해양 지형 때문에 샌프란시스코 바다 중에서 가장 따뜻한 지역이다. 종종 바다 수영을 즐기는 시민과 물개들을 동시에 볼 수 있다. 동쪽 방향으로 오래된 범선 2대가 정박되어 있는데 19세기에 샌프란시스코와 알래스카를 오가며 샌프란시스코에서는 목재, 알래스카에서는 모피를 실어 왔던 무역선이다. 현재는 해양박물관으로 사용되고 있다. 샌프란시스코 해양 산업의 역사에 관심이 있다면 들러보자. 1층 발코니에서 보는 바다 전경이 멋지고, 1930년대 스타일의 타일 장식도 볼 만하다.

지도 P.157 운영 수~일요일 10:30~15:30 요금 무료 가는 방법 뮤니 버스 19번을 타고 Beach St & Polk St 하차

# 포트 메이슨
## Fort Mason

포트 메이슨은 1960년까지 해군 기지로 사용된 곳으로 제1·2차 세계대전을 포함하여 기타 전쟁에 참전한 미군의 군사 물자와 식량을 저장 및 수송했던 장소다. 곳곳에 과거 수송로로 사용했던 철

길의 흔적이 남아있다. 현재는 다양한 음식점이 입점해 있고 일요일마다 파머스 마켓이 열리는 장소로 사용된다. 아트 페어 같은 예술 행사도 이곳에서 볼 수 있다. 4~11월의 매주 금요일 17:00~22:00에는 오프 더 그리드 Off the Grid라는 먹거리 장터가 열린다. 30여 개의 푸드 트럭에서 다양한 음식을 파는데, 한국 음식을 파는 트럭도 인기가 좋은 편이다. 포트 메이슨 바로 옆에는 전망대인 블랙 포인트 배터리 Black Point Battery가 있다.

지도 P.157 가는 방법 뮤니 버스 28, 30, 43, 49번을 타고 Chestnut St & Laguna St 하차 오프 더 그리드 홈페이지 offthegrid.com

# 피어 39 즐기는 법

피셔맨스 워프의 핵심인 피어 39는 항상 활기찬 지역으로 볼거리가 가득하다. 다양한 퍼포먼스와 먹거리, 구경거리를 즐기며 반나절 이상 시간을 보내기 좋다.

### ① 바다사자 구경하기

샌프란시스코에 닥친 지진은 사람뿐 아니라 바다 생물의 서식에도 영향을 끼쳤다. 1989년 로마 프리에타 지진 Loma Prieta Earthquake 이후 바다사자들은 샌프란시스코 서쪽 해안에서 보다 안전하고 먹이가 풍부한 피어 39로 이동하기 시작하였다. 그 결과 2009년에는 개체 수가 1,700마리에 육박할 정도로 늘어나기도 하였다. 시선을 신경쓰지 않고 심드렁하게 일광욕을 즐기는 바다사자는 피어 39를 대표하는 마스코트로 관광객을 모으고 있다.

### ② 앨커트래즈 섬, 금문교를 비롯한 베이 뷰 감상하기

③ **메이즈** Magowan's Infinite Mirror Maze, **카루셀** Carousel, **번지 플라잉** Bay Plunge **액티비티 참여하기.**

홈페이지 www.pier39.com

④ **수족관** Aquarium of the Bay **방문하기**

피어 39의 아쿠아리움은 샌프란시스코 베이 지역의 해양 생태계를 볼 수 있어 어린이들에게 인기가 높다. 홈페이지 www.aquariumofthebay.org

⑤ **길거리 공연과 매직쇼**
Street Performers and Magicians Stage

피어 39에서는 세계적으로 유명한 라이브 퍼포먼스를 볼 수 있다. 피어 39 끄트머리에 있는 스마트워터 스테이지 Smartwater Stage에서는 무료 쇼를 공개하기도 한다. 유료 매직쇼는 홈페이지를 참고하자. 홈페이지 www.pier39.com

⑥ **뮤지컬 계단**
Musical Stairs

피아노 건반이 그려진 이 계단을 밟으면 소리가 난다. 톰 행크스 주연의 영화 '빅 Big'에서 플로어 피아노를 만들었던 예술가의 작품으로 선착장의 흥겨움을 더한다.

©Glen Bowman

⑦ **아기자기한 상점 구경**

수많은 기념품 가게와 갤러리숍, 그리고 다양한 테마 상점들이 모여 있어 구경하는 재미가 있다.

⑧ **다양한 음식 먹기(던저니스 크랩, 클램차우더와 브래드 볼, 기라델리 초콜릿 아이스크림)**

• 겨울에 방문하는 관광객이라면 샌프란시스코 특산품인 우리나라 대게 정도 크기의 던저니스 크랩을 꼭 먹어 보자.

• 샌프란시스코의 대표 빵인 사워도우를 즐겨보자. 밀가루, 소금, 천연 효모로 만든 빵으로 안개가 많이 끼는 샌프란시스코의 독특한 기후 속에 탄생한 좀 시큼한 빵이다. 안개 때문에 이스트 발효가 잘 일어난다고 한다. 보댕 베이커리 Boudin에서는 사워도우 Sour Dough 만드는 과정도 볼 수 있다.

## 앨커트래즈 섬
### Alcatraz Island

앨커트래즈는 매년
100만 명 이상의 관
광객이 찾는 곳으로
샌프란시스코 주요
명소 중 하나이다. 샌프
란시스코에서 북쪽으
로 2.4km 떨어진 작

앨커트래즈 감옥

은 섬으로 스페인 식민지 시절에는 군사 시설로, 미
국 영토로 편입된 후에는 군인들을 수용하는 감옥
으로 사용되었다. 앨커트래즈가 악명을 얻기 시작

한 것은 1934년 이후 알 카포네, 로버트 스트로드
등의 흉악범을 가두는 연방 감옥으로 활용되면서부
터다. 감옥 유지를 위한 고비용의 문제로 1963년에
운영이 중단되었고, 1972년에 골든 게이트 내셔널
레크리에이션 지역으로 선정되면서 관광지역으로
주목을 받기 시작했다.

가는 방법 피어 33의 베이 스트리트 Bay St 교차로 근처
엠바카데로 Embarcadero에 페리 터미널이 있다. 홈페이
지 nps.gov/alca

Tip

### 앨커트래즈의 악명 높은 죄수들

▶ 알 카포네 일명 '스카페이스'로 불렸던 그는 금
주법 시대에 시카고 갱단을 이끌며 라이벌 갱들을
죽인 범죄자다. 하지만 앨커트래즈에 감금되게 한
그의 죄목은 살인죄(당시 '좋은' 변호사를 많이 고
용한 결과)가 아닌 세금 회피였다.

▶ 로버트 스트로드 Robert Stroud
일명 '버드맨'으로 불렸던 그는 살인죄로 감금되
나 수감 생활 동안 새에 관심을 갖게 되었고 결국
새 전문가가 되어 관련 책까지 출판했다. 그의 이
야기는 영화 '버드맨'으로 제작되었다.

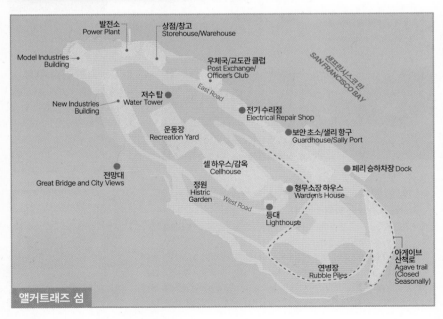

앨커트래즈 섬

발전소
Power Plant

상점/창고
Storehouse/Warehouse

Model Industries
Building

우체국/교도관 클럽
Post Exchange/
Officer's Club

샌프란시스코 만
SAN FRANCISCO BAY

저수탑
Water Tower

East Road

New Industries
Building

전기 수리점
Electrical Repair Shop

운동장
Recreation Yard

보안 초소/샐리 항구
Guardhouse/Sally Port

셀 하우스/감옥
Cellhouse

페리 승하차장 Dock

전망대
Great Bridge and City Views

정원
Histric
Garden

형무소장 하우스
Warden's House

West Road

등대
Lighthouse

아게이브
산책로
Agave trail
(Closed
Seasonally)

연병장
Rubble Piles

# 앨커트래즈 섬 즐기기

① 투어 예약 없이 방문이 불가능하다. 가장 인기 있는 투어로
한 달 이상 여유를 두고 예약하기를 권하며, 오후는 관광객이 몰리기 때문에
가능한 한 오전 시간 예약을 추천한다.
홈페이지 https://www.nps.gov/alca/planyourvisit/basicinfo.htm

② **투어 예약 하기** 페리 가격을 포함한 데이 투어(어른 $45.25)고,
제한적으로 야간 투어($10 정도 더 비싸다)도 운영한다.
홈페이지 www.cityexperiences.com/san-francisco/city-cruises/alcatraz

③ 예약 당일에는 예약 시간 30분 전까지 피어 33에 도착해
티켓 부스에서 표를 받는다.

④ 섬에 도착하면 가이드 투어(무료, 영어로 진행)에 참여하거나
오디오가이드(한국어 있음)를 이용한다.

⑤ **꼭 봐야 할 것** 알 카포네 독방

⑥ **주의 사항** 바람이 많이 부는 지역이므로 겉옷을 반드시 챙기고 편한 신발을 신는다.
또한 돌아갈 배 시간을 미리 확인한다.

⑦ **추천 영화** 니컬러스 케이지 주연의 '더 록 The Rock'

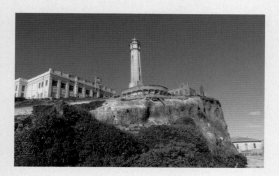

**Tip**

## 앨커트래즈
## 탈옥에 성공한 죄수들

앨커트래즈 섬은 수심이 깊고 물살이 센 천혜의 감옥이다. 많은 죄수들이 탈옥을 시도했다가 목숨을 잃었지만 1962년 탈옥한 은행 강도 프랭크 모리스, 앵클린 형제 등 3명의 시신은 발견되지 않아 탈옥에 성공한 것으로 추정한다.

# 마리나 디스트릭트 & 프리시디오

피어 39의 서쪽이자 샌프란시스코 북쪽 바다와 맞닿은 해안 지역이다. 해안가를 걷다 보면 넓은 잔디밭을 조깅하거나 자전거를 타는 현지인을 많이 볼 수 있다. 정박해 있는 많은 요트와 모델하우스 같은 집들이 상징하듯 꽤 잘사는 중산층 거주 지역이다.

## 팰리스 오브 파인 아트
Palace of Fine Art

샌프란시스코는 1906년 대지진의 악몽을 극복하기 위해 1915년에 파나마와 태평양을 연결하는 운하 개통을 축하하는 박람회를 개최하였다. 지금의 마리나 지역을 중심으로 세계 박람회가 열렸고, 팰리스 오브 파인 아트는 당시 박람회의 핵심 건축물로 1967년에 재건축되었다. 현재 유일하게 남아있는 박람회 건물인 팰리스 오브 파인 아트를 통해 1915년 파나마-퍼시픽 박람회의 위용을 짐작해 볼 수 있다. 프랑스에서 공부한 건축가 버나드 메이백이 보자르 양식으로 설계했고 호수의 백조와 함께 관광객의 플래시를 받는 마리나 지역의 명소다. 낮에는 웨딩 촬영을 하는 커플들을 많이 볼 수

있고 밤에는 야간 조명이 불을 밝혀 또 다른 느낌의 아름다움을 선사한다.

지도 P.164 주소 3301 Lyon St 요금 무료 가는 방법 뮤니 버스 30번 Jefferson St & Beach St 하차 후 도보 5분 홈페이지 palaceoffinearts.com

> **Tip**
>
> ## 마리나 디스트릭트의 포토존
>
> 마리나 디스트릭트에는 2군데의 포토존이 있다. 한 곳은 피어 39에서 포트 메이슨으로 넘어가는 언덕으로 포트 메이슨과 금문교를 한눈에 볼 수 있다. 또 하나의 뷰 포인트는 2022년에 오픈한 블랙 포인트 배터리다. 블랙 포인트도 언덕에 있어 피어 39부터 피어 45까지 파노라마로 볼 수 있다. 해양 박물관 서쪽으로 나 있는 산책로를 따라 올라가면 만날 수 있다.

마리나 디스트릭트 & 프리시디오

- 금문교 Golden Gate Bridge
- 이쿼이터 커피 Equator Coffees
- 금문교 웰컴 센터 Golden Gate Bridge Welcome Center
- Marina Green
- Marina Blvd
- Fillmore St
- 101
- 프리시디오 터널 탑 공원 Presidio Tunnel Tops
- Richardson Ave
- 101
- 팰리스 오브 파인 아트 Palace of Fine Arts
- Lincoln Blvd
- 월트 디즈니 가족 박물관 The Walt Disney Family Museum
- 트리 폴 Tree Fall
- 슈퍼 두퍼 버거 Super Duper Burgers
- 101
- Lombard St
- Veterans Blvd
- 어스 월 Earth Wall
- 요다 분수 Yoda Fountain
- 코오스웰즈 Causwells
- 프리시디오 Presidio
- 베이커 비치 Baker Beach
- 우드 라인 Wood Line
- 리용 스트리트 계단 Lyon Street Steps
- Broadway
- Arguello Blvd
- 스피어 Spire
- 추천 하이킹 코스
- 스프루스 Spruce

# 프리시디오
## Presidio

골든 게이트 파크와 함께 샌프란시스코를 대표하는 그린 지역이다. 스페인 식민 시절이던 1776년에 방어를 목적으로 건설한 군사지역으로 프리시디오는 스페인 요새를 뜻한다. 1848년 이후 미국 영토가 된 후에도 군사기지로 활용되다가 1994년에 국립공원으로 지정되었다.

지도 P.164 가는 방법 뮤니 버스 45번 종점 하차 또는 프리시디오 고 셔틀 이용

## ★ 앤디 골즈워디의 설치 미술품
## Andy Goldsworthy

영국 출신 대표적 설치 미술가의 작품 3점을 프리시디오 자연 속에서 만날 수 있다. 작품은 프리시디오에서 흔하게 접할 수 있는 나무인 몬터레이 사이프러스와 유칼립투스를 재활용하여 만들었다. 작품 감상과 하이킹이 동시 가능한 일정으로 강력 추천 코스다. 참고로 3개의 작품을 다 둘러보려면 4.3km 정도를 걸어야 한다. 시간이 많지 않다면 어스 월 Earth Wall부터 우드 라인 Wood Line까지 걷기를 추천한다. 어스 월은 관람 시간이 제한되어 있다.

[어스 월] 지도 P.164 운영 화~일요일 10:00~18:00 가는 방법 프리시디오 힐스 노선을 타고 Pershing Square 하차

> **Tip**
>
> ## 프리시디오 고 셔틀
> ## Presidio Go Shuttle
>
> 프리시디오 고 셔틀은 다운타운을 연결하는 프리시디오 고 다운타운 Presidio Go Downtown 노선과 프리시디오 공원과 연결되는 프리시디오 힐스 Presidio Hills, 크리시 필드 Crissy Field 노선이 있다. 40개 이상의 정류장에서 승하차가 가능해 운행시간을 확인하면 샌프란시스코의 여러 관광 명소를 효율적으로 둘러볼 수 있다. 자세한 시간과 노선은 홈페이지 참조.
> 홈페이지 www.presidio.gov/transportation/presidigo/presidigov2 요금 무료

## ★ 프리시디오 터널탑 공원
## Presidio Tunnel Tops

2022년 8월에 오픈한 공원으로 금문교와 롬바드 스트리트를 연결하는 터널 위에 조성되어 있다. 지대가 높아 샌프란시스코 도심, 앨커트래즈섬 그리고 금문교가 모두 보인다. 바다가 보이는 해안가 산책로 Promenade가 있고 어린이를 위한 놀이 시설도 많아 가족 나들이에 적당하다. 프리시디오 공원 내 공원으로 방문자 센터 바로 옆에 있다.

지도 P.164 주소 210 Lincoln Blvd 운영 매일 09:30~18:00 가는 방법 프리시디오 고 셔틀(다운타운 노선이나 프리시디오 힐스 노선)을 타고 프리시디오 트랜짓 센터 Presidio Transit Center 하차 홈페이지 presidiotunneltops.gov

## ★ 월트 디즈니 가족 박물관
### Walt Disney Family Museum

프리시디오의 장교 막사 건물을 디즈니 박물관으로
개조해 운영하고 있다. 디즈니의 애니메이션 제작 과
정과 미키 마우스를 포함한 다양한 캐릭터, 제2차 세
계대전과 관련한 월트 디즈니의 굴곡 있는 삶 등을
담은 다큐멘터리를 볼 수 있다. 예쁘고 귀여운 디즈니
캐릭터 상품을 판매하는 기프트 숍도 들를 만하다.

지도 P.164 주소 Main Post, 104 Montgomery St 운영 목
~일요일 10:00~17:30 요금 어른 $25, 어린이 $15 가는 방
법 프리시디오 트랜짓 센터에서 도보 3분

## ★ 요다 분수 Yoda Fountain

현재 프리시디오의 여
러 건물이 오피스로 쓰
이는데, 대표적인 회사
가 영화 '스타워즈'를 만
든 루카스필름이다. 스
타워즈와 함께 성장한
어린이부터 노인들까지
루카스필름 앞 요다 분

수 앞에서 카메라 셔터를 연신 누르고 있다.

지도 P.164 주소 Letterman Dr & Dewitt Rd 가는 방법
프리시디오 고 다운타운 노선을 타고 Letterman Digital
Arts Center 하차

## 베이커 비치
### Baker Beach

금문교 서쪽에 있는 모
래 해안으로 그야말로
절경이다. 특히 일몰이
아름다운데, 주의할 점
은 '누드 비치'로도 알려
져 있어 어린이 동반 시에는 주의가 필요하다. 인근

지역은 주차가 무료이며 프리시디오 방문자 센터
앞에서 프리시디오 고 셔틀을 타면 20분 거리다.

지도 P.164 가는 방법 뮤니 버스 29번이나 프리시디오
힐스를 타고 Bowley St & Lincoln Blvd 하차 홈페이지
parkconservancy.org

## 금문교(골든 게이트 브리지)
### Golden Gate Bridge

금문교는 샌프란시스코의 No.1 랜드마크다. 샌프란
시스코와 마린 카운티를 연결하는 현수교로 1930
년대에 경제 대공황 극복 프로젝트로 고안되었다.
1900년 당시에는 시내 교통 수단으로 케이블카와
스트리트카가 있었고 베이 지역과의 연결은 페리로
만 가능했다. 늘어나는 자동차를 감당하기 위해 다
리가 필요했는데, 문제는 골든 해협(그래서 골든 게
이트이다)이 해류가 세고 바람도 많고 수심이 깊어
당시에는 건설이 불가능하다는 반대 여론이 많았다
는 것. 1929년의 경제 대공황도 다리 건설에 부정적
으로 작용했다. 하지만 조셉 스트라우스라는 스타
건설 공학자의 집념과 중국인 이민자의 노동력이
투입되어 4년의 공사 끝에 결국 1937년에 완공되었
다. 다리 길이는 약 2,737m, 교각의 최고 높이는 해
수면으로부터 227m로 강풍에 잘 견딜 수 있게 설
계되었다. 완벽에 가까운 공학적 설계로 1989년 로
마 프리에타 지진에도 훼손되지 않았다. 금문교의
다리 디자인은 당시 유행 사조인 아르데코 양식에
따랐다.

지도 P.164 주소 Golden Gate Bridge, Coastal Trail
운영 보행자도로 3~10월 05:00~21:00 개방, 11~2월
05:00~18:30 개방, 자전거도로 24시간 개방 가는 방법
뮤니 버스 28번을 타고 Golden Gate Bridge Welcome
Center 하차 홈페이지 goldengate.org

# ZOOM IN
# 금문교 파헤치기

① 금문교는 10일에 한 명꼴로 자살하는 다리로 알려져 있다.
곳곳에 카메라가 있고 자살 방지 시설 공사도 진행 중이다. 셀카를 찍을 때 주의가 필요하다.

② 금문교를 건너는 방법은 걷기, 자전거 타기, 차량으로 건너기 등 3가지 방식이 있다.
걷기는 편도 40분 정도 걸리고 바람이 세서 겉옷 준비는 필수다.

③ **금문교를 잘 볼 수 있는 뷰 포인트**

베이커 비치 | 포트 포인트

- 베이커 비치 Baker Beach
  일몰이 아름다움, 1504 Pershing Dr
- 마셜 비치 Marshall Beach
  사람이 적음, Presidio
- 포트 포인트 Fort Point
  다리 아래에서 감상, Long Ave & Marina Dr
- 크리시 필드 Crissy Field
  넓은 잔디밭에서 감상, Presidio

크리시 필드

- 배터리 스펜서 Battery Spencer
  다리 북쪽에서 볼 수 있고 관광객이 많은 것이 단점,
  Conzelman Rd, Sausalito

④ 금문교가 오렌지색이 많이 가미된 붉은색으로 칠해진 이
유는 두 가지다. 하나는 바다에서 불어오는 소금기 가득
한 물보라와 안개로 인한 부식에서 보호하기 위해서이고,
다른 하나는 안개 속에서 가시성을 높이기 위함이다. 금
문교 다리 색의 공식 명칭은 국제 오렌지 International
Orange인데, 미 해군에서는 가시성을 높이기 위해 검은
색과 노란색 스트라이프를 원했다고 한다.

©Joan Campderrós-i-Canas

⑤ **금문교와 관련된 재미있는 통계들**
- 길이 2.7km
- 높이 제일 높은 곳 기준 227m
- 너비 27m
- 도로는 차량이 다니는 6차선 도로와 보행자 전용도로, 자전거 전용도로 등 총 3종류의 길이 있다.
  보행자와 자전거의 충돌을 방지하기 위해 차량이 다니는 도로 옆 보도에 각각의 길을 만들었다고 한다.
- 건설 기간 1933~1937년. 총 4년이 걸렸다.
- 건설 비용 $3,500,000, 실제 예산보다 적게 들었다고 한다.
- 건설 기간 중 사망한 노동자 수 11명으로 당시 다리 건설의 악조건을 감안하면 공사 기간도 비교적 짧고
  사망자가 적은 성공적인 공사로 평가받고 있다.

# 샌프란시스코 서부 지역

복잡한 도시를 벗어나 자연을 즐길 수 있는 지역이다. 샌프란시스코 서쪽 끝인 랜즈 엔드와 도시를 대표하는 녹지 지역인 링컨 파크와 골든 게이트 파크가 주요 볼거리다.

## 랜즈 엔드
### Lands End

말 그대로 샌프란시스코 서쪽 끝의 땅으로 도시의 북적거림을 벗어나 자연의 고요함을 느낄 수 있는 지역이다. 샌프란시스코의 서쪽과 동쪽은 기후적으로 큰 차이를 보이는데, 서쪽은 동쪽에 비해 바람도 강하고 안개 끼는 날이 많다.
랜즈 엔드에는 지역 예술가인 에두아르

랜즈 엔드 미로

도 아길레라의 설치 미술 작품인 랜즈 엔드 미로 Lands End Labyrinth DML의 흔적이 남아 있다.

샌프란시스코 원주민 인디언 올롱족 Ohlon의 고향을 기리면서 고안한 작품으로 주요 테마는 '평화, 사랑 그리고 계몽'이다. 관리와 보존 문제로 인해 지금은 빈터만 남아 있지만, 주변 경치를 감상하는 것만으로도 방문 가치는 충분하다.

지도 P.168 가는 방법 자동차로 가면 클리프 하우스 뒤 주차장 Lands End Parking(주소 Point Lobos Ave & 48th Ave)에 주차하고 Coast Trail을 이용해 편도 20분 정도 하이킹한다. 대중교통은 뮤니 버스 18, 38R번을 타고 Cabrillo St & La Playa St 하차 후 도보 20분

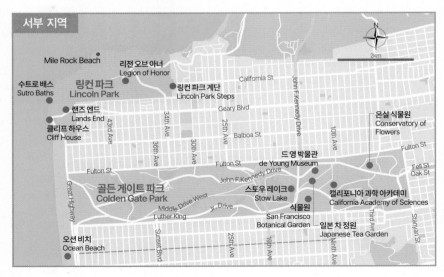

서부 지역

- Mile Rock Beach
- 리전 오브 아너 Legion of Honor
- 수트로 배스 Sutro Baths
- 링컨 파크 Lincoln Park
- 링컨 파크 계단 Lincoln Park Steps
- California St
- John F. Kennedy Drive
- 랜즈 엔드 Lands End
- 클리프 하우스 Cliff House
- Geary Blvd
- Balboa St
- 온실 식물원 Conservatory of Flowers
- Fulton St
- 드영박물관 de Young Museum
- Fulton St
- 43rd Ave
- 34th Ave
- 36th Ave
- 30th Ave
- 25th Ave
- 10th Ave
- Fell St
- Oak St
- Fulton St
- John F. Kennedy Drive
- 골든 게이트 파크 Golden Gate Park
- 스토우 레이크 Stow Lake
- 캘리포니아 과학 아카데미 California Academy of Sciences
- Middle Drive West
- Martin Luther King Jr. Drive
- 식물원 San Francisco Botanical Garden
- 일본 차 정원 Japanese Tea Garden
- Third Ave
- Ninth Ave
- Stanyan St
- Great Highway
- 오션 비치 Ocean Beach
- Sunset Blvd
- 25th Ave
- 19th Ave

## 오션 비치
### Ocean Beach

샌프란시스코 서쪽의 리치먼드와 선셋 사이, 4.5km에 이르는 바다. 모래사장이 주를 이루는 곳으로 바닷물이 차서 수영은 불가능하고 서핑만 가능하다. 바람이 강해 일광욕을 즐기긴 어렵지만 경관이 매우 아름다워 조깅이나 자전거 타기에는 적합하다.

지도 P.168  가는 방법 뮤니 버스 18, 5, 5R번을 타고 46th Ave & Judah St 하차

## 클리프 하우스
### Cliff House

아돌프 수트로라는 거부가 1863년 해안 절벽에 세운 거대한 빅토리아·고딕 양식의 성으로 화재에 불타고 세 번째 복원된 후 레스토랑으로 용도가 전환되었다. 2020년에 코로나 팬데믹으로 문을 닫았지만 현재 재오픈을 계획 중이다. 비스타 포인트에 있어 바다 방향에 있는 물개 바위를 볼 수 있고 운이 좋으면 겨울과 봄에 북쪽으로 이동하는 회색 고래들을 볼 수 있다.

지도 P.168  주소1090 Point Lobos Ave 가는 방법 뮤니 버스 18, 38R번을 타고 Cabrillo St & La Playa St 하차 홈페이지 www.cliffhouse.com

## 수트로 배스
### Sutro Baths

캘리포니아 금광 개발은 많은 부자를 만들었는데 아돌프 수트로도 그중 한 사람이다. 광산 공학자로서 많은 돈을 벌었고 이후 샌프란시스코 시장을 역임하면서 정치인이 된 기인이다. 그는 바다를 볼 수 있게 유리로 건축한 6개의 거대한 실내수영장을 만들었는데, 수용 인원이 무려 2만 5,000명에 달했다고 한다. 수영 외에 다채로운 행사도 함께 열렸는데, 지금은 화재로 소실되어 남아 있는 터로 규모를 짐작할 뿐이다. 참고로 당시 수영복은 위생을 이유로 수영장에서 대여한 것만 사용 가능했다고 한다.

1896년 당시 수트로 배스 내부

지도 P.168  주소 680 Point Lobos Ave 운영 일출~일몰, 방문자 센터 09:00~17:00 요금 무료 가는 방법 뮤니 버스 18, 38R번을 타고 Cabrillo St & La Playa St 하차

## 리전 오브 아너
### Legion of Honor

태평양 바다와 금문교, 마린 헤드랜드가 내려다보이는 링컨 파크 언덕에 유럽 예술 작품을 소장하고 있는 박물관이 있다. 설탕 공장으로 돈을 번 거부의 아내가 제1차 세계대전에 참전했다가 사망한 군인들을 기리기 위해 프랑스 파리에 있는 박물관을 그

대로 모방하여 지은 박물관이다. 지하에는 유럽 도자기, 고대 그리스·로마 그리고 이집트 유물을 전시한다. 1층 상설 전시장에서는 유럽의 조각과 회화를 시기 순으로 전시하고 있다. 로댕의 조각관은 작품 수가 많고 규모가 크다. 지하에 있는 카페도 가성비가 좋은 편이다. 드 영 박물관 입장권이 있으면 같은 날 무료로 관람이 가능하다.

지도 P.168 ▶ 주소 34th Ave & Clemente St 운영 화~일요일 09:30~17:15 요금 성인 $20, 학생 $11 가는 방법 뮤니 버스 18, 38번을 타고 42nd Ave & Clement St 하차 후 도보 8분

# 골든 게이트 파크
## Golden Gate Park

뉴욕 센트럴 파크를 벤치마킹하여 만든 공원이다. 동서 5km, 남북 1.6km의 직사각형 형태로 센트럴 파크보다 20% 정도 크게 만들어졌다. 그러나 공원 조성 환경은 뉴욕보다 좋지 못했다. 샌프란시스코는 모래 언덕이 많은 건조 지형으로 강수량이 적어 공사에 난관이 많았기 때문이다. 1871년부터 5년간 7만 5,000그루의 나무를 심어 조성했을 만큼 대규모 공사 프로젝트였고 지금도 공원 유지에 들어가는 물값 예산이 어마어마하다고 알려져 있다. 시민과 관광객에게는 복잡한 도시를 잊을 수 있는 쉼터이자 도시의 허파로서 자리매김하고 있다. 식물원, 박물관, 그리고 미술관 등 다양한 문화 시설 및 체육 시설이 있는데, 규모가 큰 만큼 관심사에 따라 계획을 세워 돌아다닐 것을 추천한다.

지도 P.168 ▶ 가는 방법 뮤니 버스 44번을 타고 Music Concourse Dr / Academy Of Sciences에 하차하면 드 영 박물관, 캘리포니아 과학 아카데미, 일본 차 정원을 도보로 다 볼 수 있다.

## ★ 드 영 박물관 De Young Museum

두 번의 대지진(1906년, 1989년)을 겪으면서 첫 번째(1895년), 두 번째 버전(1929년)의 박물관은 파괴되었고 지금 서 있는 드 영 박물관은 세 번째 버전(2005년)이다. 드 영을 마주 보고 오른쪽에 위치한 스핑크스나 대형 항아리 모양의 조각은 두 번째 버전의 흔적이다. 현재 박물관은 헤르조그 앤 드 뫼론이라는 유명한 스위스 건축 팀의 작품으로 동판 하나하나가 햇살 위치에 따라 바뀌는 나뭇잎을 형상화했다고 한다. 출입구 바닥에는 금이 가 있는데 이것은 파손이 아니고 1906년 샌프란시스코 대지진을 담은 앤디 골즈워디의 설치 미술 작품이다. 드 영 박물관은 17세기에서 20세기까지의 아메리카 아시아, 오세아니아, 아프리카 등의 예술품을 소장하고 있다. 드 영 박물관의 하이라이트는 전망대인데 샌프란시스코의 전경을 360

도로 볼 수 있다. 건물에 입장해

오른쪽에 있는 엘리베이터를 타면 전망대로 올라갈 수 있다.

지도 P.168 ▶ 주소 50 Hagiwara Tea Garden Dr 운영 화~일요일 09:30~17:15 요금 어른 $20, 학생 $11, 매달 첫째 주 화요일 무료, 전망대 무료 홈페이지 www.famsf.org/visit/de-young

## ★ 캘리포니아 과학 아카데미
### California Academy of Science

1853년에 세워진 미국 서부 최초의 과학박물관으로 두 번의 대지진에 의해 파괴되었다가 2008년 파리 퐁피두 미술관 설계로 유명한 이탈리아 건축가 렌초 피아노의 디자인으로 재개관하였다. 기존에 사용했던 박물관 재료를 재활용한 것과 옥상 부분을 캘리포니아 야생 식물로 덮어 장식한 것이 건축의 키 포인트다. 과학박물관에 걸맞게 친환경적이고 에너지 효율성을 강조하는 방법으로 설계되었다.

지도 P.168 ▶ 주소 55 Music Concourse Dr 운영 월~토요일 09:30~17:00, 일요일 11:00~17:00 요금 $30~40(피크 시즌에는 $5 추가, 온라인 예매 추천) 홈페이지 www.calacademy.org

## ★ 일본 차 정원 Japanese Tea Garden

미국에서 가장 오래된 일본 정원이다. 일본 스타일의 탑, 아치형 다리 그리고 식생에서 일본 특유의 평화와 고요함을 느낄 수 있다. 입이 궁금하다면 이곳에서 일본식 다도와 디저트를 추천한다. 벚꽃이 피는 4월에 가장 예쁘다.

지도 P.168 ▶ 주소 7 Hagiwara Tea Garden Dr 운영 3~10월 09:00~17:45, 11~2월 09:00~16:45 요금 어른 $15~18(계절따라 변동), 매주 월·수·금 09:00~10:00 무료입장

## ★ 스토우 레이크 Stow Lake

골든 게이트 파크에서 가장 큰 호수로 잔잔한 호수 위를 떠다니는 거북이를 볼 수 있다. 19세기에 만들어진 다리를 건너면 작은 폭포와 중국 탑도 볼 수 있다. 보트를 빌릴 수도 있어 아이들과 즐기기에 좋은 장소다.

지도 P.168 ▶ 주소 John F Kennedy Dr 가는 방법 뮤니 버스 5, 5R을 타고 Fulton St & Park Presidio Blvd 하차 후 도보 14분 홈페이지 www.stowlakeboathouse.com

## ★ 온실 식물원 Conservatory of Flowers

1878년에 지어진 식물원으로 하얀색의 멋진 유리 구조물이 눈길을 끌기에 충분하다. 식물원의 하이라이트는 수중 식물원이다. 식물원을 바라보고 동쪽에는 캘리포니아의 주종인 사이프러스, 전나무 그리고 레드 우드 등이 있다.

지도 P.168 ▶ 주소 John F Kennedy Dr 운영 월·화·목~일요일 10:00~16:00 요금 $11, 매달 첫째 주 화요일 무료 가는 방법 뮤니 버스 21번을 타고 Hayes St & Stanyan St 하차 후 도보 10분

# 샌프란시스코 남부 지역

샌프란시스코는 다양한 이민자가 만들어 낸 도시다. 히스패닉 동네인 미션 지역과 히피 문화의 발상지인 헤이트-애시베리 지역 그리고 성소수자의 상징인 카스트로 지역의 문화를 느껴보자.

# 미션
## Mission

히스패닉 문화 중심 지역으로 스페인 식 민지 시절의 돌로레스 성당과 지역 문화 사업으로 등장한 화려한 벽화 거리가 주요 볼거리다.

지도 P.172 ▶ 가는 방법 뮤니 버스 14, 22번이나 뮤니 메트로 J, T 노선을 타고 Mission St 하차

## ★ 벽화 거리 Balmy Alley Mural

1971년에 기획된 지역 문화 사업의 일환으로 벽화 그리기 운동이 시작되었다. 주로 중앙 아메리카 문화나 에이즈 퇴치와 같은 사회적 문제를 소재로 하고 있

는데, 강한 원색에 독특한 디자인이 더해져 독특한

볼거리로 자리 잡았다. 지역 공동체 예술의 긍정성을 보여주는 예로 미션 지역의 거리 곳곳에서 발견할 수 있다. 25번가 25th

Street는 좀 위험하니 밤에는 가지 않는 게 좋다.

지도 P.172 ▶ 주소 24th St & Harrion St와 Treat St 사이 가는 방법 뮤니 버스 48번을 타고 24th St & Folsom St 하차

## ★ 돌로레스 공원 Dolores Park

샌프란시스코 곳곳에는 시민의 휴식처가 되는 크고 작은 공원이 많다. 돌로레스 공원은 미션 지역을 대표하는 언덕에 위치한 공원이다. 잔디밭에서는 일광욕을 즐기거나 각종 스포츠를 즐기는 주민들의 모습을 볼 수 있다.

지도 P.172 ▶ 주소 19th St & Dolores St 가는 방법 뮤니 버스 14R, 33번이나 뮤니 메트로 J 노선을 타고 Church St & 18th St 하차

## ★ 미션 돌로레스 Mission Dolores

정식 명칭은 '미션 샌프란시스코 드 아시스'로 두 번의 지진을 견디고 살아남은 샌프란시스코에서 가장 오래된 성당이다. 크고 작은 두 개의 성당으로 이루어져 있는데 더 주목해야 할 쪽은 작은 성당이다. 어도비 양식으로, 1791년 스페인 시대에 세워졌다. 당시 스페인에게 캘리포니아는 가톨릭 포교 대상이라는 의미가 컸기 때문에 샌프란시스코에 가장 먼저 종교적 권위를 상징하는 성당을 짓게 되었다. 성당 안 천장의 문양은 캘리포니아 원주민 인디언인 울롱족 Ohlone의 바구니 디자인에서 모티프를 따왔는데, 당시 원주민 포교가 중요한 목적임을 보여주는 증거다. 성당 뒤 묘지에는 멕시코 시대의 초대 총독을 포함하여 19세기 샌프란시스코의 역사적 인물들과 5,000여 명의 이름 모를 원주민 인디언이 묻혀 있다.

지도 P.172 ▶ 운영 09:00~16:00(계절별, 요일별로 자주 바뀌니 홈페이지 참조) 요금 일반 $7 가는 방법 뮤니 버스 22번이나 뮤니 메트로 J 노선을 타고 Church St & 16th St 하차 홈페이지 www.missiondolores.org

# 헤이트-애시베리 거리
## Haight-Ashbury Street

1960년대 후반, 골든 게이트 파크 동쪽의 헤이트 지역은 임대료가 상대적으로 저렴해 자유로운 영혼을 가진 젊은이들이 모여 살던 동네로 히피 문화의 발상지다. 1967년 히피 문화의 절정을 보여준 '사랑의 여름 축제 Summer of Love'를 즐기기 위해 전국에서 몰려든 10만 명의 젊은이들이 바로 이곳에서 약에 취해 노래하고 사랑의 자유를 부르짖었다. 그 당시 헤이트는 모든 것을 공유하는 커뮤니티였으며 현재 샌프란시스코의 정치적 진보성도 이 시기에 빚진 부분이 많다. 지금도 헤이트 지역에는 이 시기의 기억을 소환하는 레코드숍이나 빈티지 가게가 모여 있어 관광객의 눈길을 끈다.

지도 P.172 ▶ 가는 방법 뮤니 버스 7, 33, 43번을 타고 Haight St & Masonic Ave 하차

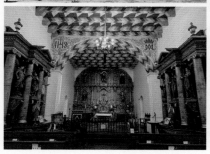

**Tip**

### 히피 분위기를 느낄 수 있는 곳

**▶ 중심 거리인 헤이트-애시베리 교차점**

**▶ 피에몬트 부티크** Piemont Boutique

다리를 드러낸 마네킹으로 시선을 확 끄는 가게로 희귀한 코스튬이나 액세서리를 판다. 구경만으로도 재미가 있다.

지도 P.172

주소 1452 Haight St 운영 11:00~19:00

**▶ 매년 6월 둘째 주 일요일에 열리는 '헤이트-애시베리 거리 축제'**

## 카스트로
Castro

성 소수자 LGBTQ를 대표하는 지역으로 무지개 깃발이 걸려있는 모습을 여기저기에서 볼 수 있다. 카스트로 문화의 중심은 아르데코 스타일의 카스트로 극장 The Castro Theater과 성 소수자의 인권을 대표하는 하비 밀크 Harvey Milk를 기리는 하비 밀크 광장 Harvey Milk Plaza이다. 이 지역을 방문하기 전에 숀 펜이 열연한 영화 '밀크'를 볼 것을 추천한다.

지도 P.172 가는 방법 뮤니 메트로 L, M 노선 Castro역 하차

## 앨러모 스퀘어
Alamo Square

6채의 빅토리안 양식 주택이 각기 다른 파스텔톤으로 칠해져 있는, 일명 페인티드 레이디스 Painted Ladies가 있는 지역이다. 나란히 늘어선 이 집들이 유명한 이유는 캘리포니아 골드 러시로 얻은 부를 집의 지붕과 창문 등에 다소 과장된 장식으로 드러냈기 때문이다. '금광 시대에 부자 집 자랑하기' 콘셉트다. 페인티드 레이디스는 개인 소유 주택이라 내부는 볼 수 없고 파란색 집만 가이드 투어가 가능하다. 좋은 사진을 얻기 위해서는 바로 앞의 앨러모 스퀘어에 올라가야 한다.

지도 P.172 가는 방법 뮤니 버스 21번을 타고 Hayes St & Steiner St 하차

# 🍴 Restaurant

먹는 즐거움

샌프란시스코는 외식 문화가 발전한 미국 서부의 대표 도시다. 통계적으로도 주민 일인당 레스토랑 이용 비율이 가장 높다. 다양한 국가의 이민자들이 유입되어 다양한 문화권의 음식을 맛볼 수 있는 장점이 있다.

## ── 유니언 스퀘어 ──

### 시어스 파인 푸드
Sears Fine Food

1938년 스웨덴 이민자가 오픈한 홈 메이드 스타일의 아메리칸 브런치 식당이다. 팬케이크 18장이 나오는 이 집의 대표 브런치 메뉴 Our World Famous 18 Swedish Pancakes에는 버터와 100% 메이플시럽이 제공되며 취향에 따라 베이컨이나 소시지도 추가 가능하다. 브런치를 먹기 위해 긴 줄을 서는 것을 감수해야 하는 식당이다. 브런치 메뉴는 14:00까지다.

지도 P.138-A2 주소 439 Powell St 운영 매일 07:00~ 21:00 가는 방법 뮤니 버스 2번을 타고 Sutter St & Taylor St 하차, 유니언 스퀘어에서 도보 1분 홈페이지 www.sears finefood.com

### 샌프란시스코 레스토랑 방문 시 알아야 할 것들 `Tip`

① 미국은 팁 문화이다. 15%는 최저 팁이고 18~ 20% 정도를 주면 적당하다.
② 레스토랑에 따라 직원들의 복지를 위한 추가 요금 surcharge을 4~5% 부과하는 경우가 있다.
③ 레스토랑 운영 시간은 주로 아침 8:00~10:00, 점심 11:30~14:30, 저녁 17:30~이다.
③ 주말 브런치는 주로 10:00~16:00 운영한다.
③ 파인 다이닝은 예약이 필수다.
　예약 홈페이지 https://www.opentable.com/

## ── 차이나타운 ──

### 딤섬 비스트로
Dim Sum Bistro

가성비가 좋은 딤섬 가게로 테이크아웃만 가능하다. 다양한 딤섬이 있으며 라이스 볼 Sticky Rice Ball이 대표 메뉴다. 추천 메뉴로는 새우 덤플링 Shrimp Dumpling과 돼지고기 덤플링 Pork Dumpling이 있다. 차이나타운은 아직도 현금만 받는 가게가 많다. 반드시 현금을 준비하자. 딤섬은 전통적으로 광동 지방의 브런치 메뉴로 아침과 점심 사이에 운영하는 경우가 많다.

지도 P.138-A1 주소 675 Broadway 운영 09:00~03:00 가는 방법 뮤니 버스 12번을 타고 Broadway & Stockton St 하차 홈페이지 www.dimsum-bistro.com

### 차이나 라이브
China Live

중국식 전통 찻집과 기념품 가게, 120석의 마켓 레스토랑까지 함께 운영하고 있는 복합공간으로 차이나타운에 있다. 인테리어의

모던함과 수준 높은 딤섬, 베이징 덕, 국수 그리고 디저트까지 어느 것 하나 빠지는 것이 없다. 추천 메뉴는 그날그날 신선한 재료로 만들어 팬에 구운 덤플링 Pan-fried Dumplings이다.

지도 P.138-A1 주소 644 Broadway 영업 월~목요일 17:00~21:00, 금~일요일 16:00~21:00 가는 방법 뮤니 버스 12번을 타고 Broadway & Stockton St 하차 홈페이지 chinalivesf.com

# 노스 비치

## 스팅킹 로즈
### Stinking Rose

한국사람에게 익숙한 마늘을 예찬하는 유명한 이 탈리안 레스토랑이다. 마늘 냄새는 지독하지만 장 미처럼 아름다운 음식이라는 재미있는 상호명이다. 마늘과 같이 구워내는 프라임 립과 마늘 소스를 사 용한 해산물 요리가 대표 메뉴다.

지도 P.138-A1 ▶ 주소 430 Columbus Ave 운영 매일 12:00~20:00 가는 방법 뮤니 버스 8, 8BX 타고 Columbus Ave & Green St 하차 홈페이지 thestinkingrose.com

## 마마스
### Mama's

워싱턴 스퀘어에 자리한 샌프란시 스코 대표 아메리 칸 스타일 브런치 가게다. 30분 이상 줄을 서서 먹어야 하는 불편함이 있 으나 제대로 경험 하는 미국 아침 밥 상이라고 생각하 면 된다. 팬케이크, 오믈렛, 프렌치 토스트 등 모든 메뉴가 훌륭하다.

지도 P.138-A1 ▶ 주소 1701 Stockton St 운영 화~일요일 08:00~14:00 가는 방법 뮤니 버스 39번을 타고 Stockton St & Filbert St 하차 홈페이지 www.mamas-sf.com

## 소토 마레
### Sotto Mare

작지만 노스 비치를 대표하는 유서 깊은 이탈리안 레스토랑이다. 치오피노 Cioppino가 대표 메뉴인데 해산물을 넣고 끓인 이탈리아식 해물탕이다. 우리 입맛에 아주 잘 맞는 음식으로 빵이나 파스타를 곁 들여 먹는다. 긴 줄을 서야 하는 곳이나 가치가 충 분하다. 제대로 된 제철 해산물이 들어간 치오피노 에 도전해보자.

지도 P.138-A1 ▶ 주소 552 Green St 운영 매일 11:30~ 21:00 가는 방법 뮤니 버스 8, 8BX 타고 Columbus Ave & Green St 하차 홈페이지 www.sotomaresf.com

## 리구리아 베이커리
### Liguria Bakery

100년 이상의 역사를 가진 이탈리아 전통 홈 메이드 베이커리로 토 마토, 로즈메리, 올리브 등 다양한 재료가 들어 간 직사각형의 빵 포카치아 Focaccia가 대표 메뉴 다. 포카치아는 일찍 다 팔리는 경우가 많으니 오전 에 현금을 준비해 들르는 것이 좋다.

지도 P.138-A1 ▶ 주소 1700 Stockton St 가는 방법 마마스 건너편에 위치

# 피셔맨스 워프

## 인 엔 아웃 버거
### In-N-Out

인 엔 아웃에서는 캘리포니아에서만 맛볼 수 있는 가성비 좋은 햄버거를 판매한다. 샌프란시스코의 유일한 인 엔 아웃 매장으로 늘 줄이 길게 늘어서 있다. 피어 39 그림이 들어간 인 엔 아웃 티셔츠도 관광기념품으로 많이 팔린다.

지도 P.157 주소 333 Jefferson St 운영 월~목요일 10:30~01:00, 금~토요일 10:30~01:30, 일요일 10:30~01:00 가는 방법 뮤니 스트리트카 F를 타고 Jones St & Beach St 하차 홈페이지 www.in-n-out.com

## 보댕 베이커리 카페
### Boudin Bakery

샌프란시스코에 오면 꼭 맛봐야 하는 사워도우 Sourdough를 맛볼 수 있는 곳이다. 사워도우는 골드러시 당시 프랑스 이민자

보댕이 고안한 신맛이 나는 천연 발효 빵으로, 바다 안개가 많은 샌프란시스코의 기후가 천연 이스트를 만들기 좋은 환경으로 작용해 탄생했다. 추천 메뉴는 브레드볼에 담긴 클램 차우더이고 던저니스 크랩이 들어간 샌드위치도 인기가 좋다. 다른 볼거리도 많으므로 여유 있게 매장을 둘러 보자.

지도 P.157 주소 160 Jefferson St 운영 일~목요일 09:30~20:00, 금~토요일 09:30~21:00 가는 방법 뮤니 스트리트카 F를 타고 Jefferson St & Taylor St 하차 홈페이지 bistroboudin.com

## 부에나 비스타 카페
### Buena Vista Café

1952년에 오픈한 카페로 시그니처 메뉴는 아이리시 커피로 커피에 아일랜드 위스키를 넣고 그 위에 크림을 얹어준다. 샌프란시스코의 서늘한 여름과 겨울에 잘 어울리는 커피다. 클램 차우더 Clam Chowder나 에그 베네딕트 Eggs Benedict도 추천 메뉴다.

지도 P.157 주소 2765 Hyde St & Beach St 운영 월~목요일 10:00~22:00, 금요일 10:00~24:00, 토요일 09:00~24:00, 일요일 09:00~22:00 가는 방법 케이블카 Powell/Hyde 노선을 타고 Hyde St & Beach St 하차 홈페이지 www.thebuenavista.com

## 프란시스칸 크랩 레스토랑
### Franciscan Crab Restaurant

피어 43 지역의 파노라마 뷰를 즐기면서 맛있는 해산물을 즐길 수 있는 유명 레스토랑이다. 인기가 많기 때문에 꼭 방문하고 싶다면 예약을 추천한다.

지도 P.157 주소 Pier 43 1/2 운영 매일 12:00~20:00 가는 방법 뮤니 스트리트카 F를 타고 Jefferson St & Taylor St 하차 홈페이지 franciscanrestraunt.com

# 노브 힐

## 탑 오브 더 마크
### Top of the Mark

노브 힐의 아이콘 중 하나인 철도 부자 마크 홉킨스의 집터에 세워진 고급 호텔 식당이다. 19층에 위치해 창가 자리에서 감상하는 금문교와 샌프란시스코의 스카이라인은 말 그대로 절경이다. 흐루쇼프, 드골, 엘비스 프레슬리, 엘리자베스 테일러와 마이클 잭슨 등 유명인 다수가 방문했다.

지도 P.138-A1 주소 1 Nob Hill 운영 월~목요일 16:30~23:30, 금~토요일 14:30~24:00, 일요일 15:30~22:30 가는 방법 케이블카 캘리포니아 노선을 타고 California Blvd & Van Ness 하차 홈페이지 www.sfmarkhopkins.com

©S.F. Mark Hopkins

# 소마

## 슈퍼 두퍼 버거
### Super Duper Burgers

카스트로 지역에서 시작한 샌프란시스코 대표 햄버거 전문점이다. 햄버거에 사용하는 재료는 베이 지역에서 생산된 유기농 재료로 냉동고를 사용하지 않는 특징이 있다. 햄버거 패티에 사용하는 고기는 가족이 소유한 목장에서 풀만 먹고 키운 소로 만드는데, 육즙이 매우 풍부하다. 홈메이드 피클도 무료로 제공된다. 패티가 두 장 들어간 슈퍼 버거가 대표 메뉴이고 감자튀김도 맛있다. 매운맛을 선호하면 할라피뇨(멕시코 고추)를 넣어달라고 요청하자 (무료).

지도 P.139-B2 주소 721 Market St 운영 매일 10:00~20:00 가는 방법 뮤니 스트리트카 F를 타고 Market St & 3rd St 하차 홈페이지 superduperburgers.com

## 델라로사
### Delarosa

주변 직장인들에게 인기가 많은 캐주얼한 이탈리안 레스토랑이다. 화덕에서 구워낸 마가리타 피자와 카프레제 샐러드가 추천 메뉴로 신선한 유기농 재료를 사용한다. 가벼운 점심을 하기에 적당하다.

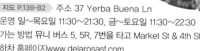

지도 P.139-B2 주소 37 Yerba Buena Ln 운영 일~목요일 11:30~21:30, 금~토요일 11:30~22:30 가는 방법 뮤니 버스 5, 5R, 7번을 타고 Market St & 4th St 하차 홈페이지 www.delarosasf.com

## 양싱
### Yang Sing

1959년에 오픈해 3대째 운영하고 있는 광둥식 딤섬 레스토랑이다. 대표 메뉴는 포크 번 Steamed Pork burn과 베이징 덕이다.

지도 P.139-B2 주소 49 Stevens St 운영 수~일요일 11:00~15:00 가는 방법 뮤니 버스 5, 7, 38번을 타고 Market St & 1st St 하차 홈페이지 www.yangsing.com

## 타디치 그릴
### Tadich Grill

해산물을 크로아티아 정통 직화 방식으로 구워낸 미국 최초의 레스토랑이다. 시푸드 요리뿐 아니라 스테이크도 훌륭하다. '그 주의 요리'를 선택하면 신선한 재료를 사용한 특별 메뉴를 맛볼 수 있다.

`지도 P.139-B1` 주소 240 California St 운영 월~금요일 11:00~14:30, 16:30~21:30, 토요일 16:30~21:30 가는 방법 케이블카 California 노선을 타고 California St & Front St 하차 홈페이지 www.tadichgrillsf.com

©Tadich Grill S.F.

## 라 마르
### La Mar

페루 음식 전문점으로 워터프런트에 있어 바다 경관이 매우 아름답다. 페루 출신 스타 셰프 가스통 아쿠리오 Gaston Acurio 의 해산물 샐러드 Ceviche가 대표 음식이다. 예약

©La Mar

©La Mar

을 추천하며 음료는 칵테일은 Pisco Sours($13)를, 맥주는 21st Amendment Blood Orange IPA($7)를 권한다.

©La Mar

`지도 P.139-B1`
주소 Pier 1 1/2, The Embarcadero N 운영 11:30~14:30, 17:00~21:00 가는 방법 뮤니 스트리트카 F를 타고 The Embarcadero & Washington St 하차 홈페이지 lamarsf.com

---

**Tip**

### 샌프란시스코와 오클랜드의 레스토랑 주간 활용하기

레스토랑 주간은 가격의 장벽을 낮추고 새로운 신메뉴를 선보이는 기간으로 레스토랑 홍보 주간이다. 현지인에게도 인기가 있는 행사여서 사전 예약은 필수다.

▶ **샌프란시스코 레스토랑 주간**
San Francisco's Restaurant's Week
샌프란시스코의 100여 개 유명 레스토랑이 합리적 가격과 대표 메뉴로 레스토랑을 홍보하는 행사다. 이 시기를 잘 활용하면 미슐랭 레스토랑도 부담스럽지 않은 가격으로 즐길 수 있다. 예약을 해야 하는 레스토랑이 많고 코스 메뉴가 미리 정해져 있는 프리 픽스 Prix Fixe로 운영한다.
운영 매년 4월, 10월 요금 $10~75 방식 브런치, 런치, 디너 중 프리 픽스 홈페이지 www.sfrestaurantweek.com

▶ **오클랜드 레스토랑 주간**
Oakland Restaurant Week
오클랜드의 70여 개 레스토랑이 참여하여 대중에게 각 레스토랑 대표 음식을 홍보하는 행사다. 예약을 해야 하는 레스토랑이 많고 코스 메뉴가 미리 정해져 있는 프리 픽스로 운영한다.
운영 매년 3월 요금 $10~60 방식 브런치, 런치, 디너 중 프리 픽스 홈페이지 www.visitoakland.com

## 추이스 피에스타
Chuy's Fiestas

부리토 Burrito, 파히타 Fajitas 등 다양한 멕시코 음식을 맛볼 수 있으며 특히 해산물 요리가 추천 메뉴다. 멕시코 음식이 처음이라면 가장 친숙하게 접할 수 있는 타코 Taco에 도전해보자. 한국인도 좋아할 만한 맛이 많다. 피시 타코가 이 집의 추천 메뉴.

지도 P.172 주소 2341 Folsom St 운영 월~토요일 09:00~19:00, 일요일 09:00~17:00 가는 방법 뮤니 버스 12번을 타고 Folsom St & 20th St 하차

## 타케리아 칸쿤
Taqueria Cancun

히스패닉 문화권인 미션 지역에서 먹어야 하는 음식은 멕시코 음식이다. 전형적인 멕시코 음식점의 분위기를 느낄 수 있으며 가격도 비교적

합리적이다. 추천 메뉴는 오리지널 멕시칸 부리토다.

지도 P.172 주소 2288 Mission St 운영 월요일 10:00~24:00, 수~일요일 10:00~24:00 가는 방법 뮤니 버스 14, 49번을 타고 Mission St & 18th St 하차

## 레스 로스 타이
Lers Ros Thai

산스크리트어로 '훌륭한 맛의 요리'라는 의미로 샌프란시스코에만 3개의 지점이 있는 타이 레스토랑이다. 스페셜 콤보가 인기 메뉴다.

지도 P.172 주소 3189 16th St 운영 월~금요일 11:30~15:00, 17:00~22:00, 토요일 11:30~15:00, 17:00~23:00, 일요일 11:30~15:00, 17:00~23:00 가는 방법 뮤니 버스 21번을 타고 Hayes St & Gough St 하차 홈페이지 www.lersros.com

©Lers Ros Thai Noodle

©Lers Ros Thai Noodle

샌프란시스코를 방문하면
# 꼭 맛봐야 하는 것들

샌프란시스코는 서부 개척 정신을 상징하는 도시로 혁신과 창의성의 결과물인
음식의 천국으로도 유명하다. 샌프란시스코에서 이것만은 꼭 맛보도록 하자.

## 햄버거 맛집

샌프란시스코의 햄버거 사랑은 특별하다. 어떤 식당이든 햄버거가
기본 메뉴인 경우가 많은데, 식당마다 고유의 독특함과 창의성을 담아 만들어낸다.

### 코오스웰즈 Causwells

브런치부터 다양한 메뉴를 제공하는 아메리칸 비스트로 스타일의 레스토랑이다. 그중에서도 레스토랑 고유의 소스를 사용한 즙이 많은 햄버거가 일품이다. 얇은 양파링 스타일의 튀김과 같이 곁들이길 권한다.

지도 P.164 주소 2346 Chestnut St 영업 화·수요일 17:00~21:00, 목요일 17:00~22:00, 금요일 11:00~23:00, 토요일 10:00~23:00, 일요일 10:00~21:00 가는 방법 뮤니 버스 30번을 타고 Chestnut St & Divisadero St 하차 홈페이지 causwells.com

### 룸 아티잔 버거스 Roam Artisan Burgers

룸은 2010년 샌프란시스코에서 시작한 햄버거 체인점으로 풀을 먹은 소로 햄버거 패티를 만든 것이 특징이다. 햄버거 가게이지만 수제 맥주도 훌륭하다. 햄버거 패티, 채소 그리고 토핑까지 선택해 '나만의 햄버거'를 만들어 먹을 수 있는 것이 장점이다.

지도 P.138-A2 주소 1923 Fillmore St 영업 11:00~22:00 가는 방법 뮤니 버스 22번을 타고 Fillmore St & Pine St 하차 홈페이지 roamburgers.com

### 스프루스 Spruce

ⓒSpruce

미슐랭 스타에 빛나는 파인 다이닝 레스토랑이다. 로컬에서 생산된 재료와 독특한 아이디어의 다양한 메뉴를 선보인다. 특히 햄버거의 질이 우수한데, '스프루스 버거'는 잉글리시 머핀 위에 소고기의 안심과 다른 질 좋은 부위를 섞어 만든 패티가 얹혀 있다. 버거는 점심에 바에서만 제공된다.

지도 P.164 주소 3640 Sacramento St 영업 매일 11:30~14:30, 17:00~22:00 가는 방법 뮤니 버스 1번을 타고 California St & Spruce St 하차 홈페이지 sprucesf.com

### 레즈 자바 하우스 Red's Java House

1955년에 오픈한 가게로 피어 30에 있다. 현지인들은 이 집의 야외 테이블에서 햄버거를 즐기는 것을 즐거움으로 여긴다고 한다. 가격도 비교적 합리적이다. 워터프런트를 걷다가 들러 앵커 맥주와 함께 햄버거를 먹으면 제대로 현지인 분위기를 만끽할 수 있다.

지도 P.139-B2 주소 Pier 30 영업 월~금요일 07:00~18:00, 토·일요일 09:00~18:00 가는 방법 뮤니 메트로 N을 타고 The Embarcadero & Harrison St 하차 홈페이지 redsjavahouse.com

*슈퍼 두퍼(P.179), 고츠 로드사이드 햄버거(P.149) 등은 별도로 소개되어 있어 이 지면에서는 생략합니다.

## 크래프트 비어 맛집

샌프란시스코에는 30여 개의 맥주 양조장이 있다. 맥주 팬이라면 반드시 대표 브루어리에 들러 샌프란시스코 수제 맥주의 창의성과 장인 정신을 느껴보자.

### 블랙 해머 브루잉
**Black Hammer Brewing**

맥주 양조장 오너가 독일 여행 도중 감동을 받아 설립한 수제맥주집으로 미국화된 독일식 맥주를 맛볼 수 있다. 카스트로 지역의 빌콤맨 Willkommen 정원에서 샘플러를 시도해보자.

지도 P.172 　주소 544 Bryant St San Francisco, CA 94107 가는 방법 뮤니 버스 8번을 타고 Harrison St & 4th St 하차 후 도보 6분 홈페이지 https://blackhammerbrewing.com

### 21 어멘드먼트 브루어리
**21st Amendment Brewery**

©21st Amendment Brewery

독특한 캔맥주 디자인으로 유명하고 특히 쌉싸름한 IPA 맥주가 유명하다. 소마 지역에 있으며 맥주와 곁들여 먹는 음식도 훌륭한 편이다.

지도 P.139-B2 　주소 563 Second St 가는 방법 뮤니 버스 12번을 타고 Harrison St & 2nd St 하차 홈페이지 21st-amendment.com

### 베어보틀 브루잉 컴퍼니
**Barebottle Brewing Company**

©Barebottle Brewing

버날하이츠 지역에 있는 브루어리로 탁구 등 다양한 게임도 구비되어 있어 맥주 한잔을 곁들인 모임이 가능하다. 추천 맥주는 뉴 잉글랜드 스타일 IPA다.

지도 P.135-B2 　주소 1525 Cortland Ave 가는 방법 뮤니 버스 24번을 타고 Cortland Ave & Bradford St 하차 홈페이지 barebottle.com

Tip

## 샌프란시스코 비어 위크

San Francisco Beer Week는 2월 둘째 주에 열린다. 일정이 맞을 경우 이 기간을 이용하면 특별한 수제 맥주를 만날 수 있다.
홈페이지 sfbeerweek.org

## 어떤 맥주를 사야 하나?

브루어리를 방문하기 힘들다면 세이프웨이 Safeway, 트레이더 조 TraderJoe's 그리고 홀푸즈 마켓 Whole Foods Market 등에 들러 샌프란시스코를 상징하는 맥주들을 꼭 마셔보자.

▶ 앵커 비어 Anchor Beer

Anchor Brewing

'스팀 맥주 Steam Beer'라는 이름으로 많이 알려져 있으며 발효과정에서 발생하는 탄산가스가 증기가 나오는 모습과 유사하여 붙여진 이름이다. 순한 맥주를 좋아하는 라거 맥주 팬에게 추천한다.

▶ 포트 포인트 비어 Fort Point Beer

또 다른 샌프란시스코 기반 맥주로 금문교 밑에 있는 포트 포인트를 로고로 사용하고 있다. 기존 맥주에 비해 6.5%로 알코올 도수가 살짝 높은 편이다. IPA 맥주지만 귤 향과 꽃 향의 균형이 잘 맞추어져 있고 자극적이지 않아 현지인이 매우 좋아하는 맥주 중 하나다.

▶ 도깨비어 Dokkaebier

한인 운영 로컬 맥주로 한국 본연의 맛을 맥주에 담아 만든 것이 특징이다. 최근 홀푸즈에도 진출하며 가장 핫한 맥주 중 하나가 되었다. 오미자, 고춧가루, 대나무 잎과 같은 11가지 맛의 맥주들이 출시되었다.

# 샌프란시스코가 배출한
# 하이엔드 커피 즐기기

혁신과 창조의 도시인 샌프란시스코에서 스페셜 커피가 탄생한 것은 결코 우연이 아니다. 1800년대부터 커피는 샌프란시스코의 주요 수입품이었다. 남북전쟁 당시 북부군의 주요 식량(하루에 평균 14잔을 마셨다는 기록이 있다) 중 하나였으며, 일터에서는 생산성을 끌어올리는 기능성 음료였다. 샌프란시스코를 대표하는 하이엔드 커피인 '블루 보틀'과 '필즈'에 들러 커피를 마셔보고 분위기도 비교해보자.

BLUE BOTTLE COFFEE

## 블루 보틀 Blue Bottle

1600년대 오스만 제국과 오스트리아와의 전쟁은 합스부르크 제국(오스트리아)에 엄청난 상처와 피해를 주었지만 동시에 커피라는 귀중한 선물도 주었다. 그것이 오스트리아 빈의 최초 커피하우스, 블루 보틀의 탄생 배경이다. 그로부터 300년 후 한 클래식 아티스트의 커피에 대한 집념은 새로운 로스트를 통해 신선하고 우아한 커피 향과 맛을 창조하였다. 그 커피 가게의 이름을 따서 유럽 최초 커피하우스 1호점의 이름을 지은 것은 우연이 아니다. 클래식 음악을 전공한 창업자답게 인테리어도 매우 미니멀하고 세련되었다.

지도 P.139-B1 **추천 메뉴** 블루 보틀 카페 라테 $5 **주소** 1 Ferry Building 7 **가는 방법** 뮤니 버스 82번 또는 뮤니 스트리트카 F를 타고 San Francisco Ferry Building 하차 **홈페이지** bluebottlecoffee.com

## 필즈 Philz

팔레스타인에서 태어나 샌프란시스코로 이민 와 미션 지역에 정착하여 구멍가게를 하던 아저씨가 있었다. 25년간 가게를 운영한 그의 유일한 즐거움은 다양한 커피콩으로 커피 내리기였다. 마치 좋은 약을 만드는 약사처럼 여러 종류의 커피콩 향과 맛을 배합해서 독특한 맛과 향을 창조하여 브루 brew 커피의 장인이 되었다. 이것이 이민자가 창업한 필즈의 성공 스토리다. 필즈는 캘리포니아에서만

만날 수 있다. 필즈 매장은 미션 지역의 분위기처럼 활기차고 뭔가 모르게 에너지를 북돋는다. 밝은 에너지가 넘치는 필즈 매장 안에서는 커피를 들면 누구나 친구가 되는 분위기다.

지도 P.139-B2 **추천 메뉴** 테소라 Tesora(Hot), 아이스드 민트 모히토 Iced Mint Mojito **주소** 425 Mission St Suite 100 **가는 방법** 뮤니 버스 101, 130, 150번을 타고 Mission St & 1st St 하차 **홈페이지** www.philzcoffee.com

## 이퀘이터 Equator

1955년에 커피 로스팅에 빠진 브룩 맥도널과
헬렌 러셀이 자신의 집 차고에서 시작한 커피
다. 이퀘이터는 유기농 커피와 공정 무역 커피
를 모토로 커피 팬들의 입맛을 사로잡고 있다.
샌프란시스코에 2개의 매장이 있다. 아래 매
장은 금문교가 잘 보이는 장점도 있다.

지도 P.164 주소 Golden Gate Bridge 가
는 방법 뮤니 버스 101, 114, 130번을 타고
Golden Gate Bridge Toll Plaza 하차 홈페
이지 equatorcoffees.com

## 사이트글라스 커피
Sightglass Coffee

샌프란시스코에 2개의 매장이 있
다. 창고형 커피숍으로 공간이 매우
넓고 커피를 사랑하는 사람들을 적극적으로 환영하
는 듯한 분위기가 특징적이다. 핸드드립 커피와 바
닐라 아이스드 콜드 브루 Vanilla Iced Cold Brew가
추천 메뉴다. 베이커리도 훌륭한 편이다.

지도 P.138-A2 주소 270 7th St 가는 방법 뮤니 버스 6,
9번 또는 뮤니 스트리트카 F를 타고 Market St & 7th St
하차 후 도보 7분 홈페이지 sightglasscoffee.com

## 리추얼 커피 로스터스
Ritual Coffee Roasters

2005년에 오픈한 커피숍으로 튀르키예 국기를 연
상시키는 로고 디자인이 눈에 확 띈다. 커피 원두를
생산자와 직거래하는 것이 특징이다. 커피숍의 미니
멀한 인테리어나 다양한 굿즈도 눈길을 끈다. 온두
라스에서 생산되는 커피의 진수를 맛보고 싶다면 들
르길 추천한다. 샌프란시스코에 3개의 매장이 있다.

지도 P.138-A2 주소 1026 Valencia St 가는 방법 뮤니 버
스 14번을 타고 Mission St & 20th St 하차 후 도보 5분 홈페
이지 ritualroasters.com

# 🛍 Shopping

사는 즐거움

샌프란시스코에서는 세계적으로 유명한 해외 명품부터 지역 아티스트들의 작품까지 다양하게 구입할 수 있다. 니먼 마커스부터 티파니까지 대부분의 명품 숍과 백화점은 유니언 스퀘어에 몰려 있고 특히 메이든 레인 Maiden Lane에 집중되어 있다.

## 웨스트필드 샌프란시스코 센터
### Westfield San Francisco Center

샌프란시스코에서 쇼핑을 위해 한 곳만 가야 한다면 꼭 방문해야 하는 쇼핑몰이다. 지상 9층 규모의 대규모 쇼핑몰로 블루밍데일 등의 백화점과 마이클 코어스, 토리 버치 같은 명품 브랜드, Lululemon, H&M과 자라 Zara 등의 패스트패션까지 다양하다. 푸드 코트인 엠포리엄 Emporium은 메뉴의 옵션이 많은 편이다. 차량을 소지한 경우는 주차가 힘든 지역임에 유의한다.

지도 P.139-B2 ▶ 주소 865 Market St 운영 월~토요일 10:00~20:30, 일요일 11:00~17:00 가는 방법 뮤니 메트로 J, M, N을 타고 Powell Station 하차

## 애플스토어
### Apple Store Union Square

스티브 잡스가 좋아한 미니멀리즘 디자인을 느낄 수 있는 매장이다. 시원한 통유리 건물 안에서 다양한 애플 제품을 시연해 볼 수 있다. 애플 제품 서비스가 필요한 경우에는 예약이 필수다.

지도 P.139-B2 ▶ 주소 300 Post St 운영 월~토요일 10:00~22:00, 일요일 11:00~19:00 가는 방법 유니언 스퀘어에서 도보 1분 홈페이지 www.apple.com

## 새뮤얼 쉬우어
### Samuel Scheuer

1935년에 고급 유럽 침구 및 리넨 제품을 표방하며 창립하였다. 가구와 주방 제품에 관심이 있는 사람이라면 좋아할 만한 쇼핑 명소. 럭셔리한 베딩 제품이나 장식용 인테리어 제품을 보는 재미가 쏠쏠하다.

지도 P.139-B2 ▶ 주소 340 Sutter St 운영 월~토요일 10:00~17:00 휴무 일요일 가는 방법 유니언 스퀘어에서 도보 2분 홈페이지 www.schuerlinens.com

©Samuel Scheuer

## 브리텍스 패브릭스
### Britex Fabrics

원단과 단추, 부자재 등을 구입할 수 있다. 꼭 구입하지 않아도 보는 재미가 쏠쏠하다.

지도 P.139-B2 ▶ 주소 117 Post St 운영 월~금요일 11:00~16:00 휴무 토~일요일 가는 방법 유니언 스퀘어에서 도보 3분 홈페이지 www.britexfabrics.com

# 이케아
## IKEA

2024년 샌프란시스코 마켓 스트리트에 IKEA가 문을 열었다. 새로운 이케아 디자인을 확인할 수 있고 무엇보다 도심 한복판에 북구 유럽식 식사 및 다양한 메뉴가 비교적 저렴한 가격으로 제공된다는 장점이 있다. 최근 매운 국수인 사천식 누들부터 푸에르토리코 음식까지 추가되었다.

지도 P.138-A2 주소 945 Market St 운영 월~목요일 10:00~19:00, 금~토요일 10:00~20:00, 일요일 10:00~18:00 가는 방법 뮤니 메트로 F를 타고 Market St & 5th하차 홈페이지 www.ikea.com/us/en/stores/san-francisco

# 윌리엄스 소노마
## Williams Sonoma

1947년에 척 윌리엄스가 프랑스 주방 제품에 반해 창립한 미국 대표 주방 제품 브랜드다. 2층 규모의 전시장에 업스케일의 다양한 주방 제품을 전시하고 있다. 고급 주방 제품에 관심이 있는 사람은 꼭 들러 볼 것을 권한다. 2층 창문을 통해 바라보는 유니언 스퀘어의 풍경은 그림같다.

지도 P.138-A2 주소 340 Post St 운영 월~토요일 10:00~19:00, 일 10:00~18:00 가는 방법 유니언 스퀘어에서 도보 1분 홈페이지 www.williams-sonoma.com

## 샌프란시스코에서만 살 수 있는 브랜드 [Tip]

▶ **로컬 테이크 Local Take**
샌프란시스코를 기념할 수 있는 유니크한 기념품을 찾는다면.
주소 카스트로 지역, 4122 18th St
홈페이지 localtakesf.com

©Local Take

▶ **팀벅2**
Timbuk2
샌프란시스코가 낳은 자전거 메신저 가방.
주소 506 Hayes St
홈페이지 timbuk2.com

▶ **리치먼드 디스트릭트 퍼기 노션**
Richmond District's Foggy Notion
샌프란시스코를 담은 독특한 디자이너 티셔츠를 찾는다면.
주소 124 Clement St 홈페이지 foggy-notion.com
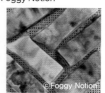
©Foggy Notion

▶ **단델리온 초콜릿**
Dandelion Chocolate
카카오콩과 설탕만을 이용한 독특한 초콜릿을 찾는다면.
주소 740 Valencia St(미션 지역)
홈페이지 store.dandelionchocolate.com

©Dandelion Chocolate

# 샌프란시스코 지역별 대표 쇼핑 거리

샌프란시스코는 동네 Neighborhood마다 독특한 특성이 있어 그것을 반영하는 쇼핑의 재미를 경험할 수 있다. 아래 소개한 거리를 중심으로 지역색 가득한 쇼핑을 즐겨보자.

### 그랜트 애비뉴 Grant Avenue

차이나타운의 중심 거리로 중국 기념품 등을 살 수 있다. 샌프란시스코에서 가장 인구밀도가 높은 지역으로 인산인해를 이루는 지역이다. 메인 거리를 따라 옥Jade으로 만든 장식물을 파는 가게부터 중국식 야채나 과일을 파는 현지인의 활기찬 중국 시장 거리까지 경험할 수 있다. 중국을 상징하는 독특한 벽화도 놓치지 말자.

### 필모어 스트리트 Fillmore Street

퍼시픽 하이츠의 구매력 높은 지역 주민들이 이용하는 레스토랑, 카페 그리고 부티크 숍을 볼 수 있다. 활기차고 에너지 바이브가 많은 지역으로 트랜디한 여성 부티크 숍, 뷰티 숍 Aesop(2450 Filmore St), 가죽 스니커로 유명한 Frye(2047 Filmore St) 가게도 있다. 쇼핑 중에 휴식은 블루 보틀(2453 Filmore St)에서 커피를 마시거나 Curbside Café(2417 California St)에서 현지인이 선호하는 브런치를 즐기길 추천한다.

### 유니언 스트리트 Union Street

빅토리아 양식 집을 개조하여 갤러리, 서점, 레스토랑을 운영한다. 반려견을 키운다면 전용 베이커리 전문 매장인 Le Marcel Bakery For Dogs(2066 Union St)에 들러 보자. 눈이 즐거워지는 쿠키, 케이크 등 다양한 디저트를 만날 수 있다.

### 카스트로 스트리트 Castro Street

성소수자 전문 서점이나 부티크숍을 볼 수 있다. 실질적인 쇼핑 지역이기보다는 독특한 숍을 구경하는 재미가 있는 곳이다. Cliff's Variety(479 Castro St)는 윈도우 디스플레이도 독특하고 재미있는 기념품을 판매한다.

### 헤이트 스트리트 Haight Street

1967년 '사랑의 여름'으로 상징되는 히피 문화의 대표 지역으로 원색적이면서 유니크한 숍을 즐기는 지역이다. 인디 음악 가게로는 Amoeba Music(1855 Haight St)이 유명하고 이벤트나 축제에 입는 독특한 코스튬은 Piedmont Boutique(1452 Haight St)가 대표적이다.

## 근교의 아웃렛

### 길로이 프리미엄 아웃렛
#### Gilroy Premium Outlets

샌프란시스코에서 남쪽 방향으로 1시간 10분 정도 운전하면 갈 수 있다. 몬터레이를 가면서 들르기 좋다. 대중교통으로는 접근하기 불편하다. 아웃렛의 규모가 크게 4개의 존 Zone으로 이루어져 있어 큰 편이다. 관심 있는 브랜드를 지도에서 확인하고 움직여야 한다. 매년 7월 마지막 주에는 길로이 마늘 축제가 열린다.

지도 P.127　주소 681 Leavesley Rd, Gilroy, 운영 월~목요일 10:00~20:00, 금·토요일 10:00~21:00, 일요일 12:00~18:00

### 샌프란시스코 프리미엄 아웃렛
#### San Francisco Premium Outlets

샌프란시스코에서 제일 가까운 아웃렛으로 동쪽 방향으로 차로 40분 정도 걸린다. 요세미티 국립공원으로 가는 길의 중간쯤에 있다. 최근에 생겨 명품 브랜드가 가장 많고 중저가 브랜드도 다양하다. 프라다, 보테가 베네타, 토리 버치, 버버리, 막스 마라, 지미 추 등을 비롯해 180여 개의 브랜드가 입점해 있다.

지도 P.127　주소 2774 Livermore Outlets Dr, Livermore 운영 월~토요일 10:00~20:00, 일요일 10:00~19:00 가는 방법 바트 East Pleasanton/Dublin역에 내린 후 Wheels Bus Route 14를 타고 이동한다.

### 내파 프리미엄 아웃렛
#### Napa Premium Outlets

샌프란시스코에서 북쪽 방향의 내파 와이너리를 갈 때 들르면 좋다. 내파 밸리 와이너리에서 운전으로 15분 정도 떨어져 있으며 50여 개 브랜드가 입점해 있다.

주소 629 Factory Stores Dr, Napa 운영 11:00~19:00

# 샌프란시스코 숙소 고르기

샌프란시스코는 숙소 가격이 비교적 비싼 편이지만 2일 이내의 짧은 일정이라면 볼거리가 집중된 도심에 묵는 것을 추천한다. 예산이 허락한다면 유니언 스퀘어 주변에 묵는 것이 가장 좋은 옵션이다. 어린이를 동반한 가족이라면 피셔맨스 워프나 프리시디오에 숙소를 정하길 권한다. 중간 정도의 예산으로 머무르기에 적당한 곳은 노스 비치 지역이다.

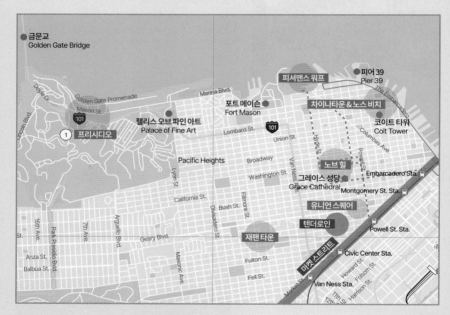

## 숙소 예약 팁

① 샌프란시스코는 관광객이 많은 도시이면서 대규모 컨벤션 등의 행사가 많이 진행되는 도시다. 예약은 최소한 한 달 전에 미리 하기를 추천한다. 아래 홈페이지를 통해 컨벤션 일정을 확인하는 것이 좋다.
홈페이지 https://www.sftravel.com/
② 6~8월은 성수기로 숙소 가격이 비싸고, 11~4월은 비수기에 속한다.
③ 호텔 팁은 아침에 $2~5를 놓아두는 것이 하우스키핑에 대한 예의다.

### ▶ 홈리스가 많은 지역 피하기

코로나 이후 강력 단속으로 홈리스 인구가 줄어들고 있는 추세지만 여전히 샌프란시스코에는 홈리스가 많은 지역이 있다. 다운타운 관광 시 텐더로인 지역 Tenderloin을 피하고 마켓 스트리트 Market Street 5번가에서 10번가 사이를 주의하자.

## 유니언 스퀘어

관광의 출발점이면서 교통이 편리한 도심으로 교통이 편하고 가격대가 비싼 편이다. 도심 지역인 만큼 파이낸셜 디스트릭트나 페리 빌딩이 도보로 여행이 가능한 장점이 있다.

## 차이나타운 & 노스 비치

노스 비치는 파이낸셜 디스트릭트 북쪽, 피셔맨스 워프 남쪽에 위치하여 두 관광지에 접근성이 좋은 편이다. 이탈리아 카페와 레스토랑이 몰려 있어 밤까지 활기찬 지역이다.

## 재팬 타운

가격대도 적당하고 일본 음식을 비롯한 아시아 음식을 체험하기에 좋다. 걸어서 필모어 거리에 접근하기도 용이하다.

## 피셔맨스 워프

아이를 동반한 가족여행이라면 피셔맨스 워프를 숙소로 정하면 좋다. 활기찬 피셔맨스 워프와 앨커트래즈섬 투어까지 효율적인 동선이 가능하다. 저녁에는 마리나 지역으로 이동하여 로컬 레스토랑을 즐길 수 있다.

## 노브 힐

도심에 위치하나 높은 언덕에 있어 걸어서 접근하기는 좀 힘들다. 차이나타운에서 가깝고 롬바드 스트리트 접근성이 용이한 장점이 있다.

## 프리시디오

어린이를 동반한 여행객은 도심을 벗어나 녹지와 바다를 즐길 수 있는 프리시디오 지역에 머무는 것을 추천한다.

---

Tip

### 자율 주행 택시(웨이모) 체험하기

샌프란시스코는 기술 혁신의 도시로 자율 주행 택시 체험이 가능하다. 구글 모회사인 알파벳에서 운영하는 무인 택시를 타는 얼리 어댑터 경험을 해보자.

| 장점 | 단점 |
| --- | --- |
| 무인 드라이버의 택시를 경험할 수 있다. 운전자 없이 상황에 맞게 속도 조절을 하며 부드럽게 운행한다. 게다가 친환경적인 전기차다. | 샌프란시스코 공항은 아직 서비스가 제공되지 않으며, 우버나 리프트보다 다소 비싸고 대기 시간도 긴 편이다. |

▶ **이용법**

1 웨이모 어플 다운 및 가입하기(미국 전화 번호가 있어야 승인 가능)

∨

2 우버, 리프트와 동일한 방식으로 차량 호출 및 픽업.

∨

3 차가 도착하면 어플을 통해 문 열고 안전벨트 착용하기.

∨

4 자율 주행 택시 운전 실력 감상하기.

# Sausalito
## 소살리토

금문교를 건너면 산 중턱의 구불구불한 길을 따라 예쁜 집이 늘어서 있고 바다에는 요트가 정박한 풍경을 만나게 된다. 마치 이탈리아 아말피 Amalfi에 와 있는 듯한 느낌이 드는 소살리토는 스페인어로 '작은 버드나무'라는 뜻이 담겨 있다. 과거 어촌으로 시작한 작은 마을 소살리토는 금문교 건설 이전에는 기차, 자동차 그리고 페리의 터미널 역할을 하였고, 제2차 세계대전 전후로는 배 건조가 주된 산업을 이루었다. 지금은 이색적인 부티크와 갤러리, 다양한 식당과 상점이 즐비한 관광과 예술의 도시로 자리매김하고 있다. 홈페이지 www.sausalito.org

---

## 가는 방법

소살리토까지는 페리, 자전거, 버스 등으로 갈 수 있다. 가장 많이 이용하는 방법은 페리로 피셔맨스 워프 피어 41에서 블루 앤 골드 플리트 Blue and Gold Fleet를 타거나 페리 빌딩에서 골든 게이트 페리 Golden Gate Ferry를 타면 된다. 샌프란시스코와 베이 주변 경치가 한눈에 들어와 교통수단으로 유람선의 기쁨을 얻을 수 있는 노선이다. 소요 시간은 30분 정도다. 페리는 주중과 주말 노선이 서로 다

페리부스

르니 항해 스케줄을 미리 확인해야 한다. 주말에는 사람이 많기 때문에 온라인 예매를 추천한다.

자전거는 피셔맨스 워프에서 금문교를 거쳐 소살리토까지 편도 2시간 30분이 걸린다. 체력 소모가 상당한 편이니 돌아오는 배편을 미리 확인하고 이용하길 추천한다.

이용도는 낮지만 버스로도 갈 수 있다. Van Ness Ave & Clay St에서 출발하고 소요 시간은 27분이다. 홈페이지에서 스케줄을 확인하자.

● 페리
[Blue and Gold Fleet] 요금 어른 $14.75, 어린이(5~12세) $9(클리퍼 사용 불가)홈페이지 blueandgoldfleet.com
[Golden Gate Ferry] 요금 어른 $14, 어린이(5~12세) $7(클리퍼 사용 시 $8) 홈페이지 goldengateferry.com

● 버스
요금 $8.5(클리퍼 카드 사용 시 $6.80)
[Golden Gate Transit] 홈페이지 goldengatetransit.org
[Marin Transit] 홈페이지 marintransit.org

## 📷 Attraction

샌프란시스코 도심을 벗어나 워터프런트를 거닐며 바다와 능선이 만드는 아름다운 경관과 휴양지의 여유를 즐겨보자. 제2차 세계대전 이후 몰려와 살았던 예술가들의 보트 하우스에서 자유로움과 감성을 느낄 수 있다.

### 브리지웨이 Bridgeway

소살리토의 핵심 관광 코스다. 다운타운 주도로인 브리지웨이를 따라 한쪽은 산등성이고 다른 한쪽은 바다를 따라가는 해안 산책로다. 이 도로를 따라 빅토리아풍 건물에 들어서 있는 부티크, 레스토랑, 그리고 이색 테마 상점 등의 주요 볼거리가 펼쳐져 있다.

가는 방법 페리에서 내리면 바로 연결된다.

### 보트 하우스 Boat House

관광객들의 주목을 받는 400여 개 보트 하우스는 1950년대의 비트 세대와 1960년대의 히피 세대가 대안적 주거 공간으로 모색하면서 형성되었다. 당시에는 임대료가 저렴해 아티스트나 문학인들이 몰려들었으나 현재의 수상 가옥은 그 의미가 퇴색하여 주택 가격이 매우 비싼 편이다. 주로 북쪽 방향의 Gate 5·6 Rd 지역에서 볼 수 있다. 실제 주민들의 거주 지역이므로 민폐가 되는 행위는 삼가야 한다. 9월에는 보트 하우스 투어를 운영한다. 시간이 부족하다면 브리지웨이에서 도보로 이동 가능한 '물에 떠있는 타지마할 Floating Taj Mahal'(주소 : Richardson Bay)에 들러 보길 추천한다.

가는 방법 130번 버스를 타고 Bridgeway & Marinship Way 하차

## 🍴 Restaurant

### 포지오 트라토리아 Poggio Trattoria

미슐랭 가이드를 받은 이탈리아 토스카나 지방 전문 레스토랑으로 브런치와 해산물 요리가 훌륭하다. 지역에서 생산되는 신선한 재료로 요리를 하며 추천 메뉴는 뇨키와 비슷하지만 감자 대신 리코타 치즈로 만든 누디 Gnudi와 마가리타 피자다.

주소 777 Bridgeway 운영 월~목요일, 일요일 06:30~11:30, 12:00~21:00, 금~토요일 06:30~11:30, 12:00~22:00 가는 방법 페리 선착장에서 도보 3분

### 스코마스 소살리토 Scoma's Sausalito

푸른 바다 저 멀리 샌프란시스코를 조망하면서 제철 해산물을 즐길 수 있는 레스토랑이다. 대표 메뉴는 랍스터 리소토 Lobster Risotto와 던저니스 크랩 앤 오리건 베이 슈림프 케이크 Dungeness Crab &Oregon Bay Shrimp Cakes다.

주소 588 Bridgeway 운영 월요일 11:30~20:00, 수~목요일 11:30~20:00, 금~토요일 11:30~21:00, 일 11:30~20:00 가는 방법 페리 선착장에서 도보 4분

### 르 가라지 Le Garage

미국식 브런치를 즐
길 수 있다. 현지인
에게도 인기가 많아
일찍 서둘러야 한다.
추천 메뉴는 프렌치
토스트 French Toast, 에그 베네딕트 Eggs Benedict
그리고 크로케 마담 Croque Madame이다.

주소 85 Liberty Ship way 운영 화~목요일 11:30~20:00,
금요일 11:30~20:30, 토요일 10:00~14:30, 17:00~
20:30, 일요일 10:00~14:30 가는 방법 페리 선착장에서
도보로 21분

### 아바타스 Avata's

인디언, 아시안, 멕시칸 음식을 파는 퓨전 레스토
랑이다. 대표 메뉴는 자메이카 저크 치킨 엔칠라다
Jamaica Jerk Chicken Enchilada, 뉴질랜드 램 커리
New Zealand Lamb Curry 그리고 린 그라운드 램
앤칠라다 Lean Ground Lamb Enchilada이다.

주소 2656 Bridgeway 운영 월~토요일 11:00~15:00,
17:00~21:30 가는 방법 17번 버스를 타고 Bridgeway &
Coloma St 하차

### 살리토스 크랩하우스 & 프라임 립
Salito's Crab House & Prime Rib

해산물 요리와 스테
이크 모두 훌륭하다.
추천 메뉴는 크랩 차
우더 Crab Chowder,
크랩 엔칠라다 Crab
Enchilada 그리고 신
선한 오이스터 Oyster를 맛보길 권한다.

주소 1200 Bridgeway 운영 매일 12:00~20:00 가는 방법
페리 선착장에서 도보 10분

### 래퍼트 아이스크림
Lappert's Ice Cream

홈메이드 아이스크림을
들고 해안 산책로인 브리
지웨이 Bridgeway를 걸
어보자.

주소 689 Bridgeway 운영 월~목요일, 일요일 09:00~
19:00 금~토요일 09:00~20:00 가는 방법 페리 선착장에
서 도보 2분

---

## 🛍 Shopping                                          사는 즐거움

### 히스 세라믹 본점 Heath Ceramics

1948년 이디스 히스
와 브라이언 히스 부
부가 창업한 고급 도
자기 브랜드다. 핸드
메이드로 제작될 뿐
아니라 유행을 타지
않는 모던한 디자인
으로 '캘리포니아 도
자기의 자존심'이라
불린다. 투어에 참여
할 수도 있고, 고급 타
일과 도자기를 둘러보는 것만으로도 눈이 즐겁다.

주소 400 Gates 5 Rd 운영 매일 10:00~17:00 가는 방법
130번 버스를 타고 Bridgeway & Coloma St 하차

### 게임스 피플 플레이 Games People Play

게임과 관련된 재미
있는 상품을 파는 곳
이다.

주소 695 Bridgeway
운영 매일10:00~18:00
가는 방법 페리 선착장에서 도보 2분

### 스튜디오 333 다운타운
Studio 333 Downtown

지역 아티스트의 예쁜
모자를 파는 가게다.

주소 803 Bridgeway
운영 매일 10:00~18:30
가는 방법 페리 선착장에
서 도보 5분

# Berkeley
## 버클리

샌프란시스코에서 동쪽 방향으로 3.4km정도 떨어져 있는 버클리는 지성과 자유의 메카인 명문 주립대학 UC 버클리가 있는 학원 도시다. 주요 볼거리는 UC 버클리에 집중되어 있고 다운타운의 섀턱 애비뉴 Shattuck Avenue에는 트렌디한 레스토랑이 몰려있다. 버클리 대학을 둘러보고 다양한 다이닝 옵션을 가지고 있는 레스토랑을 체험해보자.

## 가는 방법

바트가 가장 쉬운 방법이다. 샌프란시스코에서 오렌지 Orange나 레드 Red 노선을 타고 Downtown Berkeley역에 내리면 UC 버클리 캠퍼스의 서쪽으로 접근이 가능하다. 버스를 이용할 땐 AC 트랜싯 버스 AC Transit Bus F, L 노선을 타고 Downtown Berkeley Station에서 하차한다. 홈페이지 bart.gov

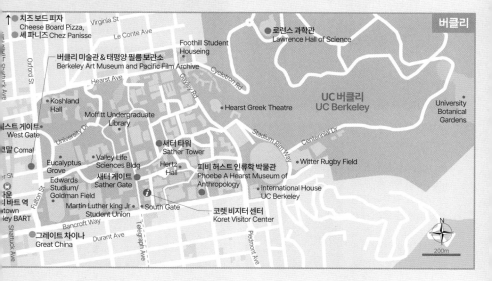

## UC 버클리
UC Berkeley

과학적 연구를 주도하는 세계적인 명문대학으로 1868년에 설립된 이후 다수의 노벨상 수상자를 배출하였다. 1960년대 미국 서부를 대표하던 보수 대학이 스탠퍼드라면 프리 스피치 운동 The Free Speech Movement을 이끌어 낸 진보 대표 대학이 바로 UC 버클리다. 히피 문화와 같은 반문화 현상을 주도했을 뿐 아니라 현재도 사회 현안에 대해 다양한 목소리를 내고 있다. 학문적 명성만큼이나 소장품의 질이 우수한 박물관도 많아 두루 둘러볼 만하다.

지도 P.195 가는 방법 바트 다운타운역에서 UC 버클리의 시작점인 새터 게이트까지 도보로 15분 정도 걸린다.

### ★ 새터 게이트 Sather Gate

UC 버클리를 상징하는 청동 문으로 관광객들이 인증샷을 가장 많이 찍는 곳이다. 새터라는 이름은 버클리 대학에 거액의 기부를 한 새터 부부의 이름을 딴 것이다. 존 갈렌 하워드 John Galen Howard가 보자르 양식으로 만들었다.

### ★ 새터 타워
Sather Tower

UC 버클리의 상징 중 하나로 1914년에 베네치아 산 마르코 광장의 종탑을 본떠서 만들었다. 새터 게이트를 만든 존 갈렌 하워드의 작품으로 높이가 97m에 달한다.

전망대에 올라가면 샌프란시스코만과 버클리 시가지가 한눈에 들어온다. 매시 정각에 종이 울린다.

운영 월~금요일 10:00~16:00, 토요일 10:00~17:00, 일요일 10:00~13:00, 15:00~17:00 요금 $5 홈페이지 https://visit.berkeley.edu/campus-attractions/campanile

### ★ 로런스 과학관 Lawrence Hall of Science

로런스 과학관은 미국의 교육 단계별 과학 원리를 체험할 수 있도록 만들어진 박물관이다. 박물관의 이름은 버클리 최초로 노벨 물리학상을 받은 어니스트 로런스를 기리며 붙여졌다. 버클리 고지대에 위치해 있어 시계가 좋을 땐 버클리뿐 아니라 샌프란시스코와 소살리토까지 한눈에 들어오는 전망대 기능도 한다.

주소 1 Centennial Dr 운영 수~일요일 10:00~17:00 휴무 월·화요일 요금 $20 홈페이지 www.lawrencehallofscience.com

### ★ 버클리 미술관 & 태평양 필름 보관소
Berkeley Art Museum and
Pacific Film Archive

버클리 미술관은 미국 대학의 예술 박물관 중 소장품의 규모가 제일 크다. 마크 로스코, 잭슨 폴

락 등의 회화 작품을 감상할 수 있다. 태평양 필름 보관소에서는 예술적 가치가 높은 영화 필름을 보관 및 전시한다.

주소 2155 Center St 운영 수~일요일 11:00~19:00 요금 $14, 매월 첫째 주 목요일 무료 홈페이지 bampfa.org

### ★ 피비 허스트 인류학 박물관
**Phoebe A Hearst Museum of Anthropology**

1901년에 피비 허스트의 거액 기부로 탄생한 인류학 박물관이다. 미국 원주민과 관련한 유물이 볼 만하다. 2025년 현재 리모델링으로 휴관 중이다.

주소 102 Anthropology and Art Practice Building, Berkeley
홈페이지 https://hearstmuseum.berkeley.edu

## 🍽 Restaurant
먹는 즐거움

버클리는 학원 도시의 명성과 함께 다양한 음식을 체험할 수 있는 식도락 도시로도 알려져 있다. 바트역이 있는 캠퍼스 앞 섀턱 애비뉴 Shattuck Ave를 따라 다양한 종류의 레스토랑이 있다.

### 치즈 보드 피자
**Cheese Board Pizza**

매일 한 가지 종류의 피자를 선정해서 판매한다.

지도 P.195 ▶ 주소 1504-1512 Shattuck Ave 운영 화요일 11:30~14:30 수~토요일 11:30~14:30, 16:30~20:00 휴무일·월요일 가는 방법 바트 Downtown Berkeley역에서 도보 15분 홈페이지 http://cheeseboardcollective.coop

### 셰 파니즈
**Chez Panisse**

앨리스 워터스가 1971년에 오픈한 곳으로 농장에서 재배한 식재료를 식당으로 바로 공급하는 혁명적 아이디어를 처음 도입해 말 그대로 'From Farm to Table'을 실천했다. 예약하기 꽤 어려운 편이다. 추천 메뉴는 시즈널 재료와 유기농 재료를 사용한 프리 픽스 디너 메뉴다.

지도 P.195 ▶ 주소 1517 Shattuck Ave 운영 월요일 17:00~22:00 화~토요일 11:30~14:30, 17:00~22:00 휴무 일요일 가는 방법 바트 Downtown Berkeley역에서 도보 12분 홈페이지 www.chezpanisse.com

### 그레이트 차이나
**Great China**

미슐랭 가이드에 소개된 중국 레스토랑이다. 겉은 바삭하고 속살이 부드러운 베이징덕이 대표 메뉴다.

지도 P.195 ▶ 주소 2190 Bancroft Way 운영 11:30~14:00, 17:00~21:00 휴무 화요일 가는 방법 바트 Downtown Berkeley역에서 도보 7분 홈페이지 http://greatchinaberkeley.com

### 코말 Comal

모던한 업스케일 스타일의 멕시코 레스토랑이다. 마가리타가 맛있고 홈메이드 스타일의 엔칠라다 Enchiladas가 추천 메뉴다.

지도 P.195 ▶ 주소 2020 Shattuck Ave 운영 매일 17:30~21:00 가는 방법 바트 Downtown Berkeley역에서 도보 2분 홈페이지 www.comalberkeley.com

# Stanford University

## 스탠퍼드 대학

샌프란시스코에서 남쪽으로 50km 정도 떨어져 있는 스탠퍼드 대학은 중세 유럽의 분위기를 풍기는 아름다운 곳이다. 학교가 설립된 때는 1891년이지만 설계자의 뜻에 따라 시대를 거슬러 올라간 멋진 로마네스크 양식의 건물들이 탄생하게 되었다. 1885~1893년 미국의 상원의원을 지낸 재력가 리랜드 스탠퍼드는 열다섯 어린 나이에 병사한 자신의 외아들을 기리고자 이 학교를 건립했다. 오늘날 스탠퍼드 대학은 무수히 많은 노벨상 수상자를 배출했으며 미국 서부의 대표적인 사립 명문대로 자리를 굳건히 하고 있다.

공식 홈페이지 www.stanford.edu

## 가는 방법

스탠퍼드 대학은 샌프란시스코 남쪽의 팰로앨토 Palo Alto라는 작은 도시에 자리한다. 샌프란시스코에서 팰로앨토까지는 차로 30~40분이면 닿는 가까운 곳이지만 대중교통을 이용할 경우 1시간 정도 걸린다.

### 칼트레인 Caltrain

칼트레인은 샌프란시스코에서 새너제이, 실리콘 밸리를 오가는 통근열차다. 샌프란시스코 시내 동쪽의 4th St와 King St 사이에 자리한 칼트레인역 Caltrain Station에서 출발하고 팰로앨토 칼트레인역 Palo Alto Caltrain Station에서 하차하면 된다. 팰로앨토는 3구역에 해당하며 35~50분 소요된다.
요금 성인(3구역 편도 기준) $8.25(클리퍼카드 $7.70) 홈페이지 www.caltrain.com

## 시내 교통

팰로앨토 칼트레인역에서 하차 후 스탠퍼드 대학 캠퍼스 안으로 들어가려면 1km 이상 걸어가거나 셔틀버스를 이용하면 된다.

### 마거리트 Marguerite

스탠퍼드 대학에서 운영하는 무료 셔틀버스로, 팰로앨토 칼트레인역과 스탠퍼드 대학 캠퍼스를 연결한다. 팰로앨토 칼트레인역 앞 정류장에서 여러 노선이 출발하며 대부분 스탠퍼드 쇼핑 센터와 스탠퍼드 대학 캠퍼스를 지난다. 학생들의 수업이 있는 평일에는 수시로 운행되지만, 주말이나 방학, 학교 행사나 공휴일에는 운행되지 않는 경우도 있으니 유의하자.

홈페이지 transportation.stanford.edu/marguerite

# 📷 Attraction
보는 즐거움

## 메인 쿼드
### Main Quad

스탠퍼드 대학의 중심을 차지하는 넓은 광장이다. 메인 쿼드는 중세 로마네스크 양식의 종교적인 분위기가 물씬 풍기는 곳으로 정면의 메모리얼 교회 Memorial Church와 줄지어 늘어선 아치 기둥, 대학 설립 초창기에 지어진 전통 있는 아름다운 건물들이 조화를 이루고 있다. 또한 광장으로 들어가는 입구에는 로댕의 유명한 조각 작품인 '칼레의 시민 Burghers of Calais'도 전시돼 있어 분위기를 한층 살려준다. 각종 교내 행사가 열리는 메인 쿼드지만 그 가운데 가장 주목받는 행사는 'Full Moon on the Quad'라는 특별한 신입생 환영식이다. 신학기가 시작된 후 첫 보름달이 뜨는 밤에 신입생과 4학년이 모여 우정 어린 키스를 나누는 행사인데 실제로는 이 재미난 전통을 즐기기 위해 전 학년이 모여들고 심지어 이방인도 참석한다고 한다.

## 메모리얼 교회
### Memorial Church

메인 쿼드 한복판에 자리 잡고 있는 교회로 스탠퍼드 대학의 창립자인 리랜드 스탠퍼드 사후에 그의 아내 제인 스탠퍼드에 의해 세워졌다. 건물에서 제일 먼저 눈길을 끄는 것은 교회 외벽을 장식한 모자이크다. 빛바랜 듯한 색감이 오히려 주변 풍경과 멋진 조화를 이룬다. 건물 안으로 들어가면 더욱 많은 모자이크를 찾아볼 수 있는데, 특히 '에덴 동산의 아담과 이브'와 천장화인 '네 명의 천사장'은 수수하면서도 아름다운 작품으로 유명하다.

## 후버 타워
### Hoover Tower

1941년 스탠퍼드 대학 개교 50주년을 기념해 지어진 높이 87m의 후버 타워는 스탠퍼드 대학을 조망하기에 더없이 좋은 장소다. 방문자 센터가 있는 메모리얼 오디토리엄 Memorial Auditorium 건물 맞은편에 있으며 멀리서도 쉽게 찾을 수 있다. 후버라는 이름은 스탠퍼드 대학의 1회 졸업생이자 미국의 31대 대통령을 지낸 허버트 후버에서 따왔다. 1층에는 후버 대통령을 기리는 물건을 전시한 작은 갤러리도 있다. 타워와 연결된 후버 연구소 Hoover Institution on War, Revolution and Peace는 미국의 정치, 경제는 물론 국제적인 관심사에 대한 다각적인 연구로 주목받고 있다. 원래 제1차 세계대전의 자료 수집을 위해 세워진 연구소인데 현재는 방대한 양의 전쟁 및 국제관계 자료를 보관하고 있는 곳으로 잘 알려져 있다.

## 캔터 아츠 센터
### Iris & B. Gerald Cantor Center for Visual Arts

1989년 대지진으로 파손되었다가 10년에 걸친 공사 끝에 새로 개장한 미술관으로, 고대 그리스·로마의 조각부터 현대적인 사진에 이르기까지 다양한 작품을 전시하고 있다. 또한 캔터 아츠 센터 옆에는 야외 전시장인 로댕 조각 공원 Rodin Sculpture Garden이 있어 20여 점의 로댕 조각품을 감상할 수 있다.

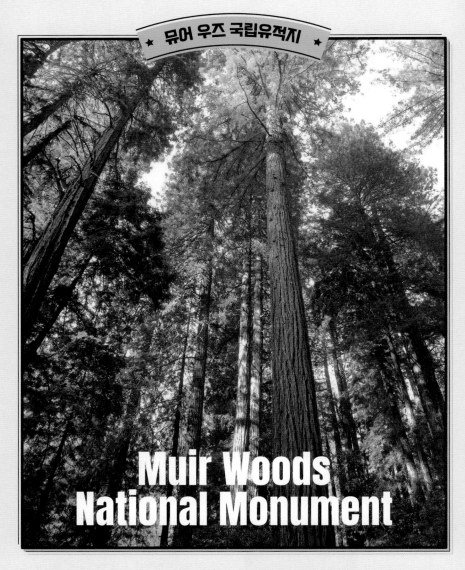

**뮤어 우즈 국립유적지**

# Muir Woods
# National Monument

뮤어 우즈 국립유적지는 레드 우드로 조성된 '자연의 대성당'이다. 위풍당당하게 쭉 뻗은 나무 중에는 무려 76m의 키를 자랑하는 것도 있다. 이런 큰 규모의 레드 우드 숲을 샌프란시스코에서 차로 40분 정도 떨어진 곳에서 만날 수 있다는 게 놀랍다. 샌프란시스코와 가까운 곳에서 자연 여행을 하고 싶다면 뮤어 우즈를 방문하는 것을 추천한다. 도시 가까이에 이런 대규모 숲이 보존된 이유는 1905년, 무분별한 벌목을 우려했던 윌리엄 켄트가 이곳을 사서 국가에 헌납했기 때문이다. 현지인에게도 인기 있는 관광지이므로 미리 홈페이지에서 온라인 예약을 해야 하는데, 오픈 시간은 변동이 많기 때문에 확인이 필수다.

# 기본 정보

## 유용한 홈페이지
공식 홈페이지 www.nps.gov/muwo

## 방문자 센터 Muir Woods Visitor Center
방문자는 먼저 이곳에 등록하고 입장권을 사야 한다. 공원 지도도 받아 두자.

주소 1 Muir Woods Rd, Mill Valley 운영 08:00~일몰 30분 전

## 입장료
성인 $15, 15세 이하 무료

## 주의사항
❶ 공원 내에서는 휴대폰이 잘 안 되니 주차 예약은 반드시 미리 해둔다.
❷ 전화나 인터넷이 잘 안 되니 방문자 센터에서 종이 지도를 받아 두거나 국립공원 애플리케이션을 오프라인 버전으로 받아 둔다.

## 뮤어우즈 트레이딩 컴퍼니 Muir Woods Trading Company
공원 내에서 피크닉은 허용되지 않는다. 뮤어 우즈 트레이딩 컴퍼니에서 간단한 식사가 가능하고 기념품도 살 수 있다.

운영 09:00~일몰 1시간 전

# 가는 방법

## ① 자동차
샌프란시스코에서 자동차로 가는 게 가장 편리하다. 단, 목적지에 가까워질수록 길에 굴곡이 많아 운전에 유의해야 한다. 주차장이 매우 협

소한 편이라 방문 전에 웹사이트에서 예약해야 공

원 출입이 가능하다. 뮤어 우즈의 주차장이 꽉 차면 고속도로 입간판에 공원 출입 불가 사인이 뜬다. 이럴 땐 락스퍼 Larkspur로 가 주차를 하고(무료) 뮤어 우즈 셔틀 Muir Woods Shuttle로 갈아타는 게 최선이다.

[주차 예약] 요금 차량별 $9(일반)~45(대형) 홈페이지 https://gomuirwoods.com
[뮤어 우즈 셔틀] 정류장 주소 (락스퍼 랜딩 Larkspur Landing) 101 E Sir Francis Drake Blvd, Larkspur 운행 주말·공휴일(6월 중순~8월 중순만 한시적으로 매일 운행) 요금 일반 $3.75, 15세 이하 무료

## ② 투어
투어는 주차장 예약의 불편함을 피하고 이동을 편하게 할 수 있는 방법이다. 추천 투어는 뮤어 우즈 & 소살리토 반나절 투어 Muir woods & Sausalito Half-Day Tour로 소살리토와 뮤어 우즈를 효율적으로 관광할 수 있다.

홈페이지 www.viator.com 요금 $89 이상

# 추천 일정

공원에는 총 6마일의 하이킹 코스가 있고 다른 산들과 연결되어 더욱 다양한 하이킹 코스를 즐길 수 있다. 긴 것은 5시간 정도 걸리고 간단한 30분짜리 코스도 있다. 가장 인기 있는 코스는 3.2km(2마일) 구간이다. 한여름에도 무더위가 느껴지지 않는 빽빽한 나무들 사이를 거닐며 피톤치드 가득한 공기를 마시는 것이 여행의 포인트다.

## 미국 북서부 해안을 대표하는 나무, 레드 우드

**Tip**

**Stanford University**

레드 우드는 캘리포니아의 대표 수종으로 화재에 잘 견디는 특성 때문에 샌프란시스코 가옥의 주재료가 되었다. 캘리포니아의 여름은 강수가 많지 않기 때문에 이곳의 레드 우드가 숲을 이룰 정도로 무성한 것이 이상하게 생각될 것이다. 해답은 안개에 있다. 바다 안개가 레드 우드를 키우는 모유 역할을 한다. 스탠퍼드 대학 로고에 들어있는 나무도 레드 우드.

# Napa Valley

## 내파 밸리

내파 밸리는 미국 고급 와인의 대표 산지로 꼽힌다. 캘리포니아 와인은 1976년 파리 시음회에서 와인의 종주국 프랑스를 이긴 것을 계기로 위상을 높였다. 내파 밸리와 소노마 밸리에 나지막하게 이어져 있는 포도밭은 900여 개에 이른다. 주요 와이너리는 29번 도로를 따라 50km에 걸쳐 펼쳐져 있다. 미국의 자랑이자 세계적인 와인 생산지인 이곳에서 질 높고 가성비 좋은 캘리포니아 와인을 제대로 즐겨보자.

미국의 행정 구역은 큰 범주인 카운티 County와 작은 범주인 시 City로 나뉜다. 내파 밸리 카운티는 서울 면적의 3배 이상 크기로 이 책에서는 중심 지역인 내파 Napa, 욘트빌 Yountville, 세인트 헬레나 St. Helena를 소개한다.

# 기본 정보

## 유용한 홈페이지

내파 밸리 관광청 www.visitnapavalley.com
내파 밸리 와인트레인 www.winetrain.com
내파 밸리 와인협회 www.napavinters.com

# 가는 방법

샌프란시스코에서 97km정도 떨어져 있다. 자동차를 이용하는 것이 일반적이나 페리나 버스와 같은 대중교통 수단으로도 접근 가능하다.

## ① 자동차

샌프란시스코에서 1시간 정도 걸린다. 좀 더 빠른 길은 베이 브리지를 통하는 것이지만 경관 좋은 길을 원한다면 금문교를 통해 가는 편이 낫다. 금문교를 이용할 땐 101 N → 37 E → 29번 길을 따라가면 된다. 베이 브리지를 이용할 땐 1-80 E → 29N번 길로 가자.

## ② 버스

내파 밸리는 대중교통으로 가기엔 불편함이 있다. 페리 빌딩이나 피어 41에서 샌프란시스코 베이 페리 San Francisco Bay Ferry를 타고 발레호 Vallejo에서 내린 후 내파 밸리로 가는 바인 버스 VINE Bus 10번을 타고 내파 밸리까지 이동할 수 있다.

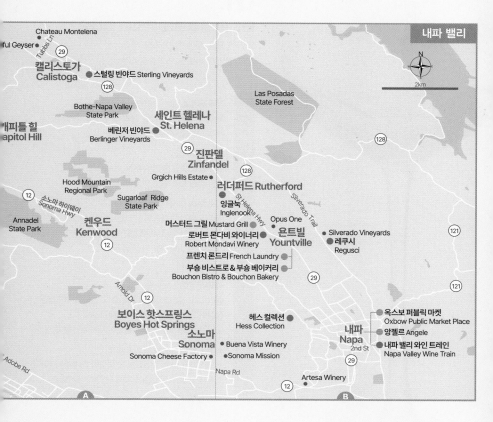

# 캘리포니아 와인 즐기기

캘리포니아의 뜨거운 햇살과 태평양의 부드러운 바람이 만나 영글어낸 포도는 향 좋은 와인으로 태어났다. 1976년 파리 시음회에서 화이트와 레드 와인 모두 1위를 차지하며 콧대 높은 프랑스 와인계를 충격에 빠트린 '파리의 심판' 사건은 너무나도 유명하다. 당시 혁명적이었던 이 사건의 주인공 내파 밸리는 여전히 캘리포니아 와인의 명성을 이어가고 있다. 세계적 수준의 와이너리를 방문해 테이스팅의 즐거움을 더해보자.

● 와인의 기초

## Q1.
### 와인의 종류로는 무엇이 있나요?
와인은 포도 종에 따라 크게
레드 와인과 화이트 와인으로 나뉜다.

**레드 와인**

**카베르네 소비뇽** Cabertnet Sauvignon
풀 바디의 풍부한 과일 향과 맛을 느낄 수 있다.
내파 밸리를 대표하는 와인이다.

**메를로** Merlot
부드럽고 과일 향이 풍부해 초보자가
가장 접근하기 쉬운 와인이다.

**피노 누아** Pinot Noir
프랑스 버건디 품종이 캘리포니아에 건너와
피노 누아가 되었다. 색깔도 더 밝고 세 종류 중
가장 약한 바디감을 가진 와인이다.

**화이트 와인**

**샤도네이** Chadonnay
캘리포니아를 대표하는 화이트 와인으로 부드러운
질감이 느껴지고 사과와 배 향이 느껴진다.
가벼운 점심이나 소풍에 곁들이기에 무난하다.

**소비뇽 블랑** Sauvignon Blanc
샤도네이에 비해 라이트하고 색깔이 더 밝은 편이다.
소비뇽 블랑은 침전물에 의해 단맛이 나기도 한다.

## Q2. 내파 밸리 와인이 왜 유명한가요?

내파 밸리 와인이 세계적 와인 반열에 오르게 된 이유는 토양과 기후 때문이다. 좋은 포도 생산에 유리한 화산 토양과 여름에는 낮에 덥고 밤에는 태평양 바다에서 불어오는 시원한 바람으로 일교차가 크다. 이것은 포도 맛의 균형을 맞추는 데 유리하다.

## Q3.
## 내파 밸리 방문 시 무얼 해야 하나요?

· 와인 테이스팅. 단 음주 운전에 주의해야 한다.
· 고급 레스토랑에서 와인과 음식을 함께 즐기기.
· 갤러리를 소장한 와이너리를 방문해 미술 작품 감상하기. 내파 밸리의 헤스 컬렉션 Hess Collection이나 세인트 헬레나의 할 Hall이 대표적이다.

## Q4.
## 와인 시음의 가장 기본적인 감상법은 있나요?

와인이 담긴 잔을 가볍게 1~2번 돌리고 깊게 숨을 들이마시면서 향을 음미한 후 와인을 입안에서 양치질하듯 머금고 맛이나 향을 음미한다. 허의 미각을 유지하기 위해 와인을 뱉어도 좋다.

## Q5.
## 내파 밸리는 언제 방문하면 좋을까요?

내파 밸리의 성수기는 포도 수확기인 늦여름이다. 이 시기는 관광객 수가 많을 뿐 아니라 숙소 가격이 무척 비싸고 기온도 30℃를 넘어 무척 덥다. 유채꽃이 아름다운 봄이나 가을에 방문하길 추천한다.

## ● 와인 즐기기

내파 지역에는 300여 개의 와이너리가 있다. 시간과 취향을 고려하여 자신에게 맞는 체험을 할 수 있는 곳을 찾아보자.

딱 한 곳! 대표적인 와이너리를 가보고 싶다면

### 로버트 몬다비 와이너리
**Robert Mondavi Winery**

1966년 로버트 몬다비에 의해 설립된 와이너리. 현재 리모델링 중으로 2026년에 재개장 예정이다. 스페인 수도원을 연상시키는 입구가 대표적인 포토존으로 와인 로고로도 사용된다. 장점은 투어 프로그램이 다양하다는 것이고 단점은 늘 사람들로 붐빈다는 것이다. 여름에는 야외에서 콘서트가 열린다.

지도 P.203-B  주소 7801 Hwy 29, Oakville 운영 매일 10:00~17:00 요금 테이스팅 $25~50 홈페이지 robertmondaviwinery.com

가장 오래된 와이너리

### 베린저 빈야드 Berlinger Vineyards

1876년 독일 이민자 베린저 형제가 조성한 와이너리다. 금주법을 피해 내파로 이주하였고 처음에는 약용을 목적으로 포도 키우기에 매진한 것이 와이너리의 시작이 되었다. 와이너리 중심에서 베린저 소유의 독일식 맨션을 볼 수 있으며 스테인드글라스 창이 매우 아름답다.

지도 P.203-A  주소 2000 Main St, St. Helena 운영 매일 10:00~17:00 요금 테이스팅 $35~55 홈페이지 www.beringer.com

어린이를 동반한 가족 여행자들을 위한 와이너리

### 스털링 빈야드 Sterling Vineyards

고지대에 있는 와이너리로 케이블카를 운영하며 셀프 가이드 투어도 잘 되어 있다. 입장료에 케이블카, 와인 시음, 셀프 가이드 투어가 다 포함되어 있어 아이들과 함께 즐기기에 좋다.

지도 P.203-A  주소 111 Dunaweal Ln, Calistoga 운영 매일 10:00~17:00 요금 입장료+케이블카+와인 시음+셀프 가이드 투어 $55~ 홈페이지 www.strelingvineyard.com

셀럽이 소유한 와이너리

### 잉글눅 Inglenook

영화 '대부'로 유명한 프랜시스 코폴라의 와이너리다. 빅토리아 스타일의 맨션은 외관도 내부도 아름답다. 주말에는 샤토(맨션)에서 음식과 와인의 페어링 Pairing 행사도 열린다.

지도 P.203-B  주소 1991 St. Hellena Hwy, Rutherford 운영 매일 11:00~16:00 요금 $75~ 홈페이지 www.inglenlook.com

### 와인과 갤러리가 한 자리에
## 헤스 컬렉션 Hess Collection

프랜시스 베이컨이나 로버트 마더웰의 그림을 만날 수 있다. 와인을 들고 정원도 산책해보자. 단점은 주 도로인 29번 도로에서 14km 정도 떨어져 있고 길이 구불구불하다는 것.

지도 P.203-B 주소 4411 Redwood Rd, Napa 운영 매일 10:00~17:30 투어 전화나 이메일 예약만 받는다(707-320-9221, events@hesspersson.com). 요금 테이스팅 $35~ 홈페이지 www.hesscollection.com

### 캐주얼하게 피크닉을 할 수 있는 와이너리
## 레구시 Regusci

내파에서 오래된 와이너리 중 하나로 1800년대 말에 형성되었다. 떡갈나무가 만든 음지가 아늑한 소풍 지역을 만들어 준다.

지도 P.203-B 주소 5585 Silverado Trail, Napa 운영 매일 10:00~16:00 요금 테이스팅 $45~ 홈페이지 www.regusciwinery.com

---

**Tip**

## 와이너리 경험 팁

① 와이너리는 비교적 일찍(16:00~18:00) 문을 닫는다. 목적지 와이너리를 확인하고 아침 일찍 서두르는 것이 좋다.
② 유명한 와이너리는 예약이 필수다. 홈페이지에서 반드시 확인한다.
③ 와인 테이스팅이 운전에 영향을 주어서는 안 된다. 현실적인 계획을 세우자.
④ 와인 테이스팅에 영향을 주는 것은 와인의 향, 맛 그리고 느낌이다. 취향에 맞는 자신의 와인을 찾아보자.
⑤ 와이너리가 소유한 포도밭은 그 자체로 아름다운 산책 코스다. 와인 잔을 들고 포도밭을 걸어보자.

---

## 🔴 와이너리를 경험하는 특별한 투어

### 와인트레인

©Napa Valley Wine Train

시원한 투명 창을 통해 포도밭 경관을 즐기면서 고급 레스토랑 셰프가 제공하는 음식과 와인을 먹고 마시는 경험을 할 수 있다. 1864년 운행되던 기차를 1989년에 와이너리를 즐길 수 있는 관광 열차로 개조하였다. 3시간짜리부터 반나절 코스까지 다양한 프로그램이 있고 투어에 따라 기차에서의 식사와 유명 와이너리 방문 등이 포함되기도 한다. 세인트 헬레나 St. Helena에서 출·도착하는 일정이다.

주소 1275 Mckinstry St, Napa 운영 매일 08:00~17:00 요금 $165~500 홈페이지 winetrain.com

### 열기구 투어

열기구를 타고 내파와 소노마의 끝없이 펼쳐진 포도밭을 하늘에서 감상하는 투어다.

소요 시간 20분 요금 $280~
투어 회사 홈페이지 Balloons Above The Valley(www.balloonrises.com), Valley Balloons(www.napavalleyballoons.com)

# 🍴 Restaurant

와인과 음식은 불가분의 관계다. 내파 밸리는 미슐랭 레스토랑에서 활동하는 스타 셰프가 제공하는 음식을 경험할 수 있는 미식의 천국이다.

## 옥스보 퍼블릭 마켓
### Oxbow Public Market Place

샌프란시스코 페리 빌딩 마켓 플레이스를 만든 기획자의 또 다른 작품으로 로컬 레스토랑을 모아 놓은 마켓 플레이스다. 구경하는 재미도 있고, 한곳에서 다양한 레스토랑 음식을 맛볼 수 있어 방문객에게 인기다. 추천하는 가게는 세 쌍둥이 아이스크림 Three Twins Ice Cream, 모델 베이커리 The Model Bakery, 리추얼 커피 로스터 Ritual Coffee Roaster, 패티드 캐프 Fattted Calf 샌드위치, 파이브 닷 랜치 Five Dot Ranch 핫도그 등이다.

지도 P.203-B ▶ 주소 610 1st St 운영 07:00~21:00 홈페이지 www. oxbowpublicmarket.com

## 머스터드 그릴
### Mustard Grill

머스터드 그릴 돼지갈비

머스터드 그릴 라비올리

머스터드 그릴 중국식 면요리

랜치 스타일의 레스토랑으로 신선한 재료로 만든 음식과 훌륭한 와인 리스트가 장점이다. 메뉴는 아메리칸 스타일부터 아시안 스타일까지 다양하다.

지도 P.203-B
주소 7399 St. Helena Hwy, Napa 운영 월~목요일 11:30~20:00, 금~일요일 11:00~21:00 홈페이지 mustardgrill.com

## 앙젤르
### Angele

보트 하우스의 야외 테라스에서 내파 강을 바라보며 프랑스 음식을 와인과 함께하는 즐거움을 준다. 파리 스타일 햄과 치즈에 베사멜 소스를 곁들인 크로크무슈 Croque Monsieur가 추천 메뉴다.

지도 P.203-B ▶ 주소 540 Main St, Napa 운영 매일 11:30~16:30, 17:00~21:00 홈페이지 www.angelerestraunt.com

## 부숑 비스트로
### Bouchon Bistro

미국을 대표하는 미슐 랭 스타 셰프 중 하나로 프렌치 요리의 거장으로 알려진 토머스 켈러가 운영하는 곳이

다. 그의 전설적인 3스타 레스토랑 '프렌치 론드리'가 부담스럽다면 캐주얼한 레스토랑 부숑을 방문해보자. 프랑스 전통 요리를 미국식으로 재해석한 메뉴와 고풍스러운 분위기로 인기가 높은 곳이다. 합리적인 가격의 런치 메뉴가 있다.

지도 P.203-B ▶ 주소 6534 Washington St, Yountville, CA 94599 운영 월~목요일 16:00~22:00, 금~일요일 11:00~22:00 홈페이지 www.thomaskeller.com/bouchonyountville

## 부숑 베이커리
### Bouchon Bakery

부숑 비스트로 바로 옆에 자리한 노란색 건물로 종종 긴 대기줄이 늘어서 있다. 프렌치 베이커리 답게 훌륭한 빵과 디저트가 일품이다. 마카롱 초콜릿 부숑 Chocolate Bouchon, 그리고 초콜릿 크루아상 종류인 Pain Au Lait Rolls이 인기다. 가게 규모가 작아서 테이크아웃해야 하는 것이 아쉽다.

지도 P.203-B ▶ 주소 6528 Washington St, Yountville, CA 94599 운영 월~목요일 07:00~15:00, 금~일요일 07:00~18:00 홈페이지 www.thomaskeller.com/bouchonbakeryyountville

## 프렌치 론드리
### French Laundry

미국의 스타 셰프 토머스 켈러가 운영하는 레스토랑으로 2달 전 예약이 필수다. 셰프의 9가지 요리가 나오는 추천 코스는 $300 이상이다. 드레스 코드가 있어 최소한 재킷은 입어야 입장이 가능하다.

지도 P.203-B ▶ 주소 6640 Washington St, Yountville 운영 매일 16:00~20:00 홈페이지 www.thomaskeller.com

©Thomas Keller

### Tip
**내파 밸리 숙소 예약 팁**
① 내파 밸리를 제대로 즐기려면 와인 테이스팅이 필수로 최소 1박 이상을 권한다.
② 내파 밸리 지역 중에서도 욘트빌 Yountville 지역에 다양한 스타일의 숙소들이 많다.
③ 욘트빌에는 부티크 호텔부터 고급 스파를 갖춘 호텔까지 다양하게 있으며 숙소에서 와인 테이스팅을 제공하기도 한다.
④ 욘트빌은 '음식의 디즈니랜드'로 앞에서 소개한 대부분의 레스토랑이 욘트빌에 있다.
⑤ 욘트빌을 중심에 두고 남쪽으로 내파 밸리 다운타운이, 북쪽으로 세인트 헬레나가 있어 일정 짜기에 유리하다.

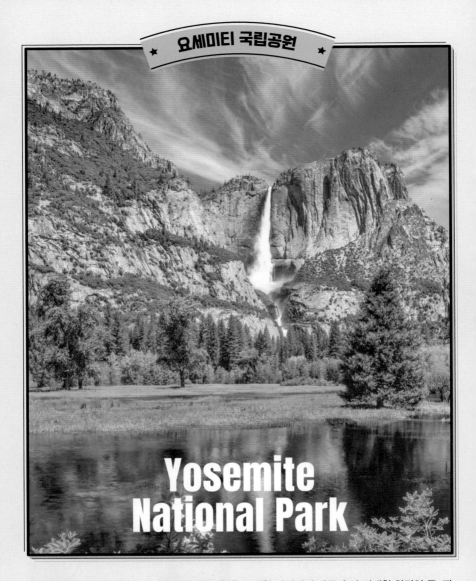

**요세미티 국립공원**

# Yosemite National Park

시에라 네바다 산맥에 있는 요세미티 국립공원은 무성한 세콰이어 나무 숲과 거대한 화강암 돔, 깎은 듯한 절벽, 시원하게 쏟아지는 폭포를 간직한 살아 숨쉬는 자연 유산이다. 미국 서부 금광개발 열풍이 불었던 19세기에 요세미티는 개발 가치를 지닌 관광자원으로 주목받았다. 몰려드는 관광객과 무분별한 벌목으로부터의 보호를 제안한 사람은 자연보호주의자이자 탐험가인 존 뮤어였다. 그는 '자연 보호란 그대로 보존하는 것'이란 개념을 설파하였고 그 결과 1890년 요세미티는 미국에서 3번째로 국립공원으로 지정되었다. 1989년에는 유네스코 세계유산으로 선정되어, 연간 400만 명의 관광객이 요세미티를 찾는다.

# 기본 정보

## 유용한 홈페이지

공식 홈페이지 www.nps.gov/yose
공원 내 숙소 예약 www.travelyosemite.com
공원 내 캠핑장 예약 www.nps.gov/yose/
planyourvisit/campgrounds

## 방문자 센터

### • 밸리 비지터 센터 Valley Visitor Center

요세미티의 지질, 식생 그리고 볼거리 안내 등 다양한 자료를 얻을 수 있다. 켄 번의 요세미티 공원 다큐멘터리도 관람하자(소요 시간 30분).

지도 P.214

### • 요세미티 헤리티지 센터
### Yosemite Conservation Heritage Center

규모가 조금 작지만 최초의 요세미티 인포메이션 센터다. 요세미티 관련 환경 전시도 볼 수 있다.

지도 P.214

## 입장료

차량당 $35, 셔틀버스로 입장 시 1인당 $20

## 기후

· 여름 평균 기온은 최고 30℃에서 최저 10℃ 정도다.
· 봄·가을은 평균 10~20℃ 정도다.
· 겨울 평균 기온은 5~10℃ 정도이나 드물게 −10℃ 이하로 떨어지는 경우가 있다.

## 언제 가야 하나?

· 방문 최적기는 4~6월이다. 겨울에 쌓인 눈이 녹기 시작하면서 폭포 수량이 가장 풍부해져 장관을 이룬다.
· 5~9월에는 주말이나 휴일에 몰려드는 관광객을 고려해야 한다. 이 시기에 꼭 가야 한다면 09:00까지는 도착해야 혼잡함을 피할 수 있다.
· 여름은 강수량이 적어 폭포의 물이 말라버린다.
· 겨울에는 배저 패스 Badger Pass에서 스키나 크로스컨트리 등의 액티비티를 즐기는 게 주를 이룬다. 눈이 내리면 5월까지도 티오가 Tioga와 글레이셔 포인트 로드 Glacier Point Road는 폐쇄되는 경우가 많다. 이 시기에 방문할 예정이라면 국립공원 홈페이지에서 개방 여부를 확인하자.

# 가는 방법

가장 흔한 방법은 자동차를 이용하는 것이지만 다른 국립공원에 비해 대중교통으로도 접근이 쉬운 편이다. 요세미티 국립공원의 입구는 5개가 있다. 인기 있는 관광지이므로 교통 혼잡을 피하기 위해 주중에 가거나 아침 일찍 도착하는 것을 추천한다.

### ① 자동차

샌프란시스코에서 300km 떨어져 있다. 서쪽 입구인 빅 오크 플랫으로 가는 게 공원에 접근하는 가장 빠른 방법이다. 입구에서 요세미티 밸리까지는 45분 정도 걸린다. 로스앤젤레스에서는 500km 정도 떨어져 있고 남쪽 입구가 가장 가깝다. 요세미티 밸리까지 1시간 정도 걸린다.

### ② 버스/기차

그레이하운드나 앰트랙을 타고 머시드 Merced에 내려 야츠 YARTS 버스로 갈아타면 요세미티 밸리까지 갈 수 있다.

> **Tip**
>
> **야츠 YARTS**
> **(Yosemite Area Regional Transportation System)**
>
> 요세미티 국립공원과 주변 지역을 연결하는 편하고 경제적인 교통 수단이다. 머시드 Merced에서 출발하는 Hwy 140 노선은 연중 운행하고 프레즈노 Fresno, 매머드 호수 Mammoth Lake, 소노라 Sonora에서 출발하는 노선들은 특정 시즌만 운행한다. 요금과 스케줄은 홈페이지 참조.
> 홈페이지 yarts.com

# 국립공원 내 교통

주요 볼거리와 숙소 등 각종 편의시설이 모여있는 요세미티 밸리 지역에서는 요세미티 밸리 셔틀을 이용하는 것이 가장 효율적이다. 셔틀로는 닿기 어려운 특정 볼거리에 관심이 있거나 요세미티에 대해 전문가적 지식을 쌓고 싶다면 투어에 참여하는 것도 추천한다.

**요세미티 밸리 셔틀 Yosemite Valley Shuttle**
요세미티 밸리를 운행하는 셔틀버스로 밸리와이드 셔틀 Valleywide Shuttle과 이스트 밸리 셔틀 East Valley Shuttle이 있다. 브라이들베일 폭포 근처까지 가는 밸리와이드 셔틀은 여름에만 운행하며 한 바퀴 도는 데 1시간 30분 정도 소요된다. 연중 운행하는 노선은 이스트 밸리 셔틀이다. 요세미티 밸리의 동쪽 지역을 도는 셔틀로 한 바퀴 도는 데 50분 정도 소요된다. 밸리와이드 셔틀에 비해 노선이 짧지만 방문자 센터, 각종 숙소, 요세미티 폭포(로어) 등 주요 지점에 정차해 편리하게 이용이 가능하다.
운영 이스트 밸리 셔틀 여름 07:00~22:00, 겨울 단축 운행 (홈페이지 확인 요망) 배차 간격 밸리와이드 셔틀 12~22분, 이스트 밸리 셔틀 8~12분 홈페이지 www.travelyosemite.com/discover/travel-tips/shuttles

# 투어 프로그램

전문가의 도움을 받아 요세미티 공원을 효율적으로 둘러볼 수 있다. 예약은 요세미티 밸리 로지 프런트 데스크 Yosemite Valley Lodge Front Desk에서 하며 최소한 출발 30분 전까지 예약을 해야 한다. 모든 투어는 요세미티 밸리 로지에서 출발한다.
홈페이지 www.travelyosemite.com/things-to-do/guided-bus-tours

©NearEMPTiness

## 밸리 플로어 투어 Valley Floor Tour
▼
가장 인기 있는 유료 투어로 요세미티 밸리의 주요 관광지인 요세미티 폭포, 하프 돔, 엘 캐피탄, 브라이들베일 폭포 등에 대한 접근이 쉽다. 소요시간은 2시간이다.
운영 홈페이지 확인
요금 어른 $40, 어린이(2~12세) $28

## 앤설 애덤스 카메라 워크
### Ansel Adams Camera Walk
▼
요세미티 사진으로 유명한 앤설 애덤스의 촬영지를 둘러보는 투어. 15명 이내로 인원이 제한되므로 반드시 예약을 해야 한다.
요금 무료 홈페이지 www.anseladams.com

## 글레이셔 포인트 투어 Glacier Point Tour
▼
요세미티 밸리에서 글레이셔 포인트까지 가는 투어로 소요시간은 4시간이다. 겨울에는 진행하지 않는다.
운영 08:30, 13:30 출발 요금 성인 왕복 $57, 편도 $28.50, 어린이 왕복 $36.50, 편도 $18.25

## 그랜드 투어 Grand Tour
▼
밸리 플로어 투어, 글레이셔 포인트 투어 그리고 마리포사 지역까지 포함하는 투어. 소요시간은 8시간이고 점심이 포함되어 있다.
운영 08:45 출발 요금 어른 $110, 어린이(2~12세) $71

# 추천 일정

첫날은 셔틀로 다니기 편한 요세미티 밸리 지역을 둘러보자. 둘째 날은 하이킹이나 래프팅등을 즐기자.

**Day 1** ① 요세미티 방문자 센터 — ② 마제스틱 요세미티 호텔 — ③ 요세미티 폭포 — ④ 하프 돔 빌리지 — ⑤ 미러 호수 — ⑥ 글레이셔 포인트

**Day 2** 글레이셔 포인트 트레일(4시간), 하프 돔 하이킹(13시간), 미러 호수에서 래프팅, 툴럼니 메도스 하이킹 중 자신에게 맞는 액티비티를 선택해 즐기기

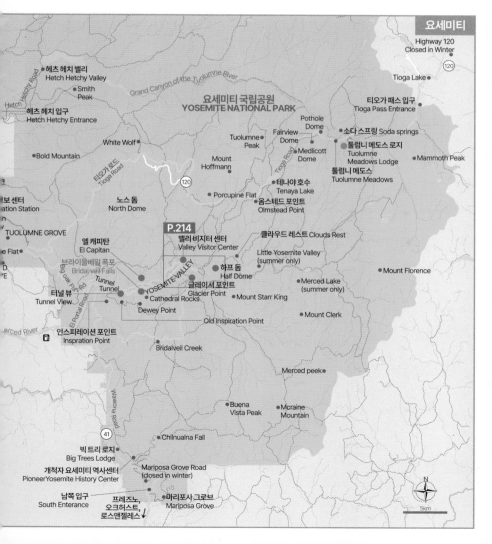

요세미티

# 📷 Attraction

보는 즐거움

요세미티 국립공원의 주요 볼거리는 빙하가 만든 독특한 화강암 바위와 그 사이로 흐르는 폭포, 호수, 강이다. 또한 이 위대한 자연을 한눈에 조망할 수 있는 전망 포인트도 요세미티의 주요 볼거리 중 하나다. 요세미티 국립공원은 요세미티 밸리 Yosemite Valley, 글레이셔 포인트 로드 Glacier Point Road, 티오가 로드 & 툴럼니 메도스 Tioga Road and Tuolumne Meadows, 마리포사 그로브 Mariposa Grove, 헤츠 헤치 밸리 Hetch Hetchy Valley 등 총 5개 구역으로 나뉜다. 주요 볼거리는 요세미티 밸리 지역에 집중되어 있다. 거대한 빙하가 만든 지형과 그것을 즐길 수 있는 장소를 중심으로 요세미티에서 꼭 봐야 할 것을 소개한다.

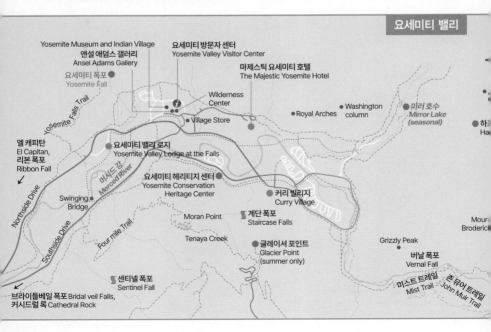

# 화강암 바위산

요세미티 계곡은 빙하가 만들어 낸 거대한 화강암 바위산이 유명하다. 그 대표는 엘 캐피탄과 하프 돔이다.

## 엘 캐피탄
### El Capitan

해발고도 2,307m의 요세미티를 대표하는 거대 바위로 캐피탄(캡틴)이란 이름에 걸맞게 웅장하고 거대한 자태를 뽐내고 있다. 요세미티 계곡에 솟아 있는 엘 캐피탄의 절벽은 꾸준히 암벽 등반가들의 도전을 부르는데, 솔로 등반가로서 미국인 알렉스 호놀드 Alex Honnold 가 가지고 있는 기록은 3시간 56분이다. 지도 P.214

## 하프 돔 Half Dome

해발고도 2,693m. 엘 캐피탄과 함께 요세미티를 대표하는 볼거리로 마치 신의 손을 빌려 반으로 자른 듯 깎아지른 단면이 인상적이다. 유명한 아웃도어 전문 의류 로고로 사용된 바위다. 정상까지 편도 14km의 등반 코스가 있는데 사전에 예약(Recreation.gov)을 해야 한다. 코스의 마지막은 철로 만든 난간을 잡고 가야 할 정도로 고난이도다. 등반 참여 인원은 하루에 최대 300명 정도만 추첨으로 선발한다. 일몰 직전에 센티넬 다리 Sentinel Bridge에서 하프 돔을 바라보면 머시드 강 Merced River에 비치는 주황색 하프 돔의 환상적인 모습을 볼 수 있다. 지도 P.214 가는 방법 요세미티 방문자 센터에서 센티넬 다리까지 도보 15분

# 절벽이 만든 폭포

요세미티에는 24개가 넘는 폭포가 모여 있다. 요세미티의 폭포들은 겨우내 계곡에 저장되어 있던 눈이 녹으면서 작은 시내 Creek를 거쳐 빙하가 만든 절벽과 만나 폭포를 이룬다. 요세미티를 대표하는 브라이들베일 폭포와 가족이 즐기기에 적합한 버날 폭포, 가장 접근성이 좋은 요세미티 폭포 등을 둘러보자.

## 브라이들베일 폭포 Bridal veil Falls

요세미티를 대표하는 폭포로 길이는 189m다. 물안개가 주변으로 퍼지는 모습이 마치 아름다운 신부의 면사포를 연상시켜 붙여진 이름이다. 주차장에서 폭포까지는 걷기 쉬운 코스다.

지도 P.214 ▶ 가는 방법 와오나 로드 Wawona Road 주차장에서 도보로 왕복 30분

## 버날 폭포 Vernal Falls

먼발치에서 보고 싶다면 글레이셔 포인트, 가깝게 다가가고 싶다면 미스트 트레일을 이용하자. 미스트 트레일로 가면 요세미티의 모든 폭포 가운데 가장 가깝게 접근할 수 있다. 폭포수가 스프레이처럼 뿌려지기 때문에 우비 등 젖지 않을 옷차림이 필요하다. 운이 좋으면 무지개도 볼 수 있다.

지도 P.214 ▶ 가는 방법 이스트 밸리 셔틀을 타고 정류장 16번 하차 후 하이킹(미스트 트레일)

## 요세미티 폭포 Yosemite Falls

높이 739m의 북아메리카에서 가장 높은 폭포로 어퍼 Upper, 미들 Middle, 로어 Lower의 3단으로 이루어져 있다. 폭포의 수량이 가장 많은 때는 늦봄(5~6월)으로 웅장한 자태와 소리로 방문객을 유혹한다. 드라이빙 도중에 차를 세우고 카메라 셔터를 눌러대는 사람들을 곳곳에서 만날 수 있다. 하지만 8월이면 폭포수가 마르면서 이 웅장한 폭포가 귀신처럼 사라진다. 폭포의 로어 부분은 가벼운 하이킹으로 둘러보길 권한다. 로어 폭포의 다리에서 출발하며 1.6km 정도의 평지를 걷는 쉬운 구간으로 인기가 높다.

지도 P.214 ▶ 가는 방법 이스트 밸리 셔틀을 타고 정류장 6번 하차

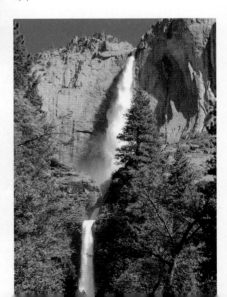

Tip

## 추천 하이킹 코스 : 미스트 트레일 Mist Trail

머시드 강을 따라가는 트레일로 버날 폭포와 네바다 폭포를 포함해 아름다운 볼거리를 많이 보유하고 있다. 어린이를 동반한 가족에게도 적합한 난이도를 가져 인기다. 셔틀 16번에서 내려가는 코스로 왕복 3시간 정도 소요된다.

# 호수와 강

늦봄에서 초여름까지 시에라 네바다 산맥에서 녹은 눈은 요세미티 밸리로 흘러들어 강과 호수를 만들었다. 그 자체로 절경이기도 하지만 수영, 낚시 그리고 래프팅과 같은 액티비티를 즐길 수 있는 장소이기도 하다.

### 미러 호수 Mirror Lake

하프 돔이 미러 호수에 담기는 모습은 말 그대로 절경이다. 호수로 가는 미러 레이크 트레일 Mirror Lake Trail은 강력 추천 코스로 가족과 즐기기 좋고 호수만 돌면 30분 정도면 충분해 겨울에도 접근 가능하다.

지도 P.214 ▶ 가는 방법 이스트 밸리 셔틀 17번 정류장에서 왕복 3.2km

### 머시드 강 Merced River

요세미티 밸리를 통과하는 주요 강으로 주변 시에라 네바다 산맥에 저장된 눈이 녹아 강물을 이룬다. 물이 차고 물살이 세 수영에는 적합하지 않지만 래프팅에는 최적의 조건이다. 빙하가 만든 엘 캐피탄 화강암 바위와 절벽을 볼 수 있고 이 강물은 미러 호수까지 흘러간다. 래프팅 관련 문의는 커리 빌리지 Curry Village에서 하면 된다.

# 목초지

요세미티 공원 동쪽 지역의 고지대(해발고도 2,627m)에 위치한 초원 지대로 요세미티 밸리에 비해 비교적 한산하다. 툴럼니 메도스 Tuolumne Meadows 강을 따라가면서 주변의 화강암 바위 경관을 즐기는 하이킹 코스를 추천한다. 주요 볼거리는 옴스테드 포인트 Olmstead Point, 테나야 호수 Tenaya Lake, 소다 스프링 Soda Springs이다. 하이킹 코스는 쉬운 편이지만 6~10월까지만 이용 가능하다. 지도 P.213 ▶

# 전망 포인트

요세미티를 가장 효율적으로 즐길 수 있는 전망 포인트는 터널 뷰와 글레이셔 포인트다. 요세미티의 아름다움을 발견해 낸 환경운동가이자 탐험가인 존 뮤어는 빛의 변화를 반영한 다양한 모습의 요세미티를 '빛의 범위'라는 표현으로 찬양하였다. 빛의 양에 따라 여러 가지 모습을 한 요세미티를 즐길 수 있는 전망대다.

## 터널 뷰 Tunnel View

요세미티 계곡의 가장 아름다운 모습을 볼 수 있는 포토존 중 하나다. 사진작가들이 걸작 사진을 얻기 위해 몰려드는 지역으로 엘 캐피탄부터 하프 돔 그리고 그레이셔 포인트까지 요세미티의 대표 볼거리를 한 장소에서 볼 수 있다. 요세미티의 단골 사진작가 앤설 애덤스의 예술 사진도 여기에서 탄생했다. 사진작가들은 보통 일몰 1시간 전에 미리 사진 찍을 장소를 선점한다.

지도 P.213 ▶ 주소 Tunnel View, Wawona Rd 가는 방법 요세미티 밸리에서 41번 도로 Wawona Rd를 타고 남쪽 방향으로 2.4km

## 글레이셔 포인트 Glacier Point

해발 2,199m. 수천만 년 전 빙하가 이동하며 만든 화강암 바위와 U자 모양의 빙하 침식 지형을 볼 수 있는 전망 포인트다. 깎아지른 화강암 바위는 마치 소금과 후추가 뿌려진 듯한 모습으로 눈길을 끈다. 하프 돔, 클라우드 레스트 Clouds Rest와 3대 폭포 (요세미티 폭포, 버날 폭포, 네바다 폭포) 등 요세미티를 대표하는 주요 절경을 한자리에서 감상할 수 있다.

지도 P.214 ▶ 주소 Glacier Point Rd 가는 방법 자동차 글레이셔 포인트 로드 Glacier Point Rd는 5월 말~10월에만 개방한다. 와오나 Wawona나 요세미티 밸리에서 1시간 정도 소요된다. 글레이셔 포인트 투어 글레이셔 포인트가 개방될 때만 버스가 운행한다(P.212 투어 참고).

# 🛏 Accommodation 쉬는 즐거움

요세미티의 자연 경관을 즐기려면 공원 내 숙소에서 머무는 게 가장 좋다. 공원 내 숙소는 고급 호텔부터 캠핑까지 형태가 비교적 다양하지만 예약이 빨리 마감되니 서둘러야 한다. 공원 내 숙박이 어려운 경우 공원 주변 도시인 마리포사, 엘 포탈, 오크허스트 등에서 구해야 한다. 공원 내 숙소는 홈페이지(www.travelyosemite.com)에서 예약이 가능하다. 만약 취소한 숙소가 있는지 확인하고 싶다면 수시로 전화(888-413-8869, 602-278-8888)를 걸어 체크하는 게 최선이다.

## ━━━ 공원 내 숙소 ━━━

### 마제스틱 요세미티 호텔
#### Majestic Yosemite Hotel(구 Ahwahnee)

1927년에 만들어진 고급 호텔로 화강암과 나무를 활용해 건축 외관을 완성했다. 내부는 아르데코 스타일의 스테인드글라스와 타일, 원주민인 야와니 부족의 카펫을 혼합하여 장식했다. 1~2월에는 탑 셰프들을 초청해 화려한 음식 향연을 펼치는 행사가 진행된다.

지도 P.214 ▶ 주소 Yosemite National Park, 1 Ahwahnee Dr 홈페이지 travelyosemite.com/lodging/the-ahwahnee

### 커리 빌리지 Curry Village

하프 돔과 글레이셔 포인트 아래 위치한 숙박시설이다. 욕실이 포함된 캐빈(46개), 욕실을 공유하는 텐트형 캐빈(424개)으로 나뉜다. 텐트형은 슬리핑백, 플래시 등을 준비해야 한다.

지도 P.214 ▶ 홈페이지 travelyosemite.com/lodging/curry-village

### 요세미티 밸리 로지
#### Yosemite Valley Lodge

요세미티 폭포 가까이에 있는 2층 로지다. 다양한 시설을 갖춘 숙소지만 방에 에어컨은 없다.

지도 P.214 ▶ 주소 9006 Yosemite Lodge Dr 홈페이지 travelyosemite.com/lodging/yosemite-valley-lodge

## ━━━ 공원 주변 숙소 ━━━

마리포사 지역 Mariposa
### 마리포사 로지 Mariposa Lodge

주소 4999 Hwy. 140 홈페이지 www.mariposalodge.com

엘 포탈 지역 El Portal
### 요세미티 뷰 로지
#### Yosemite View Lodge

주소 11136 CA-140, El Portal
홈페이지 www.yosemiteresorts.com

오크허스트 지역 Oakhurst
### 베스트 웨스턴
#### Best Western Plus Yosemite Gateway Inn

주소 40530 CA-41, Oakhurst
홈페이지 www.yosemitegatewayinn.com

# California State Route 1

## 캘리포니아 1번 국도

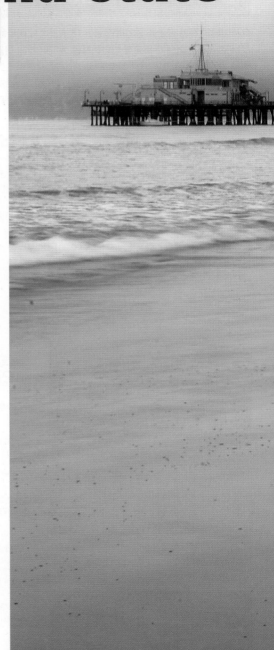

캘리포니아의 '주 도로 State Route 1(SR 1)'인 1번 국도는 보통 '하이웨이 원 Highway 1'으로 불리는 유명한 도로다. 환상의 드라이브 코스로 잘 알려져 있으며, 태평양을 바라보는 캘리포니아의 서해안을 따라 남북으로 길게 이어져 656마일(1,056km)에 이른다. 태평양에 바로 면해 있어 탁 트인 풍경은 말할 것도 없고, 기나긴 도로 중간에 만나는 마을에서 다양한 풍경을 즐길 수 있다. 해안을 따라 이어진 절벽 위의 도로를 시작으로 나지막한 초원이 펼쳐지기도 하고 갑자기 울창한 숲이 나타나기도 했다가 아기자기한 섬들이 모습을 드러내기도 한다.

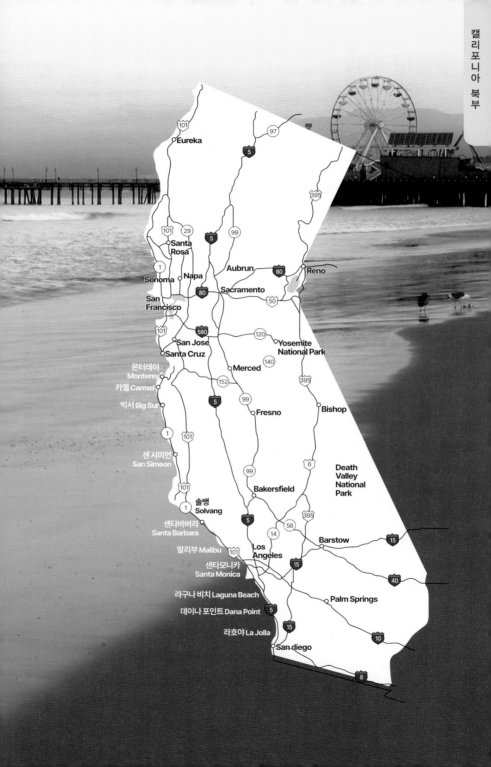

Eureka

101

97

5

101 29 5 99

Santa
Rosa

Napa    Aubrun

80    Reno

Sonoma    Sacramento

San    80    50
Francisco

395

101    580    120    Yosemite
National Park

San Jose

Santa Cruz    140

온터레이    Merced
Monterey

카멜 Carmel    152    99

빅서 Big Sur    5    395

101    99    Fresno    Bishop

1

샌 시미언    Death
San Simeon    Valley
National
Park

101    99    6

Bakersfield

솔뱅    5
Solvang    395

1

샌타바버라    14    58
Santa Barbara    15    Barstow

말리부 Malibu    Los    15
Angeles

샌타모니카    101    40
Santa Monica

라구나 비치 Laguna Beach    Palm Springs

데이나 포인트 Dana Point    5    15

라호야 La Jolla    10

San diego

8

# Monterey
## 몬터레이

아담한 도시 몬터레이는 과거 스페인의 영향을 받아 다운타운의 오래된 건물에서 이국적인 정취를 풍긴다. 역사의 거리와 캐너리 로 주변으로 아기자기한 볼거리가 있다. 시간 여유가 있으면 바다에 면해 멋진 경치를 자랑하는 몬터레이 베이 아쿠아리움 Monterey Bay Aquarium(www.monterey bayaquarium.org)도 들러볼 만하다.

### 캐너리 로 Cannery Row

아쿠아리움 입구에서 Reeside St까지 이어진 1km 남짓한 거리로, 원래 통조림 공장 Cannery들이 있었던 데서 유래된 이름이다. 이 거리가 유명해진 것은 존 스타인벡 John Steinbeck의 소설 〈통조림 공장 거리 Cannery Row〉의 배경이 되면서부터다. 소설이 나올 당시만 해도 정어리 통조림 공장만 늘어서 있는 소박한 어촌 마을에 불과했지만, 지금은 기념품점과 레스토랑이 들어서 당시의 모습을 찾아보기 어렵다. 거리 중간쯤 이 지역 출신 작가 존 스타인벡의 동상이 있다.

### 역사의 거리 Path of History

오래된 19세기 건물들이 자리를 차지하고 있는 역사의 거리는 스페인, 멕시코, 미국으로 이어진 몬터레이의 역사가 고스란히 느껴지는 곳이다. 피셔맨스 워프 Fisherman's Wharf에 위치한 옛 세관 건물 Custom House에서 시작해 남쪽으로 1km가량 걸쳐 있는 지역이다. 광장 건너편에 자리한 퍼시픽 하우스 Pacific House는 1847년에 세워져 군인들의 창고로 사용되던 건물이며, 뒤에는 과거에 잡화점으로 사용되던 카사 델 오로 Casa Del Oro가 있다. 5분 거리의 라킨 하우스 Larkin House는 무역상이자 몬터레이 영사를 지냈던 토머스 라킨의 집으로 19세기 골동품들로 장식된 실내와 영국풍의 아담한 정원이 눈길을 끈다. 그리고 콜턴 홀 Colton Hall은 Pacific St에 면해 있는 공원인 프렌들리 플라자 Frendly Plaza에 있는 건물로 1840년대에 지어졌다. 공원 안에 있는 눈에 띄는 하얀색 건물인데, 한때 시청, 학교, 법원, 경찰서 등 다양한 용도로 사용됐다.

# 17 Mile Drive
## 17마일 드라이브

몬터레이 근교의 유명한 드라이브 코스다. 아름다운 자연과 최고급 골프장, 부호들의 저택이 모여 있는 이곳은 사유지인 탓에 통행료를 받는 유료 도로지만 끊임없이 몰려드는 차량들로 정체 현상이 벌어지곤 한다(통행료 $11.25).

## 버드 록 Bird Rock

엄청나게 많은 새들이 모여 있는 바위다. 새와 함께 물개들까지 새까맣게 모여 부서지는 파도 옆에서 느긋하게 일광욕을 즐기고 있다. 해변을 따라 설치된 망원경으로 자세히 볼 수 있다.

## 론 사이프러스 The Lone Cypress

태평양과 맞닿은 절벽 위에 홀로 서 있는 이 나무는 거친 파도와 비바람 속에서 무려 250년이 넘는 세월을 버텨온 갸륵한 나무다. 이렇듯 강인한 생명력에 반한 예술가들이 작품의 영감을 얻고자 이곳을 방문한다고 한다. 사이프러스의 어원엔 '생명수'라는 뜻이 담겨 있다.

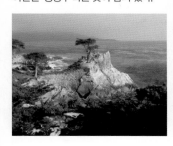

## 페블 비치 Pebble Beach

페블 비치에는 7개의 아름다운 골프장이 있는데, 그 중 한 곳이 바로 세계적으로 유명한 페블 비치 골프 링크 Pebble Beach Golf Links다. 탁 트인 태평양을 배경으로 아름다운 코스가 펼쳐져 있는 이곳은 US 오픈 선수권 대회가 5회나 치러진 곳으로 수많은 골퍼들의 '꿈의 필드'로 알려져 있다. 바다와 면한 필드가 바라보이는 레스토랑도 있으니 잠시 들러보는 것도 좋겠다.

주소 1700 17 Mile Dr, Pebble Beach 홈페이지 www. pebblebeach.com

# Carmel by the Sea
## 카멜

페블 비치 바로 남쪽에 있는 조용하고 아담한 예술가 마을이다. 도시의 이름부터가 낭만적인 '카멜 바이 더 시 Carmel by the Sea'로 보통은 '카멜'이라 불린다. 배우이자 감독으로 명성을 날린 클린트 이스트우드가 시장을 지낸 곳으로도 잘 알려져 있다. 카멜은 건물 하나하나가 전체적인 도시 미관을 고려해 지어졌다고 할 만큼 자연과 인간의 조화에 신경을 쓴 흔적이 보인다. 시내에는 아기자기한 상점들과 카페, 갤러리, 레스토랑이 모여 있어 천천히 걸어 다니며 구경하기에 좋다. 카멜에서 유명한 볼거리는 카멜 미션 Carmel Mission으로, 1771년 후니페로 세라 Junípero Serra 신부에 의해 지어진 소박하고 아름다운 교회다. 본래 이름은 Mission San Carlos Borromeo de Carmelo로, 1800년대 중반에 파괴되었다가 1884년에 재건되었다.

### 카멜 미션

주소 2992 Lasuen Dr 운영 수 · 목요일 10:00~16:00, 금 · 토요일 10:00~17:00, 일요일 11:30~17:00 휴무 월 · 화요일 요금 일반 $15.00, 7~17세 $8 홈페이지 www.carmel mission.org

# Big Sur
## 빅서

캘리포니아 해안가에 산타루치아 산맥이 불쑥 솟아오른 지역이다. 척박한 바위산으로 인가가 드물지만 굽이치는 절벽과 바다가 면한 아름다운 경치를 보기 위해 해마다 수많은 관광객이 찾아든다. 사람이 거의 살지 않기에 행정적인 구분이나 경계선은 불분명하며 보통 카멜강 Carmel River과 샌 카포포로 개울 San Carpoforo Creek 사이의 150km 정도에 이르는 해안 지역을 말한다. 가장 유명한 곳은 빅스비 다리 Bixby Bridge가 보이는 전경이다. 캘리포니아 1번 도로와 함께 멋진 드라이브를 상징하는 사진에 종종 등장하는 다리로 우리에게도 낯익은 곳이다. 다리 북쪽 도로변으로 전망대가 있어서 주차를 하고 전경을 감상할 수 있다. 절벽이 많은 해안가 일부는 산사태로 폐쇄되기도 했는데 그만큼 악천후에는 주의해서 운전해야 하는 곳이다.

# San Simeon
## 샌 시미언

이 작은 해안 마을이 유명해진 것은 언덕 위에 지어진 아름다운 허스트 캐슬 Hearst Castle 때문이다. 1919~1947년 지어진 이 성의 주인은 신문 재벌이었던 윌리엄 랜돌프 허스트 William Randolph Hearst. 화려한 것을 좋아했던 그는 바다가 보이는 언덕에 별장을 짓고 수많은 파티를 벌였으며 손님들을 위한 객실과 극장, 수영장을 만들었다. 스페

인과 고대 그리스 · 로마 스타일 등 유럽풍으로 지어진 이 저택은 '태양의 집 Casa del Sol', '산의 집 Casa del Monte', '큰 집 Casa del Grande'이라는 세 가지 테마로 꾸며졌다.

허스트 캐슬 주변의 산은 모두 랜돌프의 소유로, 한때 이곳에서 승마를 즐기기도 했다고 한다. 수많은 동물과 과실나무를 옮겨와 동물원과 식물원처럼 꾸며 놓았고 지금도 수많은 오렌지 나무가 있다. 당시에는 해안가 쪽으로 활주로까지 있었으니 가히 왕국과 같은 수준이었다. 랜돌프의 사후 유족들이 주정부에 기증해 현재는 캘리포니아주에서 관리하며 가이드 투어를 통해 내부를 공개하고 있다.

### 허스트 캐슬

주소 750 Hearst Castle Rd 운영 투어는 09:00에 시작하며 날짜마다 다른데 보통 이른 오후에 끝난다. 홈페이지 예약 권장 휴무 1월 1일, 추수감사절, 크리스마스 요금 일반 $35, 5~12세 $18 홈페이지 www.hearstcastle.org

---

# Morro Bay
## 모로 베이

1번 국도를 달리다 보면 멀리서 바다 위에 불쑥 솟은 큰 바위가 눈에 띈다. 바위의 이름은 모로 바위 Morro Rock다. 1542년에 포르투갈 항해사가 탐험 도중, 이 바위를 보고 마치 터번을 두른 무어인과 닮았다고 해서 지어진 이름이라고도 하며, 혹자는 스페인어로 조약돌이란 의미를 지닌 '모로 Morro'에서 유래했다는 설도 있다. 높이 170m가 넘는 용암 덩어리에 갈매기, 펠리컨 등 다양한 종류의 조류

가 번식하고 있어 자연보호구역으로 지정되어 있다. 관광객들에게는 신선한 해산물과 다양한 액티비티를 즐길 수 있는 곳이기도 하다. 멀리서 바라보면 조용한 어촌 마을을 끼고 있는 고즈넉한 해질 녘 풍경이 아름다워 사진작가들도 많이 찾는다.

홈페이지 www.morrobay.org

# San Luis Obispo
## 샌 루이스 오비스포

와인 산지로 잘 알려진 이곳은 1년 내내 날씨가 온화해 살기 좋은 곳으로도 유명하다. 조용한 분위기의 아담한 마을로 18세기 스페인 양식의 건물들이 그대로 보존되어 있으며 바로 주변에 피스모 비치 Pismo Beach가 있어 함께 보기 좋다. 유명한 볼거리는 톨로사 미션 Mission San Luis Obispo de Tolosa이다. 1772년에 세워진 후니페로 세라 신부의 5번째 미션으로, 툴루즈 주교의 이름을 따서 톨로사라는 이름이 붙었다. 하얀 건물에 붉은 지붕을 한 캘리포니아 미션의 기본적인 모습을 갖추고 있지만 종과 로비 그리고 건물의 구조가 다른 미션들에서는 찾아볼 수 없는 독특한 형태를 하고 있다. 샌 루이스 개울 San Luis Creek을 끼고 레스토랑과 상점들이 모여 있는 미션 플라자 Mission Plaza 안에 있다.

### 톨로사 미션

주소 751 Palm St 홈페이지 www.missionsanluisobispo.org

# Pismo Beach
## 피스모 비치

해변가에 피스모 조개가 엄청 많아서 붙은 이름이다. 현재에도 캘리포니아의 조개 수도 Clam Capital라 불리며, 해마다 10월 말에 조개 페스티벌 Clam Festival이 열린다. 생태 보호를 위해 12cm 이하의 조개잡이는 엄격히 규제하고 있다. 피스모 비치는 캘리포니아 해안가에서 가장 넓은 모래사장을 지닌 곳으로, 여름철이면 시원하게 펼쳐진 해변에 수많은 피서객이 몰려든다. 주변에는 피스모 모래 언덕 보존구역 Pismo Dunes Preserve과 시카모어 온천 Sycamore Hot Spring, 아빌라 온천 Avila Hot Spring이 있어 겨울철에도 인기가 많은 휴양지이며, 관광객들을 위한 레스토랑과 각종 액티비티, 그리고 프리미엄 아웃렛도 있다.

# Malibu
## 말리부

로스앤젤레스 북서쪽에 있는 부촌으로 잘 알려져 있다. 베벌리힐스와 비견되는 고급 저택들이 들어서 있으며 언덕에서 내려다보이는 태평양의 모습이 매우 아름답다. 페퍼다인 대학교 Pepperdine University가 있어 캠퍼스에서도 멋진 바다를 볼 수 있고 근처에 있는 세라 피정의 집 Serra Retreat Center에서는 조용하고 평화로운 분위기 속에 전망을 즐길 수 있다. 이 밖에도 서퍼들의 사랑을 받는 서프라이더 비치 Surfrider Beach, 가끔 스타와 파파라치를 볼 수 있는 주마 비치 Zuma Beach 등도 인기다.

# Laguna Beach
## 라구나 비치

오렌지 카운티에 있는 아름다운 해변 마을로 도시 전체가 리조트 타운이라 불릴 만큼 휴양지 느낌을 풍긴

다. 부촌과 예술촌이 형성되어 시내에는 아트 갤러리와 아기자기한 상점가, 레스토랑, 카페, 그리고 작은 모텔들이 늘어서 있으며, 바다가 보이는 한적한 지역에는 고급 리조트가 자리하고 있다. 아름다운 해변과 온화한 날씨로 주말에는 항상 사람들로 붐비며, 예술가의 마을답게 해마다 예술과 관련한 다양한 페스티벌이 펼쳐진다. 또한 스킴보딩의 원조라 불릴 만큼 많은 사람들이 서핑보다 스킴보딩을 즐기는 것을 볼 수 있다. 바닷가에는 비치볼 등을 즐길 수 있는 넓은 모래사장이 펼쳐져 있어 항상 활기찬 분위기를 느낄 수 있다. 바다와 산을 함께 즐기려면 라구나 비치 바로 옆에 자리한 크리스털 코브 주립공원 Crystal Cove State Park에서 하이킹을 하는 것도 좋다.

홈페이지 www.lagunabeachinfo.com, www.lagunabeach.com

---

# Dana Point
## 데이나 포인트

북캘리포니아에서부터 내려온 1번 국도가 끝나는 부근에 있는 작은 마을이다. 해안선이 약간 돌출하면서 절벽을 형성해 리츠 칼튼 The Ritz Carlton과 같은 고급 리조트 호텔과 고급 별장, 저택들이 늘어서 있다. 1번 국도가 끝나면서 만나는 5번 고속도로는 남쪽으로 샌디에이고와 연결되며, 5번 고속도로를 따라 북쪽으로 올라가면 내륙으로 이어지면서 바로 샌 후안 카피스트라노 San Juan Capistrano 마을이 나온다. 이 마을에는 샌 후안 카피스트라노 미션 Mission San Juan Capistrano이라는 아주 유명한 미션이 있는데, 프란체스코 수도회에 의해 1776년에 지어진 것으로 현재 캘리포니아에서 미사가 이루어지고 있는 미션들 중에서 가장 오래된 것이다.

홈페이지 www.danapointbeach.com

### 샌 후안 카피스트라노 미션

주소 26801 Ortega Hwy, San Juan Capistrano 운영 화~일요일 10:00~17:00 휴무 월요일, 추수감사절, 크리스마스 요금 일반 $18, 학생 $10 홈페이지 www.missionsjc.com

---

## 로드 트립 주의사항 `Tip`

**▶ 편의시설**
국도 주변에 휴게소나 주유소가 많지 않으니 마을을 떠나기 전에 항상 가솔린이 충분한지 점검해야 한다. 특히 빅서 Big Sur 주변으로는 한적한 해안도로가 이어져 주변에 인적이 드물고 부대시설이 없다. 물이나 간단한 간식거리를 챙겨 두고 화장실도 미리 가는 것이 좋다. 1번 국도 주변 주유소는 가솔린 요금도 비싼 편이다.

**▶ 도로 상태**
굽은 도로가 많은 데다 밤에는 매우 어둡고 안개도 잦은 편이라 안전운전에 신경 써야 한다. 특히 최근에는 이상 기후로 인해 폭풍우나 산불 등으로 도로가 폐쇄되는 경우도 있다.

**▶ 통신 상태**
1번 국도에서 조금 외진 곳으로 들어가면 인터넷이 매우 느려지는 경우가 있으니 인터넷에 너무 의존하지 말고 내비게이션 지도도 미리 다운받아 해두자.

# 캘리포니아 남부
## Southern California

# Los Angeles

## 로스앤젤레스

1년 내내 햇살이 쏟아지는 도시 로스앤젤레스. 다양한 피부색과 라이프스타일이 자유롭게 공존하고 있는 이곳은 도시의 이름 그대로 '천사의 도시 City of Angel'라는 애칭을 지니고 있다. 영화산업의 메카 할리우드와 부촌의 상징 베벌리힐스, 그리고 태평양을 끼고 있는 아름다운 해변들과 다양한 문화가 돋보이는 차이나타운, 리틀 도쿄, 코리아타운까지 각양각색의 볼거리가 있는 재미있는 곳이다.

### 날씨
한겨울을 제외하면 연중 강렬한 햇살이 쏟아지고 건조하다. 여름에는 햇살이 매우 따갑지만 저녁이 되면 선선해진다. 낮에는 선글라스와 자외선 차단제가 필수. 바닷가 쪽은 강렬한 햇살과는 달리 알래스카에서 내려오는 찬 바닷물로 인해 여름에도 수영을 하기에는 제법 차갑다. 9~10월 인디언 서머에는 막바지 더위가 기승을 부리지만 늦가을부터 봄까지는 대체로 쾌적하고 겨울에는 쌀쌀해서 두툼한 점퍼가 필요하다.

### 유용한 홈페이지
로스앤젤레스 관광청
discoverlosangeles.com
샌타모니카 관광청
www.santamonica.com
웨스트 할리우드 관광청
www.visitwesthollywood.com

# 가는 방법

로스앤젤레스는 미국 서부의 관문 격인 대도시인 만큼 교통이 발달해 미국 내에서는 물론 국제 노선의 항공편도 많으며 특히 한국 교민이 많은 도시라 우리나라에서 직항편이 많다.

## 비행기 ✈

인천공항에서 로스앤젤레스까지는 대한항공과 아시아나항공, 에어프레미아, 델타항공의 직항편으로 11시간 10분~11시간 30분 정도 소요되며 유나이티드항공(UA) 등 경유편은 13~15시간 정도 걸린다. 미국 내에서는 샌프란시스코에서 1시간, 시애틀에서 3시간, 뉴욕에서 6시간 정도 걸린다.

### 로스앤젤레스 국제공항 Los Angeles International Airport (LAX)

미국 서부 최대의 관문으로 로스앤젤레스 남서쪽에 있으며, 공항코드 그대로 LAX라고 부른다. 로스앤젤레스 주변에 작은 공항들이 여러 개 있지만 우리나라와 바로 연결되는 국제공항은 LAX뿐이다. 국제터미널은 톰 브래들리 터미널 Tom Bradley International Terminal(TB)이며, 대한항공과 아시아나항공도 이곳에서 발착한다. 나머지 8개 터미널은 번호로 구별한다.

홈페이지 www.flylax.com

## 공항 → 시내

가장 편리한 방법은 택시이며 상황에 따라 좀 더 저렴한 우버나 리프트도 많이 이용한다. 버스나 메트로는 가격이 저렴하지만 시간이 오래 걸린다. 그 외에 밴 서비스도 있다.

### ① 라이드 앱 Ride App(우버·리프트) / 택시 Taxi

국제선 터미널에서 조금 떨어져 있는 제1터미널 옆의 엘에이엑시트 LAXit에 승차장이 있다. LAXit 이정표를 따라가면 터미널 밖에 LAXit로 가는 무료 셔틀버스 정류장이 있다. LAXit 승차장에 도착하면 우버, 택시, 리프트 등의 이정표를 따라간다. 공항에서 출발할 때 공항세가 붙으며, 팁은 미터 요금에 10~18% 정도 추가로 주면 된다.

요금 (다운타운 기준) 우버·리프트 $50~60, 택시 $56

### ② 플라이어웨이 버스 Flyaway Bus

LAX에서 운행하는 공항버스로 다운타운의 유니언 역까지 저렴하고 빠르게 연결된다.

요금 편도 $9.75 홈페이지 www.lawa.org/flyaway

> **Tip**
>
> ### 라이드 앱 Ride App
>
> 우버 Uber나 리프트 Lyft 같은 차량 공유 서비스를 부르는 명칭은 공항마다 조금씩 다른데, LAX 안내판에서는 라이드 앱이라고 표기한다. 공항에서는 라이드 앱을 부르는 사람이 워낙 많기 때문에 안내원의 지시에 따라 순차적으로 들어오는 차량을 타고 앱에서 부여 받은 인증코드를 드라이버에게 알려주는 방식으로 운영한다.
>
> **1. Show driver code**
> They'll enter it to confirm your ride.
>
> **0342**

### ③ 일반 버스 MTA Bus
가장 저렴한 이동수단이지만 시간이 오래 걸린다. 공항과 시내를 한 번에 연결하는 버스는 없고 먼저 공항에서 셔틀버스를 타고 시티버스센터 City Bus Center로 가야 하며, 노선이 많지 않아 대부분 다시 갈아타야 한다.

요금 $1.75 홈페이지 www.metro.net

### ④ 메트로(지하철) MTA Metro
버스와 마찬가지로 저렴하지만 불편하다. 공항에서 셔틀버스를 타고 메트로 그린 라인의 Aviation역까지 가서 타야 한다. 로스앤젤레스의 지하철은 노선이 단순하지만 다운타운, 유니언역, 할리우드, 롱비치, 패서디나 등까지 다양하게 연결된다.

요금 $1.75 홈페이지 www.metro.net

### ⑤ 밴 서비스 Van Service
택시와 비슷하지만 미리 예약하고 선불로 결제하기 때문에 요금을 미리 알 수 있다. 요금은 차종과 거리에 따라 다르다.

프라임타임 www.primetimeshuttle.com
슈퍼셔틀 www.supershuttle.com
고위드어스 https://gowithus.com

### ⑥ 렌터카
대중교통이 불편한 로스앤젤레스에서 많이 이용하는 방법이다. 공항에서 렌터카 회사의 셔틀버스를 타고 근처의 렌터카 사무실로 이동한 뒤 예약한 차량을 픽업한다. 성수기에는 사람이 붐벼 줄을 오래 서기도 하므로 시간을 여유 있게 잡도록 한다.

---

## 기차 Amtrak 🚆

미국 국내 도시들을 연결하는 기차 앰트랙은 로스앤젤레스 다운타운 북쪽의 유니언역 Union Station에서 출·도착한다. 역과 시내를 잇는 교통수단은 버스, 메트로, 택시 등이 있고 역 안에는 렌터카 사무실도 있다. 메트로는 할리우드와 유니버설 스튜디오로 가는 레드 라인, 코리아타운을 관통하는 퍼플 라인, 패서디나로 가는 골드 라인이 유니언역과 연결된다. 앰트랙 루트는 동부의 뉴욕까지 이어지지만 3~4일이 소요되고 항공료보다도 비싸다. 시애틀까지 35시간, 샌프란시스코까지도 12시간이나 걸리기 때문에 현실적으로 타볼 만한 구간은 샌타바버라(2시간 30분)와 샌디에이고(3시간) 정도다.

유니언역 주소 800 N Alameda St 홈페이지 www.amtrak.com

---

## 버스 Bus 🚌

다운타운의 그레이하운드 버스 터미널 Greyhound Bus Terminal을 비롯해 시내 곳곳에 크고 작은 버스 터미널이나 정류장이 있다. 버스 회사와 행선지에 따라 정류장이 다르니 예약 시 꼭 확인해야 한다. 샌프란시스코 7~9시간, 샌디에이고 2~3시간, 샌타바버라 2시간 정도이며 예약 시점, 출발일, 출발 시각, 버스 회사에 따라 요금이 다르다. 멕시코 버스와 중국 버스도 있지만 플릭스버스와 그레이하운드가 가장 무난하다.

[완다루 Wanderu(스케줄 검색 및 예약 플랫폼)] 홈페이지 www.wanderu.com
[플릭스버스 Flixbus] 주소 501-503 E Cesar E Chavez Ave(유니언역 부근)
[그레이하운드 Greyhound] 주소 1716 E 7th St(다운타운 동남쪽)

# 시내 교통

로스앤젤레스 시내에서 이동하려면 자동차가 가장 편리하지만 운전이 부담스럽다면 지하철과 버스, 우버 등을 이용해야 한다. 동선에 따라 대중교통이 불편한 곳도 많지만 우버 등을 활용한다면 큰 문제는 없다.

## ① 버스 MTA Bus

로스앤젤레스 카운티 교통국인 MTA에서 관리하는 버스로, 로스앤젤레스 구석구석까지 연결된다. 승차권은 탭 기능이 있는 카드를 사는 것이 편리하며 현금 승차 시 거스름돈을 주지 않으니 잔돈을 준비해야 한다.

요금 1회권 $1.75(탭카드 사용 시 1일권 $5, 7일권 $18)
홈페이지 www.metro.net

Tip

## 주요 정류장만 정차하는
## 메트로 래피드 Metro Rapid

MTA에서 운영하는 주요 정류장에만 정차하는 빨간색의 빠른 버스. 많이 이용되는 노선은 로스앤젤레스를 동서로 연결하는 720번이다. 일반 버스로는 1시간 이상 걸리지만 래피드 버스로는 40분 정도면 가능해 시내를 관통할 때 타볼 만한 노선이다(요금은 일반 버스와 동일).

**720번** : 다운타운 – 윌셔 대로 Wilshire Blvd– 웨스트우드 – 샌타모니카

## ② 메트로(지하철) MTA Metro

역시 MTA에서 운영하기 때문에 버스와 요금체계가 같지만, 메트로역은 대부분 무인 시스템으로 운영돼 매표소 대신 자동발매기에서 현금이나 카드로 티켓을 구입해야 한다. 메트로 노선은 다운타운을 중심으로 할리우드, 코리아타운, 유니버설 스튜디오, 샌타모니카, 롱비치, 패서디나 등 사방으로 뻗어 있다. 주말에는 배차 간격이 길어 이동 시간이 오래 걸린다.

요금 1회권 $1.75(탭카드 사용 시 1일권 $5, 7일권 $18)
홈페이지 www.metro.net

## ③ 대시버스 DASH Bus

로스앤젤레스시(市) 교통국인 LADOT에서 운영하는 버스다. 다운타운 내부를 순환하는 버스 노선은 5개다. 교통이 복잡하고 주차가 어려운 평일의 다운타운에서는 대시가 편리하고 저렴하다. 단, 밤에는 운행하지 않는다는 것도 알아두자.

요금 50센트(탭카드 35센트) 운행 노선별로 조금씩 다르지만 보통 평일 06:00~21:00, 주말 09:00~18:00 (F노선은 주말에 09:00~21:00) 홈페이지 www.ladottransit.com/dash

Tip

## 탭 TAP 카드

로스앤젤레스에서
사용되는 교통카드
로 발매기에서 구입
하는 플라스틱 실물
카드는 수수료 $2가

붙고 어플로 다운받아 계정을 만들면 수수료가 없
다. 선불형으로 금액을 충전해 사용한다면 로스앤
젤레스의 모든 대중교통에서 이용할 수 있다.

### ④ 빅 블루 버스 Big Blue Bus(BBB)

샌타모니카시에서 운영하는 파란색 버스. 보통
'블루 버스'라 부르며 BBB로 표시한다. 노선은 샌
타모니카를 중심으로 로스앤젤레스 다운타운과
UCLA, 로스앤젤레스 국제공항, 마리나 델 레이,
베니스 등을 연결한다. MTA 버스에 비해 쾌적하고
친절한 편이다. MTA 버스와 마찬가지로 현금을 받
기는 하지만 거스름돈은 주지 않는다.
요금 일반 1회권 $1.25(탭카드 사용 시 $1.10, 1일권 $4)
홈페이지 www.bigbluebus.com

### ⑤ 우버

로스앤젤레스에서 대중교통만으로 관광지들을 다
둘러보는 일은 불가능하진 않지만 불편하다. 대중
교통으로는 여러 번 갈아타거나, 돌아가거나, 오래
기다려야 하는 등의 불편함이 따르는데, 이때 편리
한 교통수단이 우버다. 낯선 운전과 주차 문제 등을
고려하면 렌터카보다 편리하고 택시보다 쉽게 부를
수 있어 많은 사람이 이용하고 있다. 우버를 이용하
는 방법은 준비편(P.076)을 참고하자.
요금 로스앤젤레스 시내에서 $10~80

### ⑥ 홉온 홉오프 투어 버스 Hop-on Hop-off Tour Bus

볼거리가 흩어져 있는 로스앤젤레스에서 렌터카가
부담스럽다면 투어 버스를 이용하는 방법도 있다.
정해진 루트를 순환하는 버스를 마음대로 탔다가
내렸다 할 수 있는 홉온 홉오프 버스는 일반 투어
보다 좀 더 자유로워 많은 관광객이 이용하고 있다.
주요 관광지를 순환하기 때문에 대중교통보다 편
하지만 정류장에서 버스 시간을 맞춰야 한다는 불
편함은 마찬가지이며 배차 간격이 큰 편이라 스케
줄을 잘 맞춰야 한다는 것도 알아두자. 오픈된 2층
에 앉으면 흥겨운 기분이 나고 사진 찍기도 좋지만
날씨에 따라 힘이 들 수도 있다. 요금은 성인 24시
간 기준 $50 정도이며 온라인 예매 시 조금씩 할인
된다.

[스타라인 투어스 Starline Tours]
홈페이지 www.starlinetours.com

[빅버스 투어스 BigBus Tours]
홈페이지 www.bigbustours.com

캘
리
포
니
아
남
부

Tip

## 할인 패스

로스앤젤레스 관광지 입장료를 한 번에 모아 구입
해 할인 받을 수 있는 패스다. 여러 종류가 있지만
테마파크가 많은 로스앤젤레스의 특성상 많은 장
소가 포함된 패스보다는 원하는 장소를 직접 선택
하는 패스가 낫다. 단, 할인율이 낮아서 크게 도움
이 되지는 않는다.

▶ 고카드 로스앤젤레스
Go Card Los Angeles
홈페이지 gocity.com/los-angeles

▶ 남캘리포니아 시티패스
Southern California CityPass
홈페이지 www.citypass.com/southern-california

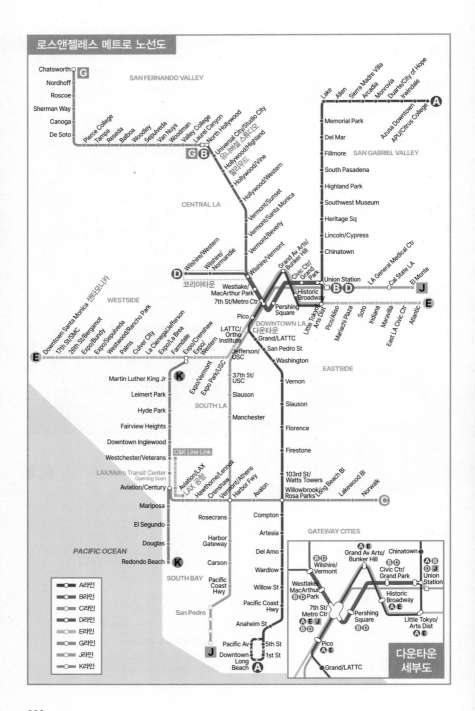

로스앤젤레스 메트로 노선도

# 로스앤젤레스 숙소 고르기

로스앤젤레스는 세계적인 비즈니스 도시이자 관광도시로 매우 다양한 숙박시설이 있다. 비즈니스로 방문한 사람들은 주로 다운타운에 머물고, 관광객들은 할리우드나 샌타모니카 등을 선호한다. 하지만 이런 동네는 숙박비가 비싼 데다 주차 요금도 상당히 비싸다.

## 다운타운

금융, 콘퍼런스 등 각종 비즈니스를 위한 사람들이 선호하는 곳인데 대중교통이 편리해서 관광객들에게도 잘 맞는 편이다. 평일 낮에는 교통이 복잡하다. 차가 있다면 반드시 주차 가능 여부와 요금을 확인하자.

## 웨스트 할리우드 & 베벌리힐스

화려한 동네 분위기만큼 호텔들도 화려하다. 유명 체인 호텔보다는 멋진 부티크 호텔이 많으며 할리우드 스타들의 스캔들을 좇는 파파라치도 가끔 보인다. 대중교통은 불편한 편이라 우버를 이용하거나 차가 있다면 주차 정보를 확인하자.

## 샌타모니카 & 베니스

샌타모니카 지역은 멋진 해변이 가깝고 고급 주택가가 많아 호텔비가 비싼 편이며, 베니스 쪽으로 내려가면 조금 저렴한 숙소를 찾을 수 있다. 대중교통이 있기는 하지만 편리하지는 않으니 주차 정보를 확인하자.

## LAX 공항 주변

샌타모니카, 베니스 비치와 멀지 않고 다운타운까지 30분이면 닿을 수 있다. 공항 주변이라 차가 없으면 매우 불편하고 동네가 썩 좋지는 않으나 시설 대비 호텔 요금은 나쁘지 않다. 주차비가 저렴하고 무료인 곳도 있다.

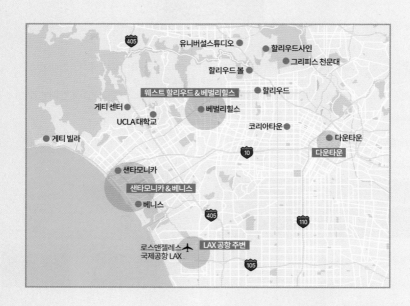

# 추천 일정

로스앤젤레스는 다운타운이 크지 않지만 광역권으로 나가면 매우 큰 지역이라 3일 이상 머무는 것이 좋다. 먼저 다운타운에서 하루를 보내고, 다음 날은 할리우드와 로데오 같은 명소에 가고, 셋째 날은 바다로 나가보자.

**Day 1** 로스앤젤레스의 역사를 느낄 수 있는 다운타운으로 가자.
저녁에는 그리피스 공원에서
LA 야경을 보며 마무리하는 것도 좋다.

유니언역 ①　엘 푸에블로 역사공원 ②　시청사 ③　월트디즈니 콘서트홀 ④

그리피스 파크 ⑦　아츠 디스트릭트 ⑥　더 브로드 ⑤

**Day 2** 주변 지역이 다소 어두운 할리우드는 오전에 돌아보고 낮에는 화려한 로데오 거리와 박물관 구경, 저녁에는 그로브와 파머스 마켓에서 여유를 즐기자.
한식이 그립다면 코리아타운에 들르고, 유명 레스토랑에 가고 싶다면 가까운 라 시에네가의 레스토랑 거리도 괜찮다.

할리우드 대로 ①　로데오 드라이브 ②　뮤지엄 로 ③
(로스앤젤레스 카운티 미술관 또는 타르피츠 박물관 또는 피터슨 자동차 박물관)
파머스 마켓 & 그로브 ④

**Day 3** 아침 공기를 마시며 전망 좋은 게티 센터를 둘러보고, 근처의 UCLA에 들러 대학가에서 간단한 식사를 하거나 말리부에 자리한 유럽풍의 게티 빌라를 거닐고, 저녁에는 샌타모니카 해변의 아름다운 석양을 바라보자. 서드 스트리트 프라머네이드와 해변가에는 레스토랑이 많으며 샌타모니카 플레이스에는 푸드코트도 있다.

게티 센터
(게티 빌라)
①

베니스 해변
②

샌타모니카 해변
③

서드 스트리트
프라머네이드
④

**Day 4** 로스앤젤레스의 핵심 명소를 둘러봤다면 마지막 날에는 당일치기로 외곽을 다녀오자. 각자의 취향에 따라 테마파크 또는 쇼핑을 선택할 수 있다.

 코스 1

▶ 유니버설 스튜디오
로스앤젤레스 바로 북쪽에 위치한 유니버설 스튜디오는
어른들도 좋아하는 영화 관련 테마파크다.
디즈니랜드보다 가깝고 지하철도 연결되어 더욱 편리하다.

 코스 2

▶ 프리미엄 아웃렛
로스앤젤레스 주변에 여러 아웃렛이 있는데
가장 큰 곳은 데저트 힐스 프리미엄 아웃렛이다.
가장 멀기는 하지만 명품 브랜드가 많아 인기 있다.

**Tip**

## 박물관 무료입장일

로스앤젤레스의 박물관과 미술관에서는 보다 많은 사람들이 문화적 혜택을 누릴 수 있도록 매월 특정일에는 입장료를 받지 않는다. 대체로 매월 첫째 주에 이러한 무료입장일이 많으니 이때 방문한다면 시간을 맞춰보는 것도 좋다. 단, 무료입장일에는 평소보다 사람이 많아 북적인다.

**항상 무료** 게티 센터, 게티 빌라, 더 브로드, 로스앤젤레스 현대 미술관, 캘리포니아 과학 센터, 그리피스 천문대
**매월 첫째 목요일** 헌팅턴 라이브러리
**매월 둘째 화요일** 로스앤젤레스 카운티 미술관

# 로스앤젤레스와
# 하루 만에 친구 되기

## ❶ 엘 푸에블로 역사 공원
여행의 시작은 로스앤젤레스의 기원이 되는 다운타운의 역사지구에서 시작해보자. 멕시코풍의 올베라 거리를 걷다 보면 도시의 역사와 문화를 느낄 수 있다.
소요시간 1시간

## ❷ 할리우드
로스앤젤레스를 찾는 관광객들에게 가장 유명한 곳은 바로 할리우드 대로! 스타들의 손자국과 명예의 거리에서 인증샷을 찍고, 돌비 극장에서 할리우드 사인 바라보기. 기념품으로는 오스카 트로피를!
소요시간 1~2시간

엘 푸에블로
역사 공원
**1**
ㅡㅡㅡㅡㅡㅡㅡㅡㅡ 지하철 35~40분
또는 우버 15~40분

할리우드
**2**
ㅡㅡㅡㅡㅡㅡㅡㅡㅡ 우버 15~40분
또는 버스 50~60분

로데오
드라이브
**3**
ㅡㅡㅡㅡㅡㅡㅡㅡㅡ 우버 15~40분
또는 버스 60~70분

## ❸ 로데오 드라이브
이름만으로도 유명한 명품 쇼핑거리의 원조 로데오는 어떤 모습일까? 최고급 명품숍들이 늘어선 거리를 지나 티파니 매장 옆의 스페인 계단에서 인증샷을 찍어 보자. 소요시간 1시간

### ❹ 게티 센터

로스앤젤레스와 샌타모니카가 시원하게 보이는 아름다운 미술관에서 모처럼 여유를 갖고 정원과 예술품을 감상하자. 소요시간 1~2시간

### ❺ 샌타모니카 해변

샌타모니카 부둣가를 구경한 후 해변을 거닐며 멋진 노을을 바라보자.

소요시간 1시간

게티 센터

서드 스트리트
프라머네이드

④ ········· 우버 20~40분 ········· ⑤ ········· 도보 10분 ········· ⑥

샌타모니카 해변

### ❻ 서드 스트리트 프라머네이드

해가 진 후에는 해변 안쪽의 번화가 프라머네이드에서 시간을 보내기 좋다. 야자수가 양쪽으로 이어진 보행자 전용도로에 상점과 식당이 빼곡히 모여 있다. 소요시간 1시간

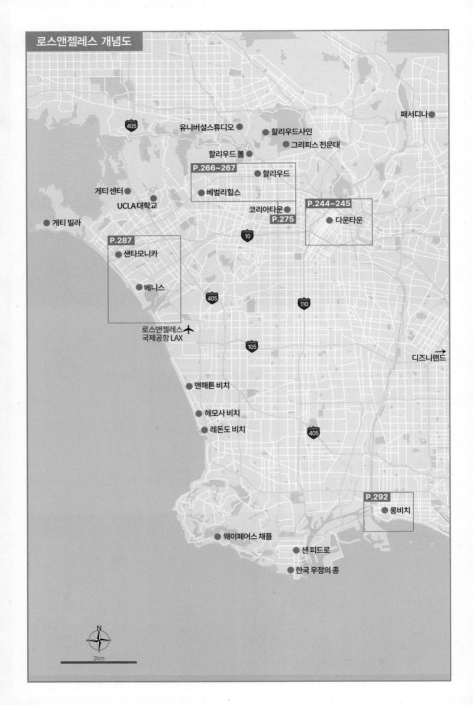

로스앤젤레스 개념도

패서디나●

405
유니버설스튜디오 ● ● 할리우드사인
● 그리피스 천문대
할리우드 볼 ●

P.266~267
● 할리우드
게티 센터 ● ● 베벌리힐스
UCLA대학교
코리아타운 ● P.244~245
● 게티 빌라 P.275 ● 다운타운

10
P.287
● 샌타모니카

● 베니스
405 110
로스앤젤레스 ✈
국제공항 LAX 105
디즈니랜드 →

● 맨해튼 비치

● 헤모사 비치
405
● 레돈도 비치

P.292
● 롱비치

● 웨이페어스 채플
● 샌 피드로

● 한국 우정의 종

N
2km

242

# 📷 Attraction

### Downtown
# 다운타운

로스앤젤레스 다운타운은 DTLA(Downtown Los Angeles)라 부른다. 로스앤젤레스의 과거, 현재, 미래가 공존하는 곳으로, 도시가 처음 생겨난 시절의 유적이 고스란히 보존돼 있는가 하면 다른 한쪽에는 현대식 빌딩들이 늘어서 있다. 다운타운은 과거에 우범지대로 악명이 높았지만 현재는 수많은 콘도미니엄과 호텔, 그리고 다양한 문화시설이 들어서면서 새로운 문화의 중심지가 되어가고 있다.

## 유니언역
### Union Station

로스앤젤레스 다운타운 교통의 중심 역할을 하는 유니언역은 미국의 동서부를 잇는 앰트랙 기차역이면서 동시에 로스앤젤레스 시내를 누비는 수많은 버스와 지하철이 연결되어 있다. 1939년에 지어진 하얀색 건물은 남캘리포니아 해변에서 쉽게 볼 수 있는 미션 양식의 건축물로, 하얀 벽과 빨간 지붕, 푸른 하늘과 녹색 야자수가 어우러져 멋진 풍경을 만들어낸다. 건물 내부는 지어진 역사만큼이나 오래된 분위기를 풍기며, 여행안내소, 카페테리아 등 각종 편의시설과 함께 렌터카 서비스도 있다.

지도 P.245-B1 주소 800 N Alameda St 가는 방법 메트로 A · B · D 라인 유니언역 Union Station

> **Tip**
> ## 차이나타운과 다저스 구장
> 유니언역의 북쪽에는 차이나타운이 있고 거기서 더 올라가면 다저스 구장이 나온다. 차이나타운은 동양 음식을 먹기 위해 들를 수도 있지만 그보다는 코리아타운이 선호된다. 과거 박찬호와 류현진으로 우리에게도 친숙한 다저스는 오타니 쇼헤이 선수의 영입으로 다시 뜨거운 관심몰이 중이다.

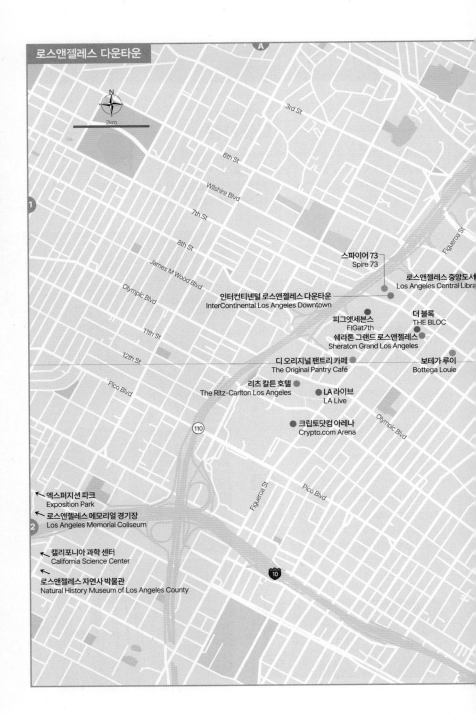

로스앤젤레스 다운타운

N
2km

A

3rd St
6th St
Wilshire Blvd
7th St
8th St
James M Wood Blvd
Olympic Blvd
11th St
12th St
Pico Blvd
Figueroa St

1

스파이어 73
Spire 73

로스앤젤레스 중앙도서관
Los Angeles Central Library

인터컨티넨탈 로스앤젤레스 다운타운
InterContinental Los Angeles Downtown

피그앳세븐스
FIGat7th

더 블록
THE BLOC

쉐라톤 그랜드 로스앤젤레스
Sheraton Grand Los Angeles

디 오리지널 팬트리 카페
The Original Pantry Café

보테가 루이
Bottega Louie

리츠 칼튼 호텔
The Ritz-Carlton Los Angeles

LA 라이브
LA Live

Olympic Blvd

크립토닷컴 아레나
Crypto.com Arena

110

엑스퍼지션 파크
Exposition Park

로스앤젤레스 메모리얼 경기장
Los Angeles Memorial Coliseum

2

Figueroa St

Pico Blvd

캘리포니아 과학 센터
California Science Center

로스앤젤레스 자연사 박물관
Natural History Museum of Los Angeles County

10

엘 푸에블로 역사 공원
El Pueblo de Los Angeles State Historic Park

세펄베다 하우스
Sepulveda House

올베라 거리
Olvera Street

더 브로드
The Broad

플라자 성당
Plaza Catholic Church

아빌라 어도비
Avila Adobe

월트 디즈니 콘서트 홀
Walt Disney Concert Hall

피코 하우스
Pico House

유니언역
Union Station

시청사
City Hall

파이어하우스 넘버 원
Firehouse No.1

Grand St

옴니 로스앤젤레스 호텔
Omni Los Angeles Hotel at California Plaza

로스앤젤레스 현대 미술관
The Museum of Contemporary Art
(MOCA)

101

Olive St

앤젤스 플라이트
Angels Flight

브래드버리 빌딩
Bradbury Building

Hill St

마케로니 리퍼블릭
Maccheroni Republic

그랜드 센트럴 마켓
Grand Central Market

1st St

퍼치
Perch

르 프티 파리
Le Petit Paris

더 라스트 북스토어
The Last Bookstore

앤젤 시티 브루어리
Angel City Brewery

하우저 앤 워스
Hauser & Wirth

그라운드워크 커피
Groundwork Coffee co.

아츠 디스트릭트 브루잉 컴퍼니
Arts District Brewing Company

S Los Angeles St

Maple Ave

5th St

아츠 디스트릭트
Arts District

얼스 카페
Urth Caffé

4th St

6th St

소노라타운
Sonoratown

San Pedro St

S Central Ave

Alameda St

징크 카페
Zinc Café

블루 보틀 커피
Blue Bottle Coffee

7th St

6th St

8th St

스모가스버그
Smorgasburg

7th St

9th St

로 디티엘에이
ROW DTLA

# 엘 푸에블로 역사 공원
## El Pueblo de Los Angeles State Historic Park

유니언역 정문 앞 알라메다 거리 Alameda St 건너편에 있는 주립 역사 공원으로 1781년 멕시코 이주민 44명이 오두막을 짓고 정착하면서 로스앤젤레스의 역사가 시작됐다. 북쪽의 차이나타운, 동쪽의 리틀 도쿄와 함께 독특한 민족색을 느낄 수 있는 곳이다. 특히 사람들이 즐겨 찾는 곳은 광장 북쪽에 있는 올베라 거리. 오래된 건물에는 세월의 흔적이 고스란히 남아 있는데, 특히 광장 남쪽에는 로스앤젤레스 최초의 소방서, 피코 하우스, 플라자 성당 등 27개의 역사적인 건물들이 있다. 해마다 5월 5일이 되면 1862년 프랑스에 대한 승전을 기념하는 축제 '싱코 데 마요 Cinco de Mayo'가 올베라 거리를 중심으로 공원 곳곳에서 펼쳐진다.

지도 P.245-B1 주소 125 Paseo De La Plaza 가는 방법 유니언역에서 도보 5분 홈페이지 elpueblo.lacity.org

## ★ 올베라 거리 Olvera Street

역사 공원 초입의 교회를 지나면 십자가가 보이고 올베라 거리가 시작된다. 독특한 민족색이 돋보이는 멕시코풍 재래시장으로 로스앤젤레스에서 가장 오래된 거리다. 200m 남짓한 짧고 좁은 거리에 민예품점과 식당이 오밀조밀 들어서 있다. 상점에 따

라 가격을 흥정할 수 있고 같은 물건이라도 가게마다 가격이 다르니 천천히 한 바퀴 둘러본 다음 고르는 것이 좋다.

## ★ 아빌라 어도비 Avila Adobe

올베라 거리를 걷다 보면 중간쯤에 입구가 아주 조그만 집이 나온다. 1818년에 세워진 로스앤젤레스에서 가장 오래된 건물이다. 외관은 낡아 보이지만 안으로 들어가면 아늑한 분위기를 느낄 수 있다. 멕시코 시장이었던 돈 프란치스코 아빌라 Don Francisco de Avila의 집이었는데 1846년 미군이 이 지역을 점령했을 때 임시본부로 사용하기도 했다. 원래 18개의 방이 있었으나 현재는 응접실과 침실 등 일부만 남아 있다. 당시에는 훌륭한 건물로 칭송 받을 만큼 견고하게 지어졌지만 지진 등으로

많은 부분이 소실되었다. 전시된 방들과 소품들을 통해 당시의 소박한 생활상을 느낄 수 있다. 마당에는 작은 정원과 부엌이 있고 마당 뒤편으로 유니언역이 내려다보인다.

## ★ 세펄베다 하우스 Sepulveda House

1887년 부유했던 세펄베다 부인 Eloisa Martinez de Sepulveda의 소망에 따라 당시 캘리포니아에서는 찾아보기 힘든 빅토리아 양식으로 지어진 건물이다. 22개의 방과 2개의 사업장, 3개의 거주 공간을 마련해 상업지구를 꿈꾸었던 세펄베다 부인의 계획과 달리 이 지역은 그다지 발전하지 않았다. 역사 지구로 편입된 뒤에는 19세기의 풍미를 느낄 수 있도록 내부를 아기자기하게 전시해 놓았다.

## ★ 플라자 Plaza

올베라 거리에서 나오면 정면에 원형의 넓은 광장 플라자가 있다. 엘 푸에블로 역사 공원의 중심이 되는 광장으로, 중앙에는 무대가 있고 광장 왼쪽에는 스페인 국왕이었던 카를로스 Carlos의 동상이 있다. 주변으로 노점상들이 있어 항상 시끌벅적한 분위기다.

@Ken Lund

## ★ 파이어하우스 넘버 원 Firehouse No. 1

1884년에 세워진 로스앤젤레스 최초의 소방서로 올베라 거리에서 나와 광장을 건너가면 바로 보인다. 올드 플라자 파이어하우스 Old Plaza Firehouse로 불리기도 한다. 1892년에 소방서가 옮겨가면서 기숙사, 약국, 시

장 등으로 이용되다가 1953년 역사 공원에 편입되면서 복원되어 1960년부터 현재와 같은 박물관이 되었다. 화재 진압에 사용하는 다양한 용구와 사진 등을 전시하고 있다.

## ★ 피코 하우스 Pico House

플라자 남쪽에 지어진 커다란 건물로 1870년 당시 미국 남서부 최고의 호텔로 불릴 만큼 화려했으며 최초의 3층짜리 건물이자 82개의 객실을 보유한 거대한 호텔로 유명했다. 캘리포니아가 멕시코 영토였을 당시 마지막 총독이자 사업가였던 피오 피코 Pio Pico에 의해 지어졌는데, 그의 사후 복원되어 현재는 갤러리, 전시회장 등으로 사용된다.

## ★ 플라자 성당 Plaza Catholic Church

1818~1822년에 완공된, 로스앤젤레스에서 가장 오래된 가톨릭 교회다. 1962년에 로스앤젤레스 역사문화 건물로 지정되었고 캘리포니아 유적지로도 지정되었다. 역사 지구 안에서는 유일하게 현재 사용하고 있는 건물로 로마 가톨릭 교구의 미사가 진행된다.

## 아츠 디스트릭트
### Arts District

로스앤젤레스 다운타운의 동쪽은 과거 공장지대로
밤늦은 시간에는 우범지대가 되기도 했던 곳이다.
하지만 점차 공장이 이주하고 빈자리에 가난한 예술
가들이 모여들기 시작하면서 그래피티가 그려지고
사람들의 눈길을 끌자 카페와 갤러리, 부티크들이
생겨나게 되었다. 지역이 워낙 넓어서 아직도 군데
군데 썰렁하지만 현재 로스앤젤레스에서 가장 스왜
그 넘치는 장소로 손꼽힌다. 특히 주말이면 스모가
스버그를 방문해 점심을 먹은 뒤 이곳 아츠 디스트
릭트를 거닐며 커피나 맥주를 즐기는 사람들로 활기
를 띠고 있다.

지도 P.245-B2 ▶ 가는 방법 대시버스 A노선 Traction Ave &
Hewitt St 하차 홈페이지 www.artsdistrictla.org

Tip

### 언제 방문하는 게 좋을까?

아츠 디스트릭트는 우리나라 TV방송이나 뮤직비디오에 등장하면서 한국인들에게도 인기 있는 인증샷 장소가
되었다. 하지만 평일에는 골목에 따라 인적 드문 곳이 있으니 주말 낮에 방문할 것을 권한다. 대부분은 걸어서
다닐 수 있지만 일부 그래피티는 흩어져 있어 차량이나 전동 스쿠터를 이용하는 것이 편리하다.

## ★ 하우저 앤 워스 Hauser & Wirth

스위스에서 처음 오픈해 뉴욕, 홍콩, 런던 등 세계적인 도시로 지점을 늘리고 있는 아트 갤러리다. 제분소를 개조해 만든 건물로 아츠 디스트릭트의 오아시스 같은 곳이다. 갤러리와 함께 있는 야외 공간에서는 다양한 행사가 열린다. 또한 인기 있는 식당 마누엘라와 서점, 기념품점 등이 있으며 채소를 기르고 닭을 키우는 공간도 있다.

지도 P.245-B2 주소 901 E 3rd St 운영 2025년 설치 공사로 갤러리 임시 휴업 휴무 월요일 요금 무료(일부 특별전 제외) 홈페이지 www.hauserwirth.com

캘리포니아 남부

Tip

## 앤젤 윙을 찾아라!

예술가 콜레트 밀러 Colette Miller가 시작한 글로벌 앤젤 윙 프로젝트 Global Angel Wing Project는 이제 전 세계에서 찾아볼 수 있다. 우리 스스로가 지구의 천사임을 일깨워 주기 위해 시작했다는 앤젤 윙은 천사의 도시 로스앤젤레스와 잘 어울리는데, 실제로 로스앤젤레스에서 시작해 세계적으로 퍼져 나갔다고 한다. 그만큼 가장 많은 스폿이 있는데, 특히 다운타운에는 10곳이 넘는다. 날개 앞에서 사진을 찍으면 마치 천사가 된 듯한 모습을 남길 수 있어 항상 인기 있는 인증샷 장소다.
홈페이지 https://globalangelwingsproject.com

아츠 디스트릭트 얼스 카페 부근

다운타운 그래미 뮤지엄

멜로즈 애비뉴

엔젤시티 브루어리

다운타운 메이시스 백화점 뒤쪽

## ZOOM IN

# 아츠 디스트릭트 핫플

아츠 디스트릭트가 부상하면서 사람들이 모여들기 시작하자 맛집과 카페, 상점들도 늘어나게 되었다. 특히 주말이면 대형 푸드마켓이 열려 활기찬 분위기를 이끌고 있다.

### 스모가스버그 Smorgasburg

뉴욕의 브루클린에서 성공한 푸드마켓으로 로스앤젤레스에는 더욱 큰 규모로 들어섰다. 다운타운의 오래된 공장지대에 자리 잡으면서 낡고 외진 동네였던 이 주변 일대가 주말이면 수많은 사람들로 활기를 띠게 되었다. 특히 한국의 케이블 채널에 나오면서 한국인들 사이에 많이 알려졌다. 수많은 종류의 길거리 음식을 맛볼 수 있어 구경 삼아 가보기에 괜찮다.

지도 P.245-B2  주소 777 S Alameda St 영업 일요일 10:00~16:00 홈페이지 la.smorgasburg.com

### 로 디티엘에이 ROW DTLA

스모가스버그 바로 옆에 자리한 복합문화공간으로 다양한 상점과 카페가 있어 스모가스버그에서 식사를 한 뒤에 가볍게 들르기 좋다. 신진 디자이너들의 개성 넘치는 상품이나 아기자기한 수공예품을 만날 수 있는데, 평일에는 조용하지만 주말이면 종종 팝업스토어가 생기고 길거리에서는 퍼포먼스가 행해지기도 한다.

지도 P.245-B2  주소 777 S Alameda St 영업 매일 10:00~22:00 홈페이지 rowdtla.com

## 아츠 디스트릭트 브루잉 컴퍼니
### Arts District Brewing Company

공장지대에서 시작된 아츠 디스트릭트의 모습을 그대로 보여주는 대표적인 브루어리다. 거대한 공장을 개조한 이곳의 외관은 금방이라도 연기가 뿜어져 나올 듯한 모습을 하고 있는데, 무려 500명이 넘는 인원을 동시에 수용할 수 있는 규모다. 바에서는 거대한 양조탱크를 직관할 수 있으며 모니터에는 20가지가 넘는 다양한 종류의 맥주 메뉴가 있어 방문자를 설레게 한다. 한쪽 끝에는 게임 기계들이 있어서 오락실 같은 흥겨운 분위기도 느낄 수 있다.

지도 P.245-B2 주소 828 Traction Ave 영업 월~목요일 11:00~24:00, 금요일 11:00~02:00, 토요일 12:00~02:00, 일요일 12:00~24:00 홈페이지 artsdistrictbrewing.com

## 앤젤 시티 브루어리 Angel City Brewery

로스앤젤레스와 잘 어울리는 이름의 이곳은 로고 자체도 로스앤젤레스 시청과 천사의 날개를 합쳐 만들었다. 이미지 브랜딩을 잘 해서 티셔츠나 머그잔 같은 기념품도 나름 인기다. 리틀 도쿄에서 아츠 디스트릭트로 넘어가는 초입에 있는데, 독특한 분위기의 벽화가 눈길을 끈다. 밤에는 화려한 로고가 빛을 발하며 활기 넘치는데 낮에는 의외로 차분한 분위기다.

지도 P.245-B1 주소 216 S Alameda St 영업 월~목요일 16:00~23:30, 금요일 16:00~02:00, 토요일 12:00~02:00, 일요일 12:00~23:00 홈페이지 angelcitybrewery.com

# 로스앤젤레스 커피의 중심, 아츠 디스트릭트

로스앤젤레스에서 인기를 끌었던 얼스 카페가 오픈하면서 아츠 디스트릭트의 남쪽은 이제 커피 디스트릭트로 불릴 만큼 인기 있는 커피 골목이 되었다. 블루 보틀이나 스텀프타운 같은 유명한 카페의 체인점도 들어서고 있고 그라운드워크나 징크 카페 같은 로컬 브랜드도 인기가 많다.

### 그라운드워크 커피
Groundwork Coffee co.

베니스 비치에서 작은 카페로 시작해 이제 로스앤젤레스 곳곳에 지점을 둔 인기 카페로, 직접 로스팅하는 유기농 커피가 유명하다. 다운타운 지점은 작고 평범한 외관이지만 좌석이 없을 정도로 붐비는데, 커피 투어를 하는 사람들 사이에서는 로스앤젤레스에서 꼭 가봐야 할 대표적인 장소로 꼽힌다. 인기 메뉴는 콜드 브루이며 간단한 샌드위치와 토스트, 쿠키도 판다. 홀푸즈 같은 슈퍼마켓에서는 이곳의 커피 원두나 병에 담긴 콜드 브루를 팔기도 한다.

지도 P.245-B2 주소 811 Traction Ave 영업 매일 06:00~15:00 홈페이지 groundwork coffee.com

### 징크 카페 & 마켓 앤 바
Zinc Café & Market bar

2014년 다운타운 아츠 디스트릭트의 남쪽에 조용히 오픈한 카페로 넓고 세련된 인테리어와 향 좋은 커피, 식사 메뉴로 단숨에 다운타운의 인기 스폿으로 등극했다. 외관은 사각형의 딱딱한 콘크리트 건물이지만 내부는 편안한 분위기로 안쪽에는 작은 야외 테라스도 있다. 메뉴도 다양해서 아보카도 토스트 같은 가벼운 아침식사도 있고 화덕 피자도 있다.

지도 P.245-B2 주소 580 Mateo St 영업 매일 07:00~23:00 홈페이지 zinccafe.com

## 얼스 카페
### Urth Caffé

유기농 커피로 잘 알려진 얼스 카페는 1991년 맨해튼 비치에 처음 오픈해 인기를 끌면서 로스앤젤레스의 핫한 거리 멜로즈 애비뉴에 입성하게 되었다. 멜로즈에서도 셀럽들이 자주 등장하는 카페로 유명해져 2008년 다운타운에도 문을 열었다. 다운타운 지점은 아츠 디스트릭트에서 조금 떨어진 곳이지만 보다 넓고 독특한 분위기로 커피 디스트릭트를 형성하는 데 큰 영향을 끼쳤다. 맨해튼 머드 Manhattan Mud와 같은 인기 하우스 블랜드 커피뿐 아니라 품질 좋은 차와 다양한 식사 메뉴도 인기가 많다.

지도 P.245-B2 주소 459 S Hewitt St 영업 일∼목요일 07:00∼22:00, 금 · 토요일 07:00∼23:00 홈페이지 urthcaffe.com

## 블루 보틀 커피
### Blue Bottle Coffee

샌프란시스코 근교의 오클랜드에서 탄생한 유명한 스페셜티 커피로 우리나라에도 입점할 당시 유명세를 탔다. 대기업인 네슬레에 인수되면서 매장 수도 크게 늘어나 로스앤젤레스에만 15곳이 넘으며 다운타운에도 지점이 생겼다.

지도 P.245-B2 주소 582 Mateo St 영업 월∼금요일 06:30∼18:00, 토 · 일요일 07:00∼18:00 홈페이지 bluebottlecoffee.com

# 시청사
## City Hall

시빅 센터 Civic Center의 중심에 자리한 시청사는 1928년에 지어진 32층 건물로 한때 다운타운에서 가장 높은 건물이었다. 1994년 대지진 때 손상되었는데, 보수공사를 통해 현재는 규모 8.1의 강진까지 버틸 수 있다고 한다. 27층에 무료 전망대가 있어 다운타운의 모습을 한눈에 볼 수 있다. 건물 내부로 들어가면 보안검색대를 통과해 신분증을 제시하고 전망대에 오를 수 있다. 엘리베이터는 26층까지만 운행하며 계단을 오르면 톰 브래들리 룸 Tom Bradley Room이 나오고, 유리문 밖 난간으로 나가면 다운타운의 시원한 풍경이 펼쳐진다. 난간은 좁지만 간단한 안내판도 있다.

지도 P.245-B1 ▶ 주소 200 N Spring St 운영 월~금요일 09:00~17:00 휴무 토 · 일요일 요금 무료 가는 방법 메트로 B · D 라인 Civic Center역에서 두 블록 홈페이지 https://lacity.gov

# 월트 디즈니 콘서트 홀
## Walt Disney Concert Hall

독특한 모양의 콘서트홀로 현대 건축가로 유명한 프랭크 게리 Frank O. Gehry가 설계했다. 외관을 둘러싼 스테인리스 스틸이 로스앤젤레스의 강한 햇살을 반사하기 때문에 거주자들과 운전자들의 눈부심 방지를 위해 모래로 표면을 갈아 반짝임을 줄였다고 한다.

현재 LA 교향악단 Los Angeles Philharmonic과 LA 합창단 Los Angeles Master Chorale의 홈그라운드로, 음악홀뿐 아니라 각종 이벤트 행사장으로 사용된다. 월트 디즈니 부인이 건설 비용의 일부를 기증한 데서 이름 지어졌다. 파이프 오르간을 갖춘 아름다운 내부 인테리어는 투어를 통해 볼 수 있다.

지도 P.245-B1 ▶ 주소 111 S Grand Ave 요금 투어 무료. 날짜에 따라 스케줄이 다른데 보통 10:00~14:00, 1시간 정도 소요. 자세한 스케줄은 홈페이지 참조 가는 방법 메트로 B · D 라인 Civic Center역에서 W 1st St를 따라 두 블록 올라가면 왼쪽에 있다. 또는 메트로 A · E 라인 Grand Av Arts/Bunker Hill 하차. 홈페이지 www.laphil.com

콘서트홀 주변에 작은 공원들이 조성되어 있다.

## 더 브로드
The Broad

2015년 로스앤젤레스의 도심 한복판, 그것도 가장 눈에 띄는 건물인 월트 디즈니 콘서트 홀 바로 옆에 등장해 단숨에 인기 스폿으로 자리 잡은 곳이다. 서부 최대 규모의 컨템퍼러리 미술관으로 흰색의 독특한 건물 외관도 볼거리지만, 거대한 설치 미술 작품들을 시원하게 전시하기 위해 기둥 없는 전시장을 만든 것도 눈길을 끈다. 브로드 부부가 기증한 2,000여 점에 이르는 방대한 소장품을 번갈아 가면서 전시하는데, 앤디 워홀, 제스퍼 존스, 로이 리히텐슈타인, 장 미셸 바스키아와 같은 세계적인 작가들의 작품이 있으며 특히 키치의 제왕으로 불리는 제프 쿤스 Jeff Koons의 작품이 36점이나 있어 화려함을 더한다. 가장 인기 있는 갤러리인 구사마 야요이 Kusama Yayoi의 '무한한 거울의 방 Infinity Mirrored Room' 전시를 보기 위해서는 홈페이지에서 일반 입장권과 별도로 추가 예약해야 한다.

지도 P.245-B1 주소 221 S Grand Ave 운영 화 · 수 · 금요일 11:00~17:00, 목요일 11:00~20:00, 토 · 일요일 10:00~18:00 휴관 월요일, 추수감사절, 크리스마스 요금 무료(예약 필수) 가는 방법 메트로 B · D 라인 Civic Center역에서 도보 5분 또는 메트로 A · E 라인 Grand Av Arts/Bunker Hill 하차. 홈페이지 www.thebroad.org

## 로스앤젤레스 현대 미술관
The Museum of Contemporary Art (MOCA)

약자로 간단하게 모카 MOCA라 불린다. 1940년대부터 현재에 이르는 미국 현대 미술가들의 작품을 전시하고 있으며 회화는 물론 사진이나 비디오 아트 등도 폭넓게 전시하고 있다. 미국을 대표하는 화가로 유명한 재스퍼 존스 Jasper Johns의 작품이 특히 유명하다. 붉은 사암으로 지어진 외관은 일본인 건축가 이소자키 아라타 Isozaki Arata의 작품이다. 리틀 도쿄에 별관도 있다.

지도 P.245-B1 주소 250 S Grand Ave 운영 화 · 수 · 금요일 11:00~17:00 목요일 11:00~20:00, 토 · 일요일 11:00~18:00 휴관 월요일 요금 무료(특별전은 유료) 가는 방법 더 브로드에서 대각선 방향으로 길 건너 한 블록만 가면 왼쪽에 있다. 홈페이지 www.moca.org

로스앤젤레스 현대 미술관

## 앤젤스 플라이트
### Angels Flight

현대 미술관 바로 남쪽에는 벙커 힐 Bunker Hill이라 부르는 언덕이 있다. 이 경사진 언덕과 그랜드 센트럴 마켓을 연결해주는 주황색 푸니쿨라가 앤젤스 플라이트다. 1901년에 오픈했다가 1969년에 중지되었고 다시 1996년에 운행이 재개되었다. 2016년 영화 '라라랜드 La La Land'의 키스신 장소로 등장하면서 인증샷을 찍으려는 방문객들의 발걸음이 끊이지 않는 인기 관광지가 되었다.

지도 P.245-B1 ▶ 주소 350 S Grand Ave 운영 매일 06:45 ~22:00 요금 푸니쿨라 편도 $1 가는 방법 메트로 B · D 라인으로 Pershing Square에서 하차, Hill St를 따라 두 블록 걸어가면 왼쪽에 있다. 홈페이지 www.angelsflight.org

## 그랜드 센트럴 마켓
### Grand Central Market

로스앤젤레스 최초의 방화벽과 철골구조를 지닌 건물로 1896년에 지어졌다. 초기에는 작은 상점들이 있었으나 이후 건물을 확장하면서 고급 백화점이 문을 열기도 했다. 1917년 처음 오픈했을 당시 미 서부에서 가장 크고 훌륭한 시장으로 꼽혔다. 한때 침체기를 맞기도 했지만 다운타운 지역이 복원과 재생에 성공하면서 다시 활기를 띠게 되었다. 현대적인 감각의 그래피티와 네온 간판이 SNS에 자주 등장하면서 젊은이들도 많이 찾는다. 특별한 볼거리보다는 다운타운 한복판에 위치한 재래시장을 구경해 본다는 생각으로 들러볼 만하다. 과일과 채소, 식재료 등이 있으며 간단한 식사를 하기에도 좋다.

지도 P.245-B1 ▶ 주소 317 S Broadway 영업 매일 08:00 ~21:00 가는 방법 메트로 B · D 라인으로 Pershing Square에서 하차, Hill St를 따라 두 블록 걸어가면 오른쪽에 있다. 홈페이지 www. grandcentralmarket. com

# 브래드버리 빌딩
## Bradbury Building

1893년에 지어진 이 건물은 19세기 분위기에 현대식 유리 천장이 대비되는 묘한 곳이다. 건물이 지어진 배경에는 흥미로운 이야기가 있다. 부동산 개발업자 브래들리가 다운타운에 건물을 지으려고 건축가에게 의뢰하지만 마음에 들지 않아 결국 그 건축가 밑에서 일하던 제도공에게 재의뢰를 한다. 제도공이었던 조지 와이먼 George Wyman은 죽은 동생과의 심령대화를 통해 자기가 성공할 것이라는 메시지를 받고 이 건을 맡기로 한다. 그는 공상과학소설에서 모티브를 얻어 '높은 천장에서 내려오는 빛으로 가득 찬 2000년대의 홀'을 건물의 테마로 삼았다. 벽돌과 철재, 대리석과 나무를 배합한 인테리어에 당시 상상했던 21세기의 모습을 밝은 자연광으로 표현했다. 이러한 독특한 인테리어는 SF 명작 '블레이드 러너(1982년)'의 무대로 등장해 화제를 모았다.

지도 P.245-B1 주소 304 S Broadway 운영 월∼금요일 09:00∼17:00, 토 · 일요일 10:00∼14:00 가는 방법 그랜드 센트럴 마켓 바로 건너편 홈페이지 www.laconservancy. org

---

# 로스앤젤레스 중앙도서관
## Los Angeles Central Library

1986년 화재로 한때 폐관되었지만, 대대적인 공사를 통해 1993년 다시 문을 열었다. 건물 내부를 장식한 아름다운 천장화나 중앙 홀의 샹들리에도 볼 만하지만, 특히 2층에 있는 틴스케이프 Teenscape가 가장 눈길을 끈다. 인터넷은 물론 다양한 종류의 잡지, 만화책, 대학 관련 자료 등을 구비해 청소년들이 많이 찾는 곳이다. 딱딱한 도서관 의자 대신 안락한 소파로 꾸며져 편안하다.

지도 P.244-A1 주소 630 W 5th St 운영 월∼목요일 10:00∼20:00, 금 · 토요일 09:30∼17:30, 일요일 13:00∼17:00 가는 방법 메트로 B · D 라인 Pershing Square역에서 W 5th St를 따라 서쪽으로 200m 걸어가면 왼쪽에 있다. 또는 메트로 A · B · D · E 라인 7th St/ Metro Center l 하차. 홈페이지 www.lapl.org/central

# LA 라이브
## LA Live

대형 콘서트장인 피코크 시어터 Peacock와 스포츠 센터인 크립토닷컴 아레나 Crypto.com Arena, 그래미 박물관 Grammy Museum과 레스토랑이 모여 있는 종합 엔터테인먼트 공간이다. 54층의 화려한 건물에는 메리어트 호텔 Marriott, 리츠칼튼 레지던스 Ritz-Carlton가 있다. 피코크 시어터 앞의 작은 광장은 시상식이 있을 때면 레드 카펫이 깔리고, 겨울에는 스케이트장이 마련되는 등 크고 작은 행사가 열린다.

그래미 박물관에서는 록, 힙합, 컨트리, 라틴, R&B, 재즈를 망라한 현대 음악의 역사와 녹음 기술의 발전사, 그래미 시상식과 관련된 다양한 자료, 엘비스 프레슬리, 마이클 잭슨, 루치아노 파바로티 등 음악인들이 사용했던 유품 등을 전시하고 있다.

건너편에 자리한 크립토닷컴 아레나는 다목적 종합 체육관으로 로스앤젤레스의 프로 농구팀인 LA 레이커스 LA Lakers와 클리퍼스 LA Clippers, 아이스하키팀인 LA 킹스 LA Kings의 홈구장이다. 스포츠뿐 아니라 세계적인 가수들의 대형 콘서트나 각종 행사들이 열린다.

지도 P.244-A2 ▶ 주소 800 W Olympic Blvd 가는 방법 ① 대시버스 F 노선 Figueroa St에서 하차하면 바로 ②메트로 A · E 라인 Pico역에서 나와 S Flower St를 100m 걸어가면 W 12th St가 나온다. 여기서 왼쪽으로 꺾어지면 길 건너편으로 크립토닷컴 아레나가 보인다. 홈페이지 www.lalive.com, www.peacocktheater.com, www.grammymuseum.org

# 엑스퍼지션 파크
## Exposition Park

올림픽을 두 번이나 치른 메모리얼 경기장 Memorial Coliseum이 있는 공원으로, 원래는 원예 전시장으로 사용되던 곳이다. 공원 입구로 들어서면 수많은 장미로 가득한 장미 정원 Rose Garden이 보이는데, 꽃이 만발할 무렵에는 꽃향기를 느끼며 산책하는 사람들로 가득하다. 공원 주변으로는 캘리포니아 과학 센터, 로스앤젤레스 메모리얼 경기장, 로스앤젤레스 자연사 박물관 등이 모여 있어 교육의 현장을 찾아온 방문객들로 가득하다. 무더운 여름에는 땡볕 때문에 그늘을 찾기 힘드니 너무 오래 돌아다니지는 말자.

주소 3980 Menlo Ave 가는 방법 메트로 E 라인 Expo Park/USC역에서 바로 홈페이지 expositionpark.ca.gov

# 로스앤젤레스 메모리얼 경기장
## Los Angeles Memorial Coliseum

1923년 USC 대학의 아메리칸 풋볼 경기를 시작으로 문을 연 경기장이다. 10만 명을 수용할 수 있는 거대

한 규모로, 1932년과 1984년 두 차례나 올림픽을 치렀으며 수많은 가수들의 콘서트장으로 사용됐다. 지금은 USC 풋볼팀의 홈구장이자 슈퍼볼 게임이나 월드 시리즈, 국제 축구대회, 음악 콘서트 등이 열리는 다목적 경기장으로 사용된다. 2008년에 열린 LA 다저스와 보스턴 레드삭스 경기에서는 11만 명이 넘는 경이적인 관객수로 MLB의 기록을 깬 바 있다. 입구에 우뚝 서 있는 건장한 신체의 남녀 조각상에는 얼굴이 없는데, 이는 인종을 나타내지 않기 위해서라고 한다.
주소 3939 S Figueroa St 가는 방법 메트로 E 라인 Expo Park/USC역에서 도보 4분 홈페이지 www.lacoliseum.com

## 캘리포니아 과학 센터
### California Science Center

신기한 과학 현상들을 이해하기 쉽게 전시해 놓은 곳이다. 가족 단위나 학교에서 단체로 견학 온 학생들로 가득하다. IMAX 영화관 옆 3층 건물에는 다양한 전시관과 체험장이 있다. 1층에 우주관, 2층에 생명관이 있으며 3층에선 주로 특별 전시가 열린다. 곳곳에 추가 요금을 내고 이용할 수 있는 재미있는 기구들이 있는데, 3층의 '공중 자전거 High Wire Bicycle'는 허공에 매달린 외줄 위에 놓인 자전거를 타는 것으로, 아찔해 보이지만 자전거 아래의 무거운 추가 중심을 잡아줘 절대로 떨어지지 않는다.
주소 700 Exposition Park Dr 운영 매일 10:00~17:00 휴관 1월 1일, 추수감사절, 크리스마스 요금 무료(아이맥스 IMAX 극장과 특별 전시만 유료) 가는 방법 메트로 E 라인 Expo Park/USC역에서 도보 3분 홈페이지 www.californiasciencecenter.org

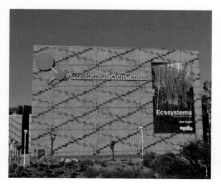

## 로스앤젤레스 자연사 박물관
### Natural History Museum of Los Angeles County

로스앤젤레스는 물론 미 서부에서 가장 볼 만한 자연사 박물관이다. 1913년에 개관해 역사도 오래되었지만 규모도 상당히 큰 편이다. 고대 화석에서 현생 인류에 이르기까지 자연이라 부를 수 있는 모든 종류의 동식물과 광물군을 한자리에 모아두어 규모와 내용이 충실하다. 특히 눈길을 끄는 것은 실감나게 꾸며진 아프리카 포유류관 African Mammals과 어두운 조명 아래 광채가 돋보이는 보석과 광물관 Gems & Minerals이다.
주소 900 Exposition Blvd 운영 매일 09:30~17:00 휴관 매월 첫째 화요일, 1월 1일, 독립기념일, 추수감사절, 크리스마스 요금 일반 $18, 학생 $14, 어린이 $7 가는 방법 메트로 E 라인 Expo Park/USC역에서 도보 3분 홈페이지 www.nhm.org

## 디 오리지널 팬트리 카페
### The Original Pantry Café

관광객들보다는 현지인들에게 인기 있는 다이너로 식사 시간대에는 사람들로 많이 붐빈다. 1924년에 오픈해 지금까지 성업 중으로 분위기 자체도 옛날 그대로다. 미국의 현대적인 식당과는 달리 테이블에서가 아니라 나갈 때 계산대에서 계산을 하는데, 마치 철창으로 둘러싸인 전당포 같은 계산대의 모습이 험난했던 역사를 여실히 보여준다. 전형적인 다이너의 메뉴들로 가득한데, 음식의 가성비가 좋다. 현금만 받으며 계산대 옆에 ATM 기계가 있다.

지도 P.244-A1 주소 877 S Figueroa St 영업 수~금요일 07:00~15:00, 토 · 일요일 07:00~17:00 휴무 월 · 화요일 가는 방법 메트로 A · B · D · E 라인 7th Street / Metro Center역에서 도보 5분 홈페이지 pantrycafe.restaurant

## 스파이어 73
### Spire 73

로스앤젤레스 다운타운에는 루프탑 바가 많은데 그 중에서도 꽤 인기가 있는 곳이다. 인터컨티넨탈 호텔 73층에 자리해 높은 전망을 자랑하며 현대적이고 세련된 인테리어까지 더해져 주말 밤에는 항상 붐빈다. 72층에는 간단한 식사가 가능한 실내 바가 있는데 날씨가 쌀쌀하거나 비가 올 때는 루프탑 바를 대신해 이용할 만하다. 최근 인기를 끌고 있는 채식 버거인 임파서블 버거도 있다.

지도 P.244-A1 주소 900 Wilshire Blvd 영업 일~목요일 11:00~22:30 금 · 토요일 11:00~01:30 가는 방법 메트로 A · B · D · E 라인 7th Street / Metro Center역에서 도보 2분 홈페이지 ihg.com

# 보테가 루이
## Bottega Louie

밖에서 보면 평범한 건물이지만 내부는 높은 천장의 세련된 인테리어로 고급스러운 느낌이 난다. 마카롱이 특히 유명한 디저트 전문 카페로 쇼케이스에서 직접 보면서 고를 수 있다. 안쪽 테이블에서는 식사를 마치고 디저트를 주문하면 서버가 가져다 준다. 식당 안쪽에 커다란 화덕이 있어 화덕 피자를 먹는 사람도 많다.

지도 P.244-A1 주소 700 S Grand Ave 영업 카페 매일 07:00~22:00 식당 일~목요일 08:00~22:00 금·토요일 08:00~23:00, 주중 브렉퍼스트 08:00~11:00 주말 브런치 09:00~15:00 가는 방법 메트로 A·B·D·E 라인 7th Street / Metro Center역에서 도보 2분 홈페이지 bottegalouie.com

# 마케로니 리퍼블릭
## Maccheroni Republic

그랜드 센트럴 마켓 건너편에 자리한 인기 있는 이탈리안 레스토랑이다. 캐주얼한 분위기로 규모가 그리 크지는 않지만 야외 테라스 좌석도 있다. 다양한 파스타를 비롯해 맛있는 이탈리안 요리들을 합리적인 가격에 먹을 수 있어 항상 많은 사람들로 붐빈다. 예약을 받지 않으니 조금 일찍 가서 줄을 서야 한다.

지도 P.245-B1 주소 332 S Broadway 영업 월~목요일 11:00~14:00, 17:00~21:30, 금~일요일 11:00~21:30 가는 방법 메트로 B·D 라인 Pershing Square역에서 도보 2분 또는 메트로 A·E 라인 Historic Broadway역 하차 홈페이지 maccheronirepublic.com

# 그랜드 센트럴 마켓
## Grand Central Market

로스앤젤레스 다운타운의 오래된 시장으로 여러 종류의 먹거리가 있다. 돌아다니다가 마음에 드는 곳에 앉아 간단히 시켜 먹거나 테이크아웃해서 주변 테이블에서 먹을 수도 있다. 에그슬럿 Eggslut의 에그 샌드위치나 베를린 커리부르스트 Berlin Currywurst의 커리부르스트(카레소시지)와 맥주도 인기다.

지도 P.245-B1 주소 317 S Broadway 영업 매일 08:00~21:00(매장마다 다름) 가는 방법 메트로 B·D 라인 Pershing Square역에서 도보 2분 또는 메트로 A·E 라인 Historic Broadway역 하차 홈페이지 grandcentralmarket.com

## 소노라타운
### Sonoratown

미국 서부의 패션산업을 이끌고 있는 패션 디스트릭트 Fashion District는 우리의 동대문 시장 같은 곳으로 한국 교민과 히스패닉 종사자들이 유난히 많다. 패션 디스트릭트 초입에 자리한 멕시칸 식당으로 좌석이 많지 않아 대부분 포장해 간다. 가장 기본적인 메뉴는 타코, 부리토, 케사디야 등으로 숯불향 나는 고기가 일품이며 특히 이 집의 인기 음료인 페피노 Pepino(멕시코 오이 음료)와 잘 어울린다.

지도 P.245-B2 ▶ 주소 208 E 8th St 영업 매일 11:00~22:00 가는 방법 대시버스 E 노선 Los Angeles St & 8th St 정류장에서 도보 1분 홈페이지 sonoratown.com

---

## 퍼치
### Perch

다운타운 최고의 브런치 식당 중 하나로 꼽히는 곳으로 평일에는 저녁에만 운영하는 루프탑 바지만 주말이면 브런치가 있어 항상 많은 사람들로 붐빈다. 대부분의 음식이 맛있지만 특히 버터향 가득하게 구워낸 프렌치 토스트는 새콤한 과일과 함께 나와 인기가 많다. 퍼싱 스퀘어가 바라다보이는 오픈 테라스 좌석은 예약을 해두는 것이 좋다.

지도 P.245-B1 ▶ 주소 448 S Hill St 영업 토·일요일 브런치 10:00~15:30, 월~금요일 해피아워 16:00~18:00, 디너 월~수요일 16:00~01:00, 목·금요일 16:00~01:30, 토요일 17:00~01:30, 일요일 17:00~01:00 가는 방법 메트로 B·D 라인 Pershing Square역에서 도보 1분 홈페이지 perchla.com

## 르 프티 파리
### Le Petit Paris

프랑스의 분위기가 물씬 풍기는 고전적인 유럽풍 인테리어로 입구로 들어서면 커다란 에펠탑 사진이 보인다. 평일에는 저녁에만 운영하지만 주말에는 브런치 메뉴가 있다. 프렌치 레스토랑답게 홍합요리와 프렌치 어니언 수프, 크레페, 타르타르 등 프랑스 메뉴들로 가득하다. 아늑하면서도 낭만적인 분위기로 인기가 많다.

지도 P.245-B1 ▶ 주소 418 S Spring St 영업 수·목요일 17:00~22:00, 금·토요일 17:00~23:00, 일요일 11:00~15:00, 17:00~22:00 휴무 월·화요일 가는 방법 메트로 B·D 라인 Pershing Square역에서 도보 3분 홈페이지 lepetitparisla.com

## 피그앳세븐스
### FIGat7th

피게로아 거리 Figueroa St와 7번가가 만나는 곳에 자리한 복합몰로 이름도 두 거리의 이름을 합친 것이다. 노드스트롬 백화점의 아웃렛인 노드스트롬 랙 Nordstrom Rack이 있으며 대형 마트 타깃 Target, 드러그스토어 CVS가 있어서 마트 쇼핑을 하기에도 좋고 H&M, 자라 ZARA 등 중저가 브랜드 매장도 있다. 또한 캘리포니아 피자키친 California Pizza Kitchen, 스프링클스 컵케이크 Sprinkles Cupcakes, 그리고 테이스트 푸드홀 TASTE Food Hall이라는 푸드 코트가 있어서 파이브 가이스 Five Guys 같은 저렴한 패스트푸드점에서 간단히 식사를 할 수 있다.

지도 P.244-A1 ▶ 주소 735 S Figueroa St 영업 매장마다 다른데 보통 월~금요일 11:00~21:00, 토 · 일요일 11:00~19:00 가는 방법 메트로 A · B · D · E 라인 7th Street / Metro Center역에서 도보 2분 홈페이지 figat7th.com

## 더 블록
### THE BLOC

피그앳세븐스 부근에 자리한 복합몰로 메이시스 백화점 Macy's을 중심으로 상점과 식당, 호텔이 모여 있다. 상점이나 식당이 많지는 않지만 스타벅스 바로 옆에 지하철역이 연결되어 있어 교통이 편리하다. 특히 메이시스 백화점은 플래그십 매장으로 규모가 큰 편이다.

지도 P.244-A1 ▶ 주소 700 W 7th St 영업 요일별 매장별로 다르며 보통 월~금요일 11:00~21:00, 토요일 10:00~21:00, 일요일 11:00~19:00 가는 방법 메트로 A · B · D · E 라인 7th Street / Metro Center역에서 바로 홈페이지 theblocla.com

## 더 라스트 북스토어
### The Last Bookstore

2005년 온라인으로 시작한 작은 서점이 이제는 관광객이 찾는 명소가 되었다. 미국의 많은 서점이 문을 닫고 파산하는 동안 '최후의 서점'이라는 콘셉트로 만들어졌는데, 디지털 시대에 종이책이 사라지는 것을 안타까워하는 많은 사람들의 기증과 참여로 아직까지 건재하게 그 자리를 지키고 있다. 책을 재료로 한 재미난 인테리어도 볼거리다. 도서관을 방불케 하는 방대한 규모로 방마다 주제가 있고 각종 이벤트도 열린다.

지도 P.245-B1 ▶ 주소 453 S Spring St 영업 매일 11:00~20:00 가는 방법 메트로 B · D 라인 Pershing Square역에서 도보 2분 홈페이지 lastbookstorela.com

# 할리우드 & 베벌리힐스

산으로 둘러싸인 로스앤젤레스의 북쪽 지역에는 그 유명한 할리우드가 자리한다. 과거 수많은 영화사들과 스튜디오가 있었고 지금은 할리우드 대로가 남아 있어 영화를 사랑하는 관광객들의 필수 방문 지역이 되었다. 다운타운과 할리우드 사이에는 코리아타운이 있어 한식이 그립다면 잠시 들를 수도 있다. 할리우드 서쪽으로는 셀럽들이 자주 출몰하는 스타들의 놀이터 웨스트할리우드가 있고, 근처에는 조용한 부촌 베벌리힐스와 함께 럭셔리 쇼핑의 상징 로데오 드라이브가 있다.

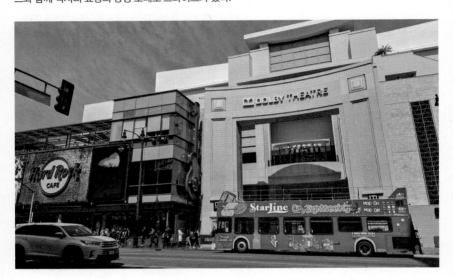

## 할리우드 대로
Hollywood Boulevard

과거 영화 산업의 중심지였으나 지금은 수많은 영화사들이 자리를 옮기고 몇 개의 극장만 남아있다. 하지만 아직도 관광객들이 들끓는 로스앤젤레스 명소 중 하나다. 할리우드는 꽤 넓은 지역이고 중심 도로인 할리우드 대로도 상당히 길지만, 관광 명소는 차이니스 극장과 돌비 극장을 중심으로 한 작은 구역에 모여있다. 차이니스 극장 앞은 수많은 관광객과 퍼포먼스를 하는 사람들로 항상 붐빈다. 특히 영화 시사회가 있는 날은 교통이 통제되고 수많은 팬과 기자들이 장사진을 이루며 포토라인 너머에서 스타들이 등장하길 기다리기 때문에 매우 혼잡하다.
같은 할리우드 대로라고 해도 라브레아 거리 La Brea Ave 서쪽으로는 웨스트 할리우드와 베벌리힐스가 이어지는 부유한 동네지만 바인 거리 Vine St

동쪽으로 가면 분위기가 어둡게 바뀌면서 타이 타운 Thai Town과 아르메니아 사람들이 많은 리틀 아르메니아 Little Armenia로 이어진다.

지도 P.267-B1 　주소 6815 Hollywood Blvd 주변 가는 방법 메트로 B 라인 Hollywood/Highland역에서 바로

## ★ 스타의 손자국

할리우드 대로의 차이니스 극장 앞 콘크리트 바닥에는 스타들의 손자국과 발자국, 사인이 새겨져 있어 할리우드의 분위기를 더해준다.

1927년부터 현재까지 200여 명에 이르는 스타들이 다녀간 이곳은 워크 오브 페임과 함께 할리우드에서 꼭 봐야 할 장소로 꼽힌다. 극장 앞 좋아하는 스타의 손자국을 찾아 사진을 찍으려는 영화팬이나 관광객들로 가득하다. 우리나라 배우 중에는 안성기와 이병헌이 2012년에 손자국을 남기는 영광을 누렸다.

주소 6925 Hollywood Blvd 가는 방법 메트로 B 라인 Hollywood/Highland역에서 도보 1분

## ★ 차이니스 극장 TCL Chinese Theatre

영화계 최고 스타들의 손자국과 사인이 모여 있는 차이니스 극장 앞 광장은 항상 북적인다. 하루 종일 단체 관광객이 몰려들어 저마다 좋아하는 스타들의 흔적 앞에서 사진을 찍고 있어 나만의 포토 타임을 갖기란 대단히 어렵다. 하지만 할리우드까지 왔는데 이대로 갈 수는 없는 일! 구름 떼처럼 많은 사람들 사이를 비집고라도 꼭 한 번 만나고 싶었던 스타의 자취를 찾아보자. 1927년 그로먼에 의해 지어진 이 극장은 원래 그로먼스 차이니스 극장 Grauman's Chinese Theatre이었다가 2013년에 TCL 그룹에 인수되면서 TCL 차이니스 극장으로 이름이 바뀌었다. 오래된 중국식 외관을 하고 있지

만 지금도 최신 영화를 상영하고 있으며 아이맥스 IMAX 극장도 있다.

지도 P.267-B1 ▶ 주소 6925 Hollywood Blvd 가는 방법 메트로 B 라인 Hollywood/Highland역에서 도보 1분 홈페이지 www.tclchinesetheatres.com

## ★ 워크 오브 페임 Hollywood Walk of Fame

레코드만 아이콘이 있는 브리트니 스피어스

할리우드 대로변 인도를 따라 새겨진 별 모양의 붉은색 포석을 '워크 오브 페임 The Walk of Fame'이라고 한다. 로스앤젤레스의 쇼 비즈니스계를 주름잡는 2,000여 명의 유명 인사 이름을 직접 확인할 수 있다. 1960년대 처음 만들 때 2,500개를 미리 깔아 놓았기 때문에 아직까지 주인을 기다리는 포석도 있다. 이곳에는 영화배우뿐만 아니라 TV, 라디오, 라이브 무대 등을 빛낸 스타와 감독, 스태프의 이름이 새겨져 있다. 또한 이름 아래는 카메라 · TV · 레코드 · 마이크 · 마스크 등 다섯 종류의 심벌이 함께 새겨져 있는데, 이는 각각 영화 · TV · 음악 · 라디오 · 라이브 공연을 상징한다. 보통 포석당 심벌이 하나씩 새겨져 있는데, 한 사람이 다방면에 두각을 나타낸 경우에는 여러 개의 심벌이 있기도 하다. 포석은 라브레아 거리 La Brea Ave에서부터 가워 거리 Gower St까지 5km에 걸쳐 있으며, 특히 사람들이 많이 몰리는 곳은 차이니스 극장이 있는 하이랜드 거리 Highland Ave 주변이다.

지도 P.267-B1 ▶ 주소 6901 Hollywood Blvd 주변 가는 방법 메트로 B 라인 Hollywood/Highland역에서 바로 홈페이지 www.walkoffame.com

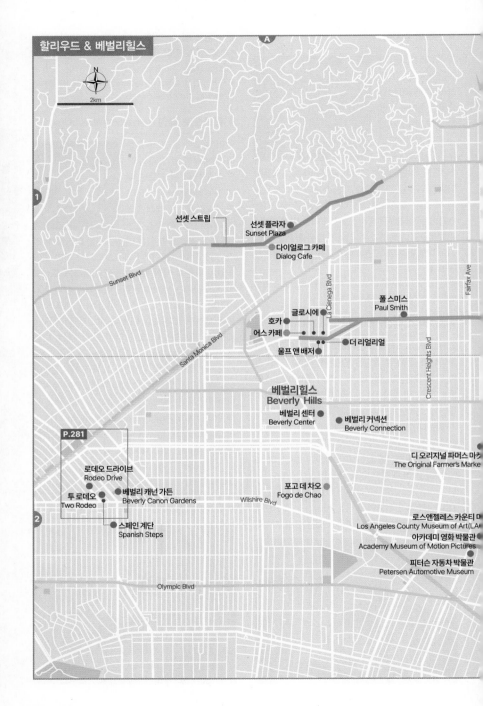

할리우드 & 베벌리힐스

N

2km

A

1

선셋 스트립
선셋 플라자
Sunset Plaza

다이얼로그 카페
Dialog Cafe

Sunset Blvd

La Cienega Blvd

Fairfax Ave

폴 스미스
Paul Smith

글로시에
호카
어스 카페

더 리얼리얼

울프 앤 배저

Santa Monica Blvd

Crescent Heights Blvd

베벌리힐스
Beverly Hills

P.281

베벌리 센터
Beverly Center

베벌리 커넥션
Beverly Connection

디 오리지널 파머스 마켓
The Original Farmer's Marke

로데오 드라이브
Rodeo Drive

베벌리 캐넌 가든
Beverly Canon Gardens

투 로데오
Two Rodeo

포고 데 차오
Fogo de Chao

Wilshire Blvd

스페인 계단
Spanish Steps

2

로스앤젤레스 카운티 □
Los Angeles County Museum of Art(LA●
아카데미 영화 박물관
Academy Museum of Motion Pictures

피터슨 자동차 박물관
Petersen Automotive Museum

Olympic Blvd

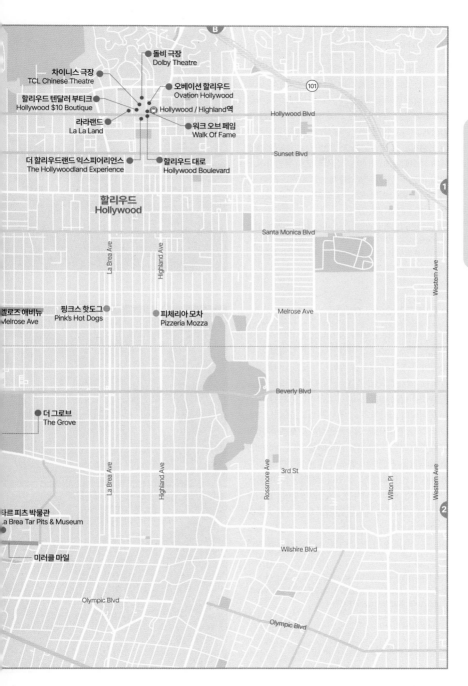

돌비 극장
Dolby Theatre

차이니스 극장
TCL Chinese Theatre

오베이션 할리우드
Ovation Hollywood

할리우드 텐달러 부티크
Hollywood $10 Boutique

Hollywood / Highland역

라라랜드
La La Land

워크 오브 페임
Walk Of Fame

Hollywood Blvd

더 할리우드랜드 익스피어리언스
The Hollywoodland Experience

할리우드 대로
Hollywood Boulevard

Sunset Blvd

101

할리우드
Hollywood

1

Santa Monica Blvd

La Brea Ave

Highland Ave

Western Ave

멜로즈 애비뉴
Melrose Ave

핑크스 핫도그
Pink's Hot Dogs

피체리아 모차
Pizzeria Mozza

Melrose Ave

Beverly Blvd

더 그로브
The Grove

La Brea Ave

Highland Ave

Rossmore Ave

3rd St

Wilton Pl

Western Ave

2

라브레아 타르 피츠 박물관
La Brea Tar Pits & Museum

미러클 마일

Wilshire Blvd

Olympic Blvd

Olympic Blvd

## ★ 오베이션 할리우드
## Ovation Hollywood

2023년 대대적인 수리를 거쳐 재개장한 대규모 복합 쇼핑 · 엔터테인먼트 센터. 입구는 할리우드 대로 Hollywood Blvd와 하이랜드 거리 Highland Ave의 교차로에 있다. 원래 있던 고대 바빌론 스타일을 과감하게 버리고 하얀색의 현대적인 건물로 탈바꿈했다. 5층짜리 복합빌딩에 자리한 돌비 극장은 매년 봄에 개최되는 아카데미 시상식장으로 유명하며, 6개의 개봉관을 갖춘 멀티플렉스 영화관과 각종 상점, 레스토랑이 있다. 멀리 할리우드 사인이 (조그맣게) 보이는 전망대도 있다.

지도 P.267-B1 주소 6801 Hollywood Blvd 주변 영업일 ~목요일 10:00~20:00, 금~토요일 10:00~21:00 가는 방법 메트로 B 라인 Hollywood/Highland역 홈페이지 ovationhollywood.com

## ★ 돌비 극장 Dolby Theatre

할리우드의 여러 공연장 중 하나였던 돌비 극장이 2020년부터 우리에게 특별한 의미로 다가왔다. 아카데미 최초로 비영어권 영화 '기생충'이 작품상과 감독상, 국제영화상, 각본상 등 4개의 오스카상을 휩쓸었던 바로 그 장소이기 때문이다. 보수적이었던 아카데미 시상식의 새 역사를 썼고, 2021년에는 '미나리'로 한국인이 여우조연상까지 받아 우리와 더욱 친숙해진 느낌이다. 미디어를 통해 익숙해진 돌비 극장은 공연이나 행사가 없는 날이면 가이드 투어를 통해 내부를 볼 수 있다. 해마다 수상자들이 앉았던 자리에는 수상자의 사진과 안내판을 비치한다. 극장 입구에서 계단으로 올라가는 양쪽 기둥에는 역대 아카데미 작품상 Academy Award for Best Picture 수상작의 이름이 있어 'PARASITE'를 확인할 수 있다.

지도 P.267-B1 주소 6801 Hollywood Blvd 요금 투어 일반 $25, 17세 미만 $19 가는 방법 메트로 B 라인 Hollywood/Highland역 홈페이지 dolbytheatre.com

## 할리우드의 기념품점

관광객이 모이는 할리우드 대로
에는 수많은 기념품점이 있는데,
$10 이하의 저렴한 티셔츠부터
이름을 새겨주는 나만의 주제별
오스카 트로피까지 다양하고 재
미있는 기념품이 많다.

영화와 관련된 소재로
만들어진 스노볼

할리우드
아이콘을
담은 미니 접시

오스카 트로피는
사이즈별로 다양하며
이름을 새겨주는 곳도 있다.

부드러운 양가죽으로
만든 미니 상자

### ▶ 라라랜드 La La Land

할리우드 대로의 여러 기념품점 중 가장 최근에 생겨
매장이 깨끗하고 규모도 크다. 흥겨운 음악과 화려한
영상으로 흥을 돋우며 물건도 많아서 고르기가 좋다.
지도 P.267-B1 ▶ 주소 7001 Hollywood Blvd 영업 매일
09:00~23:00 홈페이지 lalalandhollywood.com

### ▶ 더 할리우드랜드 익스피어리언스

The Hollywoodland Experience
차이니스 극장 바로 길 건너편에 있어 찾아가기 쉽고
매장도 큰 편이다. 유명한 랜드마크 할리우드 사인의
원래 이름이었던 할리우드랜드에서 상점 이름을 땄다.
지도 P.267-B1 ▶ 주소 6904 Hollywood Blvd 영업 매일
09:00~23:00

### ▶ 할리우드 텐달러 부티크 Hollywood $10 Boutique

모든 물건이 $10인 것은 아니지만 상당히 저렴한 기념
품이 많다. 품질까지 기대할 수는 없지만 재미로 가볍
게 사기는 괜찮다.
지도 P.267-B1 ▶ 주소 6933 Hollywood Blvd 영업 월~수
요일 11:00~20:00, 목 · 일요일 11:00~21:00, 금~토요
일 11:00~22:00

캘리포니아 남부

# 로스앤젤레스 최고의 심벌,
# 할리우드 사인 찾기

영화를 사랑하고 할리우드를 동경해온 사람이라면 H·O·L·L·Y·W·O·O·D라는 하얀 글자를 눈앞에 마주하는 순간 감동이 밀려올 것이다. 미국의 여느 스타 못지않게 많은 영화에 등장했으며, 할리우드를 대표하는 최고의 상징물로 꼽힌다. 원래 이 간판은 1923년에 세워진 할리우드 랜드 Hollywood Land라는 부동산 회사의 광고판으로 'HOLLYWOODLAND'라고 쓰여 있었으나, 1949년 할리우드 상공회의소와 로스앤젤레스 공원관리국이 협의해 'LAND'를 철거했다. 그후로 여배우의 투신자살, 자동차 충돌 등 갖가지 수난으로 손상되다가 1978년 대중 캠페인을 통해 대대적인 보수작업을 거쳤다. 가수와 프로듀서 등 할리우드 관계자 9명이 글자 하나씩 후원하면서 강철로 다시 만들었다고 한다. 높이가 14m에 이른다. 높은 산자락에 있어 로스앤젤레스 시내 곳곳에서 눈에 띄지만 카메라에 담기엔 너무 멀다. 조금이라도 가까이 다가가보자.

**①**
## 레이크 할리우드 파크
**Lake Hollywood Park**
주차를 해놓고 여유 있게 볼 수 있는 공원이라 방문하기에 가장 무난하지만 인증샷을 담기에는 조금 멀다.
주소 3160 Canyon Lake Dr

**②**
## 캐니언 레이크 드라이브
**Canyon Lake Drive**
멀홀랜드 하이웨이 Mulholland Hwy 끝에서 이어지는 도로로 샤유지이기 때문에 주차를 할 수 없지만 가까이서 볼 수 있다.
주소 3115 Canyon Lake Dr

## ③

# 노스 비치우드 드라이브
## North Beachwood Drive

할리우드 대로 북쪽에 자리한 평범한
주택가에서 정면으로 사인이 보인다.
주차는 어렵지만 드라이브로 잠시 볼
수 있다.

주소 2679~2687 N Beachwood Dr

● 할리우드 사인
Hollywood Sign

레이크 할리우드 파크
Lake Hollywood Park ①

그리피스 공원
Griffith Park

② 캐니언 레이크 드라이브
Canyon Lake Drive

Mulholland Dr

노스 비치우드 드라이브 ③
North Beachwood Drive

④ 그리피스 천문대
Griffith Observatory

(101)

Los Feliz Blvd

Franklin Ave

N

2km

⑤ 오베이션 할리우드
Ovation Hollywood

## ④

# 그리피스 천문대
## Griffith Observatory

잘 보이면서도 찾아가기 어렵지 않아
무난한 장소지만 인증샷으로는 멀다.

주소 2800 E Observatory Rd

## ⑤

# 오베이션 할리우드 전망대
## Ovation Hollywood

접근성이 좋지만 인증샷으로 담기에는 너무
멀어 눈으로 보는 데 만족해야 한다.

주소 6801 Hollywood Blvd

캘리포니아 남부

# 그리피스 파크
## Griffith Park

로스앤젤레스 북쪽에 넓게 자리한 그리피스 공원은 복잡한 도시 로스앤젤레스에 신선한 공기를 공급하는 소중한 곳으로 천문대, 식물원, 동물원, 야생조류 보호구역 등이 있어 주말 나들이를 즐기려는 시민들로 항상 붐빈다. 규모가 크고 산을 끼고 있어 하이킹 코스도 발달해 있으며 승마를 할 수 있는 곳도 있다.

주소 4730 Crystal Springs Dr 운영 05:00~22:30 가는 방법 메트로 B 라인 Vermont/Sunset역에서 대시 버스 (10:00~22:00)를 타고 Park Center 등 원하는 곳에 하차 홈페이지 www.laparks.org/griffithpark

### ★ 그리피스 천문대 Griffith Observatory

그리피스 공원의 언덕 위에 자리한 이곳은 로스앤젤레스가 한눈에 들어오는 멋진 전망을 즐기기 위해 많은 사람들이 찾는다. 건물 앞에는 지동설을 주장했던 코페르니쿠스를 비롯해 갈릴레이와 뉴턴 등 천문학 발전에 기여한 6명의 과학자를 기리는 기념비가 있다. 또한 영화 '이유 없는 반항 Rebel Without A Cause'의 촬영지로 주연배우 제임스 딘의 동상도 있다. 건물 입구로 들어서면 지구의 자전을 증명하

는 거대한 추가 눈에 띈다. 높이가 무려 12m에 달한다. 꼭대기에 있는 아름다운 천장화도 놓치지 말자. 12개의 별자리를 떠받치고 있는 아틀라스를 비롯해 태양계의 각 별을 상징하는 주피터, 비너스, 머큐리 등의 모습이 그려져 있어 신비로운 분위기를 더한다. 천장화 아래로는 생물학, 천문학, 항공학 등의 다양한 과학 분야를 상징적인 그림으로 표현한 패널화가 있다. 건물 내부에는 과학에 관한 다양한 볼거리들이 전시되어 있는데, 화학 수업을 떠올리게 하는 거대한 주기율표가 인상적이다. 외우기만 했던 화학 기호의 성분들을 직접 볼 수 있다.

그리피스 천문대가 가장 빛나는 시기는 천체 관측을 할 수 있는 저녁 시간이다. 이때는 방문객이 많아 일찍 가지 않으면 주차가 어렵고 좋은 자리도 얻기 힘들다.

지도 P.242 주소 2800 E Observatory Rd 개관 화~금요일 12:00~22:00, 토~일요일 10:00~22:00 휴관 월요일, 추수감사절, 크리스마스 요금 무료 가는 방법 메트로 B 라인 Vermont/Sunset역에서 대시(DASH observatory/Los Feliz) 버스(10:00~22:00)를 타고 천문대 하차 홈페이지 www.griffithobservatory.org

## 할리우드 볼
### Hollywood Bowl

경사진 언덕을 그대로 살려서 만든 야외 공연장으로 나무로 만든 좌석이 정겹다. 1922년 7월 로스앤젤레스 필하모닉 LA Philharmonic이 첫 연주를 시작한 이래 해마다 여름이면 정기 연주회를 갖는다. 세계적인 성악가는 물론이고 1964년 대중가수로는 최초로 비틀스의 공연이 열리기도 했다. 클래식부터 재즈, 록 콘서트까지 다양한 장르의 음악을 만날 수 있으며 보통 7~9월에 집중적으로 공연이 열린다. 한여름 밤에는 별이 총총 뜬 밤하늘을 바라보며 야외 공연을 즐길 수 있다.

지도 P.242 주소 2301 N Highland Ave 가는 방법 오베이션 할리우드에서 도보 20분 홈페이지 www.hollywoodbowl.com

---

## 코리아타운
### Korea Town

미국은 물론 세계에서 가장 큰 코리아타운으로 케이타운 K-Town으로 불린다. 코리아타운에 들어서면 한글 간판들이 가득해 반가우면서도 구역에 따라 낡고 오래된 분위기에 놀라기도 한다. 1970~80년대에 고향을 떠난 한국인들이 이민 와 살면서 형성된 이곳은 아직도 가난했던 한국의 70년대 분위기가 남아 있다. 그러다 보니 미국 영화에서는 어두운 동네 배경으로 등장하기도 했다. 간혹 뒷골목에 경찰차들이 꽉 들어차 있는데, 이유는 둘 중 하나다. 영화 촬영 중이거나 아니면 실제 범죄가 일어났거나. 코리아타운의 규모는 서울의 구(區) 하나 정도라 농담처럼 서울시 나성구(로스앤젤레스區)로 부르기도 한다. 남북으로 피코 대로 Pico Blvd부터 베벌리 대로 Beverly Blvd까지, 동서로는 후버 거리 Hoover Ave에서 크렌쇼 거리 Crenshaw Ave까지 넓게 펼쳐져 있다. 특히 웨스턴 거리 Western Ave에서 버몬트 거리 Vermont Ave 사이에는 영어가 필요 없을 만큼 모든 가게와 심지어 은행에서도 한국어가 통용되며 이 주변 호텔에서는 동시간대 한국 TV 시청도 가능

할 만큼 동시 생활권이 형성되어 있다. 코리아타운을 보기 위해 일부러 찾아갈 필요는 없지만 한국 식당을 찾는 사람들은 한 번쯤 들르게 된다.

지도 P.242, 275 가는 방법 메트로 D 라인 Wilshire/Western, Wilshire/Normandie, Wilshire/Vermont 3개 역에 걸쳐 있다.

# ZOOM IN

# 코리아타운의 한식당

코리아타운에는 웬만한 한국 음식은 다 있다. 식당은 허름한 곳도 많지만 가격이 저렴한 편이며 맛도 한국과 다르지 않다. 이곳에 자리한 중국집이나 일식집 역시 한국 스타일이다. 저렴하면서도 다양한 메뉴를 원한다면 갤러리아 마켓이나 플라자 마켓 등 마켓 내에 자리한 푸드코트를 이용해보자.

## 소반

깔끔한 한식집으로 생선구이, 생선탕, 게장, LA갈비 등이 인기다. 한때 식당 주인이 바뀌면서 호불호가 갈리기도 했지만 2020년 아카데미 시상식에서 오스카를 휩쓴 '기생충'팀이 밤새 회식을 한 장소로 알려지며 지역 사회 신문에 실려 다시 유명세를 타고 있다.
주소 4001 W Olympic Blvd 전화 323-936-9106 영업 수~월요일 11:00~21:00 홈페이지 www.sobanla.com

## 전주 한일관

식사 시간에 항상 직장인들로 붐비는 한식집으로 전라도식의 진한 맛을 자랑한다. 각종 생선구이와 찌개, 제육볶음과 불고기 등 다양한 메뉴가 있으며 저렴한 점심 메뉴가 인기다. 여름에는 불고기와 김치말이 국수 세트, 겨울에는 매콤한 돼지불고기와 부대찌개가 인기다.
주소 3450 W 6th St 전화 213-480-1799 영업 월~수요일 10:00~22:00, 목~일요일 10:00~23:00

## 우국

코리아타운에 자리한 수많은 고기 뷔페 식당 중 한 곳. 가격대가 중간 정도로 식당 분위기나 음식맛도 무난한 편. 반찬, 찌개와 함께 갈비, 불고기, 삼겹살, 차돌박이 등을 실컷 먹을 수 있다.
주소 3385 W 8th St 전화 213-385-5665 영업 월~금요일 17:00~23:00, 토·일요일 12:00~23:00 홈페이지 ookookkoreanbbq.net

## 성북동

조그맣고 깔끔한 한식집으로 한국의 시골 음식이 그리울 때 적당하다. 묵은 김치에 꽁치나 고등어 등을 넣은 조림이 인기이며 제육볶음이나 갈비찜 등 다른 음식들도 괜찮다.
주소 3303 W 6th St 전화 213-738-8977 영업 매일 10:00~22:00

---

**Tip**

### 한국 슈퍼마켓

미국 최대의 코리아타운인 만큼 한국 마켓도 빼놓을 수 없다. 규모도 크고 여러 마켓이 있지만 현지에서 가장 많이 이용하는 곳은 갤러리아 마켓과 플라자 마켓이다. 웬만한 한국 식재료는 찾을 수 있고 가격도 비싸지 않은 편이다. 푸드코트도 있는데, 맛집은 아니지만 비싸지 않은 가격에 간단하게 한식을 먹을 수 있다.

▶ **갤러리아 마켓** Galleria Market
주소 3250 W Olympic Blvd 영업 매일 07:00~21:45
홈페이지 www.galleriamarket.com

▶ **플라자 마켓** H Mart Koreatown Plaza
주소 928 S Western Ave 영업 매일 09:00~21:00 홈페이지 www.hmart.com

코리아타운

## 북창동 순두부

한인타운에서 20년 넘게 터줏대감 자리를 지켜오고 있는 원조 북창동 순두부집으로, 푸짐하면서도 저렴한 런치 메뉴가 인기다. 원래도 유명했지만 한국에서 방송을 타면서 더욱 많은 사람들이 찾고 있다. 근처에 2호점도 있다.

[1호점] 주소 3575 Wilshire Blvd 전화 213-382-6677 영업 매일 24시간 홈페이지 bcdtofuhouse.com
[2호점] 주소 869 S Western Ave 전화 213-380-3807 영업 매일 06:00~23:00

## 오리진 코리안 바비큐

강호동백정을 리모델링해 오픈한 고깃집으로 1960년대 서울의 고깃집을 재현했다.
주소 3465 W 6th St 전화 213-451-6067 영업 일~목요일 11:00~24:00, 금·토요일 11:00~02:00 홈페이지 www.originkbbq.com

## 용수산

서울의 유명 한정식 용수산의 로스앤젤레스 지점이다. 고려시대 개성 음식을 추구해 간이 강하지 않다. 단품 메뉴보다는 코스 요리가 인기이며 분위기도 한국적이라 외국 손님을 동반한 사람들이 많이 찾는다. 점심에는 간단하고 저렴한 코스 요리가 있다.
주소 950 S Vermont Ave 전화 213-388-3042 영업 월~금요일 11:30~15:00, 17:00~21:30, 토요일 11:30~21:30, 일요일 11:30~21:00 홈페이지 www.yongsusanla.com

## 테일러즈 스테이크하우스

한식당은 아니지만, 코리아타운에서 오랜 세월 꿋꿋이 버텨오고 있는 미국식 정통 스테이크 하우스다. 오래된 레스토랑이라 외관은 허름하지만 내부는 1980년대 한국의 경양식 레스토랑 분위기로 상당히 어둡지만 깔끔한 편이다. 영화나 드라마의 배경으로도 나왔다. 가성비 좋은 스테이크로 인기가 있으며 꾸준히 단골들이 찾는 곳으로 손님은 대부분 미국인이다.
주소 3361 W 8th St 전화 213-382-8449 영업 화~일요일 16:00~22:00 홈페이지 www.taylorssteakhouse.com(다운타운 지점)

## 선셋 스트립
### Sunset Strip

지도 P.266-A1 가는 방법 메트로 버스 2번이 Sunset/ Sweetzer, Sunset/La Cienega, Sunset/Sunset Plaza, Sunset/Doheny Dr까지 이어져 있다.

웨스트 할리우드와 베벌리힐스를 연결하는 선셋 대로 중에서 크레센트 하이츠 대로 Crescent Heights Blvd부터 도헤니 드라이브 Doheny Dr 사이에 이르는 길을 선셋 스트립이라고 부른다. 수많은 레스토랑과 부티크 숍, 바, 클럽, 호텔 등이 늘어서 있으며 수많은 할리우드 스타들이 드나드는 동네다. 조용한 낮의 분위기와는 달리, 저녁이 되면 고급 레스토랑이 하나둘 문을 열면서 활기를 띠기 시작한다. 주말 밤에는 곳곳에 위치한 클럽들이 붐빈다. 선셋 스트립 북쪽의 할리우드 힐 Hollywood Hills에는 패리스 힐튼, 카메론 디아즈, 레오나르도 디카프리오, 키아누 리브스 등 수많은 스타들이 살고 있어 파파라치들이 진을 치고 있는 모습을 종종 볼 수 있다.

## 디 오리지널 파머스 마켓
### The Original Farmer's Market

1934년에 3번가 3rd St와 페어팩스 거리 Fairfax Ave의 코너에 농부들이 직접 재배한 채소를 싣고 나와 장사를 시작한 것이 파머스 마켓의 시작이다. 현재에도 로스앤젤레스 곳곳에서 캘리포니아산 신선한 채소와 과일 등을 파는 소규모 재래시장이 열린다. 관광객이 몰리는 만큼 다른 파머스 마켓보다 는 상업적인 분위기지만 다양한 종류의 음식점, 기념품점을 갖추고 있어 소박한 즐거움을 느낄 수 있다. 바로 옆에 볼거리를 겸비한 쇼핑가 그로브가 있어 함께 보기 좋다.

지도 P.266-A2 주소 6333 W 3rd St 영업 월~금요일 09:00~21:00, 토요일 10:00~21:00, 일요일 10:00~19:00 가는 방법 대시버스 Fairfax 노선, 메트로 버스 16 · 217 · 218번 3rd/Fairfax 정류장에서 바로 홈페이지 www.farmers marketla.com

# 멜로즈 애비뉴
## Melrose Ave

로스앤젤레스를 대표하는 패셔너블한 쇼핑 거리. 이곳은 전형적인 미국식 쇼핑몰 대신에 길거리를 따라 개성 넘치는 옷가게들이 들어서 있다. 곳곳에 카페나 레스토랑도 있으며 인테리어 숍과 앤티크 숍들도 있다. 멜로즈 거리 자체는 매우 긴 도로인데, 1980년대부터 펑크 스타일의 가게들이 들어서면서 점차 인기를 끌기 시작한 지역은 페어팩스 거리 Fairfax Ave에서 동쪽으로 라 브레아 La Brea까지다. 페어팩스 거리에서 서쪽으로 퍼시픽 디자인 센터 Pacific Design Center까지는 명품숍과 고급 부티크, 그리고 핫한 인기숍들이 자리해 '새로운 로데오 The New Rodeo Dr'라 불리기도 한다.

· 스니커즈 브랜드 **호카** Hoka
· 코스메틱 브랜드 **글로시에** Glossier
· 편집숍 **울프 앤 배저** Wolf & Badger
· 명품 빈티지숍 **더 리얼리얼** The RealReal

지도 P.267-B1 가는 방법 메트로 버스 10번, 48번으로 Melrose/Fairfax, Melrose/Crescent Heights, Melrose/La Cienega(105번 버스도 연결), San Vicente/Melrose까지 이어져 있다.

> **Tip**
>
> ## 핑크! 핑크!
>
> 멜로즈 애비뉴에는 유난히 핑크색이 많다. 가장 유명한 상점은 단연 폴 스미스 Paul Smith다. 핑크색의 사각형 건물이 로스앤젤레스의 파란 하늘과 대비되어 포토존으로 인기이며 핑크 벽에 그려진 앤젤 윙도 인증샷 장소로 인기다.
>
>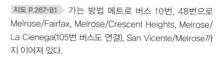

## 핑크스 핫도그 Pink's Hot Dogs

70년 전통을 자랑하는 유명한 핫도그 가게로 항상 줄이 길게 늘어서 있다. 가격이 저렴하면서도 다양한 종류의 핫도그와 햄버거가 있고 끊임없이 새로운 맛을 개발

해 꾸준히 인기를 누리고 있다. 칠리 핫도그가 인기이며 밤늦게까지 북적대는 재미를 느낄 수 있다.

지도 P.267-B1 주소 709 N La Brea Ave 영업 일~목요일 09:30~24:00, 금 · 토요일 09:30~02:00 홈페이지 www.pinkshollywood.com

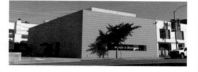

> 호카

> 글로시에

> 울프 앤 배저

> 더 리얼리얼

## 로스앤젤레스 카운티 미술관
Los Angeles County Museum of Art(LACMA)

미 서부 최대 규모를 자랑하는 미술관으로 건물이 여러 개로 나뉘어 있을 정도로 방대하다. 현재(2025년)는 대대적인 장기 공사 중이라 2개의 건물에 나뉘어 전시하지만 2026년 동쪽에 새로운 건물 데이비드 게펜 갤러리스 David Geffen Galleries가 오픈하면 그곳으로 상설 전시가 옮겨가면서 전체적으로 바뀔 예정이다.

월셔 대로 쪽 입구에서 시작한다면(주차장은 뒤쪽의 6번가에 위치) 가장 먼저 만나는 것은 거대한 설치 미술인 '어반 라이트 Urban Light'(크리스 버든, 2008년). 캘리포니아 남부를 밝혔던 오래된 가로등 202개를 모아서 만든 작품으로 불이 밝혀지는 저녁에 더욱 아름다워 인증샷 장소로 인기다.

매표소와 안내 센터가 있는 스미트 웰컴 플라자 Smidt Welcome Plaza를 지나면 레스토랑과 카페가

어반 라이트(좌측)

나온다. 미술관 건물은 현재 월셔 대로 쪽의 BCAM(Broad Contemporary Art Museum)과 바로 안쪽의 레스닉 Resnick Exhibition Pavilion 건물 두 곳에서만 전시한다.

가장 안쪽의 넓은 공간은 비어있는 듯 보이지만 아주 유명한 설치미술인 '떠있는 돌 Levitated

Mass'(마이클 하이저, 2012년)이 있다. 340톤의 거대한 화강암이 아슬아슬하게 얹혀져 있는 아찔한 통로를 걸어보자. 이 엄청난 돌덩이를 채석장에서 옮겨오기 위해 3대의 트럭과 200개가 넘는 바퀴가 달린 트레일러를 연결해 시속 10km로 밤에만 달려왔다고 한다. 이러한 뉴스와 다큐멘터리가 공개되면서 오픈 당시 수많은 인파가 몰려들었다.

지도 P.266-A2 ▶ 주소 5905 Wilshire Blvd 운영 월·화·목요일 11:00~18:00, 금요일 11:00~20:00, 토·일요일 10:00~19:00 휴관 수요일, 추수감사절, 크리스마스 요금 일반 $23, 학생 $19, 13~17세 무료, 매월 둘째 화요일 무료(주차 $21, 20:00 이후 $13) 가는 방법 메트로 버스 20번 또는 대시버스 Fairfax 노선 Wilshire/Spaulding 홈페이지 www.lacma.org

---

## 아카데미 영화 박물관
Academy Museum of Motion Pictures

아카데미 시상식으로 잘 알려진 미국의 영화인 단체 '영화예술과학아카데미 AMPAS(Academy of Motion Picture Arts and Sciences)'에서 설립한 박물관이다. 4개 층의 갤러리에서 특수 효과 등 영화 제작과 관련된 기술, 간단한 영화사, 유명한 영화에 나왔던 수많은 의상과 소품 등을 직접 볼 수 있다. 오스카의 순간들을 동영상으로 재현해 한국 배우와 감독도 반갑게 만날 수 있으며, 시즌별로 재미 있는 주제를 선정해 특별 전시도 한다. 별관 5층의 돌비

패밀리 테라스 Dolby Family Terrace에서는 할리우드 힐스의 멋진 전망도 즐길 수 있으니 놓치지 말자.

지도 P.266-A2 ▶ 주소 6067 Wilshire Blvd 운영 수~월요일 10:00~18:00 휴관 화요일 요금 일반 $25, 학생 $15 가는 방법 로스앤젤레스 카운티 미술관 바로 옆 홈페이지 www.academymuseum.org

## 타르 피츠 박물관
### La Brea Tar Pits & Museum

지구과학에 관심이 없는 사람이라도 지나치기에는 너무 진귀한 박물관이다. 로스앤젤레스 시내 한복판에서 아스팔트의 원료가 되는 타르가 흘러나오는 구덩이 Pit를 직접 볼 수 있다. 타르는 점성이 매우 강해 한 번 발을 담그면 절대 빠져나오지 못하고 늪처럼 빠져 들어가는데, 이 박물관에 전시된 화석은 모두 타르 구덩이에서 생을 마감한 생물의 흔적이다. 전시물은 주로 1만~5만 년 전에 살던 포유류와 조류의 화석들이며 전시장 한쪽에는 원시인의 화석도 있다. 박물관 내 작업실에서는 타르를 제거하고 화석이 된 뼈를 추려내는 과정을 일반인에게 공개하고 있다. 또한 찐득한 타르의 점성을 직접 확인해보는 코너도 있다. 타르가 가득 채워진 통 안에 꽂힌 쇠막대기를 잡아당기는 것인데, 보기와 달리 매우 힘들어서 왜 그렇게 힘이 센 동물들이 타르 속으로 빨려 들어갈 수밖에 없었는지 짐작할 수 있다.

지도 P.267-B2 ▶ 주소 5801 Wilshire Blvd 운영 매일 09:30~17:00 휴관 매월 첫째 화요일, 1월 1일, 7월 4일, 추수감사절, 크리스마스 요금 일반 $18, 학생 $14, 3~12세 $7 가는 방법 메트로 버스 20번 Wilshire/Curson 홈페이지 www.tarpits.org

## 피터슨 자동차 박물관
### Petersen Automotive Museum

피터슨 박물관은 자동차의 역사를 한눈에 볼 수 있는 박물관으로 아이들과 어른 모두 좋아한다. 클래식카들을 전시해 옛 시절의 향수를 느낄 수 있고 최신 스포츠카와 함께 인기 영화나 드라마에 등장했던 스타급 자동차들도 만나볼 수 있다. 터치 스크린 방식의 안내판이 있어 각자 원하는 정보를 확인할 수 있으며, 카레이서들이 사용했던 옷이나 장갑 등의 소품들도 전시하고 있다.

지도 P.266-A2 ▶ 주소 6060 Wilshire Blvd 운영 매일 10:00~17:00 요금 성인 $21, 62세 이상 $19, 12~17세 $13, 4~11세 $12 가는 방법 메트로 버스 217번 Fairfax/Wilshire 홈페이지 www.petersen.org

---

Tip

### 미러클 마일 Miracle Mile

미드 윌셔 중에서도 Fairfax Ave를 시작으로 동쪽으로 약 1마일(1.6km) 정도의 거리를 미러클 마일이라고 부른다. 길 양쪽으로는 피터슨 자동차 박물관 Petersen Automotive Museum, 아카데미 영화 박물관 Academy Museum of Motion Pictures, LA 카운티 미술관 Los Angeles County Museum of Art, 타르 피츠 박물관 Tar Pits museums, 수공예 박물관 Craft Contemporary이 모여 있어 '박물관 길 Museum Row'로도 불린다.

## 베벌리힐스
### Beverly Hills

로스앤젤레스의 부를 상징하는 곳으로 할리우드를 빛낸 스타들과 이름난 거부들이 모여 사는 동네다. 쭉쭉 뻗은 야자수 행렬 사이로 호화로운 대저택들이 숨어 있다. '골든 트라이앵글'이라 불리는 로데오 드라이브 Rodeo Dr에서는 전 세계의 명품 브랜드를 만날 수 있다.

선셋 대로에 위치한 베벌리힐스 호텔 The Beverly Hills Hotel은 1976년 발표된 이글스 Eagles의 명곡 '호텔 캘리포니아 Hotel California'의 앨범 재킷에 등장해 많은 사람들의 주목을 받았다. 선셋 대로 북쪽 언덕의 주택가 지역은 도로조차 사유지가 많아 외부인의 출입이 제한된 경우가 많으며 곳곳에 CCTV가 설치되어 있다.

지도 P.266-A2 　가는 방법 메트로 버스 2번 Sunset/Beverly에서 하차하면 베벌리힐스 호텔이 있고, 4번 노선 Santa Monica/Canon에서 하차하면 베벌리힐스 사인이 있다. 이 부근에 베벌리힐스 시청과 로데오 드라이브가 있다.

## 로데오 드라이브
### Rodeo Drive

베벌리힐스의 대표적인 고급 쇼핑가로 3~4블록 안에 샤넬, 카르티에, 조르조 아르마니, 에르메스, 구찌, 프라다, 루이비통, 티파니 등의 명품 매장이 자리하고 있다. 콧대 높은 가게들이 모여 있지만 벨트색을 매고 거침없이 돌아다니는 관광객도 많다. 로데오 드라이브의 바로 옆 골목인 베벌리 드라이브 Beverly Dr에는 룰루레몬과 같은 의류점과 통신사, 가정용품점, 스타벅스, 치즈케이크 팩토리 같은 레스토랑도 있다.

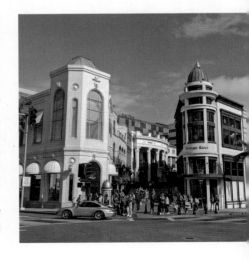

지도 P.266-A2 　가는 방법 메트로 버스 20번 Wilshire/Rodeo에서 하차하면 N Rodeo Dr를 따라 북쪽으로 뻗은 길이 로데오 드라이브다.

로데오

베벌리힐스 사인

S Santa Monica Blvd

N Canon Dr

N Beverly Dr

더 로데오 컬렉션

Rodeo Dr

베벌리 캐년 가든
Beverly Canon Gardens

로데오 드라이브
Rodeo Drive

투 로데오 Two Rodeo

스페인 계단
Spanish Steps

Wilshire Blvd

삭스 피프스 애버뉴
Saks fifth Ave

포시즌스 호텔

## ★ 스페인 계단 Spanish Steps

1980년에 생긴 이 계단을 부르는 공식 명칭은 없지만, 작은 분수와 계단이 이탈리아 로마의 스페인 계단을 연상시킨다고 해서 스페인 계단이라 부른다. 투 로데오가 시작되는 로데오 드라이브와 윌셔 대로 사이에 있다. 관광객들이 모여들어 인증샷을 찍는 모습을 볼 수 있다.

## ★ 투 로데오 Two Rodeo

로데오 드라이브 뒤쪽(동쪽)으로 살짝 경사가 진 짧은 골목길이 있는데, '비아 로데오 Via Rodeo'라 불리는 이 길이 관광객들에게 가장 인기 있는 곳이다. 포석이 깔린 보행자 전용도로와 건물, 가로등이 마치 유럽에 온 듯한 분위기를 풍긴다. 평소엔 조용하고 차분한 골목이지만 가끔 관광버스에서 쏟아져 내려온 사람들이 몰려와 사진을 찍느라 매우 혼잡해지기도 한다.

## ★ 베벌리 캐년 가든 Beverly Cañon Gardens

로데오 드라이브에서 두 블록 떨어진 곳에 자리한 작은 공원이다. 번잡한 로데오와 달리 조용한 휴식 공간으로 분수와 의자가 있어 잠시 쉬어 가기 좋다. 왼쪽 건물에는 공공 주차장과 간단한 식사나 커피, 디저트를 파는 식당이 있고 오른쪽 건물에는 고급 호텔 몬타지 베벌리힐스가 있다.

## ★ 더 로데오 컬렉션 The Rodeo Collection

로데오 드라이브에 자리한 쇼핑센터다. 1990년대 영화 '귀여운 여인 Pretty Woman'으로 큰 인기를 누렸던 곳이다. 특별한 볼거리보다는 상점이 모여 있는 예쁜 건물로 잠시 들러볼 만하다.

주소 421 N Rodeo Dr, Beverly Hills 영업 매일 09:00~ 18:00 홈페이지 www.rodeocollection.com

## UCLA 대학
University of California Los Angeles

로스앤젤레스 최고의 주립대학으로 1919년에 창립되었다. 50만 평이 넘는 넓은 부지에 130여 개의 건물이 있는 엄청난 규모와 아름다운 캠퍼스를 자랑한다. 학교 뒤쪽으로 산을 끼고 있고 인근에 벨 에어와 베벌리힐스 등 부촌이 자리하고 있다. 학교 랭킹도 전미 20위 안에 드는 명문대로 노벨상 수상자를 여러 명 배출했으며, 버클리, 스탠퍼드와 함께 미국 서부 최고의 대학으로 꼽힌다.

지도 P.242 주소 405 Hilgard Ave 가는 방법 빅블루 버스 18 · R12번 Westwood Plaza에서 하차하면 캠퍼스 안이다. 홈페이지 www.ucla.edu

### ★ 로이스 홀 Royce Hall

1929년에 지어진 초창기 건물 가운데 하나로 UCLA의 대표적인 랜드마크다. 로마네스크 양식이 돋보이는 둥근 아치와 길게 늘어선 복도가 인상적이며, 건물 앞 푸른 잔디와 분수가 어우러져 아름다운 조화를 이룬다. 학교의 본부 역할을 하고 있는 이 건물에는 한쪽에 기초 학문인 인문학과 사무실이 있으며 아름다운 내부로 유명한 홀에서는 큰 행사나 유명한 콘서트 등이 열린다.

### ★ 파월 도서관 Powell Library

로이스 홀 바로 맞은편에 자리해 서로 마주 보고 있는 고풍스러운 건물이다. 눈에 띄는 것은 건물 꼭대기를 장식한 8각형의 돔 지붕인데 이는 이탈리아 볼로냐에 있는 성당을 본뜬 것이라고 한다. 건물 안을 장식한 천장화 역시 예스러운 분위기를 한껏 더해준다. 외부인은 도서관을 이용할 수 없지만 건물 안까지 자유롭게 드나들 수는 있다.

### ★ 애커먼 유니언 Ackerman Union

UCLA의 학생회관으로 식당과 서점, 문구점 등이 있다. ULCA 로고와 함께 학교의 상징인 곰돌이 (Bruins)가 그려진 티셔츠, 머그컵, 열쇠고리 등을 판매한다. 2층에는 푸드코트가 있다.

# 게티 센터
## The Getty Center Los Angeles

고급스러운 수집품으로 가득한 게티 미술관 J. P. Getty Museum을 비롯해 게티 연구소, 교육 센터, 야외 정원 등을 갖춘 종합예술센터. 언덕 위에 자리해 입구에서 전기 모노레일을 타고 올라가는 동안 왼쪽 창으로 로스앤젤레스의 풍경을 감상할 수 있다. 모노레일에서 내리면 넓은 광장을 지나 계단 위로 미술관이 나온다. 시즌마다 다양한 주제를 선보이는 게티 미술관은 지하에 고대 미술품과 조각, 1층에 사진이나 장식 미술품, 2층에 유럽 회화 작품이 있으며 기획 전시실에서는 현대 작품을 주로 다룬다.

야외 정원을 둘러보는 것도 잊지 말자. 게티 센터 한쪽을 차지하고 있는 중앙 정원 Central Garden에 조성된 '꽃의 미로'가 눈길을 끈다. 남쪽에는 선인장 정원이 있는데, 테라스처럼 튀어나온 화단에 온갖 종류의 선인장이 가득하며 이곳에서 보이는 로스앤젤레스의 전경이 뛰어나다. 날씨가 맑은 날이면 서쪽(오른쪽)으로 반짝이는 태평양이, 동쪽으로는 멀리 다운타운이 보인다.

지도 P.242 ▶ 주소 1200 Getty Center Dr 운영 화~금 · 일요일 10:00~17:30, 토요일 10:00~20:00 휴관 월요일, 1월 1일, 7월 4일, 추수감사절, 크리스마스 요금 무료 주차 요금 $25, 15:00 이후 $15 가는 방법 메트로 버스 761번 Sepulveda/Getty Center에서 하차, 안내판을 따라 게티 센터 안쪽으로 들어가면 왼쪽으로 모노레일 승차장이 있다. 홈페이지 www.getty.edu

---

# 게티 빌라
## The Getty Villa Museum

지도 P.242 ▶ 주소 17985 Pacific Coast Hwy, Pacific Palisades 운영 2025년 1월 대형 화재로 큰 피해를 입어 현재 임시 휴업 중이다. 가는 방법 메트로 버스 134번 Pacific Coast Highway/Coastline Dr에서 하차. 홈페이지 www.getty.edu

아름다운 해안 도시 말리부에 자리한 게티 빌라는 조용하고 낭만적인 유럽풍 분위기로 가득하다. 폴 게티가 이탈리아의 저택에 감명을 받아 미술관을 세우고 미술품들을 전시하다가 대대적인 재건축 작업을 통해 2006년에 지금의 모습으로 완성했다. 아름다운 건물은 서기 79년 화산에 묻힌 헤라클레스의 저택이었던 빌라 파피리 Villa dei Papiri를 본뜬 것이다. 각종 문화 교육과 공연 예술이 이루어지는 종합예술센터로 건물 안에는 고대 그리스, 로마를 중심으로 한 지중해 유적들을 상당수 전시하고 있다. 아이들을 위한 고대문화 체험 공간도 있으며 안쪽의 노천극장에서는 공연이 열린다. 아름다운 정원은 물론 건물 전체가 숲으로 둘러싸여 있으며, 특히 서쪽으로는 우거진 숲 사이로 멀리 태평양이 바라보인다.

## 포고 데 차오
### Fogo de Chao

유명한 브라질리안 레스토랑으로 브라질과 미국에 20여 곳의 체인점을 운영하고 있다. 필레미뇽과 안심, 등심, 양고기, 닭고기, 돼지고기 등 11가지 종류의 고기가 무한정 리필된다. 뷔페식으로 메뉴 선택은 두 가지다. 고기 뷔페를 할 것인지, 샐러드바만 할 것인지. 샐러드바도 훌륭하지만 주력 메뉴는 역시 고기. 웨이터들이 돌아다니며 고기를 서빙하는데, 테이블 위에 있는 표지를 뒤집어 놓으면 접시에 고기를 올려준다. 무한 리필의 치즈빵 역시 일품이다.

지도 P.266-A2 ▶ 주소 133 N La Cienega Blvd, Beverly Hills 영업 월~목요일 11:30~22:00, 금요일 11:30~22:30, 토요일 11:30~22:30, 일요일 11:30~21:00 가는 방법 메트로 버스 105번 La Cienega/San Vicente에서 하차 홈페이지 www.fogodechao.com

## 피체리아 모차
### Pizzeria Mozza

유명 셰프 마리오 바탈리가 동료와 함께 오픈한 피자 전문점. 크기는 않지만 깔끔한 인테리어에 와인바가 있어 항상 사람들로 북적댄다. 테이블 간격도 매우 좁다. 신선한 재료로 만든 뉴욕 스타일의 얇고 바삭한 피자가 일품이다. 밤에는 바 bar 같은 분위기로 술과 간단한 요리를 즐기며 담소를 나누는 사람들로 가득하고 늦은 시간까지 붐빈다. 피자는 조금 짜지만 다 맛있다.

지도 P.267-B1 ▶ 주소 641 N Highland Ave 영업 일~목요일 17:00~21:00, 금·토요일 17:00~22:00 가는 방법 메트로 버스 10번 Melrose/Highland에서 바로 홈페이지 la.pizzeriamozza.com

## 다이얼로그 카페
### Dialog Café

선셋 스트립 끝자락의 인기 카페. 아침식사와 브런치를 하기 좋은 곳으로 진하고 신선한 커피도 일품이다. 유기농 원두와 식재료를 사용해 건강한 메뉴를 제공한다. 공간이 넓지 않아서 테이크아웃 해가는 사람도 많다.

지도 P.266-A1 ▶ 주소 8766 Holloway Dr, West Hollywood 영업 월~토요일 07:00~21:00, 일요일 07:00~20:00 홈페이지 dialogcafe.la

## 베벌리 커넥션
### Beverly Connection

베벌리 센터 바로 건너편에 있다. 여러 아웃렛 상점들이 모여 있어 득템의 기회를 얻을 수 있는 곳이다. 베벌리 센터만큼 화려하고 쾌적하지는 않지만 가성비 좋은 쇼핑을 즐기고 싶다면 이곳을 먼저 가야 한다. 백화점 아웃렛인 노드스트롬 랙 Nordstrom Rack, 삭스 피프스 오프 Saks Fifth OFF와 중저가 아웃렛 티제이 맥스 TJ Maxx, 마셜스 Marshalls, 로스 Ross가 있으며 대형 마트 타깃 Target과 CVS 드러그스토어가 있어 마트 쇼핑을 즐기기에도 좋다.

지도 P.266-A2 ▶ 주소 100 N La Cienega Blvd 영업 상점마다 다른데 보통 10:00~20:00(일요일 12:00~18:00) 가는 방법 메트로 버스 105 · 617번 La Cienega/3rd에서 바로 홈페이지 www.thebeverlyconnection.com

## 더 그로브
### The Grove

파머스 마켓 바로 옆에 있는 그로브는 노드스트롬 백화점을 중심으로 각종 브랜드 숍들이 모여 있는 쇼핑가이자 대형 서점과 영화관, 레스토랑이 모여 있는 복합 엔터테인먼트 공간이다. 파머스 마켓과 그로브 사이에는 초록색의 귀여운 오픈 트롤리가 지나다녀 관광지 같은 흥거운 분위기를 더한다. 여름에는 시원한 분수와 라이브 음악, 겨울에는 화려한 크리스마스트리와 인공 눈이 내리는 모습을 연출해 주민들의 특별한 휴식처 역할을 하고 있다.

지도 P.267-B2 ▶ 주소 189 The Grove Dr 영업 월~목요일 10:00~21:00, 금 · 토요일 10:00~22:00, 일요일 11:00~20:00(상점마다 조금씩 차이가 있다) 가는 방법 파머스 마켓 바로 옆 또는 메트로 버스 16번 3rd/Ogden 홈페이지 www.thegrovela.com

## 베벌리 센터
### Beverly Center

로스앤젤레스 시내에서 제일 큰 쇼핑몰이다. 메이시스 Macy's, 블루밍데일스 Bloomingdales 백화점, 중저가 브랜드 상점부터 고급 명품점에 이르기까지 100개가 넘는 상점이 모여 있어 한 번에 다양한 쇼핑을 즐기기에 좋다. 상점은 1층과 6 · 7 · 8층 4개 층에 있고 중간층은 모두 주차장이다.

지도 P.266-A2 ▶ 주소 8500 Beverly Blvd 영업 월~토요일 10:00~20:00, 일요일 11:00~18:00 가는 방법 메트로 버스

14 · 16 · 105 · 218번 La Cienega/3rd에서 바로 홈페이지 www.beverlycenter.com

# 샌타모니카 & 베니스

로스앤젤레스의 서쪽과 남쪽에는 태평양을 끼고 있는 아름다운 해변가가 펼쳐진다. 이 중 로스앤젤레스 시내에서 가장 가까운 곳은 샌타모니카 해변이며, 북쪽으로는 말리부, 남쪽으로 베니스 해변이 이어져 있다. 베니스 해변에서 더 내려가면 요트가 가득한 마리나 델 레이, 맨해튼 비치, 레돈도 비치, 롱 비치가 이어진다.

## 샌타모니카 비치
### Santa Monica Beach

깨끗하고 넓은 모래사장을 자랑하는 로스앤젤레스의 명소. 신발을 더럽히기 싫다면 해변 도로인 오션 애비뉴 Ocean Ave에서 태평양을 바라보는 것으로 분위기를 느낄 수 있으며 특히 해질 녘엔 날마다 다른 색의 풍경을 연출하는 아름다운 석양을 볼 수 있다. 바다에서는 의외로 수영을 하는 사람들이 많지 않은데, 그 이유는 알래스카에서 내려오는 차가운 물 때문이다. 날씨가 따뜻한 봄, 가을에도 물이 매우 차가워 서핑하는 사람만 간간이 눈에 띈다. 주의할 점은 해변에서 토플리스 차림과 음주가 철저히 금지되어 있다는 것. 또한 샌타모니카는 금연법이 철저하게 시행되고 있어 건물 주변에서도 담배를 피우면 안 된다.

> 지도 P.287-A1 ▶ **가는 방법** 메트로 E 라인 다운타운 샌타모니카 Downtown Santa Monica에서 도보 12분

## 샌타모니카 피어
### Santa Monica Pier

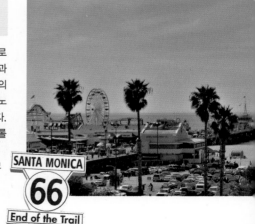

샌타모니카를 상징하는 총 길이 488m의 부두로 1909년에 문을 열었다. 아름답게 빛나는 태평양과 눈부신 태양을 향해 뻗은 나무다리가 캘리포니아의 풍경을 연출한다. 부두 위에는 거리의 예술가와 노점상이 관광객과 뒤섞여 활기찬 분위기를 만든다. 미니 테마파크인 퍼시픽 파크 Pacific Park에는 롤러코스터와 관람차, 스낵 바와 오락실 등이 있다.

> 지도 P.287-A1 ▶ **가는 방법** 메트로 E 라인 다운타운 샌타모니카 Downtown Santa Monica에서 도보 12분

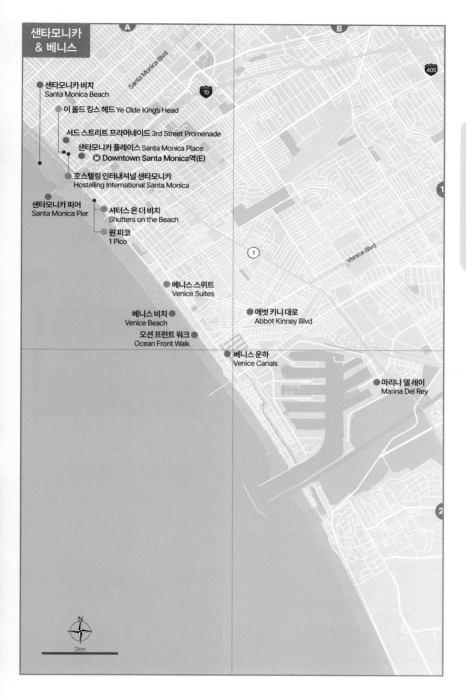

샌타모니카
& 베니스

A

B

405

Santa Monica Blvd

10

● 샌타모니카 비치
Santa Monica Beach

● 이 올드 킹스 헤드 Ye Olde King's Head

● 서드 스트리트 프라머네이드 3rd Street Promenade

● 샌타모니카 플레이스 Santa Monica Place
◎ Downtown Santa Monica역(E)

● 호스텔링 인터내셔널 샌타모니카
Hostelling International Santa Monica

샌타모니카 피어
Santa Monica Pier

● 셔터스 온 더 비치
Shutters on the Beach

● 원 피코
1 Pico

1

Venice Blvd

● 베니스 스위트
Venice Suites

● 베니스 비치
Venice Beach

● 오션 프런트 워크
Ocean Front Walk

● 애벗 키니 대로
Abbot Kinney Blvd

● 베니스 운하
Venice Canals

● 마리나 델 레이
Marina Del Rey

1

2

N

2km

캘리포니아 남부

## 서드 스트리트 프라머네이드
### 3rd Street Promenade

샌타모니카 해변이 바로 보이는 오션 애비뉴 Ocean Ave에는 바다가 보이는 호텔과 레스토랑들이 있는데 여기서 세 블록 안쪽에 있는 3번가 3rd St는 오션 애비뉴와 평행으로 뻗은 번화가다. 특히 쇼핑센터가 있는 브로드웨이 Broadway를 시작으로 윌셔 대로 Wilshire Blvd까지 차들이 없는 보행자 전용도로라 자유롭게 거닐 수 있는 지역을 서드 스트리트 프라머네이드라고 하는데, 각종 상점, 레스토랑, 극장, 카페가 있어 샌타모니카의 대표적인 쇼핑가로 꼽힌다. 애플스토어를 비롯해 세포라, 자라, 바나나 리퍼블릭, 애버크롬비 등 젊은이들이 좋아할 만한 브랜드가 많다. 주말에는 각종 퍼포먼스와 라이브가 펼쳐져 더욱 활기를 띠며 토요일 오전에는 파머스 마켓이 열린다.

지도 P.287-A1 가는 방법 메트로 E 라인 Downtown Santa Monica에서 도보 5분

---

Tip

## 샌타모니카 주차 요령

해변 도로에 길거리 주차를 할 수 있지만 자리를 찾기가 쉽지 않으며, 바다 쪽으로 가까이 갈수록 주차 요금은 비싸진다. 샌타모니카 피어에도 주차장이 있지만 비싼 편이라 장시간 주차하기에는 부담스럽다. 가장 저렴한 곳은 서드 스트리트 프라머네이드 양쪽의 2nd St와 4th St의 Colorado St에서부터 Wilshire St에 이르는 공공 주차장이다. 9개 건물로 이루어져 출입구가 많아 헷갈리므로 자신이 주차한 건물과 층수를 꼭 확인해 두자.

---

## 베니스 비치
### Venice Beach

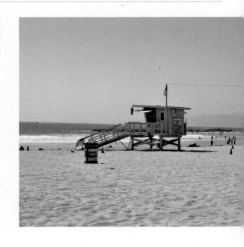

샌타모니카 남쪽에 위치한 해변으로 개방적이고 자유로운 분위기가 넘친다. 깔끔한 느낌의 샌타모니카에 비하면 조금 지저분해 보이는 것도 사실이지만 개성 넘치는 분위기로 많은 사람들의 사랑을 받고 있다. 베니스는 로스앤젤레스 다른 지역에 비해 저렴한 숙소가 많고 공항에서도 가까워 배낭 여행자들이 특히 많이 찾는다.

지도 P.287-A1 주소 1531 Ocean Front Walk, Venice 가는 방법 메트로 버스 33번 Main/Venice에서 도보 4분 홈페이지 www.venicebeach.com

## 오션 프런트 워크
### Ocean Front Walk

해변을 따라 이어진 보행자 전용도로로 베니스에서 가장 인기 있는 곳이다. 도로 한쪽에는 보헤미안 분위기의 액세서리나 티셔츠 등을 파는 노점상이 늘어서 있고 길거리 음식이 많으며 분위기를 돋우는 거리 예술가들의 퍼포먼스도 곳곳에서 펼쳐진다. 가끔 열리는 비치볼 경기에는 구릿빛 근육맨이나 섹시한 비키니걸도 등장한다. 또한 이곳에는 '머슬 비치 Muscle Beach'라는 명소가 있는데, 1950년대에 샌타모니카 남쪽 해변에서 근육맨들로 인기를 끌었던 머슬 비치가 여러 가지 문제로 이곳 베니스로 옮겨온 것이다. 현재 머슬 비치는 오션 프런트 워크와 18번가 18th Ave가 만나는 곳에서 오픈 피트니스센터 형태로 꾸며져 있다. 규모는 작지만 각종 역기와 샌드백 등이 있어 식스팩을 자랑하는 건강한 남성들이 주변 사람들의 시선을 의식하며 운동하는 모습을 볼 수 있다.

지도 P.287-A1 주소 1800 Ocean Front Walk, Venice 가는 방법 메트로 버스 33번 Main/Venice에서 도보 5분

---

## 베니스 운하
### Venice Canals

시끌벅적한 오션 프런트 워크에서 불과 몇 블록만 들어가면 이탈리아의 '베네치아'를 본떠 만들었다는 조용한 운하 마을이 있다. 베네치아와는 많이 다르지만 잔잔한 강물과 나지막한 유럽풍의 주택이 제법 운치 있다. 집집마다 앞뜰에 작은 보트가 있고 골목 사이를 다리로 연결해 귀여운 세트장 같은 느낌이 든다. 집 앞으로는 좁은 오솔길이 있어 걸어다닐 수도 있다. 동네가 워낙 작아 놓치기 쉬운데 정확한 위치는 큰길인 S Venice Blvd와 Washington Blvd 사이에 위치한 Dell Ave다. 베니스 해변에서 안쪽으로 베니스 대로를 따라 조금만 들어가면 된다.

지도 P.287-A2 주소 2480 Pacific Ave, Venice 가는 방법 오션 프런트 워크 S Venice Blvd에서 바다 반대쪽으로 두 블록 걸으면 운하가 보인다.

## 애벗 키니 대로
Abbot Kinney Blvd

베니스 비치에서 시작되는 베니스 대로 Venice Blvd를 1km 정도 달리면 애벗 키니 대로 Abbot Kinney Blvd가 나오는데, 이 사거리에서 왼쪽(북쪽)으로 이어진 거리가 이 지역의 재미있는 번화가다. 베니스 비치에서 걸어서 간다면 Brooks Ave로 200~300m 들어가면 바로 애벗 키니 대로의 시작점이다. 샌타모니카와는 사뭇 다른 분위기를 띠고

있는 이 거리는, 보다 자유분방하면서도 여피스러운 분위기가 묻어나는 곳으로, 곳곳에 레스토랑과 편집 숍, 갤러리 등이 있다. 애벗 키니 대로와 메인 거리 Main St의 교차점에서 5분 정도 메인 거리를 걸어가면 거대한 망원경 모습을 한 독특한 건물(Giant Binoculars)이 있는데, 해체주의 건축가로 유명한 프랭크 게리 Frank Gehry의 작품이다.

지도 P.287-B1  가는 방법 빅블루 버스 18번 California EB/Abbot Kinney FS 홈페이지 www.abbotkinneyonline.com

# 🛍 Shopping
사는 즐거움

## 샌타모니카 플레이스
Santa Monica Place

서드 스트리트 프라머네이드의 초입에 자리한 쇼핑몰로 루이비통, 티파니와 같은 명품숍과 프리미엄진 숍들, 그리고 노드스트롬 Nordstrom 백화점이 있다. 옥상에는 푸드코트가 있어 간단하게 식사를 즐길 수 있다. 푸드코트는 내부도 쾌적하지만 햇살 좋은 야외 테이블이 인기다.

지도 P.287-A1  주소 395 Santa Monica Pl, Santa Monica 영업 월~토요일 10:00~20:00, 일요일 11:00~19:00(휴일이나 세일기간 변동) 가는 방법 메트로 E 라인 Downtown Santa Monica에서 도보 2분 홈페이지 www.santamonicaplace.com

## 이 올드 킹스 헤드
### Ye Olde King's Head

전통적인 영국 음식을 즐길 수 있는 곳이다. 잉글리시 브렉퍼스트, 로스트비프, 애프터눈 티와 다양한 에일 맥주가 있어 영국의 펍 분위기를 느낄 수 있다. 샌타모니카 해변에서 아주 가까워 브런치나 맥주 한잔을 즐기기에도 좋다.

지도 P.287-A1 주소 116 Santa Monica Blvd, Santa Monica 영업 월~목요일 11:00~02:00 금요일 10:00~02:00 토 · 일요일 09:00~02:00 가는 방법 메트로 E 라인 Downtown Santa Monica에서 도보 10분 홈페이지 www.yeoldekings head.com

## 원 피코
### 1 Pico

샌타모니카 해변이 바로 앞에서 펼쳐지는 시원한 풍경에 캘리포니아의 햇살을 받은 하얀 건물이 인상적인 호텔 셔터스 온 더 비치 Shutters on the Beach에 자리한 고급 레스토랑이다. 창밖으로 모래사장이 바라보이는 평화로운 리조트 같은 분위기에선 무엇을 먹어도 맛있다. 5성급 호텔이라 숙박비는 비싸지만 레스토랑은 한 번쯤 즐겨볼 만하다.

지도 P.287-A1 주소 1 Pico Blvd, Santa Monica 영업 저녁 목~월요일 17:30~21:15 가는 방법 메트로 E 라인 Downtown Santa Monica에서 도보 13분 홈페이지 www. shuttersonthebeach.com

# 롱비치 & LA 남부

롱 비치 Long Beach는 로스앤젤레스 남쪽에 위치한 미 서부의 대표적인 항만 도시다. 세계적인 규모의 항구인 롱 비치 항구 Port of Long Beach가 있으며, 독자적인 공항인 롱 비치 공항 Long Beach Airport도 갖추고 있다. 잔잔한 바다를 배경으로 롱 비치 수족관 Aquarium of the Pacific과 퀸 메리 호 The Queen Mary가 있어 관광지로도 알려져 있다.

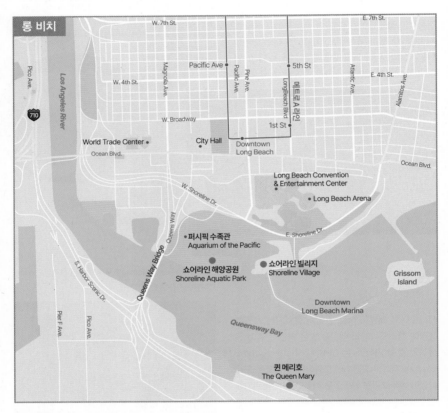

## 쇼어라인 빌리지
### Shoreline Village

쇼어라인 해양 공원 건너편에 나무로 된 건물들이 모여 있어 예스러운 분위기를 간직한 곳이다. 19세기 후반의 캘리포니아 부둣가 마을을 연상시키는 이곳은 아주 작은 구역이지만 색색으로 칠을 한 가게들이 나란히 모여 있어 귀여운 느낌을 준다. 간단한 핫도그나 추로스, 아이스크림 가게와 레스토랑, 옷

가게, 기념품 가게, 소스 가게 등 작은 상점들이 있는데 가장 눈길을 끄는 곳은 맨 끝자락에 위치한 파커스 라이트하우스 레스토랑 Pakers' Lighthouse이다. 빨간 지붕에 하얀 건물이 인상적인 이곳은 멀리서도 눈에 띄는데, 맛보다는 분위기와 전망으로 인기다. 바로 건너편에 있는 공원의 예쁜 등대를 바라보며 식사를 즐길 수 있고, 또 자리를 잘 잡으면 멀리 퀸 메리 호까지도 보인다. 퀸 메리 호 내부를 둘러볼 게 아니라면 여기서 보는 것이 배 전체를 한눈에 볼 수 있어 사진을 찍기에도 좋다.

지도 P.292 ▶ 주소 401-435 Shoreline Village Dr., Long Beach 영업 상점마다 다른데 보통 10:00~21:00, 일 · 목요일, 메모리얼데이, 노동절 10:00~22:00, 금 · 토요일 상점마다 다름 가는 방법 메트로 A 라인 Downtown Long Beach역에서 도보 15분 홈페이지 www.shorelinevillage.com

# 쇼어라인 해양공원
## Shoreline Aquatic Park

롱 비치 남쪽을 관통하는 오션 대로 Ocean Blvd 끝자락에 있는 공원이다. 푸른 잔디밭 위에 조용히 자리한 하얀색 등대가 인상적인 이곳은 주변의 항구 분위기와는 다른 관광색이 느껴진다. 이 등대가 마주 보이는 건너편으로는 유명한 레스토랑 체인점들이 있어 식사를 즐기고 산책을 하기에 좋다. 공원 안쪽으로 배들이 정박해 있는 곳에는 관광 크루즈의 선착장이 있으며 서쪽으로는 대형 수족관이 있어 견학을 온 아이들로 가득하다.

지도 P.292 ▶ 주소 200 Aquarium Way, Long Beach 가는 방법 메트로 A 라인 Downtown Long Beach역에서 도보 10분

# 퀸 메리 호
## The Queen Mary

1934년에 건조된 세계 최대의 호화 여객선으로 총 길이 310m, 무게가 8만 톤에 이른다. 1911년에 건조된 비운의 유람선 타이타닉 호(길이 270m)보다 훨씬 크다. 제2차 세계대전 당시 잠시 수송선으로도 사용됐지만 1967년 이후로는 지금의 자리에 정박한 채 롱 비치의 명소로 사랑받고 있다. 퀸 메리 호가 더욱 관심을 끄는 이유는 유령 때문이다. 관람객들의 목격담에 따르면 푸른 작업복 차림으로 엔진실을 배회하는 유령, 퀸스 살롱 The Queen's Salon의 여자 유령, 어린이 방에서 들려오는 아기 울음소리 등 다양하다. 그중 가장 유명한 장소로는 일등석 수영장이 꼽힌다. 사람이 없는데도 가끔 물장난 치는 소리가 나거나 물에 젖은 발자국 등이 남아 있어 등골을 오싹하게 만든다고 한다. 또한 현재 호텔로 사용되는 일등석 선실에서는 1930년대 복장을 한 남자 유령이 나타나거나 갑자기 불이 켜지는 등의 소동이 벌어졌다고 한다. 믿거나 말거나지만 호기심이 커지는 것은 사실이다. 퀸 메리 호 옆에는 러시아 잠수함 스코피언 Scorpion이 있어 또 다른 볼거리를 제공한다.

지도 P.292 ▶ 주소 1126 Queen's Hwy, Long Beach 투어 요금 날짜별, 종류별로 $45~149 정도 가는 방법 메트로 A 라인 Downtown Long Beach역에서 롱비치 패스포트 셔틀버스로 Queen Mary London Town에 하차하면 바로 앞에 있다. 홈페이지 www.queenmary.com

## 샌 피드로
### San Pedro

로스앤젤레스의 남쪽 끝, 그리고 롱 비치의 서쪽에 위치한 샌 피드로는 항만도시의 분위기와 아름다운 해안가를 지닌 동네다. 롱 비치와는 빈센트 토머스 다리 Vincent Thomas Bridge로 연결되어 있고 로스앤젤레스 다운타운에서는 110번 고속도로를 수직으로 내려온 끝자락에 자리하고 있다. 주변의 섬을 이어주는 배들은 물론, 주변 지역을 돌아보는 다양한 관광 크루즈가 출발하는 선착장이 있으며, 해산물 식당들이 모여 있는 피시 마켓이 있어 주말이면 많은 사람들로 붐빈다.

지도 P.242 ▶ 주소 (피시 마켓) 706 S Harbor Blvd, San Pedro 홈페이지 www.sanpedrofish.com, www.lawaterfrontcruises.com

## 맨해튼 비치
### Hollywood

맨해튼 비치는 로스앤젤레스 국제공항 남쪽에 위치한 작은 도시이자 해변 이름이다. 바다 쪽으로는 부두가 형성되어 있고 해변가를 따라 고급스러운 주택들이 늘어서 있으며 안쪽 주변으로는 수많은 상점이 밀집해 있다. 집값이 비싸기로 유명한 이곳은 거리 분위기도 다른 해변과는 사뭇 다르다. 가까운 헤모사 비치와 베니스 비치가 보다 대중적이면서 보헤미안적 분위기라면 맨해튼 비치는 깔끔한 부둣가와 함께 고급 편집숍과 유명 브랜드숍 그리고 레스토랑으로 가득해 좀 더 세련되고 도회적인 분위기를 풍긴다.

지도 P.242 ▶ 주소 2 Manhattan Beach Blvd, Manhattan Beach 가는 방법 로스앤젤레스 다운타운에서 자동차로 30분

## 한국 우정의 종
### Korean Friendship Bell

샌 피드로 남단의 해안가에 자리한 앤젤스 게이트 공원 Angels Gate Park에는 우리에게 친숙한 기와지붕의 종각이 서 있다. 1976년에 미국의 독립선언 200주년을 축하하고 한국전쟁에 참전했던 미군 용사들을 기리며 한·미 간의 우정을 상징하기 위해 지어진 것으로 1978년 로스앤젤레스 사적지로 지정되었다. 종각 안에는 성덕대왕 신종(에밀레종)을 본떠 청동으로 만들어진 종이 있다. 이 우정의 종을 세우는 데 큰 노력을 한 사람은 재미교포 영화배우 필립 안으로, 바로 도산 안창호 선생의 아들이다. 매년 12월 31일과 1월 13일(재미동포의 날), 7월 4일(미국 독립기념일), 8월 15일(광복절), 9월 첫째 월요일(노동절) 이렇게 다섯 번 타종을 한다. 태평양이 바라보이는 앤젤스 게이트 공원 위쪽에 솟아 있는 이 지역을 특별히 한·미 평화공원 Korean-AmericanPeace Park이라 부른다. 주변에는 푸른 잔디밭이 있고 탁 트인 바다가 펼쳐져 있어 시원한 전망을 즐길 수 있다.

지도 P.242 ▶ 주소 3601 S Gaffey St, San Pedro 가는 방법 메트로 버스 246번 Shepard/Gaffey에서 도보 10분 홈페이지 publicartinpublicplaces.info/korean-friendship-bell-1976

## 웨이페어스 채플(임시 휴업)
### Wayfarers Chapel

로스앤젤레스 남쪽의 아름다운 해안 절벽으로 이루어진 동네 팔로스 버디스 Palos Verdes에는 결혼식장으로 인기 있는 아름다운 예배당이 있다. 유리로 된 벽면과 천장으로 눈부신 캘리포니아의 햇살이 그대로 내리쬐며 바로 옆에는 반짝이는 태평양을 품고 있는 그림 같은 예배당이다. 이곳을 설계한 로이드 라이트 Lloyd Wright가 세계적으로 유명한 건축가 프랭크 로이드 라이트 Frank Lloyd Wright의 아들이라는 점도 놀랍다. 해변 도로에서 언덕길로 올라가면 예배당 초입에 주차 공간과 함께 방문자센터와 기념품점이 있으며 작은 정원을 지나 조금만 들어가면 예배당 입구가 나온다. 규모는 아주 작고 아담하다.

지도 P.242 주소 5755 Palos Verdes Dr, South Rancho Palos Verdes 방문자 센터 09:00~17:00 요금 무료 가는 방법 로스앤젤레스 다운타운에서 110번 도로로 내려오다가 Palos Verdes Dr로 갈아타면 길 중간에 있다. 1시간 정도 소요 홈페이지 www.wayfarerschapel.org

## 레돈도 비치
### Redondo Beach

맨해튼 비치에서 남쪽으로 헤모사 비치를 지나 더 내려가면 한국인들에게 잘 알려진 레돈도 비치가 나온다. 레돈도 비치 역시 독립된 작은 도시이자 해변 이름이다. 레돈도 비치가 한국인들에게 유명한 이유는 이곳 부둣가의 한국인들이 운영하는 해산물 식당들 때문이다. 비싸지 않은 가격에 킹크랩과 랍스타 등 해물 요리를 푸짐하게 먹을 수 있고, 무엇보다 마지막 코스로 빠지지 않는 얼큰한 해물탕이 고향의 풍미를 더해준다. 레돈도 비치는 모래사장이 작고 부둣가가 발달해 있어 각종 상점과 식당이 부두 위에 모여 있다. 갑판 끝 쪽에는 펠리컨 등 수많은 물새들과 함께 낚시를 즐기는 사람들을 볼 수 있다.

지도 P.242 주소 121 W Torrance Blvd #103, Redondo Beach 가는 방법 로스앤젤레스 다운타운에서 자동차로 35분

## 헤모사 비치
### Hermosa Beach

맨해튼 비치와 레돈도 비치 사이에 있는 해변이다. 원래는 다른 해변들에 비해 덜 알려져 있었으나 2016년 개봉된 영화 '라라랜드'로 유명세를 타게 되었다. 남녀 주인공이 방문했던 라이트하우스 카페 The Lighthouse Café를 비롯해 영화 속 세바스찬이 춤추며 노래하던 기다란 부두가 바로 이곳에 있다. 맨해튼 비치보다는 소박한 분위기이며 겨울이면 모래사장에 거대한 크리스마스트리가 세워지기도 한다.

지도 P.242 주소 1 Pier Ave, Hermosa Beach 가는 방법 로스앤젤레스 다운타운에서 자동차로 35분

Pasadena
# 패서디나

로스앤젤레스의 동북쪽에 있는 작은 도시로 조용하고 고풍스러움이 돋보이는 곳이다. 평화로운 주택가로 이루어진 이곳에는 구석구석 고전적인 건축물과 미술관이 많아 예술에 관심 있는 사람들이 즐겨 찾는다. 또한 훌륭한 교육 여건으로도 잘 알려져 있다. 공과대학으로 유명한 캘리포니아 공과대학 California Institute of Technology(칼텍 CalTec)과 자동차 디자인으로 유명한 디자인 학교 Art Center College of Design가 패서디나 주변에 자리하고 있다.

## 노턴 사이먼 미술관
### Norton Simon Museum

대부호 노턴 사이먼이 소장하고 있던 명화들을 전시하는 미술관으로 르네상스 시대 초기에서 20세기에 이르는 다양한 작품을 선보인다. 입구 정원에는 로댕의 조각품들이 있고 내부로 들어가면 1층에 서양 미술작품을 시기별로 전시한다. 17~18세기와 20세기 작품 전시실에서는 야외 조각정원으로 통하는 문이 있어, 연못 주변으로 조성된 정원에서 조각품들을 감상할 수 있다. 조각정원 한쪽으로는 카페가 있다. 1층에는 렘브란트, 드가, 세잔, 고흐, 피카소, 마티스 등의 작품이 있는데, 프랑스 인상파 화가인 드가의 작품들이 특히 유명하다. 조각품 '14세의 어린 무용수 Little Dancer, Aged Fourteen'를 비롯해 '다림질하는 여인 Women Ironing' '목욕 후 몸을 말리는 여인 Woman Drying Herself After the Bath' 등이 있다. 또한 빛의 화가로 알려진 렘브란

트의 걸작 '소년의 초상 Portrait of a Boy' '자화상 Self-Portrait'도 유명하다. 지하층에 자리한 아시아 미술품도 주목받는 볼

거리다. 가장 눈길을 끄는 작품은 '좌불상 Seated Buddha'으로 정적이면서 장엄한 분위기를 느낄 수 있다. 지하층이지만 일부분은 대형 유리창을 통해 바깥의 녹음과 어우러진 불상을 볼 수 있도록 잘 꾸며 놓았다.

주소 411 W Colorado Blvd, Pasadena 운영 월·목·일요일 12:00~17:00, 금·토요일 12:00~19:00, 휴관 화·수요일, 로즈 퍼레이드 데이, 추수감사절, 크리스마스 요금 일반 $20, 학생 무료 가는 방법 메트로 A 라인 Memorial Park역에서 30번 또는 N Arroyo Parkway 길로 내려가 버스 180번을 타고 미술관 앞 하차 홈페이지 www.nortonsimon.org

## 올드 패서디나
### Old Pasadena

패서디나가 시작된 곳이자 가장 번화한 상업지구로, 수많은 상점과 레스토랑 사이로 빛바랜 벽돌 건물들이 눈에 띄는 곳이다. 가장 중심이 되는 거리는 콜로라도 대로 Colorado Blvd이며 이 길과 만나는 페어 오크스 거리 Fair Oaks Ave와의 십자로를 중심으로 식당과 카페, 상점들이 밀집해 있다. 페어 오크스 거리를 중심으로 서쪽의 패서디나 거리 Pasadena Ave에서 동쪽의 아로요 거리 Arroyo Parkway까지 총 4블록 정도 걸어 다니며 구경하기 좋다.

주소 23 E Colorado Blvd, Pasadena 가는 방법 메트로 A 라인 Memorial Park역에서 Del Mar역까지 걸쳐 있다.

## 시청
### City Hall

패서디나의 대표적인 볼거리 가운데 하나. 1927년에 완공됐으며 2005년에는 안전상의 이유로 잠시 공사에 들어갔다가 2007년 다시 오픈했다. 붉은색 돔 지붕이 인상적인 건물로 캘리포니아에서 쉽게 볼 수 있는 스페인 식민 양식 Spanish Colonial에 바로크 양식이 가미되어 웅장한 느낌을 준다. 건물 입구에서 들여다보이는 안뜰의 고풍스러운 분수와 정원에서는 웨딩 촬영을 하는 커플들을 종종 볼 수 있다. 현재 패서디나에서 가장 높은 건물이며 국립 문화재로 등록되어 있다.

주소 100 N Garfield Ave, Pasadena 가는 방법 메트로 A라인 Memorial Park역에서 도보 2분 홈페이지 www.cityofpasadena.net

## 헌팅턴 라이브러리
### The Huntington Library

철도업으로 이름을 떨친 헨리 헌팅턴의 저택으로 패서디나와 인접한 샌 마리노 San Marino에 있다. 상당한 규모의 대저택은 도서관, 미술관, 식물원으로 꾸며져 있고 곳곳에 볼거리가 풍성해 제대로 보려면 하루가 걸린다. 도서관에는 제프리 초서가 지은 영국 르네상스 문학의 선구적인 작품 〈캔터베리 이야기 The Canterbury Tales〉 원본, 직지심경이 발견되기 전까지 세계 최초의 금속활자본으로 알려진 〈구텐베르크 성서 Gutenberg Bible〉, 셰익스피어의 원고 등 다양한 희귀 도서가 있다. 유럽 회화를 중심으로 한 헌팅턴 갤러리 Huntington Gallery와 미국 회화의 진수를 보여주는 스콧 갤러리 Scott Gallery 도 놓치기 아까운 볼거리다. 야외에는 1만 종이 넘는 식물이 서식하는 거대한 식물원이 있는데 가장 볼 만한 곳은 장미정원, 사막정원, 일본정원이다. 특히 일본정원은 할리우드 영화에서 일본을 배경으로 할 때 세트장으로 종종 이용된다.

주소 1151 Oxford Rd, San Marino 운영 수~월요일 10:00~17:00(입장은 16:00까지) 휴무 화요일, 1월 1일, 추수감사절, 12월 24일 · 25일, 7월 4일 요금 평일 성인 $25, 학생 또는 65세 이상 $21, 4~11세 $13 주말 성인 $29, 학생 또는 65세 이상 $24, 4~11세 $13 (매월 첫째 목요일 예약 시 무료, 주말과 휴일 예약 필수, 주중도 예약 권장) 가는 방법 로스앤젤레스 다운타운에서 자동차로 20분, 또는 올드 패서디나에서 자동차로 10분 홈페이지 www.huntington.org

# 로스앤젤레스 근교 아웃렛

로스앤젤레스는 쇼핑의 천국이다. 비록 소비세가 높은 편이기는 하지만 수많은 패션 아이템을 갖춘 아웃렛은 보물찾기의 명소다. 시내 곳곳에도 아웃렛 상점들이 있고, 외곽으로 나가면 돌아보는 데만 하루씩 걸리는 엄청난 규모의 거대한 아웃렛이 다섯 곳이나 된다.

### 시타델 아웃렛

로스앤젤레스 시내에서 가장 가까운 곳에 위치한 아웃렛으로, 하루 만에 부담없이 돌아볼 수 있다는 것이 가장 큰 장점. 특히 다운타운에서는 고속도로로 10여 분밖에 걸리지 않는 가까운 곳으로, 주변에 카지노가 있고 레스토랑과 카페도 있어서 쇼핑을 하며 여유 있게 하루를 보내기에 적당하다.

주소 100 Citadel Dr, Los Angeles 영업 월~일요일 10:00~21:00(행사 기간에 따라 달라짐) 가는 방법 ① 5번 고속도로에서 129번 출구로 나오면 바로 보인다. ② 메트로 버스를 이용할 경우 62번을 타고 Telegraph /Citadel에서 하차 홈페이지 www.citadeloutlets.com

### 카마리요 프리미엄 아웃렛

로스앤젤레스에서 북서쪽으로 1시간 정도 떨어져 있는 작은 마을 카마리요에 있다. 아웃렛 체인으로 유명한 프리미엄 아웃렛의 지점으로, 160여 개 점포가 입점해 있으며 명품 브랜드가 적당히 섞여 있다. 푸드코트가 있어 간단한 식사를 할 수 있다.

주소 740 E Ventura Blvd, Camarillo 영업 매일 10:00~ 20:00 가는 방법 101번 고속도로에서 Las Posas Rd 출구로 나가면 바로 이정표가 나온다. 홈페이지 www.premium outlets.com/camarillo

### 온타리오 밀스 아웃렛

엄청난 규모를 자랑하는 아웃렛. 로스앤젤레스 시내에서 동쪽으로 1시간가량 걸리는 곳으로, 아웃렛뿐만 아니라 일반 백화점과 무수한 상점이 모여 있는 대형몰이라서 모두 보려면 하루로도 부족하다. 이곳은 다른 아웃렛과 달리 상점들이 모두 실내에 있어서 비가 올 때나 무더운 날씨에도 쇼핑을 즐기는 데 불편함이 없다. 레스토랑과 카페도 다른 아웃렛보다 많다.

주소 One Mills Cir, Ontario 영업 월~목요일 10:00~20:00, 금 · 토요일 10:00~21:00, 일요일 11:00~20:00 가는 방법 고속도로 15번과 10번이 만나는 곳에 있다. 홈페이지 www.simon.com/mall/ontario-mills

## 데저트 힐스 프리미엄 아웃렛

로스앤젤레스에서 동쪽으로 2시간 거리의 데저트 힐에 위치한 아웃렛이다. 팜 스프링스로 가기 직전에 있어 팜 스프링스에서 하루 묵으면서 보는 것도 좋다. 이곳은 규모도 상당하지만 명품 브랜드가 많다는 것이 특징이다. 구찌, 프라다, 디오르, 보테가 베네타, 발렌시아가, 발렌티노, 펜디, 몽클레어, 조르조 아르마니, 샌드로, 생 로랑, 알렉산더 맥퀸, 칼 라거펠트, 페라가모, D&G, 토즈, 지미 추 등이 있어 멀지만 찾아가는 사람들이 많다.

주소 48400 Seminole Dr, Cabazon 영업 월~토요일 10:00~21:00, 일요일 10:00~20:00(공휴일이나 행사기간 등에 따라 달라짐) 가는 방법 10번 고속도로 Fields Rd 출구로 나오면 바로 이정표가 있다. 홈페이지 www.premiumoutlets.com/deserthills

## 카바존 아웃렛

데저트 힐스 프리미엄 아웃렛 바로 옆에 있는 소형 아웃렛이다. 규모가 작아서 매장이 많지 않기 때문에 데저트 힐스 프리미엄 아웃렛을 보고 나서 잠시 들르거나, 시간이 없다면 그냥 생략하기도 한다. 미리 홈페이지에서 입점 브랜드를 확인해 갈지 말지 정하도록 하자. 아디다스, 컬럼비아, 머렐, 퓨마 등 스포츠 브랜드가 대부분이고 주방용품 르크루제도 인기다. 부근에 우뚝 솟은 건물은 모롱고 카지노인데 가성비 좋은 뷔페 식당이 있다.

주소 48750 Seminole Dr, Cabazon 영업 일~목요일 10:00~20:00, 금 · 토요일 10:00~21:00(행사기간 등에 따라 달라짐) 가는 방법 10번 고속도로 Cabazon 출구로 나오면 바로 찾을 수 있다. 홈페이지 www.cabazonoutlets.com

Tip

## 아웃렛 선택팁

아웃렛이 너무 많아 어디를 가야 할지 고민이라면 다음 표를 참고하자. 다운타운 출발 기준이므로 각자의 출발지(숙소)를 고려하고, 홈페이지에서 입점 브랜드도 확인해보자.

| 아웃렛 | 접근성 | 특징 |
|---|---|---|
| 시타델 | 다운타운에서 15분 대중교통도 가능 | 폴로, 코치, 나이키, 갭, 캘빈 클라인, 마이클 코어스 등 120여 개 기본 브랜드 |
| 카마리요 | 다운타운에서 1시간 LA북서쪽 | 브랜드가 무난하며 아르마니, 보스, 자딕&볼테르, 빈스, 룰루레몬 등 160여 개 |
| 온타리오 밀스 | 다운타운에서 45분 LA동쪽 | 애버크롬비, 홀리스터 등 다른 아웃렛에서 보기 드문 브랜드까지 200여 개 |
| 데저트 힐스 | 다운타운에서 1시간 30분 LA동쪽 | 입점 브랜드 180여 개로 고급 명품 브랜드가 많아 가장 인기 |
| 카바존 | 데저트 힐스 바로 옆 | 컬럼비아, 오클리, 아디다스, 머렐, 언더 아머 등 16개 정도의 브랜드가 있는 소형 |

# THEME PARK

# 로스앤젤레스 주변의

# 테마파크

UNIVERSAL STUDIO · DISNEYLAND · CALIFORNIA ADVENTURE
· SIX FLAGS MAGIC MOUNTAIN

# 유니버설 스튜디오

캘리포니아 남부

모든 연령층에게 폭넓게 사랑받는 테마파크로, 영화의 도시 로스앤젤레스의 매력을 충분히 느낄 수 있는 곳이다. 유니버설 스튜디오는 로스앤젤레스의 영화 스튜디오 가운데 규모가 가장 크고 볼거리가 풍부해 연간 7,000만 명이 넘는 방문객이 찾아오는 인기 관광 코스다. MTA 메트로가 연결돼 있어 대중교통으로도 편리하게 찾아갈 수 있다.

| | |
|---|---|
| 주소 | 100 Universal City Plaza |
| 운영 | 월별, 요일별로 다르므로 홈페이지 참조 |
| 요금 | 시즌별, 요일별로 다르며 매우 다양한 종류의 티켓이 있으니 홈페이지 참조(보통 1일권 날짜별 일반 $109~154, 3~9세 $103~148) |
| 주차 | 위치와 시간에 따라 $10~75 |
| 가는 방법 | 메트로 B 라인을 타고 Universal Studios역에서 하차 후, 길 건너편에서 유니버설 스튜디오 무료 셔틀버스를 타면 된다. 셔틀버스는 개장 전부터 폐장 2시간 뒤까지 10~15분 간격으로 운행된다. 다운타운에서 차량으로 갈 경우 20~40분 소요 |
| 홈페이지 | www.universalstudioshollywood.com(한국어 지원) |

유니버설 스튜디오는 크게 위쪽 구역 Upper Lot과 아래쪽 구역 Lower Lot으로 나뉘어 있다. 입구로 들어가면 바로 위쪽 구역이며 왼쪽 안으로 들어가면 아래쪽 구역으로 내려가는 에스컬레이터가 있다. 또한 스튜디오 입구 바로 옆에는 식사와 쇼핑을 즐길 수 있는 시티 워크 City Walk가 있다.

❶ 유니버설 스튜디오 공식 애플리케이션을 미리 다운받는다.

❷ 지도는 물론 시간제로 운영하는 어트랙션의 스케줄을 미리 확인하고 계획을 짜본다.

❸ 아침 일찍 가서 스튜디오 가장 안쪽으로 들어가면 우측에 스튜디오 투어 Studio Tour가 있는데 여기서 시작하는 것이 좋다. 다른 곳들과 달리 투어는 정해진 시간에만 진행되고 오후가 되면 사람이 많아서 아예 못 볼 수도 있기 때문이다. 가장 인기 있는 곳이라 그만큼 복잡하다.

❹ 스튜디오 투어를 한 뒤에는 바로 옆에 있는 심슨이나 해리포터를 보고, 남은 시간에 맞게 지도에서 원하는 곳들을 정해서 움직인다. 각 어트랙션의 대기 시간은 어플을 통해 실시간으로 확인할 수 있다.

❺ 워터 월드도 시간제로 운영하는 인기 어트랙션이라 미리 확인해서 시간을 맞춰야 한다.

❻ 중간에 기념품점에서 시간을 보내면 볼거리를 다 못 보게 되므로 쇼핑은 가급적 스튜디오 밖에 있는 시티 워크에서 한다. 시티 워크에는 더 많은 레스토랑과 상점이 있다.

## 익스프레스 티켓 Universal Express

빠른 대기 줄에 설 수 있는 패스로 비싸지만 시간을 단축할 수 있다. 많은 것을 보고 싶다면 고려해보자. 입장료와 마찬가지로 성수기일수록 요금이 비싸다.
요금 날짜별로 $199~339(입장료 포함)

## 무료 와이파이

스튜디오 안에서는 물론, 시티 워크에서도 무료 와이파이가 가능하니 'UNIVERSAL' 네트워크로 접속한다.

### 스튜디오 투어 Studio Tour

트램을 타고 유니버설 스튜디오의 세트장 구석구석을 돌아보는 투어다. 안내원의 설명이 있어 어떤 영화를 찍었던 세트장인지, 어떻게 특수 효과를 내는지 등을 알 수 있다. 오래된 고전 영화의 세트장부터 홍수나 폭발 장면, 식인상어 죠스 등을 볼 수 있고, 서부극 SF 와일드 웨스트, 위기의 주부들 등 여러 드라마의 세트장을 지난다. 마지막 부분에는 국내에서도 인기 있었던 분노의 질주 Fast & Furious도 신나는 영상으로 등장한다.

### 심슨 The Simpsons Ride

1989년부터 시작돼 30년 넘게 방영되고 있는 장수 TV 프로그램 '심슨'과 관련한 시뮬레이터로 된 탈거리다. 영상의 화질이 좀 떨어지는 감은 있으나 심슨을 좋아한다면 즐겁게 탈 만하다.

### 워터 월드 Water World

케빈 코스트너 Kevin Costner 주연의 영화 '워터 월드 Water World'를 재현한 쇼다. 대형 풀장 안에 세트장을 세워 박진감 넘치는 볼거리를 선사한다. 특히 남자 주인공이 제트스키를 타고 등장하거나 여기저기서 폭탄이 터질 땐 관객들의 환호가 대단하다. 하루에 4회 정도 공연하기 때문에 미리 스케줄을 확인한 뒤 시간에 맞춰 가야 한다.

자리에 'Soak Zone'이라고 적혀 있다면 공연 도중 물세례를 받는 자리다. 옷 젖는 게 싫다면 피하는 게 상책이다. 무덥고 건조한 여름엔 여기만 골라서 앉는 사람도 있다.

### 쿵푸 팬더 Kung Pu Panda

오랫동안 인기를 누렸던 '슈렉 4D'가 막을 내리고 2018년에 새롭게 등장한 4D 스크린쇼. 남녀노소 누구나 좋아하는 '쿵푸 팬더'를 다시 한번 극장에서 만나 재미난 스토리와 특수효과로 즐거운 시간을 보낼 수 있다.

### 해리포터
Harry Potter and the Forbidden Journey

2016년 문을 연 이래 현재까지도 큰 인기를 누리고 있는 곳으로 당연히 대기 시간도 오래 걸린다. 멀리서 바라보는 것만으로도 설레는 해리포터의 마법학교 호그와트 성으로 들어가면 내부 구경은 물론, 3D 라이드 'Harry Potter and the Forbidden Journey'도 탈 수 있으며 밖에서는 롤러코스터인 '히포그리프 Flight of the Hippogriff'를 즐길 수 있다. 마법사 옷을 입고 있거나 요술 지팡이 등 다양한 기념 소품을 들고 다니는 해리포터 덕후들이 분위기를 한껏 돋운다.

캘리포니아 남부

### 미라의 복수 Revenge of the Mummy the Ride

'미라 2 Mummy Returns'의 세트를 재현한 곳으로 으스스한 이집트 무덤의 분위기를 한껏 살리고 있다. 어두운 통로에서 해골이나 미라 등이 불쑥불쑥 튀어나와 비명을 지르게 한다. 빠른 속도로 달리기 때문에 입구로 들어가기 전부터 물건이 쏟아질 것에 대비해 모든 소지품은 라커에 보관해야 한다.

### 주라기 월드 Jurassic World - The Ride

영화 '쥬라기 공원'의 다소 공포스러운 분위기를 이어가던 라이드는 마지막에 물살을 튀기며 아래로 떨어져 내린다. 자리에 따라 흠뻑 젖기도 하므로 카메라와 같은 소지품은 특히 보관에 주의해야 한다. 아예 입구에서 파는 우비를 사입는 것도 방법이다. 무더운 여름철에 인기 있는 코너로 젖은 상태로 몇 번을 다시 타는 사람들도 있다.

### 트랜스포머스 Transformers

2007년에 영화로 처음 만들어진 이후 계속해서 시리즈가 나오고 있는 트랜스포머스는 팬들이 많아 항상 붐비는 곳이다. 3D 영상으로 즐길 수 있는 놀이기구로, 특수효과가 뛰어나 아이들은 물론 어른들도 좋아한다. 입구에는 범블비나 메가트론이 있어 인증샷을 찍기에도 좋다.

### 슈퍼 닌텐도 월드 Super Nintendo World

게임 회사 닌텐도와 합작해 2023년 오픈한 구역으로 현재 가장 핫한 곳이다. 컬러풀한 공간 전체가 만화 속에 들어온 듯

환상적이다. 영화로 만들어지면서 다시 인기를 누리고 있는 슈퍼 마리오를 만날 수 있고 마리오 카트를 탈 수 있는 어트랙션이 인기다.

### 시티 워크 City Walk

유니버설 스튜디오가 폐관할 때까지 신나게 돌아다닌 뒤에는 출구로 나와 바로 옆에 자리한 시티 워크로 향하자. 식당과

상점이 모여 있는 오픈 몰이라 저녁 시간까지 알차게 즐길 수 있다.

# 디즈니랜드

캘리포니아 남부

월트 디즈니 최초의 테마파크로 1955년에 개장했다. 도쿄와 홍콩 등 가까운 아시아에도 디즈니랜드가 있지만 2001년 '캘리포니아 어드벤처' 테마파크가 추가되고 2019년 디즈니랜드 안에 '스타워즈' 섹션이 추가되면서 올랜도의 디즈니월드와 함께 명실상부 세계 최고의 테마파크로 자리를 굳히게 되었다. 거대한 디즈니랜드 리조트 안에는 테마파크인 디즈니랜드와 캘리포니아 어드벤처, 그리고 상점과 식당이 모여 있는 다운타운 디즈니랜드가 있다.

| | |
|---|---|
| 주소 | 1313 S Disneyland Dr |
| 운영 | 월별, 요일별로 다르므로 홈페이지 참조 |
| 요금 | $104~206, 호퍼 티켓(디즈니랜드와 캘리포니아 어드벤처를 왔다 갔다 할 수 있는 티켓) $65~75 추가. 월별, 요일별로 다르므로 홈페이지 참조 |
| 주차 | $35 |
| 가는 방법 | 자동차로 다운타운에서 40분~1시간 소요. 대중교통을 이용하면 1시간 30분~2시간. 지하철 그린 라인의 종점인 Norwalk역에서 메트로 버스 460번을 타면 디즈니랜드 리조트까지 연결된다. |
| 홈페이지 | https://disneyland.disney.go.com |

## 관람 요령

① 연중 날씨가 좋아 비수기가 따로 없다. 휴가철에는 엄청난 인파가 몰리니 가급적 성수기 주말은 피한다.

② 주차장에서 입구까지 거리가 멀기 때문에 개장 시간보다 일찍 도착하는 게 좋다. 입장권은 앱에서 미리 구입해 매표소에서 시간을 낭비하지 말자.

③ 전날 미리 지도에서 동선과 이벤트 스케줄을 확인한다. 지니 서비스를 통해 알람을 받을 수도 있다.

④ 규모가 꽤 크기 때문에 공원 외곽을 순환하는 디즈니 레일을 이용해 전체를 둘러보는 것도 괜찮다.

### 유의사항

· 공원 곳곳에 식당이나 매점이 있는데 식사 시간대에는 매우 복잡하므로 일찍 또는 늦게 가거나 앱을 통해 예약한다(식당 예약은 무료).
· 간단한 소량의 음식물은 반입이 가능하지만, 술, 냄새 나는 음식, 유리병에 든 음식, 냉장 보관 음식 등 반입 불가한 것이 많다. 음식물을 소지한 경우 입구에서 보안요원에게 검사를 받아야 한다.

---

### 디즈니랜드 앱

기능이 많고 유용한 디즈니랜드 앱을 미리 다운받아 예약 단계에서부터 활용하면 편리하다. 공원의 상세 지도와 정보, 이벤트 스케줄 등을 찾아볼 수 있고, 여러 어트랙션의 대기시간을 실시간으로 알려주고 방문하기 좋은 시간을 예측해준다. 라이트닝 레인 패스도 구입할 수 있다.

★ 라이트닝 레인 패스 Lightning Lane Pass
어트랙션을 미리 예약할 수 있는 유료 패스로 기존의 디즈니 지니 플러스의 새로운 이름이다. 싱글 패스와 멀티 패스가 있는데, 하나만 구입하거나 둘 다 구입하기도 한다. 구매 후 시간을 예약하면 어트랙션 입구에서 짧은 대기줄인 라이트닝 레인 줄로 입장할 수 있다.

① 라이트닝 레인 싱글 패스
Lightning Lane Single Pass
일부 어트랙션만 해당된다. 어트랙션당 1일 1회만 가능하고 공원 입장 후 구매할 수 있다. 싱글 패스로 입장할 수 있는 어트랙션은 멀티 패스에 포함되지 않는다.

· 디즈니랜드: '스타워즈: 라이즈 오브 더 레지스탕스 Star Wars: Rise of the Resistance'
· 캘리포니아 어드벤처: '래디에이터 스프링스 레이서스 Radiator Springs Racers'

② 라이트닝 레인 멀티 패스
Lightning Lane Multi Pass
디즈니랜드에서 14개, 캘리포니아 어드벤처에서 9개의 어트랙션에 이용할 수 있어서 하루에 최대한 많은 어트랙션을 이용하고 싶은 사람에게 좋다. 예약은 입장 후부터 한 번에 하나씩 할 수 있고 사용을 마치면 다시 예약할 수 있다. 디즈니 공식 호텔 투숙객은 당일 07:00부터 예약할 수 있어 유리하다.
멀티 패스에는 오디오가이드가 포함되어 어트랙션에 얽힌 여러 이야기를 들을 수 있는 오디오 테일스 Audio Tales 기능이 있고, 사진기사들이 찍어주거나 어트랙션에서 자동으로 찍힌 사진을 무제한 다운받을 수 있는 포토패스 PhotoPass 기능도 있다.

## 메인 스트리트 Main Street

디즈니랜드의 중심 거리로 입구에서 미키 마우스 잔디밭의 열차 정류장을 지나 가장 먼저 만날 수 있다. 음악이 흐르는 메인 스트리트에는 옛 시절에 대한 그리움이 배어 있다. 100년 전의 미국 서부 소도시의 모습을 재현해 놓았으며 곳곳에 식당과 카페, 기념품점이 있다. 메인 스트리트 끝에는 월트 디즈니와 미키 마우스의 동상이 있고 그 뒤로는 보기만 해도 마음이 설레는 디즈니 성이 있다. 동화 속의 아름다운 공주가 살고 있을 것 같은 디즈니랜드의 상징이지만 어른들이 보기에는 너무 작아 실망할 수도 있다. 메인 스트리트 입구에 정차하는 증기 기관차는 디즈니랜드 전체를 둘러보는 데도 요긴하게 이용된다.

## 어드벤처랜드 Adventureland

사파리 분위기가 물씬 풍기는 곳으로 디즈니랜드에서 가장 인기 있는 코너인 '인디애나 존스 어드벤처 Indiana Jones Adventure'를 만날 수 있다. 물론 오래

기다려야 하지만 그럴 만한 가치가 있다. 그 밖에 뗏목을 타고 열대 지방의 하천을 따라 내려가는 '정글 크루즈 Jungle Cruise', 어린이에게 인기 좋은 '트리하우스 adventureland treehouse' 등이 있다.

## 뉴올리언스 광장 New Orleans Square

미국 남부의 재즈로 유명한 도시 뉴올리언스 거리를 재현한 분위기 있는 곳이다. 인기 있는 코너는 '캐리비안의 해적 Pirates of the Caribbean'과 '유령의 집 Haunted Mansion'이다. 뉴올리언스 광장 한쪽에는 증기 기관차 정류장이 있어 수많은 사람이 드나드는 통로 역할을 하며, 정류장 앞에 있는 레스토랑에서 식사를 즐기는 사람들도 쉽게 눈에 띈다.

## 바이유 컨트리 Bayou Country

동화 속 모험을 하고 레스토랑과 예쁜 선물가게들도 방문할 수 있는 곳이다. 특히 '티아나의 바이유 어드벤처 Tiana's Bayou Adventure'는 디즈니 에니메이션 '공주와 개구리'에서 공주 티아나의 이야기를 바탕으로 작은 배와 오두막이 있는 미국 남부 늪지대 바이유를 재현한 곳으로 물에 젖을 각오를 하는 것이 좋다. 시간이 넉넉하다면 '카누 여행 Davy Crockett's Explorer Canoes'도 해볼 만하다.

© Contributor19

## 프런티어랜드 Frontierland

가장 인기 있는 코너는 서부 개척 시대의 광산을 배경
으로 아슬아슬한 바위산을 달리는 놀이기구인 '빅 선더
마운틴 레일로드 Big Thunder Mountain Railroad'다.
덜컹거리는 조그만 채석장의 롤러코스터가 긴장감을
더하기 때문에 짜릿한 스릴을 맛볼 수 있다. 또한 강 위
를 유람하는 두 척의 배를 만날 수 있는데, '범선 콜럼
비아 호 Sailing Ship Columbia'는 여름 성수기에만 운
항하며 '증기선 마크 트웨인 Mark Twain Riverboat'은
1년 내내 운항한다. 강 건너편에는 해적 기가 펄럭이는
작은 섬 '톰 소여 랜드 Tom Sawyer Land'가 있다.

©Jeremy Thompson

## 스타워즈
Star Wars: Galaxy's Edge

전 세계 '스타워즈' 덕후들의 기대
를 한껏 모았던 스타워즈 테마파크
가 2019년에 오픈했다. 디즈니가
천문학적인 금액을 쏟아 부어 루카
스필름의 판권을 사들이면서 보다
디테일한 영화 속 공간을 만들어
냈다. 라스트 제다이에 나왔던 바투
행성의 블랙 스파이어 마을을 재현
했는데, 인기가 워낙 좋아 들어가
자마자 엄청난 인파와 마주해야 한
다. 스타워즈에서 빼놓을 수 없는
우주선 '밀레니엄 팰컨 Millennium
Falcon'이 거대한 모습으로 착륙해
있으며 이를 조종하는 비행 시뮬레
이터가 있다.

## 판타지랜드 Fantasyland

디즈니 성 바로 뒤에 있는 가장 디즈니랜드다운 곳이다. 전체적인 색깔도 파스텔톤으로 꾸며 화사한 분위기를 연출하고 있다. 빙글빙글 돌아가는 찻잔이나 회전목마 등 어린이 취향의 놀이기구가 많지만 세계 일주 여행을 떠나는 '작은 세상 It's a Small World'(임시휴업)이나 얼음 동굴을 가로지르는 '마터호른 봅슬레이 Matterhorn Bobsleds'는 어른들도 좋아할 만하다.

## 미키 툰타운 Mickey's Toontown

디즈니 캐릭터 가운데서도 가장 대표적인 미키 마우스, 도널드 덕, 구피 등을 만날 수 있는 곳이다. 만화책에서 튀어나온 듯한 집과 보트, 전차 등이 무척 깜찍하다. 특히 미키 마우스를 만날 수 있는 '미키의 집 Mickey's House'과 '미니의 집 Minnie's House' 앞은 사진을 찍으려고 줄을 선 아이들로 항상 붐빈다. 또한 '로저 래빗의 카툰 스핀 Roger Rabbit's Car Toon Spin'도 아이들에겐 빼놓을 수 없는 볼거리다. 전체적으로 좀 유아틱한 분위기라 초등생 이하의 어린아이들이 좋아한다.

## 투모로우 랜드 Tomorrowland

SF 영화의 분위기를 내는 미래의 나라에서는 잠시 우주비행사가 되어 보는 '애스트로 오비터 Astro Orbitor'와 우주선을 타고 어둠 속을 달리는 '스페이스 마운틴 Space Mountain', 입구에서부터 '스타워즈' 분위기가 나는 '스타 투어스 Star Tours'가 인기다. 또한 '니모를 찾아서 Finding Nemo'는 노란 잠수함을 타고 물밑을 돌아보며 니모를 찾는 탈거리다.

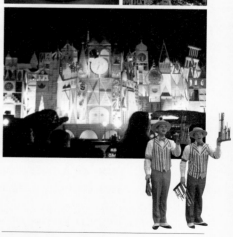

★ 디즈니랜드는 퍼레이드와 쇼가 아주 유명하다. 특히 여름 밤에 펼쳐지는 불꽃놀이는 매우 환상적이며 분수를 쏘아 올려 수막을 스크린처럼 활용해 상영하는 만화영화도 매우 인기다.

# 캘리포니아 어드벤처

디즈니가 세운 또 하나의 테마파크. 디즈니랜드의 아기자기함과 달리 현대적인 분위기를 한껏 살렸으며 영화의 메카 할리우드의 풍경도 즐길 수 있다. 디즈니랜드가 어린이의 놀이터라면 이곳은 청소년의 놀이터에 가깝다. 무서운 속도로 급회전하는 롤러코스터를 비롯해 이곳저곳에서 비명 소리가 들리는 짜릿한 놀이 기구가 주를 이룬다. 세련된 분위기로 데이트족을 불러모으지만 아이들을 위한 볼거리도 많다. 특히 픽사 애니메이션 캐릭터들이 등장하는 퍼레이드는 아이들에게도 인기 만점이다.

| | |
|---|---|
| 주소 | 1313 S Disneyland Dr |
| 운영 | 월별, 요일별로 다르므로 홈페이지 참조 |
| 요금 | $104~206, 호퍼 티켓(디즈니랜드와 캘리포니아 어드벤처를 왔다 갔다 할 수 있는 티켓) $65~75 추가. 월별, 요일별로 다르므로 홈페이지 참조 |
| 주차 | $35 |
| 가는 방법 | 차량으로 다운타운에서 40분~1시간 소요. 대중교통을 이용하면 1시간 30분~2시간. 지하철 그린 라인의 종점인 Norwalk역에서 메트로 버스 460번을 타면 디즈니랜드 리조트까지 연결된다. |
| 홈페이지 | https://disneyland.disney.go.com |

① 디즈니랜드 앱과 라이트닝 레인 패스 → P.306 참조

② 전반적인 시스템은 디즈니랜드와 동일하다. 화려한 볼거리로 인기를 누리고 있는 '픽사 플레이 퍼레이드 Pixar Play Parade'와 '월드 오브 컬러 World of Color'는 미리 시간을 확인해 놓치지 말고 보자.

③ 사람들이 많이 붐비는 '소린 어라운드 더 월드 Soarin' Around the World', '래디에이터 스프링스 레서 Radiator Springs Racers' 등의 대기 시간도 확인한다.

④ 유의할 점은 신장 제한이다. 디즈니랜드도 그렇지만 특히 캘리포니아 어드벤처에는 안전상의 이유로 신장 제한이 까다롭다. 132cm 이상만 탑승 가능한 것도 있으니 줄을 섰다가 못 타게 되는 일이 생기지 않도록 미리 확인하자. 보통은 91~117cm 정도다.

## 디즈니랜드와 캘리포니아 어드벤처를 하루에?

두 공원은 가깝지만 쇼와 퍼레이드까지 보려면 사실 하루에 한 곳도 부족하다. 따라서 아이를 동반하거나 제대로 즐기려면 근처에서 숙박하면서 호퍼 티켓 2일권으로 하루에 하나씩 보는 것이 좋다. 그러나 하루만에 끝내고 싶다면 불가능한 것도 아니다. 아침 일찍부터 라이트닝 레인 패스 Lightning Lane Pass를 이용해 빠르게 움직인다면 두 곳을 돌아볼 수도 있다. 물론 어트랙션은 몇 개만 선택해야 한다.

### 부에나 비스타 스트리트 Buena Vista Street

캘리포니아 어드벤처 입구로 들어가면 맨 처음 만나는 거리다. 거리 양쪽으로 상점과 식당 등이 늘어서 있으며 각종 퍼레이드 쇼가 펼쳐지는 곳으로도 인기다.

### 그리즐리 피크 Grizzly Peak

부에나 비스타 거리 바로 오른쪽 구역으로 인기 있는 탈거리 '소린 어라운드 더 월드 Soarin' Around the World'가 있다. 하늘을 날며 세상 구경을 하는 듯한 환상적인 경험을 할 수 있다. 신장 102cm 이상만 탑승 가능하다. 근처에는 여름에 인기 만점인 '그리즐리 리버런 Grizzly River Run'이 있다. 거대한 타이어 튜브를 타고 바위산 사이의 물길을 헤치며 지나가는 신나는 래프팅에, 아무리 옷이 젖어도 사람들의 표정은 즐겁기만 하다. 신장 107cm 이상만 가능하다.

## 패러다이스 가든스 파크
### Paradise Gardens Park

캘리포니아 어드벤처에서 가장 넓은 지역을 차지하고 있는 곳으로 풍요롭고 광활한 캘리포니아주의 대자연을 만끽할 수 있다. 캘리포니아 어드벤처 가장 안쪽에 자리해 늦은 시간에 더욱 붐빈다. 놀이 기구의 색상과 모양, 난이도가 다양해 어린이와 청소년 모두에게 인기가 있으며 인공 호수 주변은 데이트 코스로도 인기다.

#### ▶골든 제퍼 Golden Zephyr
반짝거리는 우주선을 타고 뱅글뱅글 도는 놀이 기구다. 패러다이스 피어 입구에 있다.

#### ▶점핑 젤리피시 Jumpin' Jellyfish
알록달록한 해파리 모양의 아이들용 공중 낙하 기구다. 색깔이 화려해 사진 찍기 좋고 아이들에게도 매우 인기다. 하지만 102cm 신장 제한이 있어 너무 어리면 탈 수 없다.

골든 제퍼

점핑 젤리피시

#### ▶구피의 스카이스쿨
Goofy's Sky School

장난스러운 캐릭터 구피의 그림이 그려진 간판 옆을 지나는 롤러코스터다. 지그재그 코스가 많아 부딪치며 소리를 지르는 사람들을 볼 수 있다. 신장 107cm 이상만 탈 수 있다.

### 픽사 피어 Pixar Pier
캘리포니아 어드벤처의 가장 안쪽에 자리한 곳으로 호수 뒤편의 짜릿한 어트랙션이 가득한 곳이다. 롤러코스터 안쪽에는 아이들을 위한 탈거리, 귀여운 감정 애니메이션 인사이드 아웃 Inside Out Emotional Whirlwind도 있다.

#### ▶픽사 팔 어 라운드 Pixar Pal-A-Round
코니 아일랜드의 '원더 휠 Wonder Wheel'을 본뜬 것으로 큰 바퀴가 돌아가며 동시에 지그재그로도 움직여

재미를 더한다. 고정되어 있는 곤돌라와 흔들거리는 곤돌라 중 선택할 수 있다. 흔들거리는 곤돌라에는 만약을 대비해 멀미 봉투도 있다.

#### ▶인크레디코스터 Incredicoaster
캘리포니아 어드벤처 최고의 롤러코스터다. 철근으로 이루어진 거대한 레일은 캘리포니아 어드벤처의 상징으로 곳곳에 등장한다. 단 5초 만에 88.5km까지 올라가는 엄청난 속도라 공원 멀리서도 비명 소리가 느껴질 정도로 짜릿함을 안겨준다. 신장 122cm 이상만 탈 수 있다.

### 샌프란소쿄 스퀘어 San Fransokyo Square
샌프란시스코의 피셔맨스 워프를 본뜬 곳으로, 밀가루를 반죽해 빵을 만드는 것을 직접 볼 수 있는 베이커리 투어 The Bakery Tour가 있으며 다양한 카페와 레스토랑이 있어 호수를 바라보며 식사를 즐기기에 좋다.

### 카스 랜드 Cars Land

울퉁불퉁한 바위들 사이로 이어진 길에서 자동차 경주를 하는 듯한 짜릿한 기분을 느낄 수 있는 래이디에이터 스프링스 레이스 Radiator Springs Race가 인기다. 신장 102cm 이상만 탈 수 있다.

## 어벤저스 캠퍼스 Avengers Campus

디즈니가 마블을 인수하면서 수많은 히어로 캐릭터들이 한데 모일 수 있게 되었다. 덕후들이 모여드는 곳이기도 하다. 가장 인기 있는 어트랙션은 스파이더맨처럼 거미줄을 쏘는 웹 슬링어스 Web Slingers다.

▶**가디언스 오브 갤럭시** Guardians of the Galaxy
멀리서도 보이는 높은 건물이 눈길을 끈다. 주제를 바꿔가며 인기 있는 할리우드 영화를 소재로 하는데 현재 오픈한 것은 인기 마블 영화 '가디언스 오브 갤럭시'다.

## 할리우드 랜드 Hollywood Land

할리우드의 영화 세트장을 옮겨 놓은 듯 근사한 분위기를 풍기는 곳이다. 규모가 작아 유니버설 스튜디오에는 감히 도전할 수 없지만 나름대로 잘 꾸며 사진을 찍는 사람이 많은 곳 중 하나다.

## 다운타운 디즈니 Downtown Disney District

주차장과 디즈니 공원 사이에 있는 구역으로 레스토랑과 상점, 영화관과 재즈 클럽 등 엔터테인먼트 장소가 몰려있다. 저녁 무렵에는 거리에서 라이브 쇼가 펼쳐져 흥겨움을 더한다.

---

**Tip**

# 야간 쇼 하이라이트

디즈니 리조트는 밤에도 볼거리가 많다. 다양한 이벤트 중에서도 가장 대표적인 쇼는 캘리포니아 어드벤처의 '월드 오브 컬러'와 디즈니랜드의 불꽃쇼다. 날짜에 따라 스케줄이 다르니 홈페이지나 스케줄표에서 시간을 확인하자. 좋은 자리를 차지하기 위해 이른 시간부터 사람들이 모여든다. 일교차가 심하니 아이들이 있으면 여름이라도 긴팔 옷을 준비하자.

▶ **디즈니랜드 불꽃쇼** Fireworks
하늘 위로 불꽃쇼가 펼쳐져 여러 장소에서 볼 수 있지만 가장 인기 있는 장소는 디즈니랜드의 상징 '잠자는 미녀의 성'이다. 아름다운 성 위로 펼쳐지는 불꽃이 인상적이다.

▶ **캘리포니아 어드벤처 '월드 오브 컬러** World of Color'
해가 지기 시작하면 사람들은 슬슬 '파라다이스 베이 Paradise Bay' 물가로 모여들기 시작한다. 밤이 되면 이곳에서 1,200개가 넘는 분수들이 물을 뿜어낸다. 수막을 이용한 아름다운 조명쇼와 음악, 디즈니 인기 캐릭터들의 환상적인 쇼를 감상할 수 있다. 22분 소요.

# 식스 플래그스 매직 마운틴

어른들을 위한 놀이터 식스 플래그스는 공포와 스릴을 자랑하는 강력한 코스터로 방문객을 유혹한다. 해마다 최신형 코스터를 추가하며 가장 강도 높은 탈거리를 제공하기로 유명하다. 어지간한 강심장이 아니라면 사람들의 비명 소리와 함께 정신없이 돌아가는 코스터를 보고 중간에 포기하기 쉽다. 그렇다고 너무 걱정하지는 말자. 어린이들을 위한 탈거리도 많다.

| | |
|---|---|
| 주소 | 26101 Magic Mountain Parkway, Valencia |
| 운영 | 보통 10:30부터 18:00~22:00까지 정도인데 비수기에는 휴무일도 많다. 월별, 요일별로 다르니 홈페이지 참조 |
| 요금 | 티켓의 종류도 다양하고 날짜별로 요금차가 큰데, 가장 기본 티켓이 $50~110 정도이며 온라인이 저렴하다. 홈페이지 참조 |
| 주차 | (주차장 위치별) $30~70 |
| 가는 방법 | 메트로링크 앤털로프 밸리 라인 Antelope Valley Line으로 뉴홀역 Newhall Station에서 하차, 샌타클라리타 버스 1·2·4·14번을 타고 맥빈 환승역 McBean Regional Transit Station(MRTC)으로 가서 다시 3·7번으로 갈아탄다. 대중교통을 이용하면 매우 오래 걸리므로 렌터카 이용을 추천한다. |
| 홈페이지 | www.sixflags.com/magicmountain |

## X2 X2

출발부터 예사롭지 않은 X2는 스키 리프트처럼 발이 허공에 뜬 상태로 진행 방향도 앞이 아니라 등을 지고 거꾸로 달린다. 그 상태에서 각각의 좌석이 앞뒤로 360도 회전까지 하기 때문에 도무지 정신을 차릴 수 없게 만든다. 신장 122cm 이상만 가능.

## 배트맨 Batman The Ride

X2와 마찬가지로 발판 없이 허공에 매달려 달리는 코스터로 실현 가능한 꺾기와 돌기가 총동원됐다. 배트맨이 있는 고담 시 Gotham City의 모습도 칙칙한 분위기로 꾸며져 영화를 연상케 한다. 신장 138cm 이상만 가능.

## 바이퍼 Viper

똬리를 튼 독사처럼 빙빙 도는 360도 회전 코스가 많은 코스터다. 먼저 18층 높이에서 급강하 하는 것을 시작으로 내릴 때까지 줄곧 돌기만 한다. 머리가 상당히 아픈 코스터다. 신장 138cm 이상만 가능.

## 슈퍼맨 Superman

7초 동안의 무중력 상태를 경험할 수 있는 코스터다. 속도를 내서 달릴 때 나는 '슝' 소리가 엄청나게 공포스럽다. 하지만 워낙 빠른 데다 타는 시간도 불과 몇 초에 불과해 무서움을 느끼기도 전에 끝나버린다. 워낙 무서운 것들이 많은 식스 플래그스이다 보니 이 정도는 중간급에 속한다. 대기 시간이 워낙 길어, 내리고 나면 조금 허무한 기분마저 든다. 신장 122cm 이상만 가능.

## 로링 래피드 Roaring Rapids

물살을 가르며 달리는 거대한 튜브 보트다. 가족 단위로 즐기기에 좋으며 어른과 아이들이 좋아한다. 살짝 물이 튀기도 하지만 젖을 정도는 아니다. 여름에만 개장한다. 신장 107cm 이상만 가능.

## 닌자 Ninja

회전 코스가 많지 않아 머리가 아프지 않으면서도 적당한 스릴을 느낄 수 있는 코스터다. 중급 수준으로 누구나 즐겁게 탈 수 있으며 인기가 많아 언제나 사람들이 줄을 길게 늘어선다. 신장 107cm 이상만 가능.

## 트위스티드 컬로서스 Twisted Colossus

하얀색이 유난히 눈에 띄는 컬로서스는 트랙이 두 줄로 돼 있어 두 대의 코스터가 동시에 달려간다. 더구나 트랙이 나무로 만들어져 첫 고개를 오를 때 삐걱대는 소리가 유난히 심하고 그 탓에 공포감도 배가된다. 1978년 등장 당시에는 매우 강력한 스릴을 자랑했는데 현재는 중급 수준이다. 하지만 아직까지도 꾸준한 사랑을 받을 만큼 인기 있는 탈거리다. 신장 122cm 이상만 가능.

## 골리앗 Goliath

롤러코스터라면 자신 있다고 외치는 사람도 골리앗을 타고 나면 두통과 울렁거림을 호소한다. 총 길이가 무려 1,400m에 이르는 골리앗을 타는 데 걸리는 시간은 단 3분이다. 하지만 워낙 인기가 좋아 대기시간이 30분을 쉽게 넘긴다. 멀리서도 잘 보이는 선명한 오렌지색 트랙이 트레이드 마크로 78m 높이에서 단숨에 떨어지는 아찔한 장면을 눈으로 확인할 수 있다. 신장 122cm 이상만 가능.

## 골드 러셔 Gold Rusher

1971년 매직 마운틴에서 가장 먼저 생긴 롤러코스터로 역사와 전통을 자랑한다. 최신 코스터들과 비교하면 여러 면에서 밋밋하지만 광산 기차를 본뜬 모습에선 향수가 느껴진다. 적당한 재미를 주는 중급 코스로 가족 단위로 온 사람들에게 인기다. 신장 122cm 이상만 가능.

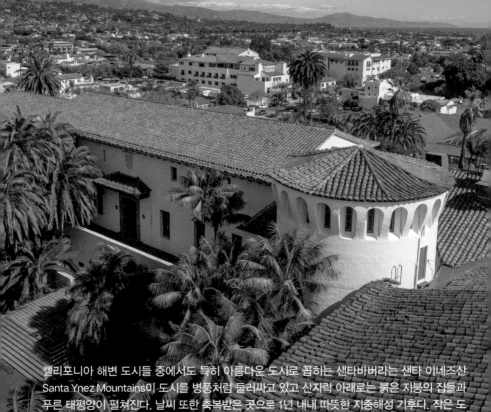

# Santa Barbara

## 샌타바버라

캘리포니아 해변 도시들 중에서도 특히 아름다운 도시로 꼽히는 샌타바버라는 샌타 이네즈산 Santa Ynez Mountains이 도시를 병풍처럼 둘러싸고 있고 산자락 아래로는 붉은 지붕의 집들과 푸른 태평양이 펼쳐진다. 날씨 또한 축복받은 곳으로 1년 내내 따뜻한 지중해성 기후다. 작은 도시임에도 공항과 기차역이 잘 갖추어져 있어 찾아가기도 편리하다.
샌타바버라 관광청 www.santabarbaraca.com

# 가는 방법

샌타바버라는 로스앤젤레스에서 자동차로 1시간 반 정도 소요된다. 교통체증을 감안한다면 2시간 정도 잡는 것이 좋다. 버스나 기차를 이용하는 경우 2~3시간 정도 걸리고 역에서 목적지까지의 이동 시간은 별도로 감안해야 한다.

### ① 비행기
샌타바버라 바로 옆의 골레타 Goleta란 마을에 샌타바버라 공항 Santa Barbara Airport(SBA)이 있다. 공항에서 나와 택시나 11번 버스를 타면 샌타바버라 시내까지 이동할 수 있다.
주소 500 James Fowler Rd
홈페이지 www.flysba.com

### ② 기차
앰트랙역이 바닷가 근처에 있어 시내와 가깝게 연결된다. 시내 중심까

지는 1km 정도 떨어져 있어 걸어가거나 버스를 이용할 수 있다.
홈페이지 www.amtrak.com

### ③ 버스
로스앤젤레스의 다운타운이나 UCLA, USC 대학 등에서 출발하는 버스가 대부분 샌타바버라 앰트랙역에 도착한다.
홈페이지 www.greyhound.com

# 시내 교통

시내 안에서는 도보로 충분하다. 워터프런트와 시내를 순환하는 셔틀버스가 있어 바닷가로 가기에도 편리하다. 바닷가 쪽에는 자전거 렌털 회사들이 많아 자전거를 이용해 돌아다닐 수도 있다.

### ① 버스 Bus
샌타바버라 광역교통국 MTD(Metropolitan Transit District)에서 운행하는 버스가 시내는 물론 시 외곽으로도 운행된다. 샌타바버라 미션과 같이 시내에서 조금 떨어진 곳으로 갈 때 이용하게 된다.
요금 1회권 $1.75 홈페이지 www.sbmtd.gov

### ② 다운타운–워터프런트 셔틀
Downtown-Waterfront Shuttle
다운타운과 워터프런트를 순환하는 전기 셔틀버스로 노선이 단순해 이용하기도 쉽고 편리하다. 배차 간격은 시즌과 시간대에 따라 10~30분 간격이니 자세한 스케줄은 홈페이지를 참조하자.
요금 $0.50 운행 금~일요일 10:00~18:00, 성수기 주말에는 연장 운행 홈페이지 www.sbmtd.gov

### ③ 자전거 렌털
샌타바버라의 해변가 도로에는 자전거로 달리는 사람들을 쉽게 볼 수 있다. 일반 자전거는 물론이고 2~3인용 자전거, 4발 자전거 등 다양한 탈것을 빌려 탈 수 있다. 가격은 종류에 따라 다르다.
[윌 펀 렌털 Wheel Fun Rentals]
주소 24 E Mason St 운영 본점 매일 09:00~20:00 요금 일반 자전거 1시간 $14 정도 홈페이지 http://wheelfunrentals.com

---

**Tip**

### 트롤리 투어 Trolley Tour
귀여운 트롤리를 타고 가이드의 안내에 따라 90분간 샌타바버라의 명소들을 돌아보는 투어다. 스턴스 워프, 샌타바버라 미션, 샌타바버라 카운티 법원 등 주요 볼거리에 모두 정차하므로 자동차가 없는 경우 편리하게 돌아볼 수 있다.
출발 위치 1 Garden St 운영 목~월요일 10:00, 12:00, 14:00(성수기에는 매일 운영) 요금 성인 월~금요일 $28, 토 · 일요일 $30 홈페이지 www.sbtrolley.com

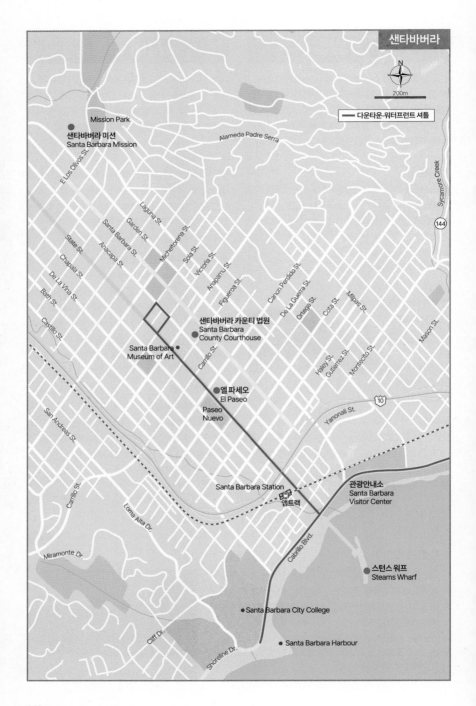

샌타바버라

다운타운-워터프런트 셔틀

200m

Mission Park

샌타바버라 미션
Santa Barbara Mission

Alameda Padre Serra

El Los Olivos St.

Laguna St.

Garden St.

Santa Barbara St.

Anacapa St.

State St.

Chapala St.

De La Vina St.

Bath St.

Castillo St.

Michaeltorena St.

Sola St.

Victoria St.

Arapamu St.

Figueroa St.

Canon Perdido St.

De La Guerra St.

Ortega St.

Cota St.

Milpas St.

Mason St.

샌타바버라 카운티 법원
Santa Barbara
County Courthouse

Santa Barbara
Museum of Art

Carrillo St.

Haley St.

Gutierrez St.

Montecito St.

●엘파세오
El Paseo

Paseo
Nuevo

Yanonall St.

San Andreas St.

Carrillo St.

Loma Alta Dr.

Santa Barbara Station

앰트랙

관광안내소
Santa Barbara
Visitor Center

Cabrillo Blvd.

Miramonte Dr.

스턴스 워프
Stearns Wharf

●Santa Barbara City College

Cliff Dr.

●Santa Barbara Harbour

Shoreline Dr.

# 📷 Attraction

샌타바버라는 작은 도시라서 돌아보는 데 시간이 오래 걸리지 않는다. 다운타운의 카운티 법원과 엘 파세오 주변을 돌아보고 다운타운에서 조금 떨어진 샌타바버라 미션을 둘러본 후에 스턴스 워프가 있는 바닷가에서 여행을 마무리하면 반나절로도 가능하다.

## 샌타바버라 미션
### old Mission Santa Barbara

스페인의 프란체스코 수도원의 후니페로 세라 Junipero Serra 수도사에 의해 1786년에 지어진 수도원으로 당시 캘리포니아에서 열 번째로 지어졌다. 아름다운 외관으로 인해 '미션의 여왕 The Queen of the Missions'으로 불리기도 하며 흔히 샌타바버라의 올드 미션 Old Mission으로 불린다. 샌타바버라 시내 북쪽 끝의 산자락에 위치해 있으며 지대가 약간 높아서 멀리 바다까지 보인다. 하얀색 건물에 분홍빛 돔이 인상적이다. 건물 앞에는 넓은 광장과 함께 분수와 잔디밭이 마련되어 있다. 내부에는 셀프 투어를 하기 편리하게 안내 표시가 잘 되어 있다. 조용한 안뜰과 방들을 둘러보다 보면 과거 수도사들의 생활상을 엿볼 수 있다. 기념품점도 마련되어 있다.

지도 P.318 ▶ 주소 2201 Laguna St 운영 09:30~17:00 휴무 부활절, 추수감사절, 크리스마스 요금 성인 $17, 65세 이상 $15, 5~17세 $12 가는 방법 MTD 버스 6, 11번을 타고 State & Pueblo 하차 후 4블록 걷는다. 홈페이지 www.santabaramission.org

## 스턴스 워프
### Stearns Wharf

워터프런트 중간쯤에서 바다를 향해 이어진 부둣가로 맨 처음 이 부두를 만들었던 존 스턴스의 이름을 따서 스턴스 워프라 불린다. 1872년에 처음 만들어졌으나 폭풍과 지진 그리고 화재 등을 겪으며 1973년에 폐쇄되었다가 다시 복원되어 1981년에 오픈했다. 하지만 1998년의 화재로 다시 파괴되고 이를 2년에 걸쳐 재정비해 현재의 모습을 갖추었다. 중간에 주차장이 있어 일부 구간까지는 차로 들어갈 수 있다. 나무 바닥으로 되어 있어 산책을 하기에도 좋으며 주변에 모비딕 등 해산물 레스토랑과 기념품 가게가 있다. 부둣가 끝에서는 낚시를 즐기는 사람들을 쉽게 볼 수 있다. 이곳에서 바라보는 샌타바버라의 전경도 아름답다. 야자수가 늘어서 있는 워터프런트의 산책로와 함께 샌타 이네즈 산을 배경으로 한 도시 전체의 풍광을 볼 수 있다.

지도 P.318 ▶ 주소 217 Stearns Wharf 가는 방법 다운타운 셔틀이나 워터프런트 셔틀을 타고 Dolphin Fountain에서 하차 주차 스턴스 워프 초입의 카브릴로 대로 Cabrillo Blvd에는 90분간 무료로 주차할 수 있는 곳이 많고, 부두로 올라가면 시간당 $3의 주차장이 있다. 홈페이지 www.stearnswharf.org

## 샌타바버라 카운티 법원
Superion Court of California
County of Santa Barbara

1925년의 큰 지진으로 도시의 상당 부분이 파괴된 이후 복원 과정에서 새롭게 지어져 1926년에 완성된 건물이다. 원래 작은 규모의 그리스 부흥 양식이었던 것을 스페인 콜로니얼 양식으로 증축한 것으로 4개의 건물로 이루어져 있다. 건물 끝의 감옥관 Jail Wing은 한때 죄수들을 수감하는 곳이었으나 현재는 사용하지 않고 있다. 하얀색 건물에 빨간 지붕을 한 이국적인 분위기에 건물을 둘러싼 블록 전체에 푸른 잔디가 깔려 있어 아름다움을 더한다. 건물 안에도 매우 독특한 인테리어와 화려하게 장식된 벽화들로 볼거리가 풍부하다. 자원봉사자들이 벽화에 대한 내용을 설명해주기도 한다.

건물 자체도 볼거리지만 이곳의 하이라이트는 사실 건물 꼭대기에 있는 시계탑 엘 미라도르(전망대) 티 Mirador다. 엘리베이터를 타고 올라가는 이 26m 높이의 시계탑은 작지만 사방으로 뚫려 있어 샌타바버라의 전체 풍경을 조망하기에 가장 좋은 장소다. 뒤쪽으로는 샌타 이네즈 산이 병풍처럼 둘러싸고 있고 앞쪽으로는 바닷가 너머로 반짝이는 태평양이 펼쳐져 있어 환상적인 전망을 볼 수 있다. 또한 푸른 나무들 사이로 빨간 지붕이 유난히 많은 샌타바버라의 매력을 금세 느낄 수 있다.

지도 P.318 주소 1100 Anacapa St 운영 월~금요일 08:00~16:30, 토·일요일 10:00~16:30 투어 운영 월~금요일 10:30, 매일 14:00(추수감사절은 오전만) 휴관 크리스마스 요금 무료 가는 방법 워터프런트 셔틀을 타고 카운티 법원 하차 홈페이지 https://sbcourthouse.org

## 엘 파세오
El Paseo

다운타운의 번화가에 위치한 골목길이다. 오랜 역사만큼 운치가 있는 보행자 전용도로로, 샌타바버라의 중심 도로인 스테이트 거리 State St에 있어 찾기도 매우 쉽다. 길 건너편에는 쇼핑센터인 파세오 누에보 Paseo Nuevo가 있어 쇼핑을 즐기기도 좋다. 파세오 누에보에는 30여 개의 브랜드숍, 카페, 레스토랑 등이 모여 있다. 스테이트 거리를 따라 북쪽으로 2블록 걸어가면 또 하나의 예쁜 골목 라 아카다 La Arcada가 나오는데 분수와 조각상이 어우러진 아기자기한 분위기의 상점가 골목이다.

지도 P.318 주소 812 State St 가는 방법 샌타바버라 카운티 법원에서는 3~4블록 떨어져 있어 걸어서 갈 수 있으며, 대중교통 이용 시에는 다운타운 셔틀을 타고 엘 파세오 앞에서 하차

# Solvang
## 솔뱅

솔뱅은 샌타바버라의 북서쪽 샌타 이네즈 Santa Ynez 계곡에 위치한 아담한 산골 마을이다. 1911년 미 중부에서 추위를 피해 이주해 온 덴마크 출신 이민자들에 의해 마을이 형성되었다고 전해진다. 실제로 이곳은 덴마크의 어느 작은 마을에 와 있는 듯한 착각을 느낄 정도로 덴마크 분위기가 물씬 풍긴다. 마을 곳곳에서 풍차들을 볼 수 있고 이른 아침부터 데니시 페이스트리를 굽고 있는 베이커리를 쉽게 찾을 수 있다. 캘리포니아 산골의 귀여운 덴마크 마을에서 유럽의 분위기를 느껴보는 것도 좋겠다.
홈페이지 www.solvangusa.com

캘리포니아 남부

## 가는 방법

솔뱅은 워낙 조그만 시골 마을이라 자동차로 가는 것이 가장 편리하다. 샌타바버라에서 북서쪽으로 30분 정도 걸린다. 가는 길이 산과 호수가 펼쳐진 아름다운 산길이라 드라이브하는 기분으로 가보는 것도 좋다. 단, 2차선 도로가 많고 커브길과 언덕길이 많아 속도 제한이 많으므로 운전에 조심하도록 하자. 캘리포니아 1번 도로(CA-1=US-101N)로 나가 CA154W→CA246을 타고 가면 된다.
대중교통을 이용하고 싶다면, 시간이 매우 오래 걸리지만 앰트랙을 이용해 샌타바버라까지 가서 앰트랙 버스로 갈아타자. 마을 중심에 정류장이 있다.
[앰트랙 정류장] 주소 1630 Mission Dr

## ◉ Attraction        보는 즐거움

솔뱅에서는 특별한 볼거리를 찾기보다 유럽풍의 작은 마을 분위기를 느껴보자. 목조 팀버 가옥들이 나란히 붙어 있고 와이너리와 풍차가 있으며 마을 곳곳의 베이커리에서는 구수한 빵 굽는 냄새가 흘러나온다. 마을에는 관광객들을 위한 기념품점과 아기자기한 상점들, 그리고 숙박시설이 있다. 마을 입구에 있는 미션 샌타 이네스 Mission Santa Ines는 스페인 선교사들에 의해 1804년에 지어진 수도원으로 현재까지도 미사가 열린다. 미션 앞 언덕에서 보는 전망도 좋다.

### 미션 샌타 이네스 Mission Santa Ines

주소 1760 Mission Dr 운영 09:00~16:30 휴무 1월 1일, 부활절, 추수감사절, 크리스마스 요금 $8 홈페이지 www.missionsantaines.org

# Palm Springs
## 팜 스프링스

로스앤젤레스에서 동쪽으로 117km 정도 떨어진 사막의 샌 저신토산 San Jacinto Mountains 기슭에 있는 팜 스프링스는 1950~60년대 할리우드 배우들에게 조용한 겨울 휴양지로 인기를 끌면서 일반인들에게도 알려지기 시작했다. 1년 내내 내리쬐는 햇볕과 구름 한 점 없이 청명한 하늘, 그리고 스파와 골프장을 갖춘 고급 리조트, 부티크숍, 갤러리, 레스토랑, 특히 온천욕을 즐길 수 있는 중저가의 온천 호텔들, 거대한 아웃렛 쇼핑몰, 카지노, 트램을 타고 올라가는 전망대, 인디언 캐니언을 비롯한 다양한 하이킹 코스가 있어 여행지로 각광받고 있다.

# 기본 정보

## 유용한 홈페이지
**팜 스프링스 관광청**
www.visitpalmsprings.com

## 날씨
팜 스프링스는 캘리포니아 도시지만 내륙의 사막 지역에 자리해 무덥고 건조하다. 여름철에는 40℃를 넘나드는 타는 듯한 땡볕에 매우 건조해서 걸어 다니기도 힘들 정도지만 겨울철에는 따뜻해서 휴양지로 좋다. 겨울이라도 밤에는 꽤 쌀쌀하지만 노천 온천을 즐기기에는 적당히 춥다. 이러한 이유로 여름과 겨울의 숙박 요금은 완전히 다르며 12월부터 1월까지가 최고 성수기다.

## 관광 안내소
주소 2901 North Palm Canyon Dr

# 가는 방법

로스앤젤레스에서 자동차로 1시간 반에서 2시간 정도 소요되며 가는 길에 아웃렛, 카지노 등이 있어 로스앤젤레스에서는 자동차를 이용하는 것이 편리하다. 그 밖의 도시에서는 기차나 버스, 비행기를 이용할 수 있는데 이 경우 팜 스프링스에서 차를 렌트하지 않으면 대중교통이 마땅치 않아 돌아다니기 불편하다.

### ① 비행기
캘리포니아에서는 대개 자동차를 이용해서 가지만, 미국 북동부의 추운 겨울을 피해 비행기로 오는 여행자들을 위해 뉴욕 등에서 직항편이 운항된다. 주말을 이용해 카지노와 스파, 쇼핑 등을 즐기고 가기에 편리하다. 팜 스프링스는 워낙 소도시라 공항에서 택시를 이용해 10분 정도면 호텔에 도착할 수 있다.

**팜 스프링스 국제공항**
**Palm Springs International Airport**
주소 3400 East Tahquitz Canyon Way
홈페이지 www.flypsp.com

©House1090

### ② 기차
작은 도시지만 앰트랙 기차역이 있다. 하지만 간이역이라 역 주변에 아무것도 없어서 이동하려면 우버나 택시를 불러야 한다.
주소 Palm Springs Station Rd, North Palm Spring

### ③ 버스
로스앤젤레스 다운타운이나 할리우드 등에서 출발해 팜 스프링스 다운타운이나 일부 외곽 지역까지 연결하는 플릭스 버스가 있다. 스케줄에 따라서 2시간 20분~3시간 정도 소요된다. 환불 불가 조건으로 일찍 예매하면 저렴한 편이지만 수하물을 추가하거나 좌석을 지정하면 요금이 올라간다.
홈페이지 www.flixbus.com

# 📷 Attraction

팜 스프링스는 아주 작은 소도시지만 곳곳에 볼거리가 흩어져 있다. 우선 팜 스프링스의 유명한 트램을 타보자. 또한 인디언 캐니언으로 이동하는 길에 잠시 팜 스프링스의 다운타운을 둘러볼 수 있고 나머지 시간에는 근교 지역에서 온천이나 카지노, 쇼핑 등을 즐길 수 있다.

## 팜 스프링스 다운타운
### Palm Springs Downtown

팜 스프링스 다운타운은 시내의 서쪽 끝부분에 있는 아주 작은 타운이다. 10번 고속도로에서 빠져나와 만나는 도로인 인디언 애비뉴 Indian Ave를 따라 남쪽으로 계속 내려가면 황무지 같던 도로변에 건물이 나타나기 시작하면서 길 이름도 사우스 인디언 캐니언 드라이브 South Indian Canyon Dr로 바뀌는데, 특히 번화가가 시작되는 알레호 로드 Alejo Rd부터 바리스토 로드 Baristo Rd까지가 바로 다운타운이다. 1km가 조금 넘는 사우스 인디언 캐니언 드라이브를 중심으로 한 블록 서쪽으로 평행한 도로인 사우스 팜 캐니언

드라이브 South Palm Canyon Dr까지 해당된다. 이 자그마한 구역 안에 각종 레스토랑과 카페, 호텔, 부티크, 갤러리 등이 모여 있다.

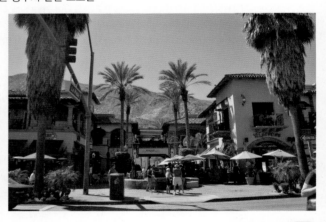

## 겨울 스포츠를 즐기려면

▶ **Adventure Center**
겨울에 오픈하는 어드벤처 센터에서는 스키나 스노슈즈 Snowshoes를 렌털해 준다.
운영 금요일 10:00~16:00, 토·일요일·공휴일 09:00~16:00 (14:30 이후에는 렌털이 안 된다) 휴무 월~목요일 요금 1일 스키 $21, 스노슈즈 $18

▶ **Mountain Gift Shop**
어린이용 간단한 썰매는 트램역 안에 있는 기념품 가게에서 판매한다.
홈페이지 www.pstramway.com

## 팜 스프링스 트램
### Palm Springs Aerial Tramway

팜 스프링스의 북
쪽 끝에 있는 바위
산인 치노 캐니언
Chino Canyon에 만
들어진 트램으로 코
첼라 계곡 Coachella Valley과 샌 저신토산 정상 San
Jacinto Peak을 연결한다. 출발 지점은 해발 806m
의 밸리 스테이션 Valley Station이고 도착 지점은 해
발 2,596m의 마운틴 스테이션 Mountain Station이
다. 케이블카처럼 생긴 이 트램웨이는 엄청나게 굵은
철근 케이블을 이용해 거대한 트램카 Tram-car를 끌
어 올리는데, 놀라운 것은 원형으로 된 트램카의 직
경이 5.5m나 되어 한 번에 80명까지 태울 수 있다는
것이다. 회전식 트램웨이로는 세계 최대 규모를 자랑
한다. 심지어 트램카 자체가 360도 회전하여 다양한
전망을 제공하는데, 벽면이 유리로 되어 있어 천천히

360도를 회전하는 동안 바깥 풍경을 조망할 수 있다.
3,300m의 산 정상에 오르면 청명한 날에는 멀리 라
스베이거스까지 보인다고 한다.
마운틴 스테이션에는 샌 저신토산으로 향하는 다양
한 하이킹 코스가 있으며 봄, 가을에는 약간의 눈이
쌓인 정도지만 겨울에는 썰매를 탈 수 있을 정도로
눈이 쌓인다.

주소 1 Tramway Rd 운영 월~금요일 10:00~20:00, 토·일
요일 08:00~20:00(내려오는 트램은 21:30까지) 요금 일반
$34.95, 3~10세 $20.95 가는 방법 111번 도로인 노스 팜 캐
니언 드라이브 N Palm Canyon Dr에서 트램웨이 Tram Way
로 가면 주차장이 나온다. 홈페이지 www.pstramway.com

---

## 인디언 캐니언
### Indian Canyon

팜 스프링스 다운타운에서 팜 캐니언 드라이브
Palm Canyon Dr를 따라 8km 정도 남쪽에 있는 협
곡으로 아구아 칼리엔테 Agua Caliente(뜨거운 물)
라 불리는 인디언 보호구역이기도 하다. 인디언 캐
니언 안에는 팜 캐니언 Palm Canyon, 타키츠 캐니
언 Tahquitz Canyon, 머리 캐니언 Murray Canyon,
안드레아스 캐니언 Andreas Canyon 등 다양한 협
곡이 있는데, 대부분 트레일로 이어져 있어 하이킹

을 해야 볼 수 있으며 도로를 이용해 자동차로 갈
수 있는 곳은 팜 캐니언밖에 없다. 팜 캐니언은 이
름 그대로 야자수가 5,000여 그루나 모여 있는 야
자수 숲이 있고 과거 인디언들의 생활 모습을 알 수
있는 집과 선사시대의 그림 문자 등을 볼 수 있다.

주소 38520 S Palm Canyon Dr 운영 08:00~17:00(입장
은 16:00까지, 7~9월은 주말만 오픈) 요금 일반 $12, 학생
$7, 6~12세 $6 가는 방법 팜 스프링스 다운타운에서 사우스
팜 캐니언 드라이브 S Palm Canyon Dr를 따라 남쪽으로
내려오면 주택가를 지나 팜 스프링스 외곽에 입구가 있다.
홈페이지 www.indian-canyons.com

팜 스프링스 주변에는 팜 스프링스처럼 작은 휴양 도시들이 곳곳에 흩어져 있다. 휴양 도시다 보니 특별한 볼거리보다는 골프나 스파, 쇼핑, 카지노 등과 관련한 위락시설들로 이루어져 있다. 도시들이 아주 작고 가까워서 자동차만 있다면 대부분 30분 내에 이를 수 있다.

# Palm Desert
## 팜 데저트

팜 스프링스에서 동쪽으로 18km 정도 떨어진 곳에 있는 작은 도시다. 소박한 팜 스프링스의 다운타운 보다 더 번화한 거리들이 있으며 럭셔리 호텔도 다수 들어서 있다. 특히 유명한 곳은 엘파소 거리 El Paseo Street로 쇼핑몰과 함께 각종 레스토랑이 모여 있어 여유로운 휴양 마을의 분위기를 느낄 수 있다. 또한 팜 데저트는 골프 도시로 유명하다. 1952년에 섀도 마운틴 Shadow Mountain 골프 코스가 생긴 이래 꾸준히 늘어나 현재 15km 안에 30여 곳의 골프 클럽이 있을 정도로 엄청나게 밀집해 있다. 1년 내내 파란 하늘과 바람이 적고 습하지 않은 공기로 항상 깔끔한 필드를 유지할 수 있어 수많은 골퍼들의 사랑을 받고 있다.

홈페이지 www.palm-desert.org

# Desert Hot Springs
## 데저트 핫 스프링스

팜 스프링스에서 북쪽으로 15km 정도 떨어진 곳에 있는 작은 온천 마을이다. 팜 스프링스보다 훨씬 소박하고 조용한 동네지만 온천을 즐기기 위해 찾는 사람들의 발길이 끊이지 않는다. 도시 이름대로 사막 한가운데 온천수가 흐르는 경이로운 곳으로, 다양한 미네랄을 함유한 좋은 온천수가 흐를 뿐만 아니라 각종 상을 수상할 정도로 맑고 깨끗한 식수를

자랑한다. 이 때문에 피로를 풀기 위한 사람은 물론 치료를 목적으로 찾는 사람도 많아 스파와 요가, 명상 프로그램까지 갖춘 다양한 형태의 호텔이나 클리닉이 있다. 날씨가 서늘한 12~2월이 성수기다.

# Cabazon
## 카바존

팜 스프링스에서 북서쪽으로 30km 정도 떨어진 곳에 있는 작은 도시다. 척박한 땅으로 뒤덮인 곳이지만 넓은 부지의 대형 아웃렛과 허허벌판에 우뚝 솟은 카지노 리조트 때문에 많은 사람들이 찾는다.

### 데저트 힐스 프리미엄 아웃렛
### Desert Hills Premium Outlets

로스앤젤레스에서 자동차로 팜 스프링스로 가다 보면 팜 스프링스에 거의 다다른 지점의 도로변에 큰 아웃렛 타운이 있다. 프리미엄 아웃렛 중에서도 큰 규모를 자랑하는 곳으로 캘빈 클라인, 폴로, 갭, 앤 테일러, 바나나 리퍼블릭, DKNY, 나이키 등 전형적인 미국의 유명 브랜드는 물론이고 구찌, 아르마니, 프라다, 페라가모, 에트로, 보테가 베네타 등 명품 브랜드가 많아 멀리서 찾아오는 쇼핑족으로 늘 붐빈다. 규모가 커서 다 보려면 하루가 걸린다. 아웃렛 활용팁은 P.040의 '쇼핑의 천국, 아웃렛 몰' 편을 참조하자.

주소 48400 Seminole Dr 영업 월~토요일 10:00~21:00, 일요일 10:00~20:00(공휴일이나 행사 기간에 따라 달라짐) 가는 방법 10번 고속도로에서 필즈 로드 Fields Rd 출구로 나오면 바로 찾을 수 있다. 홈페이지 www.premium outlets.com/deserthills

### 카바존 아웃렛 Cabazon Outlets

프리미엄 아웃렛 바로 옆에 있는 아웃렛이다. 규모는 그리 크지 않지만, 오클리 Oakley나 컬럼비아 Columbia, 아디다스 Adidas, 언더 아머 Under Armour, 뉴 발란스 New Balance 등 스포츠 제품과 함께 주부들이 좋아하는 프랑스 브랜드인 르 크루제 Le Creuset 아웃렛이 있으며 카페, 프리첼 가게 등이 있다.

주소 48750 Seminole Dr 영업 금·토요일 10:00~21:00, 일~목요일 10:00~20:00(행사 기간에 따라 달라짐) 가는 방법 10번 고속도로에서 Cabazon 출구로 나오면 바로 찾을 수 있다. 홈페이지 www.cabazonoutlets.com

### 모롱고 Morongo Casino, Resort & Spa

아웃렛 타운에서 1km 정도 동쪽에 위치한 카지노 겸 리조트로 27층의 우뚝 솟은 건물이 멀리서도 눈에 잘 띈다. 특히 밤에는 건물 전체가 반짝이는 조명으로 주변을 밝힌다. 카지노 자체의 규모도 커서 2,000개에 이르는 슬롯머신과 100개가 넘는 블랙잭, 포커 등을 위한 테이블이 있으며 거액의 판돈이 오가는 타짜들을 위한 VIP룸도 있다. 건물 안은 대부분 호텔로 이루어져 300개가 넘는 방과 함께 클럽과 바, 레스토랑, 카페, 푸드코트, 스파 등이 갖추어져 있고 건물 밖에는 노천 수영장이 있다. 건물 꼭대기인 27층에는 360도를 전망할 수 있는 레스토랑이 있으며 1층의 뷔페 레스토랑은 푸짐한 음식에 비해 저렴한 가격으로 마땅한 식당이 별로 없는 아웃렛에서의 쇼핑을 마치고 들러볼 만하다.

주소 49500 Seminole Dr 가는 방법 10번 고속도로에서 Cabazon 출구로 나오면 바로 찾을 수 있다. 홈페이지 www.morongocasinoresort.com

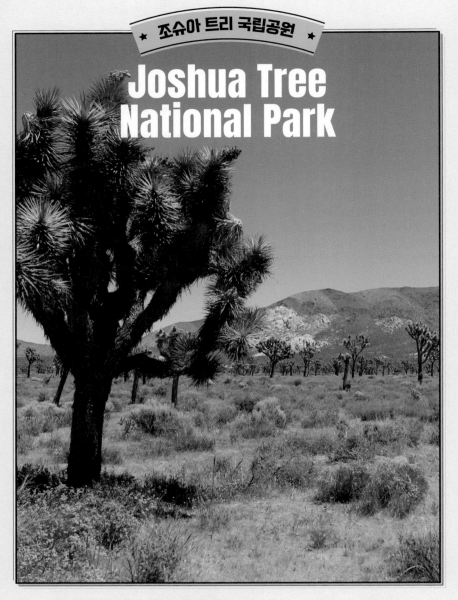

# 조슈아 트리 국립공원
# Joshua Tree National Park

조슈아 트리는 나무처럼 생겼지만 사실 용설란에 속하는 선인장과의 식물이다. 모르몬 교도들이 키가 큰 이 나무를 보고 성경에 나오는 조슈아(여호수아)가 두 팔을 벌려 기도하고 있는 것 같다 하여 불린 이름이다. 사막의 평원에 조슈아 트리가 가득한 모습은 보기만 해도 신비롭다. 모하비 사막 부근에서만 볼 수 있는 조슈아 트리는 기후 변화로 인해 머지않아 90% 이상이 사라질 것이라고 하니 기회가 있다면 꼭 방문해 보자.

# 기본 정보

## 유용한 홈페이지
공식 홈페이지 www.nps.gov/jotr

## 방문자 센터
공원에는 4곳의 방문자 센터가 있다.

### • Joshua Tree Visitor Center
주소 6554 Park Blvd, Joshua Tree 운영 07:30~17:00

### • Joshua Tree National Park Visitor Center
주소 6533 Freedom Way, Twentynine Palms
운영 08:00~17:00

### • Cottonwood Visitor Center
주소 Pinto Basin Rd, Twentynine Palms
운영 08:30~16:00

### • Black Rock Nature Center
주소 9800 Black Rock Canyon Rd, Yucca Valley
운영 08:00~11:00, 12:00~16:00

## 국립공원 입장료 차량당 $30(7일간)

## 주의사항
❶ 선인장은 함부로 만지지 않도록 하고 밟을 때 가시가 박힐 수 있으니 두꺼운 신발을 신는다.
❷ 햇빛이 강한 사막 지역이니 선글라스, 자외선차단제, 모자와 물을 준비한다.
❸ 10월부터 5월이 방문하기 좋으며 여름에는 38℃를 넘어 돌아다니기 힘들다.
❹ 겨울에는 밤에 영하로 떨어지니 두꺼운 옷을 준비하자.

## 가는 방법
팜 스프링스 북쪽 62번 도로로 1시간 정도 달리면 조슈아 트리 방문자 센터 Joshua Tree Visitor Center를 지나 공원의 서쪽 입구 West Entrance Station가 나온다.

# 추천 일정

공원은 매우 크지만 하루면 간단히 볼 수 있고, 별로 가득한 아름다운 밤 풍경을 보기 위해 캠핑을 즐기는 사람도 많다. 공원의 서쪽 입구로 들어가면 맨 처음 나오는 곳이 유명한 히든 밸리 Hidden Valley다. 사막이지만 바위로 둘러싸여 독특한 생태계가 보존된 곳으로 하이킹도 힘들지 않다. 차를 타고 남쪽으로 가면 공원에서 가장 높은 키스 뷰 Keys View가 나온다. 1,581m 높이의 전망대로 주변 지역을 조망할 수 있다. 다시 공원 안쪽으로 들어가면 수천 개의 크고 작은 바위들이 가득한 점보 록 Jumbo Rock이 있는데 여기서도 가벼운 하이킹을 할 수 있다. 근처에 해골 모양의 스컬 록 Skull Rock 등 재미난 바위들이 많다. 여기서 되돌아 나오거나 공원 안쪽으로 더 들어가면 초야 선인장 정원 Cholla Cactus Garden에서 또 다른 선인장 군락을 볼 수 있다. 여기서 공원을 가로질러 내려가면 남쪽 출입구가 나오고 10번 고속도로와 연결되는데 이 도로는 팜 스프링스와 로스앤젤레스까지 이어진 도로다.

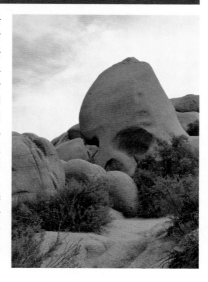

# San Diego

## 샌디에이고

아름다운 해변과 1년 내내 온화한 날씨, 멕시코와 맞닿은 이국적인 분위기를 지닌 샌디에이고는 캘리포니아주의 발상지로 알려져 있다. 지금으로부터 약 500년 전인 1542년 탐험가 후안 로드리게스 카브라요에 의해 최초로 샌디에이고가 발견되면서 미지의 대륙이 모습을 드러냈다. 하지만 본격적으로 주목받게 된 시기는 그로부터 200여 년이 지난 1769년에 이르러서다. 오랜 역사를 증명하듯 곳곳에 고풍스러운 지역이 남아 있으며 안전하고 쾌적한 이미지로 미국에서도 살기 좋은 도시로 꼽힌다. 샌디에이고 관광정보 www.sandiego.org, www.sandiegovisit.org

# 가는 방법

샌디에이고는 보통 로스앤젤레스에서 자동차를 이용해 가는 것이 편리하다. 차로 2시간 정도 소요되고 그레이하운드 버스나 앰트랙 열차를 이용할 경우 3시간 정도 걸린다. 또한 샌디에이고는 대도시임에도 불구하고 직항편이 많지 않아 항공편을 이용하는 경우 로스앤젤레스 공항을 경유한다.

## 비행기 ✈

샌디에이고 국제공항 San Diego International Airport (SAN)은 다운타운에서 북서쪽으로 5km 정도 떨어져 있다. 국제공항이라고는 하지만 직항 노선이 많지 않아 대부분 로스앤젤레스를 경유한다. 터미널은 터미널 1, 터미널 2가 있는데, 터미널 간 이동은 무료 셔틀버스인 루프 셔틀 Loop Shuttle을 이용한다.

주소 3225 N Harbor Dr 홈페이지 www.san.org

### 공항 → 시내

샌디에이고 공항은 다운타운에서 그리 멀지 않으므로 택시를 이용하는 것도 나쁘지 않다. 하지만 목적지가 다운타운보다 멀리 떨어져 있을 경우 밴 서비스를 이용하는 것이 저렴하다.

캘리포니아 남부

### ① 대중교통

공항 내 무료 셔틀인 샌디에이고 플라이어 San Diego Flyer가 터미널 1, 2를 지나 올드 타운 트랜짓 센터 Old Town Transit Center까지 무료로 왕복한다. 그리고 일반 버스 992번이 터미널 1, 2를 지나 다운타운까지 연결된다.

트롤리는 공항에서 바로 연결되지 않고, 올드 타운 트랜짓 센터나 다운타운의 아메리카 플라자 America Plaza 등 트롤리 정류장에서 내려 갈아타야 한다.

요금 버스 $2.50, 트롤리 $2.50

### ② 택시/우버

다운타운까지 그리 멀지 않으므로 짐이 많다면 택시나 우버를 이용하는 것이 편리하다.

요금 다운타운 $15~20

## 기차 🚃

앰트랙이 드나드는 샌타페이역 Santa Fe Station은 브로드웨이 Broadway와 케트너 대로 Kettner Blvd의 교차점 부근에 있어 다운타운이나 시포트 빌리지 등과 가깝다. 더구나 샌디에이고의 든든한 대중교통 트롤리 Trolley 블루와 그린 라인이 모두 앰트랙역을 경유해 교통이 편리하다.

주소 1050 Kettner Blvd 홈페이지 www.amtrak.com

## 버스 🚌

플릭스 버스와 그레이하운드 버스가 있으며 다운타운 북쪽 올드 타운에 내리는데 버스나 트롤리 등의 시내 교통과 쉽게 연결된다.

주소 2728 Congress St 홈페이지 flixbus.com, greyhound.com

# 시내 교통

샌디에이고의 시내 교통은 메트로폴리탄 교통국 MTS(Metropolitan Transit System)에서 운영하는 버스와 트롤리로 이루어져 있다. 다운타운, 시월드, 발보아 공원 등의 주요 볼거리는 이 둘만으로도 충분히 둘러볼 수 있어 편리하다. 교통요금은 현금으로 낼 수 있으나 거스름돈을 주지 않으니 잔돈을 준비해야 한다. 프론토 PRONTO 어플을 다운받아 QR코드로 요금을 낼 수도 있고, 선불교통카드인 프론토카드 PRONTO Card를 발급하면 수수료($2)가 있다.

### ① MTS 버스 MTA Bus

샌디에이고 동물원과 시월드, 그리고 샌디에이고 근교를 폭넓게 연결하는 대중교통 수단이다. 다양한 노선이 있지만 여행자에게 특히 유용한 노선은 7번 노선으로, 발보아 공원, 샌디에이고 동물원 그리고 다운타운의 호튼 플라자를 연결한다. 시 외곽에 떨어져 있는 시월드는 9번 노선으로 이용할 수 있다.

요금 1회권 $2.50, 1일권 $6 홈페이지 www.sdmts.com

### ② 트롤리 Trolley

붉은색이 인상적인 시가전차다. 노선은 블루, 오렌지, 그린, 코퍼 라인 등 네 가지가 있다. 블루 라인은 샌디에이고 북쪽의 UCSD(샌디에이고 캘리포니아 주립대)에서부터 올드 타운 트랜짓 센

터 Old Town Transit Center를 지나, 다운타운의 앰트랙 스테이션과 남쪽 끝의 샌 이시드로 San Ysidro 까지 연결된 노선으로 멕시코의 국경도시 티후아나 Tijuana를 여행하려는 사람들에게 유용하다.

요금 1회권 $2.50, 1일권 $6 홈페이지 www.sdmts.com

---

**Tip**

## 할인 패스

### ▶ 고 카드 샌디에이고
Go Card San Diego

50여 가지 볼거리가 포함된 All-Inclusive Pass와 특정 볼거리를 선택할 수 있는 Explorer Pass로 나뉜다. 자신의 일정과 원하는 볼거리에 따라 유리한 것을 따져봐야 하는데, 짧은 일정에 많은 곳을 본다면 전자를, 몇 곳만 여유 있게 본다면 후자를 선택하는 것이 일반적이다. 날짜가 길수록 할인 폭이 커지며 온라인에서 종종 할인행사를 하니 확인해보자.

요금 성인 All-Inclusive Pass 날짜별 $129~379, Explorer Pass 볼거리 개수별 $114~199 홈페이지 gocity. com/san-diego

### ▶ 시티 패스 남캘리포니아
City Pass Southern California

테마파크 입장권을 약간 저렴하게 구입할 수 있는 패스로 1~2명은 별 의미가 없지만 가족 단위 등 단체 여행자들에게는 조금이나마 절약이 된다. 디즈니랜드&캘리포니아 어드벤처, 유니버설 스튜디오, 레고랜드, 시월드, 샌디에이고 동물원&사파리 파크 중 선택할 수 있다. 테마파크 입장권은 종류가 다양한데, 이 패스가 모든 종류를 갖춘 건 아니기 때문에 테마파크 홈페이지와 비교해 볼 필요가 있다.

홈페이지 www.CityPass.com/SouthernCalifornia

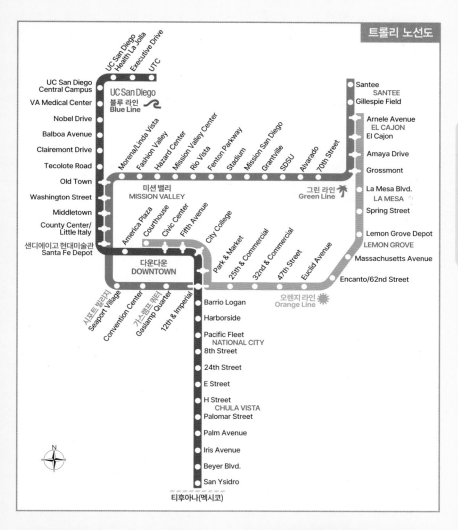

UC San Diego Health La Jolla
Executive Drive
UTC

UC San Diego
Central Campus

VA Medical Center

Nobel Drive

Balboa Avenue

Clairemont Drive

Tecolote Road

Old Town

Washington Street

Middletown

County Center/
Little Italy

샌디에이고 현대미술관
Santa Fe Depot

UC San Diego
블루 라인
Blue Line

Morena/Linda Vista
Fashion Valley
Hazard Center
Mission Valley Center
Rio Vista
Fenton Parkway
Stadium
Mission San Diego
Grantville
SDSU
Alvarado
70th Street

미션 밸리
MISSION VALLEY

America Plaza
Courthouse
Civic Center
Fifth Avenue
City College

다운타운
DOWNTOWN

시포트 빌리지
Seaport Village
Convention Center
가스램프 쿼터
Gaslamp Quarter
12th & Imperial

Park & Market
25th & Commercial
32nd & Commercial
47th Street
Euclid Avenue

Santee
SANTEE
Gillespie Field

Arnele Avenue
EL CAJON
El Cajon

Amaya Drive

Grossmont

그린 라인
Green Line

La Mesa Blvd.
LA MESA

Spring Street

Lemon Grove Depot
LEMON GROVE

Massachusetts Avenue

Encanto/62nd Street

오렌지 라인
Orange Line

Barrio Logan

Harborside

Pacific Fleet
NATIONAL CITY
8th Street

24th Street

E Street

H Street
CHULA VISTA
Palomar Street

Palm Avenue

Iris Avenue

Beyer Blvd.

San Ysidro

티후아나(멕시코)

N

캘
리
포
니
아
남
부

# 투어 프로그램

관광과 휴양의 도시답게 다양한 투어 프로그램이 진행된다. 기본적인 시티 투어에서부터 물개나 고래를 보러 가는 투어도 있고, 미국과 국경을 맞댄 멕시코의 국경도시 티후아나를 돌아보는 투어도 인기가 높다.

## 올드 타운 트롤리 투어 Old Town Trolley Tour

▼

샌디에이고 전체를 둘러볼 수 있는 유명한 투어로, 운전사의 친절하고 재미난 설명에 분위기도 화기애애하다. 올드 타운 마켓에서 시작해 엠바카데로 마리나, 시포트 빌리지, 가스램프 쿼터, 코로나도 섬, 발보아 공원, 리틀 이탈리 등 10여 개 정류장에서 마음대로 내리거나 다시 탈 수 있으며, 온라인 예매 시 할인된다.

주소 4010 Twiggs St 운행 시즌과 날짜별로 운영 시간 차이가 크다. 비수기에는 운행하지 않는 날도 많으니 반드시 홈페이지 확인 요금 1일권 일반 $51.30~68.40, 4~12세 $33.25(온라인에서 종종 할인) 홈페이지 www.sealtours.com

## 물개 투어 Seal Tour

▼

시포트 빌리지 또는 엠바카데로에서 출발해 30분간 육로를 구경하다가 샌디에이고 하버에서는 물을 향해 돌진, 60분간 물 위를 달리는 투어다. 수륙양용의 특수차를 타고 물개를 구경하는 재미가 있으며 특히 어린이들이 좋아한다.

주소 825 W Harbor Dr, Seaport Village 또는 1004 N Harbor Dr 운영 추수감사절과 크리스마스를 제외하고 매일 운행하나 날씨에 따라 스케줄이 자주 변동되니 홈페이지 확인 요금 일반 $46.55~56.05, 4~12세 $31.35, 3세 이하 $9.50(온라인에서 종종 할인) 홈페이지 www.sealtours.com

## 고래 투어 Gone Whale Watching San Diego

해마다 알래스카에서 멕시코 해안으로 이동하는 고래 떼를 샌디에이고 해안에서 관찰하는 매우 경이로운 투어. 시기가 제한적이므로 미리 홈페이지에서 날짜와 스케줄을 확인하도록 하자.

주소 1617 Quivira Rd 운영 11:00 또는 14:00 요금 시즌별로 다르며 보통 일반 $116.60, 5~12세 $111.30(온라인에서 종종 할인) 홈페이지 www.gonewhalewatching.com

## 고 카 투어 Go Car Tours

▼

2인승 꼬마 전기자동차로 달리는 투어. 다양한 프로그램이 있지만 1시간 정도 소요되는 다운타운 투어가 무난하다. 나머지는 2~5시간이 걸리는데 오픈카이기 때문에 무더운 날씨에는 지치고 힘이 든다. GPS로 자동 안내하기 때문에 길을 헤맬 걱정은 하지 않아도 된다.

주소 3918 Mason St 운영 홈페이지에서 날짜별 시간대를 예약, 결제하면 이메일로 확인증을 보내준다. 요금 시간과 노선에 따라 2인 $85~275 홈페이지 www.gocartours.com

## 티후아나 투어 Tijuana Tour

자유여행이 부담스러운 멕시코의 국경도시 티후아나를 다녀오는 투어. 투어 회사마다 요금과 운영 시간이 다른데 보통 반나절 소요된다. 국경을 넘으니 반드시 여권을 지참해야 한다.

[샌디에이고 시티투어]
요금 $129 홈페이지 www.citytoursofsandiego.com

[티후아나 워킹투어]
요금 프라이빗 투어 1인 $100에 추가 1인당 $40 홈페이지 www.tijuanawalkingtour.com

# 추천 일정

샌디에이고는 간단히 시내만 돌아본다면 하루면 가능하다. 하지만 샌디에이고의 자랑거리인 시월드나 동물원, 사파리 파크 등을 본다면 각각의 테마파크별로 하루씩 추가하는 것이 좋다. 또한 샌디에이고 근교의 아름다운 해변 마을 라호야는 시월드와 가까워 함께 묶어서 볼 수도 있으며 티후아나는 반나절 정도면 볼 수 있으므로 샌디에이고 시내와 묶어서 보면 된다.

**Day 1**

**발보아 공원**
(동물원 제외
2~4시간)
①

**다운타운**
(가스램프 쿼터,
시포트 빌리지 2~4시간)
②

**코로나도**
(1시간)
③

**Day 2**

**시월드**
(반나절 이상)
①

**라호야**
(저녁식사)
②

**Day 3**

### 📍 코스 1

**▶ 사파리 파크**
샌디에이고 다운타운에서 북쪽으로 50km 정도 떨어진 곳에 광활하게 펼쳐진 동물원이다. 우리나라에서는 보기 드문 넓은 사파리로 방문할 가치가 있다.

### 📍 코스 2

**▶ 티후아나**
멕시코의 국경도시. 샌디에이고에서 거리상으로 20km 정도밖에 되지 않는 가까운 곳이다. 렌터카 보험이 잘 되지 않고 도난의 위험도 있으니 대중교통이나 투어를 이용하자.

Univ. of
California-San Diego

레고랜드
Legoland

805

사파리 파크
Safari Park

Escondido Fwy.

Kearny Mesa

163

라호야
La Jolla

La Jolla Pkwy.

5

52

Soledad Fwy.

Clairemont Mesa Blvd.

Nautilus St.

Genesee Ave.

Jacob Dekema Fwy.

Cabrillo Fwy.

Santo Rd.

Tierrasanta Blvd.

San Diego River

15

Mission Gorge Rd.

La Jolla Blvd.

Cardeno Dr.

274

Balboa Ave.

Aero Dr.

Grand Ave.

Ingraham St.

Genesee Ave.

Clairemont Dr.

San Diego Fwy.

미션 베이
Misson Bay

Bay Park

SDCCU Stadium

Lake Murray

Fairmount Ave.

8

Misson Valley Fwy.

시월드
Sea World

패션 밸리
Fashion Valley

Mission Valley

Montezuma Rd.

Collwood

54th St.

University Ave.

올드 타운
Old Town

North Park

Sunset Cliffs Blvd.

Old Town Transit
Center

Washington St.

샌디에이고 동물원
San Diego Zoo

Oak Park

94

Cabrillo Memorial Dr.

209

샌디에이고 국제공항
San Diego
International Airport

P.338

Middletown

다운타운

발보아 공원
Balboa Park

Martin Luther King Jr. Fwy.

Lemon Grove

Imperial Ave.

North Island Naval
Air Station

282

Ferry Landing

코로나도
Coronado

5

National Ave.

Olvera Ave.

Euclid Ave.

Skyline

Paradise Valley Rd.

Point Loma

Orange Ave.

National City

Paradise Hills

South Bay Fwy.

Cabrillo National Monument

Silver Strand Blvd.

San Diego Bay

National City Blvd.

54

Highland Ave.

S17

75

San Diego Fwy.

Broadway

Chula Vista

L St.

4th Ave.

805

Pacific Ocean

샌디에이고

N

2km

5

Palm Ave.

Imperial Beach Blvd.

Hollister St.

Tijuana River

Otay River

Coronado Ave.

Main St.

Orange Ave.

Dairy Mart Rd.

라스 아메리카스
프리미엄 아웃렛
Las Americas
Premium outlet

# 📷 Attraction

샌디에이고의 관광지는 크게 세 지역으로 나눌 수 있다. 시내의 중심인 다운타운 지역과 서남쪽으로 연결된 코로나도 섬, 그리고 샌디에이고 북서쪽 해변가인 라호야다. 샌디에이고의 유명한 테마파크 중 시월드는 라호야 부근에 있고 샌디에이고 동물원은 다운타운 북쪽의 발보아 공원 근처에 있다. 하지만 사파리 파크는 샌디에이고에서 꽤 멀리 떨어진 곳에 있기 때문에 모두 보려면 시간을 여유 있게 잡아야 한다.

## Downtown
## 다운타운

여행의 중심이 되는 다운타운은 걸어서 돌아다니기에 좋고 대중교통도 편리해 숙소를 잡기에도 좋은 곳이다. 다운타운의 중심은 가스램프 쿼터가 있는 5번가로 식사와 쇼핑을 즐길 수 있다. 가스램프 쿼터와 시포트 빌리지까지는 걸어서 돌아다닐 수 있는 거리지만 발보아 공원은 차편을 이용해야 한다. 발보아 공원 자체도 매우 넓어서 제대로 보려면 반나절 이상 걸린다.

## 가스램프 쿼터
### Gaslamp Quarter

호튼 플라자 공원이 있는 4번가부터 6번가까지 남쪽으로 이어진 거리에는 제법 오랜 역사가 느껴지는 건물들이 이어지면서 클래식한 레스토랑, 카페, 갤러리, 그리고 골동품 상점 등이 늘어서 있다. 이 구역을 가스램프 쿼터라고 하는데 1867년에 처음 조성되었을 당시 가스등이 많았던 데서 붙여진 이름이라고 한다. 한동안 시들해 가던 이 지역은 1980년대와 1990년대에 리뉴얼되어 과거와 현재가 공존하는 멋진 구역으로 거듭났다. 현재는 비즈니스 지구와 엔터테인먼트 지구가 혼합된 번화가로서 각종 이벤트와 축제가 열리는 현장이기도 하다.

지도 P.338 가는 방법 트롤리 오렌지 라인으로 가스램프 쿼터역 Gaslamp Quarter Station에서 하차 후, 바로 보이는

거대한 컨벤션 센터 건물을 등지고 길을 건너가면 가스램프 쿼터로 이어진다. 홈페이지 www.gaslamp.org

## 샌디에이고 해양 박물관
### Maritime Museum of San Diego

19세기에서 20세기에 걸쳐 시대별 다양한 선박들이 전시된 곳으로 가장 유명한 것은 1863년에 건조된 범선 '스타 오브 인디아 Star of India'다. 아직도 운항되는 배 중에서는 세계에서 가장 오래된 것이며, 나무를 사용하던 당시에 철로 만들어진 것도 놀랍다. 이 외에도 증기 요트, 해군 잠수함 등 볼 것이 많다.

지도 P.338 주소 1492 N Harbor Dr 운영 매일 10:00～17:00 요금 일반 $24, 3~12세 $12 가는 방법 트롤리 블루·그린 라인 County Center/Little Italy역에서 도보 5분 홈페이지 www.sdmaritime.org

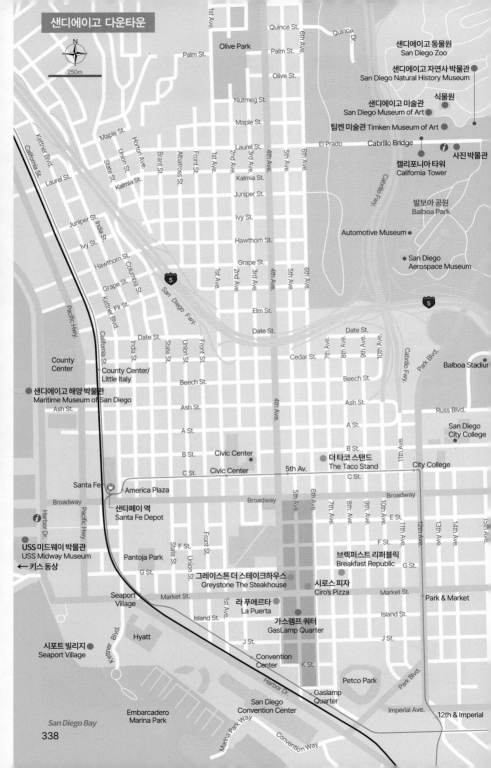

N

250m

Olive Park

Quince St.

6th Ave.

Quince Dr.

Palm St.

Palm St.

샌디에이고 동물원
San Diego Zoo

Olive St.

샌디에이고 자연사 박물관
San Diego Natural History Museum

Nutmeg St.

식물원

Maple St.

샌디에이고 미술관
San Diego Museum of Art

Maple St.

팀켄 미술관 Timken Museum of Art

Union St.

Horton Ave.

Brant St.

1st Ave.

2nd Ave.

3rd Ave.

4th Ave.

5th Ave.

6th Ave.

El Prado

Cabrillo Bridge

Laurel St.

Albatross St.

Front St.

캘리포니아 타워
California Tower

사진 박물관

State St.

Kalmia St.

Kalmia St.

Juniper St.

Ivy St.

발보아 공원
Balboa Park

Juniper St.

India St.

1st Ave.

2nd Ave.

3rd Ave.

4th Ave.

5th Ave.

6th Ave.

Hawthorn St.

Automotive Museum

Ivy St.

Grape St.

Cabrillo Fwy.

San Diego
Aerospace Museum

Hawthorn St.

Columbia St.

Grape St.

Kettner Blvd.

Fir St.

San Diego Fwy.

Elm St.

5

Date St.

Date St.

Date St.

7th Ave.

8th Ave.

9th Ave.

10th Ave.

Cedar St.

Park Blvd.

Balboa Stadiur

County
Center

India St.

State St.

Union St.

Front St.

Beech St.

Beech St.

샌디에이고 해양 박물관
Maritime Museum of San Diego

County Center/
Little Italy

Cabrillo Fwy.

Russ Blvd.

Ash St.

Ash St.

Ash St.

Ash St.

San Diego
City College

A St.

A St.

4th Ave.

B St.

B St.

11th Ave.

Civic Center

더 타코 스탠드
The Taco Stand

Santa Fe

B St.

C St.

Civic Center

5th Av.

C St.

City College

America Plaza

Broadway

12th Ave.

13th Ave.

14th Ave.

15th Ave.

샌타페이 역
Santa Fe Depot

Broadway

5th Ave.

6th Ave.

7th Ave.

8th Ave.

9th Ave.

10th Ave.

E St.

USS 미드웨이 박물관
USS Midway Museum

← 키스 동상

Pacific Hwy.

Harbor Dr.

Pantoja Park

Front St.

Union St.

State St.

F St.

F St.

11th Ave.

브렉퍼스트 리퍼블릭
Breakfast Republic

G St.

G St.

그레이스톤 더 스테이크하우스
Greystone The Steakhouse

시로스 피자
Ciro's Pizza

Park & Market

Seaport
Village

Market St.

라 푸에르타
La Puerta

Market St.

Island St.

Island St.

시포트 빌리지
Seaport Village

Hyatt

Kettner Blvd.

가스램프 쿼터
GasLamp Quarter

J St.

J St.

Convention
Center

K St.

Petco Park

Park Blvd.

San Diego Bay

Embarcadero
Marina Park

Marina Park Way

Harbor Dr.

San Diego
Convention Center

Gaslamp
Quarter

Convention Way

Imperial Ave.

12th & Imperial

338

## USS 미드웨이 박물관
USS Midway Museum

태평양 전쟁을 승리로 이끌었던 미드웨이 해전을 연상시키는 항공모함 USS 미드웨이(CV-41)는 베트남전과 걸프전에 참전했던 배로 현재는 박물관으로 개조되어 내부를 자세히 볼 수 있다. 해군의 도시 샌디에이고의 자부심이 느껴지는 곳이다. 거대한 규모의 항공모함을 활주로 갑판부터 내부 방들까지 직접 돌아다니며 구석구석 볼 수 있어 흥미롭다. 요금이 비싼 편이지만 일부 전투기나 헬기는 안으로 들어가 볼 수 있으며 VR 체험도 있어 시간을 여유 있게 잡는 것이 좋다.

지도 P.338 ▶ 주소 910 N Harbor Dr 운영 매일 10:00~17:00(입장은 16:00까지) 요금 일반 $39, 6~12세 $26 가는 방법 트롤리 그린 · 실버 라인 Seaport Village역에서 도보 7분 홈페이지 www.midway.org

## 키스 동상
Unconditional Surrender

1945년 일본의 항복으로 제2차 세계대전이 미군의 승리로 종전하면서 뉴욕 타임스스퀘어에 수많은 축하 인파가 몰려들었다. 군중들 사이에 포착된 한 해군의 드라마틱한 사진을 조각으로 담아낸 작품이다. 원 제목은 "무조건 항복 Unconditional Surrender"인데 보통 "키스 동상 Kissing Statue"으로 불린다. USS 미드웨이 박물관 바로 건너편(남쪽)의 튜나 하버 공원 Tuna Harbor Park에 있다.

## 시포트 빌리지
Seaport Village

다운타운 남서쪽으로 샌디에이고만이 바라보이는 곳으로 수많은 요트가 정박해 있다. 개성 있는 상점과 기념품점은 물론 바다가 한눈에 보이는 레스토랑까지 두루 갖추고 있다. 가족 단위로 산책하는 사람들이 많아 분위기도 편안하다. 1890년대에 만들어진 회전목마나 거리를 달리는 마차 등도 눈에 띄어 도심 속의 운치를 느낄 수 있다.

시포트 빌리지에서 하버 드라이브 Harbor Drive를 따라 북쪽으로 1km 정도만 올라가면 하버 크루즈 Harbor Cruise 선착장이 있다. 샌디에이고의 아름다운 해안 경치를 감상하고 싶다면 한 번쯤 유람선을 타보는 것도 괜찮다.

지도 P.338 ▶ 주소 849 W Harbor Dr 가는 방법 트롤리 그린 라인을 타고 Seaport Village역 하차 홈페이지 www.seaportvillage.com

# 발보아 공원
## Balboa Park

다운타운 북동쪽 언덕에 위치한 발보아 공원은 샌디에이고 동물원을 필두로 멋진 건물이 모여 있는 볼거리의 보고다. 그냥 공원이라고 생각하기 쉬운 이곳은 시월드와 함께 샌디에이고에서 가장 볼 만한 장소로 꼽힌다. 발보아 공원은 박물관과 미술관이 가득한 문화 예술의 휴식처로 하루를 투자해도 좋을 만큼 볼거리가 많다. 특히 건축·사진·미술에 관심이 있는 사람들에게 즐거운 하루가 될 것이다. 단, 워낙 유명한 곳이라 항상 사람들이 북적대고 상업적인 분위기마저 풍겨 조용한 휴식을 기대했다면 실망스러울 수도 있다.

발보아 공원 안에는 입장이 무료인 곳도 있고 유료인 곳도 있다. 여러 박물관을 보려면 16개 박물관 입장권이 모두 포함된 파크와이드 패스 Explorer Parkwide Pass를 구입하자. 박물관 몇 개만 본다면 리미티드 패스 Explorer Limited Pass(박물관 4곳 선택)도 있다. 시간이 없다면 무료입장인 곳만 간단히 둘러보는 것도 방법이다.

* 오픈 시간은 박물관마다 다르며 월요일에 휴관인 곳도 있으니 주의하자. 티켓은 각 박물관에서도 판매하며 통합권은 안내 센터인 'House of Hospitality'에서 사거나 인터넷에서 미리 구입할 수도 있다.

지도 P.338 주소 1549 El Prado, Balboa Park 운영 공원은 24시간. 안내 센터는 매일 09:30~16:30 휴무 1월 1일, 추수감사절, 크리스마스 요금 공원과 일부 박물관은 무료. Parkwide Pass(모든 박물관 입장권 / 7일간 유효) 일반 $72, 3~11세 $48. Limited Pass(4개 박물관 / 1일권) 일반 $60, 3~11세 $39 가는 방법 MTS 7번 버스를 타고 Balboa Park 하차 홈페이지 www.balboapark.org

## ★ 캘리포니아 타워 California Tower

1915년에 열린 파나마–퍼시픽 박람회를 위해 지어진 건물에 있는 탑이다. 바로크, 로코코 등 다양한 건축양식이 혼합된 독특한 모습을 하고 있다. 멕시코에서 쉽게 볼 수 있는 스페인 콜로니얼 양식의 교회와도 흡사한 모습이다. 이 탑에 오르면 8층 높이에서 발보아 공원을 360도로 시원하게 내려다볼 수 있다. 건물은 현재 인류학 박물관으로 이용되고 있다. 탑에 오르려면 입장권이 있어야 하고 엘리베이터가 없어 125개의 계단을 걸어 올라가야 한다.

지도 P.338 ▶ 주소 1350 El Prado, Balboa Park 운영 매일 10:00~17:00 요금 일반 $19.95, 학생 $16.95(타워 투어 +$10) 홈페이지 www.museumofus.org

## ★ 사진 박물관 MOPA@SDMA

미국 전역에서 가장 뛰어난 사진 작품을 전시한다는 대단한 자부심을 가진 박물관이다. 표정이 살아있는 인물 사진부터 자연 조형물을 작가의 의도에 맞게 표현한 작품에 이르기까지 어느 것 하나 빼놓을 수 없는 걸작을 전시하고 있다. 상설전은 물론 기획전도 수준이 매우 뛰어나기 때문에 사진 애호가라면 꼭 들러봐야 한다.

지도 P.338 ▶ 주소 1649 El Prado, Balboa Park 운영 목~일요일 11:00~17:00 휴관 월~수요일, 1월 1일, 마틴 루서 킹의 날, 추수감사절, 크리스마스 요금 기부금제 홈페이지 www.mopa.org

## ★ 식물원 Botanical Building

1915년에 칼턴 윈슬로에 의해 지어졌다가 1959년과 1994년에 재건축되어 지금의 모습을 갖추었다. 나무로 만든 건물이 인상적인 곳으로 건물 앞의 백합 연못에 비친 모습이 그 아름다움을 더해준다. 건물 외관만으로도 충분히 매력적이며 식물원이 보유한 350종이나 되는 식물도 볼 만하다.

지도 P.338 ▶ 주소 1550 El Prado, Balboa Park 운영 매일 10:00~16:00 요금 무료

## ★ 팀켄 미술관 Timken Museum of Art

고전 명화를 중심으로 우아함이 돋보이는 컬렉션을 선보이고 있다. 13세기부터 19세기에 이르는 다양

한 작품이 전시되어 있으며, 유럽 회화를 중심으로 미국 회화와 러시아 작품도 보유하고 있다. 발보아 공원에 있는 박물관 중 드물게 무료로 운영하는 미술관이라 그런지 구경하는 사람도 매우 많다.

지도 P.338 ▶ 주소 1500 El Prado, Balboa Park 운영 수~일요일 10:00~17:00 휴관 월 · 화요일, 주요 공휴일 요금 무료 홈페이지 www.timkenmuseum.org

## ★ 샌디에이고 미술관
San Diego Museum of Art

미술 애호가라면 절대 놓칠 수 없는 미술관이다. 미국 전역에서도 그 가치를 인정받고 있어 매년 50만 명이 넘는 관람객이 방문하고 있다. 유럽 회화는 물론 아메리카, 아시아 미술까지 폭넓게 전시하며 컬렉션 내용도 수준급이다. 피카소, 고갱, 로트레크, 마티스, 샤갈 등 유명한 대가들의 작품이 다수 전시되어 있어 질적으로도 풍성하다. 멕시코와 가까운 곳에 위치한 만큼 멕시코의 국민화가 디에고 리베라의 소박하면서도 화려한 색감이 돋보이는 작품도 다수 감상할 수 있다. 아시아 미술 중에서는 한국, 중국, 일본 미술품도 상당수 보유하고 있고 다른 곳에서 보기 힘든 인도 회화도 감상할 수 있다.

지도 P.338 ▶ 주소 1450 El Prado, Balboa Park 운영 월 · 화 · 목~토요일 10:00~17:00, 일요일 12:00~17:00 휴관 수요일, 1월 1일, 추수감사절, 크리스마스, 그 외 특별 행사 시 요금 일반 $20, 17세 이하 무료 홈페이지 www.sdmart.org

THEME PARK
SAN DIEGO ZOO
★ ★ ★

# 샌디에이고 동물원

발보아 공원의 북쪽 부분을 차지하고 있는 명물 동물원이다. 판다를 비롯해 코알라, 북극곰, 호랑이 등 수백 종에 이르는 동물과 수천 종의 식물이 있다. 연중 따뜻한 날씨 덕분에 우리나라에서는 볼 수 없는 희귀한 동물들이 많아 샌디에이고를 방문한다면 들러 볼 만하다. 동물원은 9개 구역으로 이루어져 다 보려면 꼬박 하루가 걸리므로 시간이 없다면 지도에서 원하는 곳만 추려서 봐야 한다. 출발 전에 미리 어플을 다운받아 어디를 둘러볼지 계획을 세우는 것이 좋다. 일단 가장 멀리 있고 언덕에 자리한 노던 프런티어까지 스카이파리 에어리얼 트램 Skyfari Aerial Tram으로 이동한 뒤 걸어 내려오며 보는 것도 좋다. 스카이파리 에어리얼 트램은 티켓 요금에 포함되어 있다.

| | |
|---|---|
| 주소 | 2920 Zoo Dr, San Diego |
| 운영 | 연중무휴이며 개장은 보통 09:00, 폐장은 월별 · 요일별로 다르니 홈페이지 참조 |
| 요금 | 다양한 티켓이 있으며 기본 1일권 일반 $72~76, 3~11세 $62~66, 사파리 파크와 통합권 일반 $128~152, 3~11세 $118~132(온라인 할인) |
| 주차 | 무료 |
| 가는 방법 | MTS 버스 7번 노선으로 Park Blvd/Zoo Place에서 하차하면 바로 보인다. |
| 홈페이지 | http://zoo.sandiegozoo.org |

## THEME PARK
## SEA WORLD
★ ★ ★

# 시월드

샌디에이고 북서쪽의 미션 베이에 자리한 시월드는 다양한 해양 동물을 만날 수 있는 샌디에이고의 대표적인 테마 파크. 인기 만점의 범고래를 비롯해 돌고래, 바다사자, 수달, 플라밍고, 북극곰, 펭귄까지도 직접 만날 수 있고 신나는 탈거리와 재미난 쇼도 있어 어린이는 물론 어른도 즐거운 시간을 보낼 수 있다. 공원의 중앙에 자리한 스카이타워 Skytower에 오르면 시월드 전체가 한눈에 들어온다.

| | |
|---|---|
| 주소 | 500 Sea World Dr, San Diego |
| 운영 | 개장은 보통 09:00~10:00, 폐장은 17:00~21:00로 날짜에 따라 다르므로 홈페이지 확인 |
| 요금 | 일반 $72~123(날짜를 지정해 일찍 예매하면 할인) |
| 주차 | $35~75(위치와 날짜에 따라) |
| 가는 방법 | MTS 버스 9번을 타고 시월드 하차 |
| 홈페이지 | seaworld.com/san-diego |

**Tip**

## 시월드 관람 팁

### ▶ 쇼와 이벤트 시간 확인
시월드는 규모도 크지만 곳곳에서 펼쳐지는 쇼나 이벤트 시간을 맞춰야 하기 때문에 계획을 잘 짜야 한다. 시월드 애플리케이션으로 스케줄을 확인할 수 있다.

### ▶ 속 존 Soak Zone
물을 동반한 쇼의 관람석에는 'Soak Zone'이라는 표시가 있다. 쇼 도중 관람석까지 물이 튀어서 관객이 젖을 수 있는 자리다. 일부러 이것을 즐기는 사람도 있지만, 갑작스러운 물세례에 카메라나 휴대폰이 젖지 않도록 한다. 수건을 가져가거나, 젖는 것이 싫다면 속 존을 피해 뒷좌석에 앉자.

# 사파리 파크

샌디에이고 외곽에 있어 찾아가기 조금 불편하지만 방문할 가치가 있는 동물원이다. 사파리 파크에는 약 2,600마리의 동물이 있어 수적으로는 샌디에이고 동물원보다 적지만 면적은 샌디에이고 동물원의 18배에 이를 만큼 광대하다. 사파리 파크도 샌디에이고 동물원에서 함께 관리하고 있는데, 기존의 동물원에서 누릴 수 없는 박진감과 생생한 자연의 모습을 보여주기 위해 샌디에이고 외곽에 따로 만들었다. 한국에서는 경험할 수 없는 광활한 사파리 동물원으로, 시간상 한 곳만 선택해야 한다면 사파리 파크를 권한다.

| | |
|---|---|
| 주소 | 15500 San Pasqual Valley Rd, Escondido |
| 운영 | 연중무휴이며 개장은 보통 09:00, 폐장은 월별, 요일별로 다르니 홈페이지 참조 |
| 요금 | 다양한 티켓이 있으며 1일권 일반 $76(공원 내 교통 포함), 3~11세 $66, 샌디에이고 동물원과 통합권 일반 $128, 3~11세 $118 *동물원 내 다양한 즐길거리에 대부분 추가 요금이 있다. |
| 주차 | $20(주말과 공휴일 원하는 자리는 $38) |
| 가는 방법 | 샌디에이고에서 바로 연결되는 대중교통은 없다. 에스콘디도 지역 버스 371번 노선을 타면 공원 앞에 정차한다. 단, 하루 1~2회 운행되며 운전기사에게 미리 말해야 한다. 주말, 공휴일은 운행하지 않는다. |
| 홈페이지 | https://sdzsafaripark.org |

## 관람 요령

©Jim1138

사파리 파크는 '고릴라 포레스트 Gorilla Forest', '사파리 베이스캠프 Safari Base Camp', '나이로비 빌리지 Nairobi Village', '아프리칸 우즈 African Woods', '아프리칸 아웃포스트 African Outpost', '라이언 캠프 Lion Camp', '아프리칸 플레인 African Plains', '워크어바웃 오스트레일리아 Walk about Australia', '타이거 트레일 Tiger Trail', '아시안 필즈 Asian Fields', '콘도르 리지 Condor Ridge', '월드 가든 World Gardens' 등 테마별로 구역이 나뉘어 있다.

이 구역들을 돌아보는 것만으로도 시간이 걸리는데, 각 구역에는 또 다양한 사파리가 준비되어 있어 제대로 즐기려면 하루가 부족하다. 따라서 홈페이지를 통해 어떤 것들을 선택할지 미리 알아보는 것이 좋다. 홈페이지에는 각 사파리에 대한 설명과 비용, 그리고 동물원 지도가 있어 루트를 짜볼 수 있다. 공원에 도착해서는 종이 지도를 받아 동선을 확인하며 움직이자.

사파리 파크의 하이라이트는 아프리카 평원을 느낄 수 있는 '아프리칸 플레인 African Plains'의 '아프리카 트램 Africa Tram'이라고 할 수 있다. 추가 요금이 없어 더욱 붐비는 곳이니 여기서부터 시작하는 것도 좋은 방법이다.

### 아프리카 트램 Africa Tram

미국이기에 가능해 보이는 광대한 규모의 사파리 파크를 즐길 수 있는 트램이다. 가이드와 함께 트램을 타고 다니며 코뿔소, 기린, 얼룩말 등 넓은 부지에 흩어져 있는 아프리카 동물들을 울타리 없이 직접 만나볼 수 있다. 특히 이 트램은 추가 요금이 없으니 꼭 이용해보자.

### 벌룬 사파리 Balloon Safari

커다란 열기구를 타고 하늘로 올라가 120m 상공에서 사파리를 내려다보는 것이다. 30명이 한 번에 올라탈 수 있으며 10여 분간 신나는 경험을 해볼 수 있다. 날씨 등 여건에 따라 운행이 변동되고 추가 요금도 변동된다.

### 플라이트라인 사파리 Flightline Safari

50m 상공에 매달려 집라인 Zip line을 타고 지나가는 것으로, 신나게 내려가지만 속도가 적당히 빨라서 사파리를 즐길 수 있으며 추가 요금이 있다.

### 카트 사파리 Cart Safari

작은 카트를 타고 사파리 구석구석을 돌며 가이드에게 보다 자세한 설명을 듣고 질문할 수 있다.
추가 요금 $62~

### 와일드라이프 사파리 Wildlife Safari

전문 가이드와 함께 오픈 트럭을 타고 다양한 동물들을 가까이서 관찰할 수 있다.
추가 요금 $95~

### 비하인드 더 신 사파리 Behind-the-Scenes Safari

동물 관리 전문가의 설명을 들으며 동물 보호 구역 안으로 들어가 다양한 야생 동물에게 좀 더 가까이 가볼 수 있다.
추가 요금 $95~

캘리포니아 최남단에 자리한 샌디에이고 주변에는 태평양과 면한 해안을 따라 아름다운 마을들이 연이어 있다. 샌디에이고 다운타운 서쪽의 아름다운 섬 코로나도에서 시작해 북쪽으로 평화로운 마을 라호야, 델 마르, 솔라나, 칼즈배드 등이 드라이브 코스로 한 번에 이어진다.

# Coronado
## 코로나도

코로나도는 샌디에이고 서쪽에 위치한 섬이자 작은 도시로 코로나도 아일랜드 Coronado Island로도 불린다. 스페인어로 왕관이란 뜻이 담겨있어 'Crown City'라는 별칭으로도 불린다. 태평양이 보이는 아름다운 동네 분위기와 연중 온화한 날씨로 미국에서도 땅값이 가장 비싼 곳 중 하나다. 지도를 보면 코로나도는 섬이 아닌 반도처럼 가느다란 땅이 연결되어 있는데, 이는 원래 얕은 해협이었던 것을 제2차 세계대전 전에 미 해군에서 바닥을 메워 육지로 만들었기 때문이다. 현재도 섬의 절반은 미 해군에 소속되어 있다. 1969년에는 코로나도 다리 Coronado Bridge가 개통되어 페리를 대신해 빠르게 시내를 연결할 수 있게 되었다. 특히 바다 위에 놓인 이 다리를 건너는 순간 펼쳐지는 전경이 매우 아름답다.

코로나도가 여행자들에게 유명해진 것은 1888년에 지어진 아름다운 코로나도 호텔 Hotel Del Coronado 덕분이다. 빨간 지붕에 하얀 건물이 야자수에 둘러싸여 있어 아름다움을 더한다.

## 코로나도 여행 안내소

주소 1100 Orange Ave 가는 방법 트롤리 블루 라인과 오렌지 라인이 만나는 12th & Imperial Transit Center에서 901번 버스를 타면 코로나도 섬으로 들어간다. 홈페이지 www.coronadovisitorcenter.com

코로나도 다리를 지날 때면 바다 위로 아찔한 풍경을 즐길 수 있다.

샌디에이고 주변

Oceanside
78
칼즈배드 프리미엄 아웃렛
5 San Marcos
Escondido
사파리 파크 Safari Park
칼즈배드 Carlsbad
레고랜드 Legoland
Rancho Bernardo
Poway
Solana Beach
Del Mar
56
15
805
라호야 La Jolla
5
163
52
8
시월드 Sea World
샌디에이고 San Diego
94
125
샌디에이고 동물원 San Diego Zoo
코로나도 Coronado
54

# La Jolla
## 라호야

샌디에이고 서북쪽으로 20km 정도 떨어진 해안에는 반도처럼 살짝 돌출한 부분이 있는데 바로 이 지역이 라호야다. 좀 더 정확히는 시월드 북쪽에 위치해 있으며 캘리포니아 주립대학교 샌디에이고 분교의 남쪽에 있다. 라호야 La Jolla라는 이름은 스페인어의 La Joya에서 왔는데, '보석'이란 뜻이다. 그래서 라호야를 '보석의 도시 Jewel City'라고도 한다. 영어식으로 '라졸라'라고 잘못 읽지 않도록 하자.

라호야를 왜 보석의 도시라 부르는지는 라호야에 가보면 알 수 있다. 해안선을 따라서 야자수들이 늘어서 있고 주변으로는 푸른 잔디밭이 펼쳐져 있어 아름다운 휴양지 같은 느낌을 준다. 크고 작은 별장과 호텔이 모여 있으며, 안쪽 도로 가운데 가장 번화가로 알려진 프로스펙트 거리 Prospect St에는 각종 레스토랑, 부티크 숍, 갤러리, 앤티크 숍, 주얼리 숍 등 고급스러운 가게들이 줄지어 있다. 1년 내내 따사로운 햇살이 내리쬐는 이 동네는 은퇴한 노인들이 가장 살고 싶어 하는 마을 중 하나로 꼽힐 만큼 평화로우면서도 아름다운 풍경을 자랑한다. 그 때문에 집값도 꽤 비싸다고 한다.

라호야에는 작은 개인 갤러리도 많지만 특히 유명한 것은 바닷가에 면해 있는 '현대미술관 The Museum of Contemporary Art'이다. 1915년에 지어진 이 건물은 자선 사업가였던 엘렌 브라우닝 스크립스의 저택이었는데 1941년에 미술관으로 탈바꿈했다. 1990년부터는 샌디에이고 현대미술관 Museum of Contemporary Art San Diego으로 이름이 바뀌었다. 1950년대 이후의 미국과 유럽 작품을 소장하고 있는데, 다운타운 지점의 소장품까지 합하면 4,000점이 넘는다. 건물 위쪽에 요트와 조각배, 카누 등이 잔뜩 붙어 있는 재미있는 작품이 있어 눈길을 끌며 바다와 마주하고 있어 더욱 잘 어울린다.

### 현대미술관

주소 700 Prospect St 운영 목~토요일 11:00~19:00, 일요일 11:00~17:00 휴관 월~수요일, 공휴일 요금 일반 $25, 학생 $15, 17세 이하 무료, 매월 둘째 일요일과 셋째 목요일 무료 가는 방법 MTS 버스 30번을 타고 Silverado St & Herschel Ave에서 하차 후 실버라도 거리 Silverado St를 따라 바다 쪽으로 300m 정도 걷다 보면 나온다. 홈페이지 www.mcasd.org

# Carlsbad
## 칼즈배드

샌디에이고에서 북쪽으로 55km 정도 떨어진 해변 도시다. 바다는 물론이고 유명한 테마파크 레고랜드 캘리포니아가 있으며, 바로 옆에 칼즈배드 프리미엄 아웃렛이 있어 항상 수많은 관광객이 찾는다. 그뿐만이 아니다. 연중 온화한 캘리포니아에는 대규모 농장이나 꽃밭이 많지만, 쉽게 찾아갈 만한 곳으로 봄철에 칼즈배드 플라워 필드 The Flower Fields가 유명하다.

### 플라워 필드

주소 5704 Paseo Del Norte 개장 3월 초~5월 초 매일 09:00~18:00 요금 일반 $27, 3~10세 $17 (행사 규모에 따라 진행 수수료가 추가되기도 한다) 홈페이지 www.theflowerfields.com

# 🍴 Restaurant

먹는 즐거움

샌디에이고는 다양한 해산물 요리와 함께 지리적 특성상 멕시칸 음식을 쉽게 접할 수 있다. 다운타운의 가스램프 쿼터 주변에는 다양한 종류의 식당이 모여 있어 입맛대로 골라 먹을 수 있다.

## 더 타코 스탠드
### The Taco Stand

타코 가게가 많은 샌디에이고 안에서도 가장 인기 있는 타코 체인점이다. 맛은 물론 가성비도 좋아서 대기 줄이 긴 편이다. 부리토, 케사디야, 타코 등 대부분의 메뉴가 맛있는데, 바하 타코 Baja Taco(생선)가 특히 유명하다. 그릴드 페스카도 Grilled Pescado(튀긴 생선), 카마론 Camaron(매콤 새우)도 우리 입에 잘 맞는다.

지도 P.338 주소 645 B St 영업 월~목요일 09:00~21:00, 금요일 09:00~22:00, 토요일 11:00~22:00 휴무 일요일 가는 방법 트롤리 블루 · 오렌지 · 실버 5th Ave역에서 도보 2분 홈페이지 letstaco.com

## 라 푸에르타
### La Puerta

가스램프 쿼터의 중심에 있어 저녁시간이면 항상 붐비는 식당이다. 푸짐한 멕시코 음식을 즐길 수 있는 곳으로 타코, 케사디야, 부리토 등 대부분의 메뉴가 맛있다. 주말에는 브런치 메뉴도 있다.

지도 P.338 주소 560 Fourth Ave 영업 월~목요일 11:00~24:00, 금요일 11:00~01:00, 토요일 10:00~01:00, 일요일 10:00~24:00 가는 방법 트롤리 그린 · 실버 Gaslamp Quarter역에서 도보 5분 홈페이지 lapuertasd.com

## 브렉퍼스트 리퍼블릭
### Breakfast Republic

가스램프 쿼터 구역에서 가장 인기 있는 아침식사 전문 식당이다. 아침 일찍 오픈해 낮 시간만 운영한다. 달걀을 이용한 다양한 메뉴는 물론, 프렌치 토스트나 팬케이크 같은 브런치 메뉴도 있고 비건 메뉴도 있다. 음식도 맛있고 분위기도 좋아서 항상 붐빈다.

지도 P.338 주소 707 G St 영업 매일 07:00~15:00 가는 방법 트롤리 그린 · 실버 Gaslamp Quarter역에서 도보 8분 홈페이지 www.breakfastrepublic.com

# 🛍 Shopping

샌디에이고 다운타운은 가스램프 쿼터 주변에 상점들이 있다. 소소한 기념품이라면 시포트 빌리지에도 있다. 대형 쇼핑몰은 샌디에이고 다운타운에서 떨어진 북쪽에 있으며 아웃렛 쇼핑을 즐기고 싶다면 샌디에이고 남쪽의 멕시코 국경 부근에 위치한 라스 아메리카스 아웃렛이나 샌디에이고시 북쪽에 위치한 칼즈배드 프리미엄 아웃렛에 가보는 것도 좋다.

## 패션 밸리
### Fashion Valley

발보아 공원 북쪽의 미션 밸리에 자리한 대형 쇼핑몰이다. 샌디에이고 다운타운에서는 10km 정도 떨어져 있어 조금 멀지만 바로 근처에 또 하나의 쇼핑몰 웨스트필드 미션 밸리 Westfield Mission Valley가 있고 두 쇼핑몰 사이에도 수많은 상점이 자리해 하루 종일 쇼핑을 즐기기 좋다.

지도 P.336 주소 7007 Friars Rd, San Diego 영업 월~토요일 10:00~21:00, 일요일 11:00~19:00 가는 방법 트롤리 그린 라인 Fashion Valley역 하차 후 도보 3분 홈페이지 www.simon.com/mall/fashion-valley

## 라스 아메리카스 프리미엄 아웃렛
### Las Americas Premium Outlets

샌디에이고 남쪽의 멕시코 국경 바로 옆에 위치한 첼시 프리미엄 아웃렛 지점이다. 따라서 멕시코의 국경도시인 티후아나 여행과 함께 묶어서 쇼핑을 즐기기에 좋다. 샌디에이고 시내에서 20~30분 거리에 있다. 고속도로에서도 가깝고 대중교통인 트롤리를 이용해 갈 수도 있어 교통이 편리하다. 유명 브랜드숍과 니먼 마커스 백화점 아웃렛 등 125개의 점포가 입점해 있어 규모도 큰 편이며 간단한 푸드코트와 맥도날드, IHOP 팬케이크 하우스도 있다.

지도 P.336 주소 4211 Camino de la Plaza, San Diego 영업 매일 10:00~20:00 (세일기간이나 공휴일에 따라 다르므로 홈페이지 참조) 가는 방법 ① 5번 고속도로 Dairy Mart Road 출구로 나가 Camino de la Plaza가 나오는 왼쪽으로 꺾으면 보인다. ② 샌디에이고 트롤리 블루 라인으로 샌이시드로 국경 San Ysidro/Intl Border에서 하차 후 10분 정도 걷거나, 일반버스 907번을 타고 아웃렛 앞에서 하차한다. 홈페이지 www.premiumoutlets.com/outlet/las-americas

## 칼즈배드 프리미엄 아웃렛
### Carlsbad Premium Outlets

샌디에이고에서 북쪽으로 30~40분 정도, 오렌지 카운티에서는 남쪽으로 50~60분 거리에 있는 작은 도시 칼즈배드 Carlsbad에 위치한 첼시 프리미엄 아웃렛 지점이다. 5번 고속도로에서 바로 연결되어 있어 편리하게 갈 수 있으며, 다양한 브랜드숍 90여 개가 들어서 있다.

지도 P.346 주소 5620 Paseo Del Norte, Carlsbad 영업 월~목요일 10:00~19:00, 금·토요일 10:00~20:00, 일요일 11:00~19:00 가는 방법 5번 고속도로 Palomar Airport Rd 출구로 나가면 바로 이정표가 보인다. 홈페이지 www.premiumoutlets.com/outlet/carlsbad

샌디에이고에서 다녀오는 멕시코 여행

# 티후아나 TIJUANA

샌디에이고 여행이 즐거운 또 하나의 이유는 바로 멕시코로 당일치기 여행을 다녀올 수 있다는 점이다. 멕시코와 바로 맞닿아 있는 샌디에이고에서는 남쪽으로 불과 25km만 달려도 완전히 다른 세계가 나타난다. 멕시코의 국경도시 티후아나는 사실 멕시코 분위기를 느끼기에는 너무나 상업화되고 미국화되어 버렸지만, 그래도 분명 미국과 다른 멕시코의 풍경을 느낄 수 있어 한 번쯤 가볼 만하다.

## 유용한 홈페이지
티후아나 관광청 tijuana.travel/en

## 관광 안내소
주소 Av Revolución, Downtown Tijuana
운영 월~금요일 08:00~20:00, 토 · 일요일 09:00~13:00

## 가는 방법
샌디에이고에서 티후아나까지 육로로 가는 방법은 크게 두 가지다. 하나는 자동차나 트롤리를 이용해 미국 쪽 국경도시인 샌 이시드로 San Ysidro까지 가서 거기서 셔틀버스로 티후아나 시내로 들어가는 것

이고, 다른 하나는 투어를 이용하는 것이다. 첫 번째 방법도 별로 복잡하지 않으므로 시간적 여유가 있다면 샌 이시드로에서 직접 들어가는 것도 좋다. 투어를 이용할 경우에는 반나절 정도로 쉽게 다녀올 수 있다. 투어는 P.334에 소개된 것 외에도 다양하게 있으니, 현지에서 마음에 드는 프로그램을 골라보자.

### ① 트롤리

샌디에이고 시내에서 트롤리를 타고 내려갈 경우에는 트롤리의 마지막 정류장인 '샌 이시드로 San Ysidro'에서 하차해 바로 국경을 건너는 셔틀버스를 이용할 수 있다.

### ② 렌터카

미국에서 렌트한 자동차는 보험에 들었다 하더라도 멕시코에서 문제가 생겼을 경우 아무런 소용이 없다. 더구나 티후아나에서는 자동차 도난 사고가 빈번하게 발생하는 데다 저녁 무렵에는 미국 방향 도로가 상당히 막힌다. 따라서 렌터카로 여행 중이더라도 국경 근처 주차장에 주차해 놓고 셔틀버스를 이용해 국경을 건널 것을 권한다. 셔틀버스는 티후아나의 번화가까지 들어가므로 편하게 이동할 수 있다. 미국 쪽 국경도시인 샌 이시드로에는 5번 고속도로가 끝나는 지점 오른쪽에 국경역 주차장 Border Station Parking Lot이라는 아주 넓은 주차장이 마련되어 있다. 바로 이곳에서 1시간 간격으로 작은 셔틀버스들이 국경을 넘나든다. 주차장 주변에 각종 숙박시설과 식당 그리고 아웃렛 쇼핑몰인 라스 아메리카스 프리미엄 아웃렛 Las Americas Premium Outlets 등이 있다.

### 국경 넘기

국경을 넘나드는 것은 그리 복잡하지 않다. 사람이 많을 경우 시간이 좀 걸리기는 하지만 방법은 간단하다. 특히 미국에서 멕시코로 넘어갈 때는 아주 간단하며, 멕시코에서 미국으로 들어올 때는 공항과 마찬가지로 이것저것 질문을 받고 비자를 확인하는 등 절차가 조금 까다롭다. 간혹 시간이 너무 오래 걸리면 셔틀버스가 떠나 버려서 다음 셔틀을 타야 한다.

---

## 📷 Attraction                      보는 즐거움

### 레볼루션 거리
Avendia Revolucion (Revolution Avenue)

티후아나 관광의 중심지다. 길 양쪽으로 기념품 가게와 멕시칸 레스토랑이 늘어서 있다. 전통 의상을 입은 멕시칸들이 당나귀를 데리고 다니며 돈을 받고 기념 사진을 찍어 주기도 한다. 특이한 것은, 길거리에 상당히 많은 약국이 눈에 띄는데, 이는 의사의 처방전 없이 값싸게 약을 구입할 수 있는 멕시코에 약을 사러 오는 미국 사람들 때문이다. 따라서 이곳에서의 인기 품목은 의약품과 은제품, 가죽제품들이다. 하지만 기념품점에서 파는 제품들은 너무 상업화되어 가격도 제법 비싸다.
이 거리의 또 한 가지 인기 테마는 저렴한 멕시코 음식과 술이다. 각종 타코, 파히타, 케사디야, 엔칠라다 등이 저렴한 가격에 푸짐하게 제공되며 안주로도 많이 먹는다. 또한 멕시코의 유명한 맥주인 코로나가 술집에서조차 $0.99 정도에 판매되어 많은 사람들이 기분 좋게 저녁을 보낼 수 있다. 특히 21세 이상이 되어야만 술을 마실 수 있는 미국과 달리 이곳에서는 신분증 검사를 하지 않기 때문에 미국의 어린 대학생들을 비롯해 청소년들까지 몰려오기도 한다.

# 남서부
## The Southwest

라스베이거스 | 그랜드캐니언 | 자이언 국립공원 | 브라이스캐니언
세도나 | 포 코너스 | 모뉴먼트 밸리 | 아치스 국립공원 | 앤털로프캐니언
메사 베르데 국립공원 | 캐니언 드 셰이 국립유적지 | 차코 문화 국립역사공원
샌타페이 | 뉴 멕시코 | 타오스 | 화이트 샌즈 국립공원 | 로즈웰 | 칼즈배드 동굴 국립공원

# Las Vegas

## 라스베이거스

사막 위에 지어진 화려한 도시로 미국 중서부의 오아시스 같은 곳이다. 카지노 가득한 유흥의 도시, 환락의 도시, 그리고 신 시티 Sin City라 불리기도 하지만, 수많은 박람회와 국제회의가 열리는 비즈니스 도시의 역할도 하고 있다. 또한 미국 중서부 지역을 여행할 때 중요한 베이스캠프가 되는 곳이며, 연중 활기찬 가족 휴양지이자 가성비 좋은 신혼여행지로도 손색이 없다.

**날씨**
사막 도시라서 여름에는 40℃를 넘나드는 살인적인 더위에 건조하고 따가운 햇살로 피부가 가렵거나 약한 화상을 입을 수 있다. 낮에는 가급적 실내나 그늘에 머물고 저녁에 다니는 것이 좋다. 16:00~17:00는 복사열까지 더해져 가장 뜨거우며 해가 완전히 지고 나면 다닐 만하다. 겨울은 낮에는 따뜻해서 다니기 좋은 편이지만 밤에는 꽤 쌀쌀하다.

**유용한 홈페이지**
라스베이거스 관광청 www.visitlasvegas.com

# 가는 방법

우리나라에서 바로 가는 직항 노선이 있고 미국 내에서도 대부분의 주요 도시와 쉽게 연결된다. 한국인이 많이 가는 로스앤젤레스에서 항공으로 1시간, 차량으로 4시간 정도 걸린다.

## 비행기 ✈

인천에서 대한항공, 델타항공 직항으로 11시간 20분 정도 소요된다. 샌프란시스코나 로스앤젤레스 등을 경유하면 12~15시간 정도 걸리지만 좀 더 저렴하다. 미국 서부의 주요 도시에서는 1~2시간 정도면 이를 수 있다.

### 해리 리드 국제공항
### Harry Reid International Airport (LAS)
네바다주 상원의원이었던 매캐런의 이름을 따 50년 넘게 매캐런 공항으로 불렸으나 그가 반유대주의와 인종차별적이었다는 비판에 결국 2021년 이름을 바꾸었다. 아직은 두 이름을 혼용하고 있다. 터미널은 T1, T3 두 개가 있고 국제선은 터미널 3을 이용한다.
홈페이지 www.harryreidairport.com

## 공항 → 시내

다운타운이 가까워서 택시도 큰 부담이 없지만 우버나 리프트를 가장 많이 이용한다. 대중교통은 버스가 저렴하지만 오래 걸리고 일부 호텔을 제외하면 거의 갈아타야 한다.

### ① 택시 Taxi
안내판을 따라 나가면 바로 택시 정류장이 있다. 중심가인 스트립까지는 정찰제로 교통체증에도 요금이 정해져 있고 그 외 지역은 미터로 계산한다. 팁은 미터 요금에 10~18% 정도 추가로 준다.
요금 스트립 구역별 $21~29, 그 외 지역은 $20~50 정도

### ② 리프트/우버 Lyft/Uber
차량 공유 서비스를 이용하려면 Lyft/Uber 안내판을 따라간다. 터미널 1은 2층, 터미널 3은 발레층 Valet Level에서 탈 수 있다. 공항 내부와 픽업층에서는 무료 와이파이를 사용할 수 있어 편리하다. 팁은 10~15% 정도 추가로 준다.
요금 스트립까지 $20~45

### ③ 렌터카 Rental Cars
렌터카 셔틀 Rental Car Shuttle 이정표를 따라 나가 셔틀을 타고 공항 남쪽에 위치한 렌터카 사무실로 가면 차량을 픽업할 수 있다.

### ④ RTC 버스

라스베이거스의 시내버스로 공항을 지나는 노선은 3개인데 대부분 갈아타야 하고 시간이 오래 걸린다. 다운타운에 숙소가 있다면 CX 노선이 그나마 이용할 만하다.

요금 일반 2시간권 $6, 24시간권 $8, 3일권 $20 홈페이지 www.rtcsnv.com

▶ **CX(Centennial Express)**

국제선 터미널인 T3에 정차하는 유일한 노선으로 공항에서 다운타운까지 연결하는 급행 버스다. 스트립은 플라밍고 로드 Flamingo Rd 에만 정차한다.

운행 매일(공항 출발 기준) 06:23~22:35(약 1시간 간격)

# 시내 교통

대부분은 스트립 안에서 움직이면서 가끔 다운타운을 오간다. 교통체증이나 주차 등을 고려하면 가까운 곳은 걷거나 버스, 우버 등을 이용할 수 있고, 스트립과 다운타운을 벗어난다면 렌터카가 편리하다.

남서부

> **Tip**
>
> ### 스트립 The Strip이 뭐예요?
>
> 라스베이거스의 중심 도로로 정식 이름은 라스베이거스 대로 Las Vegas Boulevard지만 흔히 스트립이라 부른다. 라스베이거스 여행의 핵심이 되는 지역이자 너무나 자주 쓰이는 중요한 단어이므로 꼭 기억해두자.

### ① RTC 버스 RTC(Regional Transportation Commission of Southern Nevada) Bus

라스베이거스 곳곳을 연결하는 버스 시스템으로 다양한 노선이 있지만 관광객들이 주로 이용하는 노선은 스트립을 지나는 듀스 노선이다.

▶ **듀스 Deuce**

스트립을 관통해 다운타운까지 오가는 노선이다. 정류장이 많고 운행 시간이나 배차 간격도 나쁘지 않아 많이 이용한다. 단점이라면 스트립 내 교통체증 시에는 걷는 것보다 오래 걸리기도 한다.

운행 24시간 (10~15분 간격, 새벽에는 20분 간격) 요금 일반 2시간권 $6, 24시간권 $8, 3일권 $20 홈페이지 www.rtcsnv.com

### ② 모노레일 Monorail

스트립을 중심으로 동쪽 지역을 연결해주는 지상철로 컨벤션센터를 지난다. 교통체증이 없기 때문에 컨벤션 기간이나 휴가철 성수기에 편리하다. 스트

> **Tip**
>
> ### 버스 티켓 Pass 구입처
>
> ① 정류장에 있는 발매기(TVMs)에서 카드나 현금으로 구매
>
> ② rideRTC 어플을 다운받아 계정을 열고 카드로 구매
>
> ③ 버스에 승차해 운전사에게 구입할 수 있지만 1회권과 24시간권만 가능하다.
>
> ④ 편의점이나 슈퍼마켓 등 여러 판매처가 있으며 자세한 장소는 RTC 홈페이지에서 확인한다.

립에서는 골목 안쪽으로 꽤 걸어야 한다.

운행 월요일 07:00~자정, 화~목요일 07:00~02:00, 금
~일요일 07:00~03:00(4~8분 간격) 요금 1회권 $6, 24시
간권 $15, 2일권 $26, 3일권 $32(7일권까지 있음) 홈페이지
www.lvmonorail.com

### ③ 트램 Tram
라스베이거스의 거대한 호텔 그룹 MGM 미라지에
서 운행하는 무료 트램을 누구나 편리하게 이용할
수 있다. 스트립을 중심으로 서쪽 지역의 MGM 계
열 호텔들을 연결하는 3개 노선이 있다.

운행 ARIA Express 매일 08:00~02:00(20~30분 간격)
Mandalay Bay 매일 10:00~자정(3~7분 간격)

### ④ 다운타운 루프 The Downtown Loop
다운타운 지역을 순환하는 무료 셔틀이다. 운행 시
간이 제한적이고 배차 간격이 커서 불편하지만 무
료이니 시간이 맞는다면 이용할 만하다.

운행 일~목요일 11:00~18:00, 금 · 토요일 15:00~22:00

### ⑤ 택시/우버/리프트 Taxi/Uber/Lyft
택시는 호텔 앞이나
정해진 승차장에서
탈 수 있다. 호텔에
서 택시를 불러주면
팁 $1~2 정도 주는
것이 관례다. 우버/
리프트는 원하는 곳
으로 불러 탈 수 있
고 요금이 조금 저

렴한 편이다. 대형 호텔은 출입구가 많고 너무 넓어
서 픽업 장소가 정해져 있다.

요금 스트립 내에서 $10~20+팁

### ⑥ 렌터카 Rental Car
공항 남쪽에 여러 렌터카 회사들이 모여 있다. 교통
체증, 주차 문제, 주차 요금 등을 고려할 때 라스베
이거스 시내보다는 외곽으로 나갈 때 이용하는 것
이 좋다.

트램

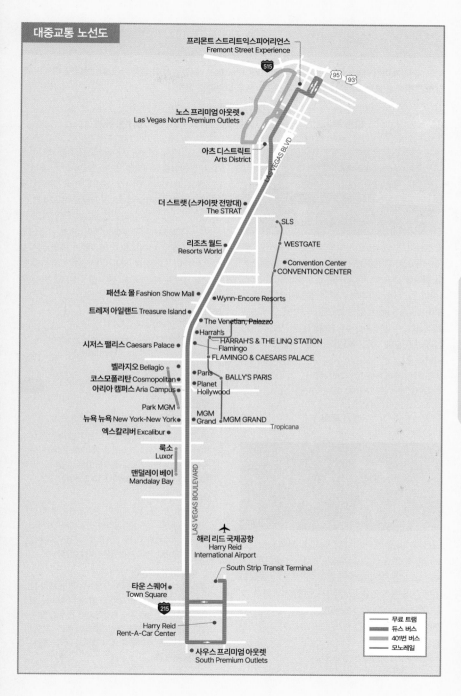

대중교통 노선도

프리몬트 스트리트익스피어리언스
Fremont Street Experience

515

95  93

노스 프리미엄 아웃렛
Las Vegas North Premium Outlets

아츠 디스트릭트
Arts District

LAS VEGAS BLVD

더 스트랫 (스카이팟 전망대)
The STRAT

SLS

리조츠 월드
Resorts World

WESTGATE

Convention Center
CONVENTION CENTER

패션쇼 몰 Fashion Show Mall

Wynn-Encore Resorts

트레저 아일랜드 Treasure Island

The Venetian, Palazzo

Harrah's

HARRAH'S & THE LINQ STATION

시저스 팰리스 Caesars Palace

Flamingo
FLAMINGO & CAESARS PALACE

벨라지오 Bellagio

Paris

코스모폴리탄 Cosmopolitan

BALLY'S PARIS

아리아 캠퍼스 Aria Campus

Planet
Hollywood

Park MGM

뉴욕 뉴욕 New York-New York

MGM
Grand

MGM GRAND

엑스칼리버 Excalibur

Tropicana

룩소
Luxor

LAS VEGAS BOULEVARD

맨덜레이 베이
Mandalay Bay

해리 리드 국제공항
Harry Reid
International Airport

South Strip Transit Terminal

타운 스퀘어
Town Square

215

Harry Reid
Rent-A-Car Center

사우스 프리미엄 아웃렛
South Premium Outlets

무료 트램
듀스 버스
401번 버스
모노레일

남서부

라스베이거스 359

# 투어 프로그램

미국 남서부 여행의 베이스캠프 도시인 라스베이거스에는 수많은 투어 업체가 있다. 렌터카 여행이 부담스럽거나 나 홀로 여행족이라면 투어 프로그램도 고려해볼 만하다.

## 버스 투어

라스베이거스 스트립과 다운타운을 지나가는 2층 버스 투어를 이용하면 편하게 앉아서 주요 명소들을 돌아볼 수 있다. 무더운 낮에는 에어컨이 나오는 1층이 인기지만 밤에는 지붕과 창문이 없어 더 잘 보이는 2층 좌석이 훨씬 인기다. 보통 낮 투어는 내렸다 탈 수 있는 Hop-on, Hop-off가 가능하지만 밤에는 중간에 내릴 수 없다. 가장 유명한 업체는 빅버스 투어다.

요금 투어 종류에 따라 일반 1일권 $55~
홈페이지(빅버스) www.bigbustours.com

## 헬기 투어

라스베이거스 스트립 야경 투어나 후버댐, 그랜드캐니언 등에 다녀오는 투어가 있다. 스트립 야경은 보는 데 10분 정도밖에 안 걸리지만 간단한 교육과 비행 준비 등이 있어 2시간 정도는 잡아야 한다. 그랜드캐니언은 2시간 정도 비행하는데 역시 이동과 준비 등으로 총 4시간 정도 소요된다. 가장 유명한 업체는 매버릭이다.

스트립 $109~, 그랜드캐니언 $599~
홈페이지(매버릭) www.maverickhelicopter.com

## 캐니언 투어

그랜드캐니언을 비롯해 자이언 국립공원, 브라이스 캐니언, 앤털로프캐니언, 모뉴먼트밸리 등 훌륭한 명소들을 다녀오는 투어가 인기다. 미국 업체는 물론 한인 업체도 많아서 여러 상품들을 비교해 볼 수 있다. 가이드 설명을 한국어로 듣고 한국인들과 동행한다는 점에서 한인 투어가 무난한데, 한국인들의 특성상 매우 타이트하고 빨리빨리 돌아보는 일정이 많으니 일정표를 꼼꼼히 확인하고 자신과 맞는 것을 골라보자. 단체일 경우에는 소규모 단독 투어도 가능하니 여행사에 문의해보자.

요금 당일 투어 기준 $160~250
[푸른투어 홈페이지] www.prttour.com
[한미여행사 홈페이지] www.hanmilasvegas.com
[K라스베가스 홈페이지] www.klasvegastour.com

Tip

### 주의하세요!

#### ① 무단횡단
미국은 도시마다 무단횡단에 대한 처벌 수위에 차이가 크다. 라스베이거스의 중심 거리인 스트립은 왕복 8~10차선의 도로라 무단횡단이 쉽지도 않지만, 하다가 걸리면 벌금이 무려 $350다.

#### ② 카지노 ATM
카지노에서 돈을 잃다 보면 현금인출기로 달려가기 십상이다. 이러한 심리를 아는 건지 카지노 ATM은 수수료가 더 높다. ATM은 가급적 쇼핑센터나 슈퍼마켓, 약국 등에 있는 것을 이용하자.

#### ③ 대마초(마리화나)
길거리나 카지노에서 뭔지 모를 구수한 냄새가 난다면 그것은 십중팔구 대마초! 네바다주에서는 의료용뿐 아니라 오락용도 합법화되어 쉽게 접할 수 있다. 하지만 대한민국 형법 제3조에 따라 대한민국 국민은 속인주의를 따르기 때문에 귀국해서 처벌받을 수 있다.

# 라스베이거스 숙소 선택하기

라스베이거스 여행의 꽃은 호텔이라고 해도 과언이 아니다. 평소 알뜰 여행자라도 이곳에서만큼은 호사를 누려볼 만하며, 또 그 호사야말로 라스베이거스를 제대로 즐기는 방법이다. 라스베이거스 호텔들은 단지 화려하기만 한 것이 아니라, 가성비가 뛰어나기 때문이다. 단, 가격 변동이 매우 커서 숙소 예약 전에 몇 가지 알아두는 것이 좋다.

### ① 시기

휴가철, 연휴, 컨벤션 기간 등에는 방문객이 많아 매우 비싸다. 비수기와 성수기의 요금 차이가 매우 커서 일반 객실은 5배, 스위트룸은 10배까지 된다. 바꿔 말하면 $300짜리 호텔에서 비수기에는 $60에도 잘 수 있다는 뜻이다. 비수기는 보통 2월이나 8월의 주중인데, 2월에는 수영장을 닫는 곳이 많고 8월은 40℃가 넘는다는 것도 알아두자.

### ② 위치

시기를 마음대로 선택할 수 없다면 스트립에서 조금 벗어난 호텔을 잡는 것도 방법이다. 단, 렌터카로 스트립을 왕복한다면 교통체증과 주차문제(요금이 많이 나오거나 많이 걸어야 한다)가 발생한다. 대중교통이나 택시/우버를 이용하는 것이 낫다.

### ③ 호텔 호핑

라스베이거스 여행의 명소들이 대부분 호텔을 중심으로 이루어져 있기 때문에 한 곳에만 머물기보다는 여러 곳을 옮겨 다니는 호텔 호핑을 하는 것도 여행의 재미다. 이때 요금이 올라가는 주말에는 조금 저렴한 곳을, 주중에는 고급 호텔을 이용하는 것도 요령이다. 단, 체크인과 체크아웃 시간차가 있어 중간에 짐을 호텔에 맡겨 두거나 차량 안에 넣어두어야 한다.

## 스트립 호텔 잘까 말까?

일정이 짧은 경우라면 가격이 비싸더라도 스트립에 있는 호텔을 추천한다. 왔다 갔다 이동하는 시간도 제법 걸리기 때문에 시간을 절약할 수 있고, 스트립에서 밤 늦게까지 돌아다니기에도 좋다. 또한 스트립에 머문다면 차가 없어도 되기 때문에(듀스버스와 우버 이용) 렌터카 비용을 절약해 호텔비에 보태는 것도 괜찮은 방법이다.

## 유의할 점

### ① 리조트 이용료 Resort Fee

대형 리조트 호텔에는 수영장이나 피트니스 센터 등 다양한 부대시설이 있는데, 이를 이용하지 않더라도 요금이 붙는다. 리조트마다 조금 다르지만 보통 1박에 $20~50 정도다. 이를 피하고 싶다면 객실만 있는 일반 호텔을 알아봐야 한다.

### ② 주차 Parking

렌터카를 이용한다면 주차 조건도 확인해야 한다. 무료 주차인 경우도 있지만, 투숙객이라도 유료 주차, 발레 주차만 되는 곳도 있다.

남서부

# 추천 일정

볼거리가 모여 있는 지역은 크지 않아서 이틀이면 주요 명소를 볼 수 있다. 대부분의 시간을 스트립에서 보내고, 밤 시간에 잠시 다운타운의 프리몬트 스트리트를 다녀오면 된다. 그리고 시간이 있다면 2일 정도 추가해 그랜드캐니언에 다녀오면 좋다.

**Day 1**  스트립 남쪽의 룩소나 맨덜레이 베이에서부터 시작해보자.
무료 트램과 도보로 하루를 보내고 밤에는 스트립의 야경을 즐기자.

플래닛 할리우드
④

룩소        뉴욕 뉴욕        코카콜라 스토어
①          ②              ③

스트립 야경    패리스        벨라지오      아리아 캠퍼스
⑧            ⑦            ⑥          ⑤

**Day 2**  푸짐한 뷔페나 브런치를 즐기고 스트립 북쪽 지역을 돌아보자.
밤에는 다운타운의 프리몬트에서 화려한 야경을 즐기자.

포럼 숍스           링크 프라머네이드
②                  ③

브런치나
런치 뷔페
①

프리몬트        윈          스피어        베네시안
⑦            ⑥          ⑤            ④

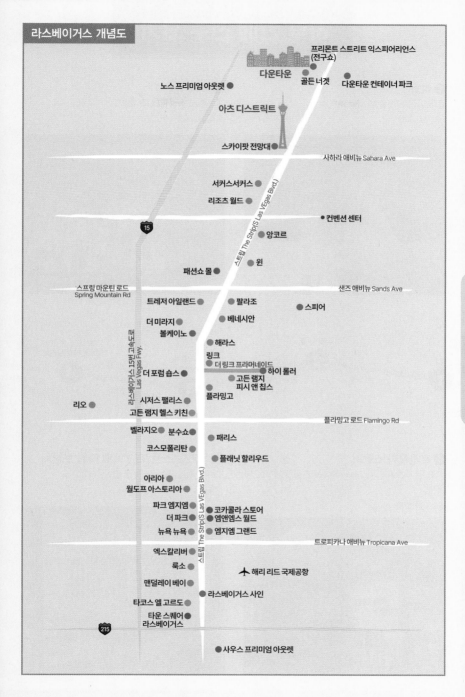

라스베이거스 개념도

프리몬트 스트리트 익스피어리언스
(전구쇼)
다운타운
노스 프리미엄 아웃렛
골든 너겟
다운타운 컨테이너 파크

아츠 디스트릭트

스카이팟 전망대

사하라 애비뉴 Sahara Ave

서커스서커스
리조츠 월드

스트립 The Strip(S Las VEgas Blvd.)

컨벤션 센터
앙코르
윈
패션쇼 몰

스프링 마운틴 로드
Spring Mountain Rd

샌즈 애비뉴 Sands Ave

트레저 아일랜드
팔라조
스피어
더 미라지
베네시안
볼케이노

해라스
라스베이거스 15번 고속도로
Las Vegas Fwy.
링크
더 링크 프라머네이드
하이 롤러
더 포럼 숍스
고든 램지
피시 앤 칩스
시저스 팰리스
플라밍고
리오
고든 램지 헬스 키친

플라밍고 로드 Flamingo Rd

벨라지오
분수쇼
패리스
코스모폴리탄
플래닛 할리우드

아리아
월도프 아스토리아
스트립 The Strip(S Las VEgas Blvd.)
파크 엠지엠
코카콜라 스토어
더 파크
엠앤엠스 월드
뉴욕 뉴욕
엠지엠 그랜드

트로피카나 애비뉴 Tropicana Ave
엑스칼리버
룩소
✈ 해리 리드 국제공항
맨덜레이 베이
타코스 엘 고르도
라스베이거스 사인
타운 스퀘어
라스베이거스

사우스 프리미엄 아웃렛

# 라스베이거스와
# 하루 만에 친구 되기

## ❶ 룩소
고대 이집트로 출발!

소요시간 30분

## ❷ 뉴욕 뉴욕
맨해튼의 화려함을 그대로

소요시간 30분~1시간

룩소 **❶** ─── 트램 2분 ─── 뉴욕 뉴욕 **❷** ─── 도보 4분 ─── 코카콜라 스토어 **❸** ─── 듀스버스 3 정거장 ─── 위키드 스푼 또는 에펠 타워 브런치 **❹** ─── 도보 10분 또는 듀스버스 1 정거장

## ❸ 코카콜라 스토어
바로 옆 M&M's, 길 건너 허쉬스 초콜릿도 비슷한 콘셉트.

소요시간 30분~1시간

## ❹ 위키드 스푼 또는 에펠 타워 브런치
브런치 뷔페 또는 뷰 맛집 탐방

소요시간 1~2시간

## ❺ 포럼 숍스
멋진 인테리어에 수많은 상점이 가득

소요시간 1~2시간

## ❻ 베네시안
이탈리아의 운하 도시를 재현

소요시간 1~2시간

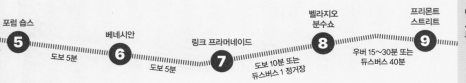

포럼 숍스
❺
도보 5분

베네시안
❻
도보 5분

링크 프라머네이드
❼
도보 10분 또는
듀스버스 1 정거장

벨라지오
분수쇼
❽
우버 15~30분 또는
듀스버스 40분

프리몬트
스트리트
❾

## ❼ 링크 프라머네이드
밤이 되면 더욱 화려
한 골목

소요시간 1~2시간

## ❾ 프리몬트 스트리트
말해 뭐해, 조명쇼 끝판왕

소요시간 1시간

## ❽ 벨라지오 분수쇼
음악에 맞춰 경쾌하
게 때론 우아하게

소요시간 30분

라스베이거스

라스베이거스 여행 테마 1

# CASINO
## 카지노

poker

라스베이거스는 1931년 네바다주에서 도박을 합법화하면서 카지노의 도시로 발전하기 시작했다. 초기에는 마피아들이 연루되어 인식이 좋지 않았지만 이후 대기업들이 진출하면서 훨씬 화려해졌고 도박뿐 아니라 다양한 엔터테인먼트의 장으로 변모했다. 소소한 재미를 찾아온 사람부터 일확천금의 꿈을 꾸는 사람까지 모여들며 오늘도 카지노는 붐빈다.

* 대한민국 형법 제246조에서 도박은 불법으로 규정하고 있지만, 일시적인 오락 정도인 경우 예외로 하고 있다.

**Tip**

## 카지노 이용방법

① 게임은 만 21세 이상만 가능하다. 여권 등 신분증을 지참하자.
② 게임을 하는 경우 음료가 무료다. 음료 서비스를 받으면 $1~2 정도 팁을 주자.
③ 흡연이 가능한 곳이 많지만 호텔구역으로 가면 금연이니 주의하자.
④ 카지노 ATM은 수수료가 높은 편이다.
⑤ 테이블 게임에서 이겼다면 딜러에게 10~15% 팁을 주는 것이 관례다.
⑥ 테이블 주변에서 사진촬영이나 엿보는 행위는 금지다.

## 슬롯 Slot

기계에서 혼자 할 수 있는 가장 쉬운 게임으로, 같은 그림이 연이어 나타나면 돈을 따는 것이다. 금액을 베팅하고 바를 당기거나 버튼을 누르기만 하면 된다.

## 룰렛 Roulette

가장 쉬운 테이블 게임으로, 원하는 곳에 베팅을 하면 딜러가 회전판에 구슬을 굴려 멈춘 숫자에 따라 승패와 배당이 정해진다. 한 개의 숫자에 베팅하는 스트레이트벳의 경우 승률이 낮지만 35배까지 딸 수 있고 여러 숫자에 걸쳐서 베팅하면 그만큼 승률이 높지만 배당금이 줄어든다.

## 블랙잭 Black Jack

가장 쉬운 카드 게임으로, 카드에 적힌 숫자의 합이 21에 가까운 사람이 이긴다(A는 1 또는 11, J·Q·K는 10으로 계산). 숫자가 21이 나오면 베팅액의 1.5배를 받고, 21 이상이면 잃는다.

**Tip**

### 타짜의 세계

말로만 듣던 라스베이거스 카지노에 막상 가보면, 영화 속 스릴 넘치는 그 타짜들은 온데간데 없고 할머니, 할아버지들이 슬롯머신을 당기고 계신다. 이유인즉, 타짜들은 일반 테이블에서 놀지 않고 바카라룸이나 포커룸에 있으며, 소위 '하이 롤러 High Roller'나 '웨일 Whale'이라 불리는 고액 베팅자들은 전용 VIP룸을 이용하기 때문이다. 이런 곳은 함부로 가면 안 된다. 장소가 합법적인 외국이라도 속인주의에 따라 국내에서 처벌받을 수 있으며, 일회성이라도 판돈이 크면 불법으로 간주된다. 타짜는 영화로만 보자.

남서부

라스베이거스 여행 테마 2

# ★ ★ SHOW ★ ★
## 쇼

라스베이거스는 공연의 도시로도 잘 알려져 있다. 세계적인 수준급 무대가 상설 공연되는 리조트 호텔이 많으며 온 가족이 즐길 만한 공연부터 성인 전용까지 매우 다양한 종류의 쇼가 있다. 가장 유명하고 인기 있는 장기 공연 쇼는 태양의 서커스 쇼들이다.

## 오쇼 O Show

프랑스어로 '물'을 뜻하는 '오(Eau)'에서 영어식으로 따온 이름이다. 물을 소재로 몽환적인 무대가 펼쳐진다. 벨라지오 호텔 전용 극장의 오쇼에 최적화된 수중 무대를 볼 만하다. 배우들의 아름다운 몸짓, 상당한 실력의 곡예와 싱크로나이즈까지 눈을 뗄 수 없다. 또한 오페라 같은 아름다운 아리아와 뮤지컬 같은 경쾌한 음악, 재즈의 선율까지 두루 갖춰 눈과 귀가 모두 즐겁다.

공연장 벨라지오 오쇼 극장 시간 수~일요일 19:00, 21:30(공연시간 1시간 30분) 홈페이지 https://bellagio.mgmresorts.com

**Tip**

## 태양의 서커스
### Cirque du Soleil

캐나다의 작은 공연단에서 시작해 1984년 건국 기념 순회공연을 하면서 명성을 얻기 시작했다. 화려한 무대는 물론, 발레의 예술적 요소와 뮤지컬의 음악적 요소를 결합시켜 서커스를 예술의 경지로 이끌었다. 현재 라스베이거스에서 6개의 상설공연을 하고 있으며 전 세계를 도는 투어도 한다.
홈페이지 www.cirquedusoleil.com

©Tomasz Rosa / Cirque du Soleil

©Cirque du Soleil

## 카 KA

일본어로 '불'을 뜻하는 '카(火)'에서 따온 이름으로 오쇼의 성공에 힘입어 물과 반대되는 불을 소재로 한 공연이다. 더욱 발전된 무대 기술을 이용한 화려한 장면들이 펼쳐진다. 동양적인 분장과 무술 등으로 보다 역동적인 분위기를 선사한다. 모든 좌석에 스피커가 장착되어 실감나는 서라운드 사운드를 즐길 수 있다. 공연 시간이 비교적 짧고 신나는 장면이 많아 아이들과 함께 보기 좋다.
공연장 MGM 그랜드 KA 극장 시간 월~수요일 19:00, 21:30 토 · 일요일 16:30, 19:00 (공연시간 1시간 30분) 홈페이지 https://mgmgrand.mgmresorts.com

## 스피어 쇼 Sphere

스피어는 21세기의 콜로세움으로 불리는 세계에서 가장 큰 구형 극장이다. 타임지에서 2023년 최고의 발명품으로 선정했을 만큼 건물 자체만으로도 놀라운 볼거리다. 2023년 오픈 당시 멋진 공연을 선보였던 전설적인 그룹 U2의 콘서트 필름 등 다양한 영상을 16K 고화질로 즐길 수 있다. 지구의 멋진 풍경을 4D로 즐길 수 있는 'Postcard from Earth'가 인기다.
공연장 스피어 시간 매일 스케줄이 다르니 홈페이지 참조 홈페이지 www.thesphere.com/shows

> **Tip**
>
> ### 티켓 예매
>
> 공연장 홈페이지나 공연 티켓 예매 사이트 등 온라인에서 예매할 수 있다. 성수기에는 서두르는 것이 좋다. 좋은 좌석일수록 가격이 비싸며 쇼에 따라 다르지만 보통 $104~289 정도.

## 라스베이거스 여행 테마 3

# BUFFET
## 뷔페

소식좌에게는 억울한 일이지만 라스베이거스의 인기 있는 먹거리로 뷔페를 빼놓을 수 없다. 넓고 화려한 식당에 이래도 되나 싶을 정도로 전국의 산해진미를 한데 모아놓은 뷔페는 낯선 음식을 한번에 맛볼 좋은 기회. 문제는 식당이 너무나 많다는 것. 싸면 싼 대로, 비싸면 비싼 대로 가성비가 좋은 편이다. 예산에 맞게 선택할 수도 있지만 기왕이면 최고의 뷔페 중에 선택해 보자(서버가 계속 접시를 치워주고 음료 등을 갖다 주므로 팁 10~15% 정도 주는 것이 관례).

---

### 위키드 스푼 Wicked Spoon

---

코스모폴리탄 호텔에 자리한 인기 뷔페로 힙한 호텔에 잘 어울리는 깔끔한 곳이다. 음식의 종류가 많지는 않지만 신선한 재료로 만든 맛있는 음식들을 선별해 놓았으며 가격도 비싸지 않은 편이라 가성비 최고로 꼽히기도 한다. 양보다 질을 우선시하는 사람들이 좋아한다. 낮에만 운영을 하기 때문에 예약이 더욱 어려우니 서둘러야 한다.

위치 코스모폴리탄 호텔 2층 영업 매일 08:00~14:00 홈페이지 https://cosmopolitanlasvegas.mgmresorts.com

## 바카날 Bacchanal Buffet

시저스 팰리스 호텔에 자리한 뷔페로 스트립에서 가장 크고 인기 있는 곳이다. 규모뿐 아니라 음식의 종류가 많기로 유명하며, 고기와 해산물도 다양하고 잡채, LA갈비 등 한국 음식까지 갖추었다.
위치 시저스 팰리스 호텔 1층 영업 화·수요일 15:30~22:00, 목~월요일 09:00~22:00 홈페이지 www.caesars.com

---

**Tip**

### 인기 뷔페 리스트

▶ **바카날** Bacchanal Buffet
(시저스 팰리스 호텔 Caesars Palace)
가격대 $$$$

▶ **위키드 스푼** Wicked Spoon
(코스모폴리탄 호텔 The Cosmopolitan)
가격대 $$$

▶ **원** The Buffet at Wynn
(원 호텔 Wynn) 가격대 $$$$

▶ **서커스** Circus Buffet
(서커스 서커스 호텔 Circus Circus) 가격대 $$

▶ **엠지엠 그랜드** MGM Grand Buffet
(엠지엠 그랜드 호텔 MGM Grand) 가격대 $$$

▶ **벨라지오** The Buffet at Bellagio
(벨라지오 호텔 Bellagio) 가격대 $$$$

▶ **엑스칼리버** The Buffet at Excalibur
(엑스칼리버 호텔 Excalibur) 가격대 $$

▶ **룩소** The Buffet at Luxor
(룩소 호텔 Luxor) 가격대 $$

## 윈 뷔페
### The Buffet at Wynn Las Vegas

가장 예쁘고 밝은 분위기의 뷔페 식당이다. 사진 찍기 좋아서 생일파티 등 이벤트도 많다. 작은 포션으로 귀엽게 만든 음식도 많고 예쁜 디저트도 많은 편. 즉석에서 만들어주는 브런치 메뉴도 인기다. 음식의 종류는 위키드 스푼과 바카날의 중간 정도다.
위치 윈 호텔 1층 영업 매일 08:00~21:00 홈페이지 www.wynnlasvegas.com

# 라스베이거스 여행 테마 4

# POOL
## 풀

스트립의 리조트 호텔들은 근사한 풀장을 갖춘 곳이 많다. 하지만 대부분 투숙객 우선 또는 전용이기 때문에 풀장을 꼭 이용하고 싶다면 호텔 예약 전에 확인할 필요가 있다. 호텔 숙박비에 리조트 이용료가 붙는 것은 이러한 시설들이 포함되어 있기 때문이니 이를 최대한 활용하도록 하자.

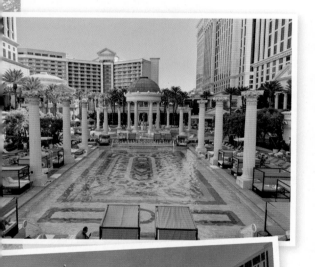

### 시저스 팰리스
**Caesars Palace**

Garden of the Gods Pool Oasis

시저 팰리스의 테마에 맞게 고대 로마시대를 연상시키는 인테리어에 웅장한 분위기다.

### 코스모폴리탄 Cosmopolitan

Pool District & Marquee Dayclub

루프탑 풀이라 낮에는 뜨겁지만 전망이 좋으며 성인 전용은 밤에 클럽 분위기를 띤다.

### 벨라지오 Bellagio

Garden of the Gods Pool Oasis

사이프러스 나무가 있어 지중해 분위기를 연출한다. 호텔 분위기에 맞게 아름답다.

코스모폴리탄

벨라지오

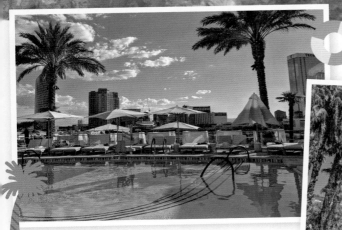

### 리조츠 월드 Resorts World
Main, Family, Bimini, Cabana, VIP Pool

3개 호텔이 모여 있어 풀장의 규모가 크며 패밀리풀과
인피니티풀 등 5개 풀이 있다.

플라밍고

### 플라밍고 Flamingo
Beach Club Pool & Go Pool

작은 폭포와 워터슬라이드, 월풀온천은 물론 블랙잭도
할 수 있다.

### 엠지엠 그랜드 MGM Grand
Pool Complex & Wet Republic Ultra Pool

400m에 이르는 구불구불한 인공 강이 이어지고 곳곳에
작은 폭포가 있어 아이들이 좋아한다.
엠지엠 그랜드

### 맨덜레이 베이 Mandalay Bay
Mandalay Bay Beach

해변을 옮겨 놓은 듯 모래사장과 파도풀이 있어
아이들을 동반한 가족 여행자에게 인기다.

맨덜레이 베이

---

#### 유의사항 Tip

▶ 카바나를 이용하려면 추가요금을 내야 하며 성수기에는 요금이 비싸도 만석인 경우가 많다.
▶ 운영시간을 반드시 확인하자. 저녁에 일찍 닫거나 겨울에 폐쇄되는 곳도 많다.
▶ 풀장에 따라 아동 전용 또는 성인 전용인 곳도 있으니 조건을 확인해보자.

# 📷 Attraction

보는 즐거움

라스베이거스는 크게 중심 거리인 스트립과 북쪽의 다운타운으로 나뉜다. 대부분의 볼거리는 스트립에 모여 있으며 카지노호텔을 중심으로 구역이 형성되어 있다.

## The Strip
# 스트립

라스베이거스 시내를 관통하는 라스베이거스 대로 Las Vegas Boulevard, 약 7km 구간을 스트립이라 부른다. 이 길 양쪽에는 대형 카지노호텔을 중심으로 엔터테인먼트, 쇼핑, 식당이 모두 모여 있다.

### 카지노 호텔 맨덜레이 베이
Mandalay Bay

공항 근처, 스트립 최남단에 자리한 대형 호텔로 병풍처럼 드리워진 건물 아래 파도풀이  있는 것으로 유명하다.
위치가 편리하진 않지만 무료 트램이 있고 넓고 쾌적한 분위기에 커다란 수영장도 있어 아이가 있는 가족 여행자들에게 인기다.

지도 P.363 주소 3950 S Las Vegas Blvd 가는 방법 듀스버스 Mandalay Bay 정류장 앞 홈페이지 www.mandalaybay.mgmresorts.com

### Tip
## 무료 와이파이의 천국
스트립에는 대형 카지노 호텔이 연속적으로 이어져 있는데, 대부분의 건물 안에서 무료 와이파이가 가능하다.

### ★엔터테인먼트 샤크 리프 아쿠아리움
Shark Reef Aquarium

수백만 톤에 이르는 물탱크에 100여 종이 넘는 해양생물을 채워 넣은 대형 수족관이다. 맨덜레이 베이 호텔이 아이를 동반한 가족 여행자들에게 인기 있는 이유는 파도풀을 갖춘 수영장과 더불어 이 수족관이 있기 때문이다. 상어, 가오리, 거북이 등 2,000마리가 넘는 동물들을 구경하는 것만으로도 즐겁다.

영업 매일 10:00~20:00 (입장은 19:00까지) 요금 성인 $36 (시간 예매 시 $29)

©Daniel Parks

### ★쇼핑·식당 맨덜레이 플레이스
The Shoppes At Mandalay Place

상점이나 식당이 많은 것은 아니지만 다른 호텔에 없는 브랜드가 일부 입점해 있으며 늦게  까지 운영하는 곳들이 있어 잠시 들러볼 만하다.

영업 매일 10:00~23:00 (상점마다 달라서 일찍 닫거나 휴무인 곳도 있음)

## 카지노 호텔 룩소
### Luxor

이집트의 고대 도시 룩소르를 연상케 하는 곳으로 피라미드를 본뜬 건물은 겉에서 보면 검은색의 밋밋한 느낌이지만 안은 중앙이 뚫려 있는 구조에 고대 유적지 분위기를 띠고 있다. 오래된 호텔이라 가성비가 좋아 알뜰 여행자나 젊은이들이 많이 이용한다.

지도 P.363 주소 3900 S Las Vegas Blvd 가는 방법 듀스 버스 SB Las Vegas at Luxor 정류장 앞 홈페이지 https://luxor.mgmresorts.com

### ★엔터테인먼트 타이타닉 전시
### Titanic: The Artifact Exhibition

영화를 통해 우리에게 잘 알려진 타이타닉호와 관련된 전시다. 1912년 대서양에서 타이타닉호가 침

몰하면서 1,514명이 사망했다. 전장이 269m에 이르는 거대한 여객선에 2,223명이 승선했는데 구명정은 단 20척밖에 없었다고 한다. 이곳에서 타이타닉호의 내부 모습을 재현하고 실제 타이타닉호에서 건져올린 유물들을 전시하고 있다.

영업 성수기 매일 11:00~20:00, 비수기 11:00~18:00 (입장은 1시간 전까지) 요금 성인 $39

## 카지노 호텔 엑스칼리버
### Excalibur

엑스칼리버는 아서 왕의 전설에 나오는 신성한 검으로, 이곳의 콘셉트는 아서 왕이 활동했던 중세 초기의 모습이다. 다소 과장된 듯한 컬러풀한 성채 모양이라 아이들도 좋아한다. 오래된 호텔이라 객실이 낡은 편이지만 비수기에는 파격적인 가격으로 이용할 수 있다. 대중교통도 바로 연결된다.

지도 P.363 주소 3850 S Las Vegas Blvd 가는 방법 듀스버스 SB Las Vegas at Excalibur 정류장 앞 홈페이지 https://excalibur.mgmresorts.com

**Tip**

## 무료 트램을 이용하세요!

스트립의 남쪽 끝자락에 위치한 맨덜레이 베이에서 엑스칼리버까지는 지도상으로 가까워 보이지만 걷기에는 꽤 먼 거리다. 더구나 그늘이 없는 땡볕이라 걷기 힘들다. 다행히 세 호텔을 이어주는 무료 트램이 있으니 꼭 이용하자. 특히 룩소를 지날 때는 창문으로 피라미드와 오벨리스크를 볼 수 있고 정거장도 스핑크스 입구와 바로 연결되어 편리하다.

## 카지노 호텔 뉴욕 뉴욕
### New York New York

맨해튼의 멋진 모습들로 가득한 곳으로 스트립과 트로피카나 거리가 만나는 사거리에 있어 눈에 잘 띈다. 자유의 여신상과 브루클린 브리지, 엠파이어 스테이트 빌딩을 배경으로 사진 찍기 좋은 곳이며 아찔한 롤러코스터가 유명하다. 내부에는 뉴욕의 소호 거리를 흉내 낸 먹자골목이 있다.

지도 P.363 주소 3790 S Las Vegas Blvd 가는 방법 201 버스 WB Tropicana after Las Vegas 정류장 앞, 또는 듀스 버스 NB Las Vegas at MGM 정류장에서 도보 3분(길 건너편) 홈페이지 https://newyorknewyork.mgmresorts.com

## ★쇼핑 허쉬스 Hershey's

미국 초콜릿의 상징 허쉬스 대형 매장이다. 북미 최대의 초콜릿 회사로 키세스, 트위즐러, 아이스브레이커스 등 서브 브랜드가 많다. 라스베이거스에서만 판매하는 스페셜 에디션 상품도 있다. 매장 한쪽에서는 초콜릿을 입힌 딸기와 초코셰이크 등을 맛볼 수 있다.

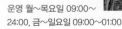

운영 월~목요일 09:00~24:00, 금~일요일 09:00~01:00

## 더 파크
### The Park

뉴욕 뉴욕 호텔 바로 옆에 조성된 좁고 기다란 공원으로 나무와 분수가 있어 잠시 쉬어가기 좋다. 이동식 카페나 푸드 벤더가 들어서기도 한다. 공원 중간에 있는 거대한 조각상 '블리스 댄스 Bliss Dance'는 눈을 감고 춤을 추는 여성의 기쁨과 에너지를 표현하고 있다.

지도 P.363 주소 3782 S Las Vegas Blvd 가는 방법 뉴욕 뉴욕 바로 옆

## 카지노 호텔 파크 엠지엠
### Park MGM

1996년에 오픈했던 몬테 카를로 호텔을 MGM에서 인수해 완전히 새롭게 리노베이션한 호텔이다. 바로 옆에 공원인 더 파크 The Park와 티모바일 경기장 T-Mobile Arena까지 생기면서 기존의 엠지엠 그랜드보다 입지가 더 좋아졌으며, 스트립 쪽 입구에 이탈리안 푸드홀 겸 식료품점 이탈리가 오픈하면서 다소 올드한 이미지의 엠지엠 호텔이 현대적으로 바뀌었다.

지도 P.363 주소 3770 S Las Vegas Blvd 가는 방법 더 파크 옆 홈페이지 https://parkmgm.mgmresorts.com

## ★엔터테인먼트 하우스 오브 가가 Haus of Gaga

레이디 가가의 팬들이 좋아할 만한 상점으로 작은 규모지만 레이디 가가가 공연 당시 입었던 화려한 무대 의상, 그녀의 재미난 슈즈 등이 전시되어 있고 비슷한 콘셉트의 옷도 판매한다. 한쪽에는 라이브 공연 영상을 틀어 놓아 흥겨움을 더한다.

주소 3770 S Las Vegas Blvd 가는 방법 이탈리가 자리한 Park MGM 건물 안에 있다.

## ★식당 이탈리 Eataly

이탈리아에서 탄생한 콘셉트 스토어로 이탈리아 식재료를 파는 마켓과 함께 이탈리안 요리부터 길거리 음식, 와인, 젤라토까지 파는 푸드코트가 있다. 이탈리아의 신선한 재료들로 만든 다양한 음식을 맛볼 수 있다.

주소 3770 S Las Vegas Blvd 운영 월~목 · 일요일 07:00~ 23:00, 금 · 토요일 07:00~02:00 가는 방법 더 파크 바로 옆

## 카지노 호텔 엠지엠 그랜드
### MGM Grand

대형 호텔 그룹 엠지엠 인터내셔널의 초대형 호텔로 6,000개가 넘는 객실을 보유하고 있다. 입구에 MGM의 상징인 대형 황금 사자상이 있고 호텔 로비에도 황금 사자상이 있다. 태양의 서커스의 인기 쇼인 카쇼 공연이 있는 곳으로도 유명하다.

지도 P.363  주소 3799 S Las Vegas Blvd 가는 방법 뉴욕 뉴욕 호텔 길 건너편 홈페이지 https://mgmgrand.mgm resorts.com

**Tip**

## 카지노 제국 엠지엠 MGM

라스베이거스 스트립에는 내로라하는 화려한 호텔들이 가득하지만 의외로 우리에게 익숙한 호텔 브랜드는 적은 편이다. 그리고 놀랍게도 대다수 호텔의 모기업은 몇 개 되지 않는다. 공격적인 투자와 합병으로 거대해진 호텔 그룹 일부가 스트립을 독점하다시피 했다. 그중 가장 덩치가 큰 곳이 바로 엠지엠. 우리에게도 편리한 점이 있다. 아리아, 벨라지오, 룩소, 맨덜레이 등 10개가 넘는 대형 호텔에서 같은 와이파이를 사용하고 무료 트램을 제공하기 때문이다.

## 쇼핑 코카콜라 스토어
### Coca-Cola-Store

지도 P.363 ▶ 주소 3785 S Las Vegas Blvd 운영 월~목요일 09:00~22:00, 금~일요일 09:00~23:00 가는 방법 듀스버스 Las Vegas at MGM/Showcase Mall 정류장 앞 홈페이지 https://coca-colastore.com/retail/las-vegas

30m에 이르는 대형 코카콜라 병이 인상적인 이곳은 미국 문화의 상징인 코카콜라의 대형 플래그십 매장이다. 빨간색의 코카콜라 로고가 들어간 다양한 굿즈와 함께 전 세계에서 판매되는 여러 가지 맛의 코카콜라를 샘플러 메뉴로 마셔볼 수 있는 곳이기도 하다.

## 쇼핑 엠앤엠스 월드
### M&M's World

작고 컬러풀한 초코볼로 잘 알려진 엠앤엠의 대형 플래그십 매장으로 1997년에 처음 오픈했고 인기를 끌면서 뉴욕과 올랜도 등 다른 도시까지 지점을 넓혔다. 선명한 6가지 초코볼 색깔에 맞춰 캐릭터화한 굿즈들이 있다. 가격대별로 다양한 포장이 있어 기념품으로도 좋고 시즌별로도 재미 있는 주제들을 인용해 아이들이 좋아한다.

지도 P.363 ▶ 주소 3785 S Las Vegas Blvd 운영 매일 09:00~24:00 가는 방법 듀스버스 Las Vegas at MGM/Showcase Mall 정류장 앞 홈페이지 mms.com

## 카지노 호텔 아리아
### Aria (시티센터 City Center)

2009년에 오픈한 복합 센터로 아리아, 브이다라, 월도프 아스토리아 등 쟁쟁한 호텔들과 고급 쇼핑몰이 들어선 건물군이다. 오픈 당시 이름은 시티 센터였으며 지금은 아리아로 불린다. 중심이 되는 아리아 리조트는 4,000개가 넘는 객실을 보유한 대형 호텔이다.

지도 P.363 ▶ 주소 3730 S Las Vegas Blvd 가는 방법 듀스버스 SB Las Vegas at Park MGM 정류장에서 도보 5분

### ★쇼핑 더 숍스 앳 크리스털스
### The Shops at Crystals

입구에서부터 독특함이 묻어나는 이 건물은 명품숍들로 가득한 고급 쇼핑몰이다. 에르메스, 티파니, 루이비통, 구찌 등 15개 명품의 대형 플래그십 매장을 비롯해 50여 개의 명품 매장이 입점해 있다. 높은 천장에다 열린 구조로 쾌적함을 더한다.

영업 일~목요일 11:00~21:00, 금·토요일 10:00~22:00 홈페이지 www.simon.com/mall/the-shops-at-crystals

## 호텔 월도프 아스토리아
### Waldorf Astoria

힐튼 호텔 그룹의 럭셔리 라인으로 잘 알려진 월도프 아스토리아 호텔이다. 카지노 시설이 없어 조용하고 고급스러운 분위기이며 꼭대기 층 칵테일바가 유명하다. 아리아 캠퍼스로 들어가다 보면 바로 왼쪽에 위치하며 트램, 쇼핑몰 등 아리아 캠퍼스의 시설들을 이용하기 좋다.

지도 P.363 ▶ 주소 3752 Las Vegas Blvd S 홈페이지 www.hilton.com

### ★식당 호텔 바 Hotel Bar

힐튼의 최고급 라인에 해당하는 월도프 아스토리아 호텔 23층에 자리한 칵테일 라운지. 스트립의 야경을 바라보며 한잔하기 좋은 곳으로 멀리 파리스 호텔의 에펠 탑이 보인다. 주말에는 붐비며 드레스코드가 있지만 까다로운 편은 아니다.

주소 3752 Las Vegas Blvd S 영업 월~목요일 16:30~24:00, 금요일 16:30~01:00, 토요일 12:00~01:00, 일요일 12:00~24:00 홈페이지 www.hilton.com

## 카지노 호텔 플래닛 할리우드
### Planet Hollywood

할리우드 영화를 주제로 한 현대적인 분위기의 호텔로 2007년 오픈했다. 다른 리조트보다 캐주얼한 레스토랑과 상점이 많은 편이라 젊은 사람들에게 인기 있다. 바로 근처에 벨라지오, 패리스 등 주요 명소들이 있어 위치도 좋다.

지도 P.363 주소 3667 S Las Vegas Blvd 가는 방법 듀스버스 NB Las Vegas at Planet Hollywood 정류장 앞 홈페이지 www.caesars.com

## ★식당 고든 램지 버거
### Gordon Ramsay Burger

국내에서도 잘 알려진 명품 햄버거집이다. 대기 줄이 매우 긴 곳으로 식당 내부의 좌석 간격이 좁아 복잡하지만 고든 램지의 캐주얼한 음식을 맛보려는 사람들로 항상 붐빈다. 다양한 버거 중에서도 헬스 키친 버거, 스타우트 버거가 특히 인기다.

운영 매일 10:00~01:00 홈페이지 www.caesars.com

## ★식당 얼 오브 샌드위치
### Earl of Sandwich

플래닛 할리우드의 설립자 얼과 샌드위치 백작의 후손이 함께 만든 샌드위치 전문점이다. 올랜도에 처음 오픈해 인기를 끌면서 라스베이거스에 매장이 3곳이나 생겼다. 맛있는 샌드위치와 수프가 인기다. 한국에도 입점했으니 특별한 메뉴를 찾는다면 브렉퍼스트 메뉴를 시도해보자.

운영 24시간 홈페이지 https://locations.earlofsandwichusa.com

## ★쇼핑 미라클 마일 숍스
### Miracle Mile Shops

플래닛 할리우드 내부에 원형으로 조성된 쇼핑가다. 중급 브랜드가 많아서 큰 부담 없이 쇼핑하기 좋으며 주변에 푸드코트와 유명한 맛집이 많다. 팻 튜스데이 Fat Tuesday, 팁시 로봇 The Tipsy Robot 같은 재미난 칵테일 바도 인기다.

영업 일~목요일 10:00~21:00, 금·토요일 10:00~22:00 홈페이지 https://miraclemileshopslv.com

## 카지노 호텔 코스모폴리탄
The Cosmopolitan

큰 인기를 누리고 있는 핫하고 세련된 호텔이다. 스트립에서 보면 입구가 작아 보이지만 안쪽으로 깊숙이 2개의 건물이 연결되어 있다. 성인 전용 풀장과 나이트클럽, 유명 뷔페, 화려한 샹들리에 라운지 등으로 인기가 높으며 라스베이거스 최고의 전망을 자랑하는 스위트룸도 있다.

지도 P.363 ▶ 주소 3708 Las Vegas Blvd S 가는 방법 듀스 버스 SB Las Vegas at Bellagio/Cosmo 정류장 앞 홈페이지 www.cosmopolitanlasvegas.com

★식당 **위키드 스푼** Wicked Spoon

첼시 타워에 자리한 뷔페로 스트립에서 가성비 최고로 꼽히는 곳이다. 음식의 가짓수가 많은 것은 아니지만 알찬 메뉴와 질 좋은 음식으로 항상 붐비는 곳이니 일찍 예약하는 것이 좋다. 평일에는 아침과 점심, 주말에는 브런치만 운영하고 저녁에는 오픈하지 않는 것도 알아두자.

영업 매일 08:00~14:00

**벨라지오**
Bellagio

이탈리아의 코모 호수변에 자리한 아름다운 마을 벨라조에서 영감을 얻어 지은 이 호텔은 아름답고 웅장한 외관에 멋진 분수쇼로 유명하다. 세계적인 유리 예술가 데일 치훌리 Dale Chihuly의 작품 '코모의 꽃 Fiori di Como'이 호텔 로비 천장을 가득 메우고 있으며 바로 뒤에 있는 온실 화원 '컨서버토리 & 보태니컬 가든스 Conservatory & Botanical Gardens'도 아름답다.

지도 P.363 ▶ 주소 3600 S Las Vegas Blvd 가는 방법 듀스버스 SB Las Vegas at Bellagio 정류장 옆에 호텔로 가는 에스컬레이터가 있다. 홈페이지 https://bellagio.mgmresorts.com

★엔터테인먼트 **벨라지오 분수** Bellagio Fountain

벨라지오 호텔 앞에는 인공 호수의 고요한 물이 일정 시간이 되면 서서히 일어나 솟구치기 시작한다. 시간대에 따라 달라지는 음악에 맞춰 춤을 추듯 움직이는 아름다운 모습은 야간에 조명 쇼와 더불어 절정을 이룬다. 라스베이거스 최고의 무료 쇼이자 세계 3대 분수 쇼로 꼽힌다.

운영 월~금요일 15:00~24:00, 토 · 일요일 12:00~24:00 (19:30 이전 30분 간격, 이후는 15분 간격)

★식당 **라고** Lago

벨라지오 건물 2층에 자리한 레스토랑으로 창가 좌석과 테라스 좌석에서 분수 쇼가 한눈에 보이는 멋진 전경을 자랑한다. 음식 또한 이탈리안 요리라 대체로 우리 입에 맞는 편이다.

영업 월~목요일 11:00~14:30, 17:00~22:00, 금~일요일 10:00~14:30, 17:00~23:00(일요일은 22:00까지)

### 카지노 호텔 패리스
Paris

예술의 도시 파리를 주제로 한 호텔로 에펠 탑과 개
선문, 오페라하우스 그리고 파란색의 열기구가 인
상적인 곳이다. 프렌치 레스토랑이 유난히 많이 있
으며 에펠 탑의 꼭대기 층에는 멋진 전망대 Eiffel
Tower Viewing Deck가 있다.

지도 P.363 ▶ 주소 3655 S Las Vegas Blvd 가는 방법 듀
스버스 NB Las Vegas at the Paris 정류장 앞 홈페이지
www.caesars.com

### ★식당 에펠 타워 레스토랑
Eiffel Tower Restaurant

에펠 타워 중턱에 자리한 고급 프렌치 레스토랑으
로 규모도 꽤 큰 편이다. 이곳의 가장 큰 특징은 벨
라지오 분수 쇼가 한눈에 내려다보이는 훌륭한 입
지다. 낮이나 밤엔 아름다운 풍경에 프러포즈 장소

로도 종종 이용된다. 창가 좌석
을 보장받으려면 예약 시 추가
요금을 내야 하는데 비수기에는 조
금 일찍 가서 부탁하면 가능한 경우도 있다. 음식도
대부분 맛있으며 평일에는 디너 스테이크, 주말에
는 브런치 코스 메뉴가 인기다.

영업 월~목요일 17:00~22:00, 금~일요일 10:00~22:00
(브런치 09:30~13:30) 홈페이지 www.eiffeltowerrestaurant.
com

### ★쇼핑 르 불러바드 앳 패리스
Le Boulevard at Paris

파리 감성 충만한 쇼핑 구역이다. 실내에 지어졌으
며 천장은 몽환적인 푸른색으로 꾸몄고
곳곳에 아르누보 스타일의 인테리어로 파
리의 낭만적인 분위기를 더했다.

영업 매장마다 다른데 보통 10:00~21:00

## 카지노 호텔 시저스 팰리스
Caesars Palace

라스베이거스 거대 호텔 그룹 중 하나인 시저스의 본진에 해당하는 곳으로 이름에서 알 수 있듯이 로마 시대를 콘셉트로 한다. 고대 석상이 늘어서 있는 대형 풀이 있고 공연장인 콜로세움에서는 인기 가수들의 콘서트가 열린다. 아이들이 좋아하는 무료 쇼 '아틀란티스의 몰락 The Fall of Atlantis'도 있다.

지도 P.363 주소 3570 S Las Vegas Blvd 영업 아틀란티스쇼 목~월요일 12:00~20:00(1시간 간격) 가는 방법 듀스 버스 SB Las Vegas at Caesars Palace 정류장 앞 홈페이지 www.caesars.com

### ★식당 바카날 뷔페 Bacchanal Buffet

라스베이거스에서 가장 큰 규모의 뷔페로 그만큼 인기도 높다. 코로나 이후 많은 뷔페 식당이 문을 닫은 중에도 항상 많은 사람들로 붐볐던 곳이다.

영업 화ㆍ수요일 15:30~22:00, 목~월요일 09:00~22:00

### ★식당 고든 램지 헬스 키친
Gordon Ramsay Hell's Kitchen

영국의 스타 셰프 고든 램지의 인기 레스토랑으로 그가 출연했던 리얼리티 프로그램에서 이름을 따왔다. 시그니처 메뉴인 비프 웰링턴 Beef wellington은 3코스 메뉴에서도 선택할 수 있다. 신선한 굴과 연어 요리, 디저트도 인기다.

영업 매일 11:00~23:30

### ★쇼핑 더 포럼 숍스 The Forum Shops

시저스 팰리스가 자랑하는 웅장하고 화려한 쇼핑센터다. 내부 곳곳에 고대 그리스와 로마 스타일의 거대한 조각과 분수가 가득하며 중저가 브랜드부터 고급 명품 숍까지 수많은 상점이 있다.

영업 일~목요일 10:00~20:00, 금ㆍ토요일 10:00~22:00

바카날 뷔페

고든 램지 헬스 키친

더 포럼 숍스

## 더 링크 프라머네이드
### The Linq Promenade

링크 호텔 입구에서 하이 롤러까지 이어진 골목길로 상점과 식당이 빼곡히 모여 있다. 차량이 다니지 않는 보행자 전용도로라서 걷기 좋으며 밤 늦게까지 화려한 네온사인 아래 많은 사람이 북적대는 곳이다.

지도 P.363 주소 3535 S Las Vegas Blvd 가는 방법 듀스 버스 Caesars Palace Hotel & Casino 정류장에서 도보 1분 홈페이지 www.caesars.com

## 식당 고든 램지 피시 앤 칩스
### Gordon Ramsay Fish & Chips

프라머네이드 초입에 자리한 작은 패스트푸드점이다. 고든 램지의 고향인 영국의 소울푸드 피시 앤 칩스를 자부심 있게 만들었다. 튀김옷에 맥주를 입혀 바삭하게 구워낸 생선 튀김이 일품이다. 콤보 박스로 주문하면 디핑 소스와 감자튀김, 음료를 선택할 수 있다.

지도 P.363 영업 일~목요일 11:00~22:00, 금·토요일 11:00~23:00

## 하이 롤러
### High Roller

프라머네이드 끝에 자리한 대관람차로 라스베이거스의 랜드마크 중 하나다. 라스베이거스 전경을 한눈에 내려다볼 수 있는데, 스트립에서 조금 벗어나 있지만 스트립 주변의 화려한 건물들과 멀리 황량한 외곽을 감상할 수 있다. 낮보다는 야경이 펼쳐지는 밤 시간대가 더 인기다.

지도 P.363 영업 월~목요일 12:30~23:30, 금~일요일 12:30~01:30(시즌별, 요일별로 달라짐) 요금 성인 12:00~16:59 $29, 17:00~23:30 $39(세금, 수수료 별도)

## 카지노 호텔 플라밍고
### Flamingo

핑크색 간판이 눈에 띄는 이곳에는 이름뿐 아니라 진짜 플라밍고가 있다. 호텔 안쪽의 야생동물 서식지 Wildlife Habitat에서 핑크색 플라밍고가 여유 있게 관광객을 맞이하고 있다. 시설이 좀 낡은 만큼 가격은 저렴한 편이며 풀장도 무난하고 위치가 좋은 편이다.

지도 P.363 주소 3555 S Las Vegas Blvd 가는 방법 듀스 버스 Caesars Palace Hotel & Casino 정류장에서 도보 3분 홈페이지 www.caesars.com

## 카지노 호텔 베네시안
### The Venetian

물의 도시로 유명한 이탈리아의 베네치아를 테마로 한 호텔이다. 입구에는 운하가 있고 뾰족한 종탑도 보이는데, 리알토 다리를 건너면 건물 안으로 들어가게 된다. 내부 쇼핑가를 지나면 건물 끝에 팔라초 The Palazzo 호텔이 있다.

지도 P.363 ▶ 주소 3355 S Las Vegas Blvd 가는 방법 듀스 버스 Venetian 정류장 앞

### ★쇼핑 그랜드 캐널 숍스 Grand Canal Shoppes

베네시안의 쇼핑 구역답게 운하 위로 곤돌라가 지나가며 운치를 더한다. 미로처럼 이어지는 길에는 160개가 넘는 상점과 식당이 있는데, 여러 브랜드 숍과 고급 레스토랑은 물론 이탈리아 커피와 젤라토 가게도 있다.

영업 일~목요일 10:00~21:00, 금·토요일 10:00~22:00

### ★엔터테인먼트 곤돌라 라이드 Gondola Ride

호텔을 관통하는 구불구불한 운하 사이로 유유히 떠다니는 곤돌라는 낭만적인 베네치아의 분위기를 한껏 돋운다. 비싼 편이지만 인기 있는 탈거리다. 곤돌리에레(뱃사공)가 세레나데를 불러주기도 한다. 곤돌라 타는 곳은 실내와 실외 두 곳이 있는데 뜨거운 낮에는 실내가 붐빈다.

영업 실내 일~목요일 10:00~23:00, 금·토요일 10:00~24:00 실외 매일 10:00~22:00 요금 $39, 포토패키지 $40~

### ★엔터테인먼트 스피어 Sphere

비행기에서도 내려다보일 정도의 거대하고 화려한 LED 구체 건물로 신기술이 집약된 극장이자 공연장이다. 내부 스크린은 물론 건물 바깥쪽에도 LED 화면을 입혀 2023년 오픈과 동시에 라스베이거스의 막강한 랜드마크로 자리잡게 되었다. 16K 해상도에 4D 효과까지 갖추고 있어 몰입감 높은 영상을 감상할 수 있다. 보통 1시간 정도 내부를 구경하고 영상은 50~60분 정도 상영한다. 큰길에도 입구가 있으나 베네시안 호텔에서 통로를 이용하는 것이 편리하다. 보안검색 대기줄이 있으니 예매 시간보다 일찍 도착하자.

지도 P.363 ▶ 주소 255 Sands Ave 영업 매일 4회 정도 영상이나 공연 등 이벤트가 있는데 보통 11:30~21:30 요금 이벤트, 좌석별 $104~289(특별 공연은 수백 달러) 홈페이지 www.thespherevegas.com

### 카지노 호텔 **더 미라지**
## The Mirage

베네시안 호텔 건너편에 자리해 베네시안이 더 잘 보이는 호텔이다. 열대 우림의 숲을 테마로 하여 야자수가 많고 곳곳에 크고 작은 폭포도 있다. 태양의 서커스 '비틀스 러브'가 공연되는 곳이며 아이들이 좋아하는 화산 쇼도 있다.

지도 P.363 주소 3400 S Las Vegas Blvd 가는 방법 듀스 버스 SB Las Vegas at Mirage 정류장 앞
※2027년까지 공사중 (하드락 호텔로 바뀔 예정)

### ★엔터테인먼트 **볼케이노** The Volcano

미라지 호텔 앞에서 펼쳐지는 화산 쇼로 밤이면 불을 뿜어내 열기가 가득하다. 아이들이 특히 좋아한다. 스트립 쪽에 있어서 지나가면서 보기에도 좋은 무료 쇼다.

지도 P.363 운영 매일 20:00~23:00(1시간 간격)
※2027년까지 공사중

남서부

---

### 카지노 호텔 **트레저 아일랜드**
## Treasure Island

호텔 이름에서 알 수 있듯 보물섬을 주제로 하는 호텔로 간단히 줄여서 TI라 부른다. 건물 입구는 해적선으로 꾸며져 있으며, 영화 '캐리비안의 해적'에 나오는 잭 스패로 분장을 한 사람이 나타나기도 한다.

지도 P.363 주소 3300 S Las Vegas Blvd 가는 방법 듀스 버스 SB Las Vegas at Treasure Island 정류장에서 도보 2분 홈페이지 https://treasureisland.com

### 쇼핑 **패션쇼 몰**
## Fashion Show Las Vegas

스트립 최대의 쇼핑몰이다. 200개가 넘는 상점과 30여 개의 식당이 있어 무더운 낮에 쇼핑을 하며 시간을 보내기 좋다. 중앙이 뚫려 있는 2층 구조로 바깥쪽에 백화점과 대형 매장, 푸드코트가 있고 중간에는 작은 상점이 빼곡히 모여 있다.

지도 P.363 주소 3200 Las Vegas Blvd S 영업 월~목요일 11:00~20:00, 금 · 토요일 10:00~21:00, 일요일 11:00~19:00 가는 방법 듀스버스 SB Las Vegas at Fashion Show Mall 정류장 앞 홈페이지 www.fslv.com

## 카지노 호텔 윈
## Wynn

더 미라지, 트레저 아일랜드, 벨라지오 등으로 성
공을 거듭해 호텔의 제왕으로 불린 스티브 윈이
2005년 야심차게 오픈한 그의 역작이다. 건물 전
체가 럭셔리하게 꾸며진 이곳은 고급 레스토랑은
물론, 명품 숍들로 가득한 쇼핑가 에스플러네이드
The Esplanade at The Wynn가 있으며 건물 뒤로
18홀의 골프코스가 있는 윈 골프 클럽 Wynn Golf
Club도 갖추고 있다. 바로 옆으로 추가로 지어진 호
텔 앙코르 Encore at Wynn와 쇼핑센터 윈 플라자
Wynn Plaza가 이어진다.

지도 P.363 ▶ 주소 3131 Las Vegas Blvd S 가는 방법 듀스
버스 NB Las Vegas at The Wynn 정류장에서 도보 5분 홈
페이지 www.wynnlasvegas.com

### ★식당 더 뷔페 앳 윈 라스베이거스
### The Buffet at Wynn Las Vegas

오랫동안 명성을
이어온 윈 뷔페는
화려한 호텔 분위
기에 맞춰 밝고 화
사한 인테리어를
갖추고 있다. 또한
디저트가 다양해서 브런치 뷔페가 특히 인기다.
영업 매일 08:00~21:00

### ★식당 어스 카페 Urth Caffé

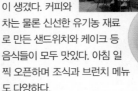

윈 플라자 Wynn
Plaza에 자리한
카페로 로스앤젤
레스에서 큰 인기
를 누리며 라스베
이거스까지 지점
이 생겼다. 커피와
차는 물론 신선한 유기농 재료
로 만든 샌드위치와 케이크 등
음식들이 모두 맛있다. 아침 일
찍 오픈하며 조식과 브런치 메뉴
도 다양하다.
영업 일~목요일 07:30~19:00, 금 · 토요일 07:30~21:00

## 카지노 호텔 리조츠 월드
### Resorts World Las Vegas

가장 최근에 지어진 대형 카지노 리조트로 크록포즈 Crockfords, 힐튼 Hilton, 콘래드 Conrad 호텔이 자리한다. 스트립 중심에서는 조금 떨어져 있지만 그렇기 때문에 주차장이 여유 있으며 시설 대비 요금도 상대적으로 저렴한 편이다. 대형 풀과 인피니티풀도 있다.

지도 P.363 ▶ 주소 3000 S Las Vegas Blvd 가는 방법 듀스 버스 SB Las Vegas at Resorts World 정류장 앞 홈페이지 www.rwlasvegas.com

★식당 **선스 아웃 번스 아웃** Sun's Out Buns Out

입구에는 달걀 프라이 마스코트 장식, 내부에는 삶은 달걀 모양의 의자 등 귀여운 인테리어를 한 이곳은 셀프서비스 식당으로 동물 복지 달걀이 들어간 아침식사 메뉴부터 샌드위치와 햄버거까지 합리적인 가격대의 건강한 음식을 맛볼 수 있다.

영업 매일 22:00~12:00

★식당 **페이머스 푸즈 스트리트 이츠**
Famous Foods Street Eats

카지노 옆에 있는 푸드코트로 중식, 일식, 인도식, 동남아식 등 아시아 메뉴가 주를 이룬다. 아시안 스트리트 마켓에서 영감을 얻어 만들었다고 하며, 타이완 버블티 매장, 일본 간식거리를 파는 매점도 있다.

영업 일~화·목·금요일 11:00~22:00, 토요일 11:00~23:00 휴무 수요일

★바 **알레 라운지 온 식스티식스**
Allē Lounge on 66

리조츠 월드 66층에 자리한 라운지바다. 스트립에서 조금 떨어진 곳에 위치해 화려한 스트립 거리가 가까이 보이지는 않지만 한 발짝 떨어져 스트립을 바라보는 묘미가 있다. 저녁에만 운영하며 식사 메뉴는 없지만 간단한 핑거푸드와 다양한 종류의 칵테일이 있어 여유 있게 밤시간을 보내기 좋은 곳이다.

영업 매일 17:00~02:00(변동 가능)

남서부

라스베이거스 389

스트립 북쪽에 자리한 라스베이거스 다운타운은 비즈니스 지구이자 라스베이거스의 초기 모습이 남아 있는 역사적인 지역이다. 스트립이 발전하기 이전에 도박이 성행했던 곳으로 카지노들도 남아 있다. 한때 침체되었다가 프리몬트 스트리트가 화려해지면서 다시 활기를 찾고 있다.

## 스카이팟 전망대
### SkyPod Observation Deck

스트립의 북쪽 끝에 위치한 스트랫 호텔 The Strat 꼭대기에 있는 전망대다. 라스베이거스에서 가장 높은 전망대이자 랜드마크로 주로 관광객이 찾는다. 스트립과 멀리 떨어져 있기는 하지만 라스베이거스 전체를 360도로 조망할 수 있으며 스카이 점프, 스릴 라이드 등 짜릿한 어트랙션도 있다.

지도 P.363 ▶ 주소 2000 Las Vegas Blvd S 영업 매일 10:00~01:00 (어트랙션은 요일별로 다르고 날씨에 따라 바뀔 수 있으니 홈페이지 참조) 요금 $21.95 가는 방법 듀스버스 SB Las Vegas at the Strat 정류장 앞 홈페이지 https://thestrat.com

## 아츠 디스트릭트
### Arts District

1998년에 지역 예술가들이 함께 활동하면서 18개 블록을 중심으로 형성된 예술 지구로 점차 구역이 커지고 있다. 갤러리와 공연장 그리고 빈티지 상점, 골동품 가게, 카페, 브루어리, 식당 등이 있으며 곳곳에서 화려한 그래피티도 볼 수 있다.

지도 P.363 ▶ 가는 방법 듀스버스 NB 3rd after Imperial 정류장 또는 NB Casino Center at Coolidge 정류장

## 쇼핑 라스베이거스 노스 프리미엄 아웃렛
### Las Vegas North Premium Outlets

15번 프리웨이 바로 옆에 있는 아웃렛 타운이다. 프리미엄 아웃렛이 스트립 북쪽과 남쪽, 두 곳에 있는데 북쪽인 여기가 더 크다. 180개가 넘는 매장이 있고 간단한 식사를 할 수 있는 푸드코트도 있다. 몽클레어, 룰루레몬, 프라다, 랙앤본, 빈스, 페라가모 등 인기 브랜드가 많은 편이다.

지도 P.363 ▶ 주소 875 S Grand Central Pkwy 영업 월~토요일 10:00~20:00, 일요일 10:00~19:00 가는 방법 CX버스 Grand Central at LV Premium Outlets-North 정류장 앞 홈페이지 premiumoutlets.com

## 엔터테인먼트 다운타운 컨테이너 파크
### Downtown Container Park

12m나 되는 대형 사마귀가 입구를 지키고 있는 이 곳은 다운타운의 또다른 명물이다. 낮에는 조용히 있다가 해가 지고 나면 불을 뿜어내 사람들을 놀라게 하는 인증샷 장소다. 안쪽으로 들어가면 컨테이너로 지어진 건물 안에 여러 식당과 상점이 있으며 아이들을 위한 놀이터도 있다. 안쪽 무대에서는 종종 라이브 공연이 펼쳐져 흥겨움을 더한다.

지도 P.363 ▶ 주소 707 E Fremont St 가는 방법 듀스버스 SB LV Blvd at Fremont St Experience 정류장에서 도보 3분 홈페이지 https://downtowncontainerpark.com

## 카지노 호텔 골든 너겟
### Golden Nugget

프리몬트 스트리트에 있는 화려한 금빛 카지노호텔이다. 1946년에 오픈한 오래된 호텔을 1970년대에 스티브 윈이 인수해 화려하게 변모시켰으며 현재는 MGM 그룹에 속해 있다. 이 곳에서 가장 유명한 것은 1층에 전시된 금 덩어리다. 호주에서 발견된 손 모양의 '핸드 오브 페이스 Hand of Faith'로 무게가 무려 27kg이 넘는다.

지도 P.363 ▶ 주소 129 E Fremont St 가는 방법 듀스버스 NB 4th at Fremont Street Experience 정류장에서 도보 3분 홈페이지 www.goldennugget.com/las-vegas

## 엔터테인먼트 프리몬트 스트리트 익스피어리언스
### Fremont Street Experience (FSE)

라스베이거스 다운타운의 주말 밤을 책임지는 화끈한 곳이다. 신나는 라이브 음악과 함께 높이 27m, 길이 420m의 천장 캐노피에서 펼쳐지는 화려한 조명쇼 비바 비전 Viva Vision이 광란의 도가니를 만든다. 220개의 스피커에서 뿜어내는 생생한 사운드와 엄청난 해상도를 지닌 고효율 LED로 스트립의 화려함을 압도하는 곳이다. 천장에는 집라인 '슬롯질라 SlotZilla'가 지나가 더욱 신나는 분위기다. 성수기 주말이면 거리 전체가 파티장이 되며 핼러윈과 새해 전야에 절정에 이른다.

지도 P.363 ▶ 주소 Fremont St 운영 조명쇼 매일 18:00~02:00 가는 방법 듀스버스 NB 4th at Fremont Street Experience 정류장에서 바로 홈페이지 https://vegasexperience.com

남서부

# 공항 주변

라스베이거스 공항은 도시 남쪽에 자리하는데, 번화가에서 멀지 않은 편이라 이동이 편리하다. 주변에 쇼핑센터들과 수많은 숙소가 있으며 라스베이거스의 상징과도 같은 유명한 이정표가 있다.

## 라스베이거스 사인
### Welcome To Fabulous Las Vegas Sign

스트립이 시작되는 곳에 위치한 라스베이거스 안내판이다. 기념품점에서 쉽게 볼 수 있는 상징적인 아이콘으로 관광객들에게는 인증샷 장소로 인기다. 바로 앞에 주차장도 있다.

지도 P.363 ▶ 주소 5100 Las Vegas Blvd S 가는 방법 듀스버스 Las Vegas at Las Vegas Sign 정류장 앞

### 가성비 좋은 호텔 Tip

공항 주변의 호텔들은 스트립처럼 화려하지는 않지만 가성비가 좋다. 리조트 이용료가 저렴하거나 아예 없으며 주차도 무료인 곳이 많다. 공항 바로 남쪽에는 대형 쇼핑센터와 아웃렛, 패스트푸드점 등이 많아 여행의 마지막 일정을 보내기에도 좋다. 일부 호텔들은 공항까지 무료 셔틀 서비스를 제공하기도 한다.

## 식당 타코스 엘 고르도
### Tacos El Gordo

라스베이거스에서 가장 인기 있는 타코 체인점으로 샌디에이고에 처음 오픈해 인기를 끌면서 현재는 라스베이거스에 4곳이나 생겼다. 샌디에이고에서 가까운 멕시코 티후아나 스타일의 타코로 미국식 타코와는 조금 다른 멕시코 본연의 맛을 느낄 수 있다. 옥수수로 만든 부드러운 토르티야에 돼지고기나 닭고기는 물론, 소의 혀, 내장 등 온갖 부속 부위까지 선택할 수 있다. 콜라 대신 오르차타 Horchata를 마셔보자. 타이거 너츠로 만든 스페인식과는 조금 다른, 멕시코 스타일의 쌀로 만든 오르차타는 우리에게도 익숙한 구수한 맛이며 계피향이 가미된 달콤한 음료다.

지도 P.363 ▶ 주소 2560 W Sunset Rd 영업 일~목요일 10:00~02:00, 금·토요일 10:00~04:00 가는 방법 듀스버스 SB Las Vegas after Sunset 정류장에서 도보 6분 홈페이지 tacoselgordobc.com

## 쇼핑 타운 스퀘어 라스베이거스
### Town Square Las Vegas

공항 바로 남쪽에 자리한 커다란 쇼핑타운이다. 일부 구역은 멕시코풍 건물들로 꾸며져 이국적인 느낌을 더한다. 대형 유기농 마켓 체인인 홀푸즈 마켓과 명품 백화점 아웃렛인 오프피프스, 인기 할인매장 티제이맥스, 화장품 매장 ULTA, 기타광들이 사랑하는 기타 센터 등등 스트립에 없는 다양한 상점들이 모여 있다.

지도 P.363 ▶ 주소 6605 S Las Vegas Blvd 영업 월~목요일 10:00~21:00, 금·토요일 10:00~22:00, 일요일 11:00~20:00 가는 방법 듀스버스 SB Las Vegas after Sunset 정류장에서 도보 1분 홈페이지 https://mytownsquarelasvegas.com

## 쇼핑 라스베이거스 사우스 프리미엄 아웃렛
### Las Vegas South Premium Outlets

공항 남쪽에 있는 아웃렛으로 140여 개의 매장이 있다. 노스 프리미엄 아웃렛과 비교해 인기 있는 브랜드가 적은 편이지만 이곳의 특징은 실내라는 점이다. 주차장은 야외 주차장이지만 상점들이 모두 실내로 연결되어 뜨거운 날씨에 시원하게 쇼핑할 수 있다.

지도 P.363 ▶ 주소 7400 Las Vegas Blvd S 영업 월~토요일 10:00~20:00, 일요일 10:00~19:00 가는 방법 듀스버스 Warm Springs @ LV Outlet Center 정류장 앞 홈페이지 www.premiumoutlets.com

남서부

travel
plus

## 반나절 코스 여행
# 후버댐 HOOVER DAM

20세기 초 경제공황의 타개책으로 시작된 대규모 토목공사는 후버댐을 탄생시켰다. 그리고 댐 건설자들이 라스베이거스로 유입되면서 도시는 비약적 발전을 이루었다. 이 역사적 현장을 반나절만 투자하면 다녀올 수 있다.

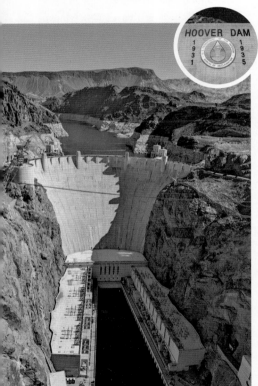

미국의 대공황 시기에 지어진 거대한 댐으로 1931년에 착공해 4년 만에 지어졌다. 높이 221m, 길이 379m로 완공 당시 세계 최대의 콘크리트 댐이었다. 당시 엄청난 비용과 인력, 현대적인 공법을 동원해 공사 기간을 혁신적으로 단축시켰으나 수많은 인부들의 희생을 치르기도 했다. 현재 미국 남서부 지역에 전력을 공급하는 중요한 발전소 역할을 하고 있으며 댐으로 형성된 미드 호수는 미국 최대의 상수원으로 꼽힌다. 최근 기후 변화로 이곳 역시 물 부족 사태를 겪고 있는데 호수의 물이 줄어든 것을 육안으로 확인할 수 있다. 댐의 원래 이름은 지역의 이름을 따 볼더댐 Boulder Dam이었으나 댐을 짓는 데 공헌한 31대 대통령 허버트 후버 Herbert Hoover를 기리기 위해 1947년 이름을 바꾸었다.

지도 P.397 　주소 81 Hoover Dam Access Rd, Boulder City, NV 89005 운영 (네바다주 기준) 09:00~17:00(입장은 16:15까지) 휴무 추수감사절, 크리스마스 요금 주차 네바다 쪽과 애리조나 쪽 모두 주차장이 여러 곳 있으며 방문자 센터와 가까운 곳(Garage와 Lot 9)은 $10.00, 멀리 떨어진 곳(Upper Lots)은 무료다. 셀프가이드 및 가이드투어 $15~30 *보안검색이 있다. 가는 방법 라스베이거스에서 차량으로 11번 고속도로 이용, 40~50분 소요 홈페이지 www.usbr.gov/lc/hooverdam

## 메모리얼 브리지
Mike O'Callaghan–Pat Tillman Memorial Bridge

후버댐을 한눈에 내려다볼 수 있는 다리다. 거대한 부채
꼴과 아치 모양의 콘크리트 구조물은 물론 댐 위에 형성
된 미드 호수와 댐 아래로 흐르는 콜로라도강까지 모두
보인다. 다리를 차량으로 건널 때에는 보호벽에 가려 보
이지 않고 반드시 걸어서 지나야 볼 수 있다. 부근에 무료
주차장이 있어 주차를 하고 걸어가면 된다.

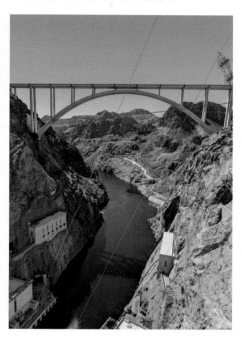

## 후버댐 방문자센터
Hoover Dam Visitor Center

건물로 들어가면 매표소에서 셀프가이드
또는 가이드투어 티켓을 산다. 셀프가이드
는 전망대와 박물관을 자유롭게 돌아다니
는 것이고, 가이드투어는 가이드를 따라 댐
아래의 발전시설 내부를 들여다보며 (영어
로) 설명을 듣는다. 박물관에서는 준공 과
정에 대한 전시와 비디오 등을 볼 수 있다.
내용을 알고 나면 댐의 거대한 규모뿐 아니
라 당시의 놀라운 기술력에 더욱 감탄하게
된다.

**Tip**

## 댐 위를 건너면 시간여행!

후버댐 위에는 차도와 인도가 있는 후버댐 액세스 로드
Hoover Dam Access Road가 있다. 이 도로를 통해 주
경계선인 콜로라도강을 건너면 네바다주와 애리조나주
간 시차가 발생한다. 즉, 태평양 표준시를 쓰는 네바다주
와 산악 표준시를 쓰는 애리조나의 시간대가 1시간 달라
진다. 이는 양쪽 취수탑에 있는 시계에서 확인할 수 있다.
단, 서머타임 기간에는 애리조나주가 서머타임을 시행하
지 않기 때문에 시간이 같다.

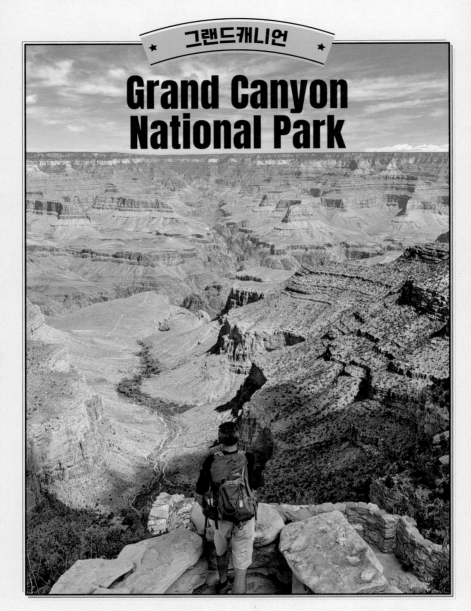

# 그랜드캐니언

# Grand Canyon National Park

미국 최고의 관광지 중 하나로 꼽히는 거대한 협곡으로 1979년에 유네스코 세계유산으로 지정되었다. 콜로라도강의 침식과 다양한 지질활동에 의해 수백만 년에 걸쳐 형성된 이 협곡은 길이가 446km에 이르며 너비가 좁은 곳은 180m에서 넓은 곳은 29km, 그리고 계곡의 깊이는 1.8km에 달한다. 시간을 거스르는 장구한 역사와 대자연의 어마어마한 규모 앞에 한없이 겸허해지는 곳이다.

# 기본 정보

## 유용한 홈페이지

공식 홈페이지 www.nps.gov/grca
그랜드캐니언 공식 숙박예약
www.grandcanyonlodges.com

## 기후

도로가 있는 고원에서부터 강기슭 깊은 계곡까지
온도 차가 크고 고원 위에서도 낮과 밤의 일교차가
크다. 방문하기 좋은 때는 5~9월이다. 11~3월까지
는 악천후뿐 아니라 위험할 수 있어 폐쇄되는 곳이
많다. 여름엔 햇볕이 매우 따갑고 건조해서 선글라
스, 모자, 물 등을 준비해야 한다.

## 방문자 센터

### • Grand Canyon Visitor Center

정문에 해당하는 남쪽 입구로 들어가면 가장 먼저
나오는 곳이다. 건물 안에 작은 상영관이 있고 주변
에 상점과 카페가 있다.

운영 월별로 홈페이지 공지(보통 08:00~10:00 오픈해서
15:00~17:00까지)

### • Verkamp's Visitor Center

빌리지 안에 있는 곳으로 규모는 작지만 상점도 있
고 오픈 시간이 긴 편이다.

운영 그랜드캐니언 방문자 센터보다 좀 더 길게 운영한다.

## 입장료

차량당 $35, 셔틀버스로 입장 시 인당 $20

### 주의사항 Tip

① 공원 안에 정해진 트레일 외에는 난간이 없는
곳이 많아 추락의 위험이 있으니 주의하자.
② 짧은 구간이라도 트레킹을 한다면 생수와 간
식을 준비한다.
③ 일교차가 큰 사막 기후이니 적당한 옷과 선글
라스, 모자 등을 준비한다.
④ 휴대폰이 안되는 곳이 많으니 오프라인에서
사용 가능한 구글맵과 국립공원 어플을 미리
다운받아 둔다.
⑤ 공원 내 빌리지에는 주유소가 없고 멀
리 데저트 뷰에 있으며, 가장 가까운 주
유소는 공원 밖 마을인 투사얀에 있다.
⑥ 성수기에는 공원 내 주차장이 매우 복
잡하니 가급적 셔틀버스를 이용하자.

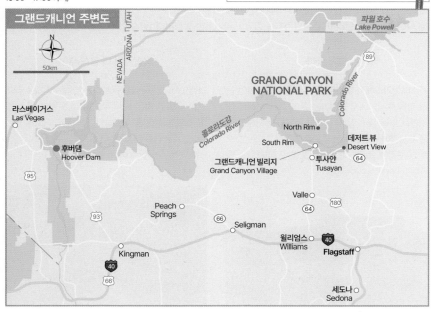

# 가는 방법

가장 흔한 방법은 라스베이거스에서 차량을 이용하는 것이다. 140km 정도 떨어진 곳에 플래그스태프 풀리암 공항 Flagstaff Pulliam Airport이 있지만 미 국내선도 노선이 매우 적고 비싸며 공항에서의 연결편도 불편하다.

### ① 렌터카

라스베이거스에서 4시간 30분 정도(450km) 걸리고 로스앤젤레스에서는 8시간 정도 걸린다.

### ② 버스

플래그스태프에서 그랜드캐니언까지 운행하는 그룸 Groome 버스가 1시간 50분 정도 소요되는데 스케줄이 매우 제한적이니(하루 3회 정도) 반드시 확인하고 예약하자. 이 외에 앰트랙 버스도 있으나 작은 마을 윌리엄스에서 출발하기 때문에 더 불편하다.

요금 편도 $49~54(공원 입장료, 수수료, 팁 불포함)
홈페이지 https://groometranspor tation.com

# 투어 프로그램

라스베이거스에서 출발하는 투어가 매우 많다. 렌터카가 부담스러운 나 홀로 여행족이라면 투어에 합류해 다녀오는 것도 편리하다. 당일치기는 상당히 타이트한 일정이니 1박 이상 투어를 권한다.

### 헬기 투어

라스베이거스에서 출발하는 투어, 그랜드캐니언 근처 마을 투사얀에서 출발하는 투어, 계곡 아래로 내려가는 투어 등 다양하다. 가장 간단하고 저렴한 것은 투사얀에서 출발해 협곡 위를 돌아보고 오는 것으로 30분 정도 소요되며 요금은 $269~ 정도다.

홈페이지 www.papillon.com

### 국립공원 내 공식 투어

그랜드캐니언 국립공원에서 운영하는 투어도 있다. 가장 유명한 것은 노새 투어이고 그 밖에 버스 투어, 래프팅 투어 등 다양하다. 영어로 진행되며 성수기에는 일찍 예약해야 한다.

홈페이지 www.grandcanyonlodges.com

# 숙소 정보

국립공원 내 빌리지 구역에 머무는 것이 가장 접근성이 좋고 저녁에 여유 있게 일몰을 감상하기 좋다. 하지만 숙박 시설이 많지 않아 경쟁이 치열하고 요금도 시설 대비 비싸다. 대안으로는 국립공원에서 가장 가까운 마을인 투사얀 Tusayan의 호텔과 식당을 이용하는 것이다. 빌리지나 방문자센터까지 10km 정도 떨어져 있어 차가 있다면 부담 없는 거리다. 하지만 성수기에는 이곳 역시 숙박 시설이 금세 차고 요금도 비싼 편이므로 좀 더 멀리 윌리엄스나 플래그스태프까지 가야 한다.

## 빌리지 내 숙소

▼

① **브라이트 앤젤 로지** Bright Angel Lodge
그랜드캐니언 절벽 앞에 있으며 셔틀버스 2개 노선이 가까워 위치가 좋다. 캐빈형은 독채로 되어 있으며 로지형은 공동욕실을 사용해 저렴한 편이다.

② **야바파이 로지** Yavapai Lodge
절벽에서는 멀리 떨어져 있지만 주변에 대형 슈퍼마켓, 은행 등의 부대시설이 있어 편리한 면이 있다.

③ **매스윅 로지** Maswik Lodge
절벽에서는 좀 멀지만 대형 푸드코트가 있고 현대식 시설을 갖추고 있다.

④ **엘토바 호텔** El Tovar Hotel
빌리지에서 가장 고급 호텔로 그랜드캐니언 절벽 앞에 자리한다. 레스토랑도 가장 고급이며 점심에 캐주얼 메뉴, 저녁에 정찬 메뉴가 있다.

# 공원 내 교통

공원에서 운영하는 무료 셔틀버스가 있어서 대부분 이 버스로 다닐 수 있다. 일부 구간은 시즌에 따라 개인 차량만 가능하거나, 셔틀버스만 가능한 곳도 있다. 또한 성수기에는 주차공간이 부족하므로 아침 일찍 공원 내에 주차를 하고 셔틀버스로 다닐 것을 추천한다.

| 노선명 | 컬러 | 출도착지 | 운행 | 배차 간격 |
|---|---|---|---|---|
| 허미츠 레스트 루트<br>Hermits Rest Route | 레드 | 허밋 로드 ↔ 빌리지 | 3~11월 04:00~일몰 | |
| 빌리지 루트<br>Village Route | 블루 | 빌리지 ↔ 방문자센터 | 연중 04:00~23:00<br>(12~2월 08:00~20:00) | 10~15분 |
| 카이밥/림 루트<br>Kaibab/Rim Route | 오렌지 | 야바파이 ↔ 방문자센터<br>↔ 야키 포인트 | 연중 04:00~일몰<br>(12~2월 08:00~19:00) | |
| 투사얀 루트<br>Tusayan Route | 퍼플 | 방문자센터 ↔ 투사얀 | 봄~9월 초 08:00~21:30 | 20분 |

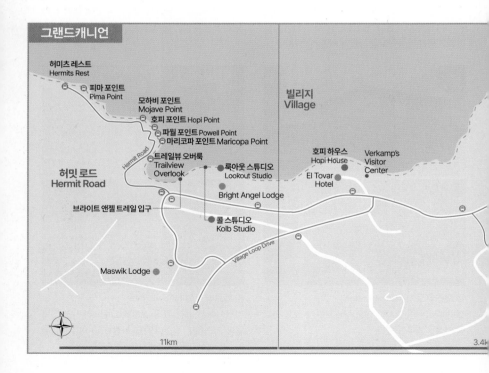

그랜드캐니언

허미츠 레스트
Hermits Rest

피마 포인트
Pima Point

모하비 포인트
Mojave Point

호피 포인트 Hopi Point

파월 포인트 Powell Point

마리코파 포인트 Maricopa Point

빌리지
Village

트레일뷰 오버룩
Trailview
Overlook

룩아웃 스튜디오
Lookout Studio

호피 하우스
Hopi House

Verkamp's
Visitor
Center

El Tovar
Hotel

허밋 로드
Hermit Road

Hermit Road

브라이트 앤젤 트레일 입구

Bright Angel Lodge

콜 스튜디오
Kolb Studio

Village Loop Drive

Maswik Lodge

N

11km

3.4k

# 추천 일정

빌리지를 중심으로 서쪽 구역과 동쪽 구역으로 나누어 이틀이면 주요 명소 대부분을 돌아보고 간단한 하이킹도 가능하다. 하루밖에 없다면 하이라이트만 간단히 볼 수 있다. 시간 여유가 있다면 계곡 아래로 강까지 내려가는 다양한 하이킹 코스를 즐기거나 차로 5시간 정도 떨어져 있는 노스림에 다녀올 수도 있다(노스림은 10~5월 폐쇄).

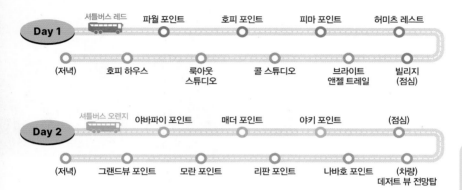

Day 1 — 셔틀버스 레드
파월 포인트 · 호피 포인트 · 피마 포인트 · 허미츠 레스트
(저녁) · 호피 하우스 · 룩아웃 스튜디오 · 콜 스튜디오 · 브라이트 앤젤 트레일 · 빌리지(점심)

Day 2 — 셔틀버스 오렌지
야바파이 포인트 · 매더 포인트 · 야키 포인트 · (점심)
(저녁) · 그랜드뷰 포인트 · 모란 포인트 · 리판 포인트 · 나바호 포인트 · (차량) 데저트 뷰 전망탑

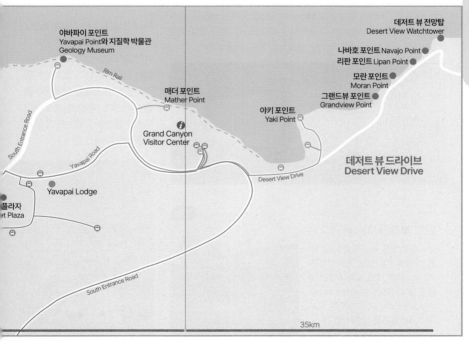

남서부

데저트 뷰 전망탑
Desert View Watchtower

나바호 포인트 Navajo Point
리판 포인트 Lipan Point

야바파이 포인트
Yavapai Point와 지질학 박물관
Geology Museum

모란 포인트
Moran Point

그랜드뷰 포인트
Grandview Point

Rim Rail

매더 포인트
Mather Point

야키 포인트
Yaki Point

Grand Canyon
Visitor Center

South Entrance Road

Yavapai Road

데저트 뷰 드라이브
Desert View Drive

Yavapai Lodge

Desert View Drive

플라자
t Plaza

South Entrance Road

35km

# 빌리지

관광지로 개발된 지역이다. 주차장과 방문자센터, 숙박시설, 식당, 슈퍼마켓 등 관광객 편의 시설이 모여 있는 여행의 시작점이자 베이스캠프다. 당일치기 여행자라면 이곳을 중점적으로 둘러보자.

가는 방법 차량으로 남쪽 입구에서 10분. 또는 투사얀에서 블루 셔틀버스로 15~20분 소요

### 매더 포인트
#### Mather Point

가장 접근이 쉬운 대표적인 전망대로 대형 주차장이 있어 단체 관광객이 모여드는 곳이다. 넓은 지평선이 펼쳐져 일출과 일몰 모두 감상하기 좋으며 특히 북동쪽 부분을 넓게 볼 수 있다.

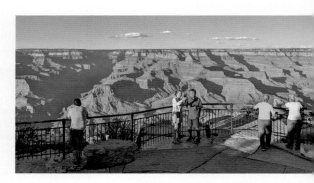

### 야바파이 포인트 Yavapai Point

가장 튀어나온 부분에 있는 전망대로 계곡 깊숙한 곳까지 보인다. 바로 옆 지질학 박물관 Geology Museum에서는 그랜드캐니언의 생성 과정을 알 수 있으며 실내에서 유리창을 통해서도 계곡을 볼 수 있다.

### 호피 하우스
#### Hopi House

1905년에 지어진 기념품점으로 인디언 거주지를 방문한 건축가 메리 콜터 Mary Colter가 영감을 얻어 지었다고 한다. 호피 인디언들이 만든 수공예품, 액세서리 등을 판매한다. 예술작품에 가까운 훌륭한 물품들도 있는데 그런 것들은 상당히 비싼 편이다.

**Tip**

## 마켓 플라자 Market Plaza
주차장은 물론 숙소와 캠핑장, 은행, 우체국까지 있는 작은 생활구역이다. 특히 대형 슈퍼마켓인 캐니언 빌리지 마켓 앤 델리 Canyon Village Market & Deli가 있어 식재료와 기본 물품을 갖추고 있다.

호피 하우스

## 룩아웃 스튜디오
### Lookout Studio

멋진 발코니를 가진 이곳 역시 메리 콜터가 지은 것이다. 돌과 나무로 지어져 운치가 있으며 건너편의 엘토바 호텔을 비롯해 협곡의 절경을 감상할 수 있다.

## 콜 스튜디오 Kolb Studio

브라이트 앤젤 트레일의 초입에 있다. 콜 형제가 1904년에 지은 스튜디오로 하이커들을 촬영했었다. 현재는 서점, 갤러리, 기념품점으로 이용된다. 절벽 끝에 매달려 있는 건물이 독특하다.

## 브라이트 앤젤 트레일
### Bright Angel Trail

가장 인기 있는 트레일로 곳곳에 화장실과 식수대가 있다. 콜로라도강까지 당일치기는 어렵고 중간의 인디언 가든까지는 왕복 6~9시간 소요된다. 가볍게 분위기만 느끼고 싶다면 어퍼 터널(300m)이나 로어 터널(1.3km)까지 다녀와 보자.

# 허밋 로드

빌리지에서 서쪽으로 11km 정도에 이르는 길로 3~11월에는 셔틀버스로만 갈 수 있다. 반대로 12~2월에는 셔틀버스가 운행하지 않아 개인 차량을 이용해야 한다.

가는 방법 빌리지 가장 서쪽의 Village Route Transfer 정류장에서 레드 셔틀버스로 이동하면 주요 명소마다 정차한다.

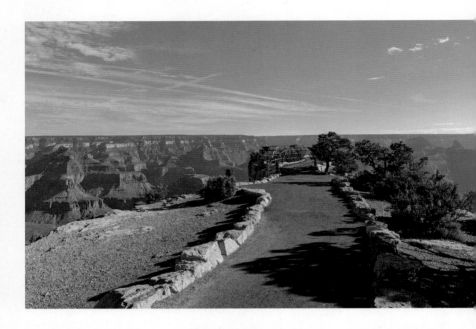

### 트레일뷰 오버룩
### Trailview Overlook

이름 그대로 브라이트 앤젤 트레일이 내려다보이는 곳이다. 또한 건너편으로 엘토바 호텔 등 빌리지의 주요 명소들도 보인다.

### 마리코파 포인트
### Maricopa Point

아메리카 원주민 마리코파족의 이름을 땄으며 협곡 위로 돌출된 곳에 자리해 북동쪽으로 넓은 전망을 볼 수 있다.

### 파월 포인트
### Powell Point

1869년과 1871년, 최초로 콜로라도강을 탐험했던 지질학자 존 파월 John Wesley Powell의 이름을 딴 곳이다. 그를 기념하는 제단 모양의 기념비가 있다.

## 허미츠 레스트 Hermits Rest

허밋 로드의 서쪽 끝에 위치한 셔틀버스의 종점이다. 1914년에 메리 콜터가 돌을 쌓아 지은 건물로 기념품점뿐 아니라 간단한 스낵과 음료도 판다. 건물 밖에는 화장실과 식수대가 있다. 허밋 트레일헤드가 시작되는 곳이라 트레킹을 하는 사람들이 많이 들른다.

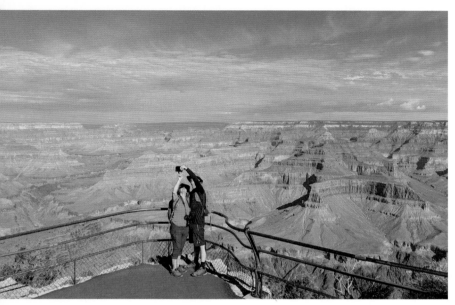

남서부

## 호피 포인트
### Hopi Point

파월 포인트 바로 옆에 위치한 곳으로 일출과 일몰이 유명하다. 아메리카 원주민 호피족의 이름을 딴 것으로 멋진 파노라마 경치를 감상할 수 있다. 버스 정류장 부근에 간이 화장실도 있다.

## 모하비 포인트
### Mojave Point

일출과 일몰이 아름다운 곳으로 허미츠 레스트에서 빌리지로 가는 셔틀버스 Eastbound가 정차하기 때문에 빌리지로 돌아가는 길에 일몰을 감상하기 좋다.

## 피마 포인트
### Pima Point

모하비 포인트와 마찬가지로 일출과 일몰이 아름다운 곳이다. 멀리 콜로라도강도 잘 보이는 편이다. 허미츠 레스트까지는 1.8km 거리다.

# 데저트 뷰 드라이브

캐니언 동쪽으로 펼쳐진 사막지대가 보이는 곳이다. 빌리지에서 캐니언을 따라 동쪽으로 35km에 이르는 지역으로 64번 도로가 이어진다. 멀기도 하지만 야키 포인트를 제외하면 셔틀버스가 운행하지 않아 개인 차량으로 직접 이동해야 한다. 도로를 따라 북쪽의 협곡 방향으로 전망대들이 곳곳에 있다.

가는 방법 개인 차량을 이용해서만 갈 수 있다. 빌리지에서 데저트 뷰 끝까지 40분 정도 걸리며, 중간에 전망 포인트에서 내려 시간을 보내는 것에 따라 왕복 2~4시간 정도 소요된다.

야키 포인트

모란 포인트

### 야키 포인트
### Yaki Point

데저트 뷰 드라이브상에 있지만 셔틀버스(오렌지색 카이밥/림 루트)로만 갈 수 있다. 빌리지에서 멀지 않은 데저트 뷰 드라이브 초입에 있다. 계곡 쪽으로 돌출한 데다가 북동쪽 방향이 잘 보여 일출이 특히 아름답다. 바로 근처에 사우스 카이밥 트레일 입구가 있다.

### 그랜드뷰 포인트
### Grandview Point

이름 그대로 그랜드캐니언의 모습이 동서로 넓게 펼쳐져 시원하게 보이는 전망대로 그랜드뷰 트레일이 시작되는 곳이기도 하다. 과거에는 이곳에 호텔이 있어 관광지로 발달했었다.

### 모란 포인트
### Moran Point

그랜드캐니언의 아름다운 모습을 화폭에 담아 세상에 널리 알리는 데 공헌했던 토머스 모란 Thomas Moran을 기념해 지어진 이름이다. 그의 풍경화가 말해주듯 하루 종일 빛을 따라 변하는 그림자와 협곡의 모습을 감상할 수 있다.

그랜드뷰 포인트

## 데저트 뷰 전망탑
### Desert View Watchtower

데저트 뷰는 바로 앞에는 그랜드캐니언 협곡이 보이고, 동쪽으로는 나바호 인디언 보호구역이 넓은 평원처럼 펼쳐져 있는 곳이다. 특히 이곳에는 메리 콜터가 지은 전망탑이 있어 더욱 인상적이다. 돌을 쌓아 만든 전망탑은 12세기 초에 이 주변에 거주했던 아메리카 원주민들의 유물과 유적을 토대로 재현한 것이라고 한다. 국립공원 끝에 자리해 동쪽 입구와도 가까우며 주변이 상대적으로 어두운 편이라 별을 보기에도 좋다.

## 리판 포인트 Lipan Point

계곡 아래 서쪽(왼쪽)으로 콜로라도강이 길게 보이는 곳으로 그만큼 협곡의 깊은 곳까지 다양한 색을 볼 수 있다. 일출과 일몰도 아름답다.

남서부

## 나바호 포인트 Navajo Point

동쪽(오른쪽)으로 멀리 데저트 뷰 전망탑이 조그맣게 보이며 동북쪽으로 절벽이 병풍처럼 펼쳐져 있는 모습이 보인다. 일몰 포인트로도 꼽히는 곳이다.

Tip

## 데저트 뷰 편의시설
빌리지에서는 꽤 멀지만 국립공원 동쪽 입구가 있는 곳이라 간단한 안내소와 상점, 화장실, 식수대, 캠핑장, 주차장 그리고 주유소가 있다.

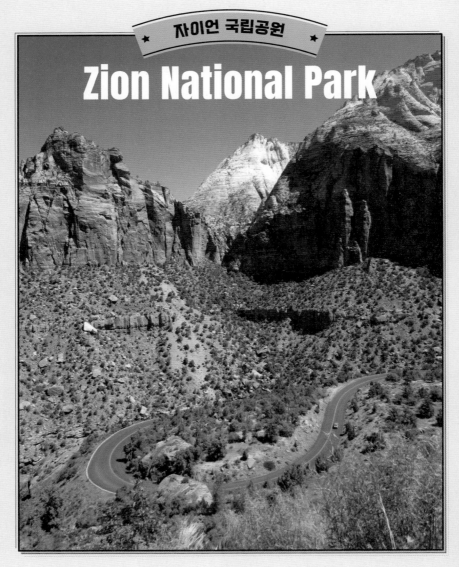

# 자이언 국립공원
# Zion National Park

자이언 국립공원에는 25km 길이의 버진 강 Virgin River이 깎아서 만든 다양한 채도의 사암 돌
기둥과 절벽이 있다. 마치 인간을 세속 세계와 단절시키는 듯한 압도적인 규모와 형상에 대해
이 지역 초기 개척자였던 아이작 바쿠닌은 '인간은 인간이 만든 교회에서 뿐 아니라 이 거대한
자연 대성당에서 신을 섬겨야 한다. 이것이 진정한 시온 Zion(예수살렘의 성스러운 언덕)'이라
고 말하기도 했다. 과거에 살았던 원조 원주민은 파이우트 Paiute 인디언이었으나 모르몬교 개
척지로 개발된 후 지명이 종교와 관련된 지명으로 거의 모두 바뀌었다. 지금은 유타주에서 가장
오래된 국립공원으로 연간 300만 명 이상의 관광객이 찾는다.

# 기본 정보

## 유용한 홈페이지
공식 홈페이지 www.nps.gov/zion

## 방문자 센터
운영 4월 중순~5월 말·9~1월 08:00~18:00, 5~8월·
10~4월 08:00~17:00

## 입장료
차량당 $35(7일간 유효). 9번 고속도로(St. George
to Zion)를 통과할 때 필요하다.

## 기후
봄은 눈이 녹는 계절이어서 늘어나는 수량에 대비
해야 한다. 여름은 관광객이 가장 붐비는 시기이고
낮에는 하이킹 하기에 너무 덥다. 가을은 기온이 온
화하여 방문하기에 가장 적기다. 겨울은 서늘하고
저지대는 비, 고지대는 눈이 흩날리기도 한다. 계절
에 관계없이 일교차가 무척 큰 지역이어서 이에 대
한 대비가 필요하다.

## 주의사항
❶ 시차를 반드시 확인한다.
❷ 유타주 9번 고속도로(Hwy 9) 통과 시 공원 방문
여부에 관계없이 공원 입장료를 무조건 내야 한
다(차량당 $30, 영수증을 반드시 소지할 것).
❸ 여름에는 버진강의 수량이 늘어나는 경우가 많
으니 주의를 기울여야 한다.
❹ 방문 전에 상황과 체력에 맞는 하이킹 코스를 선
택하고 그에 맞는 옷차림과 장비를 준비한다.

# 가는 방법

자동차로 가는 게 가장 일반적인 방법이다. 라스베
이거스에서 250km 거리이고, 가장 가까운 도시
세인트 조지 St. George에서는 70km 정도 떨어져
있다. 브라이스캐니언 국립공원까지는 141km 정
도다.
자이언 국립공원 주차장은 몰리는 관광객으로 주차

가 힘든 경우가 많다. 자이언 국립공원과 가까우면
서 숙소 등의 편의시설이 갖추어져 있는 스프링데
일 Springdale에 주차를 하고 스프링데일 라인 셔틀
Springdale Line Shuttle을 갈아탄 뒤 자이언 국립공
원으로 이동할 것을 추천한다. 자이언 국립공원 내
에 주차를 원한다면 09:00 이전에 도착해야 한다.
스프링데일에서 자이언 국립공원까지는 약 2.4km
떨어져 있다.
버스로 갈 경우 국립공원까지 가는 직행 노선이 없
어 근교 도시인 세인트 조지에서 세인트 조지 셔틀
St. George Shuttle을 타고 이동해야 한다. 소요 시
간은 1시간 정도다. 라스베이거스에서 세인트 조지
까지도 같은 회사의 셔틀이 있다(3시간 소요).

[스프링데일 라인 셔틀]
운영 08:00~18:00(10~15분 간격 운행. 계절에 따라 변
동됨. 방문 전 홈페이지 확인 필요) 요금 무료, 주차비 1일
$25~40 홈페이지 www.nps.gov/zion/planyourvisit/
zion-canyon-shuttle-system

[세인트 조지 셔틀]
요금 $16~(시기별 상이) 홈페이지 www.stgshuttle.com

# 국립공원 내 교통

3월 중순에서 10월
까지는 무료 셔틀인
자이언캐니언 라인
셔틀 Zion Canyon
Line Shuttle 버스가
운행한다. 이 시기
에 자이언 국립공원을 둘러볼 수 있는 유일한 교통
수단이다. 겨울에는 자동차로 이동할 수 있지만 국
립공원 내에서는 지정된 곳에만 주차를 할 수 있고
주차 공간을 찾기도 매우 어려워 자동차 이용은 추
천하지 않는다. 자이언캐니언 라인 셔틀은 자이언
로지, 그로토 등 주요 볼거리에 정차하기 때문에 매
우 유용한 수단이다.

[자이언캐니언 라인 셔틀]
운영 07:00~17:00(5분 간격 운행. 계절에 따라 변동됨. 방
문 전 홈페이지 확인 필요) 요금 무료 홈페이지 www.nps.
gov/zion/panyourvisit/zion-canyon-shuttle-system

# 📷 Attraction

자이언 국립공원의 주요 도로는 Hwy 9번 도로이며 주요 관광 지역은 2개로 나뉘어 있다. 가장 많은 볼거리가 몰려 있는 곳은 자이언캐니언 지역 Zion Canyon Scenic Drive이고 두 번째 추천 구역은 동쪽에 있는 자이언 마운트 카멜 하이웨이 지역 Zion Mount Carmel Highway이다. 주요 관광 포인트와 그곳을 출발점으로 하는 트레일 코스를 함께 소개하니 하이킹 계획 시 참고하자.

## 자이언캐니언 지역

자이언캐니언 방문자 센터에서 시작하는 자이언캐니언 시닉 드라이브 Zion Canyon Scenic Drive는 템플 오브 시나와바까지 이어지는데, 10km에 달하는 이 코스에 주요 볼거리가 집중되어 있다. 주요 볼거리가 있는 곳을 중심으로 상황과 체력에 맞는 하이킹 코스를 골라 경험해 보자.

### 자이언 방문자 센터
### Zion Canyon Visitor Center

국립공원 관광의 정보를 얻기 위해 꼭 들러야 하는 장소로 기프트 숍도 운영하고 있다. 공원의 중심 지역으로 레스토랑 등의 다양한 편의 시설을 갖추고 있으며 셔틀버스의 출발점이기도 하다.

지도 P.411 ▷ 주소 Zion National Park, 1 Zion Park Blvd, Springdale, UT 84767

### 자이언 인류 역사 박물관
### Zion Human History Museum

자이언 국립공원 남쪽 입구에 있다. 이 지역에 최초로 거주했던 인디언 파이우트부터 미국 개척기의 역사까지 알 수 있는 다양한 유물을 전시하고 있다. 영화관에서는 자이언 국립공원의 역사를 담은 다큐멘터리(22분 소요)를 상영한다.

지도 P.411 ▷ 운영 10:00~17:00

### 코트 오브 페이트리아크
### Court of the Patriarchs

버진강이 만든 구불구불한 길을 따라 조금만 가면 낮은 평지에서 우뚝 솟은 기괴한 사암 돌기둥 3개를 볼 수 있다. 셔틀버스 4번 지점에 있는 볼거리로 성경에 나오는 아브라함, 이삭 그리고 야곱의 이름을 붙여 생긴 이름이다. 지도 P.411 ▷

### 자이언 내셔널 파크 로지
### Zion National Park Lodge

100년 전 북미 토종 미루나무로 만든 유서 깊은 건물로 현재 건물은 1966년 화재에 소실된 후 오래된 산장 느낌으로 재건축되었다. 가격이 비싼 숙소이지만 숙박을 하지 않더라도 꼭 들러 보자. 공원내 유일한 숙소로 6개월 전에 예약을 해야 한다.

지도 P.411 ▷ 홈페이지 www.zionlodge.com

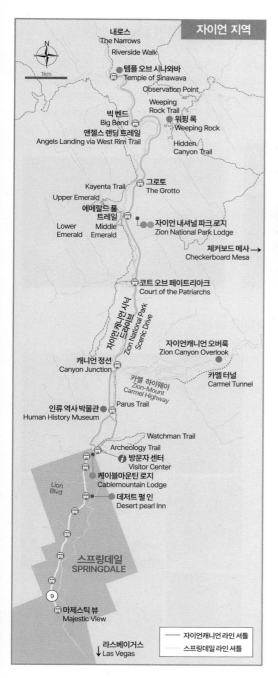

내로스
The Narrows
Riverside Walk

N

1km

템플 오브 시나와바
Temple of Sinawaba
Observation Point

Weeping
Rock Trail

빅 벤드
Big Bend
앤젤스 랜딩 트레일
Angels Landing via West Rim Trail

위핑 록
Weeping Rock

Hidden
Canyon Trail

Kayenta Trail

그로토
The Grotto

Upper Emerald
에메랄드 풀
트레일
Lower      Middle
Emerald    Emerald

자이언 내셔널 파크 로지
Zion National Park Lodge

체커보드 메사 →
Checkerboard Mesa

코트 오브 페이트리아크
Court of the Patriarchs

자이언 내셔널 파크 시닉 드라이브
Zion National Park
Scenic Drive

자이언캐니언 오버룩
Zion Canyon Overlook

캐니언 정션
Canyon Junction

카멜 하이웨이
Zion-Mount
Carmel Highway

카멜 터널
Carmel Tunnel

Parus Trail

인류 역사 박물관
Human History Museum

Watchman Trail

Archeology Trail

방문자 센터
Visitor Center

케이블마운틴 로지
Cablemountain Lodge

Lion
Blvd

데저트 펄 인
Desert pearl Inn

스프링데일
SPRINGDALE

9

마제스틱 뷰
Majestic View

라스베이거스
↓Las Vegas

자이언캐니언 라인 셔틀
스프링데일 라인 셔틀

## 에메랄드 풀 트레일
### Emerald Pool Trail

자이언 국립공원에서 가장 대중적인 하이킹 코스로 자이언 로지에서 300m 떨어진 지점에서 시작하고 3단(Lower/Middle/Upper)으로 나뉜다. 로어 에메랄드 풀 트레일이 가장 쉽고 움푹 파인 암벽을 따라 걸으면서 다채로운 자연 경관을 경험할 수 있다. 암벽을 따라 물이 떨어지는 경우가 많으므로 대비가 필요하다.

## 그로토 The Grotto

그로토 지역은 그늘이 있고 쉬운 하이킹 코스인 그로토 트레일 Grotto Trail의 출발점이자 공원 내에서 가장 유명한 트레일인 앤젤스 랜딩 트레일 Angels Landing Trail의 출발점이다. 또한 그로토에는 피크닉 지역이 조성되어 있다. 그로토 트레일은 로지까지 연결된 0.8km의 평지를 걷는 쉬운 코스로 어린이를 동반한 가족이 즐기기에 적합하다. 앤젤스 랜딩 트레일은 자이언 국립공원의 대표 하이킹 코스이나 최상급 난이도의 코스(왕복 8.7km)로 사전에 허가 Permit를 받아야 한다. 신청비는 $6이고 고난이도에 걸맞게 하이킹 부츠가 필수다. 500m 정상에서 내려다보는 전망이 가히 환상적이다. 지도 P.411

## 위핑 록 Weeping Rock

말 그대로 우는 바위처럼 물이 흘러내리는 바위다. 이곳에서 연결된 위핑 록 트레일 Weeping Rock Trail은 자이언캐니언 라인 셔틀 7번 정류장에서 편도 300m를 움푹 파인 암벽을 따라 걸어가는 비교적 쉬운 하이킹 코스다. 지도 P.411

## 빅 벤드 Big Bend

셔틀버스에서 내려 강 쪽으로 조금만 걸어가면 입이 쩍 벌어지는 수직 절벽의 뷰를 볼 수 있다. 남쪽 방향으로는 자이언 국립공원을 대표하는 하얀색 사암 돌기둥인 더 그레이트 화이트 스론 The Great White Throne과 앤젤스 랜딩 Angels Landing이 보인다. 지도 P.411

## 템플 오브 시나와바 Temple of Sinawava

시닉 드라이브의 종점. 인위적으로 돌기둥을 잘라서 만든 것처럼 수직 절벽의 바위들이 병풍처럼 늘어서 있다. 인디언들이 신들을 섬겼던 지역임을 직관적으로 느낄 수 있는 신성한 느낌의 지역이다. 템플 오브 시나와바와 연결된 트레일은 리버사이드 워크 Riverside Walk와 내로스 The Narrows가 있다. 리버사이드 워크는 비교적 쉬운 하이킹 코스(3.5km)로 캐니언의 외곽을 따라 걷는 인기 트레일이다. 자이언 국립공원에 서식하는 토종 개구리나 달팽이 등을 만날 수 있다. 내로스는 버진강을 따라가는 난이도 상급의 하이킹 코스로 미국에서 가장 아름다운 협곡 사진을 찍을 수 있는 곳이다. 위에서 아래로 내려오는 코스는 사전에 허가가 필요하며 추천 코스는 빅 스프링까지 가는 코스(4km)다. 버진강을 통과하며 하이킹하기 때문에 워터 슈즈와 방수 양말 등의 장비를 갖춰야 하고 하이킹 부츠, 등산용 지팡이 등도 필요하다. 방문자 센터에서 빌릴 수도 있다. 지도 P.411

412

# 자이언 마운트 카멜 하이웨이

1930년에 완공된 유타주의 Hwy 9번 도로는 자이언 국립공원과 브라이스캐니언 국립공원, 그랜드캐니언 국립공원의 노스 림 North Rim까지 연결한다. 유타 Hwy 9번 도로상의 캐니언 정션 Canyon Junction에서 동쪽 방향으로 이어지는 도로를 자이언 마운트 카멜 하이웨이라고 부른다(앞 지도 참고). 이 도로는 셔틀이 다니지 않고 차량으로만 접근이 가능하다.

## 카멜 터널 Carmel Tunnel

캐니언 정션에서 동쪽으로 가다 보면 거의 2km의 긴 터널을 통과한다. 건설 당시 사암층을 뚫어야 하는 쉽지 않은 공사를 통해 완성된 터널로 자이언 국립공원과 브라이스캐니언 국립공원을 연결하고 있다. 지도 P.411

## 체커보드 메사 Checkerboard Mesa

카멜 터널에서 8km 정도 더 가면 나바호 사암으로 이루어진 300m 높이의 하얀색 원추형 모양 돌기둥을 만난다. 오랜 기간 풍화되어 가로와 세로 모양이 체크판을 닮아 붙여진 이름이다. 지도 P.411

## 자이언캐니언 오버룩
### Zion Canyon Overlook

자이언캐니언 오버룩 지역은 그레이트 아치 The Great Arch와 자이언 국립공원의 파노라마 뷰를 조망할 수 있는 지역이다. 카멜 터널 통과 후 주차장에 주차한 뒤 캐니언 오버룩 트레일에 도전해 보자. 캐니언 오버룩 트레일 Canyon Overlook Trail은 경사가 급한 절벽길을 따라 가지만 비교적 쉬운 하이킹 코스로 왕복 1시간 정도 소요된다. 정상에 올라가면 자이언 국립공원의 수직 절벽과 독특한 사암 돌기둥을 파노라마로 감상할 수 있다. 지도 P.411

남서부

# 🛏 Accommodation

쉬는 즐거움

## ━ 국립공원 내부 숙소 ━

· **자이언 내셔널 파크 로지** Zion National Park Lodge
1924년에 지어진 유서 깊은 장소로 국립공원 내의 유일한 숙소다. 산장 분위기가 멋스럽고 시간이 부족한 관광객에겐 위치적 이점으로도 고려해 볼 만하다. 레드록 그릴 Red Rock Grill 레스토랑도 평이 좋은 편이다.

지도 P.411  주소 1 Zion Lodge, Springdale 홈페이지 www.zionlodge.com

## ━ 국립공원 외부 숙소 ━

국립공원 인근 도시인 스프링데일 Sprindale에는 숙소와 레스토랑이 많이 있다. 국립공원까지 운행하는 셔틀도 있어 머물기에 적당하다.

· **케이블마운틴 로지** Cable Mountain Lodge
지도 P.411  주소 147 Zion Park Blvd, Springdale
홈페이지 https://cablemountainlodge.com

· **데저트 펄 인** Desert Pearl Inn
지도 P.411  주소 707 Zion Park Blvd, Springdale
홈페이지 https://www.desertpearl.com/en/homepage

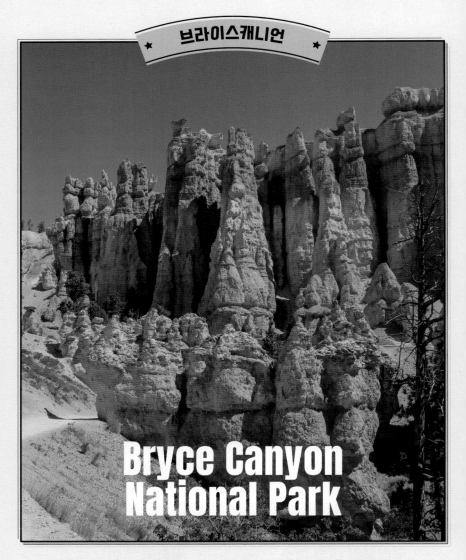

# Bryce Canyon National Park

브라이스캐니언은 유타주를 대표하는 국립공원 중 하나다. 이 국립공원에는 한번 보면 각인되는 인상적인 지형이 있다. 기괴한 굴뚝이나 첨탑의 모습과 유사한 후두 Hoodoo라는 지형이다. 후두를 보면 그 단어의 어원인 '묘한 매력에 사로잡히게 한다'는 의미를 이해할 수 있다. 수세기에 걸쳐 풍화와 침식의 결과로 만들어졌다는 과학적 설명보다는 초기 정착민인 파이우트 Paiute 인디언 이야기가 더 흥미롭다. 황량하고 건조한 이 지역의 먹거리와 물을 장악했던 전설적인 악인들을 인디언이 숭상하는 코요테 신이 돌로 변하게 해 후두에 가두었다는 이야기다. 후두 전시장인 앰피시어터 림 Amphitheater Rim에서 내려다봐도 좋고 시간이 허락한다면 트레일을 걸으며 어디서도 경험할 수 없는 브라이스캐니언의 독특한 아름다움을 경험하길 권한다.

414

# 기본 정보

## 유용한 홈페이지

공식 홈페이지 www.nps.gov/brca

브라이스캐니언 자연역사협회

www.brycecanyon.org

## 방문자 센터

브라이스캐니언 국립공원 관광 관련 지도 등 다양한 정보를 제공하고 있다.

주소 UT-63, Bryce Canyon City, UT 84764 운영 5~9월 08:00~20:00, 10월 08:00~18:00, 11~3월 08:00~16:30, 4월 08:00~18:00

## 입장료

차량당 $35, 7일간 유효

## 기후

5~9월이 방문 적기이나 관광객이 가장 많이 붐비는 시기다. 10~4월이 되면 한가해지지만 기온이 떨어지기도 한다. 겨울에 방문할 땐 폐쇄되는 구간의 확인이 필요하고 눈에 대비한 옷차림과 장비가 요구된다.

## 주의사항

❶ 고산지대(2,778m)이므로 고산병에 유의해야 한다.

❷ 건조 지형으로 일교차가 심하다. 날씨 체크는 필수이고 이에 대한 대비가 필요하다.

## 가는 방법

라스베이거스와 솔트레이크시티 중간쯤에 있어 어느 지점에서 출발해도 430km 정도를 자동차로 달려야 한다. 자이언 국립공원에서는 135km 정도 떨어져 있다. 장거리 운전이 부담스럽다면 가장 가까운 배후 도시인 세인트 조지 St. George나 시더 시티 Cedar City까지 대중교통으로 이동한 뒤 렌트를 하는 것도 좋다.

## 공원 내 교통

시간이 제한적인 경우 자동차로 짧은 여행도 가능한 국립공원이다. 입장료에는 무료 셔틀이 포함되어 있다. 브라이스캐니언 국립공원에서 셔틀 이용은 옵션이다.

### ① 자동차

공원까지 갈 수 있는 대중교통 수단이 없기 때문에 자동차는 브라이스캐니언까지 갈 수 있는 유일한 방법이다. 성수기에는 주차공간이 협소하기 때문에 공원 내에서의 이동은 셔틀을 추천한다. 공원은 겨울에 강풍이 부는 시기를 제외하고는 1년 내내 개방되어 있으며 지정된 지역에 주차를 해야 한다. 캐니언의 림을 따라 공원 입구인 레인보 포인트에서 스왐프 캐니언까지 자동차로 달리면서 환상적인 전망을 즐기되 중요 구간(선라이즈 포인트~인스피레이션 포인트)은 하이킹을 추천한다.

### ② 무료 셔틀

브라이스캐니언에서 운영하는 무료 셔틀은 주요 포인트와 트레일을 연결하는 효율적인 이동 수단이다. 셔틀을 무료로 이용하기 위해서는 공원 입장권을 버스 운전사에게 보여주어야 한다. 셔틀버스는 루비스 인 Ruby's Inn, 캠프그라운드, 방문자 센터 및 공원 내 뷰 포인트에서 탈 수 있다. 운영은 4월~10월(08:00~18:00)까지며 배차 간격은 12~15분이다. 노선 및 변동 사항은 홈페이지에서 확인할 수 있다.

홈페이지 www.nps.gov/brca/planyourvisit/shuttle

남서부

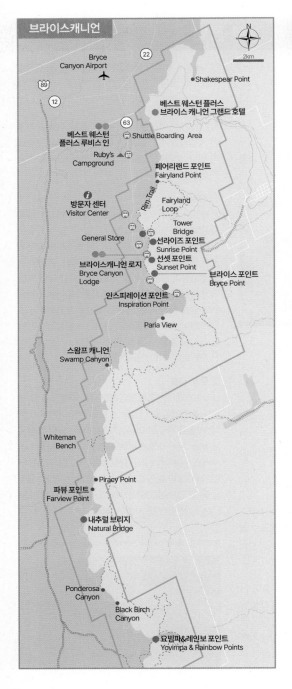

브라이스캐니언

Bryce
Canyon Airport

Shakespear Point

베스트 웨스턴 플러스
브라이스 캐니언 그랜드 호텔

베스트 웨스턴
플러스 루비스인

Shuttle Boarding Area

Ruby's
Campground

페어리랜드 포인트
Fairyland Point

방문자 센터
Visitor Center

Fairyland
Loop

Rim Trail

Tower
Bridge

General Store

선라이즈 포인트
Sunrise Point

브라이스캐니언 로지
Bryce Canyon
Lodge

선셋 포인트
Sunset Point

브라이스 포인트
Bryce Point

인스피레이션 포인트
Inspiration Point

Paria View

스왐프 캐니언
Swamp Canyon

Whiteman
Bench

Piracy Point

파뷰 포인트
Farview Point

내추럴 브리지
Natural Bridge

Ponderosa
Canyon

Black Birch
Canyon

요빔파&레인보 포인트
Yovimpa & Rainbow Points

2km

N

89  12  22  63

# 추천 일정

환상적인 후두와 기묘한 사암 돌기 등을 보는 것이 브라이스캐니언의 핵심이다. 인스피레이션 포인트에서 일출을 보기 위해서는 새벽 도착을 권하며, 선셋 포인트와 선라이즈 포인트가 핵심 관광지역이다. 나바호 트레일은 짧은 구간이라도 꼭 체험하길 추천한다. 방문자 센터에서 시작해 브라이스 포인트까지 아래 순서대로 도는 게 좋다. 여유가 있다면 요빔파 & 레인보 포인트와 페어리랜드 루프 트레일을 추가하면 된다.

방문자 센터

선셋 포인트

선라이즈 포인트

퀸스 가든/나바호 루프 트레일

인스피레이션 포인트

브라이스 포인트

# 📷 Attraction

후두의 다채로운 모습을 볼 수 있는 앰피시어터 지역 Amphitheater Region이 핵심이다. 앰피시어터 지역은 브라이스캐니언 남서 지역의 일부로 유서 깊은 브라이스캐니언 로지부터 선라이즈, 선셋 그리고 인스피레이션 포인트를 포함하고 있는 관광 중심 지역이다. 여유가 있다면 자동차를 이용하여 브라이스캐니언 림에서 남쪽 요빔파 & 레인보 포인트 Yovimpa & Rainbow Point까지 18마일 시닉 드라이브를 즐겨도 좋다. 소요시간은 편도 1시간이다.

---

**Tip**

## 후두 Hoodoo

수천 년 전 호수와 바다 밑에서 차곡차곡 쌓인 지층(해성층)이 딱딱한 기반암을 이루고 그것이 융기를 한 후 바람과 물에 의한 침식에 깎여 만들어진 돌기둥이다. 아래 그림을 보면 융기한 고원 Plateau이 기둥 모양이 되는 것을 확인할 수 있다. 인간을 매혹시키는 이 독특한 지형은 건조 고원지대에서 주로 나타난다. 후두의 가장 환상적인 모습을 볼 수 있는 때는 햇빛과 만나는 일출~09:00 사이이다.

Plateau    Fin    Window    Hoodoo

©NPS

남서부

## 선셋 포인트 Sunset Point

선셋 포인트는 일몰이 아름다운 포인트이자 브라이스캐니언에서 가장 인기 있는 나바호 트레일 Navajo Trail과 연결되는 지점이다. 나바호 트레일은 브라이스 국립공원의 매력적이고 독특함을 모두 가지고 있는 지역으로 북유럽 신 '토르'의 망치 모양 후두와 높은 벽이 빽빽히 들어차 협곡을 이루고 있다. 자연의 숭고함을 경험할 수 있는 나바호 트레일의 길이는 2.2km이고 난이도는 중급 정도다. 트레일의 주요 볼거리는 토르의 망치 Thors Hammer, 월스트리트 Wall Street, 그리고 두개의 다리 Two Bridges 등이다. 그중 월스트리트는 2021년부터 홍수로 인해 폐쇄된 상태다. 나바호 트레일과 퀸스 가든 트레일을 연결해서 걸으면 4.6km 정도다.

토르의 망치

월스트리트

## 선라이즈 포인트 Sunrise Point

선라이즈 포인트는 일출이 아름다운 뷰 포인트이자 퀸스 가든 트레일 Queen's Garden Trail이 시작되는 포인트다. 하지만 일출 못잖게 일몰도 환상적인 곳으로 후두가 그림자를 만드는 광경이 환상적이다. 퀸스 가든 트레일은 선라이즈 포인트에서 98m 정도 떨어져 있는데, 왕복 3km 길이의 비교적 쉬운 하이킹 코스다. 트레일을 따라가면서 많은 후두들을 가까이서 볼 수 있고 왕관 모양의 빅토리아 여왕 후두 Queen Victoria Hoodoo도 볼 수 있다. 이 트레일은 나바호 트레일과 연결된다.

## 인스피레이션 포인트 Inspiration Point

3개 층에서 후두들을 볼 수 있고 붉은색과 흰색이 층을 이루는 독특한 후두 형태도 볼 수 있다. 각 층위에서 만나는 다채로운 전경이 영감을 준다. 포인트 중에는 후두를 가장 가깝게 볼 수 있는 곳이다.

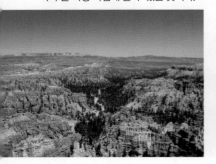

## 브라이스 포인트 Bryce Point

셔틀버스의 종점이자 앰피시어터의 윤곽을 잘 볼 수 있는 인기 있는 전망대다. 일출 때 후두들이 붉은빛으로 물들어가는 경관이 멋지다. 림 트레일 Rim Trail은 페어리랜드 루프 Fairyland Loop에서 브라이스 포인트까지의 모든 뷰 포인트를 연결하는 트레일로 편도 9.16km에 달한다. 구간 중에서 핵심은 선라이즈 포인트~선셋 포인트 구간이다. 주요 앰피시어터 지역을 위에서 감상할 수 있다.

## 내추럴 브리지 Natural Bridge

풍화와 침식의 결과로 남은 붉은 석회암이 아치 모양을 이루는 포토존 지역이다. 단점은 주요 지역인 앰피시어터 지역에서 남쪽으로 꽤 떨어져 있어 공원 입구에서 자동차로 20분 이상 달려야 다다를 수 있다. 시간적 여유가 있다면 들러 보자.

# 🛏 Accommodation 　　　쉬는 즐거움

## 브라이스캐니언 로지
### The Lodge at Bryce Canyon

브라이스캐니언의 앰피시어터 주요 지역까지 걸어서 접근할 수 있는, 로케이션의 이점이 있는 유서 깊은 숙소다. 다양한 형태의 룸이 있는데, 묵을 예정이라면 예약할 것을 추천한다.

지도 P.416 ▶ 주소 1Lodge way Highway 63 홈페이지 www.visitbrycecanyon.com

## 베스트 웨스턴
### Best Western

국립공원 외부 지역에 위치한 호텔. 체인 호텔 브랜드라 깨끗하고 일정 퀄리티를 보장한다. 두 종류가 있다.

· 베스트 웨스턴 플러스 브라이스캐니언 그랜드 호텔
Best Western Plus Bryce Canyon Grand Hotel
　　지도 P.416 ▶ 주소 31 N 100 E Bryce Canyon City 홈페이지 www.brycecanyongrand.com

· 베스트 웨스턴 플러스 루비스 인
Best Western Plus Ruby's Inn
　　지도 P.416 ▶ 주소 26 S Main St, Bryce Canyon City 홈페이지 www.rubysinn.com

# Sedona

## 세도나

애리조나 사막 한가운데 솟은 붉은 바위산들을 보면 입이 쩍 벌어진다. 그 바위들이 성당, 종 등
다양한 모습을 이루며 푸른 하늘과 만나는 모습은 마치 살바도르 달리가 그린 초현실주의 그림
을 마주하는 듯하다. 이런 느낌 때문에 영화 촬영지로도 각광받고 있다.

원래 세도나는 인디언 원주민이 신성시했던 성지다. 영험한 기운이 감도는 붉은 사암 지역은 보
텍스 Vortex 에너지가 강한 것으로 알려져 있다. 신비로운 기운을 찾아오는 사람들이 많아 다양
한 종류의 명상 센터가 많다. 이런 강력한 에너지는 예술인과 은퇴자들을 끌어들이는 요소로도
작용하여 세도나를 예술인 마을이자 실버 타운으로 자리매김하는 데 일조하고 있다.

# 기본 정보

## 유용한 홈페이지

레드록 국유림 공원 www.redrockcountry.org
세도나 관광청 visitsedona.com

## 방문자 센터

Sedona Chamber of Commerce-Visitor
Center

지도 P.422 주소 331 Forest Rd, Sedona, AZ 86336 운영
08:30~17:00

## 기후

세도나 방문 최적기인 3~5월에는 기온도 온화하
고 꽃도 만개한다. 다음으로 이상적인 시기는 9~11
월로 온화한 기후로 아웃도어 액티비티를 즐기기에
적당하다. 봄, 가을에는 평균 15~25℃ 정도의 일교
차가 있음에 유의해야 한다.

## 가는 방법

자동차 또는 대중교통으로 갈 수 있다. 세도나는 플
래그스태프에서 47km, 라스베이거스에서 443km
그리고 로스앤젤레스에서 768km 정도 떨어져 있
다. 플래그스태프와 세도나를 잇는 도로는 2차선으
로 길이 험준한 편이다. 직접 운전해 갈 경우, 가급
적 해가 지기 전에 도착하길 권한다.
대중교통으로는 기차와 버스가 있다. 앰트랙을
이용하는 경우 플래그스태프 앰트랙 스테이션
Flagstaff Amtrak Station에 하차한다. 그레이하운
드를 이용하는 경우에도 플래그스태프에서 내린
다. 플래그스태프에서 세도나까지는 애리조나 셔틀
Arizona Shuttle을 이용한다.

[애리조나 셔틀] 홈페이지 www.arizonashuttle.com

## 시내 교통

대중교통 수단이 있
지만 이용하기 편리
하지 않아 자동차로
이동할 것을 추천한다. 애리조나는 기름값이 미국
내에서도 비교적 저렴한 편으로 차 렌트에도 유리
하다.

## 투어 프로그램

자동차가 있다면 굳이 투어가 필요 없지만, 대중교
통으로 방문한 경우에는 여러 종류의 투어를 이용
하는 것도 방법이다.

### • 레드스톤 투어 Redstone Tours

미니밴으로 세도나 주요 명소에 정차하는 투어로
소요 시간은 2시간 반이다.

요금 어른 $69, 어린이(3~12세) $49
홈페이지 www.redstonetours.com

### • 세도나 트롤리 Sedona Trolly

트롤리를 타고 세도나 볼거리를 관광하는 투어다.

홈페이지 www.sedonatrolly.com

### • 핑크 지프 투어 Pink Adventure Tours

분홍색 지프로 과거 인디언 거주지 및 대중교통으
로 가기 힘든 곳을 가는 3시간짜리 투어다.

운영 07:00~17:00, 수시로 출발. 홈페이지 확인 필요 요금
$100~120 홈페이지 www.pinkadventuretours.com

### • 레드록 벌룬 투어 Red Rock Balloons

레드록 위에서 출발하는 열기구 투어다. 레드록 벌
룬 투어는 사전에 날씨를 미리 확인하고 편한 복장
을 추천한다.

운영 09:00~17:00 요금 $300~
홈페이지 www.redrockballons.com

# 추천 일정

플래그스태프에서 출발하면 오크 크리크 캐니언을 통과한다. 세도나 다운타운을 들른 후 보텍스 스폿을 즐기자. 세도나는 누구나 일출과 일몰 전문 사진작가가 될 수 있는 특별한 곳이다. 각기 다른 보텍스 스폿에서 일출과 일몰을 볼 수 있게 계획해보자.

**보텍스 스폿**
(벨 록, 커시드럴 록)
① 

**시닉 드라이브**
(179번 레드록 시닉 바이웨이)
Red Rock Scenic Byway)
②

**시간 여유 있다면**
**하이킹**
⊕

**틀라케파케이**
**아트 & 크래프트**
③

**일몰 감상**
(에어포트 메사, 커시드럴 록, 벨 록)
⑥

**성 십자가 성당**
⑤

**빌리지에서 쇼핑**
④

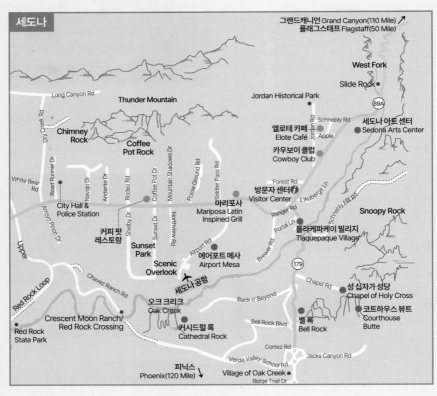

세도나

그랜드캐니언 Grand Canyon(110 Mile)
플래그스태프 Flagstaff(50 Mile)

West Fork
Slide Rock

Long Canyon Rd
Thunder Mountain
Jordan Historical Park

89A

Dry Creek Rd
Chimney Rock

Coffee Pot Rock

Road Runner Dr
White Bear Rd

Navajo Dr
Andante Dr
Rodeo Rd
Coffee Pot Dr
Mountain Shadows Dr
Posse Ground Rd
Soldier Pass Rd

Schnebly Rd
엘로테 카페
Elote Café
Jordan Rd
Apple
세도나 아트 센터
Sedona Arts Center

카우보이 클럽
Cowboy Club

Forest Rd
방문자 센터
Visitor Center
L'Auberge Ln

마리포사
Mariposa Latin
Inspined Grill

Ranger Rd
Portal Ln
틀라케파케이 빌리지
Tlaquepaque Village

Snoopy Rock

City Hall &
Police Station

Shelby Dr
Sunset Dr
Northview Rd
커피 팟
레스토랑

Sunset
Park

Scenic
Overlook

Airport Rd
에어포트 메사
Airport Mesa
세도나 공항

Arroyo Piñon Dr
Upper
Red Rock Loop
Chavez Ranch Rd

Brewer Rd
179

Chapel Rd
성 십자가 성당
Chapel of Holy Cross

코트하우스 뷰트
Courthouse
Butte

오크 크리크
Oak Creek

Crescent Moon Ranch/
Red Rock Crossing

Red Rock
State Park

커시드럴록
Cathedral Rock

Back o' Beyond

Bell Rock Blvd
벨 록
Bell Rock

Cortez Rd

피닉스
Phoenix(120 Mile)

Verde Valley School Rd
Village of Oak Creek
Ridge Trail Dr

Jacks Canyon Rd

# ◎ Attraction

세도나는 강렬한 붉은색의 경관을 가진 지역으로 아웃도어 마니아와 관광객을 끌어당기는 장소다. 넓은 건조한 사막과 선인장으로 가득한 애리조나에서 신성한 느낌의 붉은 사암으로 이루어진 독특한 지형을 경험할 수 있다.

**보텍스** Vortex

> 보텍스라는 단어의 어원은 라틴어인 'Vertere'로 '빙빙 돌다'라는 의미다. 세도나는
> 신성한 보텍스 에너지의 중심 지역으로 알려져 있다. 보텍스는 에너지를 끌어당기는
> 힘인데, 4곳(에어포트 보텍스, 커시드럴 록, 보인튼 캐니언 그리고 벨 록)에서 경험할
> 수 있다. 세도나에서 흔하게 볼 수 있는 향나무를 통해 보텍스의 영험함을 확인할 수
> 도 있다. 보텍스가 강한 지역의 향나무는 나뭇가지가 꼬여 있거나 휘어져 있다.

Tip

남서부

## 벨 록 Bell Rock

서부영화의 배경으로 쓰여도 손색이 없을 거대한 종 모양의 붉은 바위로 세도나의 인기 관광 명소다. 유명한 관광지인 만큼 아침 일찍 방문해야 붐비지 않고 제대로 둘러볼 수 있다. 벨 록의 추천 하이킹 코스는 5.8km, 2시간 반이 소요되는 벨 록 패스웨이 트레일 Bell Rock Pathway Trail이다. 아이들과 즐기기에도 적합한 코스로 1일권은 $5다. 지도 P.422

## 코트하우스 뷰트 Courthouse Butte

벨 록 뒤쪽에 있어 하이킹이나 운전 없이도 충분히 감상할 수 있다. 벨 록보다 높이가 높아 일몰 때 방문하면 해를 정면으로 받게 돼 붉은 사암이 불에 타는 것 같은 착각을 불러 일으킨다. 지도 P.422

## 커시드럴 록 Cathedral Rock

오크 크리크 캐니언 Oak Creek Canyon으로 접어 들면 뾰족한 첨탑 모양의 붉은 바위들이 시선을 사로잡는다. 바위 형태가 성당을 닮아 커시드럴 록이라 부르는데, 89번 도로 서쪽으로 에어포트 메사 Airport Mesa(0.8km)에서 하이킹하면 이곳의 파노라마 전경을 붐비는 관광객을 피해 즐길 수 있다. 하이킹 없이 전체적인 경관을 즐기기 위해서는 오크 크리크 캐니언에서 베르데 밸리 스쿨 로드 Verde Valley School Road 방향으로 8.2km 정도 가자. 오크 크리크 캐니언에 둘러싸여 있는 커시드럴 록의 전경을 제대로 감상할 수 있다. 지도 P.422

## 성 십자가 성당 Chapel of the Holy Cross

1956년 미국의 대표 건축가 프랭크 로이드 라이트의 제자가 뉴욕 엠파이어스테이트 빌딩에서 영감을 받아 붉은 사암 위에 만든 성당이다. 성당 정면의 대규모 십자가는 자연 절경과 어우러져 경건함을 이끌어내기에 충분한 디자인이다. 성당에서 바라본 주변 경관도 너무 아름답다. 상대적으로 고지대에 위치하여 커시드럴 록, 벨 록, 코트하우스 뷰트 등 세도나를 파노라마로 조망할 수 있다. 미사는 월요일 17:00, 일주일에 한 번 진행된다. 지도 P.422 주소 780 Chapel Rd, Sedona 운영 09:00~17:00 홈페이지 https://chapeloftheholycross.com

## 틀라케파케이 아트 & 크래프트 빌리지
### Tlaquepaque Arts & Crafts Village

'모든 것이 훌륭하다'는 뜻의 틀라케파케이는 세도나의 대표적 랜드마크 중 하나다. 세도나에서 쇼핑의 즐거움과 세도나의 기억을 간직할 수 있는 기념품을 찾는다면 꼭 방문해야 한다. 전통적인 멕시코 마을을 그대로 재현했는데 갤러리나 독특한 상점들이 입점해 있다. 단점은 가격이 좀 비싼 편이라는 것. 구경만으로도 의미가 있다.

지도 P.422 주소 336 State Route 179, Sedona 운영 09:00~17:00 홈페이지 www.tlaq.com

## 세도나 아트센터
### Sedona Arts Center

세도나 지역 예술가들이 작품 활동을 하고 수업을 제공하는 예술 활동의 중심지다. 예술 작품을 판매도 하고 10월에는 아트 페스티벌도 열린다. 예술품에는 소비세가 붙지 않는다.

지도 P.422 주소 15 Art Barn Rd, Sedona 홈페이지 www.sedonaartscenter.com

## 오크 크리크 캐니언
### Oak Creek Canyon

89번 도로를 따라 플래그스태프나 그랜드캐니언 방향으로 가다보면 급경사의 협곡을 포함해 전망이 멋진 드라이브를 즐길 수 있다. 가을에는 단풍이 그야말로 절경이다. 오크 크리크를 따라 캠핑 지역, 낚시 지역, 다양한 숙소 및 레스토랑 등이 줄지어 있다. 지도 P.422

# 🍴 Restaurant

먹는 즐거움

일류 파인 다이닝부터 지역민의 분위기를 느낄 수 있는 캐주얼한 식당까지 먹는 즐거움을 다양하게 즐길 수 있다. 신선한 해산물 요리, 정통 이탈리아 요리, 그리고 정통 멕시칸 요리까지 맛볼 수 있다.

## 커피 팟 레스토랑
### Coffee Pot Restaurant

옛날 학교 카페테리아 스타일의 식당으로 하루 종일 주문 가능한 맛있는 브런치는 현지인들에게도 인기가 높다. 대표 메뉴는 거대한 오믈렛 Whopping 101 omelet이다.

지도 P.422 주소 2050 W State Route 89A, Sedona 운영 매일 06:00~14:00 홈페이지 www.coffeepotsedona.com

## 카우보이 클럽 Cowboy Club

서부영화 카우보이 콘셉트의 인테리어로 장식이 되어 있는 레스토랑으로 스테이크가 유명하다. 추천 메뉴는 선인장 프라이 Cactus Fries와 브리스켓 샌드위치다.

지도 P.422 주소 241 N state Route 89A, Sedona 운영 11:00~21:00 홈페이지 www.cowboyclub.com

## 마리포사 Mariposa Latin Inspired Grill

스타 셰프가 운영하고 있는 라틴 음식 전문 럭셔리 레스토랑이다. 야외 좌석에서는 세도나 절경을 감상할 수 있는데 특히 일몰이 아름답다. 추천 메뉴는 타파스 Tapas, 엠파나다스 Empanadas 및 그릴 요리다.

지도 P.422 주소 700 Hwy 89A, Sedona 운영 11:30~21:00 홈페이지 www.mariposasedona.com

## 엘로테 카페 Elote Café

엘로테는 매운 마요네즈 소스를 옥수수에 발라서 구워 파는 멕시코의 대표 길거리 음식이다. 야외에서 붉은 사암이 만든 경관을 감상하면서 전통 멕시코 음식을 즐겨 보자. 방문 전에 예약을 추천한다.

지도 P.422 주소 251 state Route 179, Sedona 운영 화~토요일 17:00~21:00 홈페이지 www.elotecafe.com

남서부

### 세도나 숙소 예약 팁
**Tip**

세도나 특징인 붉은 바위들의 뷰와 진정한 세도나를 즐기기 위해서는 업타운 세도나에 숙소를 예약하길 추천한다. 업다운 세도나는 레스토랑과 쇼핑 그리고 투어 예약까지 모든 것을 갖춘 지역이다.

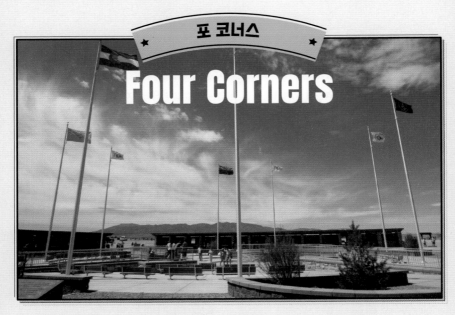

## 포 코너스
# Four Corners

포 코너스는 미국에서 유일하게 4개 주가 만나는 지점이다. 미국의 주 경계선이 대체로 반듯하지만 그렇다고 바둑판처럼 정확하게 나뉘어 있는 것은 아닌데, 미국의 서남부에 자리한 유타, 콜로라도, 애리조나, 뉴 멕시코는 두 면이 아주 반듯하게 잘라져 4개의 주가 직각으로 한곳에서 만난다. 바로 이 지점을 포 코너스라 부른다. 포 코너스는 행정적으로 6개의 정부가 관할하고 있다. 즉 애리조나 주정부, 콜로라도 주정부, 뉴 멕시코 주정부, 유타 주정부, 그리고 나바호족 자치정부, 우테족 자치정부 등인데 실질적으로는 나바호 자치정부의 공원관리국 Navajo Nation Department of Parks and Recreation에서 관리하고 있다.

# 추천 일정

포 코너스 주변에는 많은 유적지가 있지만 대부분 외진 곳에 있어서 찾아가기 불편하고 숙박도 만만치 않다. 하루에 한 곳씩 보면서 여유 있게 이동하는 것이 좋다. 포 코너스에서 가장 가까운 도시는 듀랭고와 파밍턴이다. 라스베이거스에서 시작해 유타주, 콜로라도주, 뉴 멕시코주, 애리조나주를 시계 방향으로 돌아오는 그랜드 서클 Grand Circle은 미국에서도 상당히 인기 있는 루트다.

그랜드 서클

① 라스베이거스  ② 자이언 국립공원  ③ 브라이스캐니언  ④ 아치스  ⑤ 메사 베르데
⑩ 그랜드캐니언  ⑨ 앤털로프캐니언  ⑧ 모뉴먼트 밸리  ⑦ 캐니언 드 셰이  ⑥ 포 코너스

# 📷 Attraction

보는 즐거움

## 포 코너스 기념물
### Four Corners Monument

포 코너스 안으로 들어가면 사방을 간이 상점이 둘러싸고 있다. 여기서 포 코너스와 관련한 기념품이나 아메리카 원주민들의 민속품 등을 팔고 있고 때로는 원주민의 음식도 맛볼 수 있다. 중앙에는 포 코너스 기념물 Four Corners Monument이 있는데, 4개 주가 만나는 정확한 지점이라고 한다. 기념물 중앙에는 원형의 청동판이 있고 주변에 'Four states here meet in freedom under God'이라고 새겨져 있다.

주소 US Highway 160, Colorado 운영 개장 08:00, 폐장은 계절별로 16:45~18:45 폐쇄 1월 1일, 추수감사절, 크리스마스 요금 일반 $8, 6세 이하 무료(카드 결제만 가능) 가는 방법 콜로라도주에서 애리조나주로 넘어가는 160번 도로가 잠깐 뉴 멕시코주를 지나는 1km 구간에 이정표가 있다. 이정표를 따라 4 Corners Rd(New Mexico Highway 597)를 800m 들어가면 깃발들이 모여있는 포 코너스가 나온다.

### 나바호 자치국 Navajo Nation
Tip

미국에는 원주민 보호구역이 300곳이 넘으며 562개 부족이 존재하는데 그중 가장 인구가 많은 종족이 나바호족이다. 1923년 지정된 나바호족의 통치 구역인 나바호 인디언 보호구역 Navajo Indian Reservation은 1969년 나바호 자치국 Navajo Nation으로 공식 명칭을 변경했다. 포 코너스의 중심에 자리한 나바호 자치국은 독립된 자치구역으로 그들만의 고유한 문화를 지켜오고 있다. 이 지역을 여행할 때에는 몇 가지 주의해야 할 점이 있다.

❶ 사진을 찍을 때에는 반드시 미리 허락을 받아야 한다. 바로 이웃 부족인 호피족보다는 훨씬 덜 배타적이지만 역시 자신들의 종교의식이나 사생활이 외부에 노출되는 것을 꺼린다.

❷ 이들이 진행하는 투어나 시설 등 비용을 지불할 때에는 대부분 현찰을 요구하므로 출발 전에 미리 준비해 두는 것이 좋다.

❸ 애리조나주는 다른 주들과 달리 일광절약시간제(서머타임)를 실시하지 않지만 나바호 자치국에서는 애리조나주 안에 있다고 해도 일광절약시간제를 실시한다. 같은 지역 안에 있을 때 혼동하지 않도록 하자.

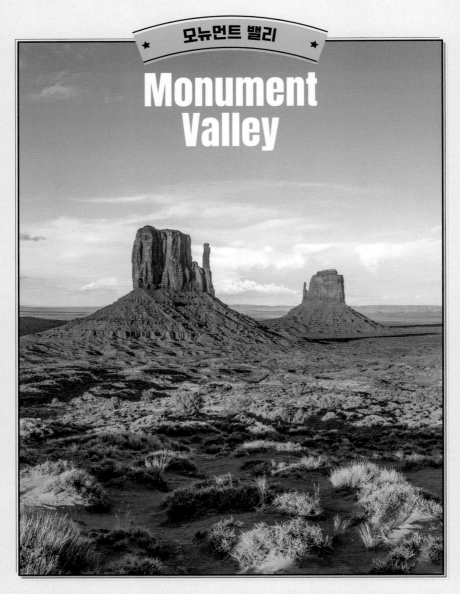

# Monument Valley

모뉴먼트 밸리

모뉴먼트 밸리는 한번 보면 시각적으로 잊기 어려운 시공간을 초월한 위대한 자연 유산이다. 공식 명칭은 모뉴먼트 밸리 나바호 부족 공원 Monument Valley Navajo Tribal Park으로 애리조나와 유타주 경계에 있다. 나바호 인디언의 슬픈 역사를 간직한 지역으로 나바호 인디언 보호구역 Navajo Indians Reservation이자 사실상 인디언 자치정부 Navajo Nation다. 형이상학적 지형 때문에 존 포드로 대표되는 서부영화 촬영지로 쓰이기 시작하면서 '백 투 더 퓨처 3', '포레스트 검프', '쥬라기 월드 : 폴든 킹덤(2018)' 등 많은 영화의 로케이션 장소로 활용되고 있다.

# 기본 정보

## 유용한 홈페이지
나바호 공원 관리국 www.navajonationparks.org

## 방문자 센터
### 모뉴먼트 밸리 트라이벌 파크 비지터 센터
**Monument Valley Tribal Park Visitor Center**

지도 P.431  주소 163 Scenic, Oljato–Monument Valley, AZ 운영 08:00~17:00

## 입장료 $8

## 기후
일교차가 크고 건조한 사막 기후다. 1년 내내 접근이 가능한데 여름(6~9월)은 무척 덥고 강수량도 많은 편이다. 관광객도 많은 시즌이어서 가능하면 이 시기는 피하기를 추천한다. 방문 최적기는 봄(4~5월)으로 기온도 온화하고 맑은 날이 많다.

## 주의사항
❶ 시차를 반드시 확인하자. 애리조나주와 달리 서머타임을 실시한다.
❷ 지정된 도로에서 이탈하지 않도록 하자.
❸ 원주민이 실제 거주하는 지역이므로 주의가 필요하다. 원주민과 그들의 집인 호간 hogan을 사진 찍는 것은 허용되지 않는다.

# 투어 프로그램

주요 명소가 몰려있는 밸리 드라이브 Valley Drive는 비포장도로이기 때문에 SUV 차량을 추천한다. 투어를 이용하면 일반 차량으로 가기 어려운 지역까지 볼 수 있어 많은 사람들이 투어로 둘러본다. 지프 투어의 경우 개방형이면 먼지가 많이 날린다. 주차장 부근에 투어 회사들이 모여 있는데 비수기에는 흥정도 가능하다.

## 백컨트리 지프 투어
**Monument Valley's Backcountry Jeep Tour**
▼
2~3시간 정도 소요되는 지프 투어. 요금은 $75 이상.

## 모뉴먼트 밸리 일출, 일몰 지프 투어
**Monument Valley's Sunrise or Sunset Jeep Tour**
▼
3시간 소요되는 투어로 일출이나 일몰을 보는 투어. 요금은 $85 이상.

## 모뉴먼트 밸리 투어
**Monument Valley Tour**
▼
소요시간은 3~4시간으로 관광객이 접근하기 힘든 지역까지 근접거리에서 볼 수 있는 투어. 요금은 $90 이상.

## 고원 Plateau, 메사 Mesa, 뷰트 Butte의 차이

고원, 메사, 그리고 뷰트는 모두 건조 지역에서 볼 수 있는 지형으로 위가 평평한 것은 동일하나 침식의 결과에 따른 규모의 차이가 있다. 고원>메사>뷰트>돌기둥(첨탑) 순서로 규모가 작아진다.

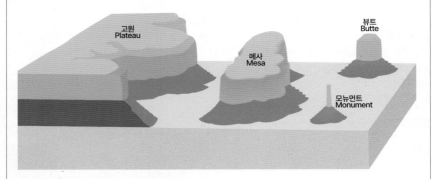

## 나바호 깃발

나바호 자치국 공식 깃발은 중앙에 나바호 문양과 그들의 영토가 그려져 있다. 그리고 사방에는 4가지 색으로 표현된 신성한 산이 있고 자주권을 상징하는 무지개가 둘러싸고 있다. 모뉴먼트 밸리는 애리조나

주와 유타주에 걸쳐 있기 때문에 성조기, 나바호기, 애리조나기, 유타기가 나란히 걸려 있다.

## 나바호족의 주요 먹거리

인디언 강제 이주 정책으로 하루 아침에 자신의 고향을 떠나 장거리 이주를 했던 나바호족은 미국 정부가 준 밀가루, 설탕, 소금 그리고 기름을 이용해 튀긴 빵 Fry Bread을 만들었고 지금까지 나바호족을 대표하는 음식으로 여겨진다. 모뉴먼트 밸리 주변 식당에서 맛볼 수 있다.

## 나바호족과 관련된
## 제2차 세계대전 일화

나바호족의 언어는 상당히 복잡한 언어로 알려져 있다. 제2차 세계대전 당시 미국은 암호를 나바호 언어를 만들었고 일본은 그것을 해독하지 못했다고 한다.

나바호 기념품점

#  Attraction

사암의 뷰트, 거대한 메사, 그리고 시공간을 초월한 독특한 지형은 모뉴먼트 밸리의 대표 아이콘으로 미국 서부의 중요한 상징이다. 주요 볼거리를 관광하는 데에 최소 2~3시간 정도는 투자해야 한다.

## Valley Drive
## 밸리 드라이브

163번 도로 입구에서 왕복 27km(17마일 드라이브)의 비포장도로로, 볼거리가 모여 있는 모뉴먼트 밸리의 핵심 지역이다. 아래 지도에서처럼 11개 스폿을 돌아볼 수 있다.

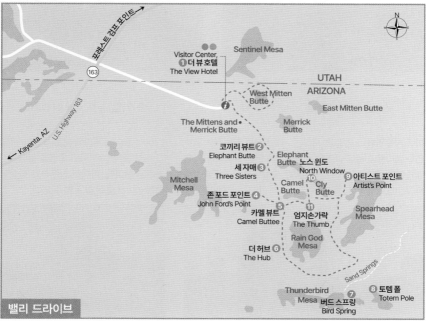

밸리 드라이브

## ❶ 더 뷰 호텔 The View Hotel

모뉴먼트 밸리 내에 있는 유일한 숙소로 로케이션의 이점이 충분한 호텔이다. 방문자 센터와 가깝고 무엇보다 모뉴먼트 밸리 전경을 감상할 수 있는 전망대만으로도 묵을 가치가 있다. 레스토랑에서는 나바호족 전통 음식을 맛볼 수 있으며 가격대도 합리적인 편이다.

## ❷ 코끼리 뷰트 Elephant Butte

콜로라도 계곡의 평지 Plateau가 융기하여 바람과 강수에 의한 침식의 결과로 살아남은 사암 돌기둥 중 하나로 코끼리 모양의 뷰트다.

## ❸ 세자매 Three Sisters

세 개의 높이가 다른 뾰족한 기둥을 볼 수 있는데, 가톨릭의 세 수녀가 학생들에게 설교를 하고 있는 모습을 상징한다고 전해진다.

## ❹ 존 포드 포인트 John Ford's Point

미국 서부영화의 대부 존 포드는 서부영화의 촬영지로 모뉴먼트 밸리를 선택해 이 지역을 유명하게 만든 감독이다. 그의 대표 영화 '역마차'도 여기서 찍었다. 모뉴먼트 밸리를 대표하는 포인트인 만큼 꼭 들러보자.

## ❺ 카멜 뷰트 Camel Buttee

1,700m 높이의 낙타를 닮은 뷰트다. 규모가 무척 큰 편이라 낙타 모양을 알아채기 어려운 편이다. 가까이 접근하면 침식이 진행된 여러 층의 결을 볼 수 있다.

## ❻ 더 허브 The Hub

더 허브지역에서는 밸리 지역의 다양한 볼거리를 파노라마로 즐길 수 있다. 뷰트까지 비교적 가까이 접근할 수 있다.

## ❾ 아티스트 포인트 Artist's Point

모뉴먼트 밸리에서 사진 작품을 만들 수 있는 포인트다. 오픈된 사막에서 먼발치의 이름 없는 사암 돌기둥들을 앵글에 담기에 좋은 지점이다.

## ❼ 버드 스프링 Bird Spring

대규모 모래 사구와 샌즈 스프링 표시를 볼 수 있다. 실제 원주민들이 사용하는 우물 spring이지만 정차 지역에서는 보이지 않는다.

## ❿ 노스윈도 North Window

코끼리 뷰트와 클라이 뷰트 Cly Butte 사이에 놓여 있는 이스트 미튼 뷰트 East Mitten Butte를 가장 잘 볼 수 있는 지점이다.

## ❽ 토템 폴 Totem Pole

뷰트에서 침식이 더 진행되어 만들어진 첨탑의 군락을 볼 수 있다.

## ⓫ 엄지손가락 The Thumb

이 돌기둥은 다른 것들과 좀 다르다. 둥근 모양의 표면 때문에 붙여진 이름이다.

Forrest Gump Point
# 포레스트 검프 포인트

모뉴먼트 밸리 주변에 있는 포인트로 포레스트 검프가 달리기를 멈춘 유명한 장면을 여기서 촬영하였다. 갓길이 없으므로 적당한 곳에 잠시 정차하고 둘러봐야 한다. 위치는 하이웨이 163 시닉 드라이브상에 있다.

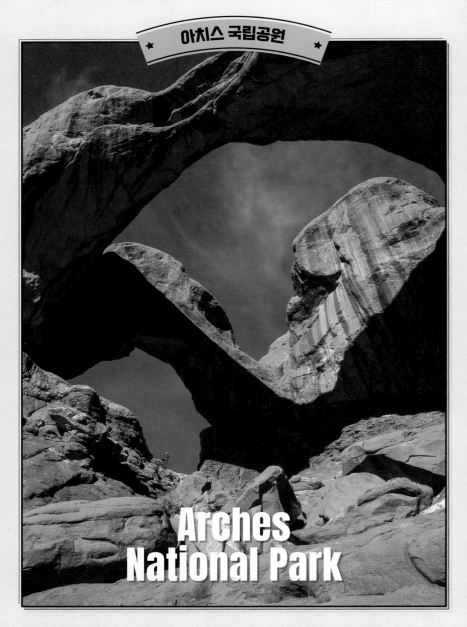

아치스 국립공원

Arches
National Park

붉은색의 아치 모양 바위가 너무나도 유명한 곳이다. 다른 국립공원에 비해 규모는 작지만 독특한 지형으로 강한 인상을 준다. 마치 야외 미술관처럼 기이한 형태의 바위들이 공원 곳곳에 조각처럼 서 있다. 물과 바람이 만들어낸 경이로운 모습의 아치들을 보고 있노라면 인간으로서 도저히 가늠할 수 없는 수억 년의 시간 앞에 경외감이 느껴진다.

# 기본 정보

## 유용한 홈페이지
공식 홈페이지 www.nps.gov/arch

## 방문자 센터
공원 입구를 지나면 가장 먼저 나오는 건물이다. 공원 내 유일한 안내소이니 질문이 있거나 도움을 받으려면 이곳에서 해결해야 한다.

운영 시즌에 따라 다른데, 보통 성수기 매일 07:30~18:00 (봄 · 가을, 공휴일, 기념일에는 조금 늦게 열거나 일찍 닫는다), 비수기 09:00~16:30

### 입장료 차량당 $30

## 기후
뜨겁고 건조한 사막 기후로 일교차가 매우 큰 것이 특징이다. 여름에는 무더운 날씨가 이어지고 겨울에는 눈이 올 정도로 추워서 봄이나 가을에 방문하는 것이 좋다.

## 주의사항
❶ 국립공원 내부에는 매점이나 식당 같은 편의시설이 없고 주요 포인트에 화장실만 있다. 간단한 간식과 물을 미리 준비해야 하며 트레킹을 한다면 반드시 물과 비상식량을 가져가야 한다.
❷ 성수기에는 공원 내 도로가 막히고 주차도 어려우니 아침 일찍 출발하는 것이 좋다.

## 숙소 정보
베이스캠프가 되는 도시는 모아브 Moab다. 아치스 국립공원에서 8km 정도 떨어져 있어 이동하기 무난하고 숙박시설과 패스트푸드점, 레스토랑, 슈퍼마켓 등이 있어 편리하다. 주변의 여러 협곡과 콜로라도강을 중심으로 다양한 액티비티가 발달했다. 익스트림 스포츠 행사가 열리는 기간에는 방이 없을 정도로 북적인다.

## 가는 방법
보통 라스베이거스에서 6~7시간, 그랜드캐니언에서 5~6시간 운전해서 간다. 가장 가까운 대도시는 솔트레이크시티로 4시간 정도 소요되므로 미국 내에서는 솔트레이크에서 이동하는 것도 괜찮다.

남서부

아치스 국립공원

5km

데블스 가든
Devils Garden

랜드스케이프 아치
Landscape Arch

Tunnel Arch

Skyline Arch

피어리 퍼니스
FIERY FURNACE

델리케이트 아치
Delicate Arch

파이어리 퍼니스 뷰포인트
Fiery Furnace Viewpoint

Wolfe Ranch

델리케이트 아치 뷰포인트
Delicate Arch Viewpoint

Panorama Point

밸런스드록
Balanced Rock

Garden of Eden
Elephant Butte
Double Arch

Turret Arch

North Window
South Window (218)

더 윈도 섹션
The Windows Section

THE GREAT WALL

Tower of Babel

Sheep Rock
Three Gossips
코트하우스 타워스
Courthouse Towers

코트하우스 타워스 뷰포인트
Courthouse Towers Viewpoint

파크 애비뷰 뷰포인트
Park Avenue Viewpoint

파크 애비뷰
Park Avenue

방문자 센터
Visitor Center

(219) (191) 모아브
Moab

(218)

(191)

(313)

차량 이동이나 트레킹을 하며 독특한 모습의 아치들을 보는 것이 여행의 포인트다. 여러 명소들을 가까이 보려면 하이킹을 해야 할 때도 있지만, 게으른 자들을 위한 드라이브길과 전망대도 있어 가볍게 돌아볼 수도 있다. 지도 P.435

### 파크 애비뉴와 코트하우스 타워스
### Park Avenue & Courthouse Towers

방문자 센터를 지나 가장 먼저 나오는 곳이다. 빌딩처럼 수직으로 솟은 바위들이 마치 맨해튼 파크 애비뉴의 빌딩숲을 연상시킨다. 파크 애비뉴 전망대에서 트레일을 지나면 코트하우스 타워스 전망대가 나온다(차량 이동도 가능). 여기서 웅장한 모습의 '바벨탑 Tower of Babel'과 세 사람이 모여서 수군대는 듯한 모습의 재미있는 바위 '스리 가십스 Three Gossips' 등이 모두 보인다.

가는 방법 방문자 센터에서 차량으로 5분

### 더 윈도 섹션
### The Windows Section

밸런스드 록에서 우측으로 들어간 지역으로 주변에 유난히 창문처럼 뚫려 있는 바위들이 많이 모여 있다. 지질학적으로 '윈도'는 '아치'로 가는 전 단계에 해당한다. 즉, 풍화작용으로 윈도의 구멍이 커지면서 아치를 형성한다.

가는 방법 밸런스드 록에서 차량으로 5분

### 밸런스드 록
### Balanced Rock

국립공원 도로의 중심이 되는 삼거리에 있다. 바위 중간이 움푹 파여 떨어져 내릴 듯 말 듯 균형을 잡고 있는 바위의 모습이 아슬아슬하게 느껴진다.

가는 방법 코트하우스 타워스에서 차량으로 10분

**Tip**

### 어떻게 생겨난 물건인고?

크고 작은 아치들이 2,000여 개나 되는 이곳의 독특한 지형은 어떻게 생겨났을까? 수억 년 전 바다였던 이곳은 염분층이 두텁게 형성되었고 그 위에 산맥의 침식으로 쌓인
퇴적물은 사암이 되었다. 그후 수천만 년에 걸쳐 염분층의 융기와 사암의 침식이 일어났다. 결국 염분은 녹고 사암은 중력과 풍화작용을 거치며 다양한 모습으로 남았으며 현재도 계속 변하고 있다.

## 델리케이트 아치 Delicate Arch

아치스의 대표적인 랜드마크다. 그늘 하나 없는 땡볕 아래 힘든 트레킹을 해야 하지만 그만큼 보람이 있다. 한여름 낮에는 매우 힘들 수 있으니 아침이나 늦은 오후에 가는 것이 좋고 특히 석양이 아름다워 저녁 시간대에 많은 사람이 몰린다. 생각보다 거대한 규모에 놀라고 주변의 아름다운 풍경에 다시 한번 놀란다.

가는 방법 밸런스드 록에서 차량으로 8분, 트레일 입구에 주차하고 왕복 2~3시간 트레킹

## 델리케이트 아치 뷰포인트 Delicate Arch

델리케이트 아치를 멀리서 바라볼 수 있는 전망대다. 주차장 근처에 있는 전망대는 로어 Lower 뷰포인트이고 계단을 따라 좀 더 올라가면 어퍼 Upper 뷰포인트가 있는데, 어퍼 뷰포인트에서 더 잘 보인다. 가까이 가서 보는 것과 비교할 수는 없지만 멀리서나마 편하게 볼 수 있는 곳이다.

가는 방법 밸런스드 록에서 차량으로 10분

## 파이어리 퍼니스 뷰포인트 Fiery furnace Viewpoint

'불타는 용광로'란 의미의 파이어리 퍼니스 Fiery furnace는 석양이 질 무렵 더욱 붉게 물들며 이글거리는 듯한 바위들의 모습에서 지어진 이름이다. 날카롭고 좁은 협곡 사이를 트레킹하려면 공원 레인저와 함께 가거나 허가증을 받아야 하기 때문에 대부분 전망대에서 감상한다.

가는 방법 밸런스드 록에서 차량으로 10분(트레킹은 시간과 인원이 제한적이라 일찍 예약해야 하며 간단한 교육과 함께 허가증($10)을 받아야 한다)

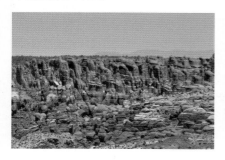

## 데블스 가든 Devils Garde

아치스 국립공원의 북쪽 지역으로 도로가 제한적이라 안으로 들어가려면 트레킹을 해야 한다. 4시간 정도 소요되는 트레일에서 8개의 유명 아치를 볼 수 있다. 중간에 있는 가장 유명한 '랜드스케이프 아치 Landscape Arch'까지만 다녀오는 사람도 많다. 이곳까지는 경사가 심하지 않아 왕복 1시간이면 충분하다.

가는 방법 밸런스드 록에서 차량으로 10분, 트레일 입구에 주차하고 왕복 1~4시간 트레킹

랜드스케이프 아치

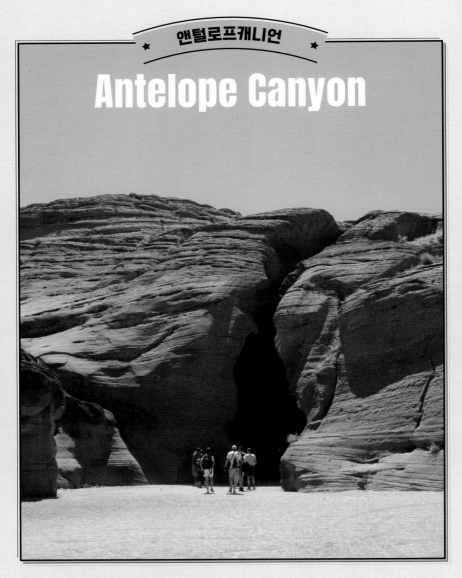

# 앤털로프캐니언
# Antelope Canyon

폭이 매우 좁고 깊은 협곡을 슬롯 캐니언 Slot Canyon이라 하는데, 미국의 남서부, 특히 유타주와 애리조나주에 이러한 슬롯 캐니언이 많이 분포되어 있다. 그중 가장 유명한 곳이 앤털로프캐니언이다. 협곡 사이로 들어오는 가느다란 빛줄기가 그려내는 자연의 모습이 아름다움을 넘어 신비로움을 안겨주는 곳으로 사진작가들이 꼽는 가장 아름다운 장소로 선정되곤 한다. 빛을 통해 모든 것을 표현하는 사진작가들에게 이곳은 성지와 같은 곳이다. 실제로 사진 한 장만 보고 반해서 이곳까지 찾아온 사람들도 적지 않다.

[디스커버 나바호] 홈페이지 www.discovernavajo.com

# 가는 방법

앤털로프캐니언이 쉽게 알려지지 않은 것은 아마 찾아가기 불편한 이유도 한몫 했을 것이다. 앤털로프 캐니언은 유타주 경계선 바로 남쪽의 애리조나주에 있다. 주변에서 가장 가까운 도시는 파월 호수 옆에 자리한 페이지 Page로 라스베이거스에서 자동차로 5시간이 걸린다. 페이지에서 앤털로프캐니언 입구까지는 98번 도로로 10분 거리다.

남서부

# 추천 일정

앤털로프캐니언은 어퍼 Upper와 로어 Lower 두 부분으로 나뉘어 있는데 각각 투어로만 볼 수 있다. 시간을 잘 맞춰 예약하면 하루에 두 곳을 다 볼 수도 있다. 근처의 호스슈 벤드는 투어가 필요 없어 아침 일찍 들러 보면 좋다.

어퍼 앤털로프캐니언은 반드시 낮에 방문해야 하기 때문에 라스베이거스에서 간다면 이른 새벽에 출발해야 한다. 로어 앤털로프캐니언까지 보고 라스베이거스로 돌아가면 매우 늦어지므로, 앤털로프캐니언 근처에 있는 페이지 Page에서 하루 묵는 것도 좋다. 페이지는 작은 마을이지만 공항도 있고, 중저가 모텔과 맥도날드, 스타벅스, 월마트 등이 있어 크게 불편하지 않다.

# 투어 프로그램

앤털로프캐니언은 반드시 가이드 투어로만 볼 수 있기 때문에 6~8월 성수기에는 일찍 예약하는 것이 좋다. 날씨에 따라 투어 출발 시각이 늦어지기도 하고 현찰만 받는 경우도 있으니 주의하자. 계절별, 회사별로 다르지만 보통 08:00~16:00에 투어가 있다. 어퍼 앤털로프는 하루 4~7회 $75~110, 로어 앤털로프는 10회 이상 $55~73(입장료 $8 포함) 정도다.

## ── 어퍼 앤털로프캐니언 ──

### 앤털로프캐니언 투어
### Antelope Canyon Tours
투어 시간대가 많고 시내에서 출발한다.
출발 장소 22 S Lake Powell Blvd 전화 928-645-9102
홈페이지 www.antelopecanyon.com

### 앤털로프 슬롯 캐니언 투어
### Antelope Slot Canyon Tours
시내에서 출발하며 비싼 편. 5세 이하와 임산부는
받지 않는다.
출발 장소 55 S Lake Powell Blvd 전화 928-645-5594
홈페이지 www.antelopeslotcanyon.com

### 나바호 투어 Navajo Tours
어퍼 앤털로프캐니언 부근 98번 도로 주차장에서
출발한다(지도 참조).
전화 928-691-0244
홈페이지 www.navajotours.com

## ── 로어 앤털로프캐니언 ──

98번 도로에서 발전소 옆 222번 도로로 들어가 바로 왼쪽의 로어 앤털로프캐니언 입구(지도 참조)에서 출발한다.

### 켄스 투어 Ken's Tours
전화 928-645-6997 홈페이지 lowerantelope.com

### 딕시스 로어 앤털로프캐니언 투어
### Dixie's Lower Antelope Canyon Tours
전화 928-640-1761
홈페이지 antelopelowercanyon.com

앤털로프캐니언은 붉은색을 띠는 나바호 사암의 침식작용에 의해 생겨난 독특한 지형이다. '앤털로프'는 영어로 영양(사슴과)을 뜻하는데, 이곳이 과거 영양들이 살았던 계곡이라는 의미의 미국식 이름이다. 유타주와 애리조나주의 경계가 되는 파월 호수 남쪽 기슭에서 시작하는 로어 앤털로프캐니언과 더 남쪽의 어퍼 앤털로프캐니언이 있다. 아침에 페이지 서쪽에 자리한 호스슈 벤드를 보고 난 후 페이지에서 간단한 브런치를 하고 동쪽으로 이동해 점심에 어퍼 앤털로프캐니언을 보고 오후에 로어 앤털로프캐니언을 보면 된다.

### 어퍼 앤털로프캐니언
#### Upper Antelope Canyon

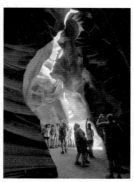

어퍼 앤털로프캐니언은 미국식 이름이며, 이곳에 옛날부터 살아온 아메리카 원주민 말로는 'Tse'bighanilini', 즉 '물이 바위 사이로 흐르는 지역'이란 뜻이다. 아주 오랜 시간 동안 물과 바위가 만들어낸 협곡으로, 꼭대기 부분이 바위들로 가려져 있어 평소에는 빛이 잘 들지 않지만 빛이 수직으로 떨어지는 정오에는 바위틈 사이로 빛줄기가 쏟아지면서 캐니언 내부의 아름다운 돌들이 빛을 발한다. 태양의 위치에 따라 시시각각으로 달라지는 캐니언의 신비로운 모습이 감탄을 자아낸다.

어퍼 앤털로프캐니언은 빛이 상당히 중요한 요소이기 때문에 방문 시기를 잘 고려해야 한다. 계절적으로는 여름이 좋다. 6월에서 8월까지 태양이 높이 수직으로 떨어지기 때문이다. 그리고 시간대는 정오가 가장 좋고 보통 11:00~13:00까지 좋다.

캐니언 입구로 이동하는 동안 오픈된 지프로 비포장도로를 달리기 때문에 먼지가 엄청나다. 모자와 선글라스, 그리고 마스크나 스카프를 두를 것을 권한다.

### 로어 앤털로프캐니언
#### Lower Antelope Canyon

로어 앤털로프캐니언은 아메리카 원주민 말로는 'Hasdestwazi'라 부르는데 '나선형의 바위 아치'란 뜻이다. 이곳 역시 사암의 침식작용으로 인해 독특한 무늬를 지녔지만 어퍼 앤털로프캐니언과는 분위기가 많이 다르다. 먼저 길이가 약 300m 정도로 200m 정도의 어퍼 캐니언보다 길다. 그리고 어퍼 캐니언이 평지의 동굴 같은 느낌이라면, 로어 캐니언은 오르막과 내리막이 심하고 바위 사이가 성인 한 명 정도 지나갈 수 있을 정도로 비좁다. 바위가 험한 곳에는 사다리가 설치되어 있으니 너무 걱정할 필요는 없다. 다만, 캐니언 자체가 너무 좁다 보니 비가 오면 금세 물이 차올라 홍수가 날 수 있다는 점에 유의해야 한다. 실제로 1997년에 11명의 여행자가 급류에 휩쓸려 사망했다. 당일에는 큰 비가 오지 않았지만 그전에 폭우로 계곡물이 가득 불어 있었던 것이다. 하지만 로어 앤털로프캐니언이 여행하기 편리한 점도 있다. 어퍼 캐니언과 달리 V자형 계곡이라 빛이 훨씬 잘 들어오기 때문에 아침이나 오후에도 웬만큼 빛이 들어온다는 점이다. 따라서 시간 제약이 있는 어퍼 앤털로프캐니언은 점심에 보고 로어 앤털로프캐니언은 그 시간을 피해 오전이나 오후에 보면 된다.

남서부

## Horseshoe Bend
# 호스슈 벤드

호스슈 벤드란 말발굽 모양으로 굽이치는 강줄기를 말한다. 캐니언 사이로 흐르는 강줄기에는 간혹 이런 지형이 나타나 멋진 경관을 보여준다. 자이언 국립공원이나 그랜드캐니언 등에도 이러한 호스슈 벤드가 있지만 자동차로 갈 수 있으면서도 이렇게 절묘한 모습을 보이는 곳은 상당히 드물다.

이곳 역시 사진작가들의 인기 스폿이다. 기이한 지형에다 붉은 바위 사이 천길 낭떠러지 아래로 검푸른 강물이 흐르고 있어 감탄이 절로 나온다. 콜로라도 강물에 의해 자그마치 600만 년간 침식되어 형성된 만큼 그 깊이가 남다르다. 주의할 점은 절벽 주변에 아무런 안전장치가 없어 낭떠러지로 떨어질 수도 있다는 것. 소심한 사람은 절벽에서 좀 떨어진 곳에서 서성거리고 좀 덜 소심한 사람은 절벽 근처로 기어가는 모습을 볼 수 있다. 고소공포증이 있는 사람이라면 아예 포기해야 한다. 하지만 절벽 근처에 다가가지 않으면 제대로 볼 수 없다. 참고로, 저녁에는 역광이라 새벽이나 아침에 가는 것이 사진 찍기에 좋다.

가는 방법 페이지 Page에서 89번 도로를 따라 남쪽으로 조금만 내려가면 바로 오른쪽으로 작은 주차장이 보인다. 이곳에 주차를 하고 1km 정도 걸어가야 한다. 걸어갈 만한 거리지만 흙모래 길이라 발이 빠지는 데다 땡볕이라 힘들게 느껴질 수 있다. 모자와 선글라스, 편한 신발은 필수. 물도 가져가면 좋다. 주차 $10

## The Wave
# 웨이브

호스슈 벤드 서쪽으로는 거대한 고원과 협곡이 있는 버밀리언 클리프 국립기념물 Vermilion Cliffs National Monument이 있다. 여기서 특히 유명한 곳이 코요테 뷰트 Coyote Buttes다. 줄무늬 사암의 물결치는 듯한 모습 때문에 '더 웨이브 The Wave'라고 불리는 이곳은 페이지에서 1시간 정도 떨어져 있다. 컴퓨터 화면 보호 이미지로 등장하면서 실제로 존재하는 곳인지 그래픽인지 수많은 사람들의 궁금증을 불러일으켰던 코요테 뷰트는 실제로 미국에 존재하는 지역이다. 현재 특별보호지역으로 관리를 받고 있는데, 척박한 사막 한복판에 자리해 참으로 찾아가기 어려운 곳임에도 불구하고 해마다 많은 사람들이 방문해 감탄하곤 한다. 부서지기 쉬운 사암으로 이루어진 이곳은 입장이 매우 제한적이라 현실적으로는 가기가 매우 어렵다. 일단 허가증을 받아야 하는데, 매일 적은 인원을 추첨해서 뽑기 때문에 경쟁이 치열하다. 신청은 4개월 전부터 할 수 있다. 만약 당첨된다면 왕복 10km 정도를 걸어야 하니 한여름에는 각오를 단단히 하고 출발해야 한다.

요금 신청비 $6, 입장료 $7 가는 방법 캐납 Kanab이나 페이지 Page에서 89번 도로를 달리다가 Horse Rock Valley Road라는 비포장도로를 13km 정도 들어가면 트레일 입구인 Wire Pass Trailhead가 나온다. 홈페이지 www.blm.gov/national-conservation-lands/arizona/vermilion-cliffs 예약사이트 www.recreation.gov

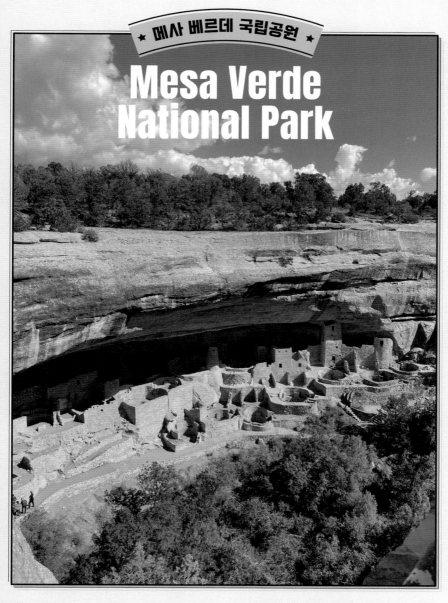

★ 메사 베르데 국립공원 ★

# Mesa Verde National Park

미국 최초로 유네스코 세계문화유산으로 지정된 곳으로 매우 신비로운 장소다. '메사'란 맨 윗부분이 평평한 절벽을 말하며, '베르데'란 스페인어로 녹색을 뜻한다. 즉, 맨 윗부분이 수풀로 이루어져 녹색을 이루는 절벽이다. 왜 이런 이름이 생겼는지는 직접 가보면 알 수 있다. 수풀이 우거진 평범한 땅인데 갑자기 아래쪽으로 낭떠러지가 있는 계곡 같은 지형이다. 이곳이 유명해진 이유는 바로 이 절벽 안쪽으로 사람이 모여 살았던 비밀스러운 유적지들이 발견되었기 때문이다.

# 기본 정보

## 유용한 홈페이지

공식 홈페이지 www.nps.gov/meve

## 방문자 센터

국립공원 입구로 들어가면 왼쪽에 방문자 센터가 나온다. 시즌별로 오픈 시간이 크게 달라지기 때문에 반드시 홈페이지에서 미리 확인하자. 보통 여름철에는 오픈 시간이 길지만 봄과 가을에는 제한적으로 운영되며 겨울에는 폐쇄된다.

운영 매일 08:30~16:00 휴무 1월 1일, 추수감사절, 크리스마스

## 입장료 (차량당) 성수기(5월 초~10월 중순) $30, 비수기 $20(7일간 유효)

## 기후

메사 베르데 국립공원은 여름에 매우 뜨겁지만 저녁이 되면 선선한 날씨를 보인다. 늦봄과 초가을이 돌아다니기에 가장 적당한 날씨지만 5월이나 10월에도 눈이 오는 경우가 있어 주의해야 한다. 겨울에는 영하로 떨어질 정도로 춥지는 않지만 눈이 많아서 대부분의 지역이 폐쇄된다.

## 숙소 정보

공원 안에서 캠핑장을 제외한 유일한 숙소는 파 뷰 방문자 센터 근처에 있는 파 뷰 로지 Far View Lodge다. 공원 밖에서 숙소를 구한다면 40여 분 거리에 있는 코테즈 Cortez가 가장 가깝다. 코테즈는 시골 마을이지만 관광객들로 인해 레스토랑과 숙박시설이 제법 많이 모여 있다. 좀 더 크고 볼거리가 있는 도시에 머물고 싶다면 1시간 반 거리에 위치한 듀랭고 Durango도 좋다. 오래된 탄광 마을인 듀랭고는 서부 시대 분위기를 간직하고 있어 도시 자체로도 관광지로 유명하며 사계절 운행되는 증기기관차가 매우 인기다. 레스토랑과 숙박시설도 많이 모여 있다.

### 파 뷰 로지 Far View Lodge

국립공원 내 숙소들이 대체로 그렇듯이 시설이 아주 뛰어나지는 않지만 나쁘지도 않고 기본적인  것들은 대부분 갖추고 있다. 공원 입구라는 환상적인 위치를 자랑하며 전망도 좋은 편이라 인기가 많다. 2인실 요금이 $176~220 정도로 객실과 전망, 시즌에 따라 가격 차이가 있다. 일찍 예약하지 않으면 방이 없고 특히 성수기에는 방을 구하기 어렵다.

운영 4월 중순~10월 중순 전화 1-800-449-2288 홈페이지 www.visitmesaverde.com

---

# 투어 예약

미리 예약을 해야 해서 조금 번거롭지만 메사 베르데의 하이라이트라고 할 수 있으니 꼭 투어에 참여하자. 티켓은 반드시 인터넷을 통해 예약해야 하며 14일 전부터 예매가 가능한데 성수기에는 며칠만 늦어도 표가 동나기 때문에 서둘러야 한다. 투어는 5~10월에만 있어서 그 외 기간에는 대부분 멀리서 바라보아야 한다.

요금 $8~ 예약 www.recreation.gov

### Tip
#### 주의사항

❶ 투어는 반드시 예약해야 한다.

❷ 악천후 시 도로가 폐쇄되기도 하니 국립공원 어플을 다운받아 실시간 알람을 확인하자.

❸ 전반적으로 운영 시간이 제한적이고 자주 변동하니 반드시 미리 확인한다. 특히 투어는 여름에만 하는 경우가 많다.

❹ 인터넷이 원활하지 않은 지역이 많으니 국립공원 어플에서 오프라인 모드를 미리 저장해둔다.

# 가는 방법

공항이 있는 가장 가까운 도시는 코테즈 Cortez와 듀랭고 Durango다. 코테즈는 메사 베르데 서북쪽에 있는 작은 마을로 160번 도로로 40분, 듀랭고는 메사 베르데 동북쪽에 있는 관광도시로 역시 160번 도로를 통해 1시간 30분이면 이를 수 있다. 하지만 대부분의 사람들은 그랜드 서클 여행 중에 들르기 때문에 보통 애리조나주에서 이동한다. 모뉴먼트 밸리에서 차량으로 2시간 30분, 그랜드캐니언에서 5시간 정도 소요된다.

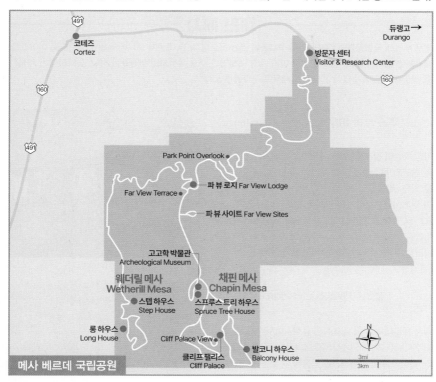

남서부

# 추천 일정

가장 먼저 할 일은 투어 예약이다. 도로를 따라 오픈된 장소를 다니는 것은 자유지만 대부분의 유적지는 협소하기 때문에 매일 제한된 인원만 가이드를 따라 들어갈 수 있다. 현재 폐쇄된 곳이 많아 반나절 정도면 돌아볼 수 있다. 남는 시간에는 간단한 하이킹이나 드라이브로 전망대를 돌아보자.

| 발코니 하우스 투어(1시간) | 클리프 팰리스 투어(45분) | 파 뷰 사이트 | 점심식사 (파 뷰 테라스, 파 뷰 로지, 스프루스 트리 테라스) | 고고학 박물관 | 웨더릴 메사 (여름만 오픈) |
|:---:|:---:|:---:|:---:|:---:|:---:|
| ① | ② | ③ | ④ | ⑤ | ⑥ |

메사 베르데 국립공원 445

메사 베르데 국립공원의 하이라이트는 클리프 팰리스다. 가급적 가이드 투어를 통해 클리프 팰리스를 보는 것이 좋고 안 되면 전망대에서라도 꼭 보자.

### Chapin Mesa
# 채핀 메사

메사 베르데 국립공원의 대표적인 유적지들이 있는 곳으로 파 뷰 방문자 센터에서 바로 남쪽으로 이어진다. 방문자 센터에서 8km 정도 도로를 따라 계속 내려가면 주요 유적지의 이정표가 하나 둘 나타나기 시작한다. 곳곳에 전망대가 있어 잠시 차를 세우고 구경할 수 있다.

## 스프루스 트리 하우스 Spruce Tree House

가장 복원이 잘 되어 있는 유적지로 아메리카 원주민 주거 형태의 특징이라고 할 수 있는 키바 Kiva(종교 의식을 하던 방)를 재현해 놓았다. 1211~1278년에 지어진 이 주거지에는 130개의 방과 8개의 키바가 있다. 대략 60~80명이 살았던 것으로 추정된다. 채핀 메사 고고학 박물관 Chapin Mesa Archaeological Museum 근처에서 바라볼 수 있다(현재 안전 문제로 장기간 폐쇄).

## 클리프 팰리스 Cliff Palace

메사 베르데의 가장 대표적인 유적지이자 가장 큰 절벽 거주지로서 217개의 방과 23개의 키바로 구성되어 있다. 가이드 투어를 통해서만 입장할 수 있는데, 가이드와 함께 계단과 사다리를 타고 걸어 내려가 유적지 안으로 직접 들어가 볼 수 있고 역사적인 설명도 들을 수 있다. 700여 년 전에 지어진 것으로 추정되는 이 절벽 안쪽에 기묘하게 자리한 유적지는 보는 것만으로도 신비 그 자체다. 유적지 자체가 크고 오픈된 구조를 하고 있어 메사 위쪽에 자리한 전망대에서도 보인다. 투어는 클리프 팰리스 오버룩 Cliff Palace Overlook에서 출발하며 45분 정도 소요된다.

운영 (2025년) 5/5~10/19 예약 www.recreation.gov 요금 $8

### 발코니 하우스 Balcony House

45개의 방과 2개의 키바가 있는 유적지로서 규모는 그리 크지 않지만 아주 독특한 형태로 인기를 끌고 있다. 먼저 이곳으로 들어가려면 가이드 투어를 통해서만 가능한데, 아찔한 사다리를 오르고 좁은 공간을 기어들어가야 해서 노약자나 고소공포증·폐소공포증이 있는 사람들에게는 권하지 않는다. 하지만 클리프 팰리스가 멀리서 바라볼 수 있는 오픈된 구조인 데 반해 발코니 하우스는 발코니 쪽을 제외하면 외부로 노출되지 않아 하우스 안으로 들어

가야만 볼 수 있다. 투어는 발코니 하우스 주차장 북쪽 끝에서 출발하며 1시간 정도 소요된다.

운영 (2025년) 5/5~10/22 예약 www.recreation.gov
요금 $8

## Wetherill Mesa
# ─── 웨더릴 메사 ───

파 뷰 방문자 센터 갈림길에서 서쪽으로 꺾어진 웨더릴 메사 로드 Wetherill Mesa Road를 따라가다 보면 길이 남쪽으로 꺾이면서 웨더릴 메사로 연결된다. 메사 베르데 국립공원의 북쪽과 동쪽 끝을 지나는 이 길에서는 메사 베르데 너머 계곡 아래의 전경을 볼 수 있다. 한 바퀴 돌아 나오는 데 1시간 정도 걸리는 루트로 채핀 메사보다 한산하며 도로도 5월부터 10월 정도까지만 오픈한다(날씨와 도로 사정에 따라 달라지며 겨울철 폐쇄).

남서부

### 스텝 하우스 Step House

두 군데의 거주지가 계단으로 연결된 독특한 형태의 유적지다. 웨더릴 메사 로드 Wetherill Mesa Road가 끝나는 곳에 있는 웨더릴 메사 키오스크 Wetherill Mesa Kiosk에서 시작되는 트레일로 왕복 1.6km 정도 굽은 길을 걸어 내려가야 한다. 가이드 없이 다닐 수 있으나 사정에 따라 종종 폐쇄되고 여름에만 오픈한다.

### 롱 하우스 Long House

투어를 이용해야만 볼 수 있는 곳으로, 메사 베르데에서 가장 멀리 위치한 유적지다. 이름 그대로 기다란 모양의 절벽 거주지로서 규모는 클리프 팰리스에 이어 두 번째로 크며 150개의 방이 있다. 투어는 웨더릴 메사 키오스크에서 출발하는데 75분 정도 소요된다. 여름에만 오픈하며 종종 폐쇄된다.

운영 (2025년) 5월 말~10월 중순 예상
예약 www.recreation.gov 요금 $8

> **Tip**
>
> ### 다양한 투어
>
> 위에 소개한 클리프 팰리스, 발코니 하우스, 롱 하우스 투어는 메사 베르데 국립공원에서 오래전부터 진행해 온 기본 투어이고, 해마다 새로운 투어도 선보이고 있다. 버스 투어나 노을 투어, 사진 투어 등이 진행될 때도 있으니 홈페이지를 참조하자. 모든 투어는 영어로 진행된다.
>
> 홈페이지 www.recreation.gov

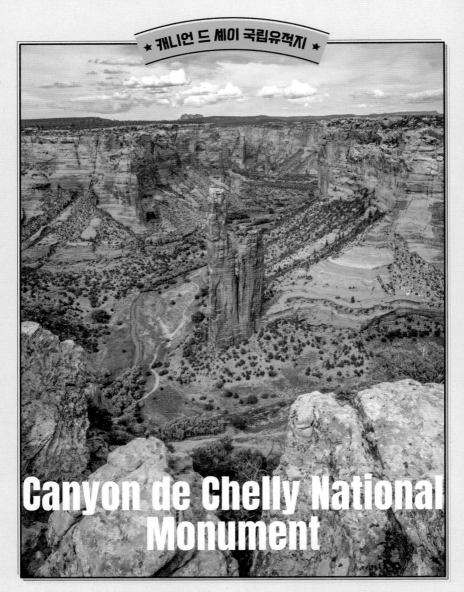

**★ 캐니언 드 셰이 국립유적지 ★**

# Canyon de Chelly National Monument

캐니언 드 셰이 국립유적지는 웅장한 계곡과 아메리카 원주민의 유적을 함께 볼 수 있는 아주 매력적인 곳이다. '셰이 Chelly'는 나바호 말로 '셰이이 Tseyi'인데, tse는 바위, yi는 사이를 뜻한다. 즉 '바위 사이'란 말인데 스페인 사람들이 '드 체이'라고 하다가 다시 영어로 '드 셰이'로 발음하게 되었다. 푸에블로 원주민(보통 아나사지 Anasazi라 부른다)과 나바호 원주민이 살았던 지역으로 그들의 비극적인 역사와 함께 한이 서린 곳이기도 하다. 여행자에겐 원주민의 유적지와 벽화 그리고 빼어난 경치를 함께 즐길 수 있는 곳이다.

# 기본 정보

## 유용한 홈페이지

공식 홈페이지 www.nps.gov/cach

## 방문자 센터

캐니언 드 셰이는 아메리카 원주민의 자치구역이지만 미 정부와의 협의 하에 방문자 센터는 미 정부 국립공원 관리소에서 관리하고 있다. 지도와 안내는 물론, 원주민이 주관하는 투어를 연결해준다.

개관 매일 08:00~17:00(악천후 시 변동 또는 폐쇄)
휴관 1월 1일, 추수감사절, 크리스마스

## 기후

고지대에 위치해 있어 기후 변화가 심해 갑작스러운 폭풍우나 먼지 폭풍이 오기도 한다. 봄에는 서늘하고 바람이 센 편이며 여름에는 매우 덥고 건조하나 일교차가 커서 저녁에는 선선한 편이다. 가을에는 다소 온화하지만 폭우가 쏟아지기도 하고 겨울에는 춥고 눈이 오기도 한다.

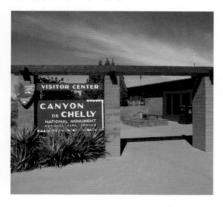

## 주의사항

3월부터 11월까지 미국의 거의 모든 주가 일광절약시간제(서머타임)를 적용해 1시간 빠른 데 반해 애리조나주는 이를 따르지 않는다. 하지만 나바호 원주민 지역에서는 일광절약시간제를 따르기 때문에 1시간 빠르다. 즉 콜로라도, 뉴 멕시코, 유타주와 시간이 같다.

## 입장료

무료(기부금 상자가 있다)

## 숙소 정보

캐니언 드 셰이 국립유적지 입구에 자리한 작은 마을 친리 Chinle에 세 곳의 숙박 시설이 있는데, 모두 시설이 무난한 대신 가격이 비싼 편이다. 하지만 친리의 유일한 숙소이다 보니 성수기에는 아주 일찍 예약하지 않으면 방이 없다. 주변의 다른 도시들 중에서는 남동쪽의 갤럽 Gallup이 2시간 거리, 북동쪽의 파밍턴 Farmington이 3시간 거리로 가까운 편이며 숙박시설도 웬만큼 갖추어져 있다. 좀 더 작은 마을로는 남서쪽의 홀브룩 Holbrook이 2시간 20분 거리다.

다음은 친리에 위치한 숙소들이다. 세 곳 모두 친리에서 방문자 센터로 가는 길에 있어 위치도 비슷하고 호텔 수준도 비슷하나 가격은 Thunderbird Lodge가 좀 더 비싸다.

**Best Western** 홈페이지 www.bestwestern.com

**Holiday Inn** 홈페이지 www.ihg.com

**Thunderbird Lodge**
홈페이지 thunderbirdlodge.com

# 가는 방법

주변에서 가장 큰 도시라고 하면 서남쪽으로 3시간 거리의 플래그스태프 Flagstaff나 동남쪽으로 4시간 거리의 앨버커키 Albuquerque 또는 서쪽으로 8시간 거리의 라스베이거스 Las Vegas다. 어느 도시에서건 40번 고속도로를 달려오다가 191번 국도로 갈아타고 120km(74마일) 북쪽으로 올라오면 작은 마을 친리 Chinle(나바호 원주민 발음으로는 치닐리)에 도착한다. 여기서 우회전해 4~5km 들어오면 방문자 센터가 보인다.

# 투어 프로그램

캐니언 드 셰이 국립유적지는 입장료가 무료지만 제대로 보려면 계곡 아래로 내려가는 투어에 참가하는 것이 좋다. 투어는 방문자 센터에서 소개 및 예약을 해주며 아메리카 원주민이 진행한다. 회사마다 투어의 종류가 다양한데, 교통수단과 소요시간에 따라 가격이 많이 차이 난다. 비포장도로를 달리기 때문에 창문이 없는 지프는 먼지를 마시는 것은 물론이고 에어컨이 없다는 사실을 기억해두자. 하지만 투어의 내용은 사실 투어 회사보다는 가이

드를 잘 만나는 것이 중요하다. 요금은 대체로 비싸지만 신용카드를 받지 않거나 수수료를 추가하는 경우가 있으니 현찰을 준비해두는 것이 좋다. 요금은 보통 $80~380.

## 투어 회사

### A Canyon de Chelly Tour
전화 928-349-1600
홈페이지 www.canyondechellytours.com

### Beauty Way Jeep Tours
전화 928-674-3772
홈페이지 https://beautywayjeeptours.com

### Thunderbird Lodge Tours
전화 928-674-5842
홈페이지 www.thunderbirdlodge.com

### Tseyi Jeep Tours
전화 928-313-4052 홈페이지 www.tseyijeeptours.com

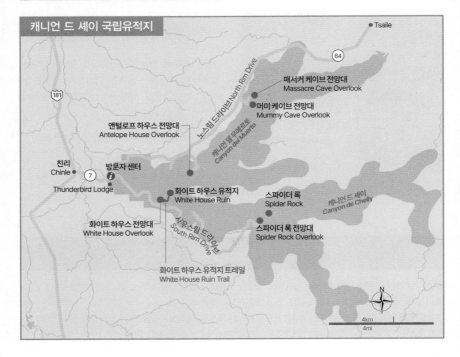

캐니언 드 셰이 국립유적지

Tsaile

매서커 케이브 전망대
Massacre Cave Overlook

머미 케이브 전망대
Mummy Cave Overlook

노스 림 드라이브 North Rim Drive

캐니언 델 무에르토
Canyon del Muerto

앤털로프 하우스 전망대
Antelope House Overlook

친리
Chinle

방문자 센터

Thunderbird Lodge

화이트 하우스 유적지
White House Ruin

스파이더 록
Spider Rock

캐니언 드 셰이
Canyon de Chelly

화이트 하우스 전망대
White House Overlook

사우스 림 드라이브
South Rim Drive

스파이더 록 전망대
Spider Rock Overlook

화이트 하우스 유적지 트레일
White House Ruin Trail

N

4km
4mi

캐니언 드 세이 국립유적지는 두 개의 커다란 계곡으로 갈라져 있다. 북쪽으로 뻗은 계곡은 캐니언 델 무에르토 Canyon del Muerto, 남쪽으로 뻗은 계곡은 캐니언 드 세이 Canyon de Chelly다. 양쪽 계곡 위로는 모두 도로가 있어 자동차로 이동하며 돌아볼 수 있는데, 제대로 보려면 계곡 아래로 내려가야 한다. 가이드 없이 계곡 아래로 내려갈 수 있는 곳은 캐니언 드 세이에 있는 화이트 하우스 유적지 트레일 White House Ruin Trail뿐이며 나머지는 모두 가이드 투어를 통해서만 갈 수 있다.

## North Rim Drive-Canyon del Muerto
# 노스림 드라이브-캐니언 델 무에르토

북쪽으로 뻗은 계곡으로 노스림 드라이브 North Rim Drive를 따라 차량으로 이동하면서 3개 전망대에서 계곡을 내려다볼 수 있다(주차 가능). 특히 앤털로프 하우스 전망대에서 계곡 사이로 볼 수 있는 나바호 요새 Navajo Fortress의 웅장한 모습은 감탄을 자아낸다.

### 앤털로프 하우스 전망대
### Antelope House Overlook

근처의 절벽에서 앤털로프(영양) 그림이 발견되어 지어진 이름으로 계곡 아래에 자리해 홍수 때문에 다른 곳보다 일찍 버려진 유적지다. 전망대에서보다는 투어를 통해 계곡으로 내려가면 제대로 볼 수 있다.

### 매서커 케이브 전망대
### Massacre Cave Overlook

전망대에서 잘 보이지는 않지만 절벽 아래쪽에 자리한 동굴 유적지로 '대학살 massacre'이란 이름은 1805년 스페인 군대에 의해 115명이 넘는 부녀자와 어린이, 노인들이 무참히 살해당했던 사건에서 비롯되었다.

### 머미 케이브 전망대 Mummy Cave Overlook

캐니언 드 세이에서 가장 큰 유적지인 머미 케이브가 잘 보이는 전망대다. 워낙 멀리 있어서 자세히 보려면 망원경이 있어야 한다. 100m 정도의 절벽 위에 만들어진 이곳에는 70개에 달하는 방이 있었으며 1300년까지 사람이 살았던 것으로 추정된다. 2구의 미라 mummy가 발견되어 붙은 이름이다.

# 사우스림 드라이브- 캐니언 드 셰이

북쪽으로 뻗은 계곡인 캐니언 드 셰이 위로는 사우스림 드라이브 South Rim Drive가 있다. 이 길을 따라 드라이브하면서 7곳의 전망대를 구경할 수 있다. 가장 유명한 곳은 화이트 하우스 전망대 White House Overlook와 드라이브 맨 끝에 위치한 스파이더 록 전망대 Spider Rock Overlook다.

## 화이트 하우스
### White House Overlook

화이트 하우스 유적지 White House Ruin는 사우스림에서는 물론 캐니언 드 셰이 국립유적지에서 가장 대표적인 명소다. 먼저 이 유적지를 보는 방법은 두 가지가 있는데, 하나는 화이트 하우스 전망대 White House Overlook에서 내려다보는 것이고, 다른 하나는 이 전망대 옆에서 출발하는 화이트 하우스 유적지 트레일 White House Ruin Trail을 따라 걸어 내려가 유적지 바로 앞까지 가보는 것이다. 이 트레일은 캐니언 드 셰이 내에서 유일하게 가이드 없이 계곡 아래로 내려갈 수 있는 트레일이기 때문에 꼭 한 번 내려가 볼 것을 권한다. 단, 계곡을 내려가더라도 유적지 앞에는 철조망이 있어 안으로 들어갈 수는 없다. 화이트 하우스 White House라는 이름은 위쪽 벽면에 자리한 유적지의 건물에 인디언이 하얀색 석회칠을 한 데서 비롯되었다. 가이드 투어를 할 경우에는 하이킹할 필요없이 차량으로 이동할 수 있다.

Tip

## 하이킹

화이트 하우스 유적지 트레일은 왕복 4km의 하이킹 코스로 1시간 정도 걸린다. 계곡을 내려가는 바윗길은 잘 다듬어져 있는 편이지만 아름다운 풍경 사진을 찍느라 한눈을 팔다 보면 위험할 수도 있다. 신발이 불편한 경우나 노약자, 아동을 동반할 경우에도 조심해야 한다. 중간에 앉아서 쉴 수 있는 곳이 있으니 천천히 내려가도록 하자. 계곡 아래는 땡볕이라 무더운 여름에는 힘이 들 수도 있다. 짐을 최소화하되 선글라스와 모자는 필수다. 물과 카메라만 가지고 내려가는 것이 좋다. 이때 주의할 것은, 차 안에 귀중품을 놔둘 경우 간혹 도난사고가 발생하니 귀중품은 보이지 않는 곳에 두고 반드시 차 문을 잠그도록 하자.

## 스파이더 록 전망대
### Spider Rock Overlook

스파이더 록은 두 개의 첨탑 같은 바위가 나란히 솟아올라 있는 기이하고 독특한 자연경관으로 인기를 끄는 곳이다. 이 바위의 이름이 스파이더 록 Spider Rock인 이유는 고대 인디언들이 이 바위 꼭대기에 거미 여신 Spider Grandmother이 살고 있다고 믿었기 때문이다. 인디언 전설에서 거미 여신은 창조주이자 인간에게 베 짜는 법을 가르쳐준 신이기도 하다. 낭떠러지 계곡 아래 높이가 240m나 되는 불쑥 솟은 바위의 형상은 정말 독특하다. 해가 기울 때쯤 방문하면 붉은 바위와 파란 하늘이 대비되는 아름다운 사진을 찍을 수 있다.

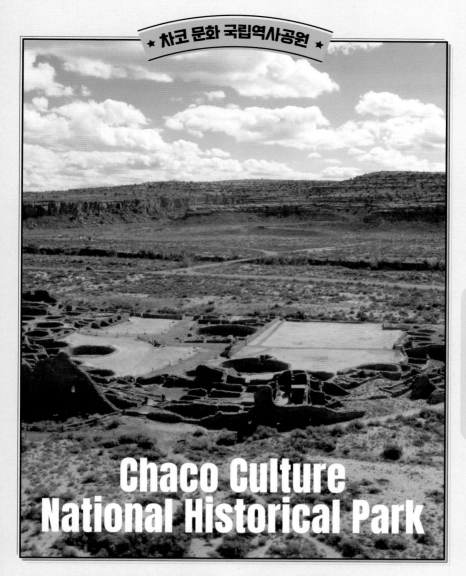

★ 차코 문화 국립역사공원 ★

Chaco Culture
National Historical Park

1987년에 유네스코 세계문화유산으로 지정된 차코 문화 국립역사공원은 차코캐니언에 모여 살았던 아메리카 원주민의 흔적을 볼 수 있는 유적지다. 900~1150년 사이에 이곳에서 문화를 이루었던 원주민들은 고대 푸에블로인 Ancestral Pueblo(아나사지 Anasazi)이라 불리는데, 건축과 천문학에 매우 뛰어났던 것으로 알려져 있다. 실제로 차코 문화 국립역사공원의 대표적인 유적지인 푸에블로 보니토를 보면 그 규모와 형태, 기능이 매우 놀라운데, 아메리카 원주민이 이룩한 문화 중 가장 발달한 것으로 알려져 있다. 안타깝게도 도로 사정이 좋지 않아 일반 관광객이 많이 찾지 않지만, 그 덕분에 훼손이 덜 되어 다행스러운 면도 있다.

# 기본 정보

## 유용한 홈페이지

공식 홈페이지 www.nps.gov/chcu

## 방문자 센터

비포장도로가 끝나고 방문자 센터 이정표가 보이면 머지않아 주차장과 함께 방문자 센터가 나타난다.

©Kyong Lee

운영 매일 09:00~17:00 (공원은 07:00~일몰) 휴무 추수감사절, 크리스마스, 1월 1일

**입장료** 차량당 $25(7일간 유효)
*현금은 받지 않으니 신용카드나 체크카드가 있어야 한다.

## 기후

1,890m의 고지대에 자리한 차코캐니언은 매우 다양한 기후대를 나타낸다. 하루 안에 15℃ 이상 온도 차이가 날 만큼 일교차가 크며, 무더운 한여름에 갑자기 폭풍우가 쏟아져 홍수가 나기도 한다. 겨울은 영하로 떨어지는 추운 날씨이고 짧은 봄·가을은 온화한 편이지만 갑작스럽게 소나기가 올 때도 있다. 문제는, 차코캐니언으로 들어가는 길들이 거의 비포장도로라서 비가 올 경우 운전하기 매우 불편하다는 것이다. 심한 경우에는 도로가 폐쇄되기도 하므로 출발 전에 반드시 날씨를 확인하도록 하자.

## 주의사항

❶ 차코 문화 역사공원은 매우 외진 곳이라 비포장도로로 이어져 있다. 차체가 낮으면 상당히 불편하기 때문에 차를 렌트할 경우에는 세단보다 지프형이 좋다. 타이어도 미리 점검해 두는 것이 좋으며 비가 내린 후에는 특히 조심해야 한다. 진흙탕에다 웅덩이가 많아 운전하기가 불편할 뿐만 아니라 위험하다.

❷ 통신 상태도 안 좋아서 사고가 나더라도 휴대폰을 사용하기가 매우 어려우니 각별히 조심해야 한다.

❸ GPS의 경우도 사정은 마찬가지다. 위성에 잘 안 잡혀 잘못된 길로 안내하기도 한다. GPS를 너무 믿지 말고 중간에 지도를 확인하도록 하자.

## 가는 방법

차코캐니언으로 가는 방법은 멀고도 험하다. 캐니언 주변이 대부분 비포장도로여서 GPS만 믿고 갔다가는 큰 낭패를 볼 수 있으니 주의해야 한다. 차코캐니언으로 들어가는 길은 여러 가지가 있지만 가장 권할 만한 루트는 북쪽에서 들어가는 것이다. 이 루트가 비포장 구간이 그나마 가장 짧고 이정표도 잘 되어 있어 길을 잃을 염려가 없기 때문이다. 파밍턴 Farmington이나 쿠바 Cuba 쪽에서 550번 도로를 따라가다가 카운티 로드 County Road인 국도 7900번으로 들어간다. 이 길을 따라 8마일(13km)쯤 들어가면 차코 문화 국립역사공원 이정표가 보인다. 여기서부터 비포장도로인 7950번 길을 따라 13마일(21km) 정도 계속 들어가면 이정표와 함께 방문자 센터가 보인다. 비포장도로는 매우 울퉁불퉁하고 먼지가 많으며 비가 온 후에는 물웅덩이가 많아 차체가 낮은 경우에는 상당히 조심해야 한다. 우기에는 도로 곳곳이 물에 잠기는 경우도 있으니 출발 전에 도로 사정을 확인해 보는 것이 좋다. 홈페이지보다는 트위터가 업데이트가 빠르다.

트위터 주소 https://twitter.com/chacoculturenhp

## 숙소 정보

공원 내에는 캠핑장 이외에 숙박시설이 없어 근처 도시로 나가야 한다. 공원 동쪽으로 가장 가까운 도시는 1시간 30분 정도 떨어진 쿠바 Cuba인데 아주 작은 마을이라 모텔만 몇 개 있다. 남쪽으로 가장 가까운 도시는 갤럽 Gallup과 앨버커키 Albuquerque인데 제법 멀리 떨어져 있어 3시간 정도 소요된다. 가장 추천할 만한 도시는 공원의 북서쪽에 위치한 파밍턴 Farmington이다. 1시간 30분 정도 거리인데 일단 북쪽의 550번 도로를 이용하기 때문에 편리하고 도시 규모도 적당하며 레스토랑과 숙박시설도 잘 갖춰진 편이다.

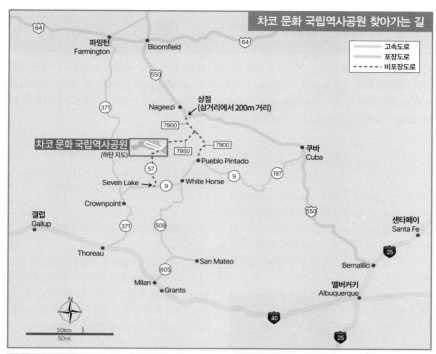

차코 문화 국립역사공원 찾아가는 길

| | 고속도로 |
| --- | --- |
| | 포장도로 |
| | 비포장도로 |

파밍턴
Farmington

Bloomfield

상점
(삼거리에서 200m 거리)

Nageezi

차코 문화 국립역사공원
(하단 지도)

쿠바
Cuba

Pueblo Pintado

Seven Lake

White Horse

Crownpoint

갤럽
Gallup

샌타페이
Santa Fe

Thoreau

San Mateo

Bernalillo

Milan

Grants

앨버커키
Albuquerque

50km
50mi

남서부

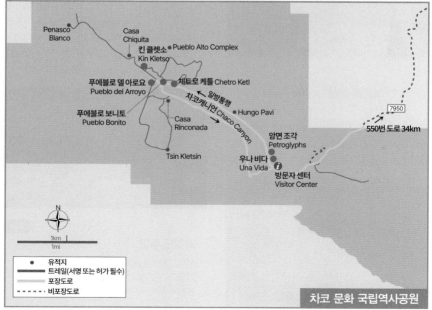

Penasco
Blanco

Casa
Chiquita

킨 클렛소
Kin Kletso

Pueblo Alto Complex

푸에블로 델 아로요
Pueblo del Arroyo

체트로 케틀 Chetro Ketl

차코캐니언 Chaco Canyon
일방통행

550번 도로 34km

푸에블로 보니토
Pueblo Bonito

Casa
Rinconada

Hungo Pavi

암면 조각
Petroglyphs

Tsin Kletsin

우나 비다
Una Vida

방문자 센터
Visitor Center

1km
1mi

| | 유적지 |
| --- | --- |
| | 트레일(서명 또는 허가 필수) |
| | 포장도로 |
| | 비포장도로 |

차코 문화 국립역사공원

차코 문화 국립역사공원에는 수많은 유적이 흩어져 있지만 아직 발굴 작업이 이루어지지 않은 곳도 많다. 또한 포장된 도로도 매우 제한적이다. 방문자 센터를 출발해 일방통행으로 이루어진 도로를 차로 한 바퀴 돌면서 주요 유적지에 멈춰 간단히 사진만 찍는 정도면 2~3시간 안에 다 둘러볼 수 있다. 하지만 제대로 즐기려면 역시 하이킹을 해야 한다.

### 우나 비다 Una Vida

방문자 센터 옆으로 이어진 길을 따라 500여m 걸어가면 볼 수 있는 유적지로 900년에 지어져 공원 내에서 가장 오래된 건물 중 하나다. 우나 비다 자체는 워낙 작아서 다른 유적지에 비해 볼품이 없지만 여기서 절벽 쪽으로 조금 더 걸어 올라가면 유명한 암면 조각 Petroglyphs이 나온다.

### 체트로 케틀 Chetro Ketl

푸에블로 보니토 오른쪽에 있는 이 유적지는 1020~1050년에 지어진 것으로 450~550개의 방, 3개의 작은 키바 Kiva(종교 의식을 지내던 방)와 하나의 거

대한 키바로 이루어져 있다. 푸에블로 보니토 다음으로 큰 건물로, 위치상으로도 가깝고 유적지도 볼 만해 푸에블로 보니토 다음으로 인기 있다.

### 푸에블로 보니토 Pueblo Bonito

차코 문화 국립역사공원을 대표하는 중요한 유적지다. 푸에블로 보니토란 스페인어로 '아름다운 마을'이란 뜻이다. 건물의 위층이 내려앉아 있지만 원래는 4층으로 된 건물로 650개의 방과 40개의 키바가 있었다. 전체적인 모양은 D자형 또는 반달형으로 되어 있는데, 남쪽을 향하고 있는 직선 부분이 춘분과 추분에 해가 뜨고 지는 지점을 이은 선과 일치한다고 한다. 이 밖에도 건물을 짓는 데 사용한 수많은 나무들을 어디에서 가져왔는지도 수수께끼로 알려져 있다. 이곳에서 발견된 6만 점이 넘는 유물은 현재 뉴욕 자연사박물관이 소장하고 있다.

### 가이드 투어 `Tip`

성수기에는 공원에서 운영하는 무료 가이드 투어가 있어 푸에블로 보니토에 대한 자세한 설명을 들을 수 있다. 4~10월 하루 2회.

## 킨 클렛소 Kin Kletso

도로로 갈 수 있는 가장 먼 유적지인 '푸에블로 델 아로요' 바로 옆 주차장에 차를 세우고 500m 정도 트레일을 따라가면 킨 클렛소라는 또 하나의 유적지가 나온다. 킨 클렛소는 중간 사이즈의 건물군으로 1125~1130년 사이에 지어진 것으로 추정되며 55개의 방과 4개의 키바, 그리고 하나의 타워가 있었던 것으로 알려져 있다. 킨 클렛소만을 보기 위해 하이킹을 하기보다는 푸에블로 보니토를 내려다볼 수 있는 절벽으로 올라가거나 푸에블로 알토 등 더 멀리 이어진 트레일을 가는 길에 잠시 들러볼 만하다.

## 푸에블로 델 아로요 Pueblo del Arroyo

도로의 가장 안쪽에 위치한 푸에블로 델 아로요는 1025~1125년 사이에 두 번에 나누어 지어진 것으로 추정된다. 다른 건물들과 달리 거대한 키바나 고분은 없지만 3중 벽으로 된 키바가 있어 눈길을 끈다.

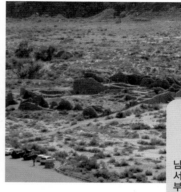

남서부

Tip

### 푸에블로 보니토를 한눈에 볼 수 있는 추천 하이킹 코스

꼭 추천할 만한 하이킹 코스가 있으니 다녀와보자. 트레일의 시작점은 푸에블로 델 아로요. 여기서 500m 정도 걸어가면 킨 클렛소 유적이 나오고 뒤쪽으로 암벽 사이에 숨겨진 길이 나온다. 한 사람만 겨우 통과할 정도의 좁은 암벽 사이로 바위들을 짚고 올라가야 하는데, 잠시만 고생을 하면 바로 절벽 위까지 올라갈 수 있다. 절벽 위는 평평한 암석으로 되어 있고 1km 정도 걸어가면 푸에블로 보니토를 내려다볼 수 있는 전망 포인트가 나온다. 여기서 내려다보이는 푸에블로 보니토는 아래서 보던 것과는 전혀 다른 모습이다. D자 모양으로 지어진 푸에블로 보니토의 전체적인 구조가 한눈에 들어와 더욱 신비로운 느낌을 준다. 왕복 약 3km 거리로 1~2시간이면 가능하지만 노약자나 고소공포증이 있는 사람에게는 권하지 않는다. 심지어 하이킹 코스 입구에서 소위 '각서'를 쓰고 들어가게 되어 있다. 최대한 짐을 줄이고 카메라와 물만 가져가도록 하자.

# Santa Fe

## 샌타페이

이름만 들어도 이국적인 분위기가 느껴지는 샌타페이는 이국적인 정취를 지닌 뉴 멕시코주 New Mexico의 주도다. 황톳빛의 어도비 건물이 가득한 샌타페이는 미국이라기보다는 멕시코나 남미의 어느 작은 마을에 와 있는 듯한 착각을 불러일으킨다. 건조한 여름에는 푸른 하늘과 대비되는 황톳빛 건물들이 그림 같은 풍경을 자아낸다. 또한 '예술의 도시'라는 명성에 걸맞게 250개에 달하는 갤러리가 있으며 다양한 공방과 민예품점이 있어 관광객의 사랑을 받고 있다.

## 기본 정보

### 유용한 홈페이지
샌타페이 관광청 www.santafe.org

### 관광 안내소
**Santa Fe Convention and Visitors Bureau**
주소 201 W Marcy St, Santa Fe
운영 월~금요일 08:30~17:00 휴무 토·일요일

### 기후
뉴 멕시코주의 내륙에 자리한 샌타페이는 온화하고 건조한 내륙성 기후를 보인다. 4계절이 있지만 연중 300일 이상 햇볕이 내리쬐이고 겨울에 영하 10℃까지 내려가도 낮에는 그리 춥지 않게 느껴진다. 하지만 간혹 이상기후로 온도가 떨어지면 해발 고도가 높은 탓에 눈이 내리기도 한다. 7~8월에는 덥고 비가 종종 오기도 하지만 불쾌할 정도는 아니다.

## 가는 방법

국내선 항공으로 샌타페이 공항 Santa Fe Regional Airport(SAF)까지 가서 택시나 우버로 시내까지 이동한다. 직항편 연결이 원활하지 않다면 앨버커키 공항 Albuquerque International Sunport(ABQ)으로 가서 렌터카나 셔틀버스로 샌타페이까지 가는 것도 괜찮다.

▶ **샌타페이 공항에서 택시나 우버**
$22~30(20분)

▶ **앨버커키 공항에서 셔틀버스**
호텔까지 $46+세금(1시간 15분)
셔틀버스 그룸 https://groometransportation.com

©Stephen Foskett

## 시내 교통

샌타페이 시내는 작아서 걸어 다니는 데 별 무리가 없다. 하지만 국제민속박물관 등 일부 박물관이 모여 있는 뮤지엄 힐 Museum Hill 지역은 시내에서 3km 정도 떨어져 있어 자동차나 버스를 이용해야 한다.

### 샌타페이 트레일스 Santa Fe Trails
샌타페이 시내를 오가는 버스로 여행자들이 이용하는 노선은 M노선이다. 다운타운 역사지구에서 뮤지엄 힐까지 연결된다.
운행 (다운타운 출발)평일 06:50~19:20 주말 10:20~17:20
요금 1회 $1, 1일 $2 홈페이지 www.santafenm.gov

©Camerafiend

## 추천 일정

샌타페이는 하루면 간단히 돌아볼 수 있다. 총독 청사가 있는 플라자를 중심으로 시내를 걸어 다니고 좀 더 여유가 있다면 뮤지엄 힐이나 근교 마을 타오스에 다녀올 수 있다.

성 프랜시스 성당
③

뉴 멕시코
미술관          총독 청사
①              ②

타오스 또는
뮤지엄 힐        산 미구엘 성당
⑤              ④

샌타페이는 뉴 멕시코의 분위기가 물씬 풍기는 개성 있는 도시다. 푸른 하늘과 대비되는 붉은색 어도비 건물들이 이국적인 분위기를 자아내며 여행자를 불러 모으고 있다. 샌타페이는 산책을 하는 기분으로 시내를 걸어 다니며 색다른 분위기와 함께 예술적인 풍미를 느껴보는 것이 여행의 포인트다.

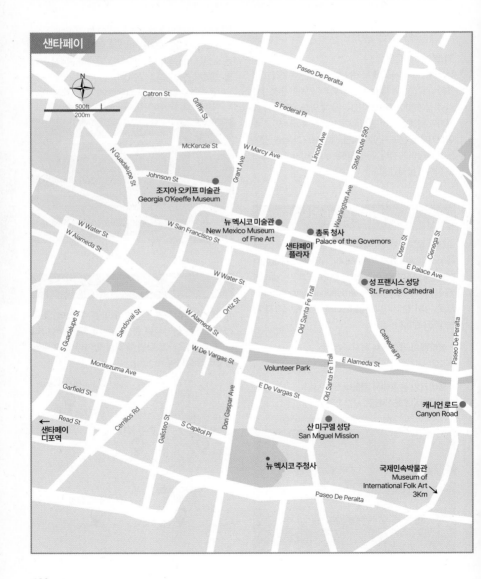

## 뉴 멕시코 미술관
### New Mexico Museum of Art

미국 남서부 출신 화가들의 작품을 마음껏 감상할 수 있는 곳으로 1917년에 완공돼 뉴 멕시코주에서 가장 오래된 미술관으로 꼽힌다. 초기 어도비 양식으로 지어진 건물 외관도 인상적이고 전시물 역시 질과 양 모두 충실하다. 현재 보유하고 있는 컬렉션은 조각, 회화, 사진 등을 포함해 2만 점 정도로 대부분 20세기 현대 미술이다. 전시물 중에는 투박한 듯하면서도 독특한 색감이 돋보이는 마즈던 하틀리, 샌타페이에서 여생을 보낸 유명 여류화가 조지아 오키프, 유명한 사진작가인 앤설 애덤스와 엘리엇 포터, 그리고 남서부의 아름다운 자연을 사진

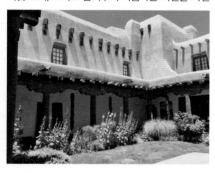

에 담은 에드워드 웨스턴의 작품도 있어 눈길을 끈다. 신선한 무명 화가들의 작품도 상당수 전시하고 있다.

미술관 중앙 뜰에는 멋진 벽화가 그려져 있어 또 하나의 전시장 역할을 하고 있다. West Sculpture Garden, O'Shaugnessey Sculpture Garden 등 두 곳의 야외 조각 정원이 있어 다양하게 작품을 감상할 수 있다.

**지도 P.460** 주소 107 W Palace Ave 운영 10:00~17:00, 5~10월 금요일 10:00~19:00 휴무 비수기(11~4월)의 월요일, 1월 1일, 부활절, 추수감사절, 크리스마스 요금 일반 $12, 16세 이하 무료 가는 방법 샌타페이 시내 교통의 중심인 Transit Center 바로 근처에 있어 1·2·4·5·6·M 등 수많은 버스 노선이 지난다. 홈페이지 www.nmartmuseum.org

> **Tip**
>
> ## 뉴 멕시코 컬처 패스 Culture Pass
>
> 뉴 멕시코 지역의 15개 박물관 입장료가 모두 포함된 통합권으로 샌타페이에는 아래 4곳이 있다.
>
> ▶ New Mexico Museum of Art
> ▶ New Mexico History Museum
> ▶ Museum of International Folk Art
> ▶ Museum of Indian Arts & Culture
> 요금 $30(유효기간은 처음 사용한 날로부터 1년)
> 홈페이지 www.newmexicoculture.org

## 총독 청사
### The Palace of the Governors

1610년에 완공된 총독 청사는 미국에서 가장 오래된 관공서 건물로 1909년 이후 지금까지 뉴 멕시코주의 역사 박물관으로 이용되고 있다. 샌타페이, 뉴 멕시코주는 물론 미국 남서부의 전반적인 역사를 훑어볼 수 있는 귀중한 자료들이 수집되어 있다. 눈길을 끄는 갤러리는 미대륙 발견 이전의 남아메리카 유물이 전시된 고대 아메리카 Ancient America 갤러리와 프린트 숍 Print Shop, 스페인 통치 시절의 모습을 상세히 기록한 세게서 하이디스 Segesser Hides 등을 꼽을 수 있다.

총독 청사를 더욱 유명하게 하는 것은 건물 앞에 있는 아메리칸 인디언 노점상이다. 1930년대부터

지금까지 같은 자리에서 직접 만든 수공예품을 팔고 있어 샌타페이를 상징하는 볼거리로 유명하다.

**지도 P.460** 주소 105 W Palace Ave 운영 10:00~17:00 휴무 비수기(11~4월)의 월요일 요금 일반 $12, 16세 이하 무료 가는 방법 시내의 중심인 플라자 바로 북쪽에 있다. Transit Center에서는 동쪽으로 한 블록 걸어가면 나온다. 홈페이지 www.nmhistorymuseum.org

## 조지아 오키프 미술관
### Georgia O'Keeffe Museum

조지아 오키프는 미국의 대표적인 여류화가다. 샌타페이 출신은 아니지만 젊은 시절 기차여행 중에 뉴 멕시코 지방에 매료되어 자주 찾았고 노년기에는 이곳에서 여생을 보냈다. 그녀의 작품 속 화려하고도 강렬한 이미지에 오묘한 느낌을 받는다. 그리고 바로 이러한 색감과 소재들이 뉴 멕시코에서 영감을 얻었음을 알 수 있다. 조지아 오키프의 작품들은 미국의 현대미술관 곳곳에 흩어져 전시되고 있다. 그녀의 마지막 작품 활동이 이어졌던 이곳 샌타페이에는 그녀를 기리는 미술관이 자리하고 있다. 그녀의 작품이 불과 70여 점 전시되어 있지만 유명한 작품이 많다. 갤러리가 작아서 1시간이면 다 돌아볼 수 있다.

지도 P.460 주소 217 Johnson St 운영 목~화요일 10:00~17:00 휴무 수요일, 부활절, 추수감사절, 크리스마스, 1월 1일 *1년에 세 번 정도 전시물을 옮기면서 폐관할 때가 있으니 홈페이지를 미리 확인해보자. 요금 일반 $22, 18세 이하 무료(예약 필수) 가는 방법 총독 청사와 뉴 멕시코 미술관이 있는 플라자에서 한 블록만 걸으면 Johnson St가 나온다. 이 골목으로 들어가면 두 번째 건물이다. 홈페이지 www.okeeffemuseum.org

©Kent Kanouse

## 성 프랜시스 성당
### St. Francis Cathedral

샌타페이에서는 보기 드문 로마네스크 양식의 성당. 대주교이던 장 바티스트 라미가 디자인했으며 1869년부터 공사를 시작, 1884년에 지금의 모습을 갖추었다. 하지만 건물 양쪽 꼭대기에 있는 두 개의 쌍둥이 첨탑은 아직까지도 미완성인 채로 남아있다. 창을 장식한 프랑스제 스테인드글라스도 아름답지만 가장 눈길을 끄는 것은 건물 안쪽에 서 있는 마리아상이다. 경건한 아름다움을 느낄 수 있는 마리아상은 미국에서 가장 오래된 것으로 알려져 있다. 성당 내부 벽에는 예수가 박해 받는 모습부터 부활하기까지의 과정을 담은 그림이 그려져 있어 또 다른 볼거리를 제공한다.

지도 P.460 주소 주소 131 Cathedral Pl 운영 화~금요일 09:30~16:00, 토요일 09:30~15:00 가는 방법 샌타페이 플라자에서 East San Francisco 거리를 따라 동쪽으로 100m만 걸으면 길이 양 갈래로 갈라지는데, 오른쪽(남쪽)으로 이어진 Cathedral Pl를 100m만 내려가면 왼쪽에 있다. 홈페이지 www.cbsfa.org

---

**Tip**

## 샌타페이의 상징 어도비 Adobe

어도비는 모래와 진흙에 물을 넣고 짚이나 섬유 등을 섞어 만든 건축용 천연 재료다. 이 재료를 가지고 햇볕에 말려서 만든 벽돌이 어도비 벽돌이고 어도비 벽돌로 차곡차곡 쌓아올린 건물을 어도비 건물이라고 한다. 샌타페이가 유난히 이국적이고 독특한 아름다움을 지닌 이유 중 하나는 바로 이 어도비 양식의 건물들 때문이다. 새파란 하늘과 대비되는 붉은빛의 어도비 건물들은 그 자체만으로도 여행자의 눈을 즐겁게 해준다.

관광 도시인 샌타페이는 이러한 특유의 자산을 보존하기 위해 시내 중심의 건물들은 재건축을 할 때에 반드시 어도비 양식을 따르도록 했다. 어도비 양식은 근교 마을 타오스에서도 실컷 볼 수 있다.

## 산 미구엘 성당
### San Miguel Mission

1610~1636년에 지어진 미국에서 가장 오래된 성당. 1680년 인디언 항쟁 Pueblo Revolt 당시 화재로 사라질 뻔했으나 튼튼한 어도비 벽 덕분에 아직까지 그 모습을 유지하고 있다. 이후 보강 작업을 거쳐 외관을 조금 손보았지만 주 골격은 옛 모습 그대로 건재하다. 건물 입구에는 기념품점이 있고 성당 안으로 들어가면 녹음된 테이프를 통해 성당에 대한 여러 가지 설명을 들을 수 있다.

지도 P.460 주소 401 Old Santa Fe Trail 운영 월요일 11:00~15:00, 화~토요일 10:00~15:00, 일요일 12:00~15:00 요금 $5 가는 방법 플라자 남쪽의 E Water St에서 이어지는 Old Santa Fe Trail 길을 따라 남쪽으로 200m 걸어가면 나온다. 홈페이지 www.sanmiguelchapelsantafe.org

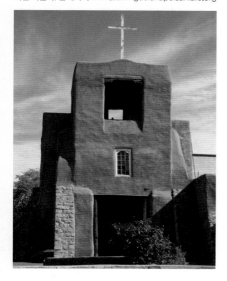

## 캐니언 로드
### Canyon Road

100개가 넘는 갤러리들이 모여 있는 예술의 거리다. 천천히 걸으며 조각과 회화, 공예품들을 구경할 수 있다. 특히 어도비 양식의 이국적인 건물들이 많고 독특한 상점이나 아기자기한 카페도 있어서 구경하는 재미가 있다.

지도 P.460 주소 (어도비 갤러리) 221 Canyon Rd, Santa Fe, NM 87501 운영 갤러리나 상점마다 다르며 보통 10:00~17:00 가는 방법 성 프랜시스 성당 또는 산 미구엘 성당에서 도보 5~8분 정도 걸어가면 나오는 어도비 갤러리 Adobe Gallery에서 티하우스 Tea House까지의 1km 거리다. 홈페이지 www.visitcanyonroad.com

## 국제민속박물관
### Museum of International Folk Art

100개국이 넘는 다양한 나라에서 모은 방대한 전시물을 보유해 민속박물관으로는 세계 최대 규모를 자랑하는 곳이다. 각 민족이 지닌 고유의 문화, 예술과 정서가 고스란히 묻어나는 전시물을 통해 다른 문화를 배우고 이해할 수 있는 기회를 제공한다. 화려한 색상의 장난감에서부터 민속 인형, 공예품, 미니어처 등 재미난 볼거리가 있다.

지도 P.460 주소 706 Camino Lejo 운영 10:00~17:00 *하루 1~2회 가이드 투어가 있으며 일정은 홈페이지를 참조할 것. 휴무 비수기(11~4월)의 월요일, 1월 1일, 부활절, 추수감사절, 크리스마스 요금 일반 $12, 16세 이하 무료 가는 방법 시내 중심인 플라자에서 동남쪽으로 3km 정도 떨어져 있다. Santa Fe Trails 버스 M-Line을 타고 Museum Hill에서 하차. M-Line 노선은 기차역과 다운타운 Transit Center 등에서 승차할 수 있다. 홈페이지 www.moifa.org

©John Phelan

남서부

낯설지만 이국적인 정취를 품은

# 뉴 멕시코 NEW MEXICO

뉴 멕시코주는 그 이름에서 알 수 있듯이 과거 멕시코의 영토였다. 오래전 아메리카 원주민의 땅이었다가 스페인에 점령됐었고 다시 멕시코의 독립으로 멕시코의 영토가 되었다가 미국과의 전쟁에서 패해 현재는 미국 영토가 되었다. 그만큼 복잡한 역사와 다양한 문화를 지닌 곳으로 이국적인 색채가 물씬 풍긴다. 미국의 주로 편입된 것이 1912년이니 미국령이 된 지는 불과 100년밖에 안 된다. 뉴 멕시코주의 깃발이 스페인을 상징하는 노란색 바탕에 아메리카 원주민의 원형무늬를 새긴 것만 보아도 이 지역의 분위기를 알 수 있다. 아메리카 원주민이 이루어낸 유적지와 스페인·멕시코 문화가 남아있고 사막 지대의 독특한 자연환경이 만들어내는 볼거리가 많다.
뉴 멕시코주 관광청 www.newmexico.org

## 앨버커키 국제 열기구 축제

Albuquerque International Balloon Fiesta

평범한 도시 앨버커키가 1년에 한 번 전 세계에 방송을 타는 날이 있다. 바로 앨버커키 인터내셔널 벌룬 피에스타(국제 열기구 축제)가 시작되거나 끝나는 날이다. 이 행사는 매년 10월 첫째 주말에 시작해 9일 동안 열린다. 축제가 생겨난 것은 1972년 지역 행사로 13개의 열기구를 띄운 것에서 비롯되었다. 해마다 열기를 더해 밀레니엄을 맞었던 2000년도에는 1,000개가 넘는 열기구가 하늘로 떠올랐다. 하지만 그 후로는 공간 부족으로 열기구의 수를 제한하여 매년 600개의 열기구가 참여한다. 다

른 나라는 물론, 미국 내에도 수많은 열기구 축제가 있지만 특히 앨버커키가 유명한 이유는 세계에서 가장 큰 국제 열기구 축제이기 때문이다. 그만큼 행사기간 내내 복잡한데 특히 축제가 시작되는 날과 끝나는 날에는 수많은 인파가 몰려들어 숙소를 잡기도 어렵고 행사장 안에서는 간이 화장실을 사용하는 데에도 줄을 한참 서야 한다. 화장실 휴지도 비상용으로 가져가는 것이 좋다. 축제는 첫째 주말에 시작해 둘째 주말에 끝나는데, 이 두 주말에는 새벽부터 밤까지 다양한 프로그램이 진행된다. 가장 인기 있는 프로그램은 새벽녘에 일출과 함께 모든 열기구가 한 번에 하늘로 올라가는 대승천 Mass Ascension이다. 여명과 함께 떠오르는 열기구들이 처음에는 반딧불처럼 보이다가 날이 밝아오면서 점차 화려한 색을 드러내는 풍경이 장관을 이룬다.
주소 사무소 4401 Alameda Blvd, North East Albuquerque 행사장 5000 Balloon Fiesta Pkwy, North East Albuquerque 요금 일반 $15, 12세 이하 무료 주차 요금 $20 가는 방법 앨버커키는 뉴 멕시코주에서 가장 큰 도시로 시내를 관통하는 고속도로가 25번, 40번 두 개 있다. 40번 도로는 동서를 지나고 25번 도로는 남북으로 지나는데,

바로 이 25번 도로의 북쪽 끝에 있는 34번 출구 Tramway/Roy로 나간다. 행사는 고속도로 옆 열기구 축제 공원 Balloon Fiesta Park에서 진행된다. 행사기간 동안에는 고속도로 출구에서부터 안내판이 설치되어 있으며 수많은 안내요원들이 주차장을 안내한다. 사람이 워낙 많이 몰려 새벽에 나가야 공원과 가깝게 주차할 수 있다. 홈페이지 www.balloonfiesta.com

## 축제의 흥을 돋우는 열기구 타기!!!

축제기간에 가장 인기 있는 '열기구 타기'는 비용이 많이 들지만 한 번쯤 해볼 만하다. 아래서 올려다보는 것과는 다른 하늘에서의 풍경을 즐길 수 있다. 앨버커키 시내 서쪽으로 흐르는 리오 그란데강을 배경으로 수백 개의 열기구가 떠다니는 모습을 감상할 수 있다. 행사에서 지정한 공식 열기구 투어 회사는 레인보 라이더스 Rainbow Ryders인데 가격이 비싸며 특히 행사기간에는 요금이 두 배로 뛴다. 행사장에 도착하면 곳곳에 저렴한 가격을 내세우는 호객꾼이 많으니 흥정을 해보는 것도 괜찮다.

[레인보 라이더스 Rainbow Ryders] 주소 5601 Eagle Rock Ave 요금 평상시에는 인원에 따라 일반 $159~209, 축제기간에는 $400 정도 홈페이지 www.rainbowryders.com

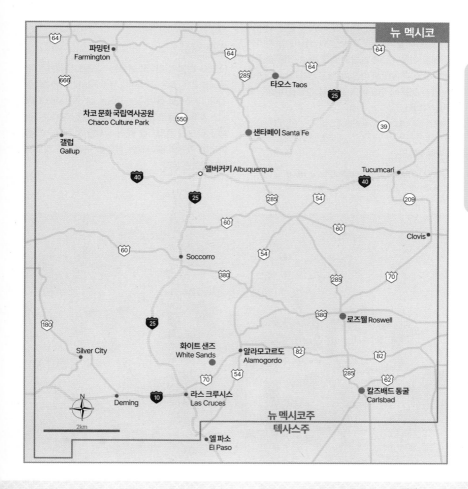

# Taos
타오스

샌타페이 여행의 보너스이자 때로는 더 큰 볼거리를 제공하는 작은 마을이다. 샌타페이에서 북동쪽으로 110km 거리에 있는 타오스에는 1,000년의 역사를 간직한 타오스 푸에블로 Taos Pueblo가 있어서 수많은 여행자의 사랑을 받고 있다. 또한 인구 5,000명 남짓한 작은 마을에 80개가 넘는 갤러리가 있는 예술 마을로, 수많은 화가들이 이 지역의 강렬한 아름다움에 반해 둥지를 틀고 작품 활동에 몰두했었다. 유난히 파란 뉴 멕시코의 하늘과 잘 어우러진 붉은색 어도비의 흙벽돌 건물들이 상당히 인상적이다.

지도 P.465 ▶ 홈페이지 www.taos.org

## 관광 안내소

주소 1201 Paseo Del Pueblo Sur, Taos, NM 87571
운영 화~토요일 10:00~17:00, 일·월요일 휴무

## 가는 방법

자동차로는 샌타페이에서 285N 도로로 가다가 68번 국도로 갈아타면 타오스 시내와 연결된다. 대중교통을 이용한다면, 주말에는 샌타페이 디포 Santa Fe Depot에서 타오스 익스프레스 Taos Express 305번으로 1시간 30분(1일 2회), 주중에는 트랜짓 센터 Sheridan Avenue Transit Center에서 200, 300번 버스로 2시간 20분 걸린다(1일 2회).
요금 무료
버스 홈페이지 www.ncrtd.org

## 추천 일정

타오스 여행의 하이라이트는 타오스 푸에블로다. 푸에블로는 작은 구역이라서 1~2시간이면 볼 수 있다. 타오스로 들어가는 길에는 산 프란시스코 아시스 성당에 들르고, 푸에블로를 보고 내려오는 길에는 타오스 플라자에 들러 식사를 하거나 커피를 마시며 주변의 갤러리와 상점을 구경하는 것으로 마무리하면 된다.

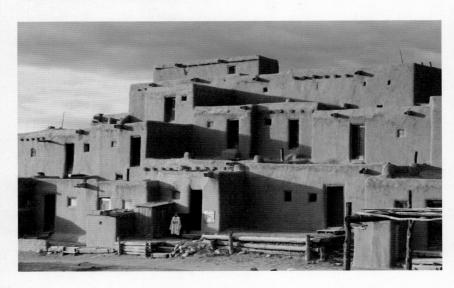

## 산 프란시스코 아시스 성당
### San Francisco de Asis Mission Church

샌타페이에서 타오스로 들어갈 때 바로 직전에 나오는 작은 마을, 랜초스 데 타오스 Ranchos de Taos에 자리한 성당이다. 1772~1816년에 지어져 당시 뉴 멕시코 지방의 스페인 미션 양식을 그대로 보여준다. 어도비의 자연스러운 흙빛과 하얀 십자가, 그리고 파란 하늘이 대비되어 조지아 오키프나 앤설 애덤스 등 많은 예술가에게 영감을 주었다.

주소 60 Saint Francis Plz, Taos 운영 기프트숍 월~토요일 09:00~16:00, 일요일 09:00~15:00 가는 방법 샌타페이에서 68번 도로 북쪽으로 계속 달리다 보면 타오스 바로 못 미쳐 랜초스 데 타오스 마을이 나오면서 곧 성당이 보인다.

## 타오스 플라자 Taos Plaza

타오스 시내의 중심이다. 작은 플라자 안에 예쁜 기념품 가게와 갤러리, 레스토랑, 카페가 들어서 있어 아기자기한 느낌을 준다. 상업화된 느낌이 들기는 하지만 식사를 하고 잠시 휴식을 취하며 주변을 구경하기에 좋다.

가는 방법 타오스 시내를 관통하는 68번 도로가 64번 도로와 만나는 지점에 있다.

## 타오스 푸에블로
### Taos Pueblo(Pueblo de Taos)

타오스 시내에서 북쪽으로 3km 정도 올라가면 갑자기 분위기가 달라지면서 도로 사정도 안 좋아지는데, 이곳이 바로 아메리카 원주민의 마을 타오스 푸에블로다. 뉴 멕시코에는 이러한 아메리카 원주민의 집단 거주지였던 푸에블로들이 다수 존재하지만 특히 이곳 타오스 푸에블로는 그 역사가 매우 오래된 데다 보존상태가 가장 좋아 1992년 유네스코 세계문화유산으로 지정되었다.

타오스 푸에블로 안으로 들어서면 먼저 두 개의 커다란 건물군이 눈에 띈다. 1450년경에 지어진 다층 구조의 독특한 건물은 내부의 방들이 서로 연결되어 있으며 지하에는 종교의식을 행하는 공간인 키

바가 3개씩 있다. 아직도 150여 명의 푸에블로 원주민이 이곳에서 전기와 수도가 없는 채로 거주하고 있고 1,900명에 이르는 대부분의 원주민은 마을 밖 보호구역에서 살고 있다. 매년 늦겨울에서 초봄에 이르는 기간에는 종교의식이 행해져 많은 원주민이 모여들기도 한다. 원주민은 아직도 그들 고유의 종교의식을 지키고 있지만 아이러니하게도 주민의 90%는 가톨릭이다. 마을 안에는 키바와 성당이 아무런 충돌 없이 나란히 공존하고 있다. 푸에블로 안에서는 상당수의 주민이 다양한 공예품을 만들어 팔며 생활을 꾸려가고 있다.

주소 120 Veterans Highway Taos 운영 매일 09:00~16:00 폐쇄 장례 등의 마을 행사 시, 2월 말~4월 초 종교의식이 행해지는 10주 정도(전화로 확인해야 함. 1-575-758-1028) 요금 일반 $25, 학생 $22, 10세 이하 무료, 개인적 용도 외의 사진 촬영 시 사전 허가 필요 가는 방법 타오스 시내 중심을 지나는 Paseo Del Pueblo Norte로 나가 Highway to Town of Taos로 갈아타고 끝까지 가면 비포장도로로 바뀐다. 푸에블로 거리 Pueblo St를 지나면 바로 입구다. 대중교통은 타오스 플라자에서 출발하는 칠레 라인 레드 Chile Line Red 340번이 종점까지 가는데, 배차 간격이 1시간이 넘고 정차 시각도 정확하지 않아 매우 불편하다. 버스 홈페이지 www.ncrtd.org

### Tip
### 알아두세요!

① 카메라, 휴대폰, 비디오를 소지한 경우 반드시 보고하고 추가 요금을 내야 한다.
② 제한구역 Restricted Area 표시가 된 곳은 출입할 수 없다.
③ 주민들 촬영 시 반드시 허가를 받아야 한다.
④ 산 제로니모 San Geronimo 성당에서는 촬영 금지.
⑤ 그 밖에 유적지나 묘지, 강에 함부로 들어가면 안 된다.

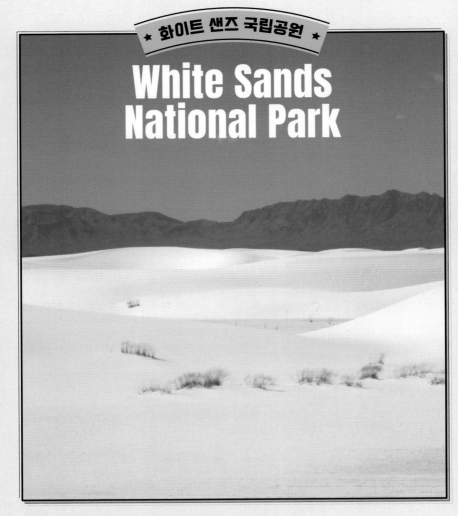

# White Sands National Park

★ 화이트 샌즈 국립공원 ★

뉴 멕시코 남쪽의 치와완 Chiwawan 사막에 자리한 세계 최대의 화이트 샌즈 공원이다. 화이트 샌즈라고 하지만 바닷가의 흰 모래사장과는 전혀 다른 성질로, 엄밀히 말하면 모래가 아니라 석고 가루다. 따라서 태양열을 오래 받아도 모래처럼 뜨거워지지 않아 맨발로 하이킹을 하는 사람들을 쉽게 볼 수 있다. 흰 모래와는 비교할 수 없을 만큼 새하얀 빛깔을 지니고 있어 멀리서 보면 마치 흰 눈으로 뒤덮인 듯한 착각을 일으킨다. 심지어 언덕에서는 썰매를 탈 수 있기 때문에 반팔 차림에 눈 위에서 썰매를 타는 듯한 사진이 연출되곤 한다. 석고 가루 역시 바람을 타고 움직이며 그 모양을 달리하지만, 모래보다는 단단하기 때문에 전날 밤에 나타나 돌아다녔던 동물들의 발자국이 그대로 남아있는 것을 볼 수 있다. 이곳은 원래 얕은 바다였는데 약 1,000만 년 전에 분지가 되었고 사방에서 흘러 들어온 물이 호수를 이루었다가 심한 가뭄으로 증발하면서 물속에 녹아있던 석고가 바닥에 남게 된 것이다.

# 기본 정보

## 유용한 홈페이지
공식 홈페이지 www.nps.gov/whsa

## 방문자 센터
국립공원 입구로 들어가면 왼쪽에 방문자 센터가 나온다. 시즌별로 오픈 시간이 크게 달라지기 때문에 반드시 홈페이지에서 미리 확인하자. 보통 여름철에는 오픈 시간이 길지만 봄과 가을에는 제한적으로 운영되며 겨울에는 폐쇄된다.

## 화이트 샌즈 방문자 센터
주소 19955 U.S. 70, Alamogordo 운영 공원 자체는 기본적으로 07:00~일몰까지 오픈하지만 방문자 센터는 날짜별로 다르다. 보통 09:00~18:00 정도이고 비수기는 17:00까지다. 폐쇄 크리스마스

*주변에 미사일 시험장이 있어 테스트가 있는 날에는 폐쇄한다. 겨울에는 악천후나 도로 사정으로 갑자기 폐쇄할 때가 있다. 시간이 갑자기 변동되기도 하므로 홈페이지보다는 트위터(@WhiteSands_NPS)를 확인해야 한다.

**입장료** (7일간 유효) 차량당 $25

# 가는 방법

주변의 가장 가까운 도시는 25km 거리의 알라모고르도 Alamogordo와 80km 거리의 라스 크루시스 Las Cruces다. 알라모고르도가 더 가깝지만 라스 크루시스가 좀 더 큰 마을이라 식당, 슈퍼마켓, 호텔 등 웬만한 것은 대부분 갖춰져 있다. 알라모고르도에는 기본적인 시설과 모텔들이 있다. 어느 마을에서건 70번 도로로 나가면 된다. 라스 크루시스와 알라모고르도를 연결하는 70번 도로상에 방문자 센터가 있다.

> **Tip**
>
> ## 화이트 샌즈에 갈 땐 여권을 챙겨 가세요!
>
> 뉴 멕시코는 미국에서 히스패닉계 주민 비율이 가장 높은 주다. 캘리포니아, 애리조나, 텍사스주와 마찬가지로 멕시코와 국경을 맞대고 있어 하루에도 수차례 불법 이민자들이 국경을 넘나든다. 더구나 뉴 멕시코에는 세 곳의 공군기지와 미사일 연구소 및 시험장이 있어 군사적으로도 보안이 중요한 곳이다. 이러한 이유들 때문에 뉴 멕시코를 지나는 도로 한복판에 검문소가 세워져 있는 경우가 있다. 검문소에서는 지나가는 모든 차량을 세우고 신분증을 검사하는데, 외국인의 경우 유효한 비자가 있는 여권을 제시해야 한다. 가끔 적절한 신분증이 없
>
>
>
> 는 사람들의 신원조회 때문에 검문소 앞에 차가 줄지어 기다려야 하는 상황도 생긴다. 검문소의 위치는 가끔 바뀌기도 하지만 홀러먼 공군기지 Holloman Air Force Base와 화이트 샌즈 미사일 시험장 White Sands Missile Range이 한데 모여있는 70번 도로(라스 크루시스에서 화이트 샌즈로 가는 길)에는 항상 있다.

# 📷 Attraction

보는 즐거움

화이트 샌즈는 간단히 둘러보는 데 1~2시간, 웬만큼 둘러본다 해도 반나절밖에 걸리지 않는다. 입구의 방문자 센터에서부터 듄스 드라이브 Dunes Drive를 따라 자동차로 이동하면서 곳곳에 있는 작은 트레일 앞에 주차를 하고 잠깐씩 돌아보면 된다. 가장 긴 트레일은 듄스 드라이브 가장 안쪽에 자리한 알칼리 플랫 트레일 Alkali Flat Trail로 왕복 7km 정도 거리다. 이른 아침이나 일몰 전에 사막 풍경을 찍기에 좋은 코스로 사진작가들에게 인기가 많다. 트레일을 벗어나 다닐 경우에는 길을 잃기 쉬우므로 반드시 GPS나 나침반을 가져가야 한다. 여름에는 햇빛이 강렬하고 매우 건조하니 물병과 선글라스, 모자, 선크림을 반드시 챙겨 가도록 하자. 알칼리 플랫 트레일 입구에는 피크닉 장소와 간이 화장실 등의 간단한 시설이 있어 잠시 휴식을 취할 수 있다. 다른 트레일은 대부분 간단히 다녀올 수 있는

코스라 누구나 부담없이 둘러볼 수 있다.

화이트 샌즈에서 아름다운 풍경과 함께 또 한 가지 즐길거리는 썰매타기다. 아이들이 특히 좋아하는데, 평소 보드를 즐기는 청소년들은 서서 타기도 하지만 맨 아래 도로까지 내려가면 딱딱한 바닥에 넘어져 다칠 수도 있어 조심해야 한다. 사실 사막에서 즐기는 샌드 보드와 달리 석고 가루라서 생각보다 단단하기 때문에 플라스틱 썰매 바닥에 왁스를 칠해야 잘 나간다. 방문자 센터에서 썰매와 왁스를 판매하는데 중고품은 좀 더 저렴하다.

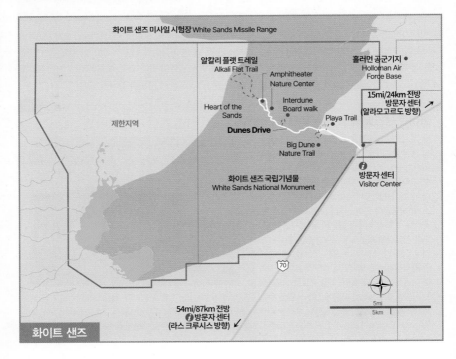

화이트 샌즈 미사일 시험장 White Sands Missile Range

알칼리 플랫 트레일
Alkali Flat Trail

홀러먼 공군기지
Holloman Air
Force Base

Amphitheater
Nature Center

15mi/24km 전방
방문자 센터
(알라모고르도 방향)

Heart of the
Sands

Interdune
Board walk

제한지역

**Dunes Drive**

Playa Trail

Big Dune
Nature Trail

화이트 샌즈 국립기념물
White Sands National Monument

ℹ️ 방문자 센터
Visitor Center

N

5mi

5km

54mi/87km 전방
ℹ️방문자 센터
(라스 크루시스 방향)

화이트 샌즈

# Roswell
## 로즈웰

로즈웰은 보잘것없는 시골 마을이지만 외계인과
UFO, X파일, 음모론 등에 관심이 있는 사람들에겐
아주 중요한 곳이다. 바로 이 마을에 UFO가 떨어졌
기 때문이다!! 이런 것들에 관심이 없는 사람이라도
칼즈배드와 샌타페이를 오가는 5시간의 지루한 여
정길에 잠시 들러볼 만한 작은 마을이다. 마을의 볼
거리는 단 하나. 바로 UFO 박물관이다. 박물관의 수
준도 상당히 어설프지만 이 박물관 하나를 보기 위
해 아주 멀리서 찾아오는 사람이 있을 정도로 유명
하다. 그리고 이러한 UFO 박물관은 뉴 멕시코를 더
욱 신비로운 주로 만드는 데 큰 역할을 하고 있다.

지도 P.465

### UFO 박물관
UFO Museum

1947년 여름, 가난한 시골 마을 로즈웰의 동서쪽 지
역에서 괴물체가 발견되었다. 당시 신고를 받고 모
든 잔해를 수거해 간 공군에서는 보도자료를 통해
이들이 괴물체가 아니라 기상관측용 기구였다고 발
표하면서 한동안 이 뉴스는 사람들에게서 잊혀져
갔다. 하지만 1990년대에 들어 당시 목격자들의 증
언이 이어지면서 세상은 발칵 뒤집혔다. 다양한 주
장과 음모론, 반론 등이 이어지며 이를 소재로 수많

은 소설, 영화 등이 만들어졌다. 그 진위와 관련한
이야기는 아직도 끊임없이 나오고 있는데 그중에는
꽤 신빙성 있는 것들도 많다. 당시 보고서를 작성했
던 미군 장교 월터 하우트는 2005년 사망할 때 자
신의 증언을 사후에 공개하라는 유언을 남겼는데,
당시 고위층의 압력으로 보고서를 허위로 작성했으
며 목격한 외계인에 대해 상세한 묘사를 남겼다고
한다. 또한 2012년 7월에는 전직 CIA 요원이었던
체이스 브랜든이 로즈웰 사건이 실제 외계인과 관
련되었다고 주장했다. 당시 발견된 물체들은 지구
상에 존재하지 않는 재질이었다고 하며 사건 당시
처음 물체를 발견했던 농부 윌리엄 브레젤은 기지
로 연행되어 일주일간 조사를 받고 나와 이 사건에
대해 단 한마디도 입을 열지 않았다고 한다. UFO
박물관은 이러한 로즈웰 사건에 대한 당시의 언론
보도 내용과 함께 그 후에 쏟아져 나온 다양한 미스
터리 이야기들, 증언, 음모론 등에 관한 자료들을 전
시해 놓았고 당시 목격자들의 증언을 토대로 외계
인의 모습을 마네킹으로 만들어 놓았다.

박물관은 규모가 작아서 금방 돌아볼 수 있다. 출구
쪽에 작은 기념품점이 있고 박물관 주변에도 허름
한 기념품 가게가 몇 군데 있다.

주소 114 N Main St, Roswell 운영 매일 09:00~17:00 휴관
1월 1일, 추수감사절, 크리스마스 요금 일반 $7, 5~15세 $4
가는 방법 UFO 박물관은 로즈웰을 관통하는 280번 도로상
에 있어서 매우 찾기가 쉽다. 로즈웰 마을 안에서의 길 이름
은 North Main St다. 칼즈배드와 앨버커키 또는 샌타페이를
연결하는 도로이므로 지나가는 길에 잠시 들르기에 좋다. 홈
페이지 www.roswellufomuseum.com

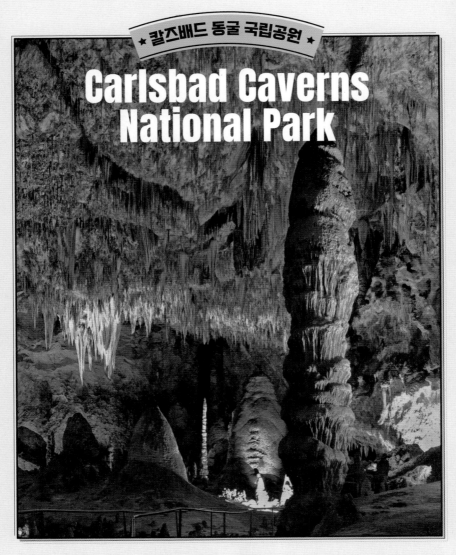

★ 칼즈배드 동굴 국립공원 ★

# Carlsbad Caverns National Park

뉴 멕시코주의 남동쪽 끝자락 과달루페산맥에 자리한 칼즈배드 동굴은 세계적으로 유명한 지하 동굴이다. 동굴에 별 관심이 없는 사람이라도 한 번쯤 들러봐야 할 곳으로, 내부에 가장 큰 공간인 빅 룸 Big Room은 길이가 1km가 넘고 높이가 110m에 이를 정도로 엄청난 규모를 자랑한다. 1cm가 자라는 데 50년에서 100년이 걸린다는 종유석과 석순도 무수히 볼 수 있으며 수많은 박쥐가 서식하고 있어 박쥐 동굴로도 불린다. 동굴을 처음 발견한 사람은 1898년 짐 화이트라는 소년인데, 처음에 아무도 믿지 않았지만 1915년 이 소년과 동반한 사진사 레이 데이비스가 사진을 전시하면서 세상에 알려져 1923년에 국립기념물, 1930년에는 국립공원으로 지정되었고 1995년 유네스코 세계유산에 등재되었다.

# 기본 정보

## 유용한 홈페이지

공식 홈페이지 www.nps.gov/cave

## 방문자 센터

국립공원 안으로 들어가면 방문자 센터가 있다. 건물 안에는 방문자 센터와 함께 기념품점과 레스토랑, 그리고 지하로 내려가는 엘리베이터가 있다. 1층의 방문자 센터에서 칼즈배드 동굴에 관한 모든 정보를 얻을 수 있고 지하 동굴 안에도 간단한 안내센터가 있다.

주소 727 Carlsbad Cavern Hwy, Carlsbad 운영 08:00~17:00, 7월 초~9월 초는 19:00까지(엘리베이터는 30분 전 폐쇄) 휴무 1월 1일, 추수감사절, 크리스마스

**입장료** 일반(3일간 유효) $15, 15세 이하 무료

## 주의사항

겨울에는 큰 문제가 없지만 여름에는 바깥 온도가 40℃를 웃도는 불볕더위여도 동굴 속의 온도는 낮다. 밖에서 더위에 허덕이다 보면 준비 없이 동굴로 들어가는 경우가 있는데, 동굴 내부의 온도는 10℃ 안팎에 불과해 오래 있다 보면 상당한 추위를 느끼게 된다. 급격한 온도 차로 몸살을 앓는 경우도 있으니 두툼한 점퍼를 꼭 챙겨 가도록 하자. 그리고 동굴 안에는 물기가 많아서 바닥이 상당히 미끄럽다. 많이 걸어야 하므로 편한 신발은 물론, 바닥이 고무로 돼 미끄럽지 않은 샌들이나 운동화가 좋다.

## 가는 방법

칼즈배드에서 62번/180번 도로를 따라 남서쪽으로 40km 정도 가면 7번 도로와 만나는 화이츠 시티 Whites City 삼거리가 나온다. 주유소가 있는 이 삼거리 오른쪽의 7번 도로 Carlsbad Caverns Hwy에서부터 국립공원이 시작되며 이 길을 따라 8km 정도 들어가면 방문자 센터가 나온다.

## 숙소 정보

칼즈배드 동굴에서 가장 가까운 마을은 화이츠 시티 다. 하지만 이곳은 모텔 3개와 간이 매점, 주유소가 전부인 아주 작은 곳으로, 마을이라기보다는 도로변의 휴게소 같은 수준이라 잠자는 것 이외에는 할 것이 없다. 주변의 가장 큰 도시는 50여 분 거리에 있는 칼즈배드 Carlsbad다. 호텔, 레스토랑, 월마트 등 기본적인 것은 모두 갖춰져 있어 편리하다.

## 투어 프로그램

각자 알아서 돌아다니며 구경할 수도 있지만, 국립공원 자체에서 마련한 공식 가이드 투어 Ranger-Guided Tour를 이용하면 보다 자세한 설명을 들으며 동굴 곳곳을 탐험할 수 있다. 가이드 투어는 추가 요금이 있고 여름철 성수기에는 미리 예약하지 않으면 참가하지 못할 수도 있다. 투어는 여러 종류가 있는데 날짜와 소요시간, 난이도 등을 고려해 선택하자. 자세한 내용은 홈페이지를 참조하거나 방문자 센터에서 안내를 받을 수 있다. 현재 킹스 팰리스 투어와 로어 케이브 투어, 슬로터 캐니언 케이브 투어만 운영 중이며 나머지 투어는 임시 휴무다. 투어는 공원 입장료와 별도로 추가 요금이 있으며 사전 예약이 필요하다. 예약 수수료는 $1.

예약 www.recreation.gov

| 투어 종류 | 요금 | | 제한 연령 | 난이도 | 소요 시간 |
|---|---|---|---|---|---|
| | 일반 | 15세 이하 | | | |
| 킹스 팰리스 Kings Palace | $12 | $7 | 6세 미만 | 중하 | 1시간 30분 |
| 슬로터 캐니언 케이브 Slaughter Canyon Cave | $30 | $18 | 10세 이하 | 상 | 5시간 30분 |
| 로어 케이브 Lower Cave | $30 | $18 | 12세 미만 | 상 | 3시간 |

# ◉ Attraction

동굴을 탐험해보고 싶다면 가이드 투어를 하면서 재미난 경험들을 해보는 것도 좋지만, 영어가 부담 스럽거나 자유롭게 돌아다니고 싶다면 스스로 구경하는 것도 그리 어렵지는 않다. 볼거리마다 안내 판이 있어서 천천히 구경하며 사진을 찍고 다니는 것도 재미있다.

## 동굴 입구 루트 Natural Entrance Route

자연적으로 만들어진 동굴 입구로 들어가는 코스다. 입구는 쉽게 걸어 내려갈 수 있도록 지그재그형으로 완만하게 포장 해 놓았으며 안으로 들어가면 적절한 조명과 함께 계단과 난 간이 설치되어 있어 안내판을 따라다니기만 하면 된다. 내리 막길과 계단을 2km 정도 내려가면 안내소가 있는 엘리베이 터 입구와 만난다. 여기에서 더 내려가면 빅 룸이 나온다.

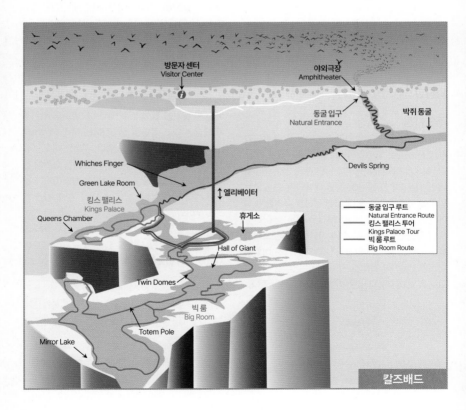

칼즈배드

## 킹스 팰리스 Kings Palace

엘리베이터에서 동굴 입구 쪽으로 가는 길에서 시작하는 독립된 공간으로 가이드 투어를 통해서만 입장할 수 있다. 지도상에서는 방위만 나타나기 때문에 깊이를 알 수 없지만 실제로는 지하 250m 깊이로 일반인들에게 공개된 지역 중 가장 깊다. 4개의 방으로 이루어져 있다. 1.5km 정도의 거리로, 투어는 1시간 30분 동안 진행되며 휴게소에서 출발한다.

[킹스 팰리스 투어 King's Palace Tour]
요금 $12
예약 사이트 www.recreation.gov

## 빅 룸 루트 Big Room Route

방문자 센터 건물에서 엘리베이터를 타고 내려가면 바로 안내소와 함께 기념품점, 휴게소, 식당, 화장실 등 편의시설이 갖추어진 공간이 나온다. 여기서 조금만 더 내려가면 동굴 내 가장 큰 공간인 빅 룸 Big Room이 바로 나오기 때문에 이 코스를 빅 룸 루트라 부른다. 여기서부터는 약 1.5km 정도의 평지만 돌아보면 되기 때문에 경사가 심한 동굴 입구 루트보다 훨씬 수월하다. 그것조차 힘들다면 중간쯤 가다가 다시 돌아올 수도 있고, 동굴을 전체적으로 다 보고 싶다면 빅 룸에서 올라와 동굴 입구 쪽으로 더 올라갈 수도 있다.

## 배트 플라이트 프로그램 Bat Flight Program

칼즈배드 동굴의 또 하나의 볼거리는 박쥐다. 낮에 동굴의 천장에 매달려 잠을 자다가 어스름한 저녁 시간이 되면 먹이를 찾아 나서기 위해 동굴 밖으로 비행하는 수십만 마리의 박쥐 떼를 볼 수 있다. 동굴 입구 쪽에는 야외극장 Amphitheater이 있는데, 바로 이곳에 앉아 기다리다가 박쥐가 날아가는 것을 바라보는 것이다. 보통 7~8월이 가장 보기 쉬우며 해질 무렵에는 동굴에서 나오는 박쥐들을, 그리고 동이 틀 무렵에는 다시 동굴로 들어가는 박쥐들을 볼 수 있다. 운이 좋다면 대규모로 이동하는 박쥐 떼를 볼 수도 있다. 하지만 안타깝게도 박쥐의 생태에 영향을 미치는 카메라는 절대 사용할 수 없다. 이 프로그램은 5월 말부터 10월까지 진행되는데 다른 행사 시 취소되기도 한다.

남서부

### Tip
### 루트 짜기

동굴로 들어갈 때에는 두 가지 방법이 있다. 걸어서 내려가거나 엘리베이터를 타고 내려가는 것이다. 시간이 없거나 오래 걷고 싶지 않다면 엘리베이터를 이용해 왕복하면 되지만, 가급적 걸어 내려갔다가 엘리베이터를 타고 올라오는 방법을 권한다. 내려가는 길이라 덜 힘들며 엘리베이터를 타고 내려가 갑작스레 압력이 달라지면 귀가 아플 수도 있기 때문이다. 단, 동굴 속은 길이 미끄러워 내리막길에서 항상 조심해야 한다.

# 북서부와 로키
## The Northwest & The Rockies

# Seattle

## 시애틀

세계적인 항공기 회사 보잉을 필두로 마이크로소프트, 아마존 등 이름만 들어도 쟁쟁한 회사들이 모여 있는 시애틀은 미국 북서부 최대 도시이자 첨단 기술과 진보적인 분위기로 항상 앞서가는 도시다. 아름다운 풍광의 시애틀은 '에메랄드 시티'로도 불리는데, 주변에 호수와 강, 만, 바다가 이어지고 부슬비가 자주 오는 촉촉한 도시이기도 하다. 이러한 분위기 때문인지 음악가들이 많이 배출되었고 흐린 날씨에 잘 어울리는 스타벅스를 탄생시켰다.

### 날씨
시애틀의 날씨는 7, 8월을 제외하면 거의 흐린 편이다. 하루에도 몇 번씩 비가 오락가락하고 조용히 내리는 비가 어느새 옷을 적신다. 최근 이상 기후로 겨울에 폭설이 내리기도 하지만 보통은 겨울에도 비가 내리는 편이며 여름에는 맑고 쾌적하다.

### 유용한 홈페이지
시애틀 관광청
www.visitseattle.org
시애틀시 관광안내
www.seattle.gov

북서부와 로키

# 가는 방법

미국 북서부의 관문이라 많은 국제항공 노선이 있다. 우리나라에서 미국 대륙으로 갈 때 가장 짧은 시간이 소요된다.

## 비행기 ✈

인천공항에서 시애틀로 가는 직항편으로는 대한항공, 아시아나항공, 델타항공이 있으며 10시간 15분~10시간 40분 소요된다. 이 밖에 도쿄, 밴쿠버, 샌프란시스코 등을 경유해 저렴하게 이동할 수도 있다. 국내선으로는 로스앤젤레스에서 2시간 50분, 샌프란시스코에서 2시간, 뉴욕에서 6시간 정도 걸린다.

### 시애틀 타코마 국제공항
Seattle-Tacoma International Airport(Sea Tac)
시애틀 남쪽의 타코마시와 함께 이용하는 국제공항으로 간단히 줄여서 시택 Sea Tac이라 부른다. 시애틀과 타코마의 중간에 있으며 시애틀 다운타운에서 남쪽으로 20km 정도 떨어져 있어 멀지 않다.
홈페이지 www.portseattle.org/sea-tac

비행기에서 레이니어산을 볼 수 있다.

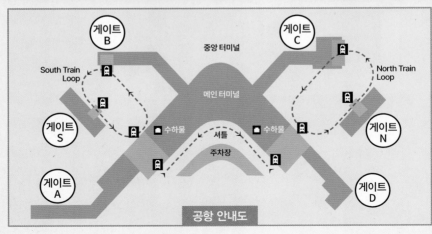
공항 안내도

## 공항 → 시내

다운타운까지 가까운 편이고 버스, 경전철, 택시 등 다양한 교통수단이 있다. 짐이 많다면 택시가 편리하지만 목적지에 따라 대중교통도 이용할 만하다.

### ① 택시 Taxi

이정표를 따라가서 바로 탈 수 있어 가장 빠르고 편리한 방법이다. 택시는 두 종류가 있다. 하나는 미터당 요금을 내는 택시 Metered Taxis고 다른 하나는 정찰제로 요금을 내는 택시 Flat Rate Taxis다. 정찰제라도 타기 전에 가격을 확인하고, 결제 시 현금이나 카드 수수료를 요구하는 경우도 있으니 미리 확인하자. 팁은 미터 요금에 10~20% 정도 추가로 준다. 다운타운까지 약 30분 소요.

요금 다운타운 호텔 구역은 정찰제($46)이고 그 외의 지역은 미터로 계산하므로 차가 막힐 때는 우버·리프트처럼 요금이 많이 나올 수 있다.

### ② 라이드셰어 App Based Rideshare(우버·리프트)

우버 Uber나 리프트 Lyft 같은 차량 공유 서비스를 부르는 명칭은 공항마다 조금 다른데, 시택공항에서는 라이드셰어라 부른다. 공항

에서 이정표를 따라가면 터미널 주차장 3층에 있다. 다른 도시와 달리 시애틀은 최저임금 문제로 택시보다 비싼 편이다.

요금 우버·리프트: 다운타운 기준 $55~90

### ③ 링크 라이트 레일 Link Light Rail
### (P.483 노선도 참조)

저렴하게 시내까지 이동할 수 있는 경전철이다. 이정표를 따라 스카이브리지를 지나 공항 주차장 4층

으로 나가면 경전철역과 연결되는 통로가 나온다. 역이 공항 북쪽 끝에 있어 역까지 거리가 꽤 멀지만 이정표를 계속 따라가면 어렵지 않게 찾을 수 있다. 다운타운까지는 40분 정도 걸린다.

운행 (공항 출발) 월~금요일 04:53~01:24, 토요일 04:48~01:24, 일요일 05:48~24:36 (계절별로 1시간 정도 차이가 있으며 주말에는 운행 간격이 크다) 요금 다운타운까지 편도 $3 홈페이지 www.soundtransit.org

### ④ 킹 카운티 메트로 버스 King County Metro Bus

일반 버스라 저렴하지만 시간이 매우 오래 걸리고 연결편도 제한적이다. 짐 찾는 곳에서 안내판을 따라 출구로 나가면 정류장이 있다.

요금 $2.75 홈페이지 https://kingcounty.gov(Metro 메뉴)

북서부와 로키

# 시내 교통

볼거리가 모여 있는 다운타운 주변은 걸어서 다니거나 버스를 이용하는 것이 편하다. 특히 다운타운 중심부는 버스 노선이 많고 스트리트카나 모노레일 등이 있어 다양하게 이용할 수 있다. 다운타운 외곽도 버스를 이용하면 대부분 둘러볼 수 있다.

### ① 킹 카운티 메트로 버스 King County Metro Bus

킹 카운티는 시애틀시가 포함된 광역 지역을 말한다. 킹 카운티 메트로 버스는 시애틀 도심은 물론 외곽까지 연결하는 버스다. 다운타운 내에서도 많이 이용하고 주변 지역으로 이동할 때도 1~2회 환승을 통해 구석구석 갈 수 있다.

요금 일반 1회 $2.75
홈페이지 https://kingcounty.gov(Metro 메뉴)

### ② 스트리트카 Street Car

다운타운 일부 구간을 운행하는 전차. 다운타운에서 유니언 호수 남쪽으로 갈 땐 사우스 레이크 유니언 South Lake Union 노선, 캐피틀 힐로 갈 땐 퍼스트 힐 First Hill 노선을 이용한다.

요금 일반 $2.25 홈페이지 www.seattlestreetcar.org

### ③ 모노레일 Monorail

다운타운 중심에 있는 웨스트레이크 센터 Westlake Center와 시애틀 센터 Seattle Center를 잇는 지상

---

**Tip**

## 오카 카드 ORCA Card

시애틀의 여러 대중교통을 카드 하나로 이용할 수 있는 교통카드다. 편리하지만 보증금($3)을 돌려받기 어렵고 발매기가 공항과 웨스트레이크 센터 등 특정 역에만 있다는 것이 단점인데, 대중교통을 여러 번 이용한다면 환승 할인 등으로 요금을 절약할 수 있다. 충전은 온라인에서도 가능하다.

홈페이지 https://orcacard.com

## 트랜짓 고 티켓 Transit GO Ticket

현지인들이 사용하는 오카 카드는 여행자들에게 조금 불편하지만 트랜짓 고 티켓은 누구나 휴대폰만 있으면 앱을 다운받아서 교통티켓으로 쓸 수 있다. 필요한 티켓을 구매하고 신용카드로 결제하면 된다.

홈페이지 www.transitgoticket.com

열차다. 지상을 달리며 시애틀 시내를 내려다볼 수
있는 재미가 있다. 보통은 10분 간격, 행사 기간에는
5분 간격으로 출발하는데, 소요시간은 단 3분이다.
운영 월~목요일 07:30~21:00, 금요일 07:30~23:00, 토
요일 08:30~23:00, 일요일 08:30~21:00(5~12월 성수기
에는 매일 23:00까지 연장 운행) 요금 편도 일반 $4, 6~18
세 $2 홈페이지 www.seattlemonorail.com

### ④ 링크 라이트 레일 Link Light Rail
저렴하고 빠르게 장거리를 이동할 수 있는 경전철
이다. 정류장이 많지 않아서 주로 외곽으로 나갈 때
이용하며 여행자들은 공항에서 시내로 갈 때 이용
할 만하다. 타기 전에 반드시 노란 검표기에 탭해야
한다.
요금 편도 $3 홈페이지 www.soundtransit.org

**링크 라이트 레일 노선도**

━ 1 ━

○ Northgate

○ Roosevelt

UW campus
○ U District

○ University of Washington
워싱턴 대학교

○ Capitol Hill
캐피틀 힐

시애틀
다운타운
Downtown
Seattle
○ Westlake
웨스트레이크

○ University Street

○ Pioneer Square
파이어니어 스퀘어

○ International District/
Chinatown

○ Stadium

○ SODO

○ Beacon Hill

○ Mount Baker

○ Columbia City

○ Othello

○ Rainier Beach

○ Tukwila International Blvd

○ SeaTac/Airport
시택 공항

○ Angle Lake
━ 1 ━

Tip

### 킹 카운티 King County
킹 카운티는 워싱턴주에서 가장 큰 카운티로 시애
틀이 그 중심 도시다. 인구수가 2,000만 명이 넘
는 거대한 카운티로 소득도 매우 높은 것으로 알
려져 있다. 초기의 이름은 부통령을 지냈던 윌리
엄 킹에서 따온 것으로 당시에는 카운티 로고가
왕관 모양이었다. 하지만 진보적인 시애틀 시의
회에서 마틴 루서 킹으로 바꿀 것을 요청해 결국
2007년부터는 로고가 마틴 루서 킹의 얼굴로 바
뀌었다.

북서부와 로키

# 투어 프로그램

시애틀도 다른 대도시와 마찬가지로 2층 버스 투어 같은 시티투어가 있다. 하지만 시애틀의 특징을 잘 살린 인기 투어는 크루즈 투어와 지하 투어, 그리고 푸드 투어다.

## 푸드 투어 Food Tours

시애틀 곳곳을 돌아다니며 이것저것 샘플 음식을 맛보는 투어다. 지역별·메뉴별로 여러 종류가 있는데 가장 유명한 것은 재래시장인 파이크 플레이스 마켓 투어다. 시즌에 따라 투어에 포함된 음식이 조금씩 바뀌는데 자세한 내용은 홈페이지를 참조하자.
요금 일반 $59~69

● 세이버 시애틀 Savor Seattle
홈페이지 www.savorseattletours.com

● 잇 시애틀 Eat Seattle
홈페이지 https://eatseattletours.com

## 지하 투어
### Underground Tour/Beneath The Streets

시애틀 다운타운에는 과거 지대가 낮아서 지하로 잠겨버린 지역이 있다. 아직도 남아 있는 건물 지하를 돌아다니며 역사 이야기를 듣는 투어로 인기가 많다. 운영 중인 회사는 두 곳이다.
요금 일반 $22~28

● 언더그라운드 투어 Underground Tour
홈페이지 www.undergroundtour.com

● 비니스 더 스트리츠 Beneath The Streets
홈페이지 www.beneath-the-streets.com

## 크루즈 투어 Cruise Tour

물의 도시 시애틀답게 크루즈가 발달해 있다. 시애틀이 면해 있는 엘리엇만 Elliott Bay을 항해하며 시애틀의 스카이라인을 바라볼 수 있는 투어에서부터 워싱턴 호수를 돌아보는 크루즈, 식사를 포함한 크루즈 등 다양한 테마가 있다.
요금 일반 $42~54

● 애거시 크루즈 Argosy Cruises
홈페이지 www.argosycruises.com

Tip

### 시티 패스 City Pass

5가지 볼거리가 포함된 통합 티켓으로 매표소에서 줄을 서지 않아도 되며(입장 줄은 서야 함) 유효기간은 9일이다. 4곳 이상 볼 게 아니라면 요금을 잘 따져봐야 한다.

**포함 내역 (③~⑦ 중 3곳 선택해서 총 5곳)**
① Space Needle
② Seattle Aquarium
③ Argosy Cruises Harbor Tour
④ Museum of Pop Culture
⑤ Chihuly Garden and Glass
⑥ Woodland Park Zoo
⑦ Pacific Science Center
요금 일반 $129, 5~12세 $99
홈페이지 www.citypass.com/seattle

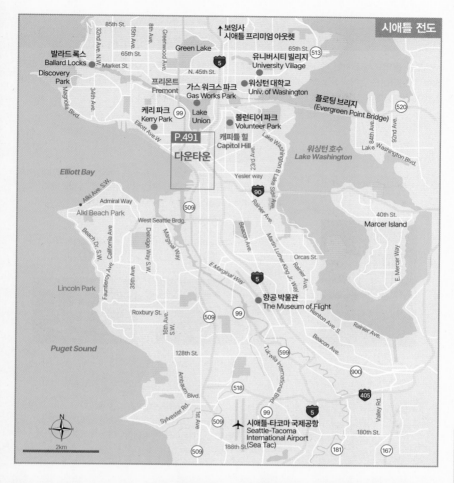

시애틀 전도

보잉사
시애틀 프리미엄 아웃렛

발라드 록스
Ballard Locks

Discovery
Park

85th St.
15th Ave.
8th Ave.
32nd Ave. N.W.
Greenwood Ave.
Green Lake
65th St.
N. 45th St.
513
유니버시티 빌리지
University Village
65th St.
Market St.
34th Ave.
Magnolia Blvd.
프리몬트
Fremont
가스 워크스 파크
Gas Works Park
위싱턴 대학교
Univ. of Washington
플로팅 브리지
(Evergreen Point Bridge)
520
케리 파크
Kerry Park
99
Lake
Union
볼런티어 파크
Volunteer Park
84th Ave.
92nd Ave.
Lake Washington Blvd.
Elliott Ave. W
P.491
다운타운
캐피틀 힐
Capitol Hill
23rd Ave.
Lake Washington B Lake Side Ave.
위싱턴 호수
Lake Washington

Elliott Bay

Yesler way

Admiral Way
Alki Ave. S.W.
Alki Beach Park
509
90
Rainier Ave.
40th St.
Marcer Island

Beach Dr. S.W.
California Ave.
West Seattle Brdg.
Delridge Way S.W.
Marginal Way
Beacon Ave.
Martin Luther King Jr. Way
Rainier Ave.
Orcas St.
E. Mercer Way

Lincoln Park
Fauntleroy Ave.
35th Ave.
E Marginal Way
5
항공 박물관
The Museum of Flight
Renton Ave. S
Rainier Ave.

Puget Sound
16th Ave. S.W.
Roxbury St.
509
99
Beacon Ave.
900

128th St.
Tukwila International Blvd.
509
405

Armbaum Blvd.
518
N
Sylvester Rd.
1st Ave
99
509
시애틀-타코마 국제공항
Seattle-Tacoma
International Airport
(Sea Tac)
180th St.
2km
509
188th St.
181
167

북
서
부
와

로
키

시애틀 485

# 추천 일정

시애틀은 광역도시로 치면 꽤 크지만 여행자 입장에서는 볼거리가 모여 있는 시애틀 도심이 그리 크지 않다. 다운타운은 걷거나 버스를 이용해 돌아다니기에 편리하며 외곽으로 나가면 볼거리가 흩어져 있어 일정이나 취향에 따라 무엇을 볼지 선택해야 한다.

**Day 1**

첫날은 시애틀의 특징을 느낄 수 있는 워터프런트 지역이다. 활기찬 모습의 재래시장을 구경하며 시푸드로 식사도 하고 바다와 면한 물의 도시 분위기를 만끽해보자.

파이크 플레이스 마켓 ①

시애틀 미술관 ②

워터프런트 ③

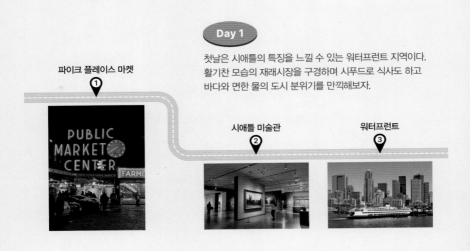

**Day 2**

다음 날은 시애틀을 하늘에서 내려다보자. 시애틀의 상징 스페이스 니들에 올라 시원하게 펼쳐진 주변의 풍경을 보는 것만으로도 가슴이 뻥 뚫리는 듯하다. 날씨가 흐리다면 야경을 노려보는 것도 좋다. 그리고 시애틀에서 가장 오래된 파이어니어 스퀘어도 방문하자.

스페이스 니들 ①

시애틀 센터 ②

스미스 타워 ③

파이어니어 스퀘어 ④

**Day 3**

시애틀의 또 하루는 관광지 대신 로컬 장소를 방문해보자.
무지개색이 상징하듯 가장 힙한 지역 캐피틀 힐은 다양성이 용인되는 앞서가는 동네다.
그리고 젊음이 느껴지는 대학가와 자유로움의 상징 프리몬트까지 고고!

캐피틀 힐 ①

유니버시티 디스트릭트 ②

프리몬트 ③

**Day 4**

시애틀 일정에 여유가 있다면 행운이다. 주변 지역까지 다녀올 수 있으니
더욱 풍성한 여행을 즐길 수 있다. 자신의 취향이나 계절에 맞게 선택해보자.

 **코스 1**

▶ 레이니어산
시애틀의 영산이라 불리는 이곳은 차량을
이용해 당일치기로 다녀오기 좋은 곳이다. 특히
여름이면 아름다운 들꽃과 만년설을 동시에
즐기기에 그만이다. 곳곳의 전망 포인트는 물론
가벼운 하이킹 코스도 경험해보자.

 **코스 2**

▶ 캐나다(밴쿠버 또는 빅토리아)
캐나다와 인접한 시애틀에서는 아침 일찍
출발하면 가까운 국경도시 밴쿠버나 빅토리아까지
당일치기로 다녀올 수 있다. 웅장한 항구도시
밴쿠버와 아기자기하고 예쁜 도시 빅토리아 중
하나를 택해 핵심 지역을 돌아보자. 여권 지참 필수!

 **코스 3**

▶ 항공 박물관과 보잉사
멀리 나가지 않더라도 시애틀 근교에 즐길
만한 것이 많다. 특히 날이 흐린 겨울이라면
멀리 나가기보다는 공항 부근의 대형 박물관을
방문해보자. 개인 차량이 없어도 버스를 이용해
쉽게 다녀올 수 있다는 것도 장점이다.

북서부와 로키

## ❶ 파이크 플레이스 마켓

시장 구경하면서 즐거운 브런치 타임. 시애틀의 명물 시장 파이크 플레이스 마켓은 항상 활기찬 모습으로 현지인과 관광객을 모으는 대표적인 볼거리다. 바로 근처의 스타벅스 1호점에서 커피를 마시고 시장에서 군것질을 하기 좋다. 소요시간 1~2시간

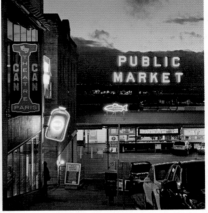

파이크
플레이스 마켓
**1**

도보 5분

워터프런트
**2**

도보 5분

## ❷ 워터프런트

풍경을 즐기며 신선한 해산물 맛보기. 워터프런트는 다운타운에 면해 있는 부둣가로 엘리엇만의 풍경을 느낄 수 있는 곳이다. 주변에 해산물 레스토랑이 많아 신선한 재료로 만든 해산물 요리를 맛볼 수 있다.

소요시간 1~2시간

### ❸ 하버 크루즈

한 발짝 떨어져서 다운타운 바라보기. 워터프런트에서 하버 크루즈를 이용하면 엘리엇만을 향하며 다운타운의 멋진 전경을 감상할 수 있다.

소요시간 1~2시간

### ❹ 파이어니어 스퀘어

시애틀 역사 투어. 시애틀의 역사가 묻어 있는 곳으로 100년 전 지하 도시의 모습이 남아 있는 독특한 투어도 있다.

소요시간 30분. 투어에 참가할 경우 총 2시간은 잡아야 한다.

### ❺ 스미스 타워

파이어니어 스퀘어 근처의 고풍스러운 건물에 올라 시애틀 하버를 한눈에 바라볼 수 있다. 시간 여유가 있다면 버스를 타고, 스페이스 니들로 가서 전망대에 오르는 것도 좋다.

소요시간 버스 15~20분, 전망대 1시간

# 📷 Attraction

바다와 호수로 가득한 시애틀은 복잡한 도심에서도 '물의 도시' 분위기를 잘 느낄 수 있다. 다운타운을 중심으로 충분히 여행을 즐긴 후에는 도심을 벗어나 곳곳에 흩어진 진주 같은 장소들을 찾아나서 보자.

## Downtown
## 다운타운

시애틀의 중심부로, 빌딩들이 밀집된 오피스 지구이면서 동시에 시애틀의 역사를 간직한 명소들이 모여 있다. 시애틀의 명물 마켓과 크루즈, 전망대 등의 많은 볼거리를 도보나 대중교통으로 둘러볼 수 있어 편리하다.

### 워터프런트
### Waterfront

맑은 날이면 아름답고 쾌적한 시애틀의 모습을 가장 잘 담고 있는 이곳은 페리가 드나드는 부둣가에 조성된 지역으로 공원과 전망대, 상점, 식당 등이 모여 있는 곳이다. 석양과 함께 해산물을 즐길 수 있는 레스토랑과 아쿠아리움, 대관람차가 있고 멋진 풍경의 평화로운 산책로를 지나면 서민적인 낭만이 물씬 풍기는 시장도 있어 활기찬 분위기를 지닌다.

지도 P.491-B1 주소 1200~1400 Alaskan Way 가는 방법 2nd Ave & Pike St 버스정류장에서 도보 7분 홈페이지 www.seattlewaterfront.org

### 하버 크루즈
### Harbor Cruise

55번 선착장 Pier 55에서 출발해 엘리엇만을 둘러보는 1시간짜리 투어로 시애틀의 유람선 투어를 전담하는 애거시 크루즈 Argosy Cruises에서 운영한다. 1949년부터 지금까지 수백만 명이 넘는 관광객이 이용했을 만큼 큰 인기를 누리고 있다. 다운타운의 빌딩 숲과 잔잔한 엘리엇만이 어우러진 그림 같은 풍경을 감상할 수 있다. 멀리 스페이스 니들의 모습도 보인다.

지도 P.491-B2 주소 1101 Alaskan Way 운영 시간은 날짜에 따라 다르니 홈페이지 참조 요금 일반 $39~54 가는 방법 2nd Ave & Seneca St 정류장에서 도보 5분 홈페이지 www.argosycruises.com

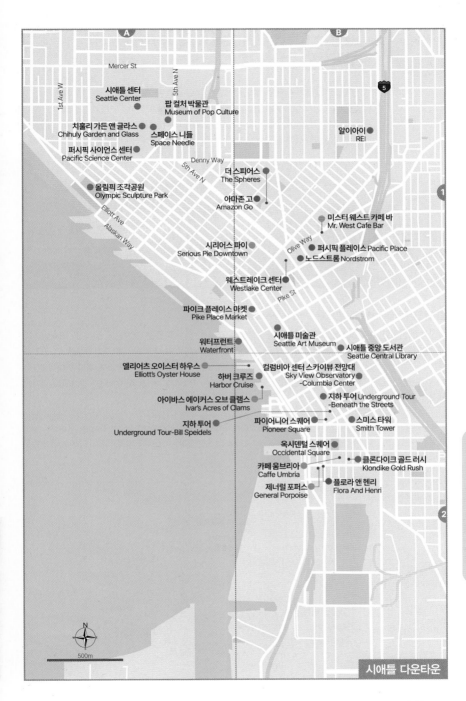

시애틀 다운타운

북서부와 로키

## ZOOM IN

# 파이크 플레이스 마켓에서
# 하루를 보내기

시애틀을 대표하는 명소이자 지역 주민들의 소중한 재래시장인 이곳은 아침 일찍부터 부지런히 문을 연다. 오랜 역사만큼 소소한 이야깃거리와 볼거리들이 숨어 있고, 옹기종기 모여 있는 맛집과 아기자기한 상점들로 가득해 천천히 돌아다니며 군것질을 하다 보면 금세 하루가 지난다. 바로 옆 엘리엇만의 해 지는 풍경을 바라보며 하루를 마무리하자.

## 파이크 플레이스 마켓 Pike Place Market

싱싱한 해산물과 과일, 채소, 그리고 다양한 공예품을 구경할 수 있는 이곳은 1907년에 문을 연 시애틀의 명물 재래시장이다. 현지인에겐 식재료 공급처로, 여행자들에겐 서민적인 시장 풍경을 즐기기 위한 명소로 꾸준한 사랑을 받고 있다. 입구에는 시애틀의 상징인 '퍼블릭 마켓 Public Market' 간판과 시계가 있다. 1927년부터 자리를 지켜온 간판으로 날씨가 흐리거나 해 질 무렵이면 운치를 더한다. 주변에서는 길거리 예술가가 흥겨운 퍼포먼스를 펼치기도 한다.

지도 P.491-B1 주소 (안내소) 97 Pike St (주차장) 1531 Western Ave 운영 가게마다 달라서 아침 식당이나 생선 시장은 07:00 정도에 열지만 나머지는 보통 10:00~18:00(레스토랑은 늦게까지 운영), 일요일이나 겨울 비수기에는 일찍 닫는 곳이 많다. 가는 방법 2nd Ave & Stewart St 정류장 또는 2nd Ave & Pike St 정류장 하차 후 도보 3분 (바다가 보이는 쪽으로 두 블록) 홈페이지 www.pikeplacemarket.org

## 퍼블릭 마켓 네온사인 인증샷

시애틀을 상징하는 랜드마크인 붉은색 네온사인 간판을 배경으로 한 인증샷은 필수다. 여러 마켓이 모여 있지만 그중에서도 파이크 플레이스 거리에 자리한 메인 아케이드 입구 두 곳에 네온사인 간판이 있다. 항상 사람들로 붐비는 곳이라 낮에는 인물 사진 위주로, 저녁에는 네온사인 위주로 멋진 사진을 찍을 수 있다. 1번가 1st St 쪽으로 조금 올라가서 찍으면 카메라에 잘 담긴다.

파인 스트리트(포토존)

## 피시 마켓 생선 던지기

재래시장은 어딜 가나 복잡하고 시끌벅적하지만 활기찬 분위기를 느낄 수 있는 장소다. 특히 이곳의 생선 가게에서는 우렁찬 목소리와 함께 생선을 던지며 주고받는 전통적인 모습을 볼 수 있어 관광객들에게 항상 인기다.

## 마켓프런트 Marketfront

파이크 플레이스 마켓 주차장 옥상에 워터프런트 방향으로 시원하게 펼쳐진 공간이다. 시장에서 산 음식을 먹을 수 있는 야외 좌석이 있고, 비가 잦은 시애틀이라 천장이 설치된 공간도 마련되어 있다. 또한 이곳에는 돼지저금통 빌리 Billie the Piggy

Bank가 있다. 레이첼만큼은 아니지만 빌리 저금통에도 해마다 많은 사람들의 기부금이 이어지고 있다.

## 껌 월 The Gum Wall

세상에서 가장 세균이 많은 벽으로 꼽히기도 했던 골목으로 양쪽 벽면에 씹던 껌이 가득 붙어 있다. 1990년대에 마켓 극장 매표소에서 줄을 서서 기다리던 사람들이 벽에다 껌을 붙이면서 생겨났는데, 껌의 설탕 성분으로 인한 벽면 부식을 막고자 2015년 대대적인 제거작업을 했으나 금세 다시 껌으로 뒤덮였다. 이제는 컬러풀한 껌들이 가득한 인증샷 장소가 되었다.

## 돼지저금통 레이첼과 빌리

파이크 플레이스 마켓의 마스코트로 불리는 청동으로 된 거대한 돼지저금통으로 1986년에 시장 입구에 처음 생겼다. 조각가 조지아 거버의 이웃이 키우던 실제 돼지 이름을 따서 레이첼 Rachel the Piggy Bank이라 불리며 마켓 커뮤니티를 육성하기 위한 복지기금 마련을 위해 세워졌다. 바닥에는 발자국도 찍혀 있다. 2016년 레이첼 탄생 30주년이 되던 해에 사촌 돼지 빌리가 탄생해 마켓프런트에 세워졌다.

## 쇼핑 & 식당
### Shopping & Restaurant

마켓은 여러 건물로 이루어져 있고 건물 안쪽과 바깥쪽에 많은 가게가 있다. 간단한 간식거리부터 근사한 식사까지, 그리고 작은 기념품부터 값비싼 특산물까지 다양하다. 지도 P.492

### 추카 체리스 Chukar Cherries

체리 산지로 유명한 워싱턴주에는 체리를 이용한 다양한 식품이 있다. 1982년부터 가족들이 운영해온 이곳은 체리농장에서 직접 말린 체리에 초콜릿 등을 입혀 여러 가공식품을 만들어 판매한다. 체리 자체의 당분을 이용한 달콤한 간식거리로 면세점에도 입점할 만큼 유명해졌다. 꿩의 일종인 추카새 Chukar가 로고로 그려져 있으며 현지에는 '처커 체리스'로 발음한다.
주소 1529B Pike Pl 영업 매일 09:00~17:00 홈페이지 chukar.com

### 더 파이크 브루잉 컴퍼니(파이크 펍)
### The Pike Brewing Company(Pike Pub)

1989년에 시작한 독립 크래프트 브루어리다. 대량생산된 라거 맥주가 지배적이었던 당시에 유럽 여행을 하면서 영감을 받아 직접 에일을 만들기 시작했으며 현재는 상당히 인정받는 에일 컬렉션을 자랑한다. 매장은 거대한 양조 탱크뿐 아니라 맥주의 역사를 알 수 있는 자료와 장식으로 가득해서 구경하는 재미도 있다.
주소 1415 1st Ave 영업 목~월요일 11:00~21:00 휴무 화·수요일 홈페이지 pike brewing.com

### 파스타 카살링가
### Pasta Casalinga

홈메이드 파스타로 유명한 이탈리안 식당이다. 직접 만든 생면을 사용해 이탈리아 집밥 느낌의 신선한 파스타를 가성비 좋게 먹을 수 있다. 식당 안에는 좌석이 많지 않아 항상 줄이 서 있다. 테이크아웃해서 푸드코트에서 먹을 수도 있다.
주소 93 Pike St 영업 매일 11:00~16:45 휴무 월요일 홈페이지 pasta casalinga seattle.com

### 데일리 더즌 도넛 Daily Dozen Doughnut Company

마켓 입구 근처에 자리한 인기 미니 도넛집이다. 한입 크기의 도넛을 그 자리에서 튀겨내 따끈하고 바삭한 식감을 느낄 수 있다. 플레인, 초콜릿, 스프링클, 슈거파우더, 시나몬, 메이플 베이컨 등 여러 맛이 있다. 하프 더즌 half dozen(6개) 또는 더즌 dozen(12개) 단위로 판매하고 현금만 받는다.
주소 93 Pike St 영업 일~금요일 08:00~17:00, 토요일 08:00~16:00

### 스타벅스 1호점 Starbucks Pike Place

마켓 주변의 여러 상점들 중 유난히 북적대고 줄이 긴 가게가 있다. 바로 스타벅스 1호점으로 1976년에 오픈해 과거의 소박한 모습으로 오래된 분위기를 간직하고 있다. 엄밀히 말해 1호점은 1971년 여기서 100여m 떨어진 곳에 있었지만, 이곳에서 본격적인 스타벅스의 역사가 시작돼 1호점으로 불린다. 오픈 당시에는 원두를 팔던 곳이었으며 1982년에 유니버시티 지점에서 처음 커피를 팔기 시작했다. 현재도 커피를 팔기는 하지만 좌석이 없어 테이크아웃만 가능하다. 입구와 간판에는 초창기 고동색의 좀 무서워 보이는 인어 로고가 있다. 작은 가게에는 커피와 다양한 기념품이 있는데 1호점을 상징하는 오리지널 로고 텀블러와 머그잔이 인기다.
주소 1912 Pike Pl 영업 매일 06:00~20:00 홈페이지 www.starbucks.com

### 메츠커 맵스 Metsker Maps

세상의 온갖 지도를 모아놓고 파는 지도 천국이다. 1950년에 작은 지도 가게로 시작해 2004년 지금의 자리로 넓혀 오면서 수많은 여행자들을 설레게 했다. 국립공원 종이지도부터 대형 지구본에 이르기까지, 그리고 다양한 지역의 실측지도부터 예쁜 일러스트 장식 지도까지 구경하는 재미가 쏠쏠하다.
주소 1511 1st Ave 영업 월~금요일 09:00~18:00, 토·일요일 10:00~18:00 홈페이지 www.metskers.com

### 스토리빌 커피
### Storyville Coffee Pike Place

새니태리 마켓 건물 꼭대기 층에 자리해 입구는 좁지만 내부는 넓고 아늑한 카페다. 커다란 아치형 창문으로 파이크 플레이스 마켓이 보이며 벽난로 옆에 소파도 있다. 신선한 원두를 로스팅해서 내린 진한 아메리카노와 맛있는 라테, 그리고 무엇보다 인생 시나몬 롤을 맛볼 수 있는 곳이다. 시나몬 롤은 반드시 덥혀 달라고 하자. 진한 시나몬과 메이플 향에 쫀득한 식감이 일품이다.
주소 94 Pike St, Top floor Suite 34 영업 월~목요일 08:00~15:00, 금~일요일 08:00~16:00 홈페이지 storyville.com

### 비처스 치즈
### Beecher's Handmade Cheese

파이크 플레이스의 유명한 치즈 전문점이다. 수제 치즈를 이용해 다양한 제품을 만들며 이 과정을 사람들도 직접 볼 수 있도록 대형 유리창을 달았다. 우유를 오랜 시간 응고시켜 커드 Curd를 만드는 모습을 직접 보는 재미가 있다. 펜네 파스타로 만드는 맥앤 치즈 Mac & Cheese와 고소하면서도 쫄깃한 식감의 신선한 커드 Curd가 인기다.
주소 1600 Pike Pl 영업 월~목요일 10:00~17:00, 금~일요일 10:00~18:00 홈페이지 beechershandmadecheese.com

북서부와 로키

## 골목 탐방
## 포스트 앨리
### Post Alley

파이크 플레이스와 1번가 사이에 있는 좁은 골목길로, 맛집들이 빼곡히 모여 있다. 많은 사람들이 찾는 곳으로 껌 월까지 이어진다.

가는 방법 파이크 플레이스 마켓에서 도보 1분 지도 P.492

### 레이첼 진저비어
### Rachel's Ginger Beer

생강을 이용해 만든 독특한 칵테일 맥주로 인기 있는 곳이다. 귀여운 유리병에 과일 음료 같은 화려한 색깔로 눈길을 끌며 맛도 다양하다. 10가지가 넘는 맛의 진저비어 중에서는 핑크 구아바 Pink Guava가 인기이며, 칵테일 중에서는 진저비어에 보드카와 라임을 섞은 모스코 뮬 Moscow Mule이 인기다. 무알코올 음료도 있다. 주소 1530 Post Alley 영업 일~목요일 10:00~20:00, 금·토요일 10:00~21:00 홈페이지 rachels gingerbeer.com

### 퍼레니얼 티 룸 Perennial Tea Room

포스트 앨리에 아담하게 자리한 예쁜 차 가게다. 아기자기한 인테리어에 100가지가 넘는 품질 좋은 차를 고를 수 있다. 다도 관련 물품도 있다.

주소 1910 Post Alley 영업 매일 09:30~17:00 홈페이지 perennialtearoom.com

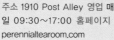

### 핑크 도어 The Pink Door

오랫동안 인기를 누려온 이탈리안 레스토랑이다. 작은 핑크색 입구로 들어가면 조금 어둡지만 아늑하면서도 편안한 분위기가 이어진다. 신선한 친환경 재료들로 맛있게 요리해 현지인과 관광객 모두에게 인기가 많다. 여름에는 야외 테이블도 있다. 좌석이 많은 편이지만 주말에는 예약하지 않으면 좌석을 얻기 어렵다.

주소 1919 Post Alley 영업 화~토요일 (런치) 11:30~16:30, (디너) 17:00~22:00 홈페이지 thepinkdoor.net

### 퍼플 스토어 The Purple Store

퍼플색의 온갖 물품을 파는 선물가게다. 티셔츠, 가방, 사무용품, 양말, 액세서리 등 1,700개가 넘는 수많은 퍼플색 아이템을 구경할 수 있다. 워싱턴대 University of Washington의 상징도 퍼플색이다. 온라인 몰에서도 주문할 수 있다.

주소 92 Stewart St 영업 월 · 목요일 09:30~18:00, 금~일요일 09:00~19:00 휴무 화 · 수요일 홈페이지 thepurplestore.com

### 올드 스토브 브루잉 Old Stove Brewing

포스트 앨리에서 조금 떨어진 워터프런트에 자리한 브루어리 펍이다. 맛있는 맥주와 음식에 멋진 풍경까지 갖춰 인기가 높다. 꽤 큰 규모로 시원하게 바다가 보이는 워터프런트 쪽에도 야외 좌석이 많다. 다양한 종류의 크래프트 비어를 샘플러로 갖추고 있고 피시 앤 칩스도 맛있다. 창가 쪽에서는 멀리 관람차를 보며 석양을 즐길 수 있다.

주소 1901 Western Ave 영업 매일 11:00~21:00 가는 방법 파이크 플레이스 마켓에서 도보 1분 홈페이지 oldstove.com

### 파이크 플레이스 차우더
### Pike Place Chowder

클램차우더로 유명한 가게다. 원래는 수프 전문점이었으나 사람들로 붐비면서 다양한 메뉴를 추가했다. 여전히 가장 인기 있는 메뉴는 뉴잉글랜드 클램차우더 New England Clam Chowder와 여러 가지 차우더를 맛볼 수 있는 차우더 샘플러 Chowder Sampler다. 샘플러에는 조개수프 외에도 게, 굴, 연어 등 다양한 해산물 수프가 포함된다.

주소 1530 Post Alley 영업 매일 11:00~17:00 홈페이지 pikeplacechowder.com

### 메이드 인 워싱턴
### Made In Washington

이름에서 알 수 있듯이 워싱턴주에서 만들어진 특산품이나 공예품 등을 파는 곳이다. 단순한 기념품보다는 품질 좋은 토산품이 많아서 가격대도 좀 나간다. 시애틀의 풍경을 일러스트로 귀엽게 담은 굿즈나 시애틀의 대표적 특산물인 훈제 연어, 클램차우더, 차, 커피, 초콜릿 등 종류가 다양하다.

주소 1530 Post Alley 영업 매일 09:00~17:00 홈페이지 madeinwashington.com

북서부와 로키

# 시애틀 미술관
## Seattle Art Museum

시애틀의 대표 미술관으로 간단히 줄여서 '샘 SAM' 이란 애칭으로 불린다. 아시아, 아프리카, 유럽, 미국 등에서 수집한 수만 점의 방대한 컬렉션이 있는데 특히 아메리칸 인디언에 관한 전시물이 충실하다.

4개 층으로 이루어져 있고 1층에는 기념품점과 레스토랑, 강의실, 2층에는 교육센터와 스튜디오, 그리고 3·4층에 상설전시실이 있다. 3층은 현대미술과 아메리카 원주민, 동양 미술이 주를 이루며, 4층에는 고대 지중해와 이슬람, 아프리카, 유럽 미술과 화려한 도자기 갤러리가 있다.

3층에 아메리카 원주민의 거대한 토템폴과 대담한 조각, 공예품들이 중요한 볼거리이며, 미국 예술가들의 작품들도 볼 만하다. 4층의 도자기 갤러리는 작은 공간이지만 어둠 속에서 전시물들이 돋보이도록 잘 꾸며놓았다.

건물 입구에 서 있는 작품인 '망치질하는 사람 Hammering Man'은 조너선 보로프스키의 작품으로 높이가 무려 14.4m에 이른다. 서울 광화문 근처에도 있어 우리 눈에 익숙한데, 전 세계에 흩어져 있는 이 조각품의 사이즈는 모두 다르다. 노동자를 상징하는 것으로 팔 부분이 1분에 4번씩 망치질을 반복하는 것을 볼 수 있다.

지도 P.491-B1  주소 1300 1st Ave 운영 수~일요일 10:00~ 17:00(목요일 ~20:00) 휴관 월·화요일, 독립기념일, 추수감사절, 크리스마스, 그 외 공휴일은 변동되므로 홈페이지 확인 요금 일반 $32.99, 학생 또는 15~18세 $22.99, 14세 이하 무료(온라인으로 미리 구매 시 $3 할인), 매월 첫째 목요일 무료 가는 방법 2nd Ave & Pike St 정류장에서 도보 2분 홈페이지 www.seattleartmuseum.org

## 시애틀 중앙 도서관
### Seattle Central Library

유리로 된 독특한 외관이 눈길을 끄는 건물이다. 창조적이고 혁신적인 건축가로 알려진 렘 콜하스 Rem Koolhaas의 작품으로 비정형의 열린 공간을 구현해 도서관의 다양한 기능을 살려낸 건물로 평가받는다. 일반인도 쉽게 들어갈 수 있으니 꼭 내부로 들어가볼 것을 권한다. 편안한 독서의 공간과 서고가 분리된 듯하면서도 편리하게 연결되며 유리를 통해 들어오는 밝은 채광도 인상적이다.

지도 P.491-B1 ▶ 주소 1000 4th Ave 운영 금~월요일 10:00~18:00, 화~목요일 10:00~20:00 요금 무료 가는 방법 Spring St & 4th Ave 정류장에서 바로 홈페이지 spl.org

## 컬럼비아 센터 스카이뷰 전망대
### Sky View Observatory - Columbia Center

시애틀은 물론 워싱턴주에서 가장 높은 건물인 컬럼비아 센터 73층에 자리한 전망대다. 엘리엇만이 한눈에 들어오는 시원한 전경과 멀리 레이니어산의 만년설까지 볼 수 있는 멋진 곳이다. 360도 통유리창으로 되어 있어 동서남북을 모두 조망할 수 있으며 시애틀의 상징 스페이스 니들도 내려다보일 정도로 높은 위치에 있다. 안쪽에는 간단한 식사와 커피, 맥주, 와인을 즐길 수 있는 카페가 있다.

지도 P.491-B2 ▶ 주소 700 4th Ave 운영 목~일요일 11:00~20:00 휴무 월~수요일 요금 스탠더드 일반 $25, 5~13세 $19 가는 방법 4th Ave & Cherry St 정류장에서 바로 홈페이지 skyviewobservatory.com

## 파이어니어 스퀘어
Pioneer Square

시애틀 다운타운에서 가장 역사가 오래된 곳이다. 1889년의 대화재로 폐허가 된 곳에 오늘날 올드 타운 Old Town으로 불리는 파이어니어 스퀘어가 건설되었다. 중심이 되는 삼각형의 작은 광장에는 시애틀이란 도시 이름의 기원이 되는 스쿼미시 Squamish 인디언의 추장 시애틀 Seattle(Sealth, Seathle, Seathl, See-ahth 등으로도 알려져 있다)의 흉상과 높이 18m에 이르는 거대한 토템폴이 있다. 주변에는 고풍스러운 19세기 벽돌 건물들이 있다.

지도 P.491-B2 ▸ 주소 100 Yesler Way 가는 방법 2nd Ave & James St 정류장에서 도보 2분

---

## 지하 투어
Underground Tour

파이어니어 스퀘어 지하에는 100여 년 전 이 지역의 모습을 고스란히 간직한 지하 도시가 숨어 있다. 상점 입구, 호텔 간판, 욕조 등 초창기 시애틀의 생활상을 보여주는 물건들이 덩그러니 남아 조금은 스산한 분위기마저 감돈다.

과거 이 지역은 지대가 낮아 상습적으로 침수되곤 했다. 여기에 밀물 때마다 화장실의 오수까지 역류해 엄청난 불편을 초래했는데, 1889년에 대화재가 발생하자 재개발 사업이 시작됐고 평소 골칫거리였던 하수도 문제를 해결하기 위해 도로와 건물을 원래보다 3m가량 높이 짓게 되었다. 이에 따라 원래 1층에 해당하던 과거의 파이어니어 스퀘어 지역이 지하로 숨고 세월이 흐르면서 모두의 기억에서 잊혀진 것이다. 지하 구역은 개별 입장이 안 되고 투어를 이용해야 한다. 1시간 정도 영어 가이드의 설명을 들으며 지하 도시를 둘러본 뒤 기념품점에서 끝난다. 현재 공식 투어 업체는 두 곳이며 모두 파이어니어 스퀘어에 있다. 시즌별·요일별로 스케줄이 다르며 성수기에는 일찍 마감되니 홈페이지에서 미리 예약하자.

요금 일반 $22~28 가는 방법 2nd Ave & Cherry St 정류장에서 도보 1~2분

● 언더그라운드 투어 Bill Speidels Underground Tour
지도 P.491-B2 ▸ 주소 614 1st Ave
홈페이지 www.undergroundtour.com

● 비니스 더 스트리츠 Beneath The Streets
지도 P.491-B2 ▸ 주소 102 Cherry St
홈페이지 www.beneath-the-streets.com

## 스미스 타워
### Smith Tower

1914년에 완공된 42층 건물로 지어졌을 당시 서부에서 가장 높은 건물이었다고 한다. 지금은 최고층은 아니지만 흰색의 뾰족한 지붕이 멀리서도 눈에 띈다. 1층 로비는 대리석으로 지어져 고풍스러운 분위기다. 엘리베이터는 미국 전역에 몇 개 남지 않은 오래된 수동 오티스 엘리베이터를 아직까지도 사용하고 있다.

35층의 전망대에 오르면 엘리엇만과 파이어니어 스퀘어 주변의 멋진 풍경을 감상할 수 있다. 전망대는 작지만 중앙에 바가 있어 음료를 즐길 수 있고 한쪽에는 중국 황후에게 선물 받았다는 의자가 있는데 싱글인 사람이 여기 앉으면 1년 내에 결혼하게 된다는 전설이 있어 많은 사람들이 줄 서서 인증샷을 찍기도 한다.

지도 P.491-B2 ▶ 주소 506 2nd Ave 운영 월~수요일 12:00~19:00, 목·일요일 12:00~20:00, 금·토요일 12:00~21:00 요금 일반 $15 가는 방법 Pioneer Square 정류장에서 도보 1분 홈페이지 www.smithtower.com

---

## 클론다이크 골드 러시
### Klondike Gold Rush National Historical Park

19세기 말에 캐나다의 클론다이크강에서 금이 발견되면서 베이스캠프 도시였던 시애틀에는 금을 캐러 가기 위한 사람들이 엄청나게 몰려들었다. 당시의 모습을 알 수 있는 자료와 물품 등을 전시한 작은 박물관으로 짧은 다큐멘터리도 볼 수 있다.

지도 P.491-B2 ▶ 주소 319 2nd Ave S 운영 수~일요일 10:00~17:00 휴무 월·화요일 요금 무료 가는 방법 S Jackson St & Occidental Ave Walk 정류장에서 도보 1분 홈페이지 www.nps.gov/klse

## 옥시덴털 스퀘어
### Occidental Square

파이어니어 스퀘어 남쪽에 있는 광장으로 과거엔 노숙자로 가득했지만 현재는 예술가들이 모여들면서 방문객도 늘고 있다. 나무로 그늘이 드리운 광장 양쪽에는 붉은 벽돌의 건물들이 늘어서 있고 갤러리와 카페가 자리해 운치를 더한다. 광장 한쪽에는 시애틀 대화재 당시 화마와 싸웠던 소방관들의 기념 동상이 있다.

지도 P.491-B2 ▶ 주소 117 S Washington St 운영 매일 06:00~22:00 요금 무료 가는 방법 S Jackson St & Occidental Ave Walk 정류장에서 도보 2분

# 시애틀 센터
## Seattle Center

1962년 세계 박람회가 열렸던 장소를 종합 공원으로 꾸몄다. 시애틀의 상징인 스페이스 니들을 비롯해 퍼시픽 사이언스 센터, 팝 컬처 박물관, 치훌리 가든 등이 있으며 겨울철에는 아이스링크가 열리기도 한다. 웨스트레이크 센터를 왕복하는 모노레일이 있어 다운타운에서 쉽게 갈 수 있다.

지도 P.491-A1 ▶ 주소 305 Harrison St 가는 방법 모노레일 Seattle Center역에서 바로 홈페이지 www.seattlecenter.com

### ★ 팝 컬처 박물관
## Museum of Pop Culture (MoPOP)

미국 록 음악의 역사를 한눈에 볼 수 있는 대중음악 박물관이다. 시애틀 출신의 전설적인 기타리스트 지미 헨드릭스의 열렬한 팬이자 마이크로소프트 창업자 중 한 사람인 폴 앨런과 조디 패턴에 의해 건립되었다. 구겨 놓은 알루미늄 판처럼 생긴 독특한 외관은 현대 건축가로 유명한 프랭크 게리의 작품이다. 안으로 들어가면 악기로 가득한 거대한 조형물이

눈에 띈다. 시애틀 출신의 아티스트 트림핀이 500대가 넘는 악기와 30대의 컴퓨터를 이용해 만든 것으로 건물 3층까지 기둥처럼 이어져 있다.

2층으로 올라가면 지미 헨드릭스의 여정을 따라가는 헨드릭스 어브로드 Hendrix Abroad가 있고 1770년부터 현재까지의 진귀한 기타들을 전시한 기타

갤러리 Guitar Gallery가 있다. 현재 소장하고 있는 수백 개 중 일부만 전시하고 있는데, 전자 기타와 어쿠스틱 기타 컬렉션은 세계 최고로 평가받는다. 바로 옆에는 시애틀 그런지 뮤직의 역사를 볼 수 있는 너바나 Nirvana 갤러리도 있다.

3층 사운드 랩 Sound Lab에는 직접 연주해 볼 수 있는 기타, 베이스, 키보드, 드럼 등이 있으며 자신의 연주를 스튜디오에서 녹음할 수 있어 인기다.

지도 P.491-A1 　주소 325 5th Ave N 운영 5월 말~9월 초 10:00~19:00, 9월 중순~5월 중순 10:00~17:00(휴무 비수기 수요일) 요금 요일에 따라 다르다. 인터넷 예매 시 일반 입장 $28.50~34.50(특별전 미포함), 학생과 65세 이상 할인 홈페이지 www.mopop.org

## ★ 치훌리 가든 앤 글라스
## Chihuly Garden and Glass

세계적인 유리 예술가 데일 치훌리 Dale Chihuly의 미술관으로 정원처럼 꾸며져 있어 친근함을 더한다. 섬세한 유리공예부터 화려한 대형 작품까지 다양하게 전시되어 있는데 특히 날씨가 맑은 날은 투명한 건물로 빛이 들면서 화사함을 더한

다. 정원 역시 조각작품처럼 자연과 어우러지고 컬러풀한 분위기여서 사진 찍기에 좋다.

지도 P.491-A1 　주소 305 Harrison St 운영 시즌별·날짜별로 다르며 보통 성수기 10:00~20:00, 비수기 11:00~18:00 요금 일반 $37.50, 65세 이상 $32, 5~12세 $28, 4세 이하 무료(스페이스 니들과 통합권은 좀 더 저렴하다) 홈페이지 chihulygardenandglass.com

## 스페이스 니들
### Space Needle

시애틀의 상징으로 굳건히 자리 잡고 있는 높이
184m의 타워다. 기다란 다리 위에 UFO를 연상시키
는 원반이 얹힌 모습이다. 바람이 심한 날에는 좌우
로 흔들리는 것이 느껴지기도 한다. 하지만 철저하
게 안전 시공을 거친 건물이므로 안심해도 된다. 규
모 9.1의 강진에도 견디는 내진 설계 덕분에 2001년
2월 시애틀을 강타한 지진에서도 무사했다.
정상의 전망대에 오르면 다운타운과 주변의 풍경이
시원하게 펼쳐진다. 낮이나 밤이나 모두 인기인데
흐린 날에는 오히려 밤 시간이 붐빈다. 시애틀 곳곳
에 네온사인이 수면에 반짝이며 낭만적인 분위기를
연출하기 때문이다.

지도 P.491-A1 ▶ 주소 400 Broad St 운영 보통 10:00~
21:00이지만 시즌별·요일
별로 다르며 행사나 악천후
시 변경되니 홈페이지 참조
(비수기 단축 운영) 요금 일
반 $35~42.50, 5~12세
$26~32 홈페이지 www.
spaceneedle.com

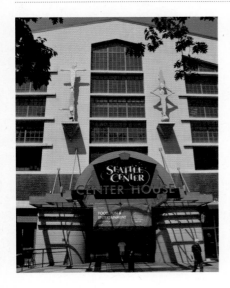

## 퍼시픽 사이언스 센터
### Pacific Science Center

직접 보고 만지며 과학의 원리를 체득할 수 있는 체
험형 과학관이다. 퍼시픽 사이언스 센터의 상징인
하얀 아치를 중심으로 6개의 건물이 모여 있다. 공
룡 모형이나 로봇 곤충 등 어른이 보기에는 시시
한 전시물도 있지만 아이맥스 영화 IMAX Film, 천문
관 쇼 Planetarium Show, 레이저 돔 쇼 Laser Dome
Show 등은 둘러볼 만하며 아이들에게는 놀이기구
도 인기다.

지도 P.491-A1 ▶ 주소 200 2nd Ave N 운영 10:00~18:00
(비수기는 평일 17:00까지 단축 운영하며 휴관일도 많으니
홈페이지 참조) 요금 당일 구매 시 일반 $29.45, IMAX, 천문
관, 레이저 쇼 등은 추가 요금을 내야 하며 통합권을 이용하
는 것이 좋다. 홈페이지 www.pacificsciencecenter.org

# 더 스피어스
## The Spheres

온라인 서점에서 시작해 세계 최대 전자상거래업체, 그리고 이제는 세계 최대 소매업체로 거듭난 아마존은 해마다 급성장하며 몸집을 키우고 있다. 시애틀 본사도 계속 확장해 다운타운에 대형 캠퍼스가 생겼는데 그중 가장 눈에 띄는 건물이 3개의 구체가 연결된 스피어스다. 유리로 된 건물 안에는 업무 공간과 실내 정원이 공존하며 4만여 점의 식물로 가득해 아마존 정글의 느낌을 살렸다. 청정한 공기와 적절한 온도·습도, 자연이 주는 힐링으로 직원들의 업무능력 향상과 휴식처의 역할을 동시에 하고 있다. 일반인의 방문은 한 달에 2번 토요일만 가능하고 홈페이지를 통해 예약해야 한다.

지도 P.491-B1 주소 2111 7th Ave 운영 첫째·셋째 토요일 10:00~18:00(예약 필수) 요금 무료 가는 방법 7th Ave & Blanchard St 정류장에서 바로 홈페이지 seattlespheres.com

리처드 세라

# 올림픽 조각공원
## Olympic Sculpture Park

시애틀 미술관 Seattle Art Museum에서 운영하는 분점 미술관으로 워터프런트 바로 옆의 넓은 부지에 대형 설치미술과 조각품이 전시되어 있다. 세계적 명성의 알렉산더 칼더 Alexander Calder, 리처드 세라 Richard Serra, 하우메 플렌사 Jaume Plensa의 대형 작품들을 볼 수 있다. 초록의 풍경과 푸른 바다를 배경으로 자연과 예술이 만나는 아름다운 풍경을 감상할 수 있는 곳이다.

지도 P.491-A1 주소 2901 Western Ave 운영 일출 30분 전~일몰 30분 후 요금 무료 가는 방법 1st Ave & Broad St 정류장에서 도보 2분 홈페이지 seattleartmuseum.org

알렉산더 칼더

## 워터프런트

### 아이바스 에이커스 오브 클램스
#### Ivar's Acres of Clams

워터프런트의 54번 부둣가에 자리한 유명한 해산물 레스토랑이다. 1938년부터 피시 앤 칩스를 팔던 조그만 가게에서 시작해 지금은 바닷가에 대형 레스토랑과 여러 지점을 거느린 유명 브랜드로 성장했다. 매장 한쪽에서도 바다가 보이지만 부둣가 바로 옆에 노천 테이블이 있어 날씨가 좋은 날에는 항상 사람들로 북적인다. 대구나 연어, 새우 또는 굴 튀김에 감자튀김을 곁들인 피시 앤 칩스 종류와 클램차우더가 인기 있다. 다양한 시푸드 샐러드도 있다.

지도 P.491-B2 주소 1001 Alaskan Way Ste 102 영업 일~목요일 11:00~20:00, 금·토요일 11:00~21:00 가는 방법 Columbia St & Alaskan Way정류장에서 도보 5분 홈페이지 ivars.com

### 엘리어츠 오이스터 하우스
#### Elliott's Oyster House

워터프런트 56번 부둣가에 있어 아이바스와 경쟁하는 또 하나의 해산물 레스토랑이다. 1975년에 처음 오픈해 신선한 해산물로 사랑받아 왔으며 아이바스와 비교하자면 좀 더 고급 레스토랑으로 가격대가 높은 편이다. 레스토랑 이름에서 알 수 있듯 신선한 굴이 매우 인기 있고 연어와 게도 많이 찾는다. 유명한 크랩 케이크는 일반 슈퍼마켓에서 냉동식품으로도 판매되고 있다. 계산서에 팁이 20% 추가되니 확인하자.

지도 P.491-B2 주소 1201 Alaskan Way Ste 100 영업 런치 매일 11:00~16:00 디너 일~목요일 16:00~21:00, 금·토요일 16:00~22:00 가는 방법 2nd Ave & Seneca St 정류장에서 도보 6분 홈페이지 elliottsoysterhouse.com

# 파이어니어 스퀘어 주변

## 카페 움브리아
### Caffe Umbria

이탈리아 이민자 가족이 운영하는 인기 카페다. 전통적인 방식으로 로스팅해 향이 잘 살아있는 진하면서도 부드러운 커피를 맛볼 수 있다. 편안한 분위기에 여유로운 공간, 그리고 가로수 우거진 야외 테이블도 있다. 간단한 베이커리 종류도 무난하다.

지도 P.491-B2 ▶ 주소 320 Occidental Ave S 영업 월~금요일 07:00~17:00, 토요일 07:00~16:00, 일요일 08:0~16:00 가는 방법 S Jackson St & Occidental Ave Walk 정류장에서 도보 1분 홈페이지 caffeumbria.com

## 제너럴 포퍼스
### General Porpoise

맛있는 크림 도넛을 파는 카페다. 오랜 역사가 느껴지는 고풍스러운 외관의 건물이지만 내부 인테리어는 현대적이고 세련된 분위기다. 맛있는 도넛과 커피, 그리고 여유 있는 공간으로 많은 사람들의 사랑을 받고 있다.

지도 P.491-B2 ▶ 주소 401 1st Ave S 영업 월~금요일 07:00~15:00, 토·일요일 08:00~15:00 가는 방법 S Jackson St & Occidental Ave Walk 정류장에서 도보 1분 홈페이지 gpdoughnuts.com

# 다운타운 북쪽

## 시리어스 파이
### Serious Pie Downtown

시애틀의 인기 피맥(피자+맥주)집이다. 600℃의 뜨거운 화덕에서 구워내 바삭함을 더한 얇은 도우에 신선한 재료를 얹어 만든 타원형의 피자가 유명하다. 맥주 종류도 매우 다양하다. 해피아워에 가면 저렴하게 즐길 수 있다.

지도 P.491-B1 ▶ 주소 2001 4th Ave 영업 일~목요일 11:30~21:00, 금·토요일 11:30~22:00 가는 방법 Virginia St & 4th Ave 정류장에서 바로 홈페이지 seriouspieseattle.com

## 미스터 웨스트 카페 바
### Mr. West Cafe Bar

넓고 세련된 분위기의 카페 겸 레스토랑으로 아침 식사와 브런치가 인기다. 진한 커피와 차, 와인, 맥주, 칵테일도 훌륭하다. 간단한 토스트와 샐러드, 수프는 물론 샌드위치, 샥슈카도 있다.

지도 P.491-B1 ▶ 주소 720 Olive Way 영업 월~금요일 07:00~19:00, 토·일요일 08:00~19:00 가는 방법 Howell St & 9th Ave 정류장에서 도보 1분 홈페이지 mrwestcafebar.com

북서부와 로키

# 🛍 Shopping

사는 즐거움

시애틀 다운타운 쇼핑의 중심은 파이크 플레이스 마켓 주변이다. 원래 교통의 중심인 웨스트레이크 센터 주변에 백화점과 대형 상점들이 많아 번화가를 이루었는데 최근에는 워터프런트가 개발되면서 다시 파이크 플레이스 마켓을 중심으로 기념품점과 아기자기한 상점들이 관광객들을 맞이하고 있다.

## 파이크 플레이스 마켓 주변

기념품을 찾는다면 파이크 플레이스 마켓 안에도 작은 기념품점들이 있지만 바로 앞 큰길인 1번가에 대형 기념품점인 '심플리 시애틀 Simply Seattle'과 '시애틀 셔츠 컴퍼니 Seattle Shirt Company'가 있다. 1번가 주변에는 아기자기한 물품들을 파는 상점들이 있는데, 오래된 지도 가게 '메츠커 맵스 Metsker Maps(P.495)'와 귀여운 선물가게 '로봇 앤 슬로스 Robot vs Sloth', 그 밖에도 문구점, 아웃도어 의류점 등 여러 상점들이 있고 근처에 주방용품점인 '수라 테이블 Sur La Table'도 인기다. 버스정류장이 있는 2번가에 대형마트 '타깃 Target'도 있다.

지도 P.491-B1　가는 방법 2nd Ave & Stewart St 정류장 또는 2nd Ave & Pike St 정류장 하차

## 웨스트레이크 센터 주변

다운타운 교통의 중심 웨스트레이크 센터 Westlake Center에는 작은 푸드코트와 ZARA 매장, 그리고 백화점 아웃렛인 노드스트롬 랙 Nordstrom Rack이 있다. 건물 위쪽에는 모노레일역이 있고 지하로는 경전철역과 연결 통로가 있다. 웨스트레이크 센터 바로 옆에는 미국 유명 백화점 브랜드로 시애틀에서 처음 시작한 노드스트롬 Nordstrom이 있다. 1901년에 구두가게로 시작해 의류 회사를 사들이면서 지금의 화려한 모습으로 성장한 곳이다. 백화점 주변에는 세포라, 유니클로, 올세인츠, 앤트로폴로지, 어반 아웃피터스, 아크테릭스 등 의류 매장이 있다.

지도 P.491-B1　가는 방법 Westlake역에서 바로

## 알이아이
### REI

시애틀에서 탄생한 대형 아웃도어용품 전문점으로 REI는 Recreational Equipment, Inc.의 약자다. 등산 애호가들이 시작한 모임에서 발전해 현재 160개가 넘는 매장으로 성장했다. 레이니어산이나 올림픽 국립공원 등 주변에 아웃도어를 즐길 만한 장소가 많아 마니아층이 두텁다. 특히 다운타운 북쪽의 예일 애비뉴점은 규모도 크지만 입구에 나무와 폭포까지 있어 숲속 분위기로 즐거움을 준다.

지도 P.491-B1 ▶ 주소 222 Yale Ave N 영업 월~토요일 09:00~21:00, 일요일 10:00~19:00 가는 방법 Eastlake & Stewart 정류장에서 도보 1분 홈페이지 rei.com

## 아마존 고
### Amazon Go

아마존닷컴에서 운영하는 무인 편의점으로 2016년 오픈한 최초의 매장이다. 단순히 직원만 없는 게 아니라 계산대도 따로 없다는 점이 특별하다. 즉, 아마존 고 어플을 켜고 입구에서 스캔하면 집어가는 물건들을 인식해서 출구로 나올 때 아마존 계정에서 자동 청구되는 시스템이다. 따라서 아마존 계정이 있어야 하며 어플도 다운받아야 한다.

지도 P.491-B1 ▶ 주소 2131 7th Ave 영업 월~금요일 07:00~21:00 휴무 토·일요일 가는 방법 7th Ave & Blanchard St 정류장 바로 앞 홈페이지 amzn.to

## 플로라 앤 헨리
### Flora And Henri

옥시덴털 스퀘어 부근에 자리한 예쁜 콘셉트 스토어다. 밝고 환한 분위기에 아기자기하고 예쁜 물건들이 가득하며 의류와 서적도 있다. 액세서리와 인테리어 소품, 선물용품 등이 인기다.

지도 P.491-B2 ▶ 주소 401 1st Ave S 영업 월~토요일 10:00~18:00, 일요일 11:00~17:00 가는 방법 S Jackson St & Occidental Ave Walk정류장에서 1분 홈페이지 florahenri.com

# 시애틀 다운타운 북부

다운타운의 북쪽에는 시애틀스러움이 가득한 동네들이 많다. 개성 넘치는 캐피틀 힐과 프리몬트를 비롯해 대학가와 호수 주변 등 평화로운 분위기다.

## 캐피틀 힐
### Capitol Hill

다운타운 북동쪽에 자리한 동네로 조용한 주택가와 함께 보헤미안적 분위기가 어우러진 지역이다. 중심 가인 브로드웨이 Broadway 양쪽으로는 부티크, 카페, 레스토랑, 바 등이 즐비하고 독특한 옷차림이나 개성 있는 헤어스타일, 멋쟁이 게이들을 종종 볼 수 있는 게이타운이기도 하다. 이러한 자유로움과는 별개로 이 지역은 오랫동안 주택가로도 사랑을 받아왔다. 메인 도로인 브로드웨이에서 조금만 벗어나면 고풍스러운 아파트와 유서 깊은 가옥도 많아 캐피틀 힐의 또 다른 모습을 엿볼 수 있다.

지도 P.511 가는 방법 링크 라이트 레일 Capitol Hill역 또는 스트리트카 First Hill 노선 Broadway & Pike Pine역 하차

## 볼런티어 파크
### Volunteer Park

캐피틀 힐에 있는 도심 속 녹지대다. 담쟁이 넝쿨과 울창한 나무들로 둘러싸인 주택가 안쪽에 조용히 자리한 이 공원은 이웃 사람들에게는 더없이 좋은 산책 코스이며 여행자들에게는 잠시 쉬어갈 수 있는 휴식처이자 시애틀의 전망을 선사해 주는 곳이다. 공원 안의 워터 타워 Water Tower는 예전에 물을 저장하기 위해 돌로 지어진 오래된 탑인데 106개나 되는 계단을 올라 정상에 이르면 탑 안의 작은 창들을 통해 동서남북으로 시애틀의 전경을 감상할 수 있다. 공원 안에는 시애틀 아시안 미술관 Seattle Asian Museum과 식물원 Friends of the Conservatory도 있어 또 다른 볼거리를 제공한다.

지도 P.511 주소 1247 15th Ave E 운영 매일 06:00~22:00 가는 방법 공원이 커서 여러 출입구가 있으나 워터 타워로 가려면 15th Ave E & E Prospect St 정류장에서 공원 안쪽으로 2~3분 들어가면 된다. 홈페이지 seattle.gov

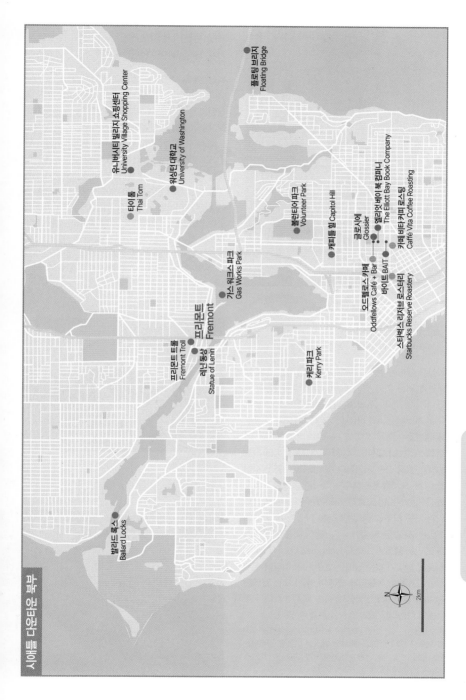

플로팅 브리지
Floating Bridge

유니버시티 빌리지 쇼핑센터
University Village Shopping Center

워싱턴 대학교
University of Washington

타이 톰
Thai Tom

볼런티어 파크
Volunteer Park

캐피틀 힐 Capitol Hill

글로시에
Glossier

엘리엇베이 북 컴퍼니
The Elliott Bay Book Company

가스 워크스 파크
Gas Works Park

카페 비타 커피 로스팅
Caffé Vita Coffee Roasting

프리몬트
Fremont

오드펠로스 카페
Oddfellows Café + Bar

바이트 BAIT

프리몬트 트롤
Fremont Troll

레닌 동상
Statue of Lenin

스타벅스 리저브 로스터리
Starbucks Reserve Roastery

케리 파크
Kerry Park

발라드 록스
Ballard Locks

N

2km

## 워싱턴 대학교
### University of Washington

워싱턴주를 대표하는 명문대학으로 1861년에 개교했다. 캠퍼스의 입구이자 중심이 되는 곳은 조지 워싱턴의 동상이 있는 센트럴 플라자 Central Plaza이며, 바닥에 붉은 벽돌이 깔려 있어 '붉은 광장 Red Square'으로 불린다. 바로 앞에 자리한 수잘로 앨런 도서관 Suzzallo and Allen Libraries은 외관도 아름답지만 특히 내부가 해리포터의 호그와트 마법학교를 연상시켜 관광객들에게도 인기다. 도서관 왼쪽 뒤편의 아늑한 쾌드 Quad에는 해마다 봄이면 벚꽃이 만개해 꽃잎이 함박눈처럼 흩날리는 환상적인 모습을 볼 수 있다.

지도 P.511 주소 4063 Spokane Ln 가는 방법 15th Ave NE & NE Campus Pkwy정류장에서 바로 홈페이지 www. washington.edu/visit/

## 플로팅 브리지
### Floating Bridge

워싱턴 대학은 캠퍼스 자체도 아름답지만 특히 유니언 베이를 끼고 있어 호숫가의 전경을 볼 수 있다. 유니언 베이 Union Bay는 거대한 워싱턴 호수 Lake Washington와 바로 이어진다. 이 거대한 호수를 경계로 시애틀과 벨뷰 Bellevue라는 도시가 마주하고 있는데 벨뷰는 마이크로소프트로 대표되는 실리콘 밸리 같은 지역이다. 워싱턴 호수를 가로질러 이 두 도시를 연결해주는 다리가 플로팅 브리지라 불리는 520번 도로다. 다리가 수면과 매우 가까워서 차를 타고 가다 보면 마치 다리가 바다 위에 떠있는 것 같은 느낌이 든다. 정식 이름은 에버그린 포인트 플로팅 브리지 Evergreen Point Floating Bridge. 날씨가 맑은 날에는 호수 위에 떠다니는 새하얀 요트들이 아름답게 빛나며, 비가 오는 날에는 물 위로 떨어지는 빗방울과 함께 촉촉이 젖어든 호수변의 아름다운 집과 정원들을 볼 수 있다.

지도 P.511 가는 방법 (플로팅 브리지) 자동차로는 520번 도로를 지나면 되고, 메트로 버스를 이용할 경우에는 255 · 257 · 311 · 982 · 986번 노선이 이 다리를 지난다.

## 프리몬트
### Fremont

다운타운에서 99번 도로로 북상하면 유니언 호수를 지나자마자 나오는 동네로 오로라 다리에서부터 무언가 색다른 분위기를 풍기다가 다리를 건너면 바로 독특한 건물들이 눈에 띈다. 자유분방하면서도 독특한 색채를 지닌 프리몬트는 반체제 문화의 중심지로 '프리몬트 인민공화국 The People's Republic of Fremont', 또는 '프리몬트 예술인 공화국 The Artists' Republic of Fremont'으로 불리기도 했다. 이를 가장 잘 나타내주는 것이 바로 레닌 동상 Statue of Lenin (N 36th St와 Evanston Ave 코너에 위치이다. 러시아 혁명을 이끈 블라디미르 레닌의 동상이 있는 것만으로도 이 동네가 얼마나 이데올로기로부터 자유로운지 알 수 있다. 이 동상은 1989년 동유럽 공산정권이 붕괴될 당시 슬로바키아에서 빼내온 것이라고 한다. 또 하나 재미있는 것은 오로라 다리 Aurora Bridge 아래(N 36th St)에 있는 트롤 상 The Troll이다. 어두운 다리 아래 5m나 되는 괴물 트롤이 자동차를 부수고 있는 모습의 기괴한 조각상은 어찌 보면 우습기도 하지만 비가 내리는 어스름한 날에는 으스스하게 느껴진다.

이 밖에도 프리몬트에서 유명한 것은 마켓과 축제다. 프리몬트 선데이 마켓 Fremont Sunday Market은 일요일마다 열리는 오픈 마켓이며, 화창한 날씨가 이어지는 6~9월에는 다양한 축제가 벌어진다.

지도 P.511 ▶ 가는 방법 Fremont Ave N & N 34th St 정류장부터가 프리몬트의 시작점이다. 홈페이지 www.fremont.com

## 가스 워크스 파크
### Gas Works Park

과거 정유공장이 있던 공장터를 멋진 공원으로 조성한 곳이다. 1956년 가솔린 생산이 중단되면서 시 정부에서 폐공장을 매입하기 시작했고 1975년에 전체 부지가 시로 넘어오면서 공원으로 오픈했다. 공원이 되기까지 많은 논란이 있었지만 도시 재생 프로젝트의 일환으로 재탄생해 지금은 유니언 호수와 함께 멋진 도시 전망을 선사하는 장소가 되었다. 공장 건물 바로 앞에 호수와 면한 뷰포인트도 좋지만 조금 높은 언덕의 카이트 힐 Kite Hill에서 더 멀리 다운타운까지 조망할 수 있다.

지도 P.511 ▶ 주소 2101 N Northlake Way 운영 매일 06:00~22:00 가는 방법 31·32번 버스 Wallingford Ave N & N 35th St 정류장 하차, 도보 5분 (멀리 호수가 보이는 쪽으로 두 블록)

## 발라드 록스
### Ballard Locks

시애틀 서쪽으로 펼쳐진 퓨짓 사운드 Puget Sound (해협)의 바닷물을 워싱턴 호수, 유니언 호수의 담수와 연결해주는 운하에서 물 조절 역할을 담당하고 있는 수문이다. 설계자였던 육군 소장 치튼던의 이름을 따 치튼던 수문 Chittenden Locks이라 부르기도 한다. 이곳은 주변의 경치도 좋지만 독특한 볼거리가 있는 곳이다.

입구 안쪽으로 들어가면 여름에 울창한 나무와 화초로 가득한 정원이 있다. 정원을 지나면 바로 운하가 나오는데, 운하 양쪽으로는 두 개의 수문을 경계로 1.8~7.8m 높이로 수위가 조절되는 모습을 볼 수 있다. 배가 들어오면 수문이 닫히면서 물이 채워지고 호수와 바다의 수위가 같아지면서 배가 나갈 수 있는 것이다. 배가 나가면 다시 물이 빠지고 다음 배가 들어온다. 이처럼 수문을 통해서 바다보다 수위가 7m 정도 높은 호수 사이를 배들이 안전하게 오갈 수 있으며, 바닷물과 호숫물이 서로 섞여 생태계가 뒤바뀌는 것을 막아주는 역할을 한다.

또 하나의 재미난 볼거리는 피시 래더 Fish Ladder 다. 물고기들을 위해 인공 수로를 만든 이유는 산란을 위해 강물을 거슬러 올라가는 연어 떼를 위한 것이다. 연어들이 떼를 지어 이동하는 모습을 볼 수 있도록 수로 한쪽 면에 유리벽을 설치했다. 연어들의 산란기인 8~9월에만 볼 수 있는 진풍경이다.

지도 P.511 ▶ 주소 3015 NW 54th St 운영 매일 07:00~21:00 요금 무료 가는 방법 NW 54th St & 30th Ave NW정류장에서 도보 2분 홈페이지 www.ballardlocks.org

## 케리 파크
### Kerry Park

시애틀 최고의 뷰포인트 중 하나로 꼽히는 작은 공원이다. 다운타운과 스페이스 니들을 한눈에 볼 수 있고 날씨가 좋은 날은 멀리 레이니어산이 멋진 배경으로 등장해 한 폭의 그림 같은 풍경을 선사한다. 영화나 드라마에도 종종 나와 인증샷 장소로도 유명하다.

지도 P.511 ▶ 주소 211 W Highland Dr 운영 매일 06:00~22:00 요금 무료 가는 방법 Queen Anne Ave N & W Prospect St 정류장에서 도보 5분

## 스타벅스 리저브 로스터리
### Starbucks Reserve Roastery

스타벅스 커피숍의 하이엔드 버전으로 2025년 현재 전 세계 6곳이 있는데 시애틀점이 1호점이다. 거대한 매장에 로스터리와 커피바, 스토어가 모두 있고 간단한 식사도 가능하다. 가마째 실려온 커피콩들이 대형 로스팅 기계에 투척되어 볶아지는 모습을 직접 볼 수 있으며 로스팅이 완료된 후 투명한 튜브를 따라 이동하는 모습도 재미있다. 주문 시 단일품종의 프리미엄 원두를 골라 콜드브루, 사이폰 등 추출방식까지 선택할 수 있다. 다양한 원두는 물론 스타벅스 굿즈도 구입할 수 있다.

지도 P.511 ▶ 주소 1124 Pike St 영업 매일 07:00~21:00 가는 방법 Pike St & Minor Ave 정류장에서 도보 1분 홈페이지 starbucks.com

## 카페 비타 커피 로스팅
### Caffé Vita Coffee Roasting

날씨에 따라 분위기가 달라지는 이곳은 맑은 날에는 창을 통해 든 볕으로 환한 분위기지만 흐린 날씨에는 어두운 조명에 한층 어둑하면서도 아늑한 분위기를 띤다. 안쪽의 대형 로스팅 기계에서 직접 볶아내는 원두로 인해 내부로 들어서는 순간부터 진한 커피 향이 가득하다. 공정무역을 통해 얻은 신선한 원두로 커피 맛이 좋다.

지도 P.511 ▶ 주소 1005 E Pike St 영업 매일 07:00~19:00 가는 방법 Broadway & E Pike St 정류장에서 도보 2분 홈페이지 caffevita.com

## 오드펠로스 카페
### Oddfellows Café + Bar

캐피틀 힐에서 유명한 브런치 맛집이다. 프렌치와 이탈리안 스타일의 메뉴들로 브리오슈 프렌치토스트, 파니니를 비롯해 다양한 샌드위치와 샐러드가 있다. 저녁에는 스테이크나 파스타 종류도 있다. 신선한 재료에 합리적인 가격대, 그리고 분위기도 좋아서 인기다. 카페 비타의 원두를 사용해 커피도 맛있다.

지도 P.511 ▶ 주소 1525 10th Ave 영업 매일 08:00~20:00 가는 방법 Broadway & Pike-Pine 정류장에서 도보 2분 홈페이지 oddfellowscafe.com

## 타이 톰
### Thai Tom

워싱턴 대학 부근의 저렴한 태국식당이다. 미국식 태국음식이라 좀 달기는 하지만 대부분의 메뉴가 맛있고 저렴하다. 학생들에게 인기가 많아 항상 줄을 서지만 공간이 협소하고 낡아 쾌적하지는 않다. 현금만 받는다.

지도 P.511 ▶ 주소 4543 University Way NE 영업 월~토요일 11:30~21:00, 일요일 12:00~21:00 가는 방법 University Way NE & NE 45th St 정류장에서 도보 1분

북서부와 로키

# 🛍 Shopping

사는 즐거움

시애틀 북부의 쇼핑가는 유니버시티 빌리지와 캐피틀 힐이 유명하다. 유니버시티 빌리지는 브랜드 숍들이 모여 있는 곳이고, 캐피틀 힐의 브로드웨이 주변에는 아기자기한 로컬숍들이 자리한다.

## 유니버시티 빌리지 쇼핑센터
### University Village Shopping Center

워싱턴 대학교 북쪽의 쇼핑 단지다. 중·고급 가구점을 비롯해 애플 스토어, 세포라, 룰루레몬, 앤트로폴로지, 바나나 리퍼블릭, 빅토리아 시크릿 등 브랜드 숍들과 카페, 레스토랑이 모여 있으며 대형 슈퍼마켓인 큐에프시 QFC도 있다. 비가 많은 시애틀에 는 실내 쇼핑몰이 많은데 이곳은 오픈 단지로 조성되어 맑은 날에 쾌적한 분위기를 느낄 수 있다.

지도 P.511 ▶ 주소 2623 NE University Village St 영업 월~토요일 10:00~20:00, 일요일 11:00~18:00 가는 방법 372번 버스 25th Ave NE & NE 47th St 또는 유니버시티 빌리지 쇼핑센터 정류장에서 바로 홈페이지 www.uvillage.com

## 바이트
### BAIT

브로드웨이 본연의 색채는 아니지만 젊은이들이 모여들다 보니 스트리트패션 매장도 자연스레 인기를 끌고 있

다. 가격대가 있는 편인데 재미있고 다양한 아이템을 구경하기 좋은 편집숍이다. 특히 스트리트패션 브랜드와 콜라보한 유명 브랜드 신발과 티셔츠가 많고 피규어나 소소한 장식품도 있다.

지도 P.511 주소 915 E Pike St 영업 월~목요일 12:00~20:00, 금·토요일 12:00~21:00, 일요일 12:00~19:00 가는 방법 엘리엇 베이 서점에서 도보 1분 홈페이지 www.baitme.com

## 엘리엇 베이 북 컴퍼니
### The Elliott Bay Book Company

캐피틀 힐의 개성이 묻어나는 서점으로 독립 서점이지만 상당히 규모가 크다. 삼나무 책장에 빼곡하게 꽂힌 책들로 종이 냄새와 나무 냄새, 그리고 한쪽에서는 구수한 커피향이 가득하다. 매년 수백 회에 이르는 작가와의 만남, 다양한 독서 모임과 독자들을 위한 이벤트들로 책을 사랑하는 사람들을 이어주는 멋진 공간이다. 브로드웨이에서 한 블록 안쪽에 자리한다.

지도 P.511 주소 1521 10th Ave 영업 매일 09:00~22:00 가는 방법 Broadway & Pike-Pine 정류장에서 도보 2분 홈페이지 elliottbaybook.com

## 글로시에
### Glossier

엘리엇 베이 서점 건너편에 위치한 인기 코스메틱 브랜드 매장이다. 한국에서도 직구 1순위라 할 만큼 인기템으로 미국 현지에도 매장이 많지 않아서 항상 붐비는 곳이다. 패션 잡지 보그사의 어시스턴트 출신이 개인 블로그로 시작해 유니콘 기업으로까지 성장시킨 브랜드 스토리도 대단하다. 연핑크의 화사한 매장 내부도 볼거리이며 직접 테스팅해볼 수 있어 고르는 재미도 있다. 립글로스를 비롯한 립 제품이 가장 유명한데 $10~20 정도의 합리적인 가격대다.

지도 P.511 주소 1514 10th Ave 영업 월~토요일 11:00~19:00, 일요일 11:00~18:00 가는 방법 엘리엇 베이 서점 건너편 홈페이지 https://glossier.com

푸른 물과 침엽수림으로 둘러싸인 시애틀 주변에는 아름다운 곳이 많은데 가장 유명한 곳이 레이니어산이다. 그리고 산업도시로서의 면모를 엿볼 수 있는 보잉사와 항공 박물관도 근교에 있다.

## 보잉사
### Boeing Future of Flight

에어버스와 함께 여객기 산업의 양대 산맥인 보잉사의 거대한 공장으로 시애틀을 북쪽 40분 거리의 작은 도시 에버렛 Everett에 있다. 공장 견학 투어는 B-747 기종이 처음 선보이기 시작한 1968년부터 시작되었고 지금은 해마다 10만 명이 넘는 관광객이 방문하며 시애틀의 대표적인 관광명소로 자리 잡았다. 단순한 볼거리가 아닌 미국 경제의 한 축을 지탱하는 곳답게 그동안 이곳을 방문한 유명인사도 상당수다. 그 가운데에는 빌 클린턴, 보리스 옐친, 장쩌민 등 주요 국가원수도 있다. 세계 최대 크기로 기네스북에 올랐을 만큼 방대한 건물은 외벽의 길이가 무려 3.5km에 달해 차를 타고 달려야 볼 수 있을 정도다. 갤러리와 스카이데크만 방문할 수도 있으며 공장 내부는 가이드 투어로만 돌아볼 수 있다. 가이드 투어의 정식 명칭은 Boeing Everett Factory Tour로 80분간 영어로 진행된다. 건물 안으로 들어가면 기체 조립 순서에 따라 제작 과정을 차례로 견학하는데 에버렛 공장과 777/777X 조립 라인의 비하인드 스토리를 들을 수 있어 흥미롭다. 하나하나의 부품이 모여 거대한 여객기가 탄생하는 모습을 보고 있노라면 경이로움마저 느껴진다. 사진 촬영은 금지돼 있다.

지도 P.519 주소 8415 Paine Field Blvd, Mukilteo 운영 목~월요일 08:30~17:30 휴무 화·수요일, 추수감사절, 크리스마스 연휴, 1/1 요금 (전시장·스카이데크) 성인 $12, 6~15세 $6 (Boeing Everett Factory Tour) 성인 $38, 6~15세 $28 가는 방법 107번 버스 84th St SW & 44th Ave W 정류장에서 도보 2분. 다운타운에서는 한 번에 가는 버스가 없으므로 차가 없다면 대중교통보다는 여행사의 투어프로그램을 이용하는 것이 편리하다(다운타운에서 차로 30분, 대중교통으로는 1시간 30분 이상 소요). 홈페이지 boeingfutureofflight.com

### 공장 투어

현지 사정에 따라 임시 중단될 수 있으니 홈페이지를 확인하자. 평시에는 날짜별 30분~2시간 간격으로 있고 15:00까지(성수기는 17:00까지)다.
*선착순 판매이며 투어는 성수기에 일찍 매진되니 여유 있게 예약하자.

### 주의사항

• 신장 122cm 미만 어린이는 입장할 수 없다.
• 사진이나 비디오 등 모든 촬영이 금지되어 있다.
• 지갑이나 휴대폰 등의 소지품 반입이 안 되므로 차에 두고 오거나 유료 라커에 보관해야 한다.

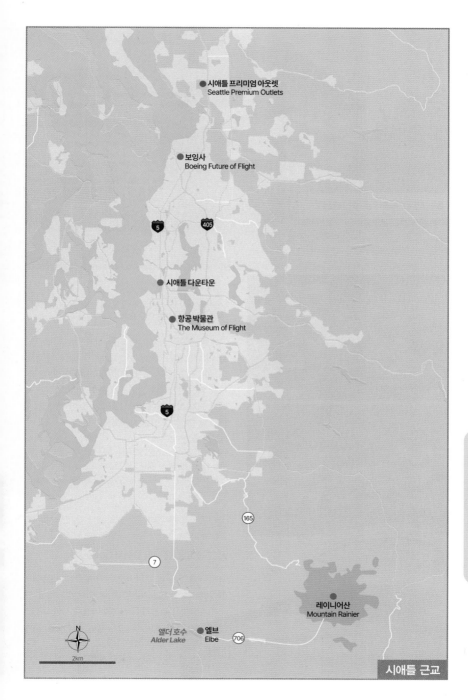

● 시애틀 프리미엄 아웃렛
Seattle Premium Outlets

● 보잉사
Boeing Future of Flight

5  405

● 시애틀 다운타운

● 항공 박물관
The Museum of Flight

5

165

7

레이니어산
Mountain Rainier

앨더 호수       ● 엘브
Alder Lake      Elbe    706

N
W   E
S
2km

시애틀 근교

그레이트 갤러리

## 항공 박물관
### The Museum of Flight

시애틀 남쪽의 시택 공항 가는 길에 있는 박물관으로 인류의 항공역사를 한눈에 볼 수 있다. 큰길을 사이에 두고 동관, 서관 두 건물로 나뉘어 있다. 수많은 항공기와 우주선이 전시되어 있는데 규모가 매우 커서 최소 반나절에서 하루는 잡는 것이 좋다. 내부에 간단한 식당과 기념품점도 있다.

지도 P.519 주소 9404 E Marginal Way S 운영 매일 10:00~17:00 요금 성인 $29, 5~17세 $21 가는 방법 124번 버스 East Marginal Way S & S 94th 또는 96th Pl 정류장에서 보인다(다운타운에서 30분 소요). 홈페이지 museum offlight.org

### 이스트 캠퍼스 East Campus

### ★ 그레이트 갤러리 Great Gallery

거대한 홀에 수십 대의 비행기와 우주선이 전시되어 있다. 레오나르도 다빈치와 라이트 형제의 초기 비행선을 거쳐 NASA의 아폴로 사령기계선에 이르기까지 항공의 역사를 짚어 볼 수 있는 곳이다.

## ★ 레드 반 Red Barn

1909년에 보잉사의 공장으로 처음 지어진 붉은색 헛간이다. 과거의 모습을 알 수 있게 재현해 놓아 감회가 새롭다.

## ★ 퍼스널 커리지 윙 Personal Courage Wing

제1차 세계대전, 제2차 세계대전 갤러리로 나뉘어 당시 활약했던 전투기들이 전시되어 있다.

퍼스널 커리지 윙

## ★ 스페이스 갤러리 Space Gallery

우주 왕복 궤도선의 훈련용 동체(날개를 제외한 기체)의 실물 크기 모형을 비롯해 모듈 등 다양한 우주선 관련 전시물로 가득한 곳이다. 우주를 향한 인간의 열망과 노력을 실감할 수 있다.

## ▶에이비에이션 파빌리온 Aviation Pavilion

20여 대의 실물 비행기가 전시된 곳으로 기체 내부로 직접 들어가 볼 수 있는 것도 있어 더욱 흥미롭다. 보잉의 다양한 초기 모델들과 제2차 세계대전에 투입된 B-29 등 다양한데 가장 인기 있는 것은 대통령 전용기 에어포스원 Air Force One(VC-137B)과 1980년대를 풍미했던 초음속 여객기 콩코드 Concord다.

북서부와 로키

# 레이니어산
## Mountain Rainier National Park

시애틀 동남쪽 캐스케이드 산맥의 최고봉에 위치한 고도 4,392m의 만년설을 지닌 휴화산으로, 시애틀의 전경을 담은 아름다운 사진에 배경으로 종종 등장한다. 사진에서는 시애틀의 스카이라인과 잘 어우러져 마치 시애틀에 있는 산처럼 보이지만 실은 시애틀에서 3시간이나 떨어진 곳에 있다. 비가 자주 내리는 시애틀에서 평소 흐린 날에는 구름에 가려져 있다가 날씨가 맑아지면 그 하얀 모습을 가까이 드러내는 영산과 같은 곳이다.

미국 본토에서 가장 큰 빙하를 가지고 있는 곳으로 알려진 레이니어산에는 시애틀에 물을 공급하는 올더 댐 Alder Dam을 비롯해 빙하 관찰에 적합한 글레이셔 뷰 Glacier View, 아름답게 피어난 들꽃들이 마치 천국을 연상케 하는 패러다이스 Paradise 등 명소가 있어 다채로운 볼거리를 제공한다. 만년설이 예쁘게 들어간 배경 사진을 찍기에는 패러다이스에서 내려오는 길에 있는 여러 전망 포인트가 좋다.

공원 입구는 4곳 있는데, 보통 706번 도로와 연결된 공원 남서쪽의 니스퀄리 Nisqually 입구를 이용한다. 이 입구만 1년 내내 오픈하고 다른 곳은 겨울에 폐쇄된다.

지도 P.519 ▶ 주소 55210 238th Ave East Ashford 요금 승용차 한 대당 $30 가는 방법 시애틀에서 남쪽으로 이어진 I-5를 따라 내려가다가 127번 출구로 나가 국도인 SR(State Route) 512번으로 갈아타고 다시 SR 7번, 그리고 706번을

따라가면 니스퀄리 입구에 도착한다. 여름에는 주차장이 매우 붐비므로 아침 일찍 가는 것이 좋다. 차가 없다면 여행사의 당일치기 투어를 이용할 수 있다. 홈페이지 www.nps.gov/mora

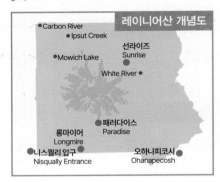

레이니어산 개념도

- Carbon River
  - Ipsut Creek
- Mowich Lake
- 선라이즈 Sunrise
- White River ●
- 패러다이스 Paradise
- 롱마이어 Longmire
- ●니스퀄리 입구 Nisqually Entrance
- 오하나피코시 Ohanapecosh

> **Tip**
>
> ## 유의사항
>
> 레이니어산은 기후와 지형의 특성상 방문 시기를 고려해야 한다. 사계절 비가 올 수 있고 안개도 자주 껴서 길을 잃기 쉽다. 특히 10~4월까지는 도로 사정이 좋지 않아 길들이 종종 통제된다. 보통 5~9월이 좋고 가장 좋은 때는 7~8월이다. 이때는 날씨가 맑고 해가 길며 야생화가 만발하면서도 만년설을 볼 수 있다.
>
> 단, 5~9월에 패러다이스와 선라이즈 지역은 방문객이 많아 예약제로 운영한다. 예약은 약 3개월 전부터 가능한데 서두르는 것이 좋다.
>
> 예약 www.recreation.gov

## ★ 롱마이어 Longmire

니스퀄리 입구를 통해 공원 내부로 들어가면 가장 먼저 나오는 곳으로 1888~1889년 롱마이어 가족이 머물며 개발한 지역이다. 습지의 거대한 나무들을 관찰하기 좋은 코스가 있고 박물관을 비롯해 소소한 볼거리가 있다.

## ★ 패러다이스 Paradise
(예약제인 경우가 있으니 반드시 홈페이지 확인)

레이니어산의 남쪽 중앙에 있는 패러다이스는 이름에서 알 수 있듯 가장 아름다운 곳으로 꼽히는 지역이다. 산 정상을 하얗게 뒤덮은 만년설과 함께 이와 대조를 이루는 푸른 초원과 화려한 꽃들을 한자리에서 감상할 수 있다. 또한 니스퀄리 입구에서도 멀지 않아 접근성도 좋기 때문에 반나절 일정으로 짧게 들르는 사람들이 가볍게 보기 좋다.

롱마이어를 지나 패러다이스에 도착하면 주차장과

함께 나무로 지어진 산장 건물에 방문자센터와 카페테리아가 있고 그 옆에 호텔과 카페도 있다. 여기에 주차하고 지도에 안내된 여러 등산 코스를 따라 산을 오르면 된다. 1시간짜리 가벼운 코스도 있으니 산책하는 느낌으로 다녀올 수 있다.

이곳 방문자센터는 유일하게 연중 운영된다(겨울에는 주말만 운영). 카페테리아와 화장실이 있으니 산을 떠나기 전에 이용하자.

## ★ 오하나피코시 Ohanapecosh

©Jasperdo

'오하나피코시'란 '모서리에 서 있는'이란 뜻으로 아메리카 원주민 부족의 거주지를 말한다. 울창한 원시림 서식지를 볼 수 있는 곳으로 5월 말~10월 중순만 개방한다.

## ★ 선라이즈 Sunrise
(예약제인 경우가 있으니 반드시 홈페이지 확인)

©Jasperdo

북동쪽에 위치한 이곳은 해발 1,950m의 고지대로 그만큼 절경이 뛰어나지만 한여름에만 개방한다. 등산코스는 소요시간대별로 다양하므로 가벼운 코스로 다녀오는 것도 좋다.

Tip

## 가는 길에 들러보는 엘브 Elbe

레이니어산 아래 자리한 아주 작은 마을이다. 아침 일찍 출발해 레이니어산으로 향하다 보면 중간에 앨더호수 Alder Lake가 나오는데 이 호수 끝, 그러니까 7번 도로가 갈라지면서 706번 도로변에 나타난다. 우체국도 있고 기차가 오는 작은 간이역도 있는데, 산으로 올라가기 전 마지막 마을이므로 여기서 간단한 식사를 하는 것도 괜찮다. 기차를 개조해 만든 식당과 여관이 있으며 작은 피자가게, 커피숍도 있다. 또한 마을 한쪽에는 아주 작은 하얀 예배당이 있다. 이 모든 것들이 한눈에 들어오는 작은 마을이니 잠시만 머무르면 된다.

이 마을을 기점으로 시작되는 706번 도로를 따라 올라가면 레이니어산 입구에 다다른다. 엘브에서 패러다이스까지는 40분 거리지만, 중간중간 전망대에서 경치를 감상하면서 올라가면 1시간 정도 소요된다.

## 시애틀에서 다녀오는 캐나다 여행
# 밴쿠버 VANCOUVER

캐나다 서부의 관문이자 최대 도시인 밴쿠버는 경제, 교육, 상업, 관광의 도시다. 지리상으로 미국과도 가깝지만, 태평양을 마주하고 있어 아시아 이민자 수도 상당하다. 밴쿠버가 특히 매력적인 이유는 화려한 도시적 면모와 평화로운 휴양도시의 분위기를 가지고 있다는 점이다. 밴쿠버는 여름이 가장 아름답고 여행하기 좋으며 겨울에는 해가 짧고 비가 잦은 편이다.

## 유용한 홈페이지
**캐나다 관광청** info.destinationcanada.com
**밴쿠버 관광청** www.destinationvancouver.com

## 가는 방법
시애틀에서 자동차로 2시간 30분이면 닿는 가까운 거리다. 대중교통을 이용한다면 기차나 버스로 4시간 정도 소요되며 완더루 Wanderu 홈페이지를 통해 스케줄 검색 및 예약이 가능하다.
홈페이지 www.wanderu.com

## 하루 코스
밴쿠버는 곳곳에 아기자기한 볼거리들이 있지만 간단히 돌아본다면 워터프런트를 중심으로 한 다운타운과 스탠리 파크가 하이라이트다.

### ▶자동차로 방문한다면
오전에 스탠리 파크를 돌아보고 점심은 스탠리 파크나 워터프런트에서, 저녁은 가스타운에서 먹는다.

① 스탠리 파크 — ② 워터프런트 (점심) — ③ 가스타운 (저녁)

### ▶대중교통으로 방문한다면
스탠리 파크를 과감히 포기하고 다운타운에서 시간을 보낸다.

① 그랜빌 아일랜드 — ② 워터프런트 (점심) — ③ 가스타운 (저녁)

### 스탠리 파크 Stanley Park

해마다 수많은 관광객이 방문하는 명소이자 밴쿠버 시민의 안락한 휴식처다. 거대한 녹지대인 이곳은 오랜 세월 자리를 지켜온 삼나무 덕분에 언제나 싱그러운 공기로 가득하다. 공원 내에는 아메리카 원주민들의 '토템 폴 Totem Poles', 멋진

전망대 '프로스펙트 포인트 Prospect Point', 해안도로인 '시월 Seawall'과 연결된 아름다운 해변 '잉글리시 베이 English Bay'에 이르기까지, 색다른 풍경을 연출한다.

주소 Stanley Park Causeway, Vancouver, BC V6G 1Z4, Canada 가는 방법 99번 도로가 스탠리 파크를 관통한다. 홈페이지 www.vancouver.ca/parks-recreation-culture/stanley-park

### 워터프런트 Waterfront

범선 모양의 웅장한 건물 캐나다 플레이스 Canada Place를 중심으로 밴쿠버 컨벤션 센터 Vancouver

Convention Centre 등 커다란 건물이 모여 있는 하버 지역이다. 특히 캐나다 플레이스는 1986년 엑스포를 계기로 만들어진 이래 밴쿠버를 대표하는 상징물로 자리 잡았다. 화창한 날에는 파노라마처럼 펼쳐지는 주변 풍경을 감상할 수 있다. 주변에 산책로도 있다.

주소 999 Canada Place 가는 방법 스카이트레인 Waterfront역에서 두 블록 홈페이지 www.canadaplace.ca

### 가스타운 Gastown

밴쿠버에서 가장 오래된 지역으로 오래된 유럽풍의 건물들이 있다. 1867년 영국의 증기선 선장이 정착해 술집을 차리면

서 생겨난 동네로, 인기인이 된 그는 '수다쟁이 잭 Gassy Jack'이라 불렸다고 한다. 몇 년 전까지 잭의 동상 Gassy Jack Statue이 있었으나 지금은 철거됐다. 이곳의 명물은 15분마다 증기를 뿜으며 소리를 내는 증기 시계 Steam Clock다. Cambie St와 Water St 코너에 있는데, 추운 날씨에 노숙자들이 잠들지 않게 하려고 만들어졌다고 한다.

주소 389 Water St 가는 방법 워터프런트에서 도보 10분 홈페이지 www.gastown.org

### 그랜빌 아일랜드 Granville Island

다운타운 남쪽에 시장, 카페, 식당, 갤러리가 늘어선 조그만 지역이다. 아침에는 신선한 채소와 과일, 해산물 등을 사러 온 현지인들로 붐비고, 밤이면 물가의 레스토랑이나 바에서 밴쿠버의 야경을 바라보며 맥주잔을 기울이는 사람들로 가득하다. 버스로 갈 수 있지만 섬 같은 분위기를 느끼려면 작은 배를 타고 가는 것도 재미다.

주소 Granville Island, Vancouver 가는 방법 50번 버스 W 2nd Ave & Anderson St 하차 또는 아쿠아버스 Granville Island 하차 홈페이지 www.granvilleisland.com

북서부와 로키

## 시애틀에서 다녀오는 캐나다 여행
# 빅토리아 VICTORIA

시애틀에서 하루 코스로 다녀올 만큼 가까운 거리에 있는 빅토리아는 이름에서 풍기는 분위기 그대로 영국 식민지 시절부터 브리티시 컬럼비아주의 중심지 역할을 해왔다. 영국을 닮은 거리에서는 이색적인 분위기를 느낄 수 있고 겨울을 제외하면 항상 푸른 초목과 원색의 꽃들이 가득해 싱그러움이 감돈다.

## 유용한 홈페이지
캐나다 관광청 info.destinationcanada.com
빅토리아 관광청 www.tourismvictoria.com

## 가는 방법
빅토리아는 섬에 있어서 페리를 타고 가야 한다. 시애틀과 빅토리아의 다운타운은 선착장에서 가까워 페리를 이용하는 것이 편리하다. 가장 많이 이용하는 것은 빅토리아 클리퍼 페리 Victoria Clipper Ferry로 2시간 45분 만에 빅토리아에 닿을 수 있다. 성수기에는 일찍 예약하는 것이 좋다.

### 빅토리아 클리퍼 페리
출발 시애틀 다운타운 부근 69번 선착장 요금 시즌·스케줄·예약시점 등에 따라 왕복 성인 $164~209(7일 전 예약 시 할인) 홈페이지 www.clippervacations.com/seattle–victoria–ferry

## 하루 코스
빅토리아는 작은 도시라서 하루 만에 주요 명소를 돌아볼 수 있다. 계절에 따라 모습이 다르니 다음을 참고하고 4월과 10월은 날씨에 따라 선택하자.

### ▶5~9월
늦봄부터 피어나는 빅토리아는 여름에 어디를 가나 화사하고 활기차다.

| ①부차트 가든 | ②주 의사당 | ③이너 하버 | ④피셔맨스 워프 |
| --- | --- | --- | --- |

### ▶11~3월
겨울의 빅토리아는 상대적으로 날씨의 영향을 덜 받는 곳 위주로 다녀보자.

| ①크레이그 다로크성 | ②주 의사당 | ③이너 하버 | ④다운타운 (배스천 스퀘어와 마켓 스퀘어) |
| --- | --- | --- | --- |

# 📷 Attraction

보는 즐거움

## 이너 하버 Inner Harbour

빅토리아의 중심이 되는 항구로 요트와 유람선이 드나드는 분주한 모습을 볼 수 있다. 해안 산책로는 다양한 퍼포먼스와 노점상, 관광객들로 북적인다. 눈에 띄는 붉은 건물은 페어몬트 호텔 Fairmont Empress Hotel이다. 빅토리아에서 가장 오래된 호텔로 초록 담쟁이덩굴이 인상적이다.

주소 (관광안내소) 950 Wharf St, Victoria 가는 방법 시애틀에서 출발한 페리가 내리는 곳이다.

## 주 의사당
### Legislative Assembly of British Columbia

이너 하버를 바라보고 있는 빅토리아 양식의 웅장한 건물이다. 주 의회가 자리한 빅토리아의 상징적인 건물로 내부도 들어가 볼 수 있다.

주소 501 Belleville St, Victoria 운영 월~금요일 08:30~16:30 가는 방법 페리 선착장에서 도보 4분 홈페이지 www.leg.bc.ca

## 부차트 가든 Butchart Gardens

빅토리아에서 23km 북쪽에 있는 유명한 정원으로 1904년 제니 부차트가 조그맣게 시작한 것이 2004년 캐나다 역사 유적지로 지정되었다. 아름다운 꽃이 만발하는 광활한 정원으로, 각각의 개성을 지닌 5개 주제로 이루어져 있다.

주소 800 Benvenuto Ave, Brentwood Bay 운영 월별로 바뀌고 폐장할 때도 있으니 반드시 홈페이지 확인 요금 시즌별 성인 $26.80~41.50 가는 방법 75번 버스로 Butchart Gardens에서 하차하면 공원 입구가 보인다. 홈페이지 www.butchartgardens.com

## 크레이그다로크성 Craigdarroch Castle

1890년에 석탄사업으로 부를 이룬 로버트 던스뮤어가 지은 스코틀랜드풍 대저택이다. 최고급 목재로 지은 39개의 방과 아르누보 양식의 스테인드글라스, 당구실과 무도회장까지 갖춘 4층 저택을 보다 보면 19세기 빅토리아 부유층의 모습을 짐작할 수 있다.

주소 1050 Joan Crescent, Victoria 운영 수~일요일 10:00~16:00 요금 성인 $22.50 가는 방법 버스 11·14·15번 노선으로 Fort St at Fernwood Rd 정류장에서 도보 3분 홈페이지 thecastle.ca

## 피셔맨스 워프 Fisherman's Wharf

이너 하버 서쪽의 공원이 있는 부둣가다. 알록달록한 수상 건물들과 요트, 어선, 통통배들이 떠다니는 곳으로 야외 테이블에서 시원한 맥주와 피시 앤 칩스를 먹으며 시간을 보내기 좋다.

주소 12 Erie St, Victoria 가는 방법 이너 하버에서 도보 10분 홈페이지 www.fishermanswharfvictoria.com

## 배스천 스퀘어 & 마켓 스퀘어
### Bastion Square & Market Square

빅토리아의 역사가 시작된 배스천 스퀘어에는 카페와 상점이 모여 있다. 북쪽의 마켓 스퀘어는 골드러시가 있던 1880~1890년대 건물들이 있는 곳으로 존슨 스트리트의 3층으로 된 붉은 건물로 들어가면 작은 광장에 식당과 상점들이 있어 시간을 보내기 좋다.

주소 560 Johnson St, Victoria 가는 방법 이너 하버에서 도보 7분 홈페이지 marketsquare.ca

북서부와 로키

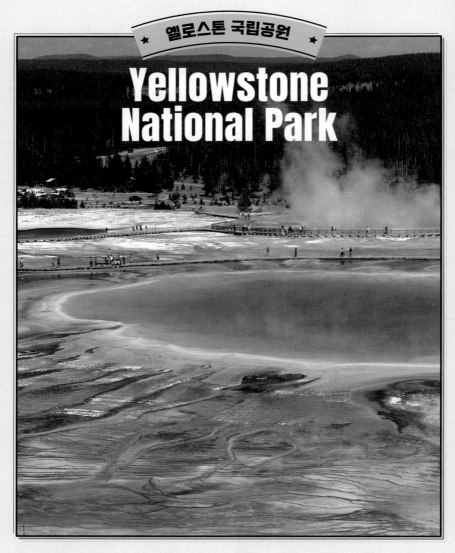

**옐로스톤 국립공원**

# Yellowstone National Park

1872년 3월 1일 세계 최초의 국립공원으로 지정된 이곳은 미국의 국립공원 가운데서도 가장 독특한 볼거리를 간직한 곳으로 유명하다. 한쪽에서는 솟구치는 간헐천과 펄펄 끓는 온천수를 볼 수 있는가 하면, 다른 한쪽에서는 수정처럼 맑은 호수와 굉음을 내며 쏟아지는 폭포를 볼 수 있는 등 대조적인 자연 경관을 한 번에 볼 수 있기 때문이다. 다양한 종류의 동식물은 물론이고 동물원에나 가야 겨우 볼 수 있는 야생동물, 때로는 멸종위기에 처한 동물까지도 직접 만나볼 수 있는 세계적인 야생동물 보호구역이다. 1978년에는 유네스코 세계유산으로 지정되었지만, 안타깝게도 1988년 3개월간이나 이어진 대화재로 상당 부분이 피해를 보았고 자연 생태계도 큰 위협을 당해 현재까지 그 흔적이 남아 있다.

## 유용한 홈페이지

미국 국립공원 공식 사이트 www.nps.gov/yell
옐로스톤 부대시설 공식 사이트
www.yellowstonenationalparklodges.com

## 방문자 센터

옐로스톤 국립공원에는 방문자 센터와 정보 센터, 박물관 등 10곳의 안내소가 있다. 각 센터마다 규모나 운영 시간이 다른데, 1년 내내 오픈하는 곳은 서쪽 입구에 있는 웨스트 옐로스톤 방문자 센터이고 나머지는 5월 말부터 9월 초까지는 대부분 문을 열지만 4월에는 10월에는 각각 운영 시간이 다르고 겨울에는 폐쇄되는 곳도 많다. 날씨에 따라 변동되는 경우가 많으므로 방문 전에 홈페이지나 앱을 꼭 확인하도록 하자. 주요 방문자 센터는 다음과 같다.

### • 웨스트 옐로스톤 방문자 센터 West
  Yellowstone Visitor Information Center
서쪽 입구에 있다. 연중무휴로 운영되며 08:00에 오픈한다. 시즌에 따라 성수기는 20:00에, 비수기는 17:00에 닫는다.

### • 올브라이트 방문자 센터
  Albright Visitor Center
북쪽 입구인 매머드 핫 스프링스에 있다. 일부 기간을 제외하면 대부분 오픈하며 성수기 08:00~18:00, 비수기 09:00~16:30로 운영한다.

### • 올드 페이스풀 방문자 교육 센터
  Old Faithful Visitor Education Center
3~4월과 11~12월 중에 폐쇄되는 기간이 있지만 성수기에는 가장 인기 있는 곳이다. 올드 페이스풀이 있는 옐로스톤 중심에 자리한다.

## 입장료

승용차 1대당 $35. 입장권은 7일간 유효.

## 기후

아이다호 Idaho, 몬태나 Montana, 와이오밍 Wyoming 등 세 주 state에 걸쳐 있는 방대한 규모만큼이나 기후대도 다양하다. 사계절을 두루 갖추고 있으면서 각 계절의 아름다움을 고스란히 간직하고 있다. 캠핑이나 여행은 6월 말부터 9월 초까지가 가장 적당해. 이 시기 방문하면 많은 것을 보고 경험할 수 있다. 봄과 가을에는 변덕스러운 날씨로 매우 춥거나 비바람이 부는 경우도 있고 겨울에는 온 세상이 하얀 눈밭으로 변해 색다른 멋을 보여주기는 하지만 폐쇄되는 곳이 많아 제대로 즐기기 어렵다.

## 주의사항

❶ 동물에게 음식을 주거나 불빛을 비추는 것, 쓰레기 투기 등은 금지되어 있다.

❷ 동물이 갑자기 튀어나오기도 하므로 공원 내에서는 항상 서행할 것. 도로마다 제한속도 표지판이 있는데 대부분 25~45마일이다.

❸ 공원 내에 인터넷이 되지 않는 곳이 종종 있으니 옐로스톤 국립공원 어플을 미리 다운받아 오프라인 기능을 저장해 두자. 'Save this park for offline use' 버튼을 누르면 오프라인 상태에서도 휴대폰의 GPS를 이용해 공원 지도를 쓸 수 있다.

❹ 기후 상태에 따라 도로가 폐쇄되는 경우가 종종 있다. 공원 어플을 다운받아 두면 실시간 알람으로 알려준다.

북서부와 로키

# 가는 방법

미국 북서부 3개 주에 걸쳐 있는 옐로스톤은 주변이 모두 소도시들이라 교통편이 불편하다는 단점이 있다. 미국의 대도시에서 로드트립을 하는게 아니라면 옐로스톤 근처의 작은 공항으로 가서 렌터카를 이용하는 것이 가장 무난한 방법이다. 성수기에는 항공편이나 렌터카가 제한적이므로 일찍 예약하는 것이 좋다.

| 공항 | 공원 입구 | 거리 | 소요 시간 | 특징 |
|---|---|---|---|---|
| 보즈먼 국제공항<br>Bozeman Yellowstone<br>International Airport (BZN) | 북쪽 입구 | 87ml<br>(140km) | 1시간 45분 | 항공편과 렌터카 옵션이 많은 편이고<br>겨울에도 오픈한다. |
| 잭슨 홀 공항<br>Jackson Hole Airport (JAC) | 남쪽 입구 | 61ml<br>(98km) | 1시간 30분 | 항공편이나 렌터카는 제한적이나 가는 길이<br>아름답고 그랜드티턴과 함께 보기 좋다. |
| 웨스트 옐로스톤 공항<br>West Yellowstone Airport<br>(WYS) | 서쪽 입구 | 3ml<br>(5km) | 10분 | 공원에서 가장 가까우나 항공편이 적고<br>계절에 따라 한정 운영된다(주로 5~9월에<br>스케줄이 있다). |
| 코디 옐로스톤 지역 공항<br>Yellowstone Regional Airport<br>(COD) | 동쪽 입구 | 52ml<br>(83km) | 1시간 20분 | 항공편이 적고 공원의 중심에서 멀다. 산악<br>도로가 있어 운전이 험한 편이다. |
| 아이다호 폴스 공항 (IDA) | 서쪽 입구 | 108ml<br>(174km) | 2시간 | 항공편과 렌터카 옵션이 많고 상대적으로<br>저렴한 편이다. 가장 멀지만 고속도로라<br>운전은 용이하다. |

# 일정 짜기

옐로스톤 국립공원은 규모가 매우 크기 때문에 주요 명소들을 돌아보려면 3일 정도 잡는 것이 좋다. 여유로운 하이킹과 야생동물 관찰을 즐기고 싶다면 4~5일 정도가 적당하다. 시간을 절약하고 싶다면 공원 내 숙소에 묵는 것이 좋다. 성수기에는 공원 내 도로가 자주 막혀 일정에 차질이 생길 수 있다는 것도 알아두자. 공원 내 좋은 숙소는 6개월~1년 전부터 예약하는 사람이 많으니 서둘러야 한다.

**Day 2**　옐로스톤의 그랜드캐니언이라 불리는 **캐니언 빌리지**를 중심으로 아티스트 포인트 등을 돌아본다. 계절에 따라 타워 루스벨트 지역이나 피싱 브리지, 옐로스톤 호수 주변을 다녀온다. 곰이나 여우 등 야생동물을 관찰하려면 아침 일찍 라마 밸리 Lamar Valley에서 시작하는 것도 좋다.

**Day 3**　여유가 있다면 **그랜드티턴**에서 하루를 보낸다.

**Day 1**

**①** 올드 페이스풀
분출 시간에 맞춰 간다.

**②** 미드웨이 간헐천
그랜드 프리즈매틱 스프링을 가까이 볼 수 있는 미드웨이 간헐천 트레일 Midway Geyser Basin Trail을 걸어보고 여유가 있다면 전망대 Grand Prismatic Spring Overlook까지 하이킹하는 것도 좋다.

**③** 파운틴 페인트 팟
그레이트 파운틴 가이저 Great Fountain Geyser를 볼 수 있는 파이어홀 레이크 드라이브 등 주변 지역을 본다.

**④** 노리스
포셜린 베이슨, 백 베이슨, 아티스트 페인트 팟 등을 둘러본다.

**⑤** 매머드 핫스프링스
리버티 캡과 주변의 테라스들을 감상한다.
(북쪽 입구에 머문다면 가드너 마을에 일부 식당이 있다)

## 옐로스톤 국립공원 입구

공원에는 5개의 입구가 있다. 동서남북에 하나씩 있고
북동쪽에 하나 더 있다. 입구마다 개방 시기가 다르고
날씨에 따라 스케줄도 자주 바뀌므로 홈페이지를 통해
미리 개방 여부를 확인해보는 것이 좋다. 북쪽 입구는 1
년 내내 개방한다. 5개의 입구는 각각 멀리 떨어져 있기
때문에 숙소를 잡을 때는 미리 위치를 확인해두는 것이
좋다.

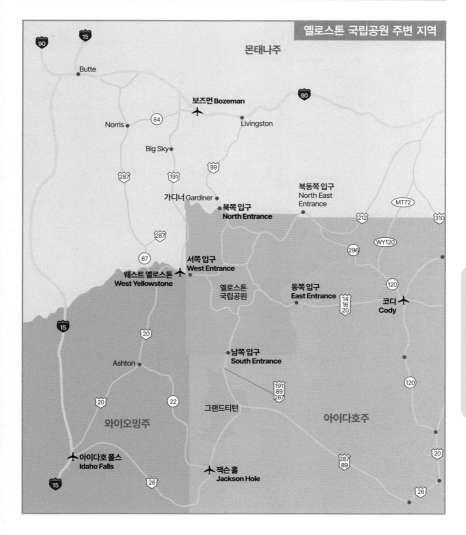

옐로스톤 국립공원 주변 지역

북서부와 로키

# 📷 Attraction

옐로스톤 공원은 매우 크지만 중심부를 순환하는 도로가 있어 이 길을 따라 이동하며 하나씩 보면
된다. 각 도로가 만나는 지점에는 방문자 센터와 편의 시설이 있다. 시즌에 따라 폐쇄되는 지역이 있
으니 방문자 센터에서 꼭 안내 지도를 챙겨두자.

# 매머드 핫스프링스

북쪽 입구 바로 아래 있고 공원에서 유일하게 1년 내내 오픈하는 구역이다. 이름처럼 핫 스프링(온천)이 유명한 곳으로 온천수가 만들어 낸 독특한 지형을 볼 수 있다.

## 로어 테라스 Lower Terrace

매머드 핫스프링스 테라스의 아래쪽 지역이다. 주차장에서 매머드 테라스 트레일 Mammoth Terraces Trail을 따라 걸으면 하얗게 굳어 있는 테라스를 볼 수 있다. 이곳은 1930년대만 해도 아름다운 색을 자랑하며 활발히 온천수를 뿜어내던 곳으로 1990년대부터 마르기 시작해 지금은 딱딱하게 굳은 회색빛 석회암 계단의 흔적만 남아 있다. 테라스 곳곳에서는 아직도 석회층을 따라 뜨거운 온천수가 흘러내리는 모습을 볼 수 있다.

## 어퍼 테라스 Upper Terrace

한때는 활발한 온천수를 보여주던 곳이지만 지금은 쇠퇴해 흔적만 남아 있다. 어퍼 테라스 드라이브 Upper Terrace Dr가 잘 닦여 있으나 일방통행 도로

이므로 주의해야 한다. 인기 포인트는 이름 그대로 코끼리의 등짝을 연상시키는 화이트 엘리펀트 백 테라스 White Elephant Back Terrace와 1985년부터 활동을 재개한 앤젤 테라스 Angel Terrace다.

## 리버티 캡 Liberty Cap

평평한 대지 위에 우두커니 서 있는 11m 높이의 바위다. 리버티 캡이란 이름은 바위의 생김새가 프랑스 혁명 때 쓰던 끝이 뾰족한 모자와 닮았기 때문이라고 한다.

**Tip**

### 세균 덩어리를 조심하세요!!

옐로스톤 국립공원에는 곳곳에 산성을 띠는 뜨거운 간헐천과 온천이 있다. 평균 100℃가 넘는 뜨거운 물이 솟아나 어떤 생물도 살아남지 못할 듯 보이지만 의외로 활발한 생명 활동이 이어지고 있어 놀라움을 안겨준다. 간헐천 주변을 자세히 살펴보면 붉은색, 노란색, 녹색 등 화려한 색깔을 볼 수 있는데, 이렇게 고운 빛의 물체가 실은 박테리아 덩어리다. 이곳의 박테리아 중에는 160℃가 넘는 물속에서도 끄떡없이 살아가는 놈들이 있다. 따라서 혹시라도 색깔의 아름다움에 빠져 만져보는 일이 없도록 하자. 뜨거워 보이지 않는 맑은 물 같지만, 경고판에도 쓰여 있듯 절대로 하면 안 되는 행동이다.

북서부와 로키

# — 노리스 —

간헐천들이 모여 있는 인기 지역으로, 옐로스톤 온천 지대에서도 가장 뜨겁고 오래됐다. 다른 온천들이 알칼리성인 데 반해 산성을 띠는 독특한 곳이다. 노리스 가이저 베이슨 박물관 Norris Geyser Basin Museum을 중심으로 북쪽에 포설린 베이슨, 남쪽에 백 베이슨으로 나뉜다. 나무판자가 깔린 길을 따라 걸으며 감상할 수 있다.

### 포설린 베이슨 Porcelain Basin

비정기적으로 증기를 뿜어내는 간헐천, 온천, 화산 분기공 등이 모두 모여 있다. 93~138℃의 열을 뿜어내는 화산 분기공 블랙 그라울러 스팀 벤트 Black Growler Steam Vent와 거대한 고래의 입을 닮은 웨일스 마우스 Whale's Mouth, 크래클링 레이크 Crackling Lake 등이 있다.

### 백 베이슨 Back Basin

포설린 베이슨보다 훨씬 넓다. 초입의 에메랄드 스프링 Emerald Spring의 수심은 8m에 달하는데, 멋진 에메랄드색과 모락모락 솟아나는 연기가 몸을 담그고 싶어질 만큼 유혹적이다. 근처에 유명한 스팀보트 간헐천 Steamboat Geyser이 있는데 90m가 넘게 솟구쳐 현재 세계 최고를 자랑한다.

# 타워-루스벨트 —

1988년의 국립공원 화재 때 큰 피해를 보지 않아 자연경관이 아름답게 보존되어 있다. 대표적인 볼거리는 타워 폭포 Tower Falls로 높이가 40m에 달한다. 단, 이 지역은 옐로스톤 국립공원에서 가장 늦게 도로를 개방하고 또 자주 폐쇄되는 곳이라 여름철이 아니고는 보기 어려운 편이다.

©Aaron Zhu

# 캐니언 빌리지

깎아지른 듯한 협곡과 폭포, 계곡 바닥을 흐르는 옐로스톤강 Yellowstone River이 절묘한 조화를 이루는 지역이다. 웅장하면서도 멋진 풍경으로 **옐로스톤의 그랜드캐니언 Grand Canyon of the Yellowstone**이라 불린다. 노스림 North Rim과 사우스림 South Rim으로 나뉘는데, 대표적인 볼거리인 어퍼 폭포 Upper Falls와 로어 폭포 Lower Falls는 모두 노스림에 있다. 사우스림의 아티스트 포인트 Artist Point는 멋진 전경으로 유명한 곳이다.

### 아티스트 포인트 Artist Point

협곡의 전경을 한눈에 확인할 수 있는 곳으로 기념 사진을 찍기에도 좋다. 멀리 로어 폭포의 장관이 쏙 들어올 뿐만 아니라 협곡 아래로 옐로스톤강이 흐르는 모습도 볼 수 있다. 입구의 주차장에서 5분 정도 걸어가면 된다.

### 어퍼 폭포 Upper Falls

33m 높이의 폭포로 하이킹 트레일이 있어 걸어서도 접근할 수 있다. 노스림의 룩아웃 포인트 Lookout Point나 브링크 오브 어퍼 폴스 Brink of Upper Falls에서 볼 수도 있다.

### 로어 폭포 Lower Falls

높이가 93m에 달하는 폭포로 엄청난 양의 물을 쏟아내는 모습이 장관이다. 가장 대표적인 전망대는 사우스림의 아티스트 포인트 Artist Point인데 접근성이 좋은 만큼 사람도 많아서 성수기에는 아침 일찍 가는 것이 좋다. 노스림 쪽의 룩아웃 포인트 Lookout Point는 좀 더 가까이서 볼 수 있고, 레드록 포인트 Red Rock Point는 조금 난이도가 있지만 중간 높이에서 더 가까이 볼 수 있다.

북서부와 로키

# 피싱 브리지 주변

레이크 빌리지 Lake Village, 브리지 베이 Bridge Bay와 함께 아름다운 옐로스톤 호수 Yellowstone Lake 가 있는 지역이다. 침엽수로 둘러싸인 서늘한 호수의 분위기를 갖고 있으면서도 조금만 벗어나면 온천, 간헐 천, 머드팟에서 뜨거운 수증기가 뿜어져 나오는 색다른 경관을 볼 수 있다.

## 머드 볼캐노 Mud Volcano

부글부글 끓어오르는 진흙 구덩이 머드 팟 Mud Pot 들을 볼 수 있다. 동굴에서 끊임없이 뿜어져 나오는 연기로 음산한 분위기마저 감도는 드래건스 마우스 스프링 Dragon's Mouth Spring을 시작으로 다양한 머드 간헐천들이 무섭고 어두운 분위기를 연출한 다. 도로 맞은편으로는 맑고 푸른 옐로스톤강이 흐 르고 있어 대조를 이룬다.

## 옐로스톤 호수 Yellowstone Lake

평균 수심 43m, 둘레 160km에 달하는 커다란 호 수다. 날씨가 추워지면 얼음까지 살짝 덮이고 호수 주변을 침엽수림이 병풍처럼 둘러싸고 있어 한 폭 의 그림을 연상케 한다. 옐로스톤 호수는 피싱 브리 지 Fishing Bridge에서 웨스트 섬 West Thumb까지 도로를 따라 길게 펼쳐져 있다. 차를 타고 달리며 호수의 전경을 감상할 수 있다.

# 웨스트 섬

1.2km의 산책로를 따라 크고 작은 온천과 간헐천이 모여있는 곳으로 옐로스톤 호수의 차가운 느낌과 웨 스트 섬의 따뜻한 물이 묘한 대조를 이룬다. 대표적 인 볼거리로는 어비스 풀 Abyss Pool, 블랙 풀 Black Pool, 피싱 콘 Fishing Cone 등을 들 수 있다. 어비스 풀은 청록색에서 에메랄드그린까지 다양한 색의 변화 가 눈길을 끄는 곳으로 옐로스톤 국립공원에서도 상 당히 깊은 온천으로 꼽힌다. 블랙 풀은 물 온도가 낮 은 편이라 녹색과 갈색의 미생물이 번식하고 있으며 피싱 콘은 이곳의 펄펄 끓는 온천수에 근처에서 잡은 송어를 넣어 익혀 먹던 곳이라고 한다.

## Old Faithful
# 올드 페이스풀

옐로스톤 국립공원에서도 가장 인기 있는 곳으로 공원 남서쪽에 자리하고 있다. 올드 페이스풀 간헐천은 분출할 때마다 30~55m 높이의 물줄기가 뿜어져 나오는데, 그 양만 해도 1만 5,000~3만L에 달한다고 한다. 45분~2시간에 한 번 정도 터지고 안내판을 통해 대략적인 분출 시간을 알려준다. 때가 되면 사람들이 모여들어 카메라를 대기한 채 기다리고 있다. 가끔은 기다린 시간에 비해 허무하게 끝나기도 하지만 가끔은 멋진 장관을 연출해 수많은 사람이 탄성을 지르기도 한다.

## Midway Geyser
# 미드웨이 간헐천

유황 냄새와 뜨거운 열기가 느껴지는 곳으로 그랜드 프리즈매틱 스프링 Grand Prismatic Spring을 보기 위해 많은 사람이 모여든다. 지름이 113m에 달해 호수가 아닌가 싶을 정도다. 짙고 푸른 물과 노란색, 주황색의 박테리아 띠가 만나 환상적인 색채를 보여준다.

## Fountain Paint Pot
# 파운틴 페이스 팟

부글부글 끓고 있는 하얀 페인트 같은 모습을 볼 수 있는 곳이다. 파운틴 페인트 팟 자체도 볼 만하지만 주변 지역 역시 흰색 물감을 쏟아 부은 듯 독특한 풍경을 감상할 수 있다. 진흙에 있는 철 성분이 산화하면서 여러 색을 띠고 있다.

# 🍴 Restaurant

옐로스톤 국립공원은 식당이 매우 한정돼 있다. 공원 내에서 운영되는 식당은 각기 흩어져 있는 데다 때로는 매우 간단한 메뉴뿐이라 3일 이상 머무르는 경우라면 지루함을 느낄 것이다. 이럴 때는 국립공원 밖으로 나가보는 것도 괜찮다. 국립공원 밖에도 식당이 그리 많지는 않지만 그나마  가볼 만한 곳이 서쪽 입구와 잭슨 홀에 있다. 이 두 지역에는 피자리아, 스테이크 하우스, 팬케이크 하우스, 패스트푸드점 등이 있어 보다 다양한 메뉴를 즐길 수 있고 과일이나 식재료 등을 구입할 수 있는 슈퍼마켓과 편의점도 있다.

> **Tip**
>
> ## 라면을 챙겨 가세요!
>
> 옐로스톤 국립공원 주변의 숙소들은 취사 시설을 갖추고 있는 경우가 많다. 따라서 숙소를 예약할 때는 취사 여부를 확인해보고 가능하다면 라면을 준비해 가는 것도 좋다. 저녁이면 쌀쌀해지는 산악 지대라 따끈한 국물이 그립기 마련이다. 간단한 반찬거리와 쌀을 가져가도 좋고, 취사가 안 되는 경우라도 컵라면 정도는 가져갈 만하다. 특히 국립공원에서 장기간 숙박할 때에는 음식물이나 간식거리를 가져갈 것을 권한다. 공원 내부에는 식당이 몇 군데 없는 데다 맛도 별로 없고 가격도 싸지 않다.

# 🛏 Accommodation

국립공원 안에는 숙박시설이 많지 않기 때문에 경쟁이 치열하다. 따라서 국립공원 안에 머물 계획이라면 6개월 전에 예약을 해두는 것이 좋다. 국립공원 밖으로 나가면 선택의 폭이 훨씬 넓어지지만 여름철 성수기에 간다면 미리 예약해야 한다.

## ━━━ 국립공원 내 숙소 ━━━

국립공원 안에는 오래되었지만 깔끔한 숙박시설이 9개 있다. 시설 대비 가격이 비싼 편이지만 공원의 중앙에 자리하고 있어 이동이 편리하기 때문에 인기가 많다. 그러다 보니 6개월 전에 숙소를 알아봐도 원하는 곳을 구하지 못하는 경우가 있다. 아주 운이 좋다면(누군가 취소하면) 몇 주 전에 예약이 될 때도 있지만 역시 흔치 않은 일이다. 국립공원 안에서 숙박하려면 공식 사이트를 통해 일찍 예약하는 것이 좋다. 겨울철에는 대부분 휴무.
홈페이지 www.yellowstonenationalparklodges.com

- 캐니언 로지 & 캐빈 Canyon Lodge & Cabins
- 그랜트 빌리지 Grant Village
- 레이크 로지 캐빈 Lake Lodge Cabins
- 레이크 옐로스톤 호텔 & 캐빈
  Lake Yellowstone Hotel & Cabins
- 매머드 핫스프링 호텔 & 캐빈
  Mammoth Hot Springs Hotel & Cabins

- 올드 페이스풀 인 Old Faithful Inn
- 올드 페이스풀 로지 캐빈
  Old Faithful Lodge Cabins
- 올드 페이스풀 스노 로지 & 캐빈
  Old Faithful Snow Lodge & Cabins
- 루스벨트 로지 & 캐빈 Roosevelt Lodge & Cabins

# 국립공원 내 캠핑장

국립공원 안에는 12곳의 캠핑장이 있는데, 이 중에서 5곳의 캠핑장은 미리 예약할 수 있고 나머지는 선착순이다. 7~8월에는 이른 아침에 가도 빈자리를 찾기 힘들 정도니 미리 예약을 하고 가는 것이 좋다. 아래는 예약이 가능한 캠핑장이다.

예약 사이트 www.yellowstonenationalparklodges.com
요금 일반 $38.15~121.66

· 브리지 베이 캠프그라운드 Bridge Bay Campground
· 캐니언 캠프그라운드 Canyon Campground
· 그랜트 빌리지 캠프그라운드
   Grant Village Campground
· 매디슨 캠프그라운드 Madison Campground
· 피싱 브리지 RV 파크 Fishing Bridge RV Park

위 캠핑장들이 예약 필수인 것과는 달리 무조건 선착순으로 자리를 배정하는 캠핑장들도 있다. 여름철 성수기에만 여는데, 일찍 가도 자리를 얻기가 쉽지 않으며, 가격이 저렴한 만큼 시설은 거의 갖춰져 있지 않은 자연 상태라고 생각하면 된다.

요금 $20~25

· 인디언 크리크 Indian Creek (2025년 close)
· 루이스 레이크 Lewis Lake
· 매머드 Mammoth
· 노리스 Norris (임시 휴업)
· 페블 크리크 Pebble Creek (2025년 close)
· 슬러 크리크 Slough Creek
· 타워 폴 Tower Fall

# 국립공원 주변

국립공원 밖에서 숙박하는 경우에는 훨씬 다양한 옵션이 있다. 우선 옐로스톤의 입구가 있는 5개 마을이나 그랜드티턴이 있는 잭슨 홀, 또는 조금 더 외곽에 위치한 소도시 코디, 아이다호 폴스 등에 각종 호텔과 모텔이 들어서 있다. 이러한 곳들은 여름철 성수기만 아니면 몇 주 전에도 예약이 가능하다. 국립공원 주변 숙소만 취급하는 사이트는 다음과 같다.

예약 사이트 www.yellowstonevacations.com

www.westyellowstonenet.com
www.aroundyellowstone.com
www.nationalparkreservations.com

## ★ 북쪽 입구 North Entrance

1년 내내 오픈하는 북쪽 입구 주변에서 가장 가까운 마을은 가디너 Gardiner다. 이 동네는 정말 작은 시골 마을로 호텔보다는 로지, 민박, B&B 같은 숙박 형태가 주를 이루고 숙소에서 직접 여러 가지 레포츠나 투어를 운영하기도 한다.

## ★ 서쪽 입구 West Entrance

옐로스톤 국립공원과 가장 가까우면서도 각종 부대시설이 갖추어진 마을로, 마을 이름 자체가 웨스트 엔트런스 West Entrance다. 작은 마을이긴 하지만 곳곳에 호텔, 모텔, 레스토랑, 슈퍼마켓, 극장 등이 있다.

## ★ 동쪽 입구 East Entrance

입구 바로 옆이 아니고 조금 동쪽으로 더 가면 작은 마을 코디 Cody가 있다. 서쪽 입구보다 멀지만 기본적인 부대시설이 갖추어져 있다.

## ★ 북동쪽 입구 Northeast Entrance

여름철을 제외하면 입구 자체가 종종 폐쇄되거나 도로가 폐쇄되는 경우가 많다. 가까운 마을인 레드 로지 Red Lodge, 쿡 시티 Cooke City는 시골 마을이고 소도시 격인 빌링스 Billings까지는 동북쪽으로 한참 올라가야 한다.

## ★ 남쪽 입구 South Entrance

남쪽 입구 바로 근처에는 숙소가 거의 없고 더 내려가면 시골 마을인 모란 Moran 주변에 몇 군데 흩어져 있는데 편의 시설이 별로 없어서 불편하다. 그랜드티턴을 지나 더 남쪽으로 내려가면 소도시인 잭슨 홀이 나오는데 그랜드티턴을 함께 본다면 가장 무난한 곳이다. 분위기도 좋고 호텔과 리조트, 레스토랑이 잘 갖추어져 있다. 하지만 옐로스톤을 오가기엔 다소 거리가 멀다.

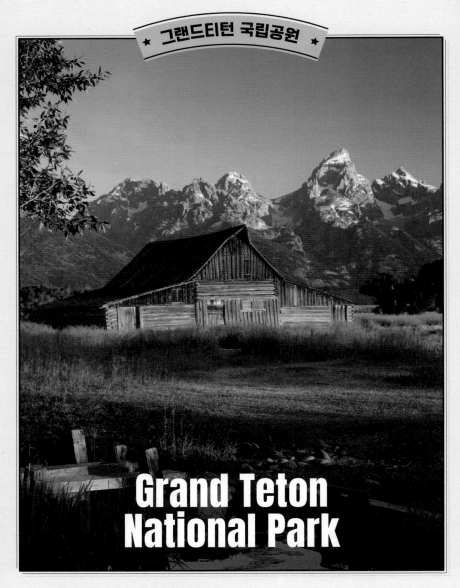

# 그랜드티턴 국립공원

# Grand Teton
# National Park

미국의 소위 '달력사진'으로 가장 유명한 곳이 바로 이 그랜드티턴이다. 우리도 막상 그 풍경을 보면 어딘가 낯익은 느낌이 드는 것도 바로 이 때문이다. 4,000m가 넘는 만년설과 맑고 푸른 호수가 어우러진 아름다운 모습과 험준한 산세로 '미국의 알프스'라고도 불린다.

그랜드티턴이라는 이름의 유래에 대해서는 아름다운 산봉우리를 '여성의 풍만한 가슴 large teat'에 비유했다는 설도 있으나 역사가들의 의견대로 아메리카 원주민 부족의 이름인 Teton Sioux에서 왔다는 게 일반적이다.

# 기본 정보

## 유용한 홈페이지
공식 홈페이지 www.nps.gov/grte

## 방문자 센터
### 제니 레이크 방문자 센터
**Jenny Lake Visitor Center**
주소 eton Park Rd, Moose, WY 83012 운영 5월 중순~9
월 중순

## 입장료
승용차 1대당 $35, 7일간 유효. 옐로스톤 입장료가
$35이므로 뷰티풀 패스 America the Beautiful (1년
내 모든 국립공원 $80)도 고려해볼 만하다.

## 가는 방법
옐로스톤에서 차량으로 2시간 정도 소요되며 그랜드
티턴으로 직접 가려면 잭슨 홀 공항이 가장 가깝다.

# ⊙ Attraction
보는 즐거움

옐로스톤의 명성에 가려 무심히 지나쳐 가는 경
우도 있지만 놓치기엔 아깝다. 옐로스톤 바로 남
쪽에 있는 만큼 함께 묶어서 보자. 가장 유명한
곳은 잭슨 호수 Jackson Lake로 달력이나 엽서
에 자주 등장한다. 움직임 하나 없이 고요한 호
수가 맑고 푸른색을 띠면서 주변의 산과 나무
와 어우러지는 풍경이 매우 아름답다. 또한 제
니 호수 Jenny Lake는 잭슨 호수보다는 작지만
울창한 숲이 봉우리들에 둘러싸여 있어 대성당
Cathedral으로 불리기도 한다. 1929년에 국립공

원으로 지정되었으며 넓은 땅을 기증한 록펠러를 기리기 위해 그랜드티턴에서 옐로스톤으로 향하는 도로에
그의 이름이 새겨져 있다.

---

**Tip**

## 또 하나의 볼거리 잭슨 홀 Jackson Hole

그랜트티턴과 떼어놓을 수 없는 또 하나의 명소가
바로 잭슨 홀이다. 잭슨 홀은 그랜드티턴 바로 남쪽
에 있는 계곡인데, 사계절 빼어난 경관과 함께 스키
리조트가 들어서면서 주변에 훌륭한 시설을 갖춘
호텔과 스파들이 생겨나 고급스러운 휴양지가 되
었다. 잭슨 홀 지역에 있는 잭슨 Jackson이라는 조
그만 마을은 이 여파에 힘입어 아기자기한 상점과
레스토랑이 가득한 귀여운 관광 마을로 떠올랐다.
잭슨 홀은 미국인들에게는 한 번쯤 가보고 싶은 휴
양지로 꼽힐 만큼 인기다. 그랜드티턴에서 잭슨으
로 가는 길 중간쯤에 잭슨 홀 공항이 있다.

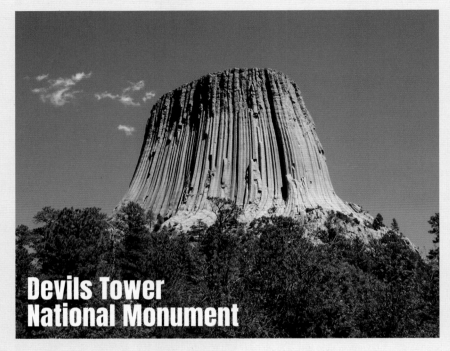

# 데블스 타워

# Devils Tower
# National Monument

와이오밍의 너른 벌판을 달리다 보면 저 멀리 우뚝 솟은 기둥 같은 것이 보인다. 다름 아닌 데블스 타워다. 이름 때문인지 가까이서 보면 조금 섬뜩한 느낌이 들 정도로 기괴한 모습을 하고 있다. 특히 날씨가 아주 우중충하거나 천둥이 치고 비라도 쏟아지는 날이면 주변이 어두워지며 정말 으스스한 분위기가 난다.

높이 386m, 해발 고도로는 1,558m에 달하는 이 탑의 정체는 바로 용암석이다. 약 6,000만 년이 걸려 형성되었다고 하는데, 지각을 뚫고 올라온 용암이 사암 밑에 응고되었다가 장구한 세월이 흐르는 동안 지층의 온도 변화로 여러 조각의 석주로 갈라져 현재의 모습을 띠게 되었다고 한다. 이 신비롭고 독특한 모양으로 인해 1906년 미국에서 처음으로 국립 기념물로 지정되었다.

과거 인디언 시대에는 평평한 초원 어디에서나 눈에 잘 띄어 만남의 장소로 사용되었다고 한다. 아마도 인디언들에게는 데블스 타워가 악마보다는 친근한 느낌으로 다가왔던 것 같다. 전설에 따르면, 아주 먼 옛날, 소녀들이 밖에서 뛰어놀다가 곰을 만나 언덕 위로 도망을 쳤다고 한다. 하지만 곰이 계속 쫓아오자 소녀들은 무릎을 꿇고 구원의 기도를 올렸고, 기도에 응답이라도 하듯 갑자기 소녀들이 앉아 있던 바위가 하늘로 솟아오르기 시작했다. 곰은 안간힘을 쓰며 바위 위로 기어올랐지만, 결국 바위는 하늘까지 올라가 소녀들은 별이 되었다. 당시 곰의 발톱 자국이 너무 깊어 아직도 남아있는 것이라고 한다.

주소 Devils Tower, WY 82714 운영 연중무휴, 안내소 매일 10:00~16:00 요금 차량당 $25 가는 방법 옐로스톤에서 크레이지 호스와 마운트 러시모어로 가는 길 중간에 들르는 것이 가장 무난하다. 옐로스톤에서 500km(약 5시간), 마운트 러시모어에서 200km(약 2시간) 떨어져 있다. 홈페이지 www.nps.gov/deto

# 마운트 러시모어

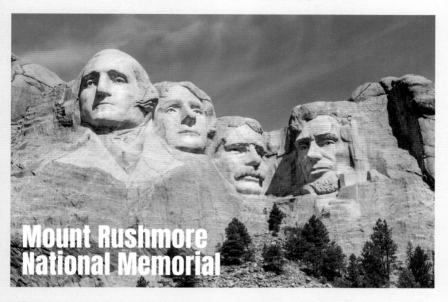

# Mount Rushmore
# National Memorial

마운트 러시모어 하면 떠오르는 것은 러시모어산에 새겨진 네 명의 미국 대통령 얼굴이다. 마운트 러시모어가 있는 사우스다코타주는 미국의 중북부에 위치한 척박한 산동네로 교통도 매우 불편하다. 그럼에도 불구하고 해마다 수많은 방문객이 끊이지 않는 이유는 미국 건국의 아버지로 불리는 조지 워싱턴, 토머스 제퍼슨, 그리고 존경받는 대통령으로 항상 언급되는 시어도어 루스벨트와 에이브러햄 링컨의 얼굴이 새겨진 거대한 바위 조각을 보기 위해서다. 미국을 상징하는 이미지로도 자주 등장하는 이 바위 조각은 1927년에 처음 착공되어 1939년에 완성됐다. 원래 상반신까지 조각하기로 하였으나 자금 부족 등의 이유로 맨 왼쪽의 조지 워싱턴을 제외한 나머지는 얼굴 부분만 조각했다. 맨 처음 조각을 제안한 것은 역사가였던 도운 로빈슨으로, 사람들이 좋아하는 유명인들을 조각할 것을 제안하였는데, 점차 계획이 수정되어 최종적으로 네 명의 대통령을 새기는 것으로 마무리되었다. 조각을 총괄했던 사람은 거즌 보글럼으로, 애틀랜타의 스톤마운틴 조각으로 유명한 조각가다. 보글럼이 생전에 완

성을 못하고 세상을 떠나자 그의 아들인 링컨 보글럼이 작업을 이어받아 완성시켰다.

재미난 것은 루스벨트 대통령의 얼굴 뒤쪽으로 작은 동굴 같은 방이 있다는 것이다. 험준한 바위 절벽이기 때문에 안전상의 이유로 일반인의 통행은 금지되어 있으나 '내셔널 트레저 National Treasure' 등의 영화에 등장했었다. 보글럼의 애초 계획은 조각상 뒤쪽으로 터널을 만들어 독립선언문 등 역사적인 기록물을 보관해 놓는 것이었는데, 주변 화강암이 너무 단단한 데다 자금상의 이유 그리고 보글럼의 사망 등으로 중단되었다. 그후 1998년 국립공원단체와 보글럼의 자손들에 의해 터널 바닥에 작은 티타늄 방이 만들어져 미국의 헌법과 권리장전, 독립선언문 등을 새긴 16개의 판을 보관하였다. 현재 조각상은 지상으로부터 1,745m 높이에 위치해 있으며, 조각 자체의 높이는 18m에 이른다.

주소 13000 Hwy 244, Keystone, SD 57751 운영 (주차장, 그라운드) 3월 초~9월 초 05:00~23:00, 10월 05:00~21:00, 11월~3월 초 06:00~21:00 가는 방법 로키산 국립공원이나 옐로스톤 국립공원에서 차량으로 6시간 정도 소요된다. 요금 주차비 $10(입장료는 따로 없다) 홈페이지 www.nps.gov/moru

북서부와 로키

**Crazy Horse**

마운트 러시모어에서 불과 30여 분 떨어진 곳에는 마운트 러시모어의 조각을 견제하기라도 하듯 더욱 웅장한 조각상이 새겨져 있다. 크레이지 호스라 불리는 이 조각상의 주인공은 인디언 역사에 빛나는 위대한 전사로, 1876년 리틀 빅혼 전투 Battle of Little Bighorn에서 당시 미국군을 전멸시킨 영웅이다. 안타깝게도 크레이지 호스는 그다음 해 미국의 공격과 동료의 배신 등으로 젊은 나이에 생을 마감했다.

조각상에 얽힌 또 하나의 감동적인 이야기는 바로 조각가에 관한 것이다. 1939년 라코타족의 마지막 추장이었던 헨리 스탠딩 베어는 그들의 조상이 살았던 땅에 마운트 러시모어 조각이 완성되는 것을 보고 만감이 교차하여, 당시 조각가였던 콜작 지울코스키에게 편지를 보냈다. 내용인즉, 미국 역사의 위대한 대통령들을 저렇게 온 세상에 고하였듯이, 한때 이 땅에 살았던 인디언들의 위대한 영웅도 백인 세상에 널리 알리고 싶다는 것이었다. 이에 감동을 받은 콜작은 자신의 일생을 크레이지 호스를 조각하는 데 바쳤다. 처음에 콜작은 조각하기 좋은 바위가 있는 티턴에 조각을 하려 했으나, 인디언들은 그들의 성스러운 언덕인 블랙 힐스에 영웅이 새겨지길 고집했다. 결국 콜작은 블랙 힐스에 정착해 살

면서 평생을 조각에 전념했다. 눈을 감을 때까지 조각의 일부밖에 완성시키지 못했는데, 그 이유는 콜작이 정부나

그 어떤 이익단체의 후원도 거부했기 때문이다. 그의 사후 그의 가족들이 계속 작업을 이어가고 있다.

주소 12151 Ave of the Chiefs, Crazy Horse, SD 57730 운영 시기별로 운영 시간과 레이저쇼 시간이 다르니 홈페이지 참조 요금 1인 차량 $15, 2인 차량 $30, 3인 이상 차량 $35 가는 방법 마운트 러시모어에서 차량으로 30분 정도면 이를 수 있다. 홈페이지 www.crazyhorsememorial.org

> **Tip**
>
> ### 아메리카 원주민의 한이 서린
> **블랙 힐스** Black Hills
>
> 미국의 대통령들과 크레이지 호스가 새겨진 곳은 모두 블랙 힐스라는 산악 지역이다. 사우스다코타주와 와이오밍주에 걸쳐 있는 이곳의 이름은 나무에 뒤덮여 어둡게 보이는 언덕을 뜻하는 라코타족 말 '검은 언덕 Paha Sapa'에서 유래했다. 블랙 힐스에 아메리카 원주민들이 살기 시작한 것은 BC 7000년경으로 추정되며 1776년부터 백인들에게 밀려온 라코타족이 주로 살게 되었다. 1868년 백인들은 라코타족에게 이 블랙 힐스의 영구 소유권을 약속하였다. 하지만 1874년 금광이 발견되면서 미국 정부는 조약을 어기고 이 지역을 관리하기 시작했으며 아메리카 원주민 동맹은 그들의 소유권을 회복하기 위해 끊임없이 싸워왔다. 1980년 미국 대법원 판결에 의해 1,000억 원이 넘는 보상금을 받게 되었으나, 라코타족은 그들의 땅을 돌려줄 것을 요구하며 보상금을 거부했다. 현재 보상금은 이자가 붙어 8,000억 원에 이르지만, 여전히 문제는 해결되지 않고 있다.

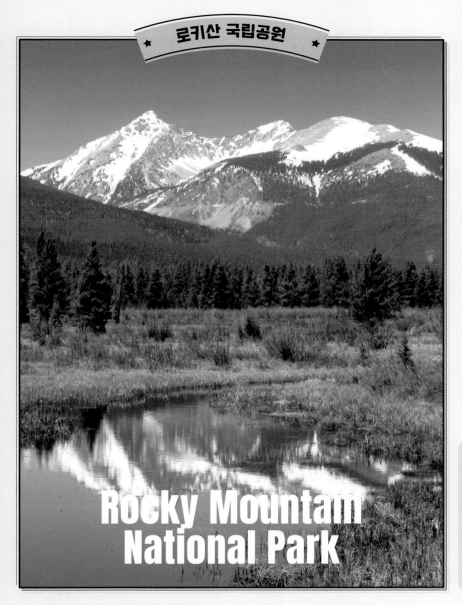

# 로키산 국립공원

## Rocky Mountain National Park

로키산맥은 북미대륙을 동서로 나누는 거대한 분수령이다. 기다란 로키산맥의 중심에는 자연
경치가 빼어나기로 유명한 콜로라도주가 있고 바로 이곳에 로키산 국립공원이 있다. 4,000m
급의 고봉들로 둘러싸인 고원지대를 드라이브로 즐길 수 있고 하이킹을 통해 수많은 폭포와 호
수를 감상할 수도 있다. 그 이름만으로도 유명한 로키산은 아름다우면서도 웅장한 분위기로 많
은 사람들의 사랑을 받고 있다.

# 기본 정보

## 유용한 홈페이지
공식 홈페이지
www.nps.gov/romo

## 방문자 센터
공원에는 여러 곳의 방문자 센터가 있지만 연중 운영하는 곳은 1곳뿐이다.

### • 알파인 안내소 Alpine Visitor Center
공원의 북동쪽 트레일 리지 로드 Trail Ridge Road에 있는 안내소. 트레일 리지 로드가 차단되는 가을부터 봄까지 함께 폐쇄된다.

### • 폴 리버 안내소 Fall River Visitor Center
에스테스 파크 북서쪽에 있는 안내소. 추수 감사절과 크리스마스를 제외하고 연중무휴.

### • 비버 메도스 안내소
### Beaver Meadows Visitor Center
에스테스 파크 서쪽에 있는 안내소. 추수감사절과 크리스마스를 제외하고 연중무휴.

### • 모레인 파크 안내소
### Moraine Park Discovery Center
에스테스 파크 남서쪽의 베어 레이크로 가는 길인

베어 레이크 로드 Bear Lake Road에 있는 안내소. 늦봄부터 초가을까지만 오픈한다.

## 입장료
차량당 1일권 $30, 7일권 $35

## 기후
로키산 국립공원은 지역이 넓기도 하지만 고도 차이가 매우 커서 다양한 기후대가 나타난다. 베이스캠프가 되는 에스테스 파크나 그랜드 레이크는 사계절을 띠는 무난한 날씨인 반면에 고도가 높은 베어 레이크나 트레일 리지 로드 Trail Ridge Road 같은 곳에는 여름에도 눈을 볼 수 있을 정도로 온도가 낮다. 하지만 고도가 낮은 지역이라도 산악 기후의 특징으로 일교차가 매우 커서 여름에도 저녁이면 매우 선선해진다. 10월부터 5월까지는 눈 때문에 도로가 차단되는 곳이 많으니 주의하도록 하자.

## 숙소 정보
공원 쪽에서 숙박을 한다면 동쪽 입구의 에스테스 파크 Estes Park와 서쪽 입구의 그랜드 레이크 Grand Lake에 숙소가 모여 있다. 가볍게 돌아보고 싶다면 인근 도시인 덴버에서 숙박하며 당일 코스도 가능하다.

# 가는 방법

가장 무난한 방법은 항공편으로 덴버에 가서 덴버에서 렌터카로 가는 것이다. 덴버에서 공원까지는 100km 정도 거리로 1시간 20분 정도면 이를 수 있다. 덴버에서 에스테스 파크로 들어가는 것이 가장 빠르지만 시간 여유가 있다면 돌아갈 때에는 그랜드 레이크 Grand Lake 남쪽으로 이어진 40번 도로를 타고 내려가 70번 고속도로를 이용해보자. 시간은 좀 더 걸리지만 다채로운 풍경을 즐길 수 있다.

# ◎ Attraction

거대한 로키산 국립공원을 제대로 즐기려면 3일 이상 머물면서 하이킹을 해야 하지만 드라이브 코스로 하루 만에 간단히 돌아보는 방법도 있다. 단, 고원지대 도로는 날씨에 따라 안전상의 문제로 폐쇄되므로 출발 전에 반드시 홈페이지를 확인하자. 보통 5월 말~10월 초가 안전하다.

## 베어 레이크 Bear Lake

공원의 중심에 해당하는 곳으로 베어 레이크에서 출발하는 하이킹 코스는 수없이 많다. 베어 레이크의 주차장까지 바로 차로 들어갈 수도 있지만 인파가 많이 몰리는 여름에는 호수 입구 쪽에 위치한 주차장에 차를 두고 셔틀버스를 이용하는 것도 좋다. 버스는 15분 간격으로 출발하며 겨울에는 운행하지 않는다. 베어 레이크의 하이라이트는 호수를 앞에 두고 눈앞에 펼쳐지는 로키산의 절경이다.

## 마일너 패스 Milner Pass

마일너 패스는 트레일 리지 로드상에 있는 길로 특별한 볼거리라기보다는 로키산맥의 분수령으로서 의미가 있는 곳이다. 실제로 마일너 패스에 세워진 안내판을 보면 이 분수령을 기준으로 대륙이 좌우로 갈라지는데, 왼쪽으로 흘러내린 물은 미시시피강을 따라 멕시코만으로 이어져 결국 대서양으로 향하고, 오른쪽으로 흘러내린 물은 콜로라도강을 따라 캘리포니아만으로 이어

져 결국 태평양으로 향한다고 한다. 하지만 마일너 패스가 트레일 리지 로드에서 가장 높은 곳은 아니다. 가장 높은 곳은 3,713m에 달하지만 마일너 패스는 3,279m다.

## 트레일 리지 로드 Trail Ridge Road

초여름부터 초가을까지만 다닐 수 있는 도로다. 공원 동쪽의 에스테스 파크 Estes Park와 공원 서쪽의 그랜드 레이크 Grand Lake를 잇는 77km(48mile)의 환상적인 드라이브 코스로 잘 알려져 있다. 로키산맥의 능선을 타고 지나는 이 도로는 3,600m 수준의 엄청난 고도가 17km 이상 이어져 로키산의 전경을 한눈에 내려다볼 수 있다. 고도가 워낙 높다 보니 주변은 나무가 자랄 수 없는 툰드라 지대다. 기온도 매우 낮고 눈이 워낙 많아서 10월부터 5월까지는 도로가 아예 차단된다. 눈도 눈이지만 길 자체가 워낙 커브가 심해 항상 운전에 조심해야 한다. 한여름이라도 바람이 강하고 온도가 낮아 두툼한 점퍼가 필요하다.

> **Tip**
>
> ### 국립공원 무료 셔틀버스
>
> 공원 내에서는 무료로 운행하는 셔틀버스가 있어 편리하게 이용할 수 있다. 셔틀버스는 보통 5월 말부터 10월 초까지만 운행되는데 모레인 파크 루트 Moraine Park Route, 베어 레이크 루트 Bear Lake Route, 하이커 셔틀 루트 Hiker Shuttle Route 등 세 가지 루트가 있다. 자세한 스케줄과 노선도는 방문자 센터에서 받을 수 있다.

## travel plus

겨울 로키산을 즐기는 방법
# 애스펀 ASPEN

로키산맥에 자리한 애스펀은 스키와 스노보드를 좋아하는 사람들에게 꿈의 리조트로 알려진 곳이다. 평소엔 조용한 마을이지만 12월 초부터 3월까지는 마을 전체가 수많은 스키어로 붐빈다. 특히 12월 중순부터 1월 초 성수기에는 각지에서 몰려든 스키어들로 가게마다 발 디딜 틈조차 없다. 하지만 스키장 규모가 워낙 커서 스키를 타는 데 불편할 정도는 아니다. 고급 별장으로 가득한 애스펀에서는 휴가를 즐기러 온 유명 스타들을 만날 수 있으며, 고급 명품숍과 호텔, 스파에서 럭셔리한 분위기를 느낄 수 있다.

애스펀 리조트는 버터밀크, 애스펀 하이랜즈, 애스펀 마운틴, 스노매스 4개로 이루어져 있고 리조트 간 무료 셔틀버스로 연결되어 있으나 하루에 한 군데 리조트에만 머물러도 모든 코스를 다 탈 수 없을 만큼 규모가 크다. 홈페이지 www.aspensnowmass.com

## 가는 방법

항공편을 이용해 가거나 덴버에서 차량으로 갈 수 있다. 애스펀 주변은 산길이 많아서 악천후에는 시간이 매우 오래 걸리므로 겨울이라면 차량보다 비행기를 이용하는 것이 낫다. 애스펀은 작은 마을이고 셔틀버스가 많아 시내에서는 굳이 차량을 렌트하지 않아도 된다.

### ① 비행기

공항은 크게 두 곳이다. 가장 가까운 공항은 애스펀 공항 Aspen/Pitkin County Airport이고 주변에서 가장 큰 공항은 덴버 국제공항 Denver International Airport이다. 평소에는 애스펀 공항까지 직항편이 많지 않아 덴버가 편리하지만 스키 시즌에는 직항편이 증편되기 때문에 샌프란시스코, 로스앤젤레스 등에서 2시간 정도면 쉽게 갈 수 있다. 애스펀 공항은 애스펀 리조트에서 매우 가까워 택시로도 요금이 많이 나오지 않으며 리조트까지 왕복하는 버스도 있다.
홈페이지 www.aspenairport.com, www.flydenver.com

### ② 자동차

덴버에서 차로 갈 경우 3시간 30분 정도 걸린다. 하지만 눈이 오는 겨울에는 도로 사정에 따라 4~5시간 걸린다. 로키산맥의 설경이 아름다워 시간 여유가 있다면 드라이브를 즐기는 것도 좋지만 겨울 성수기에다 폭설까지 내리면 하루 종일 걸리기도 한다.

## 버터밀크 Buttermilk

초보자 코스가 많아 아이를 동반한 가족 단위 방문객이 많이 찾는다. 이름에서 느껴지듯이 완만하고 부드러운 코스가 많아 워밍업을 하기에도 좋다. 중급 코스도 갖추고 있어 여유롭게 스키를 탈 수 있는 곳이다. 44개의 코스가 있고 최장 코스는 4.8km다. 전체의 35%가 초급, 39%가 중급, 26%가 고급이다.

## 애스펀 하이랜즈 Aspen Highlands

익스트림 스포츠를 좋아하는 사람들이 즐겨 찾는 곳으로, 그만큼 난코스가 많고 경사가 심하다. 어떤 코스는 경사가 48도에 달한다. 리조트 입구에서부터 깎아지른 듯한 코스들을 보고 겁을 내는 경우가 많은데 의외로 초보자 코스도 있다. 119개의 코스가 있고 최장 코스는 5.6km다. 전체의 18%가 초급, 30%가 중급, 16%가 고급, 36%가 선수급이다.

## 애스펀 마운틴 Aspen Mountain

가장 오래된 리조트로 초보자 코스가 전혀 없이 중상급 이상 코스로만 이루어져 있다. 경치가 빼어나 산 위쪽에서는 사시나무 숲으로 둘러싸인 아름다운 설경을 즐길 수 있고 아래쪽으로 내려오다 보면 마을 전체가 한눈에 들어온다. 76개의 코스가 있고 최장 코스는 4.8km다. 전체의 48%가 중급, 26%가 고급, 26%가 선수급이다. 리조트 주변에 다양한 레스토랑과 명품숍이 있어 머물기에도 좋은 곳이다.

## 스노매스 Snowmass

가장 규모가 큰 리조트로, 앞의 세 리조트와 조금 떨어진 곳에 있으며 세 리조트를 모두 합한 것보다 큰 엄청난 규모를 자랑한다. 대부분의 코스는 중급 위주로 되어 있으나 초급과 상급 코스도 있어 단체로 즐기기에 좋다. 모굴 코스도 꽤 많은 편이다. 91개의 코스가 있고 최장 코스는 8.5km에 달한다. 전체의 6%가 초급, 50%가 중급, 12%가 고급, 32%가 선수급이다.

## 겨울 로키산을 즐기는 방법
# 베일 VAIL

베일은 우리에게는 다소 생소하지만 미국에서는 가장 큰 스키장으로 아주 유명하다. 1962년에 개장한 이곳은 리프트만 30개가 넘고, 코스는 200개에 가까울 정도로 엄청난 규모를 자랑한다. 또한 규모뿐 아니라 설질도 뛰어나고 환상적인 코스들을 갖추고 있어 최상급 수준의 스키어들이 꼭 한 번 가보고 싶어하는 '꿈의 스키장'으로 알려져 있다. 특히 베일의 경우 스노보더보다 스키어가 압도적으로 많으며 고급 스키를 즐기는 사람이 많아 웬만큼 타는 정도로는 굴욕을 당하기 쉽다.

베일이 세계 최고의 스키 리조트 5위 안에 항상 꼽히는 데에는 로키산맥 천혜의 기후 조건과 함께 훌륭한 인프라를 꼽을 수 있다. 유럽풍의 빌리지 자체만으로도 색다른 리조트의 느낌을 주는 데다 빌리지 내에서는 차량을 통제하고 무료 셔틀버스를 운행해 친환경적인 마을로 운영하고 있다. 훌륭한 자연 조건을 바탕으로 겨울뿐 아니라 여름에도 음악 축제와 하이킹, 골프 등 또다른 모습으로 관광객들을 맞이하고 있다.

가는 방법 덴버에서 70번 고속도로를 2시간 정도 달려 176번 출구로 나가면 바로 마을과 연결된다. 홈페이지 www.vail.com

> **Tip**
>
> ## 스키의 천국 콜로라도
> 콜로라도는 미국에서도 자연 경관이 아름답기로 유명하다. 로키산맥이 지나가고 콜로라도강이 굽이치는 곳에 형성된 아름다운 골짜기들은 해마다 수많은 사람을 불러 모은다. 겨울에도 예외가 아니다. 아름다운 설산의 풍경이 펼쳐지는 깊은 산 구석구석에 수많은 스키장이 들어서 있어 미국은 물론 전 세계 스키어들을 끌어모으고 있다. 20개가 넘는 콜로라도의 스키장 중에서 애스펀 외에도 유명한 곳은 베일 Vail, 카퍼 마운틴 Copper Mountain, 러브랜드 Loveland, 브레큰리지 Breckenridge, 키스톤 Keystone, 스팀보트 스프링스 Steamboat Springs, 비버 크리크 Beaver Creek 등이다. 이들 역시 세계적인 수준의 스키장으로 명성이 높다.

travel plus

스키와 함께 즐기는 온천 마을
# 글렌우드 스프링스
## GLENWOOD SPRINGS

찬바람을 맞으며 모처럼 무리한 운동을 한 뒤에는 뜨끈한 물에
몸을 담가주는 것이 최고다. 애스펀 시내에도 곳곳에 고급 스파
가 있지만, 제대로 된 온천수에 몸을 담그고 싶다면 근처의 작은
온천 마을에 가보는 것도 좋겠다. 애스펀에서 1시간 정도 떨어진
곳에 있는 글렌우드 스프링스는 작고 조용한 마을이지만 온천수
로 유명하다. 22:00까지 운영하므로 차가 있다면 저녁에 가는
것이 좋지만 버스를 이용해야 한다면 운행 스케줄에 맞춰 낮에
다녀와야 한다.

애스펀 특유의 럭셔리함을 즐기고 싶다면 애스펀 마운틴의 St. Rigis 호텔의 고급 스파를 이용해 보는 것도
좋다. 가격은 $200~360 정도에 팁까지 있어 비싸지만 애스펀을 찾는 스타와 유명인들이 좋아하는 스파답
게 고급스러운 분위기와 훌륭한 서비스를 자랑한다.

### 글렌우드 핫스프링스 풀
Glenwood Hot Springs Pool

수천 년 전 이곳에 살았던 우테 인디언이 '치료의
물'로 불렀던 온천수를 만날 수 있다. 콜로라도강에
서 흘러내려온 미네랄이 풍부한 물로 1888년 개장
당시 세계 최대의 온천 풀장으로 유명했다. 온천수
의 온도는 51℃에 달해 수돗물을 섞어야 할 정도로
뜨겁다. 풀은 두 개로 나뉘어 있어 큰 풀은 32℃, 작
은 풀은 40℃를 유지하고 있다. 온천수에는 염화나
트륨, 황산칼슘, 황산칼륨 등 15가지의 미네랄이 들
어 있다.

풀장은 노천 풀이므로 처음에 들어갈 때는 춥지만

일단 물속에 몸을 담그면 찬 공기가 더욱 상쾌하게
느껴진다. 주변에는 간단한 식당과 숙박시설, 스파,
그리고 여름에는 워터파크 시설도 갖추고 있다. 하
지만 안타깝게도 우리나라식 목욕탕이 없어 간단한
샤워로 마무리해야 한다. 대중 스파여서 전체적인
시설이 그리 좋은 편은 아니다. 시설에는 기대하지
말고 온천수를 즐긴다는 기분으로 찾는 것이 좋다.
식사를 하려면 강 건너 7th St에 위치한 주시 루시
즈 스테이크하우스 Juicy Lucy's Steakhouse를 추
천한다. 동네에서도 이름난 레스토랑으로 특히 런
치 스페셜이 저렴하면서도 맛있어 항상 많은 사람
들로 붐빈다.

주소 401 N River St, Glenwood Springs 영업 보통 09:00
~21:00이지만 시즌에 따라 다르고 휴장할 때도 있으니 미
리 홈페이지에서 확인할 것 요금 시즌과 요일, 입장 시간에
따라 일반 $34~50, 3~12세 $24~31 가는 방법 애스펀에
서 자동차로 82번 도로로 1시간, 또는 RFTA 버스 L(Local
Valley) 노선으로 1시간 30분 소요. 글렌우드 8th St에서 내
려(운전사가 알려준다) 도보 10분(요금 왕복 $10) 홈페이지
www.hotspringspool.com

# Salt Lake City

솔트레이크시티

유타주의 주도이자 모르몬교의 성지다. 1847년 모르몬교 지도자 브리검 영과 신자들이 종교적 박해를 피해 이주해오면서 도시가 발전하기 시작했다. 초기 정착단계에는 주 정부나 비신자와의 마찰이 많았으나 현재는 유타주 인구의 상당수가 모르몬교도로 자리 잡았다. 금욕과 검소를 중시하는 분위기 덕에 솔트레이크시티는 조용하면서 범죄율이 낮은 도시로 꼽힌다.

솔트레이크시티 관광청 www.visitsaltlake.com

# 가는 방법

솔트레이크시티는 미국 중서부 내륙에 있어 비행기로 가는 것이 가장 편리하다. 한국에서 직항편은 없고 로스앤젤레스나 샌프란시스코 등을 경유해야 한다. 국내선은 델타항공 노선이 많다.

## 비행기 ✈

### 솔트레이크시티 국제공항
### Salt Lake City International Airport(SLC)

미국 내 운항편이 가장 많은 로스앤젤레스나 샌프란시스코에서 비행기로 1시간 반 정도 걸리고 뉴욕에서는 5시간 정도 걸린다. 솔트레이크시티 국제공항은 다운타운에서 서쪽으로 10km 정도 떨어져 있다. 비행기가 활주로에서 이륙하기 전 산기슭에 위치한 마을이 한눈에 들어온다.

## 공항 → 시내

공항에서 다운타운까지는 UTA 시내버스, 경전철, 택시, 우버 등으로 연결된다. 가장 저렴하면서도 편리한 것은 경전철로 공항에서 다운타운의 중심 지역인 템플 스퀘어와 시티센터까지 한 번에 갈 수 있다. 우버나 리프트 같은 공유차량은 TNCs (Transportation Network Companies)로 표기한다.
요금 경전철(그린 라인) 요금 $2.50, 택시 $30 정도 홈페이지 www.slcairport.com

# 시내 교통

다운타운은 물론 교외까지 커버하는 대중교통으로 UTA 버스와 TRAX라는 전철이 있다. 하지만 대부분의 볼거리가 템플 스퀘어를 중심으로 모여있는 다운타운에서는 도보여행도 가능하다. 다운타운 중심의 '무료 운임 구역 Free Fare Zone'로 지정된 구역 안에서는 대중교통을 무료로 이용할 수 있다. 특히 오르막길에 있는 주 의사당에 갈 때는 이용해보는 것도 좋다.
요금 [UTA 버스/TRAX] 1회권 $2.50, 1일권 $5.00 홈페이지 www.rideuta.com

북서부와 로키

# 추천 일정

부지런히 움직인다면 하루에 간단히 돌아볼 수 있다. 먼저 아침에 빙엄 캐니언을 다녀온다. 이동 시간만 1시간 30분~2시간 정도니 일찍 출발해 점심시간에는 솔트레이크시티 시내로 들어오는 것이 좋다. 빙엄 캐니언 근처에는 마땅한 식당이 없으므로 다운타운으로 들어와 식사를 한 뒤 템플 스퀘어와 유타주 의사당을 본다. 저녁에는 시티크리크 센터나 게이트웨이 몰에서 하루를 마무리한다.

빙엄 캐니언 ①　템플 스퀘어 ②

유타주 의사당 ③

# 📷 Attraction

보는 즐거움

모르몬교의 성지인 솔트레이크시티의 가장 큰 볼거리는 역시 템플 스퀘어다. 다운타운의 중심이자 솔트레이크시티의 중심인 이곳에서 모르몬교가 어떤 종교인지 편견 없이 바라보는 것도 좋은 경험이 될 것이다. 또한 솔트레이크시티 근교에 있는 빙엄캐니언은 인간의 자원에 대한 집착이 얼마나 강한지를 알 수 있는 인상적인 볼거리다.

## 템플 스퀘어
### Temple Square

전 세계적으로 1,600만 명 이상의 신도를 가진 모르몬교의 총본부로 솔트레이크시티의 중심이 되는 곳이다. 성지를 찾아온 신도를 비롯해 해마다 수많은 관광객이 찾아오는 명소다. 모르몬교의 2대 지도자 브리검 영이 초창기 모르몬교 신자들과 함께 동부에서 이주해 와 정착한 장소이기도 하다. 광장 안에는 솔트레이크 템플을 중심으로 대예배당, 어셈블리 홀 등 모르몬교와 관련된 주요 건물이 모두 모여있어 많은 볼거리를 제공한다.

템플 스퀘어를 볼 때는 먼저 북문 입구의 안내 센터로 가서 각국에서 자원봉사로 온 선교사가 인도하는 투어에 참가하는 것이 좋다. 한국인 선교사도 상주하며 모르몬교와 템플 스퀘어의 역사, 각 건물에 대한 소개 등을 해주기 때문에 둘러보는 데 상당한 도움이 된다. 현재 많은 건물이 공사 중이다.

지도 P.555 ▶ 주소 50 North Temple 가는 방법 TRAX 경전철 블루라인 · 그린라인으로 템플스퀘어역 하차 또는 UTA 버스 200 · 223 · 451 · 455 · 470 · 472 · 473번을 타고 North Temple/Main St 하차 홈페이지 churchof jesuschrist.org

## ★ 어셈블리 홀 Assembly Hall

1877년에 완공된 어셈블리 홀은 템플 스퀘어 남쪽 문에서 가장 먼저 만나게 되는 건물이다. 고딕 양식으로 지어졌지만 웅장하기보다는 아기자기한 느낌이 나는 건물로 내부로 들어가면 아름다운 스테인드글라스가 눈에 띈다. 솔트레이크 템플을 짓는 데 사용하고 남은 화강암을 이용해 지었다고 하며 솔트레이크시티에 정착한 초창기 모르몬교인들의 예배당으로 사용되기도 했다.

## ★ 갈매기 타워 Seagull Monument

모르몬교도의 지극한 신앙심과 기적을 상징하는 조형물로, 꼭대기에 세워진 황금 갈매기에는 다음과 같은 얘기가 전해져 온다. 모르몬교가 솔트레이크시티에 정착해 첫 번째 수확을 앞두고 있던 1848년 갑작스레 나타난 메뚜기 떼가 농작물을 먹어 치우기 시작했다. 애써 지은 곡식을 메뚜기 떼에게 강탈당할 위기에 처하자 모르몬교 2대 지도자였던 브리검 영이 나서서 신도들과 함께 극진한 기도를 드렸다. 이때 기도에 응답해 바다 갈매기가 나타났다. 갈매기들은 메뚜기들을 잡아먹거나 근처 호수로 물어다 버려 큰 위기를 넘길 수 있었다. 결국 이 일은 신앙에 대한 믿음을 더욱 굳건히 하는 계기가 되었고 갈매기는 유타주를 상징하는 새가 되었다.

## ★ 대예배당 The Tabernacle

1863년에 지어진 대예배당은 8,000명을 수용할 수 있는 건물로 나지막한 돔 지붕이 건물을 덮고 있다. 겉모습은 평범해 보이지만 내부로 들어가보면 그 특징을 알 수 있다. 먼저 대예배당은 육중한 몸체에도 불구하고 건물을 지탱할 만한 철근을 사용하지 않았다. 더구나 건축 당시 재료 부족으로 인해 건축 자재로는 부적합한 나무를 사용해서 지었다. 건물을 짓던 교인들이 나무 위에 색을 칠하고 나뭇결도 직접 손으로 그려 넣어 일반 목재처럼 보인다. 실제로 자세히 보면 인위적으로 그렸다고는 믿기 어려울 만큼 실감나는 나뭇결을 확인할 수 있다.

예배당 강단 뒤에는 대형 파이프 오르간이 있는데, 소리 전도율이 상당히 좋아 파이프 오르간 연주의 진수를 느낄 수 있다. 마이크를 사용하지 않아도 건물 맨 뒤까지 잘 들린다고 한다.

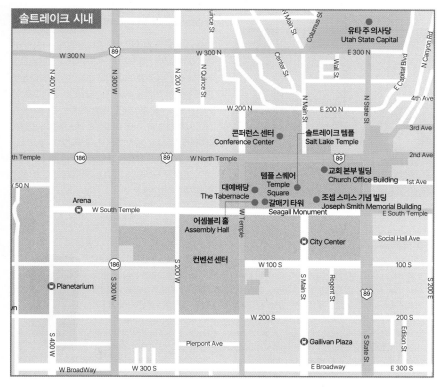

**솔트레이크 시내**

유타 주 의사당 / Utah State Capital

콘퍼런스 센터 / Conference Center

솔트레이크 템플 / Salt Lake Temple

교회 본부 빌딩 / Church Office Building

템플 스퀘어 / Temple Square

대예배당 / The Tabernacle

갈매기 타워 / Seagall Monument

조셉 스미스 기념 빌딩 / Joseph Smith Memorial Building

Arena

어셈블리 홀 / Assembly Hall

City Center

컨벤션 센터

Planetarium

Gallivan Plaza

북서부와 로키

솔트레이크시티 **555**

## ★ 솔트레이크 템플 Salt Lake Temple

템플 스퀘어 중심에 우뚝 서있는 솔트레이크 템플은 1853년부터 1893년에 이르기까지 40여 년에 걸쳐 완성된 건물로 전 세계 모르몬교의 중심이 되는 사원이다. 공사 당시 솔트레이크시티에서 약 32km 떨어진 리틀 코튼우드 캐니언 Little Cottonwood Canyon의 채석장에서 일일이 화강암을 날라다 지었을 만큼 정성이 담긴 건물이다.

고딕 양식으로 지어진 건물 꼭대기에는 6개의 첨탑이 있고 그중 하나에는 4m가량 되는 '천사 모로나이'의 황금상이 놓여 있다. 천사 모로나이는 모르몬교의 1대 지도자인 조셉 스미스의 환상에 등장한 천사로, 후일 〈모르몬경〉으로 번역될 금판을 그에게 전해준 것으로 알려져 있다.

솔트레이크 템플은 일반인은 물론 교인이라 할지라도 함부로 들어갈 수 없는 신성한 장소로 알려져 있다. 대신 템플 스퀘어를 안내하는 선교사를 통해 호화롭고 아름다운 인테리어 사진을 볼 수 있다.

## ★ 콘퍼런스 센터 Conference Center

템플 스퀘어 북쪽 입구 맞은편에 있는 콘퍼런스 센터는 매년 4월과 10월에 열리는 모르몬교 세계 연차대회 Conference를 치르기 위해 2000년에 지어졌다. 건물 안에는 2만 명 이상을 수용할 수 있는 대규모 강당은 물론 외국 신도를 위해 60개국 언어를 동시통역해주는 첨단 설비도 갖추고 있다. 또한 건물 옥상에는 나무와 분수, 잔디로 꾸며진 정원이 있어 작은 쉼터의 역할도 하고 있다.

## ★ 조셉 스미스 기념 빌딩
### Joseph Smith Memorial Building

템플 스퀘어 동쪽에 있는 건물이며 원래는 1911년에 호텔로 지어져 사용되다가 1987년부터 모르몬교의 커뮤니티 건물로 쓰이고 있다. 1989년 이후 모르몬교의 창시자 이름을 따서 조셉 스미스 빌딩으로 불리고 있다. 건물 로비에는 조셉 스미스 주니어의 동상이 세워져 있다. 여러 연회실과 레스토랑이 있으며 대대적인 공사를 통해 2025년 재개장할 예정이다. 관광객들에게 인기있는 패밀리 서치 센터는 전 세계의 족보가 모여있는 곳으로 방문객의 조상 찾는 일을 도와주고 있다.

---

**Tip**

## 모르몬교

1830년 미국의 조셉 스미스에 의해 창시되었다. 조셉 스미스는 폭도들에 의해 살해되고 그 뒤를 이어 브리검 영이 2대 지도자가 되어 박해 받던 초창기 모르몬교도들을 이끌고 동부에서 이곳 솔트레이크시티까지 이주해왔다. 기독교로부터 현재도 이단으로 취급되고 있다. 모르몬교도들이 가장 많이 모여 사는 솔트레이크시티는 주민의 절반이 모르몬교 신도라고 한다. 모르몬교의 정식 명칭은 '말일 성도 예수 그리스도 교회' 또는 '예수 그리스도 후기 성도 교회(2005년 이후) The Church of Jesus Christ of Latter-day Saints'이며 이집트어 금판을 번역했다는 〈모르몬경 The Book of Mormon〉을 성전으로 삼고 있어 흔히 '모르몬교 Mormonism'라 불린다. 전 세계에 약 1,600만 명의 신도가 있고 한국에는 8만 명이 넘는 것으로 추산된다.

556

## 유타주 의사당
### Utah State Capitol

법 UTA 버스 200번 노선을 타고 의사당 입구 하차 홈페이지 utahstatecapitol.utah.gov

솔트레이크시티는 유타주의 주도 Capitol city로서 화려한 의사당이 자리하고 있다. 하지만 템플 스퀘어의 유명세에 밀려 빛을 발하지 못하는 편이다. 언덕에 있어 걸어 올라가기엔 약간 부담스럽지만 막상 올라가 보면 다운타운을 내려다보기에 좋은 전망대 역할을 하고 있다. 대리석과 화강암으로 지어진 건물의 외관과 주변의 조경도 제법 볼 만하다.

지도 P.555 주소 350 North State St [방문자 센터] 운영 월~금요일 08:00~17:00(건물 자체 월~목요일 07:00~20:00, 금~일요일·공휴일 07:00~18:00) [무료 가이드 투어] 월~금요일 09:00~16:00, 1시간 간격으로 출발 가는 방

## 빙엄캐니언 광산
### Bingham Canyon Mine
### (Kennecott Copper Mine)

인간이 만들어낸 모든 조형물 가운데 인공위성에서도 잘 보이는 것이 있다면 만리장성과 바로 이 빙엄캐니언이라고 한다. 이를 확인해보고 싶다면 구글맵 위성사진을 찾아보자. 솔트레이크시티 다운타운에서 남서쪽으로 40km 떨어진 이곳은 미국 최초의 노천 구리광산이자 세계 최대의 노천 채굴장이다. 협곡이라는 말이 무색하지 않을 정도로 장대한 규모를 자랑하는데, 마치 인간이 빚어낸 캐니언과도 같다. 깊이가 무려 1,200m에 이르고 너비는 4,000m에 이른다고 하니 얼마나 큰 채굴장인지 짐작이 갈 것이다. 여기서 생산되는 광석의 양도 엄청나서 2004년 기준으로 구리는 15메가톤, 금 720톤, 은 6,000톤 등이며, 날마다 40만 톤의 광물질을 운반하는 거대한 트럭이 64대, 근로자는 1,400명에 이른다.

그냥 채굴 현장이라고 생각하면 별로 재미없을 수도 있겠지만, 안내센터에서 자세한 자료를 보고 있자면 정말 입이 떡 벌어진다. 안내센터에서는 다양한 전시물과 함께 비디오도 관람할 수 있어 구리가 어떻게 생산되고 사용되며 어떻게 해서 이 엄청난 구리광산이 돌아가고 있는지를 알 수 있다. 기념품점에는 광산에서 채굴된 은이나 금 조각 등으로

만든 다양한 물건과 함께 구리로 만든 주전자와 엽서 등이 있다. 1966년에 '빙엄캐니언 노천 구리광산 Bingham Canyon Open Pit Copper Mine'이라는 이름으로 국립 유적지로 지정되었다.

주소 12732 Bacchus Highway, Herriman 운영 09:30~14:30(안내센터는 4~10월만 오픈) 요금 일반 $6 가는 방법 대중교통이 연결되지 않아 자동차나 투어로 갈 수 있다 홈페이지 www.riotinto.com/operations/us/kennecott/visitor-experience

사람 키보다 훨씬 더 큰 바퀴

북서부와 로키

# Index

# ㅅ

## ㅇ

## E

## ㅍ

## ㅎ

## 숫자 · 알파벳

**사진 출처** ⓒ Jeremy Thompson (314~315쪽 사진) ⓒ 캘리포니아 관광청 (48쪽 사진)

**프렌즈 시리즈 22**

# 프렌즈 **미국 서부**

발행일 | 초판 1쇄 2019년 1월 7일
　　　　 개정 8판 1쇄 2025년 5월 12일

지은이 | 이주은, 소연

발행인 | 박장희
대표이사 · 제작총괄 | 신용호
본부장 | 이정아
편집장 | 문주미
책임편집 | 허진

기획위원 | 박정호

마케팅 | 김주희, 이현지, 한륜아
디자인 | 변바희, 김미연, 정원경
지도 디자인 | 양재연

발행처 | 중앙일보에스(주)
주소 | (03909) 서울시 마포구 상암산로 48-6
등록 | 2008년 1월 25일 제2014-000178호
문의 | jbooks@joongang.co.kr
홈페이지 | jbooks.joins.com
인스타그램 | @friends_travelmate

ISBN 978-89-278-1335-4 14980
ISBN 978-89-278-8063-9(세트)